군사전략론

개정증보2판

On Military Strategy

군사전략론

국가대전략과 작전술의 원천

박창희 지음

플래닛미디어
Planet Media

"전쟁은 심심풀이 삼아 시도해보거나
한낱 승리의 기쁨을 맛보기 위해 치르는 것이 아니며,
무책임한 열정가의 전유물도 아니다.
그것은 신중한serious 목적을 달성하기 위한 신중한 수단이다."

- 칼 폰 클라우제비츠 -

머리말

ON MILITARY STRATEGY

"전쟁은 난폭한 스승이다." 투키디데스Thucydides가 『펠로폰네소스 전쟁사The History of the Peloponnesian War』에서 한 말이다. 그렇다면 우리는 전쟁이라는 스승으로부터 무엇을 배울 수 있을 것인가? 지금까지 많은 철학자들과 사회학자들, 그리고 국제정치학자들은 전쟁의 원인을 규명함으로써 인류의 반복되는 비극을 되풀이하지 않기 위해 이를 근절하거나 예방하는 노력을 경주해왔다. 그리고 에라스무스Erasmus부터 칸트Immanuel Kant, 그리고 케네스 월츠Kenneth N. Waltz에 이르기까지 많은 학자들이 전쟁의 원인에 관한 이론과 그에 대한 처방을 내놓았다. 그럼에도 불구하고 지금까지 전쟁이 끊이지 않고 있음은 허무하게도 이러한 노력들이 별다른 성과를 거두지 못하고 있음을 보여준다.

그렇다면 전쟁이라는 난폭한 스승은 아마도 전쟁의 원인에 대한 가르침을 줄 수 없는 것이 아닐까? 진정으로 가르쳐주고 싶은 진실은 전쟁의 원인보다 그 과정에 있지는 않을까? 어쩔 수 없이 전쟁이 발발할 경우 어떻게 승리할 수 있는지, 그래서 어떻게 국가의 생존을 확보하고 이익을 추구할 수 있는지에 대해 이야기하고 싶은 것은 아닐까? 전쟁을 예방하고 억제하려는 노력이 중요함에도 불구하고 전쟁이 불가피하다는 엄연한 현실은 우리로 하여금 전쟁이 발발할 경우 어떻게 대응해야 하는지의 문제에 대해 보다 깊이 고민하지 않을 수 없도록 만든다.

'군사전략'은 군사력을 운용하는 방법에 관한 것이다. 군사전략은 전쟁의 원인이 아닌 전쟁의 과정에 관한 것이며, 전쟁의 '억제'가 아니라 '전쟁수행'을 다룬다. 즉, 군사전략은 '억제'에 실패하여 전쟁이 발발하고 난 후 적과 싸워 승리하기 위한 전략을 연구한다. 총력전과 핵전쟁이 가능한 시대에 전쟁이 가져올 참화를 생각한다면 억제의 중요성을 부인할 수 없다. 그러나 억제는 실패할 수 있다. 역사상 숱한 전쟁 사례가 이를 입증한다. 따라서 정작 중요한 것은 '억제'가 실패했을 때 어떻게 싸워 우리의 생존을 지키고 국가이익을 확보할 것인가의 문제가 되어야 한다.

다행히도 '군사전략'이라는 주제와 관련하여 전쟁이라는 난폭한 스승은 많은 가르침을 줄 수 있다. 역사상 '군사적 천재'로 알려진 수많은 전쟁영웅들은 바로 그러한 가르침을 몸소 전장에서 실천한 가장 위대한 스승임에 분명하다. 비록 이들은 전쟁을 예방하는 방법에 대해서는 언급하지 않았지만, 전쟁에서 승리하는 방법에 대해서는 시간과 공간을 뛰어넘는 혜안慧眼을 우리에게 주고 있다.

이렇게 볼 때 군사전략을 공부하는 것은 곧 전쟁이라는 난폭한 스승과의 냉철한 대화라 할 수 있다. 인류의 전쟁이 인간의 본성, 국가의 속성, 그리고 국제체제의 본질과 관련한 대서사시大敍事詩라고 한다면 그 속에 담긴 군사전략을 연구하는 것은 그 스승이 전달하고자 하는 가장 핵심적인 가르침을 깨우치는 작업이라 할 수 있다.

그래서 '군사전략'이라는 용어는 전쟁과 전략을 다루는 사람들의 가슴을 설레게 한다. 국가안보를 다루는 정책결정자들은 물론이고, 국방과 군사 문제에 관심 있는 군인들과 학생들, 그리고 이에 관심 있는 일반인들을 매료시킨다. 과거 로마 시대 카르타고의 명장 한니발부터 근대 스웨덴의 구스타브 아돌프, 프로이센의 프리드리히 2세, 프랑스의 나폴레옹, 그리고 현대의 마오쩌둥에 이르기까지 많은 전쟁영웅들의 전설적 무용담에 담긴 가장 흥미진진한 줄거리를 압축하면 그것이 바로 '군사전략'이 될 것이다.

진작부터 군사전략론을 집필하고 싶었다. 국방대학교 군사전략학과 교수로 재직하면서 이 분야에 관심을 갖고 있는 연구자들과 군 간부들, 그리고 군사학을 공부하는 학생들이 한 권쯤 소장하고 싶어 하는 군사전략 지침서를 쓰고 싶었다. 여러 가지 제약 요인에도 불구하고 약 1년에 걸쳐 『군사전략론』을 집필하게 된 데에는 다음과 같은 동기가 작용했다.

첫째로 국방대학교에서 군사전략론을 강의하면서 학생들이 참고할 만한 마땅한 교재를 찾기가 어려웠다. 군사전략은 대부분의 사람들에게 매우 생소한 주제이고 접근하기 어려운 과목이다. 학문의 영역도 고대부터 현대에 이르기까지, 대전략부터 전술에 이르기까지, 그리고 전략사상부터 각 군의 구체적 전략에 이르기까지 그 범주가 매우 광범위하다. 따라서 처음 접한 사람이 '숲을 보지 못하고 나무들 사이에서 헤매는' 우를 범하지 않기 위해서는 군사전략을 전체적으로 조망할 수 있는 개론서가 반드시 필요하다. 그럼에도 불구하고 우리 현실에서는 이러한 교재를 찾기가 어려웠다. 과거 출간된 번역서의 경우 번역상의 오류와 난해한 표현으로 이해하기가 쉽지 않았다. 전쟁과 전략에 관한 다양한 서적이 출간되었으나, '군사전략'이라는 학문적 영역에서 표준안을 객관적으로 제시한 것은 찾아보기 힘들었다. 물론 이 책의 출간으로 이러한 아쉬움이 완전히 해소될 수는 없겠지만, 이러한 소망이 필자의 집필 동기가 되었다.

둘째로 우리 사회에서 관심을 갖기 시작한 군사학 발전에 기여하고 싶었다. 군사학이라는 학문은 이제 군인과 전문연구자들의 영역에 머무르지 않고 민간 영역으로 급속히 확대되고 있다. 최근 몇 년 사이에 전국 각 대학에서 군사학과를 신설하고 석·박사를 비롯한 많은 군사전문가를 배출하고 있다. 일반인들 사이에서도 군사 문제에 대한 관심이 높아지고 있다. 이러한 추세는 냉전 종식 이후 안보 개념이 분화되고 각 안보 영역이 융화되면서 군사안보에 대한 관심이 높아졌기 때문으로 볼 수 있다. 또한 중국의 군사력 증강이나 중국과 일본의 영토 분쟁, 북한의 핵개발과 핵실험 등 북한을 비롯한 한반도 주변국의 군사적 이슈가 부각된 점도 크게 작용한 것으로 보인다. 이에 부응하여 필자는 군사학 분야의 연구를 활성화하고 군사학이 보다 전문적인 학문으로 발전하는 데 초석이 되고자 하는 마음에서 이 책을 집필하게 되었다.

셋째로 한국의 군사전략은 물론, 육군, 해군, 공군, 해병대의 전략 발전에 기여하고 싶었다. 이 책을 집필하는 동안 혹자는 각 군의 전략이 왜 필요하냐는 반론을 제기하기도 했다. 그러나 필자는 각 군이 나름의 독자적인 전략을 발전시켜야 한다고 본다. 합참이 각 군의 전략까지 발전시켜줄 수는 없기 때문이다. 합참이 '군사전략'을 만든다면 각 군은 그러한 군사전략을 바탕으로 어떻게 싸울 것인가에 초점을 맞춘 '각 군의 전략 개념'을 구체화시켜야 한다. 그리고 장기적인 관점에서 그러한 전략 개념에 입각한 '군사력 건설 방향'을 마련해야 한다. 이러한 측면에서 필자는 한국의 군사전략은 물론, 각 군의 전략 개념 발전에 기여하고자

이 책을 집필하게 되었다.

이 책은 군사전략에 관한 지침서로서 교재의 성격이 강하다. 따라서 군사전략이라는 전문적 영역의 다양한 주제들에 대해 필자의 견해를 강조하기보다는 지금까지 학자들이 제시한 다양한 논의를 정리하여 표준화하는 데 주력했다. 비록 이 책의 제목이 '군사전략론'이지만 '전략' 일반에 관한 다양한 이슈들을 범주에 넣어 섭렵하고자 노력했다. 따라서 군사전략을 이해하기 위해 기본적으로 요구되는 전쟁의 본질, 전략이론, 전략사상부터 지상전략, 해양전략, 항공전략, 핵전략, 그리고 군사전략에 관한 응용분야라 할 수 있는 전략문화, 지정학, 비정규전 등 다양한 주제를 이 책에 담았다. 현대 전략과 각 군의 전략에 관한 내용을 좀 더 다루고 싶었으나 분량의 한계로 인해 다음 책으로 미루기로 했다. 모쪼록 군사학을 연구하는 학생들에게는 이해하기 쉬운 교재로, 일반인들에게는 군사전략을 이해할 수 있는 교양서로, 그리고 군인과 국방에 종사하는 사람들에게는 업무에 유용한 지침서로 활용되었으면 하는 바람이다.

이 책이 나오기까지 필자는 많은 혜택과 도움을 받았다. 우선 군에 복무하는 동안 석·박사 위탁교육의 기회를 주고, 야전 및 정책부서 근무를 거쳐 오늘날 국방대학교 교수라는 명예로운 직위를 허락해준 국가와 군, 그리고 국방대학교에 감사드린다. 또한 필자의 연구를 지원하고 배려를 아끼지 않으신 국방대학교 총장님 이하 학교 교직원분들, 그리고 학과 교수님들께 감사드린다. 그리고 이 책의 출간을 선뜻 맡아주신 도서출판 플래닛미디어의 김세영 사장님과 심혈을 기울여 원고 교정을 맡아주신 이보라 편집부장님께도 감사드린다. 무엇보다도 필자는 박사학위 과정 재학 중 고려대학교 강성학 교수님으로부터 전쟁과 전략에 관해 심오한 학문적 가르침을 받았다. 국방대학교에서 이 분야에 대한 연구를 심화시킬 수 있었던 것은 순전히 그분의 열정적 가르침 덕분이었음을 밝히며 이 책을 강성학 교수님께 헌정하고자 한다. 마지막으로 내게 언제나 큰 힘이 되는 나의 가족, 미숙, 별, 건우에게 사랑하는 마음을 전한다.

2018년 2월

국방대학교 연구실에서

박창희

차례

ON MILITARY STRATEGY

제4장 전략의 속성과 쟁점

제5장 군사전략사상 : 손자와 클라우제비츠

제6장 지상전략

차례 ON MILITARY STRATEGY

제7장 해양전략

제8장 항공전략

제9장 핵전략

제10장 전략문화

제11장 지정학과 군사전략

제12장 무기기술과 군사전략

차례

ON MILITARY STRATEGY

제16장 북한의 핵위협에 대응한 한국의 군사전략

■ **표 및 그림 목차**

ON
MILITARY
STRATEGY

제1장 전쟁의 본질

1. 전쟁이란 무엇인가?
2. 전쟁의 원인
3. 전쟁의 진화
4. 전쟁의 유형

이 장에서는 전쟁에 관한 본질적인 문제들을 다룬다. 한 국가의 군사전략은 기본적으로 전쟁으로부터 국가의 생존을 확보하고 이익을 수호하기 위한 것이다. '전략strategy'이라는 용어가 고대 그리스 시대에 군사령관이 병력을 운용하는 '용병술用兵術'이라는 개념에서 비롯되었음은 전략이 곧 전쟁과 불가분의 관계를 가지고 있음을 보여준다. 따라서 여기에서는 전략을 본격적으로 논의하기에 앞서 우선 전략의 모태가 되는 전쟁이란 무엇인가, 그러한 전쟁은 왜 발생하는가, 역사적으로 전쟁은 어떻게 진화되어왔는가, 그리고 전쟁을 유형별로 어떻게 구분할 수 있는가에 대해 살펴보기로 한다.

1. 전쟁이란 무엇인가?

가. 전쟁에 관한 일반적 논의

퀸시 라이트Quincy Wright는 전쟁을 매우 넓은 의미에서 "서로 다르지만 유사한 실체들 간의 폭력적 접촉violent contact"이라고 정의했다. 이러한 정의에 의하면, 우주에서의 별들 간의 충돌, 사자와 호랑이의 싸움, 원시 부족들 간의 전투, 그리고 현대 국가들 간의 적대적 행동 등이 모두 전쟁에 해당한다. 가령 동물들이 먹이를 확보하기 위해 영역다툼을 벌인다든가, 자연상태에서 적자생존이나 약육강식의 법칙에 따라 투쟁과 경쟁을 하는 가운데 살아가는데, 이러한 것들도 전쟁의 범주에 포함되는 것이다. 이러한 정의는 너무 포괄적인 것으로 보이지만, 기본적으로 외교관, 사회학자, 심리학자, 그리고 군인에 이르기까지 다양한 전문가들이 제기하는 서로 다른 주장들을 아우를 수 있는 가장 포괄적이고 보편적인 정의라 할 수 있다.[1]

전쟁에 관한 보다 구체적인 정의는 로마의 정치가이자 철학자였던 키케로Marcus Tullius Cicero에까지 거슬러 올라간다. 그는 전쟁을 단순하게 정의하여 "무력을 동원한 싸움a contending by force"이라고 했다. 오늘날 대부분의 사전도 이러한 정의를 따르고 있는데, 웹스터Webster 사전은 전쟁을 "국가들 혹은 국내 세력들 간의 무력을 동원한 싸움armed conflict"으로 정의함으로써 키케로와 유사한 정의를 내리고 있다.[2]

그러나 네덜란드 법학자 흐로티위스Hugo Grotius를 비롯한 국제법 학자들의 경우에는 단순히 '싸움' 그 자체보다는 그러한 싸움이 일어나는 '상태'에 주안을 둔다. 즉, 흐로티위스는 전쟁이란 "무력을 동원해 싸우는 행위자들의 상태condition"라고 정의했다. 그는 그러한 상태로 두 가지 조건을 규정했다. 하나는 싸움에 임하는 행위자들이 법적으로 대등해야 한다는 것으로, 예를 들어 국가와 개인의 싸움은 전쟁으로 볼 수 없다. 다른 하나는 무력이 육군이나 해군력 등과 같이 군사력을 의미하는 것이지 정신력이나 경제력과 같은 요소는 전쟁을 구성하는 데 해당하지 않는다고 주장했다. 사회학자들은 기본적으로 전쟁을 "무력을 동원한 싸움"이라고 보는 키케로의 정의를 따르고 있으나, 여기에 부가하여 그러한 싸움이 그 사회 내에서 전쟁으로 인정될 수 있는 요건을 충족해야 한다고 보았다.[3] 즉, 사회학자들의 견해에 의하면 무력충돌이 일어날 경우 어떤 사회에서는 그것이 전쟁으로 인정될 수 있으나 다른 사회에서는 그렇지 않을 수도 있다.

전쟁에 관한 보다 구체적인 정의는 국제정치학자들에 의해 제기되었

---

1 Quincy Wright, *A Study of War*(Chicago: The University of Chicago Press, 1964), p. 5.

2 Random House, *Webster's College Dictionary*(New York: Random House, 1996).

3 Quincy Wright, *A Study of War*, pp. 5-7.

4 John A. Vasquez, *The War Puzzle*(Cambridge: Cambridge University Press, 1993), pp. 23-25.

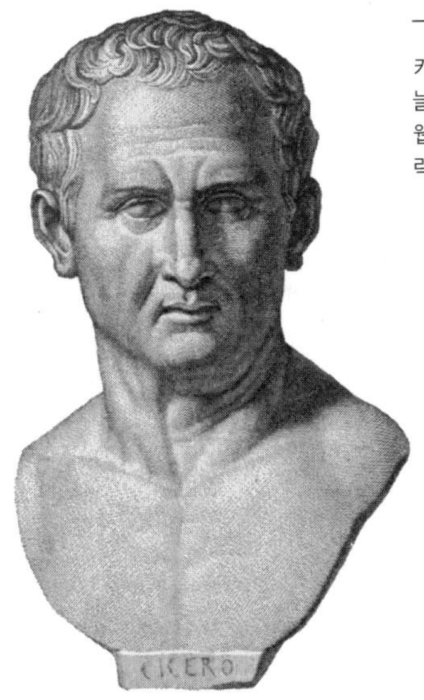

키케로는 전쟁을 "무력을 동원한 싸움"이라고 정의했다. 오늘날 대부분의 사전도 이와 유사한 정의를 따르고 있는데, 웹스터 사전에는 전쟁을 "국가들 혹은 국내 세력들 간의 무력을 동원한 싸움"으로 정의하고 있다.

는데, 이들은 폭력행위의 정치적 성격에 초점을 맞추고 있다. 불Hedley Bull은 전쟁을 "정치적 행위자들이 서로에게 가하는 조직화된 폭력"이라고 정의한다. 이 정의는 단순하지만 다음과 같은 몇 가지 핵심적인 키워드를 포함하고 있다. 첫째로 전쟁은 집단화된 폭력이다. 즉, 전쟁은 그 규모 면에서 어느 한 개인의 '분쟁'이 될 수 없으며, 반드시 '집단'을 단위로 하여 동원되는 폭력을 수반해야 한다. 둘째로 전쟁은 조직화된 폭력이다. 전쟁은 관습이 작용하고 규칙이 적용된다는 측면에서 국가 단위로 혹은 집단 단위로 위계화되고 조직화된 모습을 갖는다. 이는 동물의 세계에서 사냥에 나서는 늑대 무리와는 비교가 되지 않을 정도로 복잡한 위계 구조를 갖는다. 셋째로 전쟁은 정치적 폭력이다. 전쟁의 목적은 승리가 아니라 정치적 목적을 달성하는 데 있다. 승리란 궁극적으로 적에게 우리의 의지를 강요하기 위해 추구하는 중간 목표일 뿐이다. 즉, 전쟁은 '욱'하는 감정에 의해 표출되는 것이 아니라 국가 혹은 집단의 분명한 목적을 지향한다는 점에서 '정치적 행위자들에 의한 폭력'이라 할 수 있다.[4]

한편, 과학적 통계방법을 이용하여 전쟁을 연구한 일부 국제정치학자들은 전쟁으로 인정할 수 있는 구체적인 기준을 사상자의 수로 제시했다. 이들 중 브리머Stuart Bremer는 "국제전이란 민족적 실체들 간에 수행되는 군사분쟁으로, 여기에는 적어도 하나의 실체가 국가여야 하며, 그 결과로 적어도 1,000명의 군인 사망자가 발생해야 한다"고 주장했다. 그리고 싱어David Singer와 스몰Melvin Small도 그들 연구에서 전쟁이 성립되기 위해서는 1,000명 이상의 사망자가 발생해야 한다는 가정하에 연구를 진행한 바 있다.[5] 즉, 군사적 충돌에서 1,000명 이상의 사망자가 발생할 경우 전쟁으로 분류하고, 그 이하일 경우에는 분쟁으로 분류할 수 있다. 예를 들어, 1969년 중소 국경을 가로지르는 우수리Ussuri 강의 중간에 위치한 전바오다오珍寶島에서 양국이 충돌하여 약 800여 명의 사망자가 발생했는데, 학계에서는 이를 두고 '전쟁'이 아닌 '중소국경분쟁'으로 부르고 있다.

지금까지 살펴본 전쟁의 정의에 관한 일반적인 논의를 종합해본다면, 우선 전쟁은 정치집단 간의 관계에서 발생하는 것이고, 법적으로나 사회적으로 정상적인 상태가 아니다. 또한 전쟁은 폭력을 집단적이고 조직적으로 사용하는 것으로, 그 목적은 승리를 거둠으로써 보다 상위 차원에서 설정한 목적을 달성하는 데 기여하는 것으로 볼 수 있다.[6]

나. 클라우제비츠의 정의

국제정치학과 군사학에서는 전쟁에 대한 클라우제비츠Carl von Clausewitz의 논의를 보편적으로 수용하고 있다. 클라우제비츠는 전쟁에 대한 근

---

5 John A. Vasquez, *The War Puzzle*, pp. 25-27.

6 온창일, 『전쟁론』(파주 : 집문당, 2007), p. 18.

프로이센의 군인이자 군사사상가였던 클라우제비츠(1780~1831). 그의 사후에 간행된 저서 『전쟁론』은 자신이 살았던 시대의 전쟁 경험에 기초를 둔 고전적인 전쟁철학으로 오늘날에도 그 가치를 인정받고 있다.

대적 정의를 처음으로 제시한 군사사상가였다. 그의 정의는 1883년 처음 출간된『전쟁론On War』에 제시되었는데, 130년이 지난 오늘날까지도 적실성的實性을 인정받고 있으며 많은 부분 인용되고 있다. 그의 저서에 나타난 전쟁에 대한 정의는 다음 네 가지로 정리해볼 수 있다.

첫째, 전쟁은 "무력 사용 행위act of force"이다. 그는 "전쟁이란 상대에게 우리의 의지를 강요하기 위해 무력을 사용하는 행위"라고 했다. 여기에서 전쟁이란 적으로 하여금 우리의 의지를 수용토록 하는 것이 목적이며, 무력을 사용하는 것은 전쟁의 수단이 된다. 이때 전쟁의 목적을 달성하기 위해서는 우선 적의 군사력을 무력화해야 하는데, 이론상으로 전쟁의 직접적인 목표는 적의 군사력을 파괴하는 것이 되어야 한다고 주장했다.[7]

둘째, "전쟁은 다른 수단에 의한 정치의 연속"이다. 전쟁도 하나의 정치적 행위에 불과할 뿐이며, 다만 다른 정치행위와 다르게 폭력적인 수단을 사용한다는 것이 차이점이다. 즉, 전쟁은 다른 수단을 사용한 정치적 행위로서 전쟁이 수행되는 동안에도 정치적 상호작용은 지속된다. 이때 전쟁을 통해 달성하고자 하는 정치적 목적은 가용한 군사적 수단으로 달성할 수 있는 것이어야 하며, 군사적 수단은 정치적 목적을 크게 벗어나 불필요하게 동원되거나 그러한 목적과 상관없이 독자적으로 수행되어서도 안 된다.[8] 즉, 군사는 정치에 복종해야 하며, 군사적 목표는 정치적 목적에 부합하도록 설정되어야 한다.

---

7 Carl Von Clausewitz, *On War*, Michael Howard and Peter Paret, eds. and trans. (Princeton: Princeton University Press, 1984), p. 75.

8 앞의 책, p. 87.

▣ 클라우제비츠의 수단적 전쟁론의 의미 ▣

클라우제비츠가 제기한 '수단적 전쟁론', 즉 "전쟁은 다른 수단에 의한 정치의 연속"이라는 주장은 다음 세 가지의 의미를 갖는다. 첫째, 전쟁이 곧 정치행위라고 한다면 전쟁은 지극히 정상적이고 일상적인 것을 의미한다. 이는 곧 평화주의자들이 주장하는 바와 달리 전쟁을 비정상적이거나 근절해야 할 대상으로 보는 견해와 정반대되는 것이다. 즉, 전쟁은 없어져야 할 악이라기보다는 우리와 함께해야 할 삶의 일부라는 것이다. 따라서 클라우제비츠가 보는 전쟁은 동양의 유교적 전통이나 서양의 평화주의자들과 달리 국익 추구를 위해 사용할 수 있는 정당한 수단이 되는 것이며, 이러한 측면에서 그는 매우 현실주의적 입장에 서 있음을 알 수 있다.

둘째, 클라우제비츠의 주장은 전쟁이 절대전쟁이나 총력전보다는 제한전쟁을 지향해야 함을 의미한다. 그에 의하면, 전쟁의 목표는 정치적 목적을 달성하는 것이며, 따라서 전쟁의 목적은 상대국가와 평화조약을 체결함으로써 '더 나은 조건하의 평화'를 추구하는 데 있다. 이러한 유형의 전쟁은 적으로부터 '무조건 항복'을 얻어내기 위해 극단적이고 맹목적인 폭력을 행사하기보다는 자국의 정치적 의지를 상대국가에 강요하고 궁극적으로 '평화협상'을 이끌어내기 위해 필요한 만큼의 제한적 폭력을 사용하는 전쟁이다.

셋째, 클라우제비츠가 제기한 '수단적 전쟁론'이 갖는 또 하나의 관점은 '정치에 대한 군의 복종'이다. 전쟁이 정치의 한 수단이고 정치적 목적을 달성하기 위한 것이라면 전쟁수행은 정치행위에 의해 제한되어야 한다. 군 지휘관은 정치적 목적과 상관없이 독자적으로 전쟁을 수행할 수 없으며, 항상 정치지도자들의 결정에 따라 군사력을 사용해야 한다. 물론 이는 정치가들이 하위 수준의 군사작전에 일일이 간섭해야 한다는 것을 의미하지는 않는다. 군사작전의 성공이 정치적 목적 달성에 기여하는 만큼 정치지도자들은 효율적인 작전수행을 위해 군사작전의 독립성을 보장해주어야 한다. 그러나 상위 수준으로 갈수록 군은 정치에 복종해야 한다. 결국 전쟁을 성공적으로 수행하기 위해서는 정치지도자와 군 지휘관이 정치와 군사가 만나는 접점을 인식하고 서로를 잘 이해할 수 있어야 한다.

셋째, "전쟁은 신중한 목적serious ends을 달성하기 위한 신중한 수단serious means"이다. 클라우제비츠는 전쟁을 도박gambling으로 보았다. 전쟁은 산수와 같이 단순히 군사력의 우열만으로 승리가 결정되는 것이 아니다. 전쟁은 군사력 외에도 열정, 용기, 상상력, 그리고 광신狂信이 작용하며, 예상치 못한 마찰과 우연에 의해 방해를 받을 수 있다. 그 결과는 누구도 예측할 수 없으며, 오직 힘만 믿고 밀어붙여서 승리할 수 있는 것이 아니다. 심지어 군사적으로 강한 국가가 약한 국가를 상대하여 패배한 경우도 많다. 따라서 전쟁은 그냥 도전해보고 승리하는 기쁨을 누리기 위한 것도, 무책임한 광신자의 개인적 만족을 채우기 위한 오락이나 유희의 수단도 아니다. 전쟁은 정부가 신중하게 설정한 정치적 목적을 달성하기 위해 동원되는 매우 신중한 수단이다.[9]

넷째, 전쟁은 "주어진 상황에 따라 전쟁이 가진 고유한 특성을 약간씩 변화시키는 진정한 카멜레온chameleon"이다. 전쟁은 세 가지 영역으로 구성된 '삼위일체trinity'의 성격을 갖는다. 첫째는 국민people의 영역이다. 이 영역은 원초적 폭력성, 증오, 적대감 등 맹목적이고 폭력적인 본성에서 출발하는 것으로, 궁극적으로 국민들의 열정passion을 의미한다. 둘째는 군military의 영역이다. 이는 우연chance과 개연성이 작용하는 영역으로, 군 지휘관과 군대의 창의성 혹은 천재성이 발휘되는 영역이다. 셋째는 정부government의 영역이다. 이는 전쟁의 정치적 목적을 제시하고 전쟁수행을 지도하는 영역이다. 이 세 영역은 서로 다른 규칙을 가지고 있으나, 서로의 상호작용을 통해 변화한다.

전쟁을 계획하는 데 있어서 이러한 삼위일체를 무시하거나 일방적으로 그 관계를 고정하려고 할 경우, 그 계획은 전쟁을 수행하는 데 있어 엄청난 마찰에 부딪혀 전혀 쓸모가 없게 될 것이다. 가령 국민이 전쟁을

---

9 Carl Von Clausewitz, *On War*, pp. 86-87.

원치 않아 이를 지지할 수 있는 '열정'이 부족함에도 불구하고 무리하게 전면적인 전쟁에 돌입한다면 그 국가는 승리하지 못할 것이다. 반면, 정부가 무능하고 국민이 사회적 혼란에 빠져 있다 하더라도 나폴레옹 Napoléon Bonaparte과 같은 군사적 천재military genius라면 정부와 국민을 주도하여 전쟁을 승리로 이끌 수도 있다. 정부와 군이 무능하더라도 나폴레옹 전쟁 당시 스페인 국민의 저항이나 마오쩌둥毛澤東의 인민전쟁 사례에서 볼 수 있듯이 국민의 저항의지가 전쟁을 승리로 이끌 수도 있다.

이처럼 모든 전쟁은 서로 다른 비율의 삼위일체 속에서 수행된다는 점에서 전쟁은 각기 다른 환경하에서 각기 다른 색깔을 띠는 '카멜레온'과 같은 것이라 할 수 있다.[10] 역사적으로 모든 전쟁은 각기 다른 색깔을 가지며 한 번도 동일한 형태의 전쟁을 반복한 적이 없다. 그것은 마치 빨강, 노랑, 파랑의 세 가지 색깔을 조합하여 무수한 색을 만들어낼 수 있듯이, 삼위일체를 이루는 정부, 군, 그리고 국민, 이 세 가지 영역을 조합하여 수많은 유형과 형태의 전쟁을 만들어낼 수 있기 때문이다.

다. 전쟁의 정의와 특징

앞에서 논의한 것처럼 전쟁은 어느 한 가지로 정의될 수 없다. 다만 지금까지 앞에서 논의한 것들을 요약하여 정리하면, 전쟁은 "상호 대립하는 2개 이상의 국가 또는 이에 준하는 집단 간에 군사력을 비롯한 각종 수단을 행사하여 정치적 목적을 달성하기 위해 자기의 의지를 상대방에게 강요하는 행위, 또는 그러한 상태"로 정의할 수 있다.[11] 그러나 전쟁의 개념을 보다 정확하게 이해하기 위해서는 이러한 정의에 부가하여 전쟁

---

10 Carl Von Clausewitz, *On War*, p. 89.

11 합동참모본부, 『합동·연합작전 군사용어사전』(서울 : 합동참모본부, 2010), p. 312.

이 갖는 몇 가지 특징을 이해할 필요가 있다.[12]

첫째, 전쟁에는 기본적으로 무력행사가 수반된다는 것이다. 경제전쟁, 심리전쟁, 또는 냉전 등 전쟁으로 불리는 다양한 용어들이 있으나 이들에는 무력행사가 수반되지 않기 때문에 전쟁이라고 할 수 없다. 물론, 전복전subversive warfare이나 혁명전쟁revolutionary warfare과 같은 경우에는 비폭력적 수단이 주로 사용되기 때문에 전쟁으로 볼 수 있느냐에 대한 의문이 제기될 수 있다. 즉, 중국혁명전쟁이나 베트남 전쟁은 비군사적 수단을 동원하여 다른 세력과 연합전선도 구축하고 평화협정도 체결하면서 상대의 체제와 정부를 전복시킨 대표적인 사례였다. 일부 학자들은 이를 새로운 전쟁 양상으로 간주하여 '제4세대 전쟁'이라는 용어를 사용하기도 한다.[13] 그러나 전복전이나 혁명전쟁도 결정적인 국면에 도달하기 이전의 단계에서는 비폭력적 방법을 사용하여 상대의 정치적 의지를 약화시키는 데 주력하지만, 최종적인 단계에 도달하면 결정적인 승리를 거두기 위해 정규전을 추구한다. 마오쩌둥은 국공내전에서 랴오선遼瀋 전역, 핑진平津 전역, 회이하이淮海 전역이라는 세 번의 결정적 전역을 치름으로써 승리할 수 있었으며, 북베트남은 미군이 철수한 후 유격전에서 정규전으로 전환하여 남베트남을 공격함으로써 베트남을 통일할 수 있었다. 따라서 무력행사는 모든 전쟁의 필요조건으로서 무력 사용이 없이는 전쟁이라 할 수 없다.

둘째, 전쟁은 군사력뿐만 아니라 한 국가가 가진 모든 역량을 동시에 발휘하는 투쟁이다. 즉, 전쟁은 오로지 무력만으로 그 승패가 좌우되는

---

12 국방대학교,『안보관계용어집』(서울 : 국방대학교, 2010), pp. 119-120.

13 William S. Lind, "Understanding Fourth Generation War", *Military Review*(Sep-Oct 2004); 토마스 햄즈, 최종철 역,『21세기 제4세대전쟁』(서울: 국방대학교, 2008); 조한승, "4세대 전쟁의 이론과 실제: 분란전(insurgency) 평가를 중심으로",『국제정치논총』, 제50집 3호(2010) 참조.

것이 아니라 외교력, 정치력, 경제력, 국민의 심리와 의지 등 제반 요소에 의해 영향을 받는다. 따라서 전쟁의 수단으로 반드시 무력행사가 수반되어야 하나, 전쟁 그 자체는 무력이라는 군사적 역량 외에도 국가가 가진 모든 역량이 동시에 발휘되어 수행된다.

셋째, 그럼에도 불구하고 국제법적으로는 전쟁에서 무력이 행사되지 않는 경우도 있다. 전쟁을 수행하는 과정에서 무력 사용이 중지되는 경우가 있는가 하면, 무력을 전혀 행사하지 않으면서도 전쟁에 휘말리는 경우가 있다. 예를 들어, 제2차 세계대전 중 일본과 유고슬라비아 사이에는 아무런 전투가 없었음에도 불구하고 유고슬라비아가 연합국의 일원으로 선전포고에 가담했기 때문에 양국 간에는 전쟁 상태가 성립되어 있었다. 유고슬라비아는 연합국의 한 구성원이었기 때문에 연합국 전체로 볼 때 무력을 행사한 결과가 된 것이다. 이런 측면에서 본다면 전쟁이란 무력행사 그 자체를 말하는 것이 아니라 국제법적으로 선전포고에서부터 평화조약에 이르기까지 일련의 상태를 지칭하는 것으로도 볼 수 있는 셈이다.

넷째, 전쟁은 단지 국가 간의 투쟁만을 의미하는 것이 아니라 이에 준하는 집단 간의 투쟁도 포함한다. 고대의 전쟁은 부족 또는 부락 간의 투쟁이 보편적이었으며, 오늘날에도 한국전쟁, 베트남 전쟁, 캄보디아 전쟁 등과 같이 국가 또는 정부가 아닌 정치단체가 전쟁 또는 반란을 일으켜 국제적으로 교전의 주체로 승인되면 국제법상 정식으로 전쟁의 주체가 된다.

이와 같이 전쟁의 정의는 학문 분야별로, 혹은 학자들마다 보는 관점에 따라 다양하게 나타나고 있음을 알 수 있다. 대체적으로 국제정치학과 군사학에서는 전쟁을 '정치의 연속'이자 '정치적 수단'으로 보는 클라우제비츠의 정의를 수용하고 있다.

2. 전쟁의 원인

전쟁은 근절의 대상인가? 또 근절할 수 있는가? 아마도 수천 년 동안 인류의 역사와 줄곧 함께해온 전쟁을 근절하는 것은 현실적으로 불가능할 것이다. 만일 모든 국가들을 통치할 '세계정부world government'가 수립될 수 있다면 전쟁은 이 땅에서 없어질 수 있겠지만, 근대 이후로 전쟁을 근절하기 위해 노력했던 에라스무스Desiderius Erasmus, 토머스 모어Thomas More, 몽테스키외Charles de Montesquieu, 장자크 루소Jean-Jacques Rousseau, 칸트Immanuel Kant 등 평화사상가들도 '세계정부'와 같은 대담한 구상을 제안한 적이 없다.[14] 그것은 현실적으로 지구상의 모든 국가들이 그들이 가진 주권을 포기하고 세계정부에 자발적으로 예속되기를 기대하는 것이 전쟁을 근절하기보다 더 어렵다는 것을 의미한다.

인류의 역사를 돌아보면, 전쟁은 인간의 본성이나 국가의 속성에 의해 발생하기도 한다는 것을 알 수 있다. 인간이 가진 투쟁심이나 권력욕이 국가 차원에서 호전성 또는 정복 야욕으로 승화되어 폭력적으로 표출될 경우 전쟁이라는 참화를 낳곤 했다. 그리고 이와 같은 폭력적 성향은 자유로운 시장경제를 추구하는 민주주의 국가보다는 영토적 팽창을 추구하는 전체주의 국가나 독재국가에서 더 잘 나타났다. 문제는 전쟁의 원인이 인간의 본성이나 국가의 속성에 있다고 한다면 인류가 소멸되거나 국가를 소멸하지 않는 이상 전쟁을 근절할 수 없다는 것이다. 야심적이고 이기적인 인간의 본성이나 자국의 이익만을 추구하는 국가의 속성은 결코 바뀔 수 있는 것이 아니기 때문에 결국 전쟁은 언제든 발생할 수밖에 없을 것이다.

---

14 Michael Howard, *War and the Liberal Conscience*(Oxford: Oxford University Press, 1981), pp. 13-30.

그러나 전쟁의 원인이 인간의 본성이나 국가의 속성에 있다 하더라도 전쟁을 예방할 수 있는 처방을 찾을 수 없는 것은 아니다. 전쟁이 인간의 본성에서 비롯되지만, 그것은 결국 인간의 호전적 행동에 의해 발발한다. 또한 전쟁이 국가의 속성에서 기원하지만, 그것은 결국 국가의 호전적 정책에 의해 야기된다. 인간의 본성은 변화시킬 수 없지만, 인간의 행동은 교정할 수 있다. 또한 국가의 속성은 변화시킬 수 없지만, 국가의 정책은 변화시킬 수 있다. 실제로 우리 사회는 법질서를 마련하고 경찰, 학교, 그리고 교회 등의 각종 제도를 통해 인간의 잘못된 행동을 바로잡기 위해 노력하고 있으며, 국제사회에서 국가들은 외교적 활동, 무력시위, 경제제재, 원조제공, 그리고 각종 국제규범을 만들어 호전적인 국가들의 정책을 제어하기 위해 노력하고 있다. 억제이론가들은 한 발 더 나아가 인간 및 국가의 속성이 아무리 악하다 하더라도 이들에 대해 다양한 보복 위협을 가할 경우 이들의 호전적 행동을 억제할 수 있다고 주장한다.[15]

이렇게 볼 때 우리가 전쟁의 원인을 연구하는 것은 전쟁을 근절하기보다는 전쟁의 발생을 억제하고 그러한 가능성을 최소화하기 위한 것으로 볼 수 있다. 무엇이든지 문제를 파악해야 그 문제를 해결할 수 있으며, 무슨 병이든지 그 병의 원인을 알아야 그 병을 고칠 수 있다. 즉, 전쟁의 원인을 규명하고 이해하는 것은 비록 전쟁을 뿌리 뽑는 것은 아니더라도 궁극적으로 그것의 발생을 최대한 예방할 수 있는 처방을 찾는 출발점을 제공하는 것이다.

지금까지 전쟁의 원인에 대한 많은 연구들이 이루어졌다. 그 결과 학

---

15 John Garnett, "The Causes of War and the Conditions of Peace", John Baylis et al., *Strategy in the Contemporary World*(New York: Oxford University Press, 2007), pp. 21-22. 특히 핵억제 전략가들은 더 극단적인 입장에서 전쟁의 원인이 무엇이든지 관계없이 단지 전쟁의 결과를 참혹하게 만듦으로써 어느 국가도 감히 전쟁을 야기하지 못하도록 할 수 있다고 주장한다.

자들은 전쟁의 원인을 매우 다양하게 정의하고 있는데, 이를 여러 범주로 나누어볼 수 있다. 여기에서는 크게 즉각원인과 근본원인, 촉발원인과 허용원인, 그리고 수준별 전쟁의 원인으로 나누어서 살펴보겠다.

가. 전쟁 원인의 범주화

'즉각원인'과 '근본원인'

'즉각immediate원인'은 시기적으로 가까운 원인으로, 예상치 않게 우발적으로 발생하여 전쟁을 야기하는 것이다. 제1차 세계대전은 오스트리아 황태자 페르디난트Franz Ferdinand가 세르비아의 한 청년에게 암살당함으로써 발발하게 되었다. 이 암살사건은 제1차 세계대전의 즉각원인으로, 만일 이 사건이 발생하지 않았다면 1914년에 제1차 세계대전은 발발하지 않았을 것이다. 즉, 즉각원인이란 전쟁을 곧바로 야기한 사건을 말한다.

그러나 비록 1914년에 전쟁이 발발하지 않았더라도 당시 유럽에는 전쟁 분위기가 만연하고 있었으며, 따라서 제1차 세계대전의 즉각원인이었던 오스트리아 황태자 암살사건이 없었더라도 다른 우발적인 사건에 의

1914년 6월 28일 사라예보(Sarajevo)에서 두 명의 세르비아 청년이 오스트리아 황태자 부부를 암살하는 사건이 발생했다. 이른바 '사라예보 사건'이라고 불리는 이 사건으로 말미암아 제1차 세계대전이 발발하게 되었다. 이 암살사건은 제1차 세계대전의 즉각원인이다.

해 곧 유럽의 화약고는 터지고 말았을 것이다. 따라서 '즉각원인' 외에 다른 전쟁의 원인으로서 보다 근원이 되는 요인을 규명해볼 필요가 있다. 이것이 바로 '근본underlying원인'이다. 제1차 세계대전의 '근본원인'으로는 열강들의 식민지 경쟁, 슬라브족과 게르만족 간의 민족 갈등, 경쟁적인 두 동맹체제의 형성, 보불전쟁부터 가속된 독일-프랑스 간의 군사적 긴장, 산업혁명으로 인한 동원잠재력 강화, 그리고 해양에서의 군비경쟁 등을 들 수 있으며, 이러한 요인들은 정확히 언제부터인지는 규정할 수 없으나 그 이전부터 이미 유럽 국가들을 전쟁으로 치닫게 하는 배경이 되었던 근본원인으로 볼 수 있다.

전쟁이 발발하기 위해서는 이와 같이 즉각원인과 근본원인이 모두 필요하다. 근본원인이 없거나 약하다면 오스트리아 황태자 암살사건이 발생했더라도 국가들은 전쟁으로 치닫지 않았을 것이다. 반면, 근본원인이 강하게 작용하고 있다면 암살사건이 발생하지 않았더라도 언젠가 즉각원인으로 작용할 다른 사건에 의해 대규모 전쟁이 촉발되었을 것이다.[16]

'촉발원인'과 '허용원인'

'촉발efficient원인'은 각각의 전쟁을 둘러싼 특정한 환경과 관련이 있다. 가령 A국가가 갖고 있지 않은 것을 B국가가 갖고 있을 때 전쟁이 발생할 수 있다. 이 경우 '촉발원인'은 A국가의 야망이 된다. 1990년 사담 후세인Saddam Hussein의 쿠웨이트 공격은 쿠웨이트가 가진 석유를 확보함으로써 국내적 입지를 강화하려는 사담 후세인의 야망에 의해 촉발되었다고 할 수 있다. 이처럼 촉발원인은 직접 전쟁을 야기하는 원인으로서, 촉

16 John Garnett, "The Causes of War and the Conditions of Peace", John Baylis et al., *Strategy in the Contemporary World*, pp. 24-25.

1990년 사담 후세인의 쿠웨이트 공격은 쿠웨이트가 가진 석유를 확보함으로써 국내적 입지를 강화하려는 사담 후세인의 야망에 의해 촉발되었다고 할 수 있다. 이때 사담 후세인의 야망은 '촉발원인'이 된다.

발원인이 없다면 전쟁은 발생하지 않는다. 촉발원인이 즉각원인과 다른 점은 촉발원인에 의한 전쟁 발발은 즉각적으로 이루어지지 않을 수도 있다는 점이다. 가령, 사담 후세인이 쿠웨이트 석유에 대한 야심을 가졌더라도 쿠웨이트에 대한 공격은 즉각 이루어지지 않은 채 미루어질 수 있다. 만일 제1차 세계대전과 같이 즉각적으로 전쟁을 야기하는 결과를 가져올 수밖에 없다면 이는 촉발원인이 아닌 즉각원인으로 분류되어야 할 것이다. 즉, 즉각원인이 전쟁 발발의 '즉각성'에 초점을 맞춘다면, 촉발원인은 전쟁을 직접적으로 초래한 '촉발성'에 초점을 맞추고 있다.

'허용permissive원인'은 곧 국제체제의 무정부적 성격을 의미하는 것으로, 전쟁을 활발하게 촉진시키지는 않으나 전쟁 발생을 허용한다. 우리가 살고 있는 세계는 독립된 주권국가들로 구성되어 있을 뿐 이들 국가들을 구속할 수 있는 어떠한 권위체도 존재하지 않는다. 비록 범세계적 국제기구로서 유엔UN이 존재하고 있으나 이는 국가들의 합의에 의해 구성된 권위체로서 국제사회를 관리하는 '거버넌스governance'이지 통치 행위를 하는 '정부government'는 아니니다. 우리가 살고 있는 세계는 이른바 국제정부가 존재하지 않는 '무정부상태anarchy'에 놓여 있는 셈이다. 따라서 현재 모든 국가들은 자국의 이익을 위해 필요하다면 무력을 사용할 수 있는 매우 취약한 상황에 처해 있다. 다시 말해, 국제체제의 무정부성 그 자체는 전쟁이 언제든 발발하도록 허용하는 '허용원인'으로 작용한다고 볼 수 있다.[17]

그러나 때에 따라서 이 두 원인은 앞에서 논의한 즉각원인 및 근본원인과 구분하기가 어려울 수 있다. 전쟁의 원인을 인간, 국가, 그리고 체계 차원에서 분석한 미국의 국제정치학자 월츠Kenneth N. Waltz도 그의 저서에서 즉각원인과 촉발원인을, 그리고 근본원인과 허용원인을 동의어로 사용하고 있다.[18]

나. 수준별 전쟁의 원인

인간

전쟁의 중요한 원인은 바로 인간의 본성과 행위 속에서 발견된다. 전쟁은 인간의 이기심, 잘못된 저돌적 충동과 어리석음에 기인한다. 인간의 본성에 대한 다양한 평가가 나오고 있으나, 심지어 인간이 이성적인 존재라고 믿는 자유주의자들도 인간은 살인, 자살, 파괴, 증오 등의 본성을 갖고 있음을 인정한다. 만일 인간의 본성이 전쟁의 원인이 된다면 다음과 같은 세 가지 유형의 주장을 고려해볼 수 있다.[19]

첫째, 인간의 본성으로 본 전쟁의 원인이다. 노벨 생리의학상을 수상한 오스트리아의 동물학자이자 동물심리학자인 로렌츠K. Z. Lorenz는 인

---

17 John Garnett, "The Causes of War and the Conditions of Peace", John Baylis et al., *Strategy in the Contemporary World*, pp.25-26.

18 Kenneth N. Waltz, *Man, the State and War: A Theoretical Analysis*(New York: Columbia University Press, 1959), p. 232.

19 John Garnett, "The Causes of War and the Conditions of Peace", John Baylis et al., *Strategy in the Contemporary World*, pp.30-34.

러시아 내무장관 플레베(1846~1904)는 러일전쟁 직전 국내적으로 혼란한 시기에 "내부 혁명의 조류를 차단하기 위해서라도 작은 전쟁에서의 승리가 꼭 필요하다"고 언급한 바 있다. 이처럼 국내적으로 심각한 혼란이나 분규에 휩싸여 좌절한 국가 지도자는 내부 안정을 도모할 목적으로 다른 국가를 공격하기로 결심할 수 있다.

간도 동물과 마찬가지로 공격본능을 가지고 있다고 한다. 인간의 공격본능은 자신과 종족을 보호하고 식량을 획득하는 데 필요한 영토를 확보하며, 타인이나 타 종족을 지배하여 자민족 중심의 위대한 제국을 건설하려는 정치적 욕망을 자극하게 되는데, 이러한 본능이 국가 사이에서 집단적으로 분출되면 전쟁으로 발전된다고 보았다.[20] 심리학자 달라드John Dallard는 '좌절-분노-공격' 이론을 제시했다. 인간은 좌절을 경험할 때 분노를 느끼게 되고, 출구를 모색하면서 자신을 좌절시킨 대상이나 희생양을 공격할 수 있다는 것이다.[21] 이러한 측면에서 만일 정치지도자가 대외정책을 추진하는 과정에서 영토적 야심을 갖는다든가 국민들이 외부 요인에 의해 심한 좌절을 경험할 경우, 이들은 국가정책을 공격적인 성향으로 이끌어나가려 할 것이고 전쟁 가능성은 높아진다고 할 수 있다.

국제정치학에서 자주 다루는 '희생양이론scapegoat theory'이나 '전환이론diversionary theory'은 '좌절-분노-공격' 이론으로 설명할 수 있다. 즉, 국내

---

20 김열수, "전쟁원인론: 연구동향과 평가", 『교수논총』, 제38집(2004).

21 Edwin I. Megargee and Jack E. Hokanson, *The Dynamics of Aggression*(New York: Harper & Row, 1970), pp. 22-32.

적으로 심각한 혼란이나 분규에 휩싸여 좌절한 국가 지도자가 내부 안정을 도모할 목적으로 다른 국가를 공격하기로 결심할 수 있다는 것이다. 역사적으로 일본의 도요토미 히데요시豊臣秀吉는 국내 정치적 상황이 어려워지자 내부적 불만과 문제를 외부로 돌리기 위해 조선을 침략해 임진왜란을 일으켰으며, 러일전쟁 직전 국내적으로 혼란한 시기에 러시아 내무장관 플레베V. K. Plehve는 "내부 혁명의 조류를 차단하기 위해서라도 작은 전쟁에서의 승리가 꼭 필요하다"고 언급한 바 있다.[22]

둘째, '오인misperception'에 의한 전쟁이 가능하다.[23] 현실 세계에서 정치 지도자나 정책결정자들은 정보의 부재, 혹은 선입견에 따른 왜곡이나 오해 등으로 인해 잘못된 인식을 가질 수 있다. 상대의 선의를 악의로, 혹은 악의를 선의로 잘못 받아들일 수 있다. 가령, 평화를 원하는 정치가들이라도 인지의 한계로 인해 서로의 의도를 오해하고 상대의 능력을 잘못 판단함으로써 전쟁 발발 가능성을 깨닫지 못하거나 반대로 전쟁으로 나아갈 수 있다. 1914년 이전까지 유럽의 자유주의자들은 강대국들 간의 제국주의적 경쟁이 기대했던 것보다 덜 위험하다고 보고 전쟁의 위험성이 줄어들고 있다고 판단했다. 1914년 6월 사회주의자들도 국제적 상황이 일반적으로 화해detente 모드로 돌아섰으며 제국주의로 인해 긴장이 형성되고 있지만 모두가 경제적 이익을 위해 평화를 유지할 것으로 낙관했다.[24] 이러한 가운데 유럽의 주요 국가들은 새로운 무기체계와 방대한 동원능력을 갖춤으로써 상대의 군사적 능력을 무시한 채 전쟁이 일어날 경우 신속하게 승리할 것으로 자신하고 있었다. 그리

---

22 Geoffrey Blainey, *The Causes of War*(New York: The Free Press, 1988), pp. 72-82.

23 Robert Jervis, *Perception and Misperception in International Politics*(Princeton: Princeton University Press, 1976), pp. 13-31.

24 Michael Howard, *War and the Liberal Conscience*(Oxford: Oxford University Press, 1981), pp. 70-72.

히틀러가 독일 국민들에게 극우적 민족주의를 주입하고 전쟁을 야기한 데에는 그의 깊은 내면에 숨어 있던 개인적 야심이 작용했을 수도 있다.

고 그 결과는 제1차 세계대전이라는 사상 유례없는 규모의 총력전으로 나타났으며, 유럽 국가들은 쉽게 전쟁을 끝내지 못하고 4년에 걸쳐 사망자만 약 900만 명에 달하는 참혹한 전쟁을 치러야 했다.[25]

셋째, 인간의 의식적 또는 무의식적 동기가 작용할 수 있다. 전쟁을 결심하는 것이 의식적이고 합리적으로 이루어질 수 있지만 여기에는 의도하지 않게 인간의 감정이 뒤섞인 여론이나 민족주의가 작용할 수 있으며, 그 이면에는 지도자의 야심이나 심리가 무의식적으로 작용할 수 있다. 가령 히틀러Adolf Hitler가 독일 국민들에게 극우적 민족주의를 주입하고 전쟁을 야기한 데에는 그의 깊은 내면에 숨어 있던 개인적 야심이 작용했을 수도 있다. 물론, 인간 내면의 심리적 요소는 추정이 가능할 뿐 과학적으로 규명하기 어려운 면이 있다. 따라서 인간의 무의식적 동기가 전쟁의 원인이라면 전쟁의 원인을 연구하고 그 처방을 제시하는 데에는 한계가 있을 수밖에 없다.

인간 본성에 내재된 각종 결함들, 가령 좌절하면 공격적인 모습이 나타난다거나, 잘못된 인식으로 인해 엉뚱한 정책결정을 내린다거나, 혹은 무의식적 동기가 전쟁을 부채질한다는 등의 결함들은 완전히 근절될 수 있는 것이 아니다. 그러나 상대의 좌절을 이해하고 조심한다든가, 상호 간에 오인을 줄이기 위해 정책의 투명성을 증가시키는 등의 노력을 통해 국가 간 전쟁의 가능성을 낮출 수 있을 것이다.

국가

인간이 전쟁의 원인으로 작용할 수 있지만, 국가도 주요한 원인을 제공한다. 국가가 인간의 집합체이고 전쟁은 이러한 인간이 모인 국가 혹은

---

25 Paul Brewer, *The Chronicle of War*(London: Carlton Books, 2007), p. 166.

집단을 단위로 이루어진다는 측면에서 어쩌면 국가는 더 중요한 전쟁의 원인을 제공할 수 있다.

국가 차원에서 전쟁의 원인은 매우 다양하다. 그 예로 강대국들 간 패권의 전이, 민족주의에 따른 민족 간 갈등, 제국주의에 의한 식민지 경쟁, 경쟁적이고 적대적인 동맹관계 형성, 군사기술의 발달로 인한 군비경쟁, 세력균형 정책의 실패, 국가 간 영토분쟁, 국내 정권의 불안정성, 강대국들 간의 제3국 개입 경쟁, 인종차별주의, 그리고 군사적 낙관주의 등을 들 수 있다. 가령, 펠로폰네소스 전쟁의 경우 전쟁의 원인을 강대국들 간 패권의 변화로 설명할 수 있는데, 당시 아테네의 국력이 상승하자 이를 두려워한 스파르타는 아테네가 더 강성해지기 전에 이를 제압하고자 전쟁에 돌입했다. 제1차 세계대전은 민족주의와 제국주의, 동맹관계, 그리고 세력균형 정책의 실패 등이 복합적으로 작용하여 발발했다. 1950년 김일성이 남한을 공격하여 한국전쟁을 일으킨 데에는 1949년부터 시작된 중국 내 한인부대들의 귀한歸韓과 소련의 군사적 지원 등으로 북한의 군사력이 강화되자 쉽게 남한을 점령할 수 있을 것이라는 군사적 낙관주의가 작용했다.

국가 차원에서 전쟁의 원인은 궁극적으로 그 국가의 정치체제에 의해 영향을 받을 수 있다는 견해가 지배적이다.[26] 대체로 자유주의자들은 민주주의가 독재체제보다 더 평화적이라고 주장한다. 제1차 세계대전 직후 민족자결주의를 내세우고 민주주의 원칙하에 국제연맹League of Nations 창설을 주도하면서 세계평화를 구상한 윌슨Woodrow Wilson이 그 선구자이다. 이들은 민주국가들이 민주적 정치문화와 제도, 그리고 평화적 해결 규범을 공유하고 있기 때문에 무력보다는 규범을 통해 분쟁을 해결한다고 주장한다. 또한 민주주의 국가는 경쟁적인 정당정치로

---

26 Kenneth N. Waltz, *Man, the State and War*, p. 63.

인해 전쟁 개입이 곤란하며, 군에 대한 민의 통치와 국민의 여론 때문에 전쟁을 시작하는 것이 쉽지 않다고 지적하면서 독재국가가 전쟁을 도발할 경우에만 전쟁에 개입한다고 주장한다. 이것이 바로 '민주평화론democratic peace'이다.

반대로 마르크스-레닌주의자들은 사회주의가 평화를 가져오는 반면, 자본주의 국가들은 자국의 경제적 이익을 위해 제국주의 정책을 추구하고 전쟁을 획책한다고 주장한다. 레닌Vladimir Il'ich Lenin에 영향을 준 영국의 경제학자 홉슨J. A. Hobson은 제국주의론을 통해 자본주의가 발전하면 잉여생산품과 잉여자본이 발생하게 되며, 이를 소비하기 위해 해외시장을 찾는 과정에서 정치적·군사적 수단을 동원하는 제국주의 정책을 추진한다고 보았다. 그리고 강대국들 간의 제국주의 정책이 충돌하면서 제국주의 전쟁이 야기됨으로써 자본주의는 붕괴되고 사회주의가 등장한다고 주장했다.

역사적으로 국가의 정치체제는 지역 안정과 관련하여 국제적 논란을 야기한 바 있는데, 19세기 초 나폴레옹과의 전쟁에서 승리한 후 빈 회의Congress of Wien에 모인 유럽의 지도자들은 혁명적인 자유주의 정체가 전쟁을 야기하는 원인이 된다고 규정한 바 있다.

이와 같이 국가 차원에서 수많은 전쟁의 원인이 제기되고 있으나, 어떠한 것이 주요 원인인가에 대해서는 결론을 내리기 불가능하다. 설령 민주주의가 평화에 기여하는 정치체제라 하더라도 민주주의를 택한 모든 국가들이 동일한 수준과 형태의 민주적 정치체제를 갖고 있는 것은 아니다. 또한 독재국가가 더 호전적이라고 하더라도 세상 어느 국가도 스스로를 독재국가라고 인정하지는 않을 것이다. 심지어 세상에는 사회민주주의라든가 사회주의시장경제와 같은 복합적인 체제가 존재함으로써 이러한 논의를 더욱 복잡하게 하고 있다. 따라서 월츠는 국가 차원에서 전쟁 원인을 규명하려는 노력은 그 접근 자체가 잘못된 것

이라고 보고 국제체제 차원에서 접근하는 것이 바람직하다고 주장한다.[27]

국제체제

전쟁을 일으키는 인간의 행동과 국가의 정책은 국제환경의 영향을 받지 않을 수 없다. 따라서 국제체제도 마찬가지로 중요한 전쟁의 원인을 제공한다. 무엇보다도 국제체제가 갖는 무정부적 성격은 모든 전쟁이 발발할 수 있도록 하는 허용원인으로 작용한다. 물론, 국제적 무정부상태가 항상 전쟁을 야기하는 것은 아니다. 역사적으로 보면, 어떤 때에는 전쟁이 있다가 또 오랜 기간 동안 평화가 대세를 이루기도 한다. 그러나 국가의 군사력 사용을 제어하고 구속할 수 있는 세계정부가 존재하지 않는 한, 국가들은 필요한 경우 군사력을 사용하려 할 것이고, 그로 인해 전쟁의 가능성은 항상 존재하게 된다.

만일 세계정부가 수립되고 국제적 무정부상태가 소멸된다면, 그래서 모든 국가들이 범세계적 정부의 통제를 받는다면, 전쟁은 제어될 수 있을 것이다. 그러나 민족을 단위로 이루어진 각 국가들은 주권을 포기하지 않을 것이기 때문에, 국제적 무정부상태는 현실적으로 지속될 수밖에 없다. 국가들은 필요한 경우 국제제도나 기구의 제약에 구애받지 않은 채 자국의 이익과 야망을 추구할 수 있으며, 다른 국가들과 이익 갈등에 휘말릴 경우 군사분쟁이나 전쟁을 불사하면서 자국의 이익에 따라 판단하고 행동할 수 있다. 즉, 세계정부가 수립되지 않는 이상 국제체제가 가진 무정부성은 전쟁의 충분원인sufficient cause은 아니지만 필요원인necessary cause으로 작용하고 있다.[28]

월츠는 국제체제의 무정부성이 전쟁의 근본원인, 혹은 허용원인이라

---

27 Kenneth N. Waltz, *Man, the State and War*, pp. 122-123.

고 주장한다. 그리고 인간과 국가 차원의 원인은 즉각원인, 혹은 촉발원인을 제공한다고 본다. 그는 인간과 국가 차원의 원인은 하나의 증상에 불과한 것으로 그러한 원인을 제거했다고 하더라도 근본적인 원인이 제거되는 것은 아니라고 한다. 암환자에게 나타나는 구토 증세를 가라앉혔다고 해서 암이 치유되는 것은 아니며, 다른 부위에서 증상이 나타나는 것과 마찬가지이다. 그는 체계 차원의 원인이야말로 진정한 원인이며, 세계정부만이 세계 전쟁을 방지할 수 있는 처방이라고 주장한다.[29]

요약하면, 즉각원인 및 촉발원인과 함께 근본원인 및 허용원인을 함께 규명함으로써 각각의 전쟁에 대한 원인을 보다 정확하고 온전하게 설명할 수 있을 것이다. 다만, 전쟁의 원인을 연구하는 데 있어서 뉴턴식의 기계적 모델을 따라 한두 개의 원인이 작용하여 전쟁을 야기한다고 생각하면 오산이다. 전쟁은 정치, 경제, 사회, 군사, 심리적 요소 등 매우 다양한 원인이 동시에 복잡하게 작용하기 때문이다. 또한 전쟁의 원인을 규명하고 나서 평화의 '조건'을 밝히는 데만 주력할 경우에도 오류를 낳을 수 있다. 그러한 조건만 알면 모든 전쟁을 막을 수 있다고 쉽게 생각할 수 있기 때문이다. 따라서 단편적인 전쟁의 원인을 규명하기보다는 전쟁이 발발하게 되는 과정에서 왜 국가들이 전쟁을 선택할 수밖에 없는지, 또는 왜 국가들이 전쟁을 통해 그들이 직면한 상황을 가장 잘 해결할 수 있다고 믿게 되는지에 대해 관심을 기울일 필요가 있다.[30]

---

28 충분원인이란 존재할 경우 어떠한 결과(Y)를 반드시 야기하는 원인을 말한다. 이때 다른 원인도 그러한 결과 Y를 야기할 수 있다. 필요원인이란 존재하지 않을 경우 어떠한 결과 Y가 절대로 일어나지 않게 되는 원인을 말한다. 가령, 국제적 무정부성이 존재하지 않는다면 전쟁은 일어날 수 없다. 이 경우 필요조건이 형성된다. 또한 영토분쟁은 전쟁을 일으키는 충분조건이 될 수 있다. 다만, 전쟁의 원인에는 영토 문제 외에 동맹, 민족주의, 역사적 반감, 군비경쟁 등 수많은 원인이 있을 수 있다.

29 Kenneth N. Waltz, *Man, the State and War*, pp. 230-238.

30 John A. Vasquez, *The War Puzzle*, p. 42.

3. 전쟁의 진화

가. 근대 이전의 전쟁 : 제한전쟁

1789년 프랑스 혁명이 발발하기 이전까지의 전쟁은 국민과 유리된 전쟁이었다. 전쟁은 국왕이나 봉건영주의 관심사였을 뿐, 일반 국민들은 전쟁에 대해 극히 냉담한 태도를 취했다. 물론, 태고에 원시 유목민들이 원정을 갈 때는 전 부족이 전쟁에 참여했고, 도시국가 및 중세봉건시대에는 다수의 시민이 전쟁에 참여했다. 그러나 18세기에 이르러 전쟁은 국민과 직접적인 관련이 없었으며, 다만 신체적 조건의 우열에 따라 일부 시민이 전쟁에 동원되는 정도로 간접적인 영향을 주었을 뿐이었다. 즉, 이 시기의 전쟁은 국민들에 의해서가 아니라, 국민으로부터 유리된 직업군인들이나 용병들을 동원한 군주에 의해 수행되었다.

따라서 유럽에서의 전쟁은 총력전이 아닌 제한전쟁의 양상을 띠었다. 여기에는 다음과 같은 요인이 작용했다. 우선 유럽에서는 17세기 종교전쟁이 가져다준 공포와 끔찍한 기억들로 인해 전쟁에 대한 혐오감이 확산되어 있었다. 또한 17세기와 18세기 계몽주의 운동을 통해 인간의 이성에 대한 신뢰와 합리주의적 가치가 확산되었으며, 이에 따라 전쟁은 야만적이고 비정상적인 것으로 간주되었다.[31] 사회·경제적 요인들 역시 중요한 영향을 미쳤는데, 왕조시대의 국가들은 재원과 징집 기반이 제한되어 대규모 전쟁을 선뜻 치를 여력이 없었다. 당시 징집은 전 국민을 대상으로 하는 것이 아니라 직업군인들과 외국 용병들을 대상으로 했으며, 이러한 직업군인 및 용병들은 모집과 양성, 그리고 훈련 등에 많은 비용이 소요되었다. 따라서 군주들은 값비싼 군대를 소모적으로 투입할 수 없었으며, 전장 상황이 불리할 경우에는 이들을 보존하기 위해 도주를 허용했다.[32] 18세기에 화약이 발달하고 개인화기 및 포병의 일제

1789년 7월 14일 아침, 파리 민중들은 혁명에 필요한 무기를 탈취하기 위해 바스티유 감옥을 습격했다. 이 습격의 성공은 바야흐로 프랑스 혁명의 도화선이 되었다. 군사적 측면에서 프랑스 혁명은 그 이전 절대왕정시대의 제한전쟁을 민족주의시대의 총력전으로 전환하는 새로운 역사의 장을 열었다.

사격에 의해 살상률이 증가하자, 각 국가들은 '값비싼 자산'인 상비군을 아끼기 위해 의도적으로 전투의 강도를 약화시켰고, 이로 인해 전쟁은 더욱 제한될 수밖에 없었다.

나. 근대의 전쟁 : 총력전으로의 발전

프랑스 혁명은 세계 역사상 인류에 가장 큰 영향을 미친 사건 중 하나였다. 이 혁명은 단순한 정치상의 혁명을 넘어 사회적으로, 사상적으로, 그리고 군사적으로 커다란 의미를 갖는다. 과거 봉건제도를 타파하고 자유와 평등을 이념으로 하는 근대사회를 확립했으며, 현대 사회의 지도적 원리인 자유민주주의를 정착시켰다. 민족주의가 태동함으로써 1648년 베스트팔렌 조약Westphalia Treaty 이후 등장한 영토국가territorial state 개념을 민족국가nation state 개념이 대체하기 시작했다. 군사적 측면에서 프랑스 혁명은 나폴레옹 전쟁을 통해 전쟁수행 측면에서의 근본적인 변혁을 야기했는데, 그 이전 절대왕정시대의 제한전쟁을 민족주의시대의 총력전으로 전환하는 새로운 역사의 장을 열었다.[33]

나폴레옹 시대로 오면서 다양한 분야에서 군사혁신이 이루어졌다. 가장 두드러진 변화는 징집제의 도입이었다. 프랑스 혁명 이전부터 몽테스키외와 루소를 비롯한 프랑스 사상가들은 국민들이 국가방위의 책임을 져야 하며, 군대는 용병들이 아닌 국민들로 구성되어야 한다고 주장했다. 기베르Comte de Guibert를 비롯한 군사사상가들 역시 징집제를 지지하고 있었다.[34] 당시 군주제 하에서 이러한 관념은 받아들여질 수 없었으나, 1792년 루이 16세가 사형당하고 난 후 프랑스 공화국이 창설되자 군사 전반에 걸친 커다란 변화가 나타나기 시작했다. 프랑스는 혁명정부를 보호하기 위해 징집을 통한 시민군대를 창설했고, 대규모 군수물자를 생산했으며, 국민들을 이념적으로 무장시켜 새로운 방식의 급진적인 전쟁을 준비했다. 특히 나폴레옹은 군단 및 사단의 창설, 기동력 강화, 포병화력 운용, 병참과 보급체계 개편 등을 통해 대규모 군사작전을 수행할 수 있는 능력을 구비했다. 그리하여 18세기 '이성의 시대Age of Reason'[18세기 중반부터 유럽에서 유행한 인간 이성을 중시하는 계몽주의 시대를 의미함]에 프랑스 장군 삭스Maurice de Saxe는 군대의 규모가 5만 명을 넘을 수 없다고 주장했지만, 1812년 나폴레옹이 러시아를 원정할 당시의 병력

---

31 계몽주의란 17세기와 18세기 홉스(Thomas Hobbes), 로크(John Locke), 루소(Jean-Jacques Rousseau), 칸트(Immanuel Kant) 등에 의해 나타난 것으로 신이 아닌 인간의 이성에 대한 믿음을 가지고 이성을 바탕으로 문화와 문명을 발달시키려는 사상이었다. 인간의 존엄과 평등, 자유를 강조하면서 전제군주와 종교의 독단에서 탈피하려는 경향이 있었으며, 혁명이론으로 발전했다.

32 Michael Sheehan, "The Evolution of Modern Warfare", John Baylis et al., *Strategy in the Contemporary World*(New York: Oxford University Press, 2007), p. 44.

33 육군사관학교, 『세계전쟁사』(서울: 일신사, 1985), p. 87.

34 Adam Roberts, *Nations in Arms: The Theory and Practive of Territorial Defense* (London: Chatto & Windus, 1976), pp. 15-16.

규모는 60만 명에 육박할 정도로 군 규모에 일대 혁신이 이루어졌다.[35]

산업혁명은 전쟁 양상을 변화시킨 또 다른 원동력으로 작용했다. 1825년 처음으로 철도에 의한 수송이 가능해지자 도보로 2주 걸리는 250마일 거리를 단 2일 만에 주파할 수 있게 되었다. 과거에는 보급이 제한됨에 따라 군대의 규모가 제한될 수밖에 없었으나, 교통수단이 발달함에 따라 그러한 제한은 별 의미가 없게 되었다. 1870년 프로이센은 60년 전 나폴레옹이 러시아를 공격할 때 동원했던 병력의 두 배에 달하는 규모로 프랑스를 공격했으며, 프랑스는 병력 규모와 기동력의 열세를 극복하지 못하고 패배하고 말았다. 보병화기에도 혁신이 이루어졌다. 18세기의 부정확한 활강식 머스킷musket 소총 대신 총열에 강선이 적용되어 정확도가 향상된 후미장전식 소총이 등장했고, 1884년에는 연발식 소총과 맥심 기관총이 등장하여 전술에 일대 혁신을 불러일으켰다. 1870년 프로이센은 처음으로 오늘날과 같은 후미장전식 화포를 도입했으며, 또한 이 시기에 전보 기술이 발전하여 전장에서의 지휘통제에 커다란 진전을 이루었다.[36]

▣ 근대 이전과 근대의 전쟁 양상 비교

근대 이전의 전쟁	나폴레옹 전쟁과 산업혁명	근대 이후의 전쟁
• 계몽주의와 전쟁 혐오 • 군주국가들의 전쟁 • **제한전쟁** (자원 제한, 용병제, 군수보급 제한)	• 징집제 도입 • 민족주의 확산 • 산업혁명의 영향 – 대량생산 가능 – 철도/증기선 도입 – 무기기술 발달 – 전보기술 발달	• 민족주의와 전쟁에 대한 자신감 • 민족국가들의 전쟁 • **총력전** (자원 무제한, 징집제, 군수보급 용이)

35 Michael Sheehan, "The Evolution of Modern Warfare", John Baylis et al., *Strategy in the Contemporary World*, p. 45.

36 앞의 글, pp. 48-50.

제1차 세계대전(위 사진)과 제2차 세계대전(아래 사진)은 근대의 전쟁 양상이 제한전쟁이 아닌 총력전으로 변화했음을 보여주었다.

근대 전쟁에서 나타나는 가장 큰 특징은 그 이전의 전쟁과 달리 국가들이 총력전을 수행할 수 있는 능력을 갖추었다는 데 있다. 그럼에도 불구하고 이 시기 보오전쟁과 보불전쟁에서 총력전 양상은 보이지 않았는데, 이는 비스마르크Otto Eduard Leopold von Bismarck가 주도하여 오스트리아 및 프랑스와 체결한 평화조약의 조건을 매우 온건하게 제시했기 때문이었다.[37] 즉, 총력전을 하지 못한 것이 아니라 정치적 목적과 전쟁의 범위를 의도적으로 제한했던 것이다. 그러나 평화로운 시기는 오래가지 않았다. 유럽의 주요 국가들은 대규모 군대를 보유함으로써 군사적 자신감을 갖게 되었으며, 최선의 방어는 곧 공격이라는 '공격의 신화cult of offensive'에 대한 믿음이 강화됨에 따라 공세적인 군사교리를 채택하고 있었다. 이들은 징병제, 민족주의에 바탕을 둔 애국심, 철도망을 통한 이동과 보급능력을 갖추었으며, 산업혁명을 통해 축적한 경제력을 바탕으로 최신 무기와 함께 막대한 군수물자를 대량으로 생산했다. 주요 국가들은 전쟁이 발발하면 신속하게 승리할 수 있다고 장담했으며, 공격이 유리하다는 인식 하에 방어보다는 대규모 포위격멸 교리를 채택했다.

제1차 세계대전과 제2차 세계대전은 근대의 전쟁 양상이 제한전쟁이 아닌 총력전으로 변화했음을 보여주었다. 제1차 세계대전은 '공격의 신화'를 추종한 전략가 및 군 지도자들의 예상과 달리 기관총, 장사정포, 철조망, 참호 등이 출현하여 공격보다 방어가 유리함을 입증했다. 특히 서부전선에서는 양측 군대가 각각 300만 명씩 빽빽이 늘어서 있어 노출된 측면을 찾지 못하는 가운데 아무도 결정적인 성과를 거두지 못하고 전쟁이 지연되었다.[38] 제2차 세계대전은 독일이 기동력과 공격력에 활기

---

37 강성학, 『시베리아 횡단열차와 사무라이: 러일전쟁의 외교와 군사전략』(서울: 고려대학교 출판부, 1999), pp. 61-62.

38 Stephen Van Evera, *Causes of War: Power and the Roots of Conflict*(Ithaca: Cornell University Press, 1999), pp. 174-175.

를 불어넣은 '전격전blitzkrieg'을 통해 초기에 작전적 성공을 거두었지만, 무제한적 동원능력을 갖춘 국가들을 상대로 신속하게 유럽 전역을 석권하는 것은 불가능하다는 사실을 입증해주었다. 연합국 국가들이 총력전에 돌입하여 끊임없이 인력과 자원을 동원하고 독일의 공격에 대항하자 전쟁은 또다시 지연되었고, 전쟁에서 승리하기 위해서는 장기간에 걸친 대규모 산업능력이 결정적 요소로 작용함을 다시 한 번 보여주었다.

다. 핵시대의 전쟁 : 다시 제한전쟁으로

'절대무기'라 불리는 핵무기의 등장은 전쟁 양상에 또 하나의 커다란 변화를 가져왔다. 아이러니하게도 핵무기의 출현은 총력전 대신 제한전쟁의 시대가 다시 도래하게 만들었다. 핵을 가진 국가들 간의 전면전은 곧 상호공멸을 의미하는 만큼, 강대국들은 어떠한 희생을 치르더라도 전면전을 회피하기 위해 노력하지 않을 수 없었다. 또한 전면전을 피하기 위해서는 강대국뿐만 아니라 제3국의 군사적 행동도 억제하여 소규모 전쟁이 대규모 대결로 확대되지 않도록 해야 했다. 결국 냉전시대의 전쟁은 총력전이 아니라 전쟁의 목적, 수단, 지역을 한정한 제한전쟁의 성격을 띠게 되었다. 한국전쟁, 베트남 전쟁, 그리고 중동전쟁 등은 이 시기 대표적인 제한전쟁으로서 미국과 소련은 이러한 전쟁이 강대국들 간의 전면전으로 확대되지 않도록 신중하게 행동했으며, 특히 1973년 제4차 중동전쟁에서는 아랍과 이스라엘에 전쟁을 중지하도록 압력을 가하기도 했다. 강대국들은 이러한 전쟁이 확대되어 자신들이 핵을 사용해야 할지도 모르는 그러한 분쟁에 휘말리는 것을 원치 않았던 것이다.

대다수의 강대국들이 총력전 형태의 전쟁을 거부했기 때문에 이들과 적대관계에 섰던 약소국들은 비대칭 전쟁과 비대칭 전략을 통해 성공을 거둘 수 있었다. 한국전쟁의 경우, 미국은 중국군이 개입한 이후 전쟁 목표를 대략 38선 정도로 제한했으며, 이에 따라 중국군은 무장이 빈약했음에도 불구하고 세계 최강의 전력을 보유한 미군을 상대로 군사적 교착상태를 이룰 수 있었다. 베트남 전쟁의 경우 북베트남은 남베트남 지역에서 미군을 상대로 끈질긴 유격전을 추구한 끝에 미군을 남베트남에서 축출하고 공산화 통일을 이룰 수 있었다. 중국과 베트남이 강대국인 미국을 상대로 한 전쟁에서 성공할 수 있었던 것은 이들의 전략이 뛰어나기도 했지만, 기본적으로 미국이 전쟁을 제한했기 때문에 가능한 것이었다.

핵시대가 도래하자 일부 학자들은 '반 클라우제비츠 입장anti-Clausewitian'에 서서 앞으로 핵전쟁은 상호공멸을 가져올 것이기 때문에 전쟁은 더 이상 정치적 수단이 될 수 없다는 주장을 내놓았다. 핵시대에 강대국들 간의 총력전이 발발하여 핵전쟁으로 발전한다면 그것은 전쟁에 참여하는 국가들 간에 감당할 수 없는 파괴와 대량학살을 야기할 것이기 때문에 앞으로 전쟁은 정치적 목적을 달성하기 위한 수단이 될 수 없다는 견해가 대두한 것이다.

그러나 핵무기의 파괴력이 더욱 가공할 만한 수준에 이른 냉전기 동안에도 제한된 규모의 전쟁은 계속되었고, 이는 핵시대에도 클라우제비츠의 사상이 여전히 유효하다는 것을 입증해주었다.[39] 이에 대해 줄리언 라이더Julian Lider는 핵무기 출현으로 인해 전쟁이 더 이상 정치적 목적을 달성하는 데 기여할 수 없게 되었다는 주장을 다음과 같이 반박하고 있다. 첫째, 냉전기에도 전쟁은 계속되었다. 따라서 '반 클라우제비츠 입장'은 미국과 소련 간의 핵전쟁을 상정할 때에만 유효하다. 둘째, '반 클라우제비츠 입장'은 매우 역설적인 결론으로 연결될 수 있다. 즉, 전쟁

39 Julian Lider, *Military Theory: Concept, Structure, Problems*(Aldershot: Gower Publishing Company, 1983), p. 215.

이 정치적 수단으로 더 이상 유효하지 않다면, 이 세상은 앞으로 전쟁 없이 정치적 목적을 달성할 수 있거나 반대로 어떠한 정치적 의지도 관철할 수 없게 될 것이다. 그러나 이러한 극단적인 상황은 현실적으로 상상하기 어려우며, 따라서 '반 클라우제비츠 입장'은 논리적으로 결함을 안고 있다. 셋째, 일부 학자들이 핵전쟁의 출현으로 전쟁은 '정치적 목적'을 추구하는 것이 아니라 '생존'을 확보하는 것이 되어야 한다고 주장하고 있으나, 이러한 주장은 단지 핵전쟁에 한정하여 의미를 가질 뿐 재래식 전쟁과는 무관하다.

결국 냉전기 제한전쟁이 보편화되면서 클라우제비츠의 사상은 화려하게 부활했다. 현실적으로 핵시대에도 국가들은 여전히 정치적 목적을 달성하기 위해 재래식 전쟁을 지속하고 있고, 이는 핵시대에도 "정치적 목적 달성을 위한 수단"이라는 전쟁의 본질은 변하지 않고 있음을 보여준다.

라. 탈냉전기의 전쟁 : 제4세대 전쟁으로?

냉전이 끝난 이후 새로운 전쟁 양상이 출현했다. 동유럽과 아프리카, 그리고 중동에서는 인종, 민족, 종족, 종파 간의 투쟁에 의해 대규모 충돌과 살육이 이루어짐으로써 야만적 전쟁이 새로운 형태의 전쟁으로 등장하기 시작했다. 전쟁을 수행하는 주체는 정부가 아닌 게릴라, 범죄조직, 외국 용병, 혈연, 그리고 종교집단 등으로 구성된 비정부 행위자로서 첨단기술시대에도 불구하고 소총과 RPG-7 대전차화기, 그리고 급조폭발물IED 등 저기술 무기를 동원하여 전쟁을 수행하고 있다. 이들은 인종

---

40 James D. Kiras, "Irregular Warfare: Terrorism and Insurgency", John Baylis et al., *Strategy in the Contemporary World*, p. 164.

청소, 테러리즘, 성전聖戰 등을 표방하고 의도적으로 시민과 군인을 구별하지 않은 채 무차별적인 공격을 가함으로써 새로운 형태의 전쟁을 추구하고 있다. 이러한 새로운 투쟁 양상을 전쟁으로 간주할 수 있느냐에 대한 의문이 제기될 수 있으나, 이 집단들도 각기 추구하는 정치적 목적을 갖고 있다는 점에서 클라우제비츠가 정의한 전쟁의 영역에 포함시킬 수 있을 것이다.[40]

▣ 냉전기 전쟁과 탈냉전기 전쟁

구분	전쟁 양상
냉전기	• 정부에 의해 공식적으로 계획하고 준비 • 위계적 구조와 전문화된 군대가 수행 • 국가 경제와 방위산업이 뒷받침
탈냉전기	• 비공식, 또는 비정부 행위자들에 의한 전쟁 • 전문화된 군대가 아닌 게릴라, 범죄조직, 외국 용병, 혈연에 의한 비정규군, 지역 군벌에 의한 준군사조직, 테러조직 등이 수행 • '정체성' 구축을 위해 인종청소, 테러, 종교적 성전 추구 경향 • 현대보다 저급한 기술 무기 사용 • 지역적·범세계적 재정 네트워크 이용, 물질적 지원 추구 (약탈, 절도, 인질배상금, 마약, 무기거래, 돈세탁, 해외원조 등)

물론 이러한 전쟁은 흔히 '제4세대 전쟁'으로 불리는 것으로 마오쩌둥의 중국혁명이나 호치민胡志明의 베트남 혁명과 같이 현대에 나타난 전쟁의 한 양상이다. 그러나 현대 핵시대의 전쟁은 이러한 전쟁보다도 국가들 간의 제한전쟁이 주요한 흐름을 형성했고, 따라서 '전복전' 또는 '혁명전쟁'은 어느덧 사람들의 기억에서 잊혀지게 되었다. 이러한 점에서 최근 등장한 이라크와 아프가니스탄에서의 '분란전'과 같은 전쟁을 '새로운 전쟁' 또는 '제4세대 전쟁'으로 부르고 있으나, 이러한 전쟁을 결코 '새로운' 전쟁으로 볼 수는 없다.[41]

■ 제4세대 전쟁이란? ■

제1세대 전쟁은 '선과 대형'에 의한 전쟁으로 베스트팔렌 조약 이후 봉건시대와 구별되는 국가 간 전쟁 양상을 지칭한다. 제2세대 전쟁은 '화력전'으로 나폴레옹 전쟁 이후 무기체계의 질적 · 양적 발전에 따라 화력집중[특히 포병의 간접화력]에 의존하는 전쟁이었다. 제3세대 전쟁은 '기동전'으로 제1차 세계대전에서 교착된 전선을 돌파하기 위해 등장한 전쟁이다. 제4세대 전쟁은 적 내부의 붕괴를 통해 적의 전쟁수행 의지를 파괴하는 것으로 군사적 · 경제적으로 약한 국가 또는 행위자가 정치적 · 사회적 차원의 전쟁을 추구한다. 제4세대 전쟁에서는 국가 이외의 비국가 행위자가 전쟁의 주요 행위자로 등장하여 적의 물리적 파괴보다는 적 내부의 정치적 · 사회적 붕괴를 전투의 목적으로 설정한다.

이렇게 볼 때, 근대 이전의 전쟁은 제한전쟁의 양상을 띠었지만, 근대로 오면서 민족주의와 산업혁명, 그리고 기술의 발달로 인해 총력전 양상으로 발전해왔음을 알 수 있다. 두 차례의 세계대전이 그 대표적인 사례이다. 다만 제2차 세계대전 이후 핵시대가 개막되면서 강대국들은 상호공멸을 가져올 핵전쟁을 막기 위해 스스로 전쟁을 제한할 수밖에 없었을 뿐 아니라 다른 국가들의 전쟁도 확대되지 않도록 주의를 기울였

41 William S. Lind et al., "The Changing Face of War: Into the Fourth Generation", *Marine Corps Gazette*(October 1989), pp. 22-26.

다. 그 결과, 현대전은 국가들이 총력전 역량을 보유하고 있음에도 불구하고 제한전쟁의 양상을 보이게 되었다.

4. 전쟁의 유형

가. 전쟁의 구분

전쟁은 다양한 기준에 의해 구분할 수 있다. 전쟁수행 형식에 따라 열전hot war과 냉전cold war으로 구분할 수 있다. 현대 핵무기 출현에 따라 전쟁을 핵전쟁과 재래전으로 구분할 수 있으며, 동원의 정도에 따라 총력전과 제한전으로 분류할 수도 있다. 전쟁에 휩싸인 지역의 넓고 작음에 따라 전면전과 국지전으로 구분할 수도 있다. 전투수행 방식에 따라 전쟁은 정규전과 비정규전으로 나눌 수 있으며, 비정규전은 다시 유격전guerrilla warfare, 전복전subversive warfare, 분란전insurgency warfare 등으로 구분할 수 있다.

또한 전쟁이 수행되는 장소에 따라 지상전, 해전, 공중전으로 나눌 수 있으며, 작전을 이끄는 방법에 따라 섬멸전, 소모전, 마모전 등으로 나눌 수도 있다. 전쟁의 지연 여부에 따라서는 속전과 지연전으로 구분할 수 있다. 현실적으로 전쟁의 유형을 구분하는 것은 때로 그 기준이 모호하여 상호 배타적으로 이루어지지 않을 수 있다.[42] 가령 전 지구적 차원에서 분류한 제한전이 수행 당사국의 입장에서는 총력전일 수 있고 동시에 전면전이 될 수 있다. 중국혁명전쟁의 경우도 어느 한 유형의 전쟁이 아니라 혁명전쟁, 유격전, 정규전 등을 모두 포함한 혼합된 형태의 전

---

42 온창일, 『전쟁론』, pp. 69-70.

쟁이었다.

그러나 이러한 개념들 가운데에는 학술적으로 아직 완전히 정립되지 않은 것도 있다. 가령 혁명전쟁revolutionary war을 다루는 많은 연구들은 혁명전쟁을 소규모 전쟁small war, 인민전쟁people's war, 전복전subversive warfare, 분란전insurgency warfare, 유격전guerrilla warfare, 내전internal war, 비재래식 전쟁unconventional war, 비정규전irregular war, 테러리즘terrorism, 저강도 분쟁low intensity conflict 등의 개념과 혼용하여 사용하고 있다. 따라서 이러한 개념들을 어떻게 구분할 것인지에 대한 연구가 더욱 이루어져야 한다.[43]

나. 일반적인 전쟁의 유형

'전쟁의 유형types of war'은 일반적으로 전쟁에 참여하는 국가들의 목적, 그러한 목적을 달성하기 위해 쏟는 노력의 정도, 그리고 동원하는 자원의 정도에 따라 총력전쟁total war, 전면전쟁general war, 제한전쟁limited war, 그리고 혁명전쟁revolutionary war, 이 네 가지로 구분할 수 있다. 총력전쟁은 국가들 간의 전쟁에서 한 국가가 다른 국가를 완전히 파괴하는 것을 목표로 하며, 그 목표를 달성하기 위해 모든 가용한 수단을 사용한다. 현재의 상황에서 강대국들 간에 총력전쟁이 발발한다면 핵무기가 사용될 것이다. 전면전쟁은 국가들 간의 전쟁에서 한 국가가 다른 국가를 완전히 파괴하는 것을 목표로 하지만, 그 국가가 가진 모든 자원을 동원하지는 않는다. 현재의 상황에서 강대국들이 전쟁을 하더라도 그들이 가진 모든 핵무기를 사용하지 않는다면 이는 총력전쟁이 아닌 전면전쟁에 해당한다. 모든 자원을 동원하지 않기 때문이다. 이러한 기준에서 1939년 시작된 제2차 세계대전은 당시에는 총력전쟁이었지만, 만일 오늘날

---

43 Colin S. Gray, *Modern Strategy*(Oxford: Oxford University Press, 1999), p. 286.

그러한 전쟁이 다시 발발한다면—모든 핵무기가 동원되지 않는 한—총력전쟁이 아니라 전면전쟁으로 분류되어야 한다. 제한전쟁은 강대국과 약소국 간의 전쟁으로 각 국가는 제한된 전쟁 목표를 가지고 단지 자원 일부를 동원하여 대개 한정된 지리적 범위 내에서 전쟁을 수행한다. 한국전쟁은 미국과 중국의 입장에서 보면 제한전쟁이었다. 혁명전쟁은 비정부 조직과 정부 간의 전쟁이다. 정부는 가용한 수단의 일부 또는 전부를 동원하여 비정부 조직을 파괴하려 하며, 비정부 조직은 가용한 모든 수단을 동원하여 국가 영토의 일부 또는 전부에서 기존 정부를 대체하려 한다. 제2차 세계대전 이후 인도차이나, 말라야, 그리고 알제리에서 있었던 투쟁은 모두 혁명전쟁이었다.[44]

▣ '전warfare'이란? ▣

'전warfare'이란 특정한 군사력, 무기, 또는 전술을 포함하는 군사 활동의 한 종류라고 할 수 있다. 여기에는 두 행위자 간의 완전한 군사적 상호작용 패턴이 포함되지 않는다.[45] 즉 '전쟁'에서는 국가들 간에 정치적 목적을 달성하기 위한 상호작용이 반드시 이루어져야 하지만, '전'은 정치적 목적과는 상관이 없는 단지 '싸움의 한 양식'으로 볼 수 있다. '전'의 형태는 매우 다양하다. 특정 군사력, 무기, 전술에 의해 그 형태를 지칭할 수 있기 때문이다. 해상봉쇄, 지상군 전역, 전략적 공중폭격 등은 특정한 군사력에 의해 수행되는 '전'의 각 형태form로 볼 수 있다. 또한 보다 전문화된 개념들로서 유격전, 전복전, 분란전, 그리고 최근 등장한 네트워크 중심전network centric warfare, 정보전information warfare 등도 마찬가지로 '전쟁'이 아닌 '전'으로 볼 수 있다.

이론상으로 이러한 전쟁은 상호 배타적이고 뚜렷이 구분할 수 있지만, 현실에서 전쟁은 그 경계가 모호할 때가 많다. 한 국가가 전면전쟁을 추구하더라도 상대국가는 제한전쟁을 추구할 수 있다. 전면전쟁을 수행하는 한 국가가 상대국가의 혁명세력과 연합해 싸울 경우에는 두 가지 전쟁이 동시에 수행될 수 있다.[46]

---

44 Samuel P. Huntington, "Introduction: Guerrilla Warfare in Theory and Policy", Franklin Mark Osanka, ed., *Modrern Guerrilla Warfare: Fighting Communist Guerrilla Movements, 1941-1961*(New York: Free Press of Glencoe, 1962), pp. xv-xvi.

45 앞의 책, p. xvi.

46 앞의 책, pp. xv-xvi.

■ 토의 사항

1. 클라우제비츠는 전쟁을 어떻게 정의하고 있는가? 전쟁을 정치적 수단으로 보는 클라우제비츠의 정의가 갖는 의미는 무엇인가? 수단적 전쟁론이 갖는 한계는 무엇인가?

2. 전쟁에 대한 클라우제비츠의 정의는 오늘날에도 적절하다고 보는가?

3. 21세기 테러와의 전쟁, 그리고 아프간 및 이라크에서의 대분란전을 전쟁으로 볼 수 있는가?

4. 전쟁은 근절될 수 있는가? 전쟁의 원인을 인간, 국가, 체계로 구분하여 설명하시오.

5. 즉각원인과 근본원인, 그리고 촉발원인과 허용원인에 대해 설명하시오.

6. 전쟁 양상이 어떻게 변화했는지 전근대와 근대, 근대와 현대로 구분하여 설명하시오.

7. 전쟁 양상을 변화시킨 요인은 무엇인가? 오늘날 전쟁 양상을 결정하는 가장 중요한 요인은 무엇이라고 보는가?

8. '전쟁'의 일반적 유형을 구분하고 그 개념을 사례를 들어 설명하시오.

9. '전쟁war'과 '전warfare'의 차이는 무엇인가?

ON
MILITARY
STRATEGY

제2장 전략의 개념과 속성

1. 전략의 기원
2. 근대 이전 전략 개념의 발전
3. 근대 이후 전략 개념의 부활과 분화
4. 전략 개념의 재정의 필요성
5. 전략의 개념 정의

인간사는 전쟁으로 점철되어왔다. 기원전 7000년경 사해死海의 골짜기에 있었던 예리코Jericho 요새를 보면 약 1만여 평 지역이 높이 6미터가 넘는 성벽으로 둘러싸여 아주 튼튼한 요새를 이루고 있다. 해자垓字는 단단한 바위를 뚫어 약 4.5미터의 폭과 2.7미터의 깊이로 만들어져 있다. 이는 이들이 공학이나 요새 건축에 능했음을 보여주며, 출토된 돌화살촉 유물은 이들이 활과 화살까지 만들었을 것임을 짐작케 한다.[1] 아마도 이 요새에서 대규모 군사적 대비를 한 것은 이들이 아주 강력한 적과 대치하고 있었고, 나름대로 적의 공격에 대응하기 위한 '전략'을 갖고 있었음을 보여준다. 이처럼 전략은 인류의 역사가 시작되고 인간 사회에서의 싸움이 시작된 이래로 존재해왔음을 알 수 있다. 그러나 안타깝게도 이들이 '전략'을 어떻게 정의했고, 어떠한 개념으로 이해했는지에 대해서는 비교적 신뢰할 만한 기록이 남아 있지 않아 알 수 없다. 따라서 제2장에서는 역사적으로 기원이 추적 가능한 고대 그리스 시대부터 '전략'의 개념을 논의하기로 한다.

1. 전략의 기원

서양에서의 전략, 즉 'strategy'라고 하는 용어는 고대 그리스에서 그 기원을 찾을 수 있다. 고대 그리스 도시국가들은 '방진phalanx'이라는 단위부대로 구성된 군대를 보유하고 있었는데, 이 군대는 군사령관을 의미하는 'strategus' 또는 'strategos'에 의해 통솔되었다. 군사령관은 전투에서 승리하기 위해 상대의 전력과 전투대형, 그리고 지형 조건에 따라 방진의 두께와 형태 그리고 배치를 달리했다. 군사령관은 이를 위해 필요

---

1 버나드 로 몽고메리, 승영조 역, 『전쟁의 역사 Ⅰ』(서울: 책세상, 1995), p. 47.

한 지혜를 동원할 목적으로 'strategia'라는 사령관실—오늘날의 지휘소 또는 지휘통제실—을 운영했다. 즉, 오늘날 사용하고 있는 전략strategy의 어원은 사령관의 지휘술generalship 또는 용병술이 태동하는 장소를 의미하는 'strategia'에서 비롯되었다.[2]

그리스 시대에는 국가수반인 집정관이 군사령관을 겸직했다. 즉, 정부의 최고 정책결정자가 전쟁에 관한 결정을 하고 직접 군대를 지휘했던 것이다. 이 전통은 오늘날 군통수권이 국가원수에게 집중되어 있는 것과 원칙적으로 동일한 형태이며, 국가정책결정자와 군사령관이 동일인이어야 가장 이상적인 지휘통일을 이룰 수 있다고 한 클라우제비츠의 주장과 일치한다.[3] 이렇게 볼 때 그리스에서 전략이라는 의미는 기본적으로 군사령관의 용병술로 볼 수 있으나, 이와 같은 군사적 요소에 부가하여 최고 정치지도자가 군을 통제한다는 측면에서 정치우위의 민군관계를 반영하고 있음을 알 수 있다.[4]

▣ 동양에서의 '전략' 관련 용어의 기원[5] ▣

동양에서는 '전략'이라는 용어를 직접 사용하지는 않았다. 다만 고대 중국에서 기원전 12세기경 강태공姜太公과 주周나라 무왕武王과의 문답 형식으로 편찬된 『육도六韜』에서 '군략軍略'을 언급하고 있는데, 이들은 적지에서 병력이 험난한 지형과 험악한 기상조건하에 놓이게 될 경우 이를 극복하는 방법을 논의하고 있다. 여기에서 '군략'이란 병력의 운용과 관련한 계획과 계략, 즉 전장에서 장수나 군 지휘관의 지휘술과 관계된 것으로 서양에서의 '전략'과 유사한 의미를 갖는다.

2. 근대 이전 전략 개념의 발전

그리스 시대를 기원으로 하는 전략이라는 용어는 그리스 시대 이후부터 나폴레옹 시대 이전까지는 거의 등장하지 않는다. 그것은 아마도 예하부대의 지휘관이나 장군들이 전쟁의 주요 국면에서 많은 재량권을 가지고 전쟁을 수행하기보다는 최고 사령관의 지시에 따라 기계적으로 움직였기 때문으로 볼 수 있다. 근대 이전의 전쟁에서는 소부대 전투부터 국가 차원의 전쟁에 이르기까지 전쟁의 수준에 대한 세부적인 구분이 없었다. 그것은 최고 정치지도자가 실제로 야전에서 군을 지휘하면서 정치부터 전술 문제에 이르기까지 광범위하게 결정권을 행사했고, 이로 인해 참모진은 소규모였을 뿐만 아니라 전문화되어 있지도 않았다. 따라서 전략이라는 용어는 전장에서 병력을 운용하는 '지휘관의 용병술'로 한정되었을 뿐, 그 이상으로 개념이 확대되거나 발전되기는 어려웠다.[6]

그럼에도 불구하고 전략이라는 개념은 전쟁의 규모가 커지면서 단순히 전장에서 병력을 운용하는 차원을 넘어서지 않을 수 없게 되었다. 18세기에 이르러 프리드리히 2세Friedrich II[프리드리히 대왕]는 어렴풋이나마 전략과 전술을 구분하여 정의하기 시작했다. 그리고 나폴레옹 전쟁 이후에는 클라우제비츠를 비롯한 많은 군사사상가들에 의해 전략이라는 용어가 국가전략, 대전략, 작전술, 전술 등의 용어로 세분화되기 시작했다. 전략이라는 개념이 어떻게 발전되어 오늘날에 이르렀는지 시대별로 살펴보면 다음과 같다.

---

2 온창일, 『전략론』, p. 14; *Webster's College Dictionary*, p. 1321.

3 Carl von Clausewitz, *On War*, p. 608.

4 정병호, "전략의 본질", 국방대학교, 『군사학 개론』(서울: 국방대학교, 2007), p. 130.

5 온창일, 『전략론』, p. 16.

6 정병호, "전략의 본질", 국방대학교, 『군사학 개론』, p. 130.

가. 그리스·로마 시대의 전략 개념

앞에서 살펴본 것처럼 그리스 시대의 전략이라는 개념은 곧 군사령관이 전투 또는 전쟁에서 승리하기 위해 전장에서 병력을 운용하는 용병술로 정의할 수 있으며, 이와 같은 전략의 개념은 로마 시대에까지 계승되었다. 즉, 이 시대의 전략은 지형적 여건과 그들이 가진 무기를 효과적으로 활용하면서 방진의 대형을 어떻게 구성하느냐에 달려 있었다. 가령 기원전 492년부터 479년까지 3차에 걸친 페르시아 전쟁 가운데 기록된 마라톤 전투Battle of Marathon의 경우, 그리스군은 수적 열세에도 불구하고 '양익兩翼포위'를 통해 승리를 거둘 수 있었다. 그리스군 사령관 밀티아데스Miltiades는 페르시아군이 정면은 강하나 측면은 약하다는 사실을 알고 마라톤 지역의 지형적 여건을 이용해 양 측면을 강화한 뒤 페르시아군의 좌우측으로 기동하여 포위공격을 가함으로써 적을 격퇴할 수 있었다.[7]

기원전 371년 테베인들이 그리스 주도권을 장악하기 위해 스파르타에 도전했던 루크트라 전투Battle of Leuctra에서도 방진의 대형을 독창적으로 갖춤으로써 승리할 수 있었다. 테베의 에파미논다스Epaminondas는 좌익 병력을 네 배로 증강하여 전진시키고 중간과 우익에는 최소한의 병력만을 배치하여 정면의 스파르타군으로 하여금 좌익 쪽에 증원하지 못하도록 견제하는 '사선斜線대형'을 구사했다. 테베의 좌익 병력이 스파르타의 우익을 강력하게 공격하는 사이 스파르타의 중앙과 좌익은 정면의 테베인들의 견제로 꼼짝할 수 없었으며, 이후 스파르타의 우익을 붕괴시킨 테베의 좌익 병력은 우회기동을 통해 스파르타의 좌익을 공격하여 남은 스파르타군을 와해시켰다.[8]

---

7 육군사관학교, 『세계전쟁사』, pp. 25-26.

8 앞의 책, pp. 26-27.

로마 시대의 제2차 포에니 전쟁에서 있었던 칸나이 전투Battle of Cannae는 '배수진背水陣'이라는 전법으로 유명하다. 카르타고의 명장 한니발Hannibal은 로마의 집정관인 바로Gaius Terentius Varro의 군대를 칸나이 지역으로 유인하는 데 성공했다. 한니발은 수적 열세로 인해 적으로부터 포위당할 것을 우려하여 의도적으로 강을 뒤에 두고 진을 쳤으며, 양 측면을 강화하고 정면에는 최소한의 병력을 전방에 배치했다. 적이 공격해 오자 정면에 돌출된 부대가 적극적으로 싸우지 않고 뒤로 후퇴했고, 그 사이 강화된 양 측면의 병력이 전진하면서 로마군을 에워싸기 시작했다. 로마군의 밀집대형은 무너졌으며, 한니발의 군대는 대승을 거둘 수 있었다.[9]

이와 같이 그리스와 로마 시대의 전략이란 양익포위, 사선대형, 그리고 배수진 등과 같이 전장에서 군사령관이 주어진 병력을 어떻게 운용하는가의 문제였으며, 주로 그리스의 방진 또는 로마 군단Legion을 어떤 대형으로 구성하여 적과 대적하느냐에 주안점을 두었다.

나. 중세시대의 전략 개념

중세시대는 인류 역사상 암흑기로 통한다. 이 시대는 전략에 있어서도 암흑의 시대나 다름이 없었다. 중세시대 초기 등장한 기병, 특히 중기병은 기동의 중요성을 무시하고 정면 돌격으로 일관함으로써 전략의 의미를 상실하게 되었으며, 이후 기사들의 공격을 저지하기 위해 쌓기 시작한 성곽이 보편화되면서 그리스 및 로마 시대에서 볼 수 있었던 명장들의 화려한 전략에 종지부를 찍었다. 중세시대는 기병의 시대, 성곽 및 장

---

9 B. H. Liddell Hart, *Strategy*(New York: Signet Book, 1967), pp. 27-29; 육군사관학교, 『세계전쟁사』, pp. 38-39.

궁의 시대, 그리고 화학 및 화포의 시대로 구분할 수 있다.

378년 아드리아노플 전투Battle of Adrianople에서 로마 군단은 이민족의 기병에 철저하게 짓밟혔다. 이민족의 기병은 로마군 기병을 격파하고 밀집된 보병을 포위한 다음 로마군을 지휘하던 왕을 포함하여 대부분의 병력을 학살했다. 중무장한 로마 군단은 중무장한 이민족 기병의 기동력과 충격력 앞에 적수가 될 수 없다는 사실이 처음으로 입증된 것이다.[10] 아드리아노플 전투를 기점으로 전장의 주역을 담당했던 로마 군단의 시대는 막을 내리고 이후 1,000여 년 동안 기병의 시대가 시작되었다.

이후 나타난 중세시대의 봉건기사들은 전쟁에서 승리하기 위한 각종 원칙에 소홀했으며, 과거 군대의 능력을 최고로 발휘하도록 했던 기동의 중요성을 무시했다. 대신 그들은 자신의 공격용 무기의 중량을 늘렸고, 적의 공격으로부터 방호력을 강화하기 위해 호신장구의 중량을 증가시켰다. 전술대형을 구성하여 보병을 집단적으로 운용하는 전투수행보다는 기사들 개개인이 보유한 전기戰技의 우열이 전투 결과를 결정짓는 요소가 되었다. 개인 장구의 버거운 무게로 인해 이들은 다양한 형태의 기동을 구사하기보다는 단순한 정면 돌격에만 관심을 두었다. 기동이 사라진 전장에서 과거와 같은 전략은 찾아볼 수 없었으며, 지휘관들은 지략보다는 능수능란한 전기를 보유한 기사를 확보하고 배치하는 문제에 치중했다. 중세시대의 예외적인 사례로는 기동성을 강화한 기병을 앞세워 탁월한 전투수행 전략으로 세계 제국을 건설한 몽골의 사례를 들 수 있으나, 이를 제외하면 중세시대는 1,000년이 넘는 세월 동안 기사 개인의 기마술과 창검술에 의존함으로써 고전적인 의미에서의 전략이 설 자리를 마련해주지 않았다.[11]

---

10 Archer Jones, *The Art of War in the Western World*(Oxford: Oxford Univeristy Press, 1987), p. 93.

11 온창일, 『전략론』, p. 23.

기병이 전장의 주역으로 등장하자 이들의 공격을 저지하기 위해 성곽이 구축되었으며, 중무장한 기병들을 원거리에서 무력화하기 위해 장궁이 개발되었다. 전투에서 기병의 효용성이 무력화되자 창과 칼, 그리고 활과 방패로 가볍게 무장한 보병집단이 다시 전장의 주역으로 등장했다. 경보병이 전장의 주역으로 다시 등장함에 따라 이를 집단적으로 운용하여 전투를 승리로 마감하려는 고전적 의미의 전략이 다시 대두하게 되었다. 상대의 약점을 공격하는 데 필요한 기동과 병력의 절약, 집중을 위한 전투대형의 융통성 있는 변형과 운용이 전장에서 다시 나타났으며, 사선대형, 종대대형, 포위 및 우회기동 등의 효용성이 새롭게 부각되었다.[12] 1249년 화약의 발명과 화포의 등장은 기병의 공격을 저지하기 위해 구축한 성곽의 방어력을 무너뜨렸고, 머스킷 소총은 보병화기의 화력과 사정거리를 증가시켜 전투 양상을 기사들 간의 '결투' 대신에 보병부대들 간의 '접전'으로 바꾸어놓았다.

백년전쟁 기간에 있었던 1346년 크레시 전투Battle of Crécy는 전쟁사적으로 중요한 의미를 갖는데, 그것은 수적으로 열세한 영국군이 장궁과 보병을 효율적으로 운용함으로써 프랑스군에 승리를 거둠으로써 과거 1,000년을 지배해온 기사의 시대에 종지부를 찍었기 때문이다. 기동력을 상실한 중무장한 기병이 활과 대포에 의한 집중 화력 앞에 무기력한 모습을 보이게 되자, 군 지휘관들은 이제 지리적 여건뿐만 아니라 화력의 운용이라는 새로운 환경하에서 병력을 어떻게 절약하고 기동시키고 집중할 것인가를 고민하지 않을 수 없게 되었다.

12 온창일, 『전략론』, p. 23.

다. 절대왕정시대의 전략 개념

1346년 크레시 전투 이후 약 200여 년 동안 전쟁은 '기병의 시대'에서 '화약의 시대'로 탈바꿈했다. 직업적 보병이 전쟁의 주역으로 기병을 대신했으며, 화포의 위력이 그리스의 방진과 로마 군단 이래로 기병에까지 이어온 충격력을 대체하게 되었다. 이제야 비로소 전략의 암흑기였던 중세의 전쟁으로부터 벗어나 새로운 전략의 혁신이 이루어지는 근대의 전쟁으로 나아갈 채비를 갖추게 된 것이다. 이 가운데 구스타브 아돌프Gustav Adolf와 프리드리히 2세Friedrich II는 중세에서 근대로 이행하는 과정에서 전략의 혁신을 주도한 군사적 천재들이었다.[13]

1611년 스웨덴의 군주가 된 구스타브 아돌프는 현대 전법의 창시자였다. 그는 1613년 덴마크와의 전쟁, 1617년 러시아와의 전쟁, 1621~1629년 폴란드와의 전쟁, 그리고 1630년 독일과의 전쟁을 통해 전장에서 승리를 쟁취하기 위한 '용병술'로 정의되는 전략의 중요성을 충분히 입증했다. 그는 대포를 비롯한 각종 장비를 경량화하여 부대의 기동성을 향상시켰으며, 병력을 모집하는 데 엄격한 선발 과정을 거쳐 우수한 자원들을 충원했고, 보병·포병·기병을 통합하여 운용함으로써 오늘날과 같은 제병협동 차원의 작전을 추구했다. 또한 기병으로 하여금 정찰 및 반정찰 활동을 실시하도록 하는가 하면, 2개 부대의 전방배치와 1개 부대의 예비대 운용을 통해 적의 돌파를 저지하거나 역습 및 추격에 예비대를 투입하는 융통성 있는 작전을 구사했다.[14]

1740년 프로이센의 왕위에 오른 프리드리히 2세는 구스타브 아돌프의 연장선상에서 과거 그리스와 로마 시대에 적용된 전략과 전법의 효

13 이외에도 프랑스의 튀렌(Turenne, 1611-1675), 스웨덴의 칼 12세(Karl XII, 1682-1718), 러시아의 표트르 1세(Pyotr I, 1672-1725), 영국의 말버러(Marlborough, 1650-1722) 장군, 그리고 프랑스의 삭스(Saxe, 1696-1750) 원수 등 많은 명장들이 있었다.

14 육군사관학교, 『세계전쟁사』, pp. 70-72.

스웨덴의 왕 구스타브 아돌프(1594~1632)는 현대 전법의 창시자였다. 그는 전장에서 승리를 쟁취하기 위한 '용병술'로 정의되는 전략의 중요성을 충분히 입증했다. 대포를 비롯한 각종 장비를 경량화하여 부대의 기동성을 향상시켰으며, 병력을 모집하는 데 엄격한 선발 과정을 거쳐 우수한 자원들을 충원했고, 보병·포병·기병을 통합하여 운용함으로써 오늘날과 같은 제병협동 차원의 작전을 추구했다.

프로이센의 프리드리히 2세(1712~1786)는 과거 그리스와 로마 시대에 적용된 전략과 전법의 효용성을 다시 입증함으로써 '전장에서 병력을 운용하여 승리를 쟁취하는 비법과 술책'으로서의 전략 혹은 용병술의 가치를 다시 일깨워주었다.

용성을 다시 입증함으로써 '전장에서 병력을 운용하여 승리를 쟁취하는 비법과 술책'으로서의 전략 혹은 용병술의 가치를 다시 일깨워주었다. 무엇보다도 18세기에는 무기와 전술, 군수조직에 있어서 유럽의 각 군대는 아무런 차이가 없었기 때문에 전쟁의 승패는 더더욱 지휘관의 용병술에 달려 있었다.[15] 그는 1756년 오스트리아와의 7년전쟁이 발발하기 이전에 군비를 강화하면서 전쟁에 대비했다. 훈련을 통해 보병의 사격 속도를 증가시켰으며, 말이 끄는 기마포를 상비하여 화력의 기동화를 도모했다. 전투 전에는 병력의 신속한 이동과 변형이 동시에 가능한 종대대형을 택했다가 전투가 시작되면 사선대형 등으로 대형을 바꾸어 상대의 약점을 공격하는 전법을 구사했다.

1757년 로이텐 전투Battle of Leuthen는 프리드리히 2세의 명성을 알리는 계기가 되었다. 오스트리아군을 상대로 한 이 전투에서 그는 기원전 371년 에파미논다스가 루크트라 전투에서 적용했던 것보다 더 정교한 사선대형에 의한 기동을 보여주었다. 프리드리히 2세는 병력을 우익에 집중함으로써 주공을 강화하고, 중앙과 좌익으로 하여금 정면의 우세한 적 병력을 견제하고 고착하도록 했다. 견제를 당한 중앙과 좌측의 적은 결전이 끝날 때까지 계속 고착되었으므로 프로이센군은 자유롭게 기동할 수 있었고 병력을 절약할 수 있었으며, 이미 강화된 우익의 병력을 더욱 집중할 수 있었다. 이러한 전략으로 프리드리히 2세는 이 전투에서 세 배나 많은 오스트리아군을 격파하는 데 성공했다.

한편 18세기 초 프리드리히 2세는 처음으로 전략과 전술이라는 개념을 원시적 형태로나마 구분하기 시작했다. 그는 예하 장군들과 전역계획 및 세부 작전계획에 대해 논의하면서 계략, 첩보, 보안조치, 그리고 부대배치 등 다양한 작전 유형에 대해 지휘관들의 관심을 촉구했다. 이때

---

15 버나드 로 몽고메리, 승영조 옮김, 『전쟁의 역사 II』(서울: 책세상, 1996), p. 528.

그는 전략과 전술이라는 용어를 직접 사용하지는 않았지만 전역계획을 '전략'과 같은 의미에서, 그리고 전장에서 부대를 질서정연하게 배치하는 것을 '전술'과 같은 맥락에서 사용했다. 실제로 전술tactics이라는 용어는 그리스어의 'taktikos'에서 유래했는데, 이 용어의 뜻은 '배치하다arrange 또는 정돈하다order'는 의미였다.[16]

3. 근대 이후 전략 개념의 부활과 분화

나폴레옹 전쟁은 근대 전략의 영역이 단순히 군사적 차원에 한정되지 않고 정치·사상 및 사회적 차원에까지 확대되었음을 보여주었다. 나폴레옹은 프랑스 국민들을 혁명사상과 민족주의로 무장시켜 반 프랑스 연합전선을 구축한 유럽의 왕조국가들에 대해 전쟁을 확대하고 자유민주적 이념을 전파했는데, 이는 그가 군사적 차원을 넘어서 정치·사상적 차원에서의 전략을 추구한 것으로 볼 수 있다. 또한 나폴레옹의 스페인 원정 시 프랑스군에 치명적인 오점과 패배를 안겨준 스페인 국민들의 '게릴라' 저항은 이제 전략이 사회적 차원으로까지 확대되기 시작한 것으로 볼 수 있다. 나폴레옹 전쟁을 분석한 클라우제비츠는 그의 저서인『전쟁론』에서 "무장한 인민들The People in Arms"이라는 하나의 장을 삽입하여 당시 스페인 국민들이 자발적으로 무기를 들고 프랑스 정규군에 대항하여 싸우는 새로운 전쟁 양상이 모습을 드러내기 시작했음을

---

16 *Webster's College Dictionary*, p. 1359. 19세기 초 프랑스는 전략과 전술이라는 용어를 공식적으로 채택했다. 1801년 파리에서 간행된 군사사전에는 처음으로 'strategem'을 표기하여 '전투의 책략' 또는 '적을 패배시키거나 굴복시키는 방법'이라고 정의했으며, 'la tactique'를 표기하여 '병력이동의 과학'이라고 정의했다. 정병호, "전략의 본질", 국방대학교,『군사학개론』, p. 130.

지적하고 있다.[17] 여기에서는 나폴레옹 전쟁을 기점으로 근대 전략의 개념이 다양하게 분화되는 과정을 살펴보겠다.

가. 나폴레옹에 의한 전략 개념의 부활

나폴레옹 전쟁은 "군 지휘관의 용병술"로 정의된 전통적인 전략의 개념을 화려하게 부활시켜주었다. 나폴레옹은 구스타브 아돌프와 프리드리히 2세가 발전시킨 전략과 전법의 가치를 수많은 전투를 통해 입증했다. 그의 전략적 특성을 몇 가지 살펴보면 다음과 같다.

첫째는 부대의 신속한 기동이다. 주변 국가들의 군대가 분당 70보의 전통적인 보행 속도를 유지한 반면, 프랑스군은 분당 120보로 행군함으로써 기동력을 현저하게 향상시켰다. 둘째는 병력의 집중이다. 신속한 기동력을 바탕으로 나폴레옹은 자신의 부대를 원하는 시간과 장소에 투입하여 적을 압도할 수 있었다. 비록 전체 병력은 열세할지라도 결정적인 시간과 장소에서 적보다 상대적으로 많은 병력을 집중함으로써 우세를 달성하고 전투에서 승리할 수 있었다. 셋째, 적의 병참선과 같은 취약한 지점을 결정적 지점으로 선택하여 결전을 추구했다. 그는 전쟁 기술의 가장 큰 비결은 바로 병참선을 장악할 수 있는 능력에 달려 있다고 할 정도로 적의 병참선 차단을 중요시했다. 넷째, 전쟁의 최고 목적을 적의 섬멸에 두고 적을 일단 포착하면 맹렬하고 과감한 추격으로 적에게 재편성할 시간을 주지 않고 완전하게 격파했다. 이는 18세기 제한전쟁 시대에는 꿈도 꾸지 못할 정도로 과감한 공세행동이었다. 다섯째는 포병화력의 효율적인 활용이다. 그는 포병장교로서 화력의 중요성을 인식하고 군사력의 기본요소로서 포병을 효과적으로 활용했다. 여섯째,

---

17 Carl von Clausewitz, *On War*, pp. 479-483.

군대를 분할하여 영구적인 사단으로 편성했다. 이로써 각 사단들은 개별적으로 작전을 수행할 수도 있고, 필요할 경우 협동작전을 수행할 수도 있는 독립적 단위로 기능했다. 일곱째, 프랑스군의 재정 궁핍과 보급 사정 악화로 인해 보급제도를 과거의 창고제도magazine system에서 현지 조달이라는 아주 오랜 관습으로 복귀시키지 않으면 안 되었다. 그러나 이는 오히려 프랑스군이 경무장 상태로 기동력을 더욱 높일 수 있는 계기가 되었으며, 적 보급창고가 있는 후방지역을 공격하여 약취하게 만드는 활력소로 작용했다.[18]

전반적으로, 속도의 중요성을 인식한 그는 상대의 취약점이라 할 수 있는 병참선을 위협하는 신속한 기동으로 자신이 원하는 시간과 장소에 병력을 투입할 수 있었고, 병력은 열세에 있었지만 항상 국지적 우세를 달성하면서 전투에서 승리할 수 있었다. 나폴레옹은 '용병술'로 정의된 '전략'을 완벽하게 구현한 '군사적 천재'였다.

나폴레옹은 군사적 천재였을 뿐 아니라 1799년 제1집정, 즉 프랑스 제1공화정의 최고 정무관으로서 프랑스의 법과 행정, 교육, 성직 등을 보다 효율적으로 개혁했다는 측면에서 유능한 정치지도자이기도 했다. 그는 프랑스 혁명 이후 인권의 자각과 자유민주주의 혁명의 이상을 유럽에 전파하고자 하는 국민들의 열정을 자극하여 이를 전쟁의 동력으로 활용했다. 국가를 방위할 애국적 책임이 국민에게 있다는 관념에 입각하여 이전의 용병제를 철폐하고 국민군대를 조직했으며, 모든 국민에게 병역의무를 부여하여 징집을 실시하는 국민개병제도를 확립했다. 또한 프랑스 민중의 민족주의적 열기를 고조시키고 국가총동원을 통해 전쟁을 국민의 관심사로 돌리는 데 성공했다. 그리고 그는 전쟁을 통해 유럽의 정치, 경제, 사회, 군사에 많은 변화를 가져왔다. 나폴레옹이

---

18 육군사관학교, 『세계전쟁사』, pp. 141-142.

속도의 중요성을 인식한 나폴레옹은 상대의 취약점이라 할 수 있는 병참선을 위협하는 신속한 기동으로 자신이 원하는 시간과 장소에 병력을 투입할 수 있었고, 병력은 열세에 있었지만 항상 국지적 우세를 달성하면서 전투에서 승리할 수 있었다. 나폴레옹은 '용병술'로 정의된 '전략'을 완벽하게 구현한 '군사적 천재'였다.

점령한 지역에서 법 앞의 평등, 농노제도의 폐지, 종교의 자유, 비종교적 교육, 통일된 사법제도, 국민군 체제의 구비 등 중요한 개혁이 지속적으로 이루어졌는데, 이는 나폴레옹 전쟁이 유럽의 근대화와 함께 민족주의를 전파하는 데 커다란 기여를 했음을 보여준다.[19]

이와 같이 나폴레옹의 전략은 매우 눈부신 것이었지만, 그 이면에서는 전략의 한계를 드러내기도 했다. 이는 '전략의 패러독스paradox'라 할 수 있는 것으로 아무리 뛰어난 전략도 상대가 일단 이에 적응하게 되면 그 효과를 상실할 수밖에 없음을 보여준다. 적 부대와의 정면대결을 추구하는 나폴레옹의 직접적인 전략은 프랑스군에 매번 승리를 안겨주었지만, 그것은 다른 한편으로 상대국가들로 하여금 나폴레옹이 이끄는 프랑스군과 직접 맞붙지 않고 회피하도록 만드는 요인으로 작용했다. 즉, 유럽의 국가들은 나폴레옹과의 정면승부로는 승산이 없다고 판단하고 다른 전략을 모색하지 않을 수 없었는데, 그 대표적인 사례가 스페인 국민들의 게릴라 저항과 러시아의 '초토화scorch' 전략이었다.

나폴레옹의 스페인 원정 실패는 지금까지의 '용병술로 정의된 전략'만을 가지고는 아무리 훌륭한 전략을 구사하더라도 전쟁에서 승리할 수 없음을 보여준다. 이 사례는 지금까지 군사적 차원에서 정의된 전략이 경제적·사회적 차원으로 확대되기 시작했음을 보여준다. 우선 이 원정은 경제적 이유가 발단이 되었다. 1807년 트라팔가르 해전Battle of Trafalgar에서 승리하고 제해권을 장악한 영국은 나폴레옹의 지배하에 있던 유럽 대륙에 경제적 압력을 가하기 위해 해안봉쇄를 단행했다. 이에 대해 나폴레옹은 오히려 대륙봉쇄를 통해 영국 상품이 대륙으로 유입되는 것을 막으려 했다. 그러나 스페인은 대륙봉쇄령에 반대하고 영국과 밀무역을 계속했는데, 이전부터 스페인에 대한 야심을 갖고 있던 나

---

19 육군사관학교, 『세계전쟁사』, pp. 88-89.

폴레옹은 이를 구실로 1808년 10만의 병력을 파병하여 스페인을 장악했다. 이 과정에서 영국과 프랑스가 취한 상호 경제적 봉쇄는 상대의 경제를 압박해 교살하겠다는 것으로, 전략의 영역이 경제적 차원으로 확대되고 있음을 보여주었다.

또한 이 사례는 근대 유럽의 역사에서 사회적 차원의 전략을 처음으로 부각시켜주었다. 프랑스군이 스페인 전역을 점령하고 스페인 왕을 퇴위하게 한 후 나폴레옹의 형 조제프Joseph-Napoléon Bonaparte를 스페인 왕으로 봉하자 스페인 국민들이 들고 일어났다. 프랑스군과의 정면대결에서 격파당한 스페인군 전원이 게릴라가 되어 프랑스군에 저항했으며, 부녀자들을 포함한 스페인 국민들도 무기를 들고 게릴라전에 참여했다. 나폴레옹의 전략은 정규전이 아닌 비정규전 전역에서는 통하지 않았다. 지금까지 경험해보지 못한 초유의 '인민전쟁'식 저항에 부딪힌 프랑스군은 과거와 같이 진지를 구축하고 전장에서 적을 격파하는 정규전을 추구했으나, 이러한 방법으로는 스페인 국민들의 저항을 진압할 수 없었다. 설상가상으로 영국의 지원까지 받게 된 스페인 국민들의 게릴라전은 프랑스 정규군을 무력화시켰을 뿐만 아니라 이들을 포위함으로써 육상으로의 철수마저도 불가능하게 만들었다. 이후 나폴레옹은 자신이 직접 병력을 이끌고 스페인 원정을 시도했으나 오스트리아가 공격해옴에 따라 본토로 귀환하지 않을 수 없었고, 프랑스는 끝내 스페인을 장악하는 데 실패하고 말았다.[20] 스페인 국민들의 '사회적 차원의 전략'이 나폴레옹의 '작전적 차원의 전략'을 압도한 것이다.

나폴레옹의 러시아 원정은 기존의 전략이 군수적 차원으로 확대되고 있음을 보여준다.[21] 나폴레옹은 유럽에서 유일하게 그의 직접적인

20 육군사관학교, 『세계전쟁사』, pp. 120-122.

21 온창일, 『전략론』, pp. 28-29.

지배를 받지 않고 있던 러시아에 대해서도 대륙봉쇄령을 이행하지 않는다는 구실을 들어 원정에 착수했다. 나폴레옹과 싸워 승리한 적이 없었던 러시아군은 정면대결을 회피하고 광활한 지형과 혹한을 이용한 '초토화 전략'으로 대응했다. 러시아의 지형적 조건은 교통상태가 지극히 빈약한 데다 도섭도하가 불가능한 하천들이 장애물로 작용하고 있었다. 현지조달을 추구했던 프랑스군은 대규모 촌락이 발달하지 않은 러시아 영토 내에서 식량이나 전쟁에 필요한 물자를 구하기가 어려웠다. 또한 동계 러시아 지역의 기온은 영하 17~27도로 전쟁이 지연되면서 효율적인 작전을 구사하는 것은 사실상 불가능했다. 러시아 군대는 나폴레옹이 추구하는 결전을 회피하기 위해 모든 자원을 불태우고 철퇴를 거듭하면서 물러났다. 심지어 수도인 모스크바까지도 포기했다. 나폴레옹은 모스크바를 점령하고 러시아 황제의 강화 제의를 기다렸으나, 결국 러시아의 항복을 받아내지 못하고 굶주림과 피로에 지쳐 퇴각하지 않을 수 없었다. 러시아 원정에서 나폴레옹은 전쟁을 수행하는 데 필요한 군수지원체제를 제대로 갖추지 못함으로써 과거 화려하게 구사했던 전략을 제대로 펼쳐 보일 수 없었으며, 더 이상 버티지 못한 채 무기력하게 패배하고 말았다.[22] 러시아가 강요한 '군수적 차원의 전략'이 나폴레옹의 '작전적 차원의 전략'을 압도한 것이다.

나폴레옹 시대의 전략은 두 가지 측면에서 이해할 수 있다. 하나는 근대 이전 시기의 전략 개념을 화려하게 부활시킴으로써 '군사령관의 용병술'이라는 전략의 전성기를 구가했다는 것이다. 용병술 측면에서 나폴레옹은 클라우제비츠가 언급한 '군사적 천재'였다. 다른 하나는 전략 개념이 용병술 차원을 넘어 경제·사회·군수적 차원으로 분화되었다는 것이

---

22 육군사관학교, 『세계전쟁사』, pp. 124-131.

23 Azar Gat, *The Development of Military Thought: The Nineteenth Century*(Oxford: Clarendon Press, 1992), p. 67; Stephen van Evera, *Causes of War*, p. 195.

다. 프랑스 혁명 이후 유럽 제국에 민족주의 이념이 전파되고 나폴레옹의 뛰어난 전략에 대해 유럽 국가들이 정면승부를 더 이상 추구하지 않음으로 인해 전략의 개념이 '군사령관의 용병술'에 머무르지 않고 경제적 봉쇄, 국민들의 게릴라 저항, 초토화 전략에 의한 상대의 병참 능력 고갈 등 경제·사회·군수적 차원의 다양한 개념으로 분화되기 시작했다.

나. 군사사상가들에 의한 전략 개념 분화

나폴레옹 시대의 전략은 이후 클라우제비츠와 조미니Antoine-Henri Jomini 등의 많은 군사사상가들의 연구의 대상이 되었으며, 이는 나폴레옹 시대 이후인 19세기 후반 유럽 국가들의 전략 발전에 많은 영향을 주었다. 특히, 클라우제비츠의 일부 사상은 대大 몰트케Helmuth Carl Bernard Moltke 등에 의해 왜곡되어 '공격의 신화cult of offensive' 또는 '공세지향적 군사사상'을 낳게 되었으며, 유럽 국가들로 하여금 하나같이 공세적 전략을 채택하게 함으로써 제1차 세계대전으로 치닫는 재앙적 결과를 가져왔다.

▣ 공격의 신화란? ▣

독일에서는 19세기 중반 몰트케부터 20세기 초반 슐리펜Alfred von Schlieffen에 이르기까지 방어가 본질적으로 강하다는 클라우제비츠의 주장을 '의도적으로' 거부했다. 독일의 전략가들은 나폴레옹 전쟁과 보불전쟁의 승리를 들어 "공격이 최선의 방어"라는 신념을 견지했으며, 공세적 원칙과 공세적 행동에 입각한 대규모 섬멸전을 추구해야 한다고 믿었다. 여기에는 프랑스와 러시아 사이에 위치하여 선제적이고 공세적 행동을 중요시할 수밖에 없었던 독일의 지정학적 상황 요인이 작용했다. 이와 같이 공세적인 사상은 보불전쟁에서 패하고 국방개혁을 모색하던 프랑스에 영향을 주었으며, 이후 유럽 전역으로 확산되었다.[23]

'장군의 술' 또는 '군사령관의 용병술'로 정의되었던 협의의 전략 개념은 나폴레옹 시대를 경험하면서 점차 대전략, 전략, 작전술, 전술 등 다양한 용어로 분화하기 시작했다. 전략 개념은 최초로 클라우제비츠와 조미니에 의해 세분화되었다. 전쟁의 범위가 확대되면서 하나의 전쟁은 수개의 전투로 나뉘어졌고, 이에 따라 전략은 전쟁이라는 큰 틀에서 정의되었으며, 전술은 개별 전투에서 승리하기 위한 술로 정의되었다. 즉, 이전까지 전장에서 이루어지는 용병술 차원에서 정의된 전략이라는 용어는 이제 전술이라는 용어로 대체되고, 대신 전략은 보다 넓은 차원에서 전쟁을 준비하고 수행하기 위한 용어로 이해되기 시작했다.

먼저 클라우제비츠는 전략이란 "전쟁의 목적을 달성하기 위해 전투engagement—또는 교전—를 사용하는 것"으로, 전술이란 "전투에서 군사력을 사용하는 것"으로 정의했다.[24] 그는 전쟁술art of war을 크게 두 부류로 구분했다. 하나는 전쟁을 수행하는 것으로 전투에서 가용한 군사적 수단을 운용하는 '용병술'의 영역이다. 다른 하나는 전쟁을 준비하는 것으로 군사력을 준비하고, 양성하며, 무기와 장비를 갖추게 하고, 훈련시키는 '양병술'의 영역이다. 그러나 클라우제비츠는 전쟁술이란 근본적으로 전쟁을 수행하는 것이지 전쟁을 준비하는 것은 아니라고 보았다. 대부분의 전쟁에서는 가용한 군사적 자산이 전쟁에서 승리하는 데 필요한 소요만큼 충분히 주어지는 것이 아니기 때문에, 중요한 것은 주어진 군사력을 가지고 어떻게 전투를 이끌어갈 것인가의 문제로 본 것이다. 따라서 그는 전쟁술을 전쟁을 준비하는 부분을 제외한 나머지, 즉 전쟁을 수행하는 부분으로 한정했다.[25]

아무튼 클라우제비츠는 고대 그리스 시대부터 구스타브 아돌프나 프

---

24 Carl von Clausewitz, *On War*, p. 128.

25 앞의 책, p. 132.

리드리히 2세와 같은 절대왕정시대에 이르기까지 그 의미가 모호했던 '전쟁술'이라는 개념을 '전쟁수행war fighting'과 '전쟁준비war preparation'의 두 영역으로 구분했고, 이 가운데 전쟁수행 영역을 진정한 전쟁술의 영역으로 간주했다. 그리고 전쟁수행 차원에서 '군사령관의 용병술'로 정의되어왔던 '전략'이라는 개념을 '전략'과 '전술'로 구분하여 처음으로 근대적 용어로 제시했다. 이와 같은 클라우제비츠의 '전략' 개념은 주로 작전적 측면에 한정된 것으로, 당시 무기 기술이나 군수 보급 분야에서 혁신을 이루지 못한 상황에서 나온 것으로 이해할 수 있다.

이후 서양에서는 19세기 후반 이후 전쟁술이 발달함에 따라 전략이라는 용어의 개념을 더욱 확장할 수 있게 되었다. 1832년 클라우제비츠의 『전쟁론』이 출간된 지 5년 후인 1837년 조미니는 『전쟁술The Art of War』을 출간했으며, 여기에서 그는 전략을 여섯 가지 전쟁술 가운데 하나로 분류했다. 그는 전쟁술을 전략strategy, 정치지도술statesmanship, 대전술grand tactics, 군수logistics, 공병술art of engineer, 그리고 병과별 전술minor tactics로 구분했다. 여기에서 정치지도술이란 전쟁을 정치적 차원에서 고려하는 것으로 전쟁의 명분을 결정하는 것을 의미하며, 전략이란 전구 내의 병력을 적절하게 지휘하는 기술로 정의된다. 또한 전술을 "전장 또는 전투에서 부대의 상이한 기동과 상이한 공격대형"이라고 정의했는데, 이 정의는 그리스 시대의 부대배치와 정돈을 지칭하는 전술takikos의 의미와 유사하다.[26] 이렇게 볼 때 전략에 대한 조미니의 정의는 클라우제비츠의 그것보다 낮은 개념으로 과거 '군사령관의 용병술'이라는 개념을 전장 수준에서 전구campaign 수준으로 확대한 것으로 이해할 수 있다. 다만, 그는 전쟁술을 전략과 전술로 양분한 클라우제비츠와 달리 6개의 분야로 세분화함으로써 보다 다양한 차원에서 전략의 문제에 접

26 정병호, "전략의 본질", 국방대학교, 『군사학 개론』, p. 131.

근했다.

리델 하트Liddell Hart는 전략을 보다 광범위하게 정의했다. 그는 전략을 "정치적 목표를 달성하기 위해 군사적 수단을 배분하고 운용하는 술術"로 보았다.[27] 여기에서 키워드는 '군사적 수단'이다. 그는 클라우제비츠가 제기한 '전투의 사용'이라는 정의를 비판하는 입장에 서 있다. 전쟁의 목적은 군사적 영역에서의 문제만은 아니며, 이를 달성하기 위한 수단이 반드시 전장에서의 전투일 필요는 없다고 보았다. 예를 들어, 정부가 제한적 목표를 설정하고 '회피 및 지연' 전략을 결정할 경우 군은 전투보다는 상대의 전투력 마모를 추구해야 하는데, 이러한 상황에서 '전투'에 주안을 둔 클라우제비츠의 정의는 타당하지 않다는 것이다. 따라서 그는 전략이란 전쟁 목표를 달성하기 위한 '전투의 운용'만이 아니라, 군사력 계산, 동원, 조정, 절약, 집중 등을 포괄하는 것으로 개념을 재정립해야 한다고 주장했다.[28] 클라우제비츠가 전략을 '전투의 사용' 측면에서 정의한 반면, 리델 하트는 '군사적 수단의 분배 및 운용'으로 정의함으로써 전략을 비전투적 영역까지 포함하는 것으로 확대시킨 것이다. 이러한 정의는 전통적인 폭력 중심의 정의로부터 비폭력적인 요소까지도 포함하는 현대의 포괄적인 정의로 넘어가는 분기점에 서 있는 것으로서, 리델 하트는 근대와 현대의 경계선상에서 전략을 정의하고 있음을 알 수 있다.[29]

아울러, 리델 하트는 전략의 수준을 더 세분화하여 앞에서 언급한 '전략'의 상위 개념으로서 '대전략grand strategy'이라는 개념을 제시했다. 그는 전술을 하위 차원에서 본 전략의 적용이라고 보고, 전략을 이른바

---

27 B. H. Liddell Hart, *Strategy*, p. 321.

28 앞의 책, pp. 319-321.

29 온창일, 『전략론』, p. 31.

'대전략'의 하위 개념으로 자리매김한 것이다. 즉, 대전략을 전략의 모태가 될 수 있는 상위 개념으로 제시한 것이다. 그는 대전략을 국가 차원의 전략으로서 실천적 의미에서 본 정책이라고 규정했는데, 이는 전쟁을 수행함에 있어서 한 국가가 정치적 목적을 달성하기 위해 그 국가가 가진 모든 자원을 분배하고 조정하는 역할을 수행하는 것이라고 정의했다.[30]

한편, 1927년 소련의 군사이론가 알렉산드르 스베친Aleksandr A. Svechin은 기존의 전략과 전술의 이분법적 구분에 '작전술operational art'이라는 개념을 추가했다.[31] 그는 클라우제비츠가 정의한 '전략'의 영역에 해당하는 전장에서의 작전준비 및 작전수행과 관련한 문제를 작전술이라는 새로운 범주에 포함시키고, 이를 전략보다 하위의, 전술보다는 상위의 개념으로 제시했다. 스베친은 전략이란 "군이 전쟁을 위한 준비를 취합하고 전쟁 목표를 달성하기 위해 작전들을 조합하는 기술"이라고 정의했다.[32] 그의 구분에 의하면, 리델 하트가 주장한 대전략 차원에서 이루어지는 국가의 자원 배분, 그리고 전시 작전의 형태·규모·빈도 등을 조합하는 것 모두가 전략이라는 범주에 해당하며, 실제로 작전을 계획하고 준비하며 수행하는 것은 일괄적으로 작전술이라는 새로운 개념에 포함된다. 즉, 리델 하트가 정의한 '대전략'은 스베친의 '전략'과, 그리고 리델 하트가 정의한 '전략'은 스베친의 '작전술'과 각각 유사한 개념이 된다. 이러한 스베친의 전략 개념은 '전략'을 보다 정치적 차원에 근접시킨

---

30 B. H. Liddell Hart, *Strategy*, pp. 321-322.

31 스베친은 러시아 차르 시대의 장군이었으나 1917년 볼셰비키 혁명 직후 소련으로 전향했다. 그는 최초의 소련군 총참모장이자 1920년대 선도적인 군사이론가이기도 했다. V. D. Sokolovskii, *Soviet Military Strategy*, Herbert S. Dinerstein et al., trans.(Santa Monica: RAND, 1963), p. 2.

32 Aleksandr A. Svechin, *Strategy*, Kent D. Lee, ed.(Minneapolis: East View Publications, 1992), p. 7, pp. 68-71.

것으로 이해할 수 있으며, 공산주의 이념의 특성상 정치사회적 차원에서의 전략을 중시하는 소련의 전쟁관을 반영한 것으로 볼 수 있다.[33]

앙드레 보프르André Beaufre는 보다 현대적인 시각에서 전략을 정의했다. 그는 리델 하트의 개념이 클라우제비츠의 '전투' 수준을 벗어나긴 했지만 아직도 '군사력' 범주에서 벗어나지 못하고 있다고 비판하면서 전략이 모든 상황에 적용되기 위해서는 군사력은 물론이고 정치, 경제, 외교와 같은 비군사적 수단에 의한 강제력까지 포함해야 한다고 주장했다.[34] 따라서 그는 전략을 매우 포괄적이고 추상적으로 정의했다. 그에 의하면 전략의 핵심은 대립하고 있는 두 의지 간의 충돌에서 비롯되는 '관념적인 상호작용'이며, 전략은 "분쟁을 해결하기 위해 힘을 사용하는 대립적인 두 의지 간의 변증법적 술"이라 했다.[35] 이러한 정의에는 국가가 가진 모든 군사적 및 비군사적 수단을 총체적으로 동원할 수 있다는 의미가 담긴 것으로 현대의 전략에 가장 근접한 것으로 볼 수 있다.

다. 현대 전략의 개념 발전

오늘날 주요 국가들이 정의하고 있는 전략 개념은 국가 차원에서 전시 및 평시 국가정책 목표를 달성하기 위해 자원을 준비하고 운용하는 데 주안을 두고 있다. 미 국방부에 의하면 전략은 "국가정책을 최대한 지원하고, 승리 가능성을 증가시키면서 패배 가능성을 감소시키기 위해 전시와 평시에 필요한 정치, 경제, 심리 및 군사력을 개발하고 사용하는 술과 과학"으로 정의된다.[36] 한국 합참에서는 전략을 "승리에 대한 가능

---

33 온창일, 『전략론』, pp. 32-33.

34 André Beaufre, *An Introduction to Strategy*, R. H. Barry, trans.(New York: Praeger, 1968), 국방대학원 역, 『전략론』(서울: 국대원, 1975), p. 25.

35 André Beaufre, *An Introduction to Strategy*, p. 23.

■ 전략 개념의 분화 과정

시기		주요 개념
그리스 · 로마 시대		군 지휘관의 용병술
중세		군 지휘관의 용병술
근대	클라우제비츠	• 전략 : 전쟁의 목적을 달성하기 위해 전투를 사용 • 전술 : 전투에서 군사력을 사용
	리델 하트	• 대전략 : 정치적 목적 달성 위한 국가 차원 전략 • 전략 : 군사적 수단을 배분하고 운용 • 전술 : 하위 차원에서 전략의 적용
	스베친	• 전략 : 목표 달성 위해 작전을 조합 • 작전술 : 전장에서의 작전준비 및 수행 • 전술 : 하위 차원에서 작전술의 이행
현대 (전쟁 위주 정의)	앙드레 보프르	• 전략을 총체전략, 부문전략, 작전전략으로 구분 • 전략은 정치, 외교, 경제와 같은 비군사적 수단에 의한 강제력까지 포함
	미 합참	• 전평시 요구되는 제 역량 개발 및 사용
	콜린 그레이	• 정책 목표 달성 위한 군사력 또는 군사적 위협 사용
	마틴 에드먼즈	• 전략은 전반적으로 전쟁의 수행을 의미
현대 (포괄적 정의)	와일리	• 목적을 달성하기 위해 고안된 행동 계획
	미 육군전쟁대	• 목표, 방법, 수단 간의 관계

성과 유리한 결과를 증대시키고, 패배의 위험을 감소시키기 위해 제 수단과 잠재역량을 발전 및 운용하는 술과 과학"으로 정의한다.[36] 웹스터 사전에서는 전략을 "전시나 평시에 채택된 정책을 최대한 지원하기 위해 한 국가 또는 국가군의 정치, 경제, 심리, 군사력을 운용하는 술과 과학"으로 정의한다.[38]

저명가 전략이론가인 콜린 그레이Colin S. Gray는 전략을 "정책 목표를 달성하기 위한 군사력 또는 군사적 위협의 사용"으로 정의한다.[39] 마틴 에드먼즈Martin Edmonds는 "전략은 전반적으로 전쟁의 수행을 의미한다"고 주장한다. 이러한 다양한 정의는 현대에 전략이라는 용어가 앙드레 보프르가 제기한 것처럼 전평시를 망라하여 정치, 경제, 심리, 군사 분야의 제 역량을 포괄하는 것으로 이해할 수 있다.

이와 같이 볼 때, 그리스 시대 "군사령관의 용병술"로 정의되었던 전략이라는 용어는 전쟁 규모와 영역이 확대되면서 개념상으로 종적인 분화를 거듭해왔음을 알 수 있다. 전쟁이 한두 개의 전투로 이루어지지 않고 수개의 전역과 수많은 전투로 확대됨에 따라 전략의 하위 개념인 전술이라는 용어가 등장했다. 또한 전쟁의 목적은 그것보다 상위 차원인 정치에 의해 결정된다는 입장이 강화되면서 보다 상위 차원의 전략인 대전략 개념이 등장했다. 한편으로, 스베친과 같이 전략을 가장 상위 개념으로 파악하고 이를 정치적 수준의 문제로 볼 경우에는 전략과 전술 사이의 영역에서 군사작전을 수행하는 문제의 중요성이 제기됨으로써 작전술이라는 새로운 용어가 나오게 되었다.

---

36 The US Joint Chiefs of Staff and Department of Defense, *Dictionary of Military and Associated Terms*, 1984, p. 351. 온창일,『전략론』, p. 40에서 재인용.

37 합동참모본부,『합동·연합작전 군사용어사전』(서울: 국군인쇄창, 2010), p. 290.

38 *Webster's Third New International Dictionary*, p. 2256.

39 Colin S. Gray, *Modern Strategy*(Oxford: Oxford University Press, 1999), p. 17.

여기에서 한 가지 지적하지 않을 수 없는 것은 비록 이들이 다 같이 전략이라는 용어를 사용하고 있지만, 사실상 이 전략이라는 용어는 엄밀하게 '국가안보전략' 또는 '국가군사전략'과 유사한 의미를 갖는다. 즉, 미 국방부나 한국 합참의 경우 전략은 '전쟁' 또는 '위기'에 대비하는 개념으로 전평시 외부의 위협으로부터 국가를 수호하기 위해 사전에 준비하고 유사시 시행하는 것으로 볼 수 있다.

그러나 오늘날 전략이라는 용어는 국가안보전략이나 국가군사전략의 수준을 넘어 더욱 광범위한 용어로 사용되고 있다. 그것은 전략 개념이 횡적으로도 분화하여 국가전략의 하위 개념으로서 정치전략, 외교전략, 경제전략, 군사전략, 사회전략, 문화전략 등이 등장했으며, 또한 경영전략이나 출세전략, 취업전략과 같이 다른 영역별로도 분화하고 있기 때문이다. 따라서 전략이라는 용어는 그 주체와 목표를 다양화하여 보다 일반적이고 포괄적으로 정의할 필요성이 제기되고 있는바, 이에 대해서는 이 장의 마지막 절에서 다루고자 한다.

라. 전략 개념의 외연 확대 요인

그러면 왜 전략이란 개념이 순수하게 군사적 차원으로부터 비군사적 차원으로까지 그 외연을 확대할 수밖에 없었는가? 전략의 개념이 확대된 요인을 이해하는 것은 현대 전략을 이해하는 데 중요하다. 줄리언 라이더는 그 요인을 다음의 세 가지, 즉 총력전 양상의 등장, 전시뿐 아니라 평시 군사활동의 중요성 증대, 그리고 목표와 수단의 확대라는 측면에서 설명하고 있다.[40]

첫째, 전쟁 양상의 확대이다. 앞에서 살펴본 바와 같이 전쟁 양상이

40 Julian Lider, *Military Theory*, pp. 193-194.

총력전으로 발전함에 따라 전략의 개념은 더 이상 군사적 수준에만 머물 수는 없게 되었다. 총력전 상황에서의 전략은 순수한 무력 사용의 범위를 넘어서 정치적·경제적·사회적·이념적 및 과학기술적인 수단을 포함한 가용한 모든 수단의 사용을 고려하지 않을 수 없게 되었다. 전쟁이 한 국가가 가진 모든 자원을 투입하는 총체적인 대결 현상으로 등장한 이래 전략은 '전장'에서 승리를 달성하는 것이 아니라 '전쟁'에서 승리하기 위해 모든 국력을 사용하는 '술'로 받아들여지기 시작했다. 그래서 전략의 개념은 '무력투쟁'에만 국한되는 것이 아니라 전반적인 전쟁에 관여하게 되었으며, 결과적으로 '전쟁수행 전략'으로부터 총체적인 '전쟁 전반의 전략'으로 전환되기에 이르렀다.[41]

둘째, 평시 전략의 중요성이 대두되었다. 현대에는 전쟁을 수행하는 것보다 억제하는 것이 긴요해짐에 따라 전략은 전시뿐만 아니라 평시에도 그 중요성을 인정받게 되었다. 핵시대에, 그리고 현대 무기의 파괴력이 전 인류의 재앙을 야기할 수 있는 총력전 시대에 전쟁에서 승리하는 것만을 전쟁의 목표로 삼는 것은 미친 짓에 가깝다. 이제는 전쟁을 대비하고 승리하는 것 외에 전쟁의 참화를 막기 위해 이를 예방하고 억제하는 데 주안을 두어야 하는 시대가 된 것이다. 따라서 오늘날 전략은 순수하게 군사적일 수 없으며, '군사령관의 용병술' 못지않게 가용한 국가 자원을 효율적으로 활용할 수 있는 정치지도자의 지도력이 중요하게 작용한다. 또한 전쟁을 대비하는 것 못지않게 사전에 외교적 노력을 통해 전쟁을 억제하는 것도 중요하게 간주되고 있다. 이러한 이유로 존 가네트John Garnett는 기본적으로 전략이란 정치적 목적을 달성하기 위해 군사력이 사용될 수 있는 방법에 관한 것이며, 전쟁을 직접적으로 수행하는 것만이 정치적 목적을 달성하기 위한 유일한 방법이라고 할

---

41 Julian Lider, *Military Theory*, p. 193.

수는 없다고 했다.[42] 또한 로버트 오스굿Robert Osgood도 군사전략은 이제 전쟁에서 승리하는 것보다도 "외교정책을 지원하기 위해 무력을 동원한 강압—경제적, 외교적, 그리고 심리적 수단을 함께 동원하여—을 가하기 위한 전반적인 계획으로 이해되어야 한다"고 주장했다.[43] 이렇게 볼 때 현대의 전략은 전쟁에만 국한되는 것이 아니라 평시의 국가정책 목표 달성에 기여하는 것으로 받아들여지고 있음을 알 수 있다.

셋째, 목적과 수단의 확대이다. 과거 전략은 '핵심이익vital interest'을 놓고 상대방에게 우리의 '의지'를 강요하기 위해 한정된 군사력을 사용하는 것을 의미했다. 절대왕정시대에 국가 간 영토 문제나 왕위계승 문제를 둘러싸고 벌인 전쟁이 그러한 예이다. 그러나 현대에 오면서 국가들은 거의 모든 정책 목표를 달성하기 위해 그들이 가진 총체적 국력—즉, 앞에서 언급했던 정치외교력, 경제력, 군사력, 이념과 같은 기타 잠재력 등—을 사용할 수 있게 되었다.[44] 즉, 과거의 전략이 특정한 정치적 목적을 달성하기 위해 군사력을 사용하는 것을 의미했다면, 이제는 '핵심이익'뿐만 아니라 '중요이익major interest' 및 '부차적 이익peripheral interest'을 확보하기 위해 군사적·비군사적 수단 모두를 동원하는 것으로 정의되고 있다. 여기에서 핵심이익이란 군사력을 동원하면서까지 확보해야 할 이익을, 중요이익이란 군이 군사력을 동원하지는 않더라도 확보해야 할 다소 광범위한 이익을 의미한다.[45] 즉, 오늘날의 전략은 과거보다 훨씬 다양한 국가이익을 달성하고 수호하기 위해 군사력을 포함한 거의 모든

---

42 John Garnett, "Strategic Studies and its Assumptions", John Baylis et al., *Contemporary Strategy: Theories and Concepts I* (New York: Holmes & Meier, 1987), pp. 3-4.

43 앞의 책, p. 4.

44 Julian Lider, *Military Theory*, p. 194.

45 Dennis M. Drew and Donald M. Snow, *Making Twenty-First-Century Strategy*, pp. 31-34.

수단을 동원하는 모습을 보임으로써 그 외연이 확대되었다.

4. 전략 개념의 재정의 필요성

앞에서 미 국방부와 한국 합참, 그리고 웹스터 사전은 전략을 '전쟁' 또는 '국가위기상황'과 연계하여 정의하고 있음을 보았다. 그러나 오늘날에 와서 전략은 주요 국가들의 정의 또는 사전적 정의보다도 더욱 포괄적인 용어로 사용되고 있다. 전략 개념은 종적인 분화—즉, 대전략, 군사전략, 작전술, 전술 등—뿐만 아니라 횡적인 분화—즉, 국가전략의 경우 하위 전략으로서 정치전략, 외교전략, 경제전략, 군사전략, 사회전략, 문화전략 등—를 거듭해오고 있다. 또한 전략이라는 개념은 여기에 그치지 않고 경영전략, 사업전략, 판매전략, 출세전략, 면접전략, 처세술, 성공전략 등 경제 및 사회 전반의 모든 영역에 걸쳐 분화가 이루어지고 있다. 즉, 전략은 이제 국가와 군뿐만 아니라 기업, 이익단체, 그리고 개인까지도 보편적으로 사용할 수 있는 용어가 되었다. 따라서 '전략'이라는 용어는 단순히 '전쟁'이나 '국가위기'를 대비하는 차원에서 이해하고 정의하는 데 그치지 않고 보다 일반화되고 보편화된 용어로 정의가 필요한 시점에 이르렀다. 다시 말해, 전략이라는 용어는 현재 각국 국방부나 사전에서 정의하는 것보다 더 광범위한 개념적 용어로 다시 정의할 필요가 있다.

이를 위해서는 우선 전략이라는 개념이 수행 주체, 시간과 공간, 수단, 그리고 추구하는 결과 측면에서 어떻게 변화했는지를 살펴볼 필요가 있다. 이를 통해 현대의 전략 개념이 왜 새롭게 정의되어야 하며, 어떻게 정의되어야 하는지를 알 수 있기 때문이다.

첫째로 전략의 수행 주체를 보자. 고전적 의미에서 전략의 수행 주체는 전장에서 군을 총 지휘하는 사령관이었다. 이는 고대뿐만 아니라 근대 초기 서양의 절대왕정시대에 이르기까지 왕이 직접 군을 지휘함으로써 사실상 큰 변화 없이 지속되어왔다고 할 수 있다. 즉, 전략의 주체는 다름 아닌 왕 자신이자 곧 사령관이었던 셈이다. 그러나 근대에 와서 전쟁의 규모가 크게 확대되고 한두 번 치른 전투의 결과가 전쟁의 승패로 직결되지 않는 상황에서 전략의 주체는 왕 또는 군 사령관 개인의 차원을 초월하여 정치집단의 집단적 리더십, 즉 정부로 전이되었다.[46] 특히 클라우제비츠 이후 전쟁이 정치의 한 수단으로 정의됨에 따라, 그리고 총력전 양상이 등장하여 "전쟁을 군인의 손에 맡기기에는 너무 심각하다"는 인식이 대두함에 따라 전쟁은 군사령관보다는 정치지도자가 책임을 맡아야 한다고 생각하게 되었다.[47] 그리고 이러한 인식은 현대로 오면서 전략의 주체를 군의 수준에서 국가의 수준으로 격상시키게 되었다.

그러나 오늘날 전략이란 전쟁의 문제만을 다루는 것은 아니다. 경제인이나 학생, 일반 시민들도 전략을 이야기할 수 있다. 대기업이 글로벌 경영을 한다든가 해외에서 석유 및 광물자원을 안전하게 확보하는 문제는 이미 국가전략에 직접적으로 결부된 지 오래이다. 즉, 그리스 시대로부터 현대에 이르기까지 전략이란 전쟁을 중심으로 정의되어왔지만 이제는 각 정치집단은 물론, 경제 분야, 국제기구, 동맹체제, 테러집단, 그리고 각 개인들에게까지 보편적 개념으로 등장한 것이다. 따라서 현대 전략의 주체를 논의한다면 더 이상 국가 또는 정치체로 한정할 필요는 없으며, 초국가단체는 물론, 사회 내의 이익단체와 개인까지도 포함해야 할 것이다.

---

46 온창일, 『전략론』, p. 43.

47 이러한 언급에 오해가 있어서는 안 된다. 프랑스 총리 클레망소(Georges Clemenceau)는 "전쟁은 장군들에게 맡기기에는 너무 심각하며, 또한 정치가들에게 맡기기에도 너무 심각하다"고 했다. 이는 전쟁을 수행하기 위해 정치가와 군 지휘관 간의 협력이 긴요하다는 의미이다. John Garnett, "Strategic Studies and its Assumptions", John Baylis et al., *Contemporary Strategy: Theories and Concepts I*, p. 6.

둘째, 시간의 변화이다. 과거의 전략은 수행 주체 간 전쟁에 국한하여 정의되었다. 그러나 평시와 전시가 상호 단절적이지 않고 심지어 "전쟁은 총칼을 통한 외교" 내지는 "외교는 펜으로 수행하는 전쟁"으로 묘사되는 오늘의 현실에서는 전략이 적용되는 시기를 전시로 국한할 수 없게 되었다.[48] 즉, 앞에서 전략의 외연이 확대된 이유를 설명하면서 이미 언급했듯이 현대의 전략은 전평시를 막론하여 보편적으로 적용되는 개념으로 받아들여지고 있다.

다만 오늘날 전략은 전시보다 평시의 전략에 더 주안을 두는 경향이 있다. 그것은 전쟁이 총력전 양상을 띠고 핵무기가 출현함으로써 전쟁이 발발할 경우 어떤 국가도 참혹한 피해를 감내하지 않으면 안 되기 때문에 전쟁수행 자체보다는 그 이전에 전쟁을 억제하고 예방하는 데 더 큰 관심을 갖지 않을 수 없기 때문이다. 또한 앞에서 언급한 전략의 주체가 국가 또는 정치체로부터 비국가 행위자와 개인에게까지 확대되고 있으며, 경제활동과 자원확보 등이 상대적으로 중요한 문제로 대두됨에 따라 전략의 무게중심은 전시보다는 평시에 더 많이 실리고 있다.

셋째, 공간의 변화이다. 최초에 전략의 공간은 협소한 전장으로 한정되었다. 그러나 근대에 오면서 지리상의 발견과 증기력, 그리고 엔진 개발에 의해 수송능력이 발달하고 활동영역이 넓어지면서 전략의 공간은 지상으로부터 해양과 공중으로 확대되었다. 현대에는 인류의 첨단기술이 더욱 발달하면서 우주공간과 사이버공간이 추가되었고, 나아가 핵억제에서 핵심적으로 다루고 있는 심리적 요인, 그리고 혁명전쟁이나 비대칭전쟁에서 중심center of gravity으로 간주하고 있는 정치적 의지와 같은 관념적 영역까지도 전략의 공간으로 간주되고 있다.

오늘날에는 정보통신기술IT이 발달하면서 새로운 전략 공간을 창출

---

48 온창일, 『전략론』, p. 44.

하고 있다. 각종 소셜미디어social media와 소셜네트워킹social networking의 발달로 인해 시민사회 간의 의사소통 공간이 새로운 전략의 공간으로 부상하고 있으며, 이미 '재스민 혁명Jasmine Revolution'으로 알려진 북아프리카 및 중동지역의 정치 변동은 물론, 리비아 내전 시 나토NATO군의 군사작전에 적지 않은 영향을 준 바 있다.[49] 소셜미디어와 소셜네트워킹은 일반 행위자들로 하여금 정책결정에 영향을 미치고 참여하는 기회를 증가시킴으로써 그것이 국가전략이든 경영전략이든, 아니면 개인의 취업전략이든 앞에서 언급한 전략의 다양한 주체들 간에 존재하는 벽을 낮추고 있다. 그래서 국가를 이끌어가는 지도자들과 일반 국민들, 회사를 경영하는 최고경영자와 회사원들, 취업을 준비하는 개인과 기업들, 그리고 심지어는 일반시민과 군사작전을 수행하는 주체 간에 소통을 가능케 하는 새로운 전략의 공간을 제공하고 있다.[50]

▣ 소셜미디어가 군사작전에 미치는 영향 ▣

소셜미디어 기술의 사용은 북아프리카와 중동에서 시민봉기를 확산시킨 주요한 원동력으로 작용했다. 이는 새로운 차원에서 정보를 제공하는 것으로 비단 시민사회 내부의 의사소통을 넘어 전쟁수행에 영향을 줄 수 있는 것으로 드러나고 있다.

리비아 사태는 전통적 방법으로 작전보안을 유지하는 데에는 한계가 있으며, 보도통제는 소셜미디어와 다른 인터넷 자료에 의해 별 효과가 없

49 Tim Ripley, "War of Words: Social Media as a Weapon in Libya's Conflict", *Jane's Intelligence Review*, August 1, 2011, http://www.janes.com/

50 앞의 글.

음을 보여주었다. 반정부군이나 나토 작전에서 소셜미디어는 비밀정보를 대중에 확산시킴으로써 때로는 작전에 치명적인 결과를 가져왔다. 가령 항공기에 열광하는 트위터들은 나토 항공기가 대륙을 넘어 이동하는 상황을 실시간으로 중계했으며, 공중관제 무선교신까지 감청하면서 그 내용을 공유했다. 네덜란드 주파수 감청센터FMC라는 웹사이트와 그 트위터는 지중해를 건너 나토의 공중작전에 관한 가상 실황방송을 제공했는데, 이 방송은 남유럽 지역에서의 나토 공군의 배치와 미 공군기의 이동로에 대해 매우 상세한 분석을 내놓았다. 예를 들어, 미 공군의 B-1B 랜서Lancer 폭격기가 대서양 상공을 건너 북아프리카의 표적을 향해 비행하고 있을 때 이미 이 폭격기의 투입을 예견했으며, 미 국방부가 무인항공기 프레데터Predator를 리비아 전역에 투입한다는 사실을 발표하기 2주 전에 이미 무인기가 시칠리아 섬으로부터 전개될 것이라고 예상했다.

물론, 과거 아마추어들이 무선교신을 감청했던 사례는 많이 있다. 그러나 문제는 이들이 감청한 교신내용을 그대로 소셜미디어에 업로드한다는 것이다. 심지어는 오사마 빈 라덴Osama Bin Laden을 습격하기 위해 미군이 아보타바드Abbottabad에 위치한 안가에 도착하는 광경이 트위터에 올랐다는 것은 이러한 소셜네트워크 및 소셜미디어가 비밀작전에 얼마나 큰 위협으로 작용할 수 있는지를 잘 보여준다.

소셜미디어는 나토군의 작전에도 유용하게 활용되었다. 리비아 사태 기간에 소셜미디어와 다른 실시간 인터넷 매체는 나토의 공중타격을 위한 표적을 식별하는 데 도움을 줌으로써 군사작전을 수행하는 데 전에 없이 유용한 '눈'이 되어주었다. 비록 리비아 정부군이 소셜미디어를 군사작전에 활용했다는 확실한 증거는 없지만 이들이 사전에 나토 공군의 접근을 사전에 인지했다는 인터넷 보도를 고려할 때 리비아 정부군도 래이더 등의 감시망 외의 온라인 매체를 통해 정보를 수집했을 가능성을 배제할 수 없다.

소셜미디어의 등장은 군사전략을 새롭게 발전시켜야 할 필요성을 제기하고 있다. 휴대폰 기술은 매우 빠른 속도로 발전하고 있으며, 공간의 정보와 결합하여 막대한 군사적 잠재력을 발휘할 수 있다. 어떠한 정보도 컴퓨터 자판을 몇 번 두들기기만 하면 소셜미디어를 통해 전 세계에 전파된다. 따라서 정보기술자에게 소셜미디어는 정보의 중요한 원천이 될 수 있다. 아직까지 군 및 보안기관에서는 소셜미디어를 귀중한 정보의 원천으로 보기보다는 우려의 눈으로 보고 있다. 그러나 앞으로 군은 소셜미디어로부터 민감한 작전을 보호할 수 있는 전략을 개발함과 동시에 홍수처럼 흐르는 막대한 정보를 감시하고 통제하며, 그 가운데 유용한 정보를 획득할 수 있는 메커니즘을 갖추어야 할 것이다.

넷째, 수단의 성격 변화이다. 고대 전략의 수단은 '병력'이었다. 이후 근대에 오면서 그 수단은 '군사력'이라는 보다 포괄적인 개념으로 변화했다. 지금은 양차대전에서 군사력의 전면적 사용이 전략의 파산을 가져왔다는 측면에서 전략적 수단을 '국력power'의 범주로 확대했다. 여기에서 '국력'이란 정치, 경제, 사회, 군사 등 제 분야의 역량을 포함한다.[51]

그러나 오늘날에는 이에 부가하여 또 다른 수단을 추가할 수 있다. 바로 9·11테러에서의 민간항공기 등과 같이 종교적 극단주의자들에 의한 비대칭적 수단이 사용될 수 있으며, 제4세대 전쟁으로 일컬어지는 '분란전insurgency warfare'에서와 같이 민심hearts & minds을 얻기 위해 주민들을

51 온창일, 『전략론』, p. 45.

대상을 벌이는 각종 선전활동과 정치교육, 심지어 위협이나 협박 등도 유용한 전략의 수단으로 고려할 수 있을 것이다. 그 결과 오늘날 전략의 수단은 전에 상상할 수 없었던 거의 모든 요소를 포함하고 있으며, 지금까지와 달리 딱히 어느 한 부류로 구분하기에 모호한 측면이 있다.

다섯째, 추구하는 결과의 변화이다. 고대의 전략에서는 전투에서의 승리를 추구했다. 근대에는 정치적 목적을 달성하기 위해 전쟁에서의 승리를 추구했다. 그러나 지금의 전략은 양차대전 이후 총력전 가능성과 핵무기의 등장으로 인해 전쟁의 승리뿐 아니라 전쟁의 억제, 현상 유지, 현상 회복, 행동의 중지 등을 추구하게 되었다.[52] 그리고 이러한 전략 행동은 궁극적으로 국가 또는 정치체가 추구하는 '제한적' 목적을 달성하는 데 그 목적을 두었다.

오늘날 전략이 추구하는 최종 상태는 전략의 주체가 다변화된 만큼 다양하게 설정되고 있다. 아프리카에서 벌어지고 있는 인종분규의 경우 '인종청소'라고 하는 아마겟돈Armageddon과 같은 참혹한 상황을 추구한다. 알 카에다Al-Qaeda를 비롯한 종교적 극단주의 집단이 추구하는 테러는 수많은 무고한 시민을 대상으로 하는 것으로, 공포와 혼돈을 야기하는 것 그 자체를 목적으로 한다. 미국, 중국, 그리고 유럽 국가들이 중동과 아프리카에서 벌이고 있는 석유자원을 확보하기 위한 경쟁도 마찬가지로 과거 전략이라는 범주 내에서 찾아볼 수 없던 모습이다.

이와 같이 오늘날 전략 개념은 근대와 현대의 개념을 뛰어넘어 또 다른 변화를 맞고 있다. 전략 주체가 비국가 행위자 및 개인으로 확대되고 있다. 전시보다는 평시의 전략에 무게가 더 실리고 있으며, 기존의 5개 전장 공간에 더하여 심리, 의지, 그리고 소셜미디어가 새로운 전략의 공간으로 등장하고 있다. 전략의 주체들이 취할 수 있는 수단이 무한정으

---

52 온창일, 『전략론』, pp. 45-46.

로 확대되고 있으며, 그들이 추구하는 최종 상태는 파괴와 혼란 그 자체를 지향하고 있다. 이렇게 볼 때 앞에서 미 국방부나 사전에 의한 전략의 정의는 이러한 전략의 변화를 담아내지 못하고 있으며, 따라서 전략 개념은 보다 일반적이고 보편적인 용어로 다시 정의할 필요가 있다.

5. 전략의 개념 정의

어느 수준에서건 전략을 정의하는 데 반드시 포함되어야 할 요소는 '목적objectives' 또는 '목표ends', '자원resources 또는 '수단means', 그리고 '개념concepts' 또는 '방법ways'이다.[53] 이 세 요소는 전략을 구성하는 삼위일체로서 어느 하나를 빼고서는 전략이라는 용어의 개념을 설명할 수 없다. 목표는 국가나 조직이 달성해야 할 궁극적인 지향점 또는 최종 상태이다. 수단이란 국가나 조직이 보유하고 있는 유형 또는 무형의 자산을 의미한다. 그리고 방법이란 지향하는 목표를 달성하기 위해 국가나 조직이 보유하고 있는 가용 자산을 운용하는 술 또는 과학이라고 할 수 있다.

이렇게 볼 때 일반적으로 전략이란 "주어진 목표를 달성하기 위해 가용한 수단을 운용하는 술과 과학"으로 정의할 수 있다. 이때 "가용한 수단을 강화하는 것" 또는 "군사력을 건설하는 것"을 전략에 포함시킬 것인가의 문제가 대두될 수 있다. 이에 대한 논의는 제5장에서 심도 깊게 다룰 것이지만, 필자는 수단 그 자체를 강화하는 것이나 군사력을 건설하는 영역은 정책의 영역이지 전략의 영역이 아니라고 본다. 클라우제비츠도 "칼을 만드는 사람의 기술과 펜싱을 하는 사람의 솜씨"와는 아

---

53 David Jablonsky, "Why Is Strategy Difficult?", J. Boone Bartholomees, Jr., *U.S. Army War College Guide to National Security Issues, Volume 1: Theory of War and Strategy*(Carlisle: SSI, 2010), p. 3.

무런 관계가 없으며, 군대를 모집하고, 무장시키며, 장비를 갖추고, 부대를 이동시키고, 정비를 하는 것과 실제로 야전에서 전쟁을 수행하는 것과는 별개라고 보았다. 전략은 가용한 수단과 자원을 어떻게 운용할 것인가의 문제이지, 그것을 어떻게 준비할 것인가의 문제는 아니다.

모든 전략은 이러한 일반적인 전략의 정의를 바탕으로 각 수준 및 영역별로 정의될 수 있다. 즉, 전략을 "주어진 목표를 달성하기 위해 가용한 수단을 운용하는 술과 과학"으로 정의할 때, 국가전략이란 "국가목표를 달성하기 위해 국가가 가진 정치·경제·사회·군사·문화적 자원을 운용하는 술과 과학"으로 볼 수 있다. 마찬가지의 논리로 군사전략이란 "정치적 목적 또는 전쟁의 목적을 달성하기 위해 가용한 군사적 자산을 운용하는 술과 과학"이라 할 수 있으며, 외교전략은 "정치적 목적 또는 외교 목적을 달성하기 위해 가용한 외교적 자산을 운용하는 술과 과학"으로 정의할 수 있다. 또한 작전술이란 전구 내에서 전략 목표를 달성하기 위해 가용한 군사자원을 운용하는 술과 과학을 말하고, 전술이란 전투에 있어서 상황에 따라 임무달성에 가장 유리하도록 부대를 운용[부대의 배치, 이동, 전투력의 행사]하는 술과 과학이라 할 수 있다.

사실 일부 학자들은 이러한 일반적인 전략의 정의를 수용하고 있다. 예를 들어, 미 국방대 교수인 드류Dennis M. Drew와 스노우Donald M. Snow는 전략이란 "목적을 달성하기 위해 노력을 조직화하는 행동계획"으로 정의한다.[54] 와일리J. C. Wylie는 전략을 "어떠한 목적을 달성하기 위해 고안된 행동계획"으로 정의한다.[55] 머레이Williamson Murray와 그림슬리Mark

54 Dennis M. Drew and Donald M. Snow, *Making Twenty-First-Century Strategy: An Introduction to Modern National Security Processes and Problems*(Maxwell AFB: Air University Press, 2006), pp. 13, 17.

55 J. C. Wylie, Military Strategy: *A General Theory of Power Control*, ed. John B. Hattendorf(Annapolis, Md., 1989), p. 14.

Grimsley는 "전략은 우연, 불확실성, 그리고 모호함이 지배하는 세계에서 변화하는 조건과 상황에 부단히 적응하는 과정"이라고 본다.[56] 미 육군 전쟁대학Army War College에서도 전략을 "목표, 방법, 그리고 수단 간의 관계"라고 매우 폭넓게 정의하고 있다.[57] 이렇게 볼 때 주요 국가들의 정부 기관에서 정의하고 있는 '전쟁' 중심의 전략 개념은 재고되어야 하며, 보다 일반적이고 포괄적인 정의로 바꾸어야 할 시점에 이르렀다고 본다.

---

56 Williamson Murray and Mark Grimsley, "Introduction: On Strategy", Williamson Murray et al., eds., *The Making of Strategy: Rulers, States, and War*(Cambridge: Cambridge University Press, 1994), p. 1.

57 J. Boone Bartholomees, Jr., "A Survey of the Theory of Strategy", *U.S. Army War College Guide to National Security Issues, Volume 1: Theory of War and Strategy*(Carlisle: SSI, 2010), p. 15.

■ 토의 사항

1. 전략이라는 용어의 기원은 무엇인가?
2. 근대 이전까지 전략 개념은 시대별로 어떻게 발전했는가?
3. 근대 이후 전략 개념은 어떻게 분화되었는가?
4. 나폴레옹 전쟁이 전략의 발전에 미친 영향은 무엇인가?
5. 주요 군사사상가들은 전략을 어떻게 정의했고, 그 차이는 무엇인가?
6. 현대 전략의 외연이 확대된 요인은 무엇인가?
7. 오늘날 전략 개념은 어떻게 확대되고 있는가? 전략이라는 용어를 새롭게 정의할 필요가 있는가?
8. 소셜미디어 또는 소셜네트워킹이 오늘날 전략에 미치는 영향은 무엇인가? 앞으로 소셜미디어를 군사전략에 활용할 수 있는 방안은 무엇인가?
9. 오늘날 전략의 정의는 무엇인가? 군사전략은 어떻게 정의할 수 있는가?
10. 미 국방부와 한국 합참에서 정의한 '전략'의 개념은 수정할 필요가 있는가? 수정해야 한다면 어떻게 정의해야 하는가?

ON MILITARY STRATEGY

제3장

전략의 체계, 유형, 그리고 차원

1. 전략의 체계

가. 개요

현대에 이르러 전략의 개념이 수직적·수평적으로 분화되고 외연이 확대됨에 따라 오늘날과 같은 전략의 체계를 이루게 되었다. 물론, 전략의 체계를 설정하고 도식화하는 것은 각 국가의 상황과 학자들의 견해에 따라 상이하기 때문에 일반화하는 데에는 어려움이 있다. 그럼에도 불구하고 보편적으로 받아들여지고 있는 전략의 체계를 제시하면 다음과 같다.

▣ 전략의 체계와 상호관계

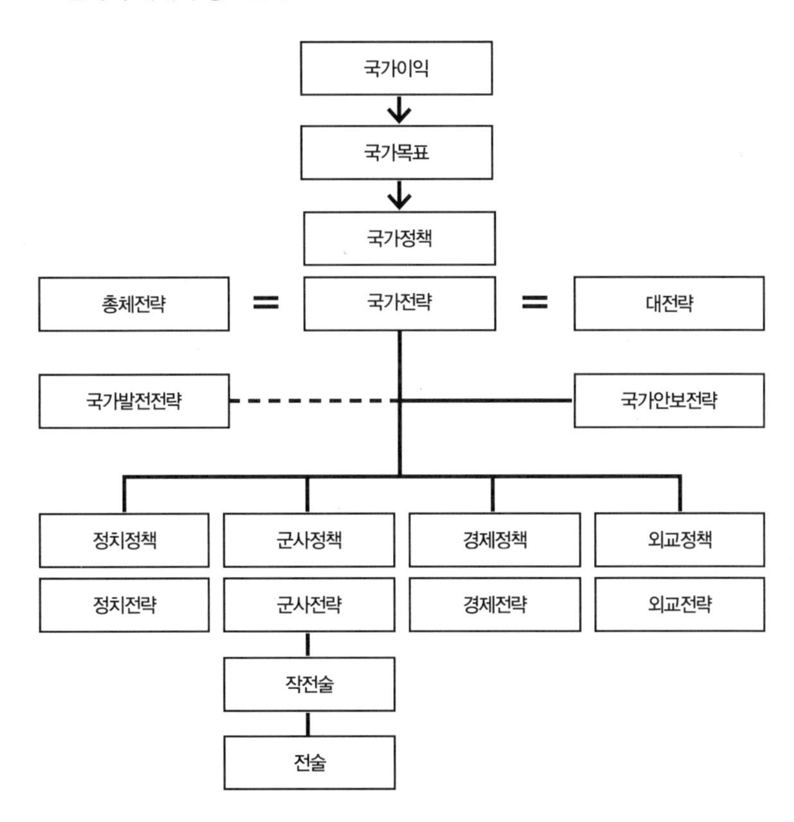

전략의 체계는 국가이익에서 출발한다. 국가이익이란 민주주의나 자유시장경제와 같이 국가가 지향하는 궁극적 가치를 표현한 것이며, 이를 달성하기 위해 보다 구체적인 목표로 설정한 것이 국가목표이다.[1] 즉, 가치는 이익의 뿌리이며, 이익은 목표를 설정하는 지표가 된다. 때로 국가이익과 국가목표는 동일하거나 거의 유사할 수도 있다. 국가목표가 설정되면 이를 달성하기 위한 국가의 정책과 전략이 수립되어야 하는데, 이 가운데 국가전략은 이러한 국가목표를 달성하기 위한 최상위의 전략이 된다. 국가전략은 이를 사용하는 국가나 학자에 따라 총체전략 또는 대전략과 같은 개념으로 간주된다.

국가전략의 하위 전략으로는 국가안보전략과 국가발전전략을 둘 수 있다. 이 두 전략은 독자적으로 분류될 수도 있지만 그렇게 될 경우 전략의 체계가 너무 복잡해질 수 있기 때문에 국가전략을 보조하는 차원에서 이해할 수 있다. 즉, 국가전략을 생존과 직결되는 '전쟁'의 문제와 결부시킨다면 국가안보전략으로, 번영 추구를 위한 '경제'에 초점을 맞춘다면 국가발전전략으로 간주할 수 있으며, 이 둘은 뚜렷한 위계를 갖기보다는 보완적 위계를 갖는 것으로 보는 것이 타당하다. 국가전략—즉, 국가안보전략 및 국가발전전략—의 하위 전략으로 정치, 군사, 경제, 외교 등의 전략이 있다.[2] 이 가운데 '전쟁'의 문제와 직접적으로 관련되는 군사전략은 그 하위 전략으로 작전술, 전술 등의 체계를 이룬다.

여기에서 정책과 전략의 관계는 주종의 관계가 아니라 상호 보완적인 관계에 있다. 즉, 군사정책은 군사전략에 의해 영향을 받고, 반대로 군사전략은 군사정책에 의해 제한될 수 있다. 주어진 안보환경에 따라 군사

---

1 김열수, 『국가안보: 위협과 취약성의 딜레마』(파주: 법문사, 2011), p. 19.

2 이러한 하위전략은 상위전략의 목표달성에 기여한다. 외교전략은 국가안보전략뿐만 아니라 국가발전전략에 기여할 수 있으며, 군사전략도 마찬가지로 안보분야뿐만 아니라 국가발전전략에도 기여할 수 있다. 해상교통로를 보호하는 것이 대표적인 예이다.

정책이 군사전략을 주도할 수 있고, 역으로 군사전략이 군사정책을 주도할 수 있다.

나. 국가이익과 국가목표

국가이익이란 일반적으로 "생존, 독립, 국가보전, 군사안보, 그리고 경제적 복지와 같은 국가의 강력한 욕구를 구성하는 요소들을 일컫는 지극히 일반화된 개념"으로 정의할 수 있다.[3] 가장 기본적인 국가이익은 통념적으로 시간이 지나도 변하지 않는 것으로 국가의 '안보'과 '번영', 즉 국가 전체의 존립과 경제적 발전을 추구하는 것을 의미한다. 그러나 국가이익의 구체적인 내용은 그 국가가 처한 현실과 우선순위에 따라 상이할 수 있다. 예를 들어, 미국의 경우 국가이익은 국제적 영역에서의 개입과 깊은 관계가 있는 반면, 국제적으로 고립되어 있는 제3세계 국가들의 경우에는 그렇지 않다. 또한 미국 내에서도 행정부 교체에 따라 국가이익은 약간씩 다르게 표현되고 있는데, 오바마Barack Obama 행정부의 『국가안보전략National Security Strategy: NSS』의 경우 국가이익을 미국 및 동맹국과 우방국의 안전보장, 개방된 국제경제체제하의 미국 경제 성장, 국내외 보편적 가치의 존중, 그리고 미국 리더십에 의해 주도되는 국제질서로 규정하고 있는 반면, 이전 부시George W. Bush 행정부의 NSS는 자유, 민주주의, 그리고 자유로운 경제활동을 국가이익으로 언급하고 있다.[4]

이러한 국가이익의 원류는 '국가이성Raison d'Etat'에서 구할 수 있다. 국가이성이란 국가를 유지·강화하기 위해 지켜야 할 법칙 내지는 행동 기

---

3 Douglas J. Murray & Paul R. Viotti, *The Defense Policies of Nations: A Comparative Study*(Baltimore: Johns Hopkins University Press, 1982), p. 499.

4 P. H. Liotta, "To Die For: National Interests and the Nature of Strategy", Naval War College, ed., *Strategy and Force Planning*(Newport: Naval War College, 2004), p. 112.

준을 의미하는 것으로서, 본래 의미는 "국가의 생존, 강화라는 목적을 위해서 국가권력power은 법, 도덕, 종교의 규범에 우선하지 않으면 안 된다"는 것이다. 즉, 국가는 생존과 번영을 위해서라면 어떠한 요소보다도 우선하여 권력을 강화하는 것을 합리화할 수 있다.[5]

이러한 맥락에서 고전적 현실주의자인 독일 출신의 미국 국제정치학자 한스 모겐소Hans Joachim Morgenthau는 국가이익을 '권력power'이라는 측면에서 정의하고, 국가이익이란 현상을 유지하는 것, 제국주의적 팽창을 추구하는 것, 국가의 권위prestige를 높이는 것, 이 세 가지로 정의했다. 즉, 그는 국가의 정책은 권력을 유지하거나, 권력을 강화하거나, 아니면 권력을 과시하는 것 중의 하나로 보았다.[6] 이러한 모겐소의 주장은 지나치게 권력을 중시한 면이 있지만 무정부적 국제질서 속에서 국익을 수호하기 위해서는 그만큼 권력을 강화하는 것이 필요하다는 것을 가감 없이 표현한 것으로 이해할 수 있다.

▣ 국가이익의 구분

구분	내용
생존이익 (survival interest)	국가존망에 관한 기본이익으로 적의 공격이나 공격위협으로부터 국가를 수호하는 이익
핵심이익 (vital interest)	국가가 양도할 수 없는 이익으로 국가에 중대한 위해를 초래할 경우 군사력을 사용해서라도 지켜야 하는 이익(예: 영토 보전)
중요이익 (major interest)	확보하지 않을 경우 국가의 정치, 경제, 사회복지에 부정적 영향을 줄 수 있는 이익이나, 군사력을 사용할 정도는 아님
부차적 이익 (peripheral interest)	국가이익에 해당하나, 전반적으로 국가에 미치는 영향이 미미한 것

* Dennis M. Drew and Donald M. Snow, *Making Twenty-First-Century Strategy: An Introduction to Modern National Strategy Processes and Problems*(Maxwell AFB: Air University Press, 2006), pp. 31-34.

국가이익은 크게 생존이익, 핵심이익, 중요이익, 그리고 부차적 이익으로 구분할 수 있다. 생존이익과 핵심이익은 군사력을 사용해서라도 지켜야 하는 이익인 데 반해, 중요이익이나 부차적 이익은 국가에 불편을 주거나 손상을 주는 것이기는 하지만 참을 수 없는 것은 아니다. 즉, 핵심이익과 중요이익의 경계선에서 군사력 사용 여부가 결정된다. 그러나 이 두 영역의 경계를 구분하는 것은 모호하며, 상황에 따라 중요이익이 핵심이익으로 될 수 있고 반대로 핵심이익이 중요이익으로 낮춰질 수도 있다.[7] 그것은 이러한 이익에 대한 판단이 다분히 심리적이고 주관적일 뿐만 아니라, 국내외 상황을 반영한 정부의 정책결정에 따라 그 경계를 넘나들 수 있기 때문이다.

국가목표는 국가이익을 현실화하기 위해 이를 구체화한 것으로 국가의 기본적이고 장기적인 의지이며, 안보, 번영, 국위를 달성하기 위한 지향점이다. 동화 속의 '이상한 나라'에서 앨리스Alice가 체셔 고양이에게 "여기에서 어떤 길로 가야 하는지 알려주시겠어요?"라고 묻자, 고양이는 이렇게 대답한다. "그건 네가 가고 싶은 곳이 어딘가에 따라 다르지." 어떠한 전략이 수립되기 위해서는 먼저 그 목표가 분명하게 설정되어야 한다. 국가이익에 기초하여 결정된 국가목표는 그 목표를 달성하기 위한 전략, 계획, 프로그램, 그리고 작전을 구상하는 출발점이 된다. 국가목표의 예로는 적의 공격으로부터 영토를 수호하는 것, 평화를 유지하는 것, 안정을 유지하는 것, 경제적 번영을 추구하는 것, 국내 안정을 기

---

5 이러한 견해는 정치적인 경험에서 비롯된 것으로, 고대부터 존재해온 것이지만 이것이 정치적 규범으로서 자리를 확고하게 잡은 것은 마키아벨리(Niccolò Machiavelli)로부터이다.

6 James E. Dougherty and Robert L. Pfaltzgraff, Jr., *Contending Theories of International Relations: A Comprehensive Survey*(New York: Harper & Row, 1981), p. 100.

7 Dennis M. Drew and Donald M. Snow, *Making Twenty-First-Century Strategy: An Introduction to Modern National Strategy Processes and Problems*(Maxwell AFB: Air University Press, 2006), pp. 31-34.

하는 것, 그리고 강한 군사력을 갖추는 것 등을 들 수 있다.[8]

다. 국가전략의 체계

이와 같이 국가목표가 설정되면 이를 달성하기 위한 국가 차원의 전략은 다음과 같이 구성된다. 미국처럼 전 지구적 차원에서 해외 여러 지역에 막대한 군사력을 전개하는 국가의 경우 가장 높은 수준으로부터 국가전략, 국가안보전략, 국가군사전략, 지역전략, 전구군사전략, 작전술, 전술로 구분할 수 있다. 그리고 한국을 비롯한 대부분의 국가와 같이 국경선 내에 대부분의 군사력을 운용할 경우 국가전략, 국가안보전략, 군사전략, 작전술, 전술로 구분할 수 있다.[9]

국가전략은 최고 수준에서의 정부 관료들이 평시 및 전시에 국가이익과 국가목표를 달성하기 위해 가용한 국가자산을 어떻게 운용할 것인지에 대한 전략과 계획을 발전시키는 것이다. 이때 국가이익은 앞에서 살펴본 대로 생존이익, 핵심이익, 중요이익, 부차적 이익으로 구분할 수 있으며, 이 가운데 생존이익과 핵심이익은 결코 양보할 수 없는 영역으로 군사력 사용 가능성을 배제하지 않는다.[10] 국가전략은 국내정치 차원의 정치전략, 국제정치 영역을 포함하는 외교전략, 대내외 상업활동을 포함하는 경제전략, 그리고 무력을 사용하는 군사전략—또는 국가군사전략—등을 포괄하며, 구체적으로는 이를 포함하여 농업, 군사력, 상업, 경제, 범죄방지, 환경, 교육, 에너지, 재정, 보건, 정보, 건설, 국제관

---

8 John M. Collins, *Military Strategy: Principles, Practices, and Historical Perspectives* (Washington, D.C.: Brassey's Inc., 2002), pp. 36-37

9 앞의 책, pp. 3-5. 학자에 따라 국가전략과 국가군사전략을 동일한 것으로 보는 견해도 있다.

10 Dennis M. Drew and Donald M. Snow, *Making Twenty-First-Century Strategy*, pp. 31-34.

계, 사법, 노동, 공공복지, 그리고 교통 등 국가 전반적인 문제를 다룬다.

국가전략은 크게 국가안보전략과 국가발전전략으로 구분할 수 있다. 국가안보전략은 국가의 생존 또는 존립에 관계되는 문제를 다루는 반면, 국가발전전략은 국가의 번영과 경제발전에 관련된 문제를 다룬다. 국가안보전략은 최고 수준에서의 정치·군사 전문가들이 전평시 대내외의 위협을 고려하여 국가안보 목표를 달성하기 위해 국력을 적절히 사용하기 위한 전략이다.[11] 이러한 전략은 외교적·경제적·심리적·사이버적·기술적·군사적 수단을 동원하며, 이 가운데 군사적 수단은 가장 효과적일 수 있지만 때로는 가장 비효과적일 수도 있다. 국가안보전략이 성공적으로 추진된다면 군사력 사용 요구는 전혀 제기되지 않거나 크게 줄어들 것이다.

군사전략—또는 국가군사전략—은 국방장관이 국가군사목표를 달성하기 위해 가용한 군사력을 운용하는 전략이다. 군사전략의 궁극적인 목표는 전쟁에서 승리를 거두는 것으로, 상위의 전략인 국가전략목표 또는 국가안보목표를 달성하는 데 기여해야 한다.[12] 군사전략은 기본적으로 억제가 실패할 경우 군사력을 사용하는 전략이다. 따라서 군사전략은 평화를 유지하는 것도 중요하지만, 그에 못지않게 전쟁이 발발할 경우 정치적으로 유리한 조건하에 평화를 회복하도록 하는 것이 더 중요하다.[13] 물론, 현대에 오면서 군이 수행하는 '전쟁 이외의 군사활동 military operations other than war'이 증가면서 평시의 임무 영역이 확대되고 있다. 그러나 군은 국가안보를 위한 최후의 보루여야 한다는 점을 고려할

---

11 Dennis M. Drew and Donald M. Snow, *Making Twenty-First-Century Strategy*, p. 3.

12 B. H. Liddell Hart, "National Object and Military Aim", George Edward Thibault, ed., *Dimensions of Military Strategy*(Washington, D.C.: NDU Press, 1987), p. 25.

13 Jeffrey Record, "Revising U.S. Military Strategy: Tailoring Ends and Means", George Edward Thibault, ed., *Dimensions of Military Strategy*(Washington, D.C.: NDU Press, 1987), p. 55.

때, 군사전략은 국가전략의 하위 전략인 정치전략, 경제전략, 외교전략 등 다른 영역의 전략과 달리 기본적으로 평시보다는 전시를 대비하는 데 주안을 두어야 한다.

작전술과 전술은 각급 제대를 지휘하는 지휘관들이 전장에서 군사전략을 이행하는 술art이다. 작전술은 전장에서의 행동에 관한 개념적 방법을 의미한다. 가령 전격전, 종심방어, 전략폭격, 함대결전, 다층 공중방어 등이 작전술에 해당한다. 그리고 전술은 말단 부대에서 전투임무를 수행하기 위해 지형지물을 활용하고, 무기를 사용하며, 예하부대를 운용하는 기술로 볼 수 있다.[14] 예를 들어, 사단, 해군 전함, 공군 전대 등을 지휘하는 지휘관들은 적의 움직임에 따라 전술적으로 예하부대를 배치하고 기동시키는데, 이는 전술의 영역에 해당한다.

군사전략과 작전술에 속하는 각 전략 개념 혹은 작전 개념은 상황에 따라 서로 호환이 가능하다. 가령 전격전 그 자체는 작전적 개념임에 분명하지만, 제2차 세계대전 시의 독일군이 프랑스군의 마지노선Maginot Line에 대해 취했던 전격전은 양면전쟁을 피하기 위해 신속하게 프랑스를 점령해야 한다는 군사목표를 달성하기 위한 것으로 보다 높은 차원에서 군사전략으로 간주될 수 있다. 반대로 전격전은 전역 수준에서뿐만 아니라 전술적 수준에서 예하부대가 적에 대해 신속한 기동으로 결전을 추구하는 개념으로도 사용할 수 있다. 유격전도 마찬가지이다. 하급 제대에서 각 부대원들이 유격전을 전술적 개념으로 사용할 수 있는 반면, 중국이나 베트남의 혁명전쟁에서 지도부가 채택한 유격전은 군사전략적 수준으로 격상된 것이었다.

한편으로, 군사전략과 작전술, 그리고 전술은 상호의존적 관계에 있

---

14 Edward N. Luttwak, *Strategy: The Logic of War and Peace*(Cambridge: Harvard University Press, 1987), p. 83, 91.

으므로 어느 한 부분이 취약할 경우 전체의 균형이 틀어질 수 있음을 유의해야 한다. 그러나 중요한 것은 전술보다는 전략이다. 왜냐하면 전술의 실패가 전략 전체에 미치는 영향은 미미할 수 있으나, 전략이 잘못 입안될 경우에는 전장에서 많은 군사력이 무의미하게 소모될 수 있기 때문이다.[15]

2. 전략의 유형

역사적으로 나타난 다양한 전략을 분류 기준에 따라 다음과 같이 유형화해볼 수 있다. 물론 여기에서 제시된 일곱 가지의 기준 외에도 매우 다양한 기준에 의해 전략을 구분해볼 수 있을 것이다.

▣ 전략의 유형 분류

분류 기준	전략의 유형
전쟁의 형태	핵전략, 재래식 전략, 혁명전략
상대에 대한 요구 형태	억제전략, 강압전략, 보장전략
전쟁수행 방식	섬멸전략, 소모전략, 마모전략
작전 개념	연속전략, 동시전략, 누진전략
전장 구분	지상전략, 해양전략, 공중전략
전쟁 지연 여부	단기전 전략, 장기전 전략
직접성 여부	직접전략, 간접전략

15 John M. Collins, *Military Strategy*, p. 5.

가. 전쟁의 형태에 의한 구분

전략은 기본적으로 전쟁의 형태에 따라 크게 핵전략nuclear strategy과 재래식 전략conventional strategy으로 나눌 수 있다. 이러한 구분은 국가들이 추구하는 정치적 목적이 제한되는가의 여부에 따라 다시 전면적 혹은 제한적 핵전략, 그리고 전면적 혹은 제한적 재래식 전략으로 구분해볼 수 있다. 정치적 목적이 제한되지 않을 경우 총력전 또는 전면전을 통해 상대로 하여금 '무조건 항복'을 강요할 것이며, 정치적 목적을 제한할 경우에는 궁극적으로 상대와의 정치적 협상을 통해 "더 나은 조건하의 평화"를 이루기 위한 평화조약peace treaty을 추구하게 될 것이다.

한편으로, 현대 역사가 시작되는 바로 그 시점에서 마오쩌둥의 중국 혁명전쟁을 필두로 하여 본격적으로 혁명전쟁revolutionary warfare 전략이라고 하는 새로운 전략이 등장했다. 앞의 두 전략이 국제전, 즉 국가와 국가의 전쟁이라면, 혁명전쟁은 한 국가 내에서 적대적인 세력이 등장하여 기존의 정부와 체제를 붕괴시키고 그 국가의 정치권력을 탈취하기 위한 내전으로 볼 수 있다. 혁명전략은 상대와의 협상이나 타협이 불가능하며, 오직 무조건 항복을 요구한다는 점에서 절대적인 목적을 추구한다.

이렇게 본다면 전쟁의 형태에 따른 전략의 구분은 첫째로 일반적인 핵전략과 재래식 전략, 둘째로 제한적 핵전략과 제한적 재래식 전략, 그리고 마지막으로 혁명전쟁 전략으로 나눌 수 있다. 이외에도 유격전 전략, 전복전 전략, 테러전 전략 등 소규모 전쟁 형태에 따라 다양한 전략의 유형이 있을 수 있으나, 일반적으로 이러한 전략은 재래식 전략 혹은 혁명전략의 하위 개념으로 간주될 수 있을 것이다.[16]

---

16 Julian Lider, *Military Theory*, p. 207.

나. 상대에 대한 요구 형태

전략은 상대에 대한 요구 형태에 따라서도 구분해볼 수 있다. 영국의 유명한 전쟁사학자 마이클 하워드Michael Howard는 전략을 억제deterrence전략, 강압compellence전략, 보장reassurance전략으로 구분했다. 억제란 "적으로 하여금 현재의 행동으로 얻을 수 있는 이익보다 그것이 초래할 비용과 위험이 더 크다는 것을 인식하도록 설득하는 것"이다.[17] 즉, 억제전략이란 다른 국가들로 하여금 특정한 행위를 하지 못하도록 하는 전략이다. 강압전략이란 억제와 반대로 특정 행동을 하지 않으면 더 큰 비용과 위험이 초래될 것이라는 것을 인식하게 만듦으로써 그러한 행동을 하도록 강요하는 것이다.

세 번째 '보장전략'은 아직 잘 알려지지 않은 용어이다. '보장'이란 일반적으로 안전하다는 의식을 갖도록 해주는 것이다.[18] 팍스 브리태니카Pax Britannica가 대표적인 사례로, 영국 해군은 18세기와 19세기 바다를 통제함으로써 전 세계에 안보를 보장해주었다. '보장'은 보다 좁은 의미로 사용되기도 한다. 미국이 동맹국에 제공하는 공약은 일종의 '적극적 보장positive reassurance'으로 간주되며, 심지어는 적성국가에도 '소극적 보장negative reassurance'을 제공할 수 있다. 예를 들어, 2010년 미 국방부는『핵태세검토보고서Nuclear Posture Review Report』에서 핵확산금지조약NPT 규범을 준수하는 비핵국가가 화학무기나 생물학무기로 미국을 공격할 경우 미국은 이들에 대해 핵무기로 보복하지 않겠다고 했는데, 이는 미국이 핵확산을 방지하기 위해 이러한 보장전략을 제시함으로써 비핵국가들의 핵보유 동기를 약화시키려 한 것이었다. 적에게 제공되는 이러한 유

---

17 Alexander L. George and Richard Smoke, *Deterrence in American Foreign Policy: Theory and Practice*(New York: Columbia University Press, 1974), p. 11.

18 J. Boone Bartholomees, Jr., "A Survey of the Theory of Strategy", *U.S. Army War College Guide to National Security Issues, Volume 1: Theory of War and Strategy*, p. 18.

형의 보장을 '소극적 보장'이라 한다.

다. 전쟁수행 방식에 의한 구분

전쟁수행 방식에 따라 전략은 섬멸annihilation전략, 소모attrition전략, 고갈exhaustion전략으로 나눌 수 있다. 19세기 후반 독일의 군사가 한스 델브뤼크Hans Delbrück는 전략을 섬멸전략과 소모전략으로 구분했다. 섬멸은 종종 한 전투 또는 짧은 전역에서 적 군사력의 완전한 파괴를 통해 정치적 승리를 추구한다. 나폴레옹 전쟁, 제1차 세계대전 당시 독일의 슐리펜 계획Schlieffen Plan, 제2차 세계대전 당시 독일의 전격전 전략, 그리고 한국전쟁 당시 초기 다섯 차례에 걸친 중국군의 공세가 여기에 해당한다. 반면, 소모는 비교적 긴 전역 또는 일련의 전역을 통해 점진적으로 적 전투력을 약화시켜 승리를 추구한다. 제1차 세계대전과 제2차 세계대전 당시 연합국의 전략, 한국전쟁 후반기 미국의 전략이 그러한 예이다.

그런데 이 두 전략 개념은 최근 고갈전략이라는 개념에 의해 보완되고 있다. 고갈은 적의 군대보다는 적 국가의 의지와 자원을 침식erosion해 나가는 것이다.[19] 고갈전략은 적의 물리적 잠재력과 심리적 혹은 정신적 요소를 공격함으로써 점진적으로 적의 저항의지를 약화시키는 데 주안을 둔다. 중국혁명전쟁 당시 마오쩌둥의 전략이나 베트남 전쟁 당시 북베트남의 전략이 이에 해당한다. 다만 학자들에 따라 고갈전략은 소모전략의 한 부류로 간주되기도 한다.[20]

---

19 J. Boone Bartholomees, Jr., "A Survey of the Theory of Strategy", *U.S. Army War College Guide to National Security Issues, Volume 1: Theory of War and Strategy*, p. 17.

20 Julian Lider, *Military Strategy*, p. 209.

라. 작전 개념에 의한 구분

작전 개념에 따라 전략은 연속sequential전략, 동시simultaneous전략, 누진cumulative전략으로 나누어볼 수 있다. 이 구분은 적을 단계적으로 공격하는가, 동시에 공격하는가, 아니면 임의로 공격하는가 하는 작전 개념에 따른 것이다. 전형적인 연속전략은 제공권을 장악하고, 적의 야전군을 격퇴하고, 정치적 목적을 달성하는 것과 같이 일련의 작전이 전후로 연계성을 갖는다. 예를 들어, 마오쩌둥의 지구전은 '전략적 퇴각-전략적 대치-전략적 반격'의 3단계로 이루어지는데, 각 단계는 한 단계가 마무리되어야 다음 단계로 발전할 수 있다는 점에서 연속전략이다. 히틀러의 제2차 세계대전 전략도 서쪽의 프랑스를 먼저 함락시키고 난 다음 동쪽의 러시아를 공격한다는 측면에서 연속전략으로 볼 수 있다. 이 전략은 각 단계별로 이루어지는 각 행동 및 조치들을 분명하게 구분할 수 있다.

동시전략은 서로 다른 표적군에 대해 각각 거의 동시에 공격을 가하는 전략이다. 상대보다 강하다고 자신하는 경우 신속한 결전을 통해 승리를 거두고자 할 때 이러한 전략을 채택할 수 있다. 혹은 상대보다 강하지는 않더라도 기습 또는 작전의 효과를 극대화하기 위해 동시전략을 추구할 수도 있다. 북한이 노리는 '전후방 동시전투'가 그러한 예이다.

마지막으로 누진전략이란 일련의 행동에 의해서가 아니라 시간이 흐르면서 수많은 행동이 누진적으로 축적되는 효과에 의해 원하는 목적을 달성하는 전략이다. 가령 적의 함정을 공격할 때 특정한 순서대로 공격할 필요는 없다. 비록 유조선이 더 가치 있는 목표일 수 있으나 어떠한 함정에 대한 공격도 누진적 차원에서 본다면 전체적인 승리에 직접적으로 기여할 수 있다.[21] 또한 마오쩌둥의 지구전 전략은 제2단계인 전략적

---

21 J. Boone Bartholomees, Jr., "A Survey of the Theory of Strategy", *U.S. Army War College Guide to National Security Issues, Volume 1: Theory of War and Strategy*, p. 17.

대치 단계에서 유격전을 추구하게 되는데, 이는 적의 보급로 혹은 후방 지휘소 등과 같이 취약한 부분을 겨냥하여 게릴라에 의한 타격을 반복적으로 가함으로써 적의 군사력을 약화시키는 것으로, 대표적인 누진 전략으로 볼 수 있다.

마. 전장에 따른 구분

전장에 따라 전략은 지상land전략, 해양maritime전략, 공중air전략으로 구분된다. 이러한 전략은 제각기 독자적으로 수행되는 것이 아니라 동시에 이루어짐으로써 군사전략 목표 달성에 기여한다. 상황에 따라서는 이 세 전략 가운데 어느 한 전략이 전쟁의 승패를 결정하고 정치적 목적을 달성하는 데 우세한 요소로 작용할 수 있다. 1982년 포클랜드 전쟁의 경우 해전에 의해 전쟁의 승패가 결정되었으며, 1999년 코소보 전쟁의 경우 공군력만으로 승리를 거둘 수 있었다. 2011년 나토의 리비아 작전의 경우에는 시민군의 지상작전을 나토의 해군과 공군이 지원함으로써 승리할 수 있었다.

지상전략은 지상전투를 통해 적의 지상전력을 무력화하거나 적 영토를 획득하기 위해, 또는 자국의 영토를 방어하기 위해 수행된다. 때에 따라 지상전략은 시간을 벌기 위해 자국의 수도와 같은 비군사적 목표를 포기할 수도 있다. 해양전략은 해외자산과 기업, 그리고 무역활동을 확대하고, 적의 해양공격 위협으로부터 방어하는 전략이다. 전쟁에서 승리하고 전과를 확대하기 위해서는 제해권을 장악하는 것이 필수적이다. 따라서 해군은 주로 함대결전을 통해 적의 해상전력을 무력화하거나 파괴하고, 적의 해양수송 수단 및 해상교통로를 공격하는 데 주안을 둔다. 고전적인 공중전략은 초기 적의 공군기지, 지상시설, 그리고 항공기 공장을 파괴함으로써 제공권을 장악한 후, 다음으로 적의 산업 중심지 및 인구밀집지역에 전략폭격을 가하는 것을 추구한다. 핵시대 공군은 전략적 핵타격을 가할 수 있는 군종으로도 인정을 받고 있다.

현대의 전쟁에서는 지상·해양·공중전략 가운데 어느 한 전략만으로 임무를 수행할 수 없기 때문에 이와 같이 세 가지 전략으로 구분하는 것은 적절하지 않다는 견해도 있다. 그러나 각 군이 가진 고유한 무기체계와 군의 특성으로 인해 미래에도 지상전략, 해양전략, 공중전략은 지금과 마찬가지로 각각의 독자적 영역에서 전략적 사고를 계속 발전시켜 나갈 것으로 보인다.[22]

바. 전쟁의 지연 여부에 따른 구분

전략은 적용 시기에 따라 단기전 전략과 장기전 전략으로 구분할 수 있다. 단기전 전략은 신속결전을 통해 전쟁 기간을 최소화하는 전략이다. 손자孫子가 지적한 바와 같이 전쟁은 국가 재정의 고갈과 함께 국민들의 엄청난 고통을 수반하므로 가급적 빨리 종결짓는 것이 바람직하다. 단기전 전략은 통상 군사력이 우세한 국가가 상대적으로 열세한 국가에 대해 취할 수 있는 전략으로, 1991년 미국의 걸프전은 이 같은 전략의 대표적인 사례였다.

장기전 전략은 다른 말로 '지연전' 전략이라고 할 수 있으며, 대부분 약한 국가가 선택하는 전략이다. 즉, 군사력이 약한 국가의 경우 초전에 적이 추구하는 신속한 결전에 임한다면 결정적인 패배를 당할 가능성이 높다. 따라서 약한 국가는 가급적 강대국이 추구하는 불리한 결전을 피하면서 전쟁을 지연시키는 것이 유리하다. 마오쩌둥의 지구전 전략은 강한 적의 공격에 대해 우선 퇴각하고, 적의 공격이 정점에 도달했을 때

---

22 Julian Lider, *Military Theory*, pp. 211-212.

1991년 미국의 걸프전은 단기전 전략의 대표적인 사례였다. 단기전 전략은 신속결전을 통해 전쟁 기간을 최소화하는 전략이다. 손자가 지적한 바와 같이 전쟁은 국가 재정의 고갈과 함께 국민들의 엄청난 고통을 수반하므로 가급적 빨리 종결짓는 것이 바람직하다. 단기전 전략은 통상 군사력이 우세한 국가가 상대적으로 열세한 국가에 대해 취할 수 있는 전략이다.

유격전을 통해 적을 약화시키며, 적의 군사력이 충분히 약화되었을 때 총반격에 나서는 전략이었다.

물론, 약한 국가도 단기전 전략을 추구할 수 있다. 강한 국가만 먼저 공격하는 것은 아니다. 약한 국가라도 강대국에 대해 정치적 메시지를 전달하거나, 그러한 공격을 통해 얻은 이익을 기정사실화fait accomplis할 수 있다고 생각한다면 강대국을 먼저 공격할 수 있다.[23] 가령 1969년 중소국경분쟁에서 중국이 우수리 강의 전바오다오珍寶島라는 작은 섬에서 소련군을 먼저 공격한 것은 '브레즈네프 독트린Brezhnev Doctrine'을 내세워 중국에 간섭하려는 소련 지도부에 대해 중국을 우습게 보지 말라는 경고의 메시지를 전달하기 위한 것이었다. 1982년 아르헨티나가 영국령 포클랜드를 공격한 것은 영국이 이에 간여하지 않을 것으로 판단하여 포클랜드 점령을 기정사실화하려는 의도에서 비롯된 것이었다. 약한 국가의 입장에서 이러한 분쟁이 장기화되고 강대국과의 전면전쟁으로 확대되는 것은 돌이킬 수 없는 재앙이 될 수 있기 때문에 약한 국가는 속전속결의 단기전 전략을 추구하게 된다.

사. 직접성 여부에 따른 구분

전략은 수행 방식에 따라 직접전략과 간접전략으로 대별할 수 있다. 직접전략은 적당한 수준의 목표를 추구하면서 충분한 자원을 보유하고 있을 때 추구할 수 있다. 이 경우 전략수행 주체는 보유한 힘power, 즉 군사력을 직접 사용함으로써 정치적 목적을 달성할 수 있다. 때로는 군사력을 사용하겠다는 위협만으로도 적에게 우리의 의지를 강요할 수 있

---

23 T. V. Paul, *Asymmetric Conflicts: War Initiation by Weaker Powers*(Cambridge: Cambridge University Press, 1994) 제1, 2장 참조.

으며, 적으로 하여금 현상을 변경하려는 노력을 아예 포기하도록 만들 수 있다. 군사력을 직접 사용하여 원하는 목표를 달성하는 직접전략은 주로 이를 사용하는 측이 힘의 우세를 확보하고 있으며 단시간에 사용 효과가 가시화될 수 있다고 판단할 경우 채택하는 전략 형태로서 신속한 목표 달성을 기대하고 운용한다.[24]

직접전략은 힘을 운용하는 형태에 따라 직접접근전략direct approach strategy과 간접접근전략indirect approach strategy으로 나누어진다. 직접접근전략은 정면공격이나 돌파, 강요, 봉쇄 등과 같이 적의 군사력이 집중된 부분에 월등한 군사력을 집중하여 직접 공격을 가한다. 반면, 간접접근전략은 포위나 우회 등의 기동으로 상대의 강점을 피하고 약한 부분에 군사력을 집중함으로써 적의 주력을 마비시킨 후에 결정적인 성과를 달성하는 전략이다.[25] 흔히 리델 하트가 주장한 '간접접근전략'이 대표적인 사례이며, 이는 기동 형태 면에서 '간접접근전략'일 뿐, 적에 대해 군사력을 직접 사용한다는 측면에서는 간접전략이 아닌 직접전략으로 구분됨을 유념해야 한다.

반면, 간접전략은 달성하려는 목표에 비해 가용한 수단이 충분하지 못할 경우 추구하는 전략이다. 이 전략은 군사적 수단을 직접 사용하는 직접전략과 달리 전략수행 주체가 다양한 형태와 수준의 힘을 다양한 방식으로 운용하여 목적을 달성한다. 간접전략은 상대를 자극하지 않는 수준의 힘을 점진적으로 사용하거나, 기동과 회피 등의 방식을 이용하여 상대의 힘을 약화시킴으로써 자신이 힘을 사용한 것과 같은 효과를 거두려 한다. 또한 상대의 모습을 그대로 놓아둔 채 색깔만 바꾸기 위해 그 내부에서 회유 및 협박, 그리고 테러 등 물리적·심리적 폭력을

---

24 온창일, 『전략론』, p. 81.

25 앞의 책, pp. 81-82.

구사하는 방식을 택할 수 있다. 필요하다면 나폴레옹 전쟁 시 러시아의 초토화 전략이나 중국혁명전쟁 시 마오쩌둥의 지구전 전략과 같이 적이 추구하는 결전을 회피하면서 전쟁 기간을 무기한으로 지연시킬 수도 있다. 일반적으로 직접전략은 강한 국가의 입장에서 신속결전의 형태로, 간접전략은 약한 국가의 입장에서 추구하는 지연전의 형태로 나타난다.

직접전략이든 간접전략이든 신중하게 접근하지 않으면 곤경에 빠질 수 있다. 아돌프 히틀러는 1933년부터 1939년까지 외교, 심리전, 전복, 지정학, 그리고 군사력을 교묘하게 조합하여 유럽에서 전쟁과 평화를 구분하기 어렵게 만든 상태에서 독일의 영역을 확대하는 데 성공했다. 히틀러의 간접전략이 성공을 거둔 것이다. 그러나 그는 1940년 프랑스가 함락된 이후 군사력에 과도하게 의존하여 무모하게 직접전략을 밀어붙였고, 결국 경제적으로나 수적으로 우세한 미국, 소련, 영국에 패했다.[26]

3. 전략의 차원

앞에서와 같이 특정한 기준을 가지고 '전략의 유형'을 구분하는 것 외에 전략의 다양한 차원dimension을 규명해볼 수 있다. 전략의 유형이 외형적으로 나타나는 전략의 모습이라고 한다면, 전략의 차원이란 전략을 수립하는 데 있어서 반드시 고려해야 할 전략의 특성 또는 속성이라 할 수 있다. 이는 전략을 수행하는 주체들이 정책목표를 달성하기 위해 전략을 입안하는 데 반드시 고려해야 할 것으로서 전략의 성공을 위해 매우

---

26 John M. Collins, *Military Strategy*, p. 63.

중요하다. 여기에는 정치적 차원, 경제적 차원, 사회적 차원, 군사적 차원, 문화적 차원, 기술적 차원 등 여러 차원에서의 전략이 있을 수 있다. 마이클 하워드는 전략을 작전, 군수, 기술, 그리고 사회적 차원으로 구분하고, 이들 모두를 고려하지 않은 전략은 성공을 거둘 수 없음을 지적한다. 그는 미국의 전략이 지나치게 기술적 차원의 전략을 중시한 나머지 작전, 군수, 사회적 차원의 전략을 도외시했으며, 그 결과 베트남전과 제3세계의 분쟁에 적절히 대응하지 못했음을 지적한다. 물론, 역사를 살펴보면 매 시기에 이들 네 차원 모두가 중요하게 작용한 것이 아니라, 이 가운데 어느 한두 가지 차원이 상대적으로 더 큰 비중을 차지했음을 알 수 있다. 그러나 성공적인 전략을 구상하기 위해서는 기본적으로 이 네 가지 차원을 모두 고려해야 할 것이다. 마이클 하워드가 제기한 전략의 네 가지 차원을 구체적으로 살펴보면 다음과 같다.

가. 첫 번째 차원 : 작전적 차원

마이클 하워드가 제기한 전략의 첫 번째 차원은 작전적 차원이다.[27] 전략을 순전히 작전적 차원에서 처음 분석한 사람은 바로 클라우제비츠였다. 그는『전쟁론』에서 두 가지 차원의 전략을 제기했는데, 그것은 '전쟁을 준비하는preparation of war 전략'과 '전쟁을 수행하는war fighting 전략'이었다. 다시 말하면, 하나는 군수적 차원의 전략이고, 다른 하나는 작전적 차원의 전략인 셈이다. 클라우제비츠는 진정한 전략은 전쟁준비전략이 아니고 전쟁수행전략이라고 보고 그의『전쟁론』을 후자의 입장에서 기술할 것임을 밝히고 있다. 그의 논리는 "칼을 만드는 사람의 기

27 Michael Howard, "The Forgotten Dimensions of Strategy", George Edward Thibault, ed., *Dimensions of Military Strategy*(Washington, D.C.: NDU, 1987), pp. 28-29.

술과 펜싱을 하는 사람의 솜씨"는 아무런 관계가 없듯이, 야전에서 군대를 모집하고, 무장시키며, 장비를 갖추고, 부대를 이동시키고, 정비를 하는 것과 실제로 전쟁을 수행하는 것과는 아무런 관계가 없다는 것이다. 그리고 그는 군사전략가들이 이론을 수립하지 못한 것은 그들이 군대를 유지하는 것과 사용하는 것을 구별하지 못했기 때문이라고 주장했다. 즉, 클라우제비츠는 그 이전까지 전략의 중요한 부분으로 간주되었던 전쟁준비에 관한 전략을 배제하고, 오직 작전적 차원에서의 전략이 진정한 전략이라고 보았다.

클라우제비츠가 전략의 군수적 차원을 도외시하고 작전적 차원의 전략을 중시한 것은 아마도 나폴레옹의 영향 때문인 것으로 볼 수 있다. 그 시대의 전쟁에서 승리에 결정적 영향을 준 것은 효율적인 보급계획이나 경탄할 만한 무기기술이 아니라 나폴레옹과 같은 군사적 천재에 의한 작전술이었다. 그리고 그 이전의 시대에서도 구스타브 아돌프나 프리드리히 2세가 매 전투마다 거두었던 결정적 승리는 군사적 천재였던 이들이 갖고 있던 작전적 수준에서의 탁월한 역량에 의해 가능했다. 당시 전략이라는 용어는 일반적으로 '작전적 전략operational strategy'과 동일한 것으로 받아들여지고 있었다. 이와 같은 전략의 작전적 차원은 곧 전장에서 전쟁을 수행하는 것으로 오늘날의 작전술과 같은 영역으로 볼 수 있다.

그러나 전략을 작전적 차원에서만 보는 것은 무리가 있다. 클라우제비츠가 살았던 시대에도 군수의 문제를 해결하지 않고서는 아무리 훌륭한 군 지휘관이라 하더라도 전장에서 승리를 거두기 어려웠을 것이다. 그럼에도 불구하고 오늘날 군수 요소는 별다른 관심의 대상이 되지 못하고 있다. 이스라엘의 군사사가 마르틴 반 크레펠트Martin van Creveld는 100명의 군사연구가들 중 99명이 군수적 요소를 무시했으며, 그 결과 전쟁의 역사를 왜곡하고 그릇된 결론을 내리고 있음을 지적한 바 있다.

나. 두 번째 전략 : 군수적 차원

미국의 남북전쟁은 군수적 차원의 중요성을 입증한 대표적인 사례였다.[28] 이 전쟁에서 작전적 전략의 대가들은 남군의 리Robert Edward Lee 장군이나 잭슨Andrew Jackson 장군으로 이들은 나폴레옹이나 프리드리히 2세에 비견될 정도의 성공적인 작전을 펼쳤다. 그럼에도 불구하고 남군은 북군에 패했다. 북군의 승리는 근본적으로 북군 장군들의 작전적 능력이 탁월했기 때문이 아니라 인력과 자원을 동원할 수 있는 능력이 우세했기 때문이었다. 북군의 그랜트Ulysses Simpson Grant 장군은 도로수송과 하천수송을 통해 충분한 병력을 전개할 수 있었으며, 남군의 뛰어난 작전술을 제압할 수 있었다. 북군의 동원능력으로 인해 작전이 지연되자 남군은 소모적attritional 전쟁으로 빠져들었고, 결국 이 전쟁은 전략의 군수적 차원이 작전적 차원보다 더 중요하다는 사실을 입증해주었다.

19세기 후반의 보불전쟁도 마찬가지로 군수적 차원의 중요성이 빛을 발휘했다. 1857년 프로이센의 참모총장으로 임명된 몰트케Helmuth Carl Bernard Moltke는 많은 군대를 동원할 수 있는 효율적인 동원체계를 구비했다. 전시동원계획을 마련하여 각 지방의 지휘관들과 부대들은 암호와 날짜만 지시하면 즉각 시행하는 명령체제를 갖추었다. 프로이센군은 철도의 군사적 중요성을 일찍이 깨닫고 있었다. 철도망의 대다수는 사전에 군사전략을 염두에 두고 건설되었으며, 전시에 대비하여 철도에 의한 병력과 군수품 이동을 원활하게 하기 위한 공조체제를 구비했다. 그 결과 1870년 보불전쟁이 발발했을 때 프로이센은 프랑스보다 훨씬 신속한 동원을 통해 초기에 기선을 제압하고 승리할 수 있었다.[29]

제1차 세계대전이나 제2차 세계대전과 같은 총력전에서 군수적 능력

---

28 Michael Howard, "The Forgotten Dimensions of Strategy", George Edward Thibault, ed., *Dimensions of Military Strategy*, p. 29.

29 버나드 로 몽고메리, 승영조 옮김, 『전쟁의 역사 II』, pp. 656-663.

은 전쟁의 승리를 달성하는 데 더욱 중요한 요소로 작용했다. 두 번의 대전에서 독일은 자국의 제한된 자원에 비추어 반드시 달성해야 했던 단기전 승리에 실패하고 가장 우려했던 양면전쟁과 지구전을 치러야 했다. 제1차 세계대전에서는 '공격의 신화', 즉 19세기 후반부터 유럽의 전략가들이 견지했던 공격이 방어보다 강하다는 믿음과 달리 기관총, 철조망, 그리고 참호의 등장으로 인해 방어가 공격보다 강하다는 사실이 입증되었다. 무엇보다도 화력이 크게 발달함에 따라 공격이 제대로 이루어지지 못했으며, 전쟁이 지연되면서 승리는 더 많은 자원을 동원할 수 있었던 연합국 측으로 돌아갔다. 제2차 세계대전에서 독일은 초전에 연합국에 대해 '전격전'을 통해 프랑스를 함락시킴으로써 눈부신 작전적 차원의 승리를 거둘 수 있었다. 그러나 이후 러시아에 대한 공격이 실패로 돌아가면서 전쟁은 지연되었고, 또다시 전쟁은 군수적 차원의 우열에 따라 승패가 갈리게 되었다. 두 번의 대전에서 독일을 상대로 한 연합국은 해안을 봉쇄함으로써 독일을 경제적으로 고립시켰으며, 미국의 참전은 독일을 더욱 고립무원의 상태에 빠뜨렸다.[30] 제1차 및 제2차 세계대전은 전략의 작전적 차원보다도 군수적 차원의 중요성을 입증한 사례였다.

다. 세 번째 전략 : 사회적 차원

전략의 세 번째 차원은 사회적 차원이다.[31] 앞에서 제기한 두 번째 차원인 군수지원 능력은 바로 사회적 차원에 의해 좌우된다. 즉, 군수지원 능력은 국민의 참여와 지원, 그리고 전쟁의 어려움을 감내할 수 있는 국민

---

30 육군사관학교,『세계전쟁사』, pp. 278-279.

31 Michael Howard, "The Forgotten Dimensions of Strategy", George Edward Thibault, ed., *Dimensions of Military Strategy*, p. 30.

의 열정과 의지에 달려 있다. 클라우제비츠는 전쟁을 정치의 영역인 정부, 군사적 영역인 군, 그리고 사회적 영역인 국민으로 구성된 '삼위일체'라고 묘사함으로써 사회적 차원의 전략에 대한 관심을 제기한 최초의 전략사상가였다.[32] 절대왕정시대가 종결되고 프랑스 혁명 이후 민족주의 시대가 도래하면서 직업군인 및 용병들에 의해 수행되었던 제한전쟁은 자취를 감추고 대신 국민들이 직접 전쟁에 참여하는 총력전 시대가 등장했다. 총력전 체제하에서 국가는 전쟁을 수행하는 데 있어서 국민들의 지지와 참여 없이는 병력을 충원하고 물자를 동원할 수 없었으므로 국민 여론을 관리하고 국민 여론에 순응하지 않을 수 없게 되었으며, 이로써 국민의 영역이 전략의 사회적 차원으로 새롭게 자리를 잡게 되었다.

전략의 사회적 차원은 혁명전쟁에서 가장 중요한 요소로 작용한다. 제한된 정치적 목적을 추구하는 제한전쟁과 달리 정부의 전복을 노리는 혁명전쟁은 절대적인 형태의 전쟁에 속한다. 즉, 제한전쟁의 목적이 클라우제비츠가 주장한 대로 '평화조약' 체결을 통해 "더 나은 조건하의 평화"를 조성하는 데 있다면, 혁명전쟁의 목적은 적을 완전히 타도하여 무조건 항복을 받아내고 영구적 평화를 이루는 데 있다. 따라서 제한전쟁에서는 신속한 결전을 통해 군사적 승리를 얻는 것이 중요하지만 혁명전쟁에서는 적 군대에 대한 군사적 승리보다는 대중들로부터 정치적 승리를 얻는 것이 관건이다. 역사적으로 정부에 대항하여 싸우는 혁명전략 혹은 반군의 전략은 대체로 약한 자의 전략이었다. 따라서 이들은 군사작전보다 주민들의 '민심hearts and minds'을 얻기 위한 사회적 차원의 전략을 모색했다. 서구가 1940년대 중국의 공산화와 1960년대 베트남 전쟁에 효과적으로 대처하지 못했던 것은 이러한 전쟁에서 사회적

---

32 Carl Von Clausewitz, *On War*, p. 89.

차원의 전략이 갖는 의미를 이해하지 못했기 때문이며, 오직 작전기술이나 군사기술 발전에 의존하여 전쟁을 수행했기 때문으로 볼 수 있다. 서구 국가들은 전쟁에서 실패한 후 "전투에서 이겼지만 전쟁에서는 졌다"고 둘러댔으나, 이는 궁극적으로 패배한 전쟁에 다름 아닌 것이다.

비록 혁명전쟁이 아닌 국제전이라 하더라도 적의 무조건 항복을 통해 적의 체제 변화 또는 체제 붕괴를 꾀하는 전쟁의 경우에는 군사적 승리 이후 사회적 차원에서 적국 국민의 '민심'을 얻는 것이 매우 중요하다. 제2차 세계대전 직후 미군의 독일 점령, 일본 점령, 한반도 점령, 그리고 최근 아프간 전쟁과 이라크 전쟁 사례에서 볼 수 있듯이 전쟁은 군사작전으로 끝나는 것이 아니고 이후의 안정화작전에 의해 정치사회적 안정이 이루어져야 종결될 수 있다. 정규전에서 작전 및 군수가 중심이 되고 심리전이 보조적인 역할을 하는 것처럼 정치사회적 성격이 짙은 전쟁 혹은 전쟁 단계에서는 작전술이나 기술적인 투쟁은 보조적인 것이 되어야 한다. 만일 정치사회전이 능숙하게 수행되지 못하거나 사회 정세에 대한 현실적인 이해가 제대로 이루어지지 않는다면 아무리 훌륭한 작전술과 병참지원, 그리고 첨단무기가 제공된다 하더라도 전쟁을 승리로 이끌 수는 없을 것이다.

라. 네 번째 전략 : 기술적 차원

19세기 중반까지 전략에서 기술적 차원은 그다지 주목을 받지 못했다. 나폴레옹 전쟁이나 남북전쟁에서 국가들은 동일하지는 않지만 거의 대등한 무기로 싸웠다. 우리 측이나 적측에 결정적인 기술적 우위가 있으리라는 가능성은 거의 상상하기 어려웠기 때문에 클라우제비츠와 그 당시의 전략가들은 기술적 우위를 무시했다.[33]

그러나 19세기 후반 유럽에서는 기술적 혁신이 이루어지기 시작했다.

1868년 보오전쟁에서는 후장총이 등장하여 신속한 사격이 가능했으며, 1870년 보불전쟁 당시에는 후장포가 등장하여 프로이센군이 프랑스군보다 압도적인 화력의 우세를 점할 수 있었다. 19세기 후반에는 맥심 기관총이 개발되어 공격과 방어에 새로운 장을 열었다. 그러나 전략의 기술적 차원이 주목을 받게 된 것은 제1차 세계대전 이후였다. 기갑전 추종자들은 전차의 등장으로 인해 교착된 전선을 돌파하여 결정적 작전을 추구할 수 있게 되었다고 믿었다. 항공력 추종자들은 항공기의 등장으로 인해 제공권을 장악하고 적 후방 민간밀집지역을 전략적으로 폭격함으로써 적의 전쟁의지를 말살하고 전쟁에서 승리할 수 있다고 주장했다. 기술이 발달함에 따라 전략가들은 첨단무기로 작전적 문제를 극복할 수 있을 뿐 아니라 적 사회의 중심이라 할 수 있는 적의 전쟁수행 의지와 능력을 직접적으로 타격할 수 있다고 보았다.[34]

그러나 제2차 세계대전에서 나타난 바와 같이 기술은 여전히 작전 및 군수와 같은 전통적인 차원의 전략을 무효화시킬 정도로 충분하게 발전하지 못했다. 독일의 전격전은 유럽의 다른 국가들이 이와 유사한 능력을 갖춤에 따라 그 효용성이 한계에 부딪혔으며, 항공기에 의한 전략폭격도 영국 국민이나 독일 국민의 전쟁의지를 약화시킬 수 없었다. 오히려 공군력은 적의 의지보다는 적 공군을 격멸하고 적의 군수지원 시설을 파괴시키기 위한 새로운 형태의 작전을 강화하는 방향으로 나아갔다. 또한 국가들은 전쟁이 지연되면서 지상, 해상, 그리고 공중으로 가능한 한 최대로 군수지원을 보장할 수 있는 보급체계를 강화하지 않을 수 없었다. 즉, 기술보다는 군수에 주안을 둔 것이다. 결국 기술적 차원의 전략이 크게 부각되었음에도 불구하고 다른 차원의 전략은 여전히

---

33 버나드 로 몽고메리, 승영조 옮김, 『전쟁의 역사 II』, p. 528.

34 Michael Howard, "The Forgotten Dimensions of Strategy", George Edward Thibault, ed., *Dimensions of Military Strategy*, pp. 30-31.

그 중요성을 상실하지 않고 있으며, 이는 과학기술의 발전이 전략의 본질과 성격을 변화시키지 못한 것으로 볼 수 있다.[35]

핵시대에 이르러 전략가들은 전략의 기술적 차원에만 관심을 둘 뿐 사회적 요인이나 작전적 요인에는 무관심해졌다. 즉, 핵전략은 무기의 종류와 수량 등 핵무기 자체가 갖는 가공할 파괴력 때문에 기술적 차원이 다른 차원의 전략보다 우세한 것으로 간주되었다. 따라서 이들은 전쟁에 대한 정치적 동기나 전쟁에 영향을 주는 사회적 요인, 심지어는 전쟁을 수행하기 위한 작전적 활동을 전혀 고려하지 않았으며, 단지 핵무기의 성능개량이나 충분한 수량을 확보하는 등 기술적 문제들을 결정적 요인으로 다루었다. 이들은 핵정책을 결정하고 시행하는 데 있어서 정부가 결정적인 능력을 가져야 한다고 보았으며, 마치 18세기 유럽에서 왕이 신하들의 반응을 무시했던 것처럼 사회의 반응을 거의 고려하지 않았다.[36]

그러나 핵전쟁에서도 작전적·사회적 차원의 전략은 중요하다. 핵국가들은 핵전략을 억제전략으로 설정하고 있으나 억제가 실패할 경우에 대비하여 이러한 차원의 전략을 준비해두어야 한다. 우선 작전적 측면에서 적이 핵무기로 공격할 경우에 대비하여 핵보복을 시행하기 위한 구체적인 전쟁수행 계획을 준비해야 한다. 일각에서 그러한 계획을 마련할 경우 적의 선제공격 가능성을 높이고 억제력을 약화시킬 것이라고 우려하고 있으나, 오히려 구체적인 핵보복 계획은 사회적 단결과 정치적 결의를 과시함으로써 적으로 하여금 선불리 핵공격을 가하지 못하게 할 수 있다. 또한 핵보복은 사회적 합의를 토대로 이루어져야 한다. 사회적 차원에서 핵전략을 고려하게 된다면 국민들이 핵전쟁을 먼저

---

35 Michael Howard, "The Forgotten Dimensions of Strategy", George Edward Thibault, ed., *Dimensions of Military Strategy*, p. 32.

36 앞의 책, p. 34.

개시하는 것을 원하지 않는다는 사실이 명확히 드러날 것이며, 이는 적으로 하여금 우리가 먼저 핵으로 공격하지 않을 것으로 인식하게 함으로써 핵억제 가능성은 더 높아질 것이다.[37]

기술적 차원의 전략은 지금도 많은 국가들로부터 각광을 받고 있다. 미국이 주도한 군사변혁Revolution in Military Affairs: RMA은 첨단기술의 발달이 곧 전쟁 양상을 바꾼다는 간단한 명제에서 나온 개념이다. 미국은 21세기 초 전 영역에서 군사적 우세를 달성한다는 비전하에 군사변환transformation을 추구했으며, 어느 모로 보나 세계 최강의 군대를 건설하는 데 성공했다. 그러나 전쟁은 첨단무기로만 치르는 것이 아니라는 사실이 곧 입증되었다. 아프간 및 이라크 전쟁에서 미국은 전략의 사회적 차원을 무시하고 철저하게 기술적 차원을 중시함으로써 한계에 부딪혔으며, 비로소 사회적 차원의 중요성을 재인식하게 되었다.

---

37 Michael Howard, "The Forgotten Dimensions of Strategy", George Edward Thibault, ed., *Dimensions of Military Strategy*, pp. 35-38.

■ 토의 사항

1. 일반적인 전략의 체계와 국가이익, 그리고 국가목표에 대해 설명하시오.

2. 국가전략의 체계를 각 수준별로 설명하시오.

3. 섬멸전략, 소모전략, 마모전략을 설명하시오.

4. 연속전략, 동시전략, 누진전략을 설명하시오.

5. 직접전략과 간접전략을 설명하시오.

6. 단기적 전략과 장기적 전략을 설명하시오.

7. 마이클 하워드가 제기한 전략의 네 가지 차원은 무엇인가?

8. 사회적 차원의 중요성을 오늘날 전쟁 양상에 비추어 설명하시오.

ON MILITARY STRATEGY

제4장 전략의 속성과 쟁점

1. 전략은 과학인가, 술인가?

전략을 '과학science'으로 본다는 것은 전략 연구에서 이론화가 가능하다는 것이다. 사회과학에서 이론이란 독립변수와 종속변수 간의 관계를 설명하는 것인데, 이러한 연구가 군사학이나 전략학에서도 가능하다는 것이다. 반대로 '술art'로 본다는 것은 전략 연구가 이러한 이론화가 불가능한 영역에 있다는 것을 의미한다.

이 문제와 관련하여 학자들의 견해에는 세 가지가 있다. 첫째는 전략을 과학으로 보는 입장이다. 전략을 과학으로 보는 입장은 전략을 연구하는 데 있어서 변수들 간의 인과관계를 설명할 수 있으며, 전략행동으로부터 일정한 이론을 도출할 수 있다고 본다. 예를 들어보자. 항공기의 출현에 따라 두에Giulio Douhet는 "전략폭격은 적의 전쟁의지를 약화시킬 수 있다"고 하는 항공전략이론을 제시했다. 리델 하트는 역사적 사례를 통해 전략을 연구한 결과 성공한 전략은 하나같이 직접접근전략이 아닌 간접접근전략을 추구했다고 주장했다. 현대 핵전략에서 제기된 '대량보복', '상호확증파괴', '유연반응전략' 등도 마찬가지로 학자들의 과학적 연구를 통해 정제된 핵전략이론으로 간주되고 있다. 이러한 부류의 학자들은 전략이론의 연구와 개발을 통해 전쟁을 지배하는 규칙을 발견하고 또 성공적인 전쟁수행 원칙을 정립할 수 있다고 본다.

둘째는 전쟁수행을 단지 술로 보는 견해이다. 전략을 술로 보는 입장은 다음과 같은 이유로 전략 연구의 과학적 접근에 결함이 있다고 본다. 첫째, 전략이론이 과학으로 간주될 수 있다고 하더라도 그러한 이론은 여전히 인간행동을 다루는 것으로, 여기에는 인식할 수도 없을 뿐더러 예기치 않은 많은 사건들이 작용하여 규칙성을 파악하기 곤란하기 때문에 불완전할 수밖에 없다. 둘째, 술로서의 전쟁수행은 매우 불완전하고 어떠한 규칙도 발견할 수 없으며, 여러 가지 특수한 상황에서 전투의 방법을 선택하고 승패를 가르는 것은 다름 아닌 군 지휘관의 상황평가와 지휘술이다. 셋째, 비록 이론으로부터 군사술의 원칙이 도출될 수 있다 해도, 그러한 다양한 제안들은 결함을 안고 있으며 모두가 공감할 수 있는 합의된 원칙은 존재하지 않는다.[1] 특히 이 부류의 학자들은 역사상 어떠한 전쟁도 똑같이 수행된 적이 없으며 모든 전쟁에 적용될 수 있는 어떠한 원칙이나 규칙도 도출된 적이 없다고 주장하며, 전략 연구는 과학의 영역이 아님을 강조한다. 이러한 견해에 의하면 전략이란 마찰과 우연으로 가득 찬 전장에서 예측 불가능한 적을 상대로 하는 것으로서, 시시각각 변화하는 상황에서 지휘관의 직관에 의해 주도되어야 하기 때문에 과학적 연구나 이론화가 불가능한 술의 영역에 해당한다고 주장한다.

셋째는 절충적 입장에서 전쟁수행은 과학인 동시에 술로 간주될 수 있다고 보는 견해이다. 과학의 영역에서는 전쟁에서 나타나는 인과관계를 연구할 수 있으며, 술의 영역에서는 실제로 전투에서 얻을 수 있는 성공 원칙이나 전투의 지침을 다룬다는 것이다.[2] 즉, 순수하게 전략을 연구하는 군사학의 경우 응용과학으로 볼 수 있으나, 전략을 실행하는 부분은 술로 간주되어야 한다는 것으로, 이들은 전략이 '과학 또는 술'이 될 수 있다고 하는 모호한 입장에 서 있다.

그러나 전략이 과학이 아니라고 하는 주장은 정치학이나 사회학, 그리고 심리학이 과학이 아니라고 하는 것과 마찬가지이다. 전략의 대상이 살아 있는 생물체인 것과 마찬가지로 정치학이나 사회학에서도 그 대상은 사람 또는 인간 공동체이기 때문이다. 전쟁수행이나 전략의 영역에서 규칙성을 발견하기 어렵고 그 결과가 지휘관의 판단과 선택에 의

---

1 Julian Lider, *Military Theory*, pp. 218, 250.

2 앞의 책, pp. 217-218.

해 결정된다고 하지만, 인류의 역사를 놓고 볼 때 정치나 외교의 영역도 마찬가지이다. 만일 정치학에 '과학적 이론'이 있다면 오늘날 시리아의 인권문제나 북한의 핵문제를 다루는 데 이토록 난감하지는 않았을 것이다. 무엇보다도 정치학이나 사회학에서 많은 이론들이 존재하지만 이론이란 '나타났다가 사라지는 것come and go'일 뿐 그 자체가 항구적인 '법칙law'은 아니다. 마찬가지로 전략이론이 불완전성을 갖는다고 해서 과학적 연구가 불가능하다고 할 수는 없다.

전략의 영역을 과학의 영역과 술의 영역으로 나누어볼 필요가 있다. 클라우제비츠는 과학의 목적은 '지식knowledge'이며, 술이 추구하는 목적은 '창조적 능력creative ability'이라고 했다.[3] 따라서 전략의 제 문제에 관한 의문을 제기하고 역사적 사례를 통해 그 의문에 대한 지적 호기심을 충족시키며 이를 전략이론으로 발전시키는 영역은 과학으로 볼 수 있다. 반면, 현장에서 혹은 전장에서 각종 전략이론과 교리를 응용하여 적절한 전략을 계획하고 준비하고 실행하는 경우에는 전략에 관한 지식을 추구하는 것이 아니라 창조적 능력을 추구하는 것이므로 술의 영역으로 볼 수 있다. 즉, 전략은 과학이자 동시에 술로 보는 것이 타당할 것이다. 이와 같은 두 영역으로 구분하는 것은 정치학도 마찬가지이다. 학자들이 학문적 지식을 탐구한다는 측면에서 정치학은 사회과학의 영역에 속하지만, 정치가들이 현장에서 국민들과 각종 이익집단을 대상으로 정치를 구현한다는 측면에서는 술의 영역으로 볼 수 있기 때문이다.

전략이 과학의 영역에 속한다 하더라도 모든 유형의 전쟁에 똑같이 효과적으로 적용될 수 있는 전략이란 있을 수 없다. 한 가지 유형의 전쟁에서 입증된 전략은 다른 유형의 전쟁에서 부적절한 전략이 될 수 있다. 그래서 마오쩌둥은 '중국 특색의 전략'을 강조했다. 그는 전쟁에 승리하

---

3 Carl von Clausewitz, *On War*, p. 148.

기 위해서는 전쟁의 법칙을 알아야 한다고 했다. 그러나 그는 전쟁의 법칙을 안다 하더라도 혁명전쟁에서 승리할 수 있는 것은 아니며, 혁명전쟁에서 승리하기 위해서는 혁명전쟁의 법칙을 알아야 한다고 했다. 그러나 또한 그는 혁명전쟁의 법칙을 안다 하더라도 중국혁명전쟁에서 승리할 수는 없으며, 중국혁명전쟁에서 승리하기 위해서는 중국혁명전쟁의 법칙을 알아야 한다고 했다. 즉, 겉보기에 동일한 전략처럼 보이더라도 실제로는 다른 상황에서는 적용할 수 없는 경우가 많다. 따라서 전략은 특정한 상황이나 전쟁에 대해 그에 맞는 전략을 도출할 수 있으나, 그렇다고 해서 그러한 전략을 모든 상황과 전쟁에 적용 가능하도록 일반화하는 데에는 한계가 있음을 유념해야 할 것이다.[4]

▣ 전략을 과학 또는 술로 보는 견해[5] ▣

1. 버나드 브로디Bernard Brodie

과학으로서의 전략 연구를 강조했다. 1950년대 전략이론은 단순히 이미 알려진 전쟁 원칙을 적용하는 범주를 벗어나지 못했다고 비판하고, 전략 연구가 경제학과 같은 사회과학이 되어야 한다고 주장했다. 즉, 전략 연구도 정치학이나 경제학과 마찬가지로 개념을 구체화하고 체계적 검증을 통해 일반화를 추구해야 한다는 것이다.

---

4 Julian Lider, *Military Theory*, p. 207.

5 Thomas G. Mahnken and Joseph A. Maiolo, *Strategic Studies: A Reader*(New York: Routledge, 2008), pp. 5-6.

2. 로렌스 프리드먼Lawrence Freedman

술로서의 전략 연구를 주장했다. 마이클 하워드와 마찬가지로 고전적 방식, 즉 역사적·철학적 방법의 전략 연구를 통해서도 이론적 틀 내의 주요 개념들에 대한 이해가 가능하다고 보았다. 가령 권력power이라는 개념을 과학적으로 인구, 돈, 자산 등으로 측정할 수 있지만 이는 대립하는 의지들 간의 관계라는 측면에서 이해해야 한다. 즉, "권력이란 보다 더 유리한 효과를 창출해낼 수 있는 능력"으로 볼 수 있다는 것이다. 가령 A가 B를 억제한다고 할 때 이는 A가 위협을 가해 B의 행동을 바꾸는 것을 의미한다. 그러나 현실적으로 억제는 그렇게 쉽게 이루어지지 않는다. B는 A의 위협을 인지하지 못하거나 A가 원하는 방향으로 행동하지 않을 수 있다. 따라서 전략 연구는 단순히 '강압'을 통한 '통제'만이 아니라 그 이상의 것을 다루어야 한다. 이러한 논리로 그는 전략이란 가용한 군사적 수단을 사용해 정치적 목적을 달성하기 위해 권력을 창출하는 '술'이라고 정의한다.

2. 군사전략의 정의 : '방법'인가, '수단'인가?

군사전략을 무엇으로 정의할 것인가? 수단이 군사전략이 될 수 있는가? 아니면 방법만으로 한정시켜야 하는가? 다른 말로, 군사전략은 '용병술'에 한정되는가, 아니면 '양병술'을 포함하는가? 보다 구체적으로 군사력 건설은 군사전략에 포함되는 개념인가?

전략은 통상적으로 "수단과 목표를 연계시키는 개념"으로 정의된다.[6] 이러한 정의에 의하면, 전략은 목표와 수단 간의 관계에서 취할 수 있는 어떠한 선택을 의미한다. 전략을 수립하는 것은 곧 목표를 설정하고, 수단을 결정하고, "수단과 목표를 연계하는 방법을 선택하는 창조적 행위"라고 할 수 있다.[7] 이와 같은 전략은 '수단'이 아닌 '수단을 운용하는 방법'을 의미한다. 그럼에도 불구하고 많은 사람들이 '수단' 그 자체가 전략이 될 수 있다고 혼동하고 있는 만큼 여기에서는 전략의 정의를 보다 구체적으로 살펴보고자 한다.

전략의 정의를 6하 원칙에 따라 구분해보면 다음과 같다. 먼저 '목표ends'는 뭔가 요구되는 것으로 '누가who'와 '왜why'의 질문이 여기에 해당한다. '수단means'은 가용한 군사력과 자원에 관계되는 것으로 '무엇what'을 의미한다.[8] '방법ways'은 군사력을 포함한 자원을 운용하는 방법을 선택하고 이행하는 것으로 '어떻게how', '언제when', 그리고 '어디에서where'라는 질문에 해당한다. 즉, "냉전기 미국은 소련의 팽창을 저지하기 위해 즉각 유럽과 아시아에서 군사동맹을 강화하여 봉쇄를 추구"했는데, 이러한 전략의 목표는 [미국이] 소련의 팽창을 저지하는 것이고, 수단은 군사동맹이며, 방법은 즉각 군사동맹을 강화하여 유럽과 아시아에서 봉쇄를 추구하는 것이 된다.

군사전략은 목표나 수단보다는 '수단을 운용하는 방법'의 문제로 귀

---

6 Carl H. Builder, *The Masks of War: American Military Styles in Strategy and Analysis*(Baltimore: The Johns Hopkins University Press, 1989), p. 49; David Jablonsky, "Why is Strategy Difficult?", Boone Bartholomees, Jr., ed., *U.S. Army War College Guide to National Security Issues, Volume 1: Theory of War and Strategy*(Carlisle: SSI, 2010), p. 3.

7 Carl H. Builder, *The Masks of War: American Military Styles in Strategy and Analysis*(Baltimore: The Johns Hopkins University Press, 1989), p. 50.

8 Colin S. Gray, *Modern Strategy*, p. 3. 6하 원칙에 의한 전략 설명은 콜린스가 제기하고 있지만, 필자의 해석은 콜린스와 다르다. 콜린스는 목표를 'what'과 'why'로, 방법을 'how'와 'when'과 'where'로, 그리고 수단을 'who'로 보고 있다. 그러나 전략의 주체인 국가 또는 정치 및 군사 지도부가 'who'가 되어야 하고 가용한 병력과 자원인 수단이 'what'이 되어야 함을 고려할 때 콜린스의 구분은 적절하지 않은 것으로 보인다.

결된다. 군사 분야의 목표는 상위의 전략목표로부터 주어지게 마련이다. 가령 군사전략의 목표가 "적의 공격을 격퇴하는 것"이라면, 이는 "국민의 생명과 재산을 보호한다"고 하는 국가안보전략 목표의 연장선상에서 부여된 것으로 볼 수 있다. 수단도 대부분의 경우 주어질 수밖에 없는데, 그것은 이미 그 국가가 갖고 있는 군사력 또는 자산 그 자체가 단기간 내 크게 변화할 수 없기 때문이다. 물론 미래의 보다 나은 전략환경 조성을 위해 군사력을 건설할 수 있으나, 이는 미래의 전략에 관한 것일 뿐 현재의 전략을 준비하는 것과는 별 관계가 없다. 결국 군사전략이란 목표나 수단보다는 '방법', 즉 군사력을 운용하는 방법에 관한 것으로 '양병'이 아닌 '용병'의 문제인 셈이다.

전략사상가들의 견해도 이를 뒷받침한다. 클라우제비츠는 전략을 "전쟁목적을 달성하기 위해 전투를 운용하는 것"이라고 했고, 리델 하트는 "정책목적을 이행하기 위해 군사적 수단을 배분하고 운용하는 술"이라고 정의했다. 마이클 하워드도 "전략은 주어진 정치적 목적을 달성하기 위해 군사력을 운용하고 사용하는 것에 관한 것"이라고 보았다.[9]

물론 '양병' 자체를 전략으로 보는 견해도 있다. 많은 학자들이 군사전략을 "군사력을 개발하고, 군사력을 전개하며, 군사력을 운용하는 것, 그리고 나아가 이러한 행동을 조율하는 것"으로 정의한다.[10] 이러한 정의에는 '수단'과 '방법' 모두가 포함된다. 역사적 사례에서도 양병을 중심으로 한 전략의 사례를 찾아볼 수 있다. 가령 냉전기 핵억제가 가능했던 것은 미국과 소련이 수만 발의 핵무기를 양산함으로써 핵균형이 이

---

9 Michael Howard, "The Dimensions of Strategy", Lawrence Freedman, ed., *War*(Oxford: Oxford Univeristy Press, 1991), p. 197.

10 Dennis M. Drew and Donald M. Snow, *Making Twenty-First-Century Strategy*, p. 103. 한편 온창일은 "군사부문에 부여된 목표를 달성하기 위해 요소별 군사력을 개발·유지·운용하는 술과 과학"으로 정의한다. 온창일, 『전략론』, p. 46.

루어졌기 때문이었다. 또한 역사적으로 이스라엘은 핵무기와 미사일방어체계를 비롯한 첨단무기체계를 도입함으로써 주변국의 위협에 대응하는 전략을 추구해오고 있다. 그리고 최근 중국의 경우 우주자산을 기반으로 한 미국의 우세한 군사력에 대해 미국의 C4ISR 체계를 공격할 수 있는 비대칭적 군사력을 개발함으로써 상대의 군사적 우위를 상쇄하려는 전략을 추구하고 있다.[11]

그러나 이와 같은 '수단'의 강화에 주안을 두는 전략의 이면에는 그러한 수단을 운용하는 전략 개념이 존재하고 있음을 인식해야 한다. 첫째로 냉전기 미국과 소련이 어마어마한 양의 핵무기를 비축한 데에는 제2격에 의한 '대량보복massive retaliation' 또는 '상호확증파괴mutual assured destruction'의 논리가 작용했다. 즉, 미소 양국의 핵전력 축적은 철저한 전략적 계산의 결과였던 것이다. 둘째로 우수한 무기체계를 도입하는 국가의 경우 적이 공격할 경우 보복하거나 적의 승리를 거부한다는 '재래식 억제conventional deterrence'의 개념을 수용하고 있었다. 무기를 무조건적으로 도입하는 것은 한정된 국가예산을 고려할 때 가능하지도 않으며, 그 자체가 자동으로 억제를 보장하는 것은 아니다. 셋째로 비대칭적 수단을 도입하는 국가의 경우 치밀하게 계산된 비대칭 전략이 존재한다. 중국의 경우 비대칭 전쟁의 유용성을 제기한 '초한전超限戰'이나 '점혈전쟁點穴戰爭'의 논의가 여기에 해당하며,[12] 비대칭무기의 도입은 이러한 비대칭 전략 개념을 토대로 이루어지고 있다. 만일 이러한 '전략'이 없어도 된다면 모든 것이 비대칭적 상황에 있는 후진국이 상대적으로 강한 선진국

11 Roger Cliff et al., *Enterring the Dragon's Lair: Chinese Antiaccess Strategies and Their Implications for the United States*(Santa Monica: RAND, 2007), p. 11.

12 '초한전(超限戰)'과 '점혈전쟁(點穴戰爭)'은 전통적 무기체계와 전쟁 방식에 제한되지 않고 이를 뛰어넘어 비대칭 전력 및 비대칭 방법에 의한 전쟁을 통해 승리를 거두어야 한다는 중국 내부의 논의를 반영한 것으로, 전자는 중국에서, 후자는 대만에서 제기된 용어이다.

을 상대로 반드시 승리할 수 있다고 하는 모순된 논리가 성립하게 된다.

따라서 군사전략의 개념을 정의하는 데 있어서 그 핵심은 '수단을 운용하는 방법'이 되어야 한다. '수단' 그 자체를 군사전략으로 간주할 경우 혼란이 있을 수 있는 만큼, 필자는 다음 세 가지 이유로 '양병' 개념을 군사전략의 정의에서 제외하기로 한다.

첫째, 군사전략이란 수단 그 자체가 아니라 수단을 활용하는 것이기 때문에 '양병'을 포함할 수 없다. 군사력이라는 수단은 그 자체가 하나의 도구이며, 특정한 시점에 상수로 주어지는 것이다. 전략의 문제는 가용한 수단을 어떻게 효과적으로 사용하여 전쟁에서 승리를 거두느냐 하는 것이다. 물론 군사력 건설도 중요하다. 하지만 군사력을 건설하는 것은 이를 운용하는 방법과 관련이 없으며, 단순히 가용 수단을 키워 미래의 전략적 선택을 풍요롭게 하는 것에 불과하다.

둘째, '양병'과 '용병'을 대등한 것으로 간주할 경우 주객이 전도될 수 있다. 군사력 건설은 그 국가의 군사전략, 즉 군사력을 어떻게 운용할 것인가 하는 방법에 따라 결정되는 것이지, 그와 반대로 군사전략이 군사력이 건설되는 방향에 따라 좇아가는 것은 아니다. 예를 들어, 제1차 세계대전과 제2차 세계대전 사이의 시기에 전차, 포병, 항공기를 중심으로 한 독일의 군사력 건설은 전격전이라는 전략 개념이 있었기 때문에 이루어진 것이지, 그 역은 아니었다. 또한 공세적 군사전략을 추구하는 국가가 공세적 군사력을 건설하는 것이지, 공세적 전력을 갖추었기 때문에 공세적 전략을 추구하는 것은 아니다. 다시 말하면, 군사전략은 '방법', 즉 용병에 관한 것이고, '양병'은 '용병'에 종속되는 개념이라 할 수 있다.

셋째, '양병'과 '용병' 개념은 교호적 관계가 될 수 없다. 통상 '양병'은 국가자원의 한계로 인해 '용병'의 입장에서 요구하는 대로 무한정 이루어질 수 없다. 따라서 이 두 개념은 서로 '밀고 당기는push-pull' 교호적 관계에 있는 것으로 보인다. 그러나 엄밀한 의미에서 '용병'은 '양병'에 요구할 수 있어도, '양병'은 스스로 가능한 범위에 대해 한정을 지을 뿐 '용병'에 대해 뭔가 요구할 수 있는 입장은 아니다.

이렇게 볼 때 군사전략은 한마디로 군사력 운용에 관한 방법이라 할 수 있다. 즉, 군사전략은 "군사력 그 자체가 아니라 군사력 또는 군사적 위협을 사용하는 것"이다.[13] 따라서 군사력 건설의 문제는 반드시 군사전략 개념을 토대로 이루어져야 한다.

이와 관련하여 좀 더 부연하자면, 군사력 건설과 관계되는 '양병'이라는 개념은 전략보다는 정책으로 다뤄져야 한다. 현재의 전략은 군사력 건설과는 어떠한 관계도 있을 수 없다. 다만, 미래의 전략은 미래의 군사력 건설 계획을 반영하여 입안되거나, 혹은 반대로 군사력 건설 소요를 주도적으로 제기하면서 입안될 수 있다. 이때 군사력 건설은 국방부 혹은 합참 차원에서 이루어지는 것으로서 국방정책에 해당하는 것이지 군사전략에 해당하는 것은 아니다. 즉, 군사전략이 군사력 건설에 영향을 주기도 하고 받기도 하지만, 그렇다고 군사력 건설을 군사전략의 한 부분으로 보는 견해는 옳지 않다.

3. 공격과 방어 1 : 왜 방어가 강한가?

군사전략은 기본적으로 공격과 방어를 결정하는 것이다. 그렇다면 공격과 방어는 무엇인가? 공격은 적의 영토를 탈취하거나 적 부대를 격멸한다는 '적극적 목표positive aim'를 갖는 반면, 방어는 적의 정복을 거부하고 자신의 영토와 병력을 보존하는 등의 '소극적 목표negative aim'를 갖는다. 통상적으로 강한 측은 약한 측의 영토를 정복하거나 탈취하기 위해,

---

13 Colin S. Gray, *Modern Strategy*, p. 17.

혹은 원하는 정치적 목적을 달성하기 위해 공격을 할 것이며, 약한 측은 강한 측이 원하는 바를 성취하지 못하도록 하기 위해 방어를 할 것이다. 그런데 클라우제비츠는 그의 저서 『전쟁론』에서 수십 번이나 "방어는 공격보다 강한 형태의 전쟁"이라고 강조했다.[14] 그는 방어가 공격보다 강한 이유를 다음과 같이 설명하고 있다.

첫째, 방어하는 것이 공격하는 것보다 용이하기 때문이다. 앞서 언급한 대로 공격은 적의 영토를 빼앗고 정복하려는 '적극적 목표'를 갖지만, 방어는 적의 정복을 거부한다는 '소극적 목표'를 갖는다. 그런데 특정 지역을 빼앗는 것은 그것을 지키는 것보다 더욱 어렵다. 따라서 동일한 여건이라면 공격하는 측은 전쟁을 수행하기 위해 방어하는 측보다 더 많이 준비하고 노력해야 한다. 공격이 방어보다 어렵고 또한 공자가 더 많은 능력을 갖추어야 한다면 그 자체로서 방어가 공격보다 더 강한 형태의 전쟁이라고 할 수 있다.[15]

둘째, 역사적 경험이 이를 증명한다. 모든 국가가 대부분 방어를 취하고 있다는 사실은 방어의 강함을 입증하고 있다. 왜냐하면 만일 공격이 강하다면 방어는 무의미하게 될 것이고, 모든 국가는 공격에만 치중하게 될 것이기 때문이다. 그러나 현실적으로 전쟁은 공격만으로 수행되는 경우는 거의 없고 대부분 공격과 방어, 심지어 양측 모두 방어를 취하는 무행동inaction에 의해 이루어진다.[16] 충분히 강한 국가만이 약한 형태의 전쟁인 공격을 취할 수 있는 반면, 약한 국가는 강한 형태의 전쟁인 방어를 취한다. 전쟁의 역사를 통해 볼 때 약한 측이 공격을 하고 강

---

14 Carl von Clausewitz, *On War*, p. 358.

15 앞의 책, pp. 357-358; Raymond Aron, *Clausewitz: Philosopher of War*, Christine Booker and Norman Stone, trans.(London: Routledge & Kegan Paul, 1983), p. 149.

16 Byron Dexter, "Clausewitz and Soviet Strategy," *Foregin Affairs*, vol. 29, no. 1, October 1950, p. 49.

한 측이 방어를 하는 사례가 드물다는 사실은 비단 전략이론가뿐 아니라 야전지휘관들도 마찬가지로 방어가 더욱 강한 형태의 전쟁임을 인정하고 있다는 증거가 된다.[17]

셋째, 방어하는 측은 진지와 지형의 이점을 활용할 수 있다. 자국의 영토에서 전쟁을 함으로써 유리한 지형을 이용하여 싸울 수 있고, 방어에 유리한 지역에 미리 진지를 마련함으로써 적보다 유리한 조건하에서 싸울 수 있다. 또한 방자는 자국 내 영토에서 전쟁을 수행하기 때문에 내선작전의 이점을 활용할 수 있을 뿐 아니라, 자국민의 전폭적인 협조하에 보급을 원활하게 할 수 있고 장기적인 작전을 펼 수 있다. 반면, 공자는 적의 영토 안으로 진격할수록 병참선이 신장되고 보급의 문제에 직면하게 됨으로써 오랜 기간 전쟁을 수행하는 데 곤란을 겪을 수 있다. 특히, 방자의 전투원들은 침략자들로부터 자기 영토를 방어하기 위한 전투를 하기 때문에 사기가 매우 높으며, 적보다 적극적으로 전투에 임할 수 있다.[18]

넷째, 방어하는 측은 기습의 효과를 거둘 수 있다. 클라우제비츠는 공격 시 기습의 효과에 대해 매우 부정적으로 평가한다.[19] 기습이란 전술적인 수준에서 제한적으로만 이루어질 수 있는 것으로, 전략적 효과는 기대할 수 없다고 한다.[20] 그럼에도 불구하고 그는 방어 시의 기습에 대

---

17 Carl von Clausewitz, *On War*, p. 359; Raymond Aron, *Clausewitz*, p. 149. 국가들이 전쟁 시 방어를 취하고 아무런 행동도 하지 않는 것은 첫째로 불확실성 때문이며, 둘째로 방어가 강하기 때문이다. Michael I. Handel, "Clausewitz in the Age of Technology", *Clausewitz and Modern Strategy*(London: Frank Cass, 1986), p. 71.

18 Carl von Clausewitz, *On War*, pp. 357-366, 566-573.

19 앞의 책, pp. 198-201. 그에 의하면 기습은 보안(secrecy)과 속도(speed)가 생명이다. 적은 상대의 기습을 준비 단계뿐 아니라 기동 간에 알아챌 것이며, 기습부대의 운용으로 약화된 상대 주력부대에 반격을 가할 것이다. 따라서 기습을 매혹적인 전투수단으로 생각하기 쉽지만, 실제 기습의 효과는 미미하며 전쟁의 승패에 결정적인 영향을 미치지 않는다는 것이 클라우제비츠의 주장이다.

해서만큼은 전술적으로는 물론이고 전략적인 성공을 가져올 수 있는 주요한 요소들 가운데 하나로 간주하고 있다. 만일 방자가 종심방어전략을 채택하여 특정 지역을 확보하는 데 집착하지 않고 행동의 자유를 가질 수 있다면 방자는 언제든 병력을 집중하여 공세적인 행동을 취할 수 있다는 것이다. 방자는 우선 적의 신장된 병참선을 차단하고 적 후방을 위협할 수 있다. 만일 공자가 병참선을 보호하기 위해 후방지역에 부대를 남겨둔 채 일부 부대로만 공격을 가한다면 방자는 전력을 투입하여 전방이든 후방이든 분리된 적에 대해 병력의 우세를 달성하면서 공격을 가할 수 있을 것이다.[21]

다섯째, 시간은 방자의 편이다.[22] 공자의 전투력은 시간이 갈수록, 적 영토 안으로 진격이 이루어질수록 그 기세가 둔화될 수밖에 없다. 그것은 공격이란 공격과 방어가 교대로 이루어지는 전쟁행위이기 때문이다. 비록 적의 영토로 진격하는 중이라 하더라도 적어도 휴식하는 동안에는 공격을 멈춘 채 방어를 하지 않을 수 없다. 공자는 진격할수록 신장되는 병참선을 보호하고 점령한 지역을 통제하기 위해 점차 많은 병력을 후방지역에 배치하여 방어를 하지 않을 수 없다. 또한 공격이 진행될수록 보급을 지원하고 병력을 증원하는 데 소요되는 시간이 더욱 증가함으로써 전진 속도가 점점 둔화되지 않을 수 없다. 이로 인해 공자의 전

---

20 물론 이러한 그의 견해는 당시 기술 수준이 열악하여 지휘 및 통신과 기동능력이 제한된 상황에서 나온 결론이다. 따라서 공격 시 기습의 효용성에 대한 논의는 오늘날에 와서 논란의 여지가 있는 것이 사실이다. 실제로 산업혁명 이후 지휘, 통제, 통신의 발달로 전략적·작전적 기습은 모든 전쟁에 있어서 필수적인 요소가 되었다. Michael I. Handel, *Masters of War*(London: Routledge, 2000), p. 110; Michael I. Handel, "Clausewitz in the Age of Technology", *Clausewitz and Modern Strategy*, pp. 62-66.

21 Carl von Clausewitz, *On War*, p. 360, pp. 363-364.

22 이에 대한 구체적인 논의는 Harold W. Nelson, "Space and Time in *On War*", Michael I. Handel, *Clausewitz and Modern Strategy*, pp. 138-142.

투력은 감소하게 되고 공격은 정점에 도달하게 된다.[23]

여섯째, 무엇보다도 공격의 정점이 존재한다는 사실은 곧 방어의 강함, 나아가 방어의 성공 가능성을 보장하는 가장 결정적인 요인이다. 만일 공격의 정점이 존재하지 않는다고 가정한다면 그것은 곧 공자의 전투력이 방자의 전투력보다 빠르게 감소하지 않음을 의미한다. 그러면 공자와 방자 사이의 전투력의 균형은 변화하지 않을 것이며, 방자가 공세로 전환할 수 있는 반격의 기회는 오지 않을 것이다.[24] 그러나 공격의 정점은 반드시 존재한다. 앞서 언급한 요인들로 인해 공자의 공격력은 시간이 감에 따라서 방자의 전투력보다 빠른 속도로 약화될 수밖에 없기 때문이다.

방어의 강함은 클라우제비츠가 그의 저서 『전쟁론』에서 시종일관 제기하고 있는 주장이지만, 역사적으로 많은 전략사상가들도 그와 직간접적으로 유사한 견해를 제시하고 있다. 약 2,000년 전 손자는 방어의 강함에 대해 다음과 같이 지적했다.

> 무릇 전쟁터에서 먼저 자리를 잡고 적을 기다리는 군대는 편안하고, 뒤늦게 싸움터에 달려가는 군대는 피로하다. 따라서 유능한 지휘자는 자신이 원하는 장소에서 적을 맞아 싸우되 적이 원하는 장소로 끌려가지 않는다.

이러한 언급은 방어를 통해 지형의 이점을 누릴 수 있음을 지적한 것이다. 또한 손자는 "승리할 수 있는 여건이 부족할 때에는 방어를 해야 하며", "모든 조건이 적군보다 못하면 적과의 교전을 피해야 한다"고 했

23 Carl von Clausewitz, *On War*, pp. 527-528.

24 앞의 책, p. 613.

25 Ralph D. Sawyer, trans., *The Seven Military Classics of Ancient China*(Boulder: Westview Press, 1993), p. 166; 손자(孫子), 『손자병법(孫子兵法)』, 제6장 허실편(虛實篇).

는데, 이는 군사적 약자에게 방어가 유용하다는 사실과 함께 무모한 전투를 회피해야 할 필요성을 강조한 것이다.[26]

조미니는 전장의 주도권을 장악한다는 측면에서 공격이 방어보다 더 유리하다고 보는 전략가이다.[27] 그러나 그도 역시 방어가 현명하게 수행된다면 공격보다 훨씬 유리할 수 있다고 주장한다. 방자는 지형, 장애물 운용, 국민의 지원이라는 측면에서 공자보다 유리하다는 이점을 가지고 있지만, 공자가 주도권을 가지고 한 지점을 집중적으로 공격해올 경우 방자는 각개격파를 당할 수 있는 위험을 안고 있다. 따라서 조미니는 방어가 피동적인 작전이 아니라 적시에 적절하게 적에게 공격을 가하는 능동적인 형태의 작전이 되어야 한다고 본다. 방자는 공세적 방어전, 즉 방어를 위주로 하면서 공세적인 전쟁을 수행함으로써 공격 및 방어의 이점을 동시에 얻을 수 있다. 왜냐하면 한편으로 자국 영토 내에서 작전한다는 방어의 이점을 누리면서 다른 한편으로 자신이 원하는 곳에서 적을 공격함으로써 주도권을 장악하는 공격의 이점도 누릴 수 있기 때문이다.[28]

프리드리히 2세는 공격뿐 아니라 방어에 있어서도 주도권을 장악하는 것이 매우 중요하다는 사실을 입증한 전략가였다. 비록 그는 주도권

---

26 Ralph D. Sawyer, trans., *The Seven Military Classics of Ancient China*, p. 163, 161; 손자, 『손자병법』, 제3장 모공편(謀攻篇), 제4장 군형편(軍形篇).

27 조미니는 전략의 근본이 되는 과학적 원칙은 존재하며, 이러한 원칙은 곧 결정적인 지점에서 약한 적의 병력에 대해 아군의 병력을 집중하여 공세행동을 가하는 것이라고 했다. 이것이 바로 조미니 전략사상의 핵심이다. John Shy, "Jomini", ed. Peter Paret, *Makers of Modern Strategy: From Machiavelli to the Nuclear Age*(Princeton: Princeton University Press, 1986), p. 146.

28 Baron de Jomini, *The Art of War*, translated by Capt. G. H. Mendell and Lieut. W. P. Craighill(Westport, CT: Greenwood Press, 1977), pp. 73-74. 이 개념은 클라우제비츠의 '방어 시의 기습'과 유사하며, '전략적 방어, 전술적 공격'을 표방하는 마오쩌둥의 '적극적 방어' 개념과도 대동소이하다. 클라우제비츠의 전략 개념이 적극적 방어를 표방하고 있다는 견해에 대해서는 Dexter, Byron, "Clausewitz and Soviet Strategy", *Foregin Affairs*, p. 53.

을 장악함으로써 보다 큰 행동의 자유를 확보할 수 있는 공세적 전략을 선호했지만, 적보다 약하거나 시간이 필요하다고 판단될 경우에는 언제든지 수세적 전쟁을 수행했다. 7년전쟁 시 프랑스, 오스트리아, 러시아를 상대로 치른 방어적인 전쟁과 그가 생애 마지막으로 치렀던 바이에른 왕위계승전쟁이 그러한 사례이다.[29] 1756년부터 1763년까지의 7년 전쟁에서 프랑스, 오스트리아, 러시아 각 국가는 모두 프로이센보다 적어도 네 배 더 많은 인구를 갖고 있었으나, 프리드리히 2세는 이 전쟁에서 수세적 전략을 통해 슐레지엔Schlesien 지방을 확보하는 데 성공했다. 그리고 1778년부터 1779년까지의 바이에른 왕위계승전쟁에서는 무력 시위와 소요만으로 전쟁을 지연시킴으로써 피 한 방울 흘리지 않은 채 적의 승리를 막을 수 있었다. 그러나 그의 방어적 전략은 '적극적 방어' 또는 '도전적 방어'라 표현할 수 있는 것으로서, 방어를 하면서도 언제든 적의 진지나 일부 부대에 자유롭게 공격을 병행하는 전략을 추구했다. 프리드리히 2세는 "지휘관이 전역을 수행하는 동안 주도권을 상실한 채 줄곧 아무런 행동도 취하지 않으면서 방어전쟁을 성공적으로 수행하고 있다고 생각한다면 그것은 착각"이라고 했다.[30]

리델 하트는 방어와 공격을 구분하여 논하지는 않았다. 그러나 그는 적의 군사력이 더 강할 경우 군사적 목표를 제한하고 피아 전투력의 균형이 유리하게 변화할 때까지 기다려야 한다고 했다.[31] 이때 목표를 제한한다는 것은 곧 적 영토를 탈취하는 것과 같은 공세적인 목표를 지양하고 병력을 보존하거나 영토를 지키는 것과 같이 수세적인 목표를 추구해야 한다는 것을 의미한다. 한편 앙드레 보프르는 군사적으로 강자

---

29 R. R. Palmer, "Frederick the Great, Guibert, Bülow: From Dynastic to National War", ed. Peter Paret, *Makers of Modern Strategy: From Machiavelli to the Nuclear Age*, p. 102.

30 앞의 책, p. 104.

31 Liddell Hart, *Strategy*, pp. 320-321.

의 경우 신속한 승리를 추구하는 반면, 약자는 수세적인 지연전을 통해 비非군사적 수단을 강구하게 된다고 했다.[32] 이들이 제안하고 있는 제한된 목표를 추구하는 전략, 또는 수세적 전략은 곧 방어가 공격보다 강한 형태의 전쟁이라는 사실을 전제하는 것으로 볼 수 있다.

방어도 공격과 마찬가지로 전쟁에서의 승리를 추구한다. 비록 방어가 외형적으로 볼 때 기다리는 것으로 보이지만, 그 실체는 반격을 가하는 데 있다. 즉, 방어의 목적은 적을 단순히 '격퇴repulse'하는 것이 아니라 궁극적으로 '격멸destruction'하는 것이며,[33] 따라서 방어는 순수한 방어나 수동적 방어가 되어선 안 된다. 방어에 성공함으로써 얻을 수 있는 이점—즉, 공자의 전투력이 감소하고 정점에 도달하는 것—을 이용하여 더 큰 군사적 성공으로 연결시키지 않는다면 그것은 돌이킬 수 없는 실수를 저지르는 것과 같다. "번뜩이는 복수의 칼날과 같이 공격으로의 갑작스럽고 강력한 전환이야말로 방어의 가장 위대한 순간"이 될 것이다.[34]

4. 공격과 방어 2 : 방어의 강함에 대한 반론

방어가 공격보다 강한 형태의 전쟁이라는 주장에 대해 반론이 있을 수 있다. 공격방어이론offense-defense theory, 선제공격 또는 전략적 기습의 논리, 그리고 공격의 신화의 논리가 그것이다. 그러나 이러한 주장들은 부분적으로, 또는 특정한 순간에 국한하여 공격이 방어보다 강할 수 있음을 보여줄 수는 있으나 근본적으로 방어의 강함을 부정할 수는 없다.

---

32 André Beaufre, *An Introduction to Strategy*, p. 113.

33 Raymond Aron, *Clausewitz*, p. 165, 167.

34 Carl von Clausewitz, *On War*, p. 370.

가. 공격방어이론

공격방어이론offense-defense theory은 공격방어균형offense-defense balance, 즉 공격과 방어 중 어떤 것이 더 유리한가에 따라 전쟁 발발 가능성이 높아지거나 낮아진다고 하는 이론이다. 이때 공격과 방어의 균형을 결정하는 것은 주로 무기기술로, 시대에 따라 공격에 유리한 무기기술이 발달하면 공격이, 방어에 유리한 무기기술이 발달하면 방어가 강하다고 본다. 따라서 이 이론에 의하면 공격이나 방어가 특별히 강하거나 약한 것이 아니라 무기기술의 변화에 따라서 공격이 강할 수도 있고 방어가 강할 수도 있으며, 군사기술의 발달에 따라 혁신적인 공격무기가 개발될 경우 공격이 방어보다 더 우세할 수 있다는 논리가 성립된다.[35] 1890년부터 1920년대까지는 기관총, 유자철선, 자동소총 등의 발명으로 방어가 유리했으나, 1930년대 말부터 1945년까지는 전차와 항공기를 집중 운용하는 전격전이 등장함으로써 공격이 우세했던 시기로 간주되고 있다.[36]

---

35 Keir A. Lieber, "Grasping the Technological Peace: The Offense-Defense Balance and International Security", *International Security*, vol. 25, no. 1, Summer 2000, p. 71. 케스터(George Quester)는 기동에 관계된 무기를 일반적으로 공격용 무기로, 지형의 특성에 부합된 무기를 방어용 무기로 본다. George H. Quester, *Offense and Defense in the International System*(New York: John Wiley & Sons, 1977), pp. 3-4.

36 에버라(Stephen van Evera)는 20세기의 군사사(military history)를 통해 1890년부터 제2차 세계대전 발발 전까지는 방어가 우세(defense dominance)했으나, 1930년대 말 전격전의 등장과 1945년 핵무기의 도래로 인해 공격이 우세(offensive dominance)한 시기로 전환했으며, 1945년 이후 1990년대까지는 미국의 고립주의 철회와 핵무기의 2차 타격능력 개발로 인해 다시 방어가 우세한 시기로 복귀했다고 주장한다. Stephen van Evera, *Causes of War*(Ithaca: Cornell University Press, 1999), pp. 169-179; Van Evera, "The Cult of Offensive and the Origins of the First World War", *International Security*, vol. 9, no. 1, Summer 1984, pp. 58-107; Van Evera, "Offense, Defense, and the Causes of War", *International Security*, vol. 22, no. 4, Spring 1998, p. 26; Jack Snyder, *The Ideology of the Offensive*(Ithaca: Cornell University Press, 1984), p. 20-22; Sean M. Lynn-Johns, "Offense-Defense Theory and its Critics", *Security Studies*, vol. 4, no. 4, Summer 1995, p. 667. 이와 다른 견해로는 Stephen Biddle, "The Pase As Prologue: Assessing Theories of Future Warfare", *Security Studies*, vol. 8, no. 1, Autumn 1998, p. 63; Keir A. Lieber, "Grasping the Technological Peace", *International Security,* vol. 25, no. 1, Summer 2000, pp. 71-104 참조.

그러나 공격방어이론은 다음과 같은 측면에서 논리적 결함을 안고 있다. 첫째, 현실적으로 공격무기와 방어무기를 구분하기 어렵다는 사실이다.[37] 항공기, 전차, 화포 등 대부분의 무기는 비단 공격작전뿐 아니라 방어작전에서도 효과적으로 운용될 수 있다. 전차와 항공기는 광활한 지역에서는 위력을 발휘할 수 있지만, 산악 지역에서의 유격전에 대해서는 효과적이지 못하다. 특히 전차의 경우 제2차 세계대전 초기에는 절대적인 공격무기로 추앙을 받았지만 점차 모든 국가가 전차를 보유하게 됨에 따라 그 효용성은 급격히 감소했으며, 아이러니하게도 1942년 스탈린그라드 전투Battle of Stalingrad 이후 수세에 몰린 독일은 공격에 동원했던 그들의 전차를 이용하여 방어임무를 효과적으로 수행할 수 있었다.[38] 이러한 사실은 곧 전차가 공격무기뿐 아니라 방어무기로도 효과적으로 사용될 수 있음을 의미한다. 마찬가지로 방어무기로서 잘 알려진 기관총과 지뢰의 경우에도 방어에만 유리하게 작용하는 것은 아니다. 공자도 기관총을 운용함으로써 공격작전을 엄호하고 지원할 수 있다. 지뢰도 방어무기이지만 공자가 살포식 지뢰FASCAM를 적 후방에 설치할 경우 방자의 퇴로를 차단할 수 있는 공격용 무기가 될 수 있다. 이렇게 볼 때 본래 공격—또는 방어—에 유리한 무기란 있을 수 없으며, 다만 특정 무기체계를 효율적으로 운용함으로써 공격—또는 방어—의 성공에 기여했다고 표현하는 것이 타당할 것이다.

둘째, 역사적으로 공격이 성공할 수 있었던 것은 공격에 유리한 기술

---

37 Charles L. Glaser, "The Security Dilemma Revisited", *World Politics*, vol. 50, October 1997, pp. 198-199; John Mearsheimer, *Conventional Deterrence*(Ithaca: Cornell University Press, 1983), p. 25. 그는 공격무기와 방어무기를 구분함으로써 안보 딜레마(security dilemma)를 해결할 수 있다고 주장하는 저비스(Robert Jervis)의 논리를 반박하고 있다. Robert Jervis, "Cooperation under the Security Dilemma", *World Politics*, vol. 30, No. 2, January 1978.

38 Keir A. Lieber, "Grasping the Technological Peace", *International Security*, vol. 25, no. 1, Summer 2000, p. 92.

무기가 등장했기 때문이 아니라 주로 그들의 전략, 전술, 조직이 상대적으로 우수했기 때문이었다.[39] 제2차 세계대전 당시 독일이 거둔 혁혁한 전과, 즉 1939년 폴란드 침공, 1940년 프랑스 함락, 1941년 소련 공격은 전차가 등장함으로써 가능했던 것으로 알려져 있다. 그러나 구체적으로 분석해보면 전차의 효과는 매우 제한적이었음을 알 수 있다. 독일군은 전차를 제외하더라도 폴란드군보다 훈련이나 장비 면에서 앞섰으며, 훨씬 더 많은 대규모 병력을 가지고 있었다. 그들이 프랑스를 굴복시킬 수 있었던 것은 프랑스가 마지노선에 전적으로 의지함으로써 융통성이 결여된 방어체제를 갖추고 있었으며 이에 부가하여 아르덴Ardennes 삼림에 구멍이 뚫려 있었기 때문이었다. 만일 연합군의 방어체제상의 허점이 보완되었다면 독일군은 그와 같이 전격적인 승리를 거두지 못하고 고전했을 것이다. 소련에 대해 거둔 초기의 전과도 결국은 스탈린의 방심과 1937년부터 1938년까지 이루어진 군 고위급 간부들에 대한 무자비한 숙청으로 소련군의 전투력이 형편없이 약화되었기 때문에 가능한 것이었다.

---

39 Keir A. Lieber, "Grasping the Technological Peace", *International Security*, vol. 25, no. 1, Summer 2000, p. 91.

마지노선. 독일군이 프랑스를 굴복시킬 수 있었던 것은 프랑스가 마지노선에 전적으로 의지함으로써 융통성이 결여된 방어체제를 갖추고 있었으며 이에 부가하여 아르덴 삼림에 구멍이 뚫려 있었기 때문이었다. 만일 연합군의 방어체제상의 허점이 보완되었다면 독일군은 그와 같이 전격적인 승리를 거두지 못하고 고전했을 것이다.

셋째, 공세적인 정책과 전략이 특정한 무기체계를 필요로 하는 것이지 특정한 무기로 인해 공격적인 전략이 대두되는 것은 아니다. 즉, 적이 갖지 못한 무기체계를 개발함으로써 군사력의 우세를 달성하고자 하는 것은 정책과 전략의 결과이며, 따라서 특정한 무기가 등장하는 것은 해당 국가의 공세적 전략에서 비롯된 것이라고 할 수 있다. 그 예로서 제2차 세계대전 당시 전격전을 수행하기 위해 필요한 항공기, 전차와 같은 '공세적' 무기는 히틀러의 팽창전략에서 비롯된 것이었지만 그 역은 아니었다. 결국 공격의 유리함은 공세적 전략과 그만큼의 투자에서 나오는 것일 뿐, 특정 무기가 공격의 유리함을 낳는 것은 아니라고 할 수 있다.[40] 또한 역사적으로 공격이 방어보다 강한 순간이 존재했던 것은 공자의 준비와 투자가 더욱 많이 이루어졌기 때문에 가능했으며, 이러한 사실은 역설적으로 동일한 조건하에서 방어가 더 강한 형태의 전쟁임을 입증하고 있다.[41]

40 이와 유사하게 전략이 기술을 사용하는 것이지, 기술이 전략을 좌우해서는 안 된다는 견해에 대해서는 André Beaufre, *An Introduction to Strategy*, pp. 47-48.

41 Carl von Clausewitz, *On War*, p. 358.

나. 선제공격의 논리

선제공격—또는 전략적 기습—논리도 방어가 공격보다 더 강한 형태의 전쟁이라는 명제를 부정하지 못한다. 적의 전쟁준비가 완료되기 이전에 기습적인 공격을 가할 경우 선제의 이점을 얻을 수 있는 것은 사실이다. 이로 인해 선제공격의 논리는 자칫 공격이 방어보다 더 강하다고 하는 잘못된 믿음을 가져올 수 있는 여지가 충분하다.[42]

그러나 선제공격이란 단 한 번밖에 이루어질 수 없다. 적이 전쟁준비를 갖추기 전에 타격을 가해야 하기 때문에 시간적으로 매우 촉박한 상태에서 진행될 수밖에 없다. 또한 대규모 기습을 추구할 경우 적에게 사전에 노출될 수 있으므로 제한적인 규모로 이루어질 수밖에 없다. 현대전에서 승패가 단 한 번의 결전으로 이루어지기 어렵다는 점을 감안한다면 선제공격의 효과는 제한적이며 결정적인 성과를 얻기 어렵다는 사실을 알 수 있다. 설상가상으로 먼저 공격을 당한 국가가 결전을 회피하고 충격을 흡수할 수 있다면 기습은 무의미한 것이 될 수 있으며, 오히려 적국 국민의 전의를 고조시켜 전쟁의 범위가 확대될 경우 의도하지 않은 결과를 초래할 수도 있다.

역사적으로 선제공격에 대한 환상과 기대는 큰 반면, 실제 나타난 기습의 효과는 극히 드물었다.[43] 1967년 이스라엘은 6일전쟁에서 이집트에게 선제공격을 가함으로써 승리를 거두었다. 그러나 그것은 제한적인 목표에 대한 성공이었을 뿐, 만일 전쟁이 중동 전역으로 확대되었다면 초전에 달성한 기습의 효과는 전쟁 전체를 놓고 평가해볼 때 지극히 미미하거나 전략적 실패로 귀결되었을 것이다. 1941년 일본은 기습공격

---

42 Stephen van Evera, *Causes of War*, pp. 35-72.

43 Dan Reiter, "Exploding the Powderkeg Myth: Preemptive Wars Almost Never Happen", *International Security*, vol. 20, Fall 1995, p. 33; Stephen van Evera, *Causes of War*, p. 71.

을 통해 진주만의 미 함대를 무력화하는 데 성공했지만 그것이 차후 태평양전쟁 전반에 미친 영향은 오히려 부정적인 것이었다. 1905년 러일전쟁은 일본의 기습공격으로 유명하지만 실제 기습의 효과는 크지 않았다. 그들이 해상으로 기습공격을 가했던 뤼순旅順은 결국 육상전투를 통해 점령할 수 있었으며, 이후 또 다른 결전인 펑톈회전奉天會戰과 쓰시마 해전을 치러야 했기 때문이다. 1919년 독일은 벨기에와 프랑스를 상대로 조기 결전을 추구했으나 결과는 서부전선의 교착과 함께 동부전선이 형성됨으로써 그들이 가장 우려했던 양면전쟁에 돌입해야 했다. 1940년 독일은 프랑스를 굴복시킬 수 있었으나 그것은 기습의 효과라기보다는 앞서 언급한 대로 연합군 방어체제상의 허점 때문에 가능한 것이었다. 프랑스는 이미 독일의 공격을 예상하고 마지노선을 구축하고 있었기 때문에 독일이 기습을 취하든 사전에 선전포고를 취하든 프랑스의 방어태세에는 큰 변화가 없었을 것이며, 결국 독일군이 달성한 성과는 기습작전과 별다른 관계가 없는 것이었다.

다. 공격의 신화와 방어의 강함

19세기 중엽부터 20세기 초에 걸쳐 유럽에서는 공격을 신봉하는 사조, 즉 '공격의 신화'가 유행처럼 번졌다.[44] 공격이 방어보다 강하다는 신념이 군사사상을 지배하기 시작한 것이다. 이 시기 유럽의 전략가들과 군 지도자들은 방어의 이점을 무시하고 수세적 전략에 대해 냉소적인 반응을 보였으며, 오직 공격 일변도의 전략만을 선호했다. 그러나 이들이 공세 원칙을 마치 종교적 교의와도 같이 신봉한 것은 정작 공격이 방어

---

44 Stephen van Evera, *Causes of War*, pp. 194-198. Bernard Brodie, *Strategy in the Missile Age*(Princeton: Princeton University Press, 1959), pp. 42-52.

독일에서는 19세기 중반 몰트케(왼쪽)부터 20세기 초반 슐리펜(오른쪽)에 이르기까지 방어가 본질적으로 강하다는 클라우제비츠의 주장을 '의도적으로' 거부했다. 독일의 전략가들은 나폴레옹 전쟁과 보불전쟁의 승리를 들어 "공격이 최선의 방어"라는 신념을 견지했으며, 공세적 원칙과 공세적 행동에 입각한 대규모 섬멸전을 추구해야 한다고 믿었다.

보다 강하다는 확고한 논리 때문이 아니라, 단지 정치적·심리적 이유에서 비롯된 것이었다.

독일에서는 19세기 중반 몰트케Helmuth Karl Bernhard von Moltke[대몰트케]부터 20세기 초반 슐리펜Alfred von Schlieffen에 이르기까지 방어가 본질적으로 강하다는 클라우제비츠의 주장을 '의도적으로' 거부했다. 독일의 전략가들은 나폴레옹 전쟁과 보불전쟁의 승리를 들어 "공격이 최선의 방어"라는 신념을 견지했으며, 공세적 원칙과 공세적 행동에 입각한 대규모 섬멸전을 추구해야 한다고 믿었다.[45] 그런데 독일에서 이와 같이 공격을 신봉하는 사조가 등장한 것은 바로 독일의 지리적 특성 때문이었다. 즉, 전쟁이 발발할 경우 독일은 러시아와 프랑스 양면으로부터 공격을 받을 수 있는 전략적 취약성을 안고 있었고, 따라서 전쟁이 발발하

45 Azar Gat, *The Development of Military Thought: The Nineteenth Century*(Oxford: Clarendon Press, 1992), p. 67; Stephen van Evera, *Causes of War*, p. 195.

기 전에 어느 한쪽을 우선 제압하고 다른 쪽의 위협에 대응해야 했던 것이다. 이로 인해 몰트케는 이미 1870년 보불전쟁 이전에 프랑스가 군대를 개혁할 수 있는 시간적 여유를 갖기 전에 즉각 전쟁에 돌입하여 현상을 타파하고 독일의 통일을 이루어야 한다는 주장을 내놓은 적이 있었으며, 1880년대에 있었던 프랑스와의 위기 및 러시아와의 위기 시에는 양면전쟁의 가능성을 차단하기 위해 이들 국가들과 예방전쟁을 치러야 한다고 주장하기도 했다.[46] 결국 이러한 전략 개념은 슐리펜 계획 Schlieffen Plan으로 연결되어 프랑스와 러시아의 두 전장에서 승리하기 위해 부득이하게 프랑스를 우선적으로 공격 무력화한 다음 러시아와 맞선다는 전략을 수립하기에 이르렀으며, 결국 제1차 세계대전 당시 독일의 공세적 군사전략으로 구체화되기에 이르렀다.

19세기 후반 프랑스는 독일보다 군사적으로 취약했다. 그럼에도 불구하고 프랑스는 다음과 같은 이유로 인해 무조건 공세 원칙을 추구하는 경향이 대두되었다. 첫째, 프랑스는 1871년 보불전쟁의 패배 이후 독일을 모델로 하는 군사개혁을 단행했고, 따라서 자연스럽게 공세적인 군사 원칙을 수용하지 않을 수 없었다.[47] 자존심이 강한 프랑스가 독일의 군사 원칙을 도입할 수 있었던 것은 독일이 클라우제비츠의 전쟁이론을 반영하고 있었다는 사실과 클라우제비츠가 나폴레옹 전쟁을 그 모델로 하고 있다는 사실 때문이었다. 즉, 과거 독일의 군사개혁의 전형은 나폴레옹, 즉 프랑스였다는 사실 때문에 프랑스는 독일의 군사 원칙과 제도를 거부감 없이 수용할 수 있었다. 둘째, 심리적으로 독일에 대한 열등감을 갖게 된 프랑스인들이 장차 독일과의 전쟁을 준비하는 데 있어서 수세적인 전략을 구상한다는 것은 자존심이 허락하지 않았다. 셋

46 Azar Gat, *The Development of Military Thought*, p. 58.

47 앞의 책, pp. 121-125.

째, 프랑스는 그들이 가진 군사적 취약성을 인식함으로써 상대적으로 우세한 독일의 인력과 무기에 대적하기 위해 보다 강한 정신력과 사기를 강조하고 있었으며, 이러한 경향은 당연히 공세 원칙을 강조하는 결과를 가져왔다.[48] 물론 19세기 말 프랑스에서 포슈Ferdinand Foch와 메예르Émile Mayer는 화력의 증가로 인해 기동력이 저하될 것이며, 그렇게 되면 방어에 유리하게 될 것이라고 주장하기도 했다. 그러나 이러한 주장은 받아들여지지 않았다. 그 이유는 젊은 장교들을 혼란스럽게 만들고, 지휘자와 규정에 대한 불신을 야기시키며, 공세정신이 약화될 것이라는 점 때문이었다. 더구나 러일전쟁에서 적극적으로 공세를 편 일본의 승리는 공격에 대한 신념을 더욱 부추겼다.[49] 이리하여 최초에 수세적이었던 작전계획은 점차 공세적인 계획으로 변했고, 제1차 세계대전 직전에는 독일의 공격에 공격으로 맞선다는 '제17계획'이 수립되기에 이르렀다.

이렇게 볼 때 유럽의 공격 신봉자들이 내세운 공세 원칙은 정작 공격이 강하기 때문이 아니라 각 국가가 당면한 전략적 상황과 정치적 논리 때문에 비롯된 것임을 알 수 있다. 특히 프랑스의 경우 그들의 공세 원칙은 군사전략적 판단에서 제기된 것이 아니라 자존심과 같은 심리적 요인, 그리고 보불전쟁의 패배를 만회하려는 보상심리로부터 나온 것이었다. 따라서 유럽의 '공격의 신화'라는 사조에서 나타난 공격에 대한 신념과 주장은 방어가 강하다는 논리를 부정할 수 없다.[50]

요약하면, 방어는 본질적으로 공격보다 강한 형태의 전쟁이다. 전쟁은 "심심풀이 삼아 시도해보거나 한낱 승리의 기쁨을 맛보기 위해 치르는 것이 아니며, 무책임한 열정가의 전유물도 아니다. 그것은 신중한

---

48 Azar Gat, *The Development of Military Thought*, pp. 114-116; Michael I. Handel, "Introduction", *Clausewitz and Modern Strategy*, pp. 28-29.

49 Azar Gat, *The Development of Military Thought*, pp. 134-135, p. 137 참조.

serious 목적을 달성하기 위한 신중한 수단이다."[51] 따라서 정치 지도자는 전쟁에 앞서 군사전략적 계산을 통해 승리 가능성을 판단하지 않을 수 없다. 군사력의 차이가 명확하고 승리할 수 있는 가능성이 낮다고 판단한다면 약자는 방어적 전략을 선택하지 않을 수 없다.[52]

5. 중심의 문제 : 병력인가, 지역인가?

결정적 전투decisive battle, 즉 결전이란 2개의 중심center of gravity이 충돌하는 것이다.[53] 공자와 방자는 모두 각자에게 유리한 시간과 장소에서 적의 중심을 격파하려 할 것이다. 이때 중심이 무엇인지를 식별하는 것은 전쟁의 승패를 결정하는 데 매우 중요하다.

중심은 전쟁 형태에 따라, 수준에 따라 달라진다. 클라우제비츠에 의하면 국내 분규에 휩싸인 국가에서 중심은 일반적으로 수도이며, 강대국에 의지하고 있는 약소국의 중심은 그들이 의지하는 국가의 군대이다. 또한 동맹에 있어서 중심은 그들이 가진 공동이익이고, 대중봉기에서 중심은 봉기를 이끄는 지도자의 특성과 여론이 된다. 그리고 혁명일

---

50 결국 제1차 세계대전은 이들의 공격을 신봉하는 사조가 잘못되었다는 사실을 증명해주었다. 기관총과 포병화력의 개선으로 인해 전장에서의 기동은 화력에 의해 압도되었고, 일방적인 공세는 별다른 성과를 거두지 못한 채 사상 유례없는 엄청난 사상자만 발생했다. 1916년 7~11월 솜 전투(Battle of the Somme)에서 독일과 영국은 각각 40만, 프랑스는 20만의 사상자가 발생했으며, 영국과 프랑스가 60만의 사상자를 내면서 진격한 거리는 불과 10킬로미터에 불과했다. 이로 인해 프랑스는 대전이 끝난 후 방어적인 전략으로 돌아섰으며 마지노선을 구축하여 독일의 공격에 대비하고자 했다. William R. Keylor, *The Twentieth Century World: An International History*(Oxford: Oxford University Press, 1996), p. 56, pp. 122-123.

51 Carl von Clausewitz, *On War*, p, 86.

52 Jack Snyder, *The Ideology of the Offensive*, p. 22.

53 Carl von Clausewitz, *On War*, p. 489.

경우 중심은 지도자 또는 인민의 참여와 지원이 될 수 있다.[54]

그러나 일반적으로 전쟁에서 중심은 적의 병력forces, 또는 적의 수도나 산업시설과 같은 특정 지역의 영토territory를 고려할 수 있다. 즉, 정치적 차원이 아닌 전쟁수행 자체를 놓고 본다면 중심은 병력 또는 지역이 될 수 있다. 클라우제비츠는 둘 가운데 병력이 영토보다 더욱 중요한 중심이라고 보았다. 비록 영토의 일부를 상실하더라도 병력을 온전히 보유하고 있으면 적의 공격에 대한 저항을 계속할 수 있으나, 병력 없이는 더 이상 영토를 수호할 수 없기 때문이다. 따라서 "아군의 군대를 보존하거나 적의 군대를 파괴하는 것은 영토를 내주거나 확보하는 것보다 항상 중요하다"고 할 수 있다.[55]

결정적인 전투가 적의 주력—즉, 병력—을 지향해야 하는가, 아니면 적의 약한 지점—즉, 지역—을 지향해야 하는가에 대해서는 논쟁의 여지가 있다. 클라우제비츠는 적의 주력에 대해 집중적인 공격을 가함으로써 적 병력을 섬멸해야 한다고 본다. 즉, 지역보다 병력을 진정한 중심으로 간주한다. 그는 나폴레옹이 결전을 치르지 않고 단순한 기동으로 3만3,000명의 오스트리아군을 포위하여 결정적인 승리를 거둔 울름 전투Battle of Ulm를 극히 예외적인 사례로 간주한다.[56] 적의 중심인 주력을 직접 격멸하지 않고서는 궁극적으로 승리를 달성하기 어려울 것으로 본 것이다.

반면, 리델 하트는 적의 주력과 같이 적의 강한 부분에 대해 직접 공격하는 것은 무모하다고 보고 그 대신 최소저항선과 최소예상선을 따라 적의 취약한 지역으로 기동함으로써 적을 마비시킬 수 있다고 주장

---

54 Carl von Clausewitz, *On War*, p. 596.

55 앞의 책, pp. 484-485.

56 앞의 책, p. 258; Brian Bond, *The Pursuit of Victory: From Napoleon to Saddam Hussein*(Oxford: Oxford University Press, 1998), p. 45.

한다.[57] 예를 들어, 불리한 상황에서도 적의 저항이 가장 약하고 적이 예상하지 않고 있는 지역, 즉 상대의 병참선, 퇴로, 후방보급소로 기동하여 취약한 지역을 위협할 경우, 전투가 시작되기도 전에 적의 심리적 혼란을 불러일으킴으로써 적군을 마비시키고 결정적인 이점을 확보할 수 있다는 것이다. 이렇게 볼 때, 리델 하트는 중심을 병력보다는 적의 후방지역—또는 취약한 지점—으로 간주하고 있는 것처럼 보인다.

그러나 이러한 주장들은 상호 보완적인 관계에 있다. 조미니가 지적했듯이 전투는 "불시에 기동함으로써 [결정적인 지점decisive point에] 최대한의 전투력을 집중해야 한다."[58] 비록 클라우제비츠와 리델 하트가 강조하고 있는 바는 다르지만 그것은 이들이 살았던 서로 다른 시대적 상황을 반영하고 있을 뿐, 결국 이들이 공통적으로 지향하는 바는 적의 주력에 대해 결정적인 승리를 거두어야 한다는 사실이다. 클라우제비츠가 살았던 19세기 초반은 기동력이 제한되어 있었기 때문에 그는 단순하게 병력을 집중하여 적 주력을 격멸해야 한다고 주장했다. 반면, 리델 하트는 제1차 세계대전의 참상을 경험했기 때문에 가급적 아군의 희생을 최소화하는 방안을 모색했고,[59] 적을 격멸하기보다는 간접접근을 통해 마비시킴으로써 신속한 승리를 거둘 수 있다고 했다. 그렇지만 리델 하트가 제시한 간접기동은 그 자체가 목적이 될 수 없다. 그것은 결

---

57 Basil H. Liddell Hart, *Strategy*, pp. 324-327.

58 Brian Bond, *The Pursuit of Victory*, pp. 44-45. 1950년대 이후 클라우제비츠와 조미니의 차이점을 강조하는 과정에서 조미니가 군사작전의 목표로서 적 군대보다 지역 확보를 우선시한 것으로 보고 있으나, 실제 조미니 역시 적 군대의 격멸을 강조했다는 견해에 대해서는 Azar Gat, *The Development of Military Thought*, pp. 21-22을 참조.

59 리델 하트는 신속한 승리를 위해 풀러(J. F. C. Fuller)의 기계화전에 관심을 가졌다. 그는 '전격전' 이론을 가장 먼저 구상한 사람이었다. 다만 당시 영국에서는 세계정책에 관심을 가졌을 뿐 대륙 문제에 대해서는 소극적이었기 때문에 전격전과 같은 육상전법은 주목을 받지 못했다. Ken Booth, "The Evolution of Strategic Thinking", John Baylis et al., *Contemporary Strategy*, vol. 1: Theories and Concepts(New York: Holmes & Meier, 1987), pp. 39-40; William R. Keylor, *The Twentieth-Century World*, p. 178; Eric Alterman, "The Uses and Abuses of Clausewitz", *Parameters*, vol. 17, no. 2, Summer 1987, pp. 23-26.

코 특정 지형을 확보하는 데 있는 것이 아니라 궁극적으로 적을 마비시키고 결정적인 결과를 얻기 위한 사전 조치일 뿐이기 때문이다. 다만, 리델 하트는 클라우제비츠와 달리 결전에 관한 부분을 노골적으로 묘사하지 않고 생략했을 따름이다.[60]

앞 장의 "전략의 유형" 부분에서 살펴본 바와 같이, 직접접근전략은 적의 주력을 발견하고 결전을 추구함으로써 적 병력을 섬멸하는 전략이며, 간접접근전략은 적을 우선 불리한 상황에 몰아넣은 다음 공격하여 패배시키는 전략이다. 줄리언 라이더는 클라우제비츠의 직접접근전략과 리델 하트의 간접접근전략의 "차이는 결전decisive battle의 시점timing에 있지만 승리를 획득하는 방법은 전투에서 적군을 패배시키는 데 있다는 점에서 유사하다"고 보았다.[61] 결국 클라우제비츠는 주력 격멸에, 리델 하트는 결정적인 지점으로의 기동에 주안을 두고 있지만, 둘 다 결전이 지향해야 할 궁극적 중심은 부동산이 아니라 적 병력이라는 점에서 일치하는 것으로 볼 수 있다.[62]

---

60 Basil H. Liddell Hart, *Strategy*, p. 324; Michael I. Handel, "Introduction", *Clausewitz and Modern Strategy*, p. 23. 클라우제비츠도 가능하다면 간접접근을 취해야 한다고 인정하고 있다. 그러나 클라우제비츠가 리델 하트와 다른 점은 그가 간접접근의 정점에서 이루어지게 될 유혈을 동반하는 전투를 스스럼없이 묘사한 반면, 리델 하트는 이 부분을 생략했다는 데 있다.

61 Julian Lider, *Military Theory: Concept, Structure, Problems*, p. 209.

62 Alex Danchev, "Liddell Hart and the Indirect Approach", *The Journal of Military History*, vol. 63, April 1999, p. 316. 리델 하트와 클라우제비츠 모두 전쟁을 두 사람의 격투 또는 레슬링에 비유하고 있으며, 궁극적으로 그 목적은 적을 쓰러뜨리는 것이라고 보고 있다. 단지 그 방법에 있어서 리델 하트는 적을 유도한 뒤 적의 힘을 역이용하여 쓰러뜨려야 한다고 주장하는 반면, 클라우제비츠는 직접적인 힘의 사용을 강조하는 것이 다를 뿐이다.

6. 결전의 문제

결전은 전쟁의 결과에 중대한 영향을 미친다. 결전이란 "전쟁에서 궁극적인 승패 또는 중대한 국면 전환에 결정적 영향을 주었던 역사상 중요한 전투 또는 전역"이다.[63] 적어도 나폴레옹 전쟁과 같은 고전적인 전쟁에서는 엄밀한 의미에서의 결전이 가능했다. 전투는 대부분 하루 만에 종결되었으며, 패한 측은 더 이상 저항할 수 없을 정도로 전투력을 상실하기 일쑤였다.[64] 그러나 이후 화력의 개선, 철도와 전보의 급속한 확산, 징집제에 따른 대규모 군대의 등장으로 인해 총력전이 가능해진 19세기에는 적 주력을 섬멸시키는 수준에서의 결정적인 전투는 어렵게 되었다.[65] 제1차 세계대전은 전투를 통한 결정적인 승리가 환상이었음을 보여주는 단적인 사례로 등장했다. 현대로 오면서 결전은 더욱 전쟁의 승패에 결정적인 영향을 주지 못했는데, 그것은 민족주의nationalism가 등장하면서 정부와 국민은 전쟁의 패배를 인정하지 않으려 했으며, 그 결과 결정적인 승리가 반드시 평화조약으로 연결되지는 않았기 때문이다.

결전이 반드시 전쟁의 승패를 좌우하지 못한다고 해서 결전의 중요성을 부인할 수 있는 것은 아니다. 적의 병력을 중심으로 간주하는 한, 결전은 전쟁의 목적을 달성하기 위한 중요한 수단임에 틀림이 없다. 독일은 1939년부터 1941년까지 전격전을 통해 폴란드, 북유럽, 프랑스에서 결정적인 전과를 거두고 승리함으로써 현대전에서도 결전이 가능하다는 사실을 입증한 바 있다. 결전이 이루어지지 않는다면 전쟁의 승패를

---

63 정토웅, 『20세기 결전 30장면: 콜렌소 전투에서 사막의 폭풍 작전까지』(서울: 가람기획, 1997), p. 15.

64 Brian Bond, *The Pursuit of Victory*, pp. 1-2.

65 Michael Sheehan, "The Evolution of Modern Warfare", John Baylis et al., eds., *Strategy in the Contemporary World*(New York: Oxford University Press, 2007), pp. 54-59; Brian Bond, *The Pursuit of Victory*, pp. 4-5.

존 처칠 말버러(1650~1722). 스페인 왕위계승전쟁에서 프랑스군에 대해 결정적인 승리를 획득한 말버러는 전쟁에서 신속하고 결정적인 승리를 추구했던 장군으로 잘 알려져 있다. 그러나 그는 언제나 프랑스군이 모험을 감행하지 않는 한 큰 전투는 없을 것이라고 했으며, 1708년과 1709년의 결정적 승리는 오직 프랑스군이 전투에 응했기 때문에 가능한 것이었음을 시인한 바 있다.

가를 수 없게 된다. 비록 전쟁의 범위가 확대되고 동원 규모가 증가함에 따라 결전의 효과가 상대적으로 약화된 면이 없지 않지만, 결전은 여전히 전쟁의 중심에 서 있다고 할 수 있다.

군사적으로 약한 방자는 보다 강한 공자가 추구하는 결전을 회피할 수 있는가? 이 문제는 "방어는 공격보다 강하다"는 명제와 관련하여 매우 중요한 질문이다. 만일 공자가 추구하는 결전을 회피할 수 없다면 방자는 불리한 상태에서 결전을 강요당할 것이고, 공자는 그들의 공격이 정점에 도달하기 이전에 결정적인 승리를 달성할 수 있게 될 것이다. 즉, 결전의 회피가 불가능하다면 방어는 공격보다 강한 형태의 전쟁이 될 수 없을 것이다.

적어도 나폴레옹 전쟁 이전의 전쟁에서 결전은 회피할 수 있었다. 즉, 전투가 결정적일 수 있는 것은 오직 적도 그러한 의지를 가져야만 가능한 것으로, "대규모 전투를 치르기 위해서는 서로의 동의가 있어야 했다."[66] 스페인 왕위계승전쟁에서 프랑스군에 대해 결정적인 승리를 획득한 말버러John Churchill Marlborough는 전쟁에서 신속하고 결정적인 승리를 추구했던 장군으로 잘 알려져 있다. 그러나 그는 언제나 프랑스군이 모험을 감행하지 않는 한 큰 전투는 없을 것이라고 했으며, 1708년과 1709년의 결정적 승리는 오직 프랑스군이 전투에 응했기 때문에 가능한 것이었음을 시인한 바 있다.[67] 적이 응하지 않을 경우 공자는 결전을 추구할 수 없는 것이다.

클라우제비츠는 결전 회피의 가능성 여부에 대해 명쾌한 답을 주고 있지는 않다. 그는 자신의 저서 『전쟁론』의 제4권에서 공자는 얼마든지

---

66 Jamel Ostwald, "The 'Decisive' Battle of Ramillies", "1706: Prerequisites for Decisiveness in Early Modern Warfare", *The Journal of Military History*, vol. 63, no. 3, July 2000, p. 657, pp. 665-677.

67 앞의 글, pp. 657-658.

결전을 추구할 수 있으며, 방자는 결전을 회피할 수 없다고 보았다. 그는 야전지휘관이 적이 결전을 거부했기 때문에 전투가 이루어지지 않았다고 한다면 그것은 변명에 불과하다고 했다. 적이 결전에 응하지 않고 퇴각하더라도 적의 퇴로를 차단하여 공격하거나 기습을 통해 결전을 강요할 수 있다는 것이다.[68] 클라우제비츠의 이러한 주장은 아마도 나폴레옹 전쟁을 염두에 두고 있었던 것으로 보인다. 나폴레옹이 결전을 추구할 수 있었던 것은 전적으로 우세한 기동력을 보유했기 때문이었다. 그는 대규모 부대를 한꺼번에 이동시키지 않고 사단 단위로 나누어 이동하도록 하고 보속을 두 배로 증가시킴으로써 적보다 훨씬 효율적이고 빠른 속도로 이동할 수 있었다. 따라서 그는 언제든지 적을 포위하거나 퇴로를 차단하여 결정적인 성과를 얻을 수 있었다.

그러나 클라우제비츠는 곧 방자가 적의 공격에 대해 즉각 진지를 포기하고 철수하거나 적보다 빠른 속도로 철수할 수 있다면, 공자가 추구하는 결전을 회피할 수 있다고 했다. 그는 결전의 추구 또는 회피에 관한 문제를 피아가 보유한 기동력의 문제로 보고 있음이 분명하다. 나폴레옹이 적보다 빠른 기동력으로 결전을 강요할 수 있었다면, 그것은 역으로 공자보다 더 신속한 기동력을 보유하게 될 경우 방자는 결전을 회피할 수 있다는 것을 의미한다. 사실상 나폴레옹 전쟁 이후 다른 유럽 국가들은 그들의 군 조직을 개선해나갔고, 또한 철도를 비롯한 기동수단이 보편적으로 발달하게 됨에 따라 나폴레옹이 누렸던 상대적인 이점은 점차 사라지게 되었다. 이렇게 볼 때 클라우제비츠가 보고 있는 방자의 결전 회피 가능성은 오직 결전을 회피하고자 하는 방자의 의지와 능력, 즉 신중한 주력 투입, 신속한 철수 결정, 그리고 군대의 기동력에 달려 있다고 결론지을 수 있다.

---

68 Carl von Clausewitz, *On War*, pp. 245-246.

그렇다면 방어하는 약자는 언제 결전을 추구해야 하는가? 아마도 공자는 결전을 통해 '신속하고 결정적인 승리'를 거두고자 할 것이다.[69] 공자는 직접적인 전략이 되었든, 간접적인 전략이 되었든, 결전을 통해 조기에 적의 중심을 격파하려 할 것이다.[70] 전쟁에서 신속하고 결정적인 승리가 이루어지지 않는다면 공격하는 국가의 기대효용expected utility은 시간이 감에 따라 감소하게 된다.그 이유는 정치적 목적이 변화하지 않는 반면, 전쟁을 수행하는 비용은 점차 증가하기 때문이다.[71] 공격을 당한 국가는 동원을 통해 그들이 가진 전쟁 잠재력을 현실화할 것이며, 시간이 흐름에 따라 전장에서의 불확실성은 점차 증가할 것이다.[72] 적의 동맹국 또는 현상유지status quo를 원하는 국가가 개입함으로써 양면전쟁의 가능성이 대두될 것이며, 공격하는 국가의 입장에서 정치적 군사적으로 실수를 유발할 가능성이 높아질 것이다. 따라서 강자는 최대한 공격기세를 유지하면서 가능한 한 신속하게 전쟁을 종결지어야 한다.[73]

공격하는 국가가 당장 결전을 추구하는 것이 유리하다면, 방어하는

69 Baron de Jomini, *The Art of War*, p. 73. 전쟁이 단기전으로 끝날 것이며 쉽게 승리할 수 있을 것이라고 기대할 경우 전쟁의 확률이 높다는 견해에 대해서는 Geoffrey Blainey, *The Causes of War*(New York: The Free Press, 1988), pp. 55-56 참조. 국가들이 전쟁 시 전격전을 통해 쉽게 종결되지 않고 소모전으로 나아갈 것으로 예측할 경우 '재래식 억지(conventional deterrence)'가 가능하다는 견해에 대해서는 John Mearsheimer, *Conventional Deterrence*(Ithaca: Cornell University Press, 1983), 제2장 참조. 손자, 조미니와 클라우제비츠를 비롯하여 대부분의 전략사상가들은 공격하는 국가의 경우 신속하게 전쟁을 종결함으로써 단기전을 치르는 것이 바람직하다고 논하고 있다. 또한 역사적으로 전쟁은 단기전이 될 것으로 예측된 경우가 대부분이었다.

70 Barry R. Posen, *The Sources of Military Doctrine*(Ithaca: Cornell University Press, 1984), p. 14. 포슨은 "공격원칙(offensive doctrine)은 적의 군대를 격멸하고 무장해제시키는 것을 목표로 한다"고 주장한다.

71 Zeev Maoz, *Paradoxes of War*(Boston: Unwin Hyman, 1990), p. 145.

72 P. H. Vigor, *Soviet Blitzkrieg Theory*(New York: St. Martin's Press, 1983), pp. 24-28.

73 앞의 책, p. 17. "단기전과 그것을 수행하기 위한 속도의 필요성은 밀접하게 연관된 유사한 개념이다." 즉, 단기전을 목표로 할수록 신속하고 결정적인 승리를 추구할 것이다.

국가는 적이 추구하는 결전을 미루어야 한다.[74] 방어의 목적은 적의 공격기세를 둔화시키고 유리한 상황을 조성함으로써 적에게 결정타를 가할 반격의 기회를 포착하려는 데 있다. 따라서 방자는 공자가 추구하는 결전에 임해서는 안 되며, 적이 결정적인 성과를 거두지 못하도록 거부해야 한다. 방자도 반격을 가함으로써 결전을 추구할 수 있지만, 그것은 오직 공자의 공격이 정점에 도달한 이후에 가능하게 된다. 결국 방어란 당장의 불리한 결전을 회피하면서 차후의 유리한 결전을 '기다리는 것 waiting'이라 할 수 있다.[75]

공격의 정점은 결정적인 전투를 추구하고 회피하는 데 있어서 공자와 방자 모두가 고려해야 할 매우 중요한 요소이다. 공자가 우세한 전력을 가지고 있을 때 결정적인 승리를 달성하지 못한다면 그의 전력은 시간이 지남에 따라 점차 감소되어 곧 정점에 도달하게 된다.[76] 공격의 정점이란 공자의 우위superiority가 사라지기 시작하는 순간을 말한다. 방자의 전투력이 꾸준히 보존되고 있다고 가정한다면, 또는 방자의 전투력이 공자의 전투력보다 더 작은 비율로 감소한다고 가정한다면, 공자와 방자의 전투력 균형은 정점에서 거꾸로 뒤집어질 것이다. 공자가 그 정점에 도달했음에도 불구하고 무리하게 계속 공세를 취한다면 이미 피아 전투력의 균형이 방자에 유리하게 돌아섰기 때문에 오히려 방자로부터 반격을 당할 수 있을 것이다. 한편 방자로서는 공격의 정점에 도달하지 않은 상태에서 반격을 개시한다면 피아 전투력이 불리한 가운데 결

---

74 Raymond Aron, *Clausewitz*, p. 159. 결전은 전투력의 균형이 유리하게 전개될 때까지 연기되어야 한다.

75 클라우제비츠는 방어의 특성을 "기다리는 것(waiting)"이라고 했다. Carl von Clausewitz, *On War*, p. 357. 이것은 적의 공격을 기다리거나 적이 방어진지 쪽으로 다가오기를 기다리는 것을 의미한다. 그러나 또 다른 측면에서의 '기다림'을 고려해볼 수 있다. 즉, 방어의 목적이 적에게 반격을 가하는 것이라는 점을 고려한다면 방어란 최소한 적의 공격이 정점에 도달하기를 기다리는 것이라고 할 수 있을 것이다.

76 Carl von Clausewitz, *On War*, p. 528.

전이 이루어지게 될 것이며 자칫 결정적인 패배를 당할 수도 있을 것이다. 물론 방자도 적의 공격이 정점에 도달하기 이전에 적의 허점을 노려 결전을 추구할 수 있을 것이다. 그러나 근본적으로 피아 전투력의 변화가 이루어지지 않은 상태에서 추구하는 약자의 결전은 오직 제한적인 범위 내에서만 가능할 것이며, 비록 작전에서 성공한다 하더라도 결정적인 성과를 거두기 어려울 것이다.[77]

▣ 공격의 정점과 결전의 타이밍 ▣

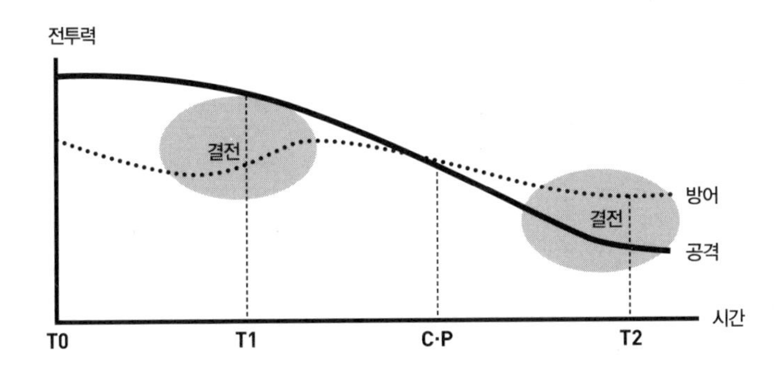

공격의 정점을 포착하는 것은 공자와 방자 모두에게 매우 중요하다. 그러나 수많은 요소들이 시시각각으로 변화하는 전쟁 상황에 영향을 미치기 때문에 정확한 시점을 판단하기는 어렵다. 다만, 클라우제비츠가 정의한 대로 '군사적 천재'라면 적의 공세가 둔화되는 현상과 적에 관한 정보, 그리고 그의 경험과 직관에 의해 이를 간파할 수 있을 것이다.[78]

---

77 Carl von Clausewitz, *On War*, pp. 566-573.

78 이와 유사하게 조미니는 결정적인 지점과 결정적인 순간을 판단하는 것은 천재성과 경험에 달려 있다고 지적했다. Brian Bond, *The Pursuit of Victory*, p. 48.

■ 토의 사항

1. 전략은 과학인가, 술인가? 자신의 주장을 입증하시오.

2. 군사전략의 정의에는 '수단' 그 자체가 포함되는가? '양병술'이나 '군사력 건설'이 군사전략으로 간주될 수 있는가?

3. 클라우제비츠는 왜 공격보다 방어가 강하다고 주장했는가?

4. 공격이 방어보다 강하다는 주장에 대한 반론에는 어떠한 것이 있는가?

5. 클라우제비츠의 방어중심사상은 '공격의 신화' 논리와 양립할 수 있는가?

6. '중심'에는 무엇이 있는가? 전장에서 진정한 '중심'은 무엇이라고 생각하는가? 병력과 지역 외에 다른 어떠한 중심이 현대전에서 중요하게 작용하는가?

7. 클라우제비츠와 리델 하트가 보는 중심은 서로 대립적인가, 아니면 보완적인가?

8. 약한 국가의 입장에서 강한 국가가 추구하는 불리한 결전은 회피할 수 있는가?

9. 공격의 정점과 결전의 타이밍의 관계는 어떠한가? 적의 공격이 정점에 도달하는 시점을 정확히 파악할 수 있는가?

ON MILITARY STRATEGY

제5장 군사전략사상 : 손자와 클라우제비츠

1. 동양과 서양의 전략사상
2. 접근방법과 분석수준의 문제
3. 중심 重心, center of gravity
4. 정보의 가치
5. 전쟁수행 : 기만과 기습
6. 후세 해석상의 오류

1. 동양과 서양의 전략사상

손자孫子는 지금으로부터 약 2,500년 전 춘추시대 말기의 인물로, 동양의 대표적인 전쟁이론가이자 전략사상가이다. 클라우제비츠는 19세기 초반 나폴레옹 전쟁을 경험하면서 당시의 전쟁으로부터 근대적 특성을 발견하고 과학적 방법론을 통해 근대 전쟁의 성격을 규명함으로써 전쟁 연구의 새로운 기원을 이룩한 서양의 전략가이다.

현대 전략연구가들은 손자와 클라우제비츠의 전략사상과 이론으로부터 영감을 얻고 각기 당면한 전략 환경에 부합하는 나름대로의 이론을 개발해왔다. 리델 하트는 그의 '간접접근전략'을 손자가 제시한 '최소한의 희생을 통한 승리'라는 개념에서 도출할 수 있었으며, 중국의 마오쩌둥은 징강산井岡山 투쟁 시 클라우제비츠의 『전쟁론』 번역본을 학습하여 정치와 전쟁의 관계를 이해하고 '전략적 방어'라는 전략 개념을 수립했으며, 이후 중일전쟁과 중국혁명전쟁에서 클라우제비츠가 강조한 방어중심의 전략을 구사함으로써 승리할 수 있었다. 그리고 마이클 한델Michael I. Handel은 미국의 걸프전 승리가 최첨단 군사무기의 도입뿐만 아니라 미국 내 각 군 대학에서 연구한 『손자병법孫子兵法』과 『전쟁론』의 전략사상이 간접적이지만 실질적으로 미국의 군사전략에 영향을 미쳤기 때문에 가능했던 것으로 분석하고 있다.[1]

이렇게 볼 때, 손자와 클라우제비츠의 주장은 동양과 서양을 막론하고 오늘날에도 그 적실성을 인정받고 있음을 알 수 있다. 그럼에도 불구하고 지금까지 대부분의 학자들은 이 두 전략가의 사상을 서로 대립되는 것으로 평가하여 각각 동양과 서양의 전략사상만을 대변하고 있는 것으로 보고 있다. 손자가 "적과 싸우지 않고 승리하는 것이 진정한 승

---

1 마이클 한델, 박창희 역, 『클라우제비츠, 손자 & 조미니』(서울: 평단문화사, 2000), pp. 53-65.

리"라는 '부전승' 사상을 내놓았다면, 클라우제비츠는 "오직 전투에 의한 승리만이 진정한 승리"라는 '결전추구' 사상을 주장했기 때문이다. 사실상 전쟁의 문제에 접근함에 있어서 '부전승' 사상과 '결전추구' 사상은 정반대되는 개념임에 분명하다.

과연 손자와 클라우제비츠의 전략사상은 본질적으로 서로 다른 것인가? 동양의 전략사상과 서양의 전략사상은 서로 다른 역사와 문화적 배경만큼이나 확연히 차이가 날 수밖에 없는 것인가? 중국과 같은 특정 국가, 또는 유럽과 같은 특정 대륙에는 역사적으로 장기간에 걸쳐 형성된 나름대로의 독특한 전략이 존재하며, 그것은 타 국가 또는 타 대륙의 전략과 다른 것인가?

전쟁과 전략을 연구하는 사람이라면 누구나 한 번쯤 손자와 클라우제비츠의 저서를 탐독하고 자연스럽게 한두 구절쯤 인용하게 된다. 그러나 납득하기 어려운 것은 이들의 저서에서 제기된 이론과 사상을 아무런 비판 없이 수용하면서도 이들의 주장을 완전히 상반된 것으로 간주해왔다는 사실과, 그러면서도 이들의 사상이 왜 다른가, 또는 누구의 사상이 더 적실성이 있는가에 대한 의문을 제기하지 않았다는 사실이다. 이러한 현상은 전쟁 및 전략 관련 학문 분야에서 비교연구가 활발하게 이루어지고 있지 않기 때문에 비롯된 것으로 볼 수 있다. 특히 손자와 클라우제비츠의 사상 비교는 거의 이루어지지 않았는데, 그 이유는 아마도 동양과 서양의 역사와 문화적 차이, 언어의 문제, 그리고 무엇보다도 이 전략가들이 서로 상반되는 사상과 이론을 내세우고 있기 때문에 비교 그 자체가 불가능하다고 보았기 때문일 것이다.

여기에서는 손자와 클라우제비츠의 사상과 이론 가운데 핵심적 내용을 위주로 비교해봄으로써, 결국 두 사상가의 주장은 본질적으로 일치하고 있으며 서로 상반된 주장에 대해서도 상호보완의 여지가 있음을 제시하고자 한다. 이를 위해 손자와 클라우제비츠의 주요한 논점이

손자(오른쪽 사진)가 "적과 싸우지 않고 승리하는 것이 진정한 승리"라는 '부전승' 사상을 내놓았다면, 클라우제비츠(왼쪽 사진)는 "오직 전투에 의한 승리만이 진정한 승리"라는 '결전추구' 사상을 주장했다. 사실상 전쟁의 문제에 접근함에 있어서 '부전승' 사상과 '결전추구' 사상은 정반대되는 개념임에 분명하다. 과연 손자와 클라우제비츠의 전략사상은 본질적으로 서로 다른 것인가?

되고 있는 중심, 정보의 가치, 그리고 기만과 기습의 문제에 초점을 맞추어 고찰할 것이다. 이러한 논의를 통해 두 전략가의 주장은 서로 다른 시대적 상황을 배경으로 하고 있으며 매우 상이한 접근방식을 취하고 있음에도 불구하고 궁극적으로 전쟁과 전략의 본질적인 측면에서 볼 때 두 전략가의 주장은 근본적으로 동일한 것임을 볼 수 있을 것이다.

2. 접근방법과 분석수준의 문제

손자와 클라우제비츠의 전략사상이 서로 다른 것으로 보이는 가장 큰 이유는 바로 접근방법과 분석수준에서 차이가 있기 때문이다. 즉, 두 전략가는 전쟁과 전략이라는 동일한 주제를 다루면서도 서로 다른 각도와 수준에서 각기 다른 분석 틀을 사용하고 있기 때문에 상이한 주장을 하고 있는 것으로 보이는 것이다.

먼저 접근방법을 볼 때 클라우제비츠는 과학적 방법론에 입각하여 전쟁을 분석하고 있다. 그는 18세기 말 유행했던 낭만주의 학파의 사회과학 방법을 도입하여 절대전쟁이라는 이상적인 형태의 전쟁 개념으로부터 제한전쟁이라는 현실에서의 전쟁 개념을 도출하고 있다. 또한 그는 뉴턴Isaac Newton의 물리학에서 빌려온 개념을 전략과 군사작전의 세계에 적용시키고 있는데, 현실상의 전쟁을 설명하는 가장 중요한 요소로 간주되고 있는 '마찰friction'이나 '중심center of gravity'의 개념이 바로 그것이다. 이러한 복잡한 논의로 인해 『전쟁론』은 책의 부피가 매우 클 뿐 아니라 전반적으로 내용이 추상적이고 이해하기 어려운 측면이 있다. 누구나 경험해보았겠지만 클라우제비츠의 주장과 논리를 이해하기 위해서는 『전쟁론』 전체를 반복해서 읽지 않으면 안 된다.

반면, 손자는 서구 세계의 복잡한 과학적 방법론과는 전혀 관계가 없다. 『손자병법』은 총 6,109자로 구성된 간결한 병서로서, 전략 개념이 단계적으로 발전되어가는 논리적 과정이 대부분 생략되어 있다. 그것은 마치 군주나 고위급 군 지휘관에게 간략한 전략 지침을 제공하기 위해 씌어진 '교범'과도 같은 것이라 할 수 있다. 따라서 『손자병법』은 어떠한 부분도 쉽게 이해할 수 있으며, 복잡한 추론의 과정을 밟을 필요 없이 그저 손자가 제시하는 결론을 받아들이기만 하면 된다.

접근방법에서 나타나는 이러한 차이는 단순히 외형상 두 전략가가 서로 상반된 이론과 주장을 펴고 있는 것처럼 보이는 결과를 가져왔다. 특히 『전쟁론』의 난해한 개념들은 후세의 많은 사람들의 오해를 불러일으켰으며, 심지어 리델 하트와 같은 저명한 전략가마저도 클라우제비츠의 이론을 정확히 간파하지 못한 채 그를 한낱 '전쟁광'이라고 폄하하는 오류를 범하기도 했다.[2] 그리고 이러한 클라우제비츠에 대한 평판은 상대적으로 '평화적 방법'을 지향하는 손자의 주장과 대조되면서 두 전략가의 주장이 서로 극과 극에서 평행선을 달리는 것으로 평가되었던 것이다.

한편, 분석수준을 놓고 볼 때 손자는 클라우제비츠보다 광범위한 수준에서 전쟁을 논하고 있다. 즉, 클라우제비츠가 전략적·작전적 수준에서 전쟁을 분석했다면, 손자는 정치적·전략적 수준에 초점을 맞추고 있음을 알 수 있다.

손자의 분석 틀은 정치적·외교적 수준에서부터 출발한다. 제1장 시계편始計篇과 제2장 작전편作戰篇은 전쟁을 결심 또는 시작하기 전에 정치적 수준에서 고려해야 할 요소를 열거하고 있다. 제3장 모공편謨攻篇에서는 외교적 수준에서 책략을 사용하여 적의 전쟁계획을 공격하고 동맹

---

2 Sun Tzu, B. H. Liddell Hart, trans., *The Art of War*(New York: Buccaneer Books, 1976), p. v-vi.

을 해체시키는 등 적을 무력화시킴으로써 "싸우지 않고 적을 굴복시키는 것이 최상의 용병"이라는 부전승 사상을 제시하고 있다. 그리고 나머지 부분에서는 전쟁을 수행하기 위한 군사전략·작전술·전술적 수준에서 논의를 전개하고 있다.

■ 손자와 클라우제비츠의 분석수준 비교

구분	손자	클라우제비츠
분석수준	주로 정치적 • 전략적 수준	주로 작전적 수준, 일부 전략적 수준
전략 이행의 우선적 수단	• 비군사적 수단 (외교적 · 경제적 · 정치적 술책) • 병력보존 선호, 불가피할 경우 최소한의 병력 사용	• 주로 군사적 수단 • 기타 수단에 대해서도 언급하고는 있으나, 구체적으로 고려하고 있지는 않음

반면, 클라우제비츠는 손자의 분석보다 하위의 수준인 전략적·작전적 수준에서 전쟁을 분석하고 있다. 물론 클라우제비츠도 그의 저서 『전쟁론』 제1권과 제8권에서 정치적 수준에서 전쟁을 논하고 있다. 그러나 그것은 단지 정치와 전쟁의 관계에 관한 이론적 논의일 뿐 전쟁에서 승리하기 위한 '전략' 차원의 논의는 아니다. 『전쟁론』 제1권과 제8권을 제외한 나머지 여섯 권에서 클라우제비츠는 전쟁수행 그 자체만을 논의의 대상으로 삼고 있다. 즉, 그는 손자가 중요한 논점으로 삼았던 병참의 문제라든가, 전투를 치르는 과정에서 이루어지는 행군 숙영의 문제마저도 논의의 대상에서 제외시킨 채 오직 전략적·작전적 수준에서 이루어지는 '전쟁의 수행conduct of war' 자체만을 분석의 대상으로 하고 있다.

따라서 비록 두 전략가 모두 전쟁이라는 동일한 주제를 다루고 있지만, 두 사람이 연구하고 있는 초점은 확연히 상이하며 서로 다른 관점을 가지고 접근하고 있음을 알 수 있다. 손자는 전쟁을 정치적·외교적 수준에서부터 전술적 수준에 이르기까지 포괄적으로 분석하고 있는 반면, 클라우제비츠는 주로 전략적·작전적 수준의 분석에 초점을 맞추되 정치적 수준에서는 정치와 전쟁과의 관계라는 본질적 문제에 대한 논의를 제공하고 있다.

이러한 결과로 인해 손자와 클라우제비츠가 서로 다른 주장을 내놓은 것은 당연하다. 손자가 부전승 사상을 제시한 것은 그의 논의가 전쟁 개시 이전에 이루어지는 정치·외교 분야를 대상으로 했기 때문에 나온 결과로 보아야 한다. 클라우제비츠 역시 전쟁 이전에 외교적 수단을 통해 평화적으로 문제를 해결할 수 있다면 '결전' 대신 그러한 비폭력적 방법을 선택했을 것이다. 그러나 클라우제비츠는 그의 저서 『전쟁론』 제2권에서 밝혔듯이 전쟁수행 그 자체만을 논의의 대상으로 삼았다. 그리고 일단 전쟁이 발발한 상황을 가정했기 때문에 그가 취할 수 있었던 가장 이상적인 해결책은 바로 "결정적인 전투를 통한 전쟁의 승리"였다. 손자 역시 일단 전쟁이 발발한 후 전투에 임하는 전략에 대해서는 클라우제비츠와 마찬가지로 아군의 병력을 집중하고 상대의 병력을 분산시킨 뒤 결전을 추구해야 한다고 주장했다.

결국, 손자의 부전승 사상이나 클라우제비츠의 결전추구 사상은 서로 양립할 수 없거나 모순되는 주장이 아니다. 그러한 차이는 단적으로 접근방법과 분석수준의 차이에서 비롯된 것이다. 지금부터 논의하게 될 두 전략가의 핵심적인 주장들에서 많은 차이점이 발견되는 것도 대부분의 경우 둘의 분석수준이 상이하기 때문이다.

3. 중심重心, center of gravity

전략가들과 군 지휘관들이 가장 큰 관심을 기울이고 있는 문제들 가운데 하나가 바로 적의 취약점을 찾아 타격하는 것이다. 클라우제비츠는 이 문제와 관련한 많은 견해와 개념을 발전시키고 있는데, 『전쟁론』 제8권과 제6권에서 장황하게 논의하고 있는 중심center of gravity이란 개념이 그 가운데 하나이다.

중심은 클라우제비츠가 전략을 논의하기 위해 독자적으로 발전시킨 개념이다. 따라서 손자의 저서에는 그러한 용어를 찾을 수 없다. 그러나 손자 역시 중심과 유사한 개념을 함축적으로 제시하고 있기 때문에 두 전략가의 사상을 비교하는 데는 무리가 없다. 즉, 클라우제비츠가 중심이라는 개념을 논리적으로, 그리고 구체적 근거에 의해 발전시켰다면, 손자는 자신의 경험과 직관에 의존하여 적의 강점과 취약점을 어떻게 다루어야 하는지를 제시하고 있다.

아래 표에서 보는 바와 같이 손자와 클라우제비츠가 제기한 중심의 우선순위는 다르게 나타나고 있다. 우선 두 전략가의 주장을 살펴본 후 그 차이가 나타나는 원인을 분석해보도록 한다.

▣ 중심 개념의 비교

구분	손자	클라우제비츠
중심 개념	• 중력의 중심이란 개념이 단지 은유적이며, 상세히 설명되지 않음 • 분석은 경험, 직관, 그리고 경험적 증거에 근거 • 결론은 부분적으로 모호하고 주로 은유적으로 묘사 • 행동을 위한 지침이 일반적	• 중력의 중심 개념이 이론적으로 상세하게, 체계적으로 전개되고 있으며, 뉴턴의 물리학에 근거 • 개념은 은유적이기도 하지만 동시에 명확히 정의 • 행동을 위한 구체적 지침을 제공

구분	손자	클라우제비츠
고려 가능한 중심의 우선순위	1. 전쟁 발발 전, 또는 군사력 사용 전 적의 전략 또는 계획을 공격 2. 전쟁 발발 전 적의 동맹 와해 3. 적 군대에 대한 공격 4. 적의 도시에 대한 공격 (최후의 수단으로 고려)	1. 적 군대 파괴 2. 적 수도 함락 3. 적의 주요 동맹에 대한 효과적인 군사적 타격 4. 기타: 적의 지도자, 적국 여론

손자는 중심에 대해 직접적으로 설명하지는 않고 있으나, 그의 경험과 직관에 입각하여 이와 유사한 개념을 제시하고 있다. 따라서 그가 제시하는 개념은 분석적이지 않으며 대부분 모호하고 은유적으로 기술되어 있다. 다음에서 볼 수 있듯이 손자가 가장 우선적으로 제시한 첫 번째 중심은 바로 적의 계획 또는 전략에 있다.

> 전쟁에서 가장 중요한 것은 계략을 써서 적의 전략을 공격하는 것이다.[3]

손자는 적이 공격을 감행하기 이전에 외교적·정치적 홍정, 협상과 기만 등과 같은 계략을 사용하여 적의 계획을 공격해야 한다고 했다. 이러한 손자의 견해는 전쟁이 시작되기 전에 이루어지는 비군사적 수단의 중요성을 강조한 것이며, 특히 부전승이라는 그의 이상을 실현하기 위한 가장 중요한 수단이 된다.

손자가 제시하는 두 번째 중심은 적의 동맹이다. 즉, 그는 외부로부터의 군사적 지원을 차단함으로써 적으로 하여금 전쟁계획을 포기하도록 하거나, 적어도 적을 고립시킴으로써 보다 신속히 격퇴시킬 수 있다고 보았다. 손자는 전쟁 발발 이전부터 중심을 규정하고 있음을 알 수 있다.

---

3 손자, 『손자병법』 제3장 모공편(謨攻篇).

클라우제비츠와 분명히 다른 점은 손자가 적 군대의 파괴를 단지 부수적인 것으로 보았으며, 전략적 우선순위 가운데 단지 세 번째에 해당하는 것으로 간주한다는 점이다. 그에 의하면, "차선책[세 번째에 해당]은 적의 군대를 공격하는 것이다." 또한 손자는 적의 성[수도 또는 도시]을 가장 바람직하지 않고 가장 많은 희생이 뒤따르는 목표로 평가한다. 그는 언급하기를 "최악의 전략은 성을 공격하는 것으로, 오직 다른 대안이 없을 경우에만 성을 공격하라"고 했다.[4]

손자에게 적의 계획과 적의 동맹을 공격하는 것은 그가 제시하고 있는 중심이 가장 높은 수준, 즉 정치적 또는 대전략적 수준에 있는 것으로 볼 수 있다. 그러나 『손자병법』 제4장에서 제11장에 이르기까지 잘 나타나 있듯이 일단 전쟁이 시작된 후에는 적의 군대를 공격하는 것이 손자에게도 매우 높은 전략적 우선순위가 될 것임은 당연하다.

클라우제비츠에게 가장 중요한 중력의 중심은 적의 군대이다. "적 군사력의 파괴를 통한 유혈의 승리"는 『전쟁론』에서 수없이 반복되는 주요한 테마이다. 그는 과거 군사적 성공을 통해 역사상 가장 위대한 군지휘자로 떠오른 사례를 들어 군대를 가장 중요한 요소로 간주한다.

> 알렉산드로스Alexandros, 구스타브 아돌프, 샤를 7세Charles VII, 그리고 프리드리히 2세에게 중력의 중심은 그들의 군대였다. 만일 군대가 파괴되었다면, 그들은 모두 역사에서 실패한 장군들로 사라져버렸을 것이다.[5]

여기에서 클라우제비츠가 사용하는 중심이라는 개념은 당연히 정치적 수준이나 전략적 수준이 아니며, 단지 작전적 수준에 해당함을 알 수

---

4 손자, 『손자병법』, 제3장 모공편(謨攻篇).

5 Carl von Clausewitz, *On War*, p. 596.

있다. 손자가 정치적·외교적 수준에서 중심을 규정한 반면, 클라우제비츠는 보다 하위 수준에서 전쟁을 분석하고 있음을 다시 한 번 확인할 수 있다.

클라우제비츠는 적의 수도를 점령하는 것을 두 번째 우선순위에 두었다. "국내적 분규에 휩싸인 국가에게는 …… 중력의 중심은 일반적으로 수도이다. ……" 그리고 "만일 수도가 행정의 중심일 뿐 아니라 사회적·정치적 활동의 중심이라면 그 국가의 수도를 포위해야 한다."[6] 클라우제비츠는 적의 수도를 점령함으로써 적의 전쟁수행 능력에 심대한 타격을 가할 수 있다고 판단될 때 적 수도를 공격하는 것이 중요하다고 강조했다. 그러나 이러한 주장이 포위전쟁이나 소모전을 의미하는 것은 아니다. 그것은 주요 도시가 거대한 국가를 통제하는 중심지가 되었던 당시의 시대적 문맥에서 이해해야 한다. 즉, 어떠한 상황에서든 적의 수도를 공격해야 한다는 것이 아니라, 이미 적의 군대가 약화되었거나 패배가 확실하다고 판단되는 경우에 한해 최종 승리를 미루기보다는 수도를 점령함으로써 신속한 승리를 추구해야 하는 것으로 보아야 한다. 그것은 1805년 울름 전투 후의 빈Wien 함락, 또는 1806년 결정적인 예나 전투Battle of Jena 후 베를린 함락과 같은 경우가 이에 해당한다.

클라우제비츠는 적의 동맹에 대한 공격을 세 번째 중요한 중심으로 규정했다. 그는 적이 동맹을 맺은 국가의 중요성에 대해 다음과 같이 지적하고 있다.

> 대국에 의지하는 소국의 경우, 중력의 중심은 대개 소국을 보호해주는 대국의 군대이다. …… 만일 동맹국가가 적보다 더 강하다면 그 동맹국가에 대해 확실한 타격을 가해야 한다.[7]

---

6 Carl von Clausewitz, *On War*, p. 596.

7 앞의 책, pp. 596-597.

그러나 클라우제비츠는 국가들 간의 동맹을 본질적으로 일종의 사업business 또는 거래에 불과한 것으로 간주함으로써 중심으로서의 우선순위가 낮은 것으로 평가했다. 그는 국가들 간의 동맹이란 굳건하지 못하며, 특히 연합작전은 제대로 능력을 발휘할 수 없기 때문에 정치적으로 또는 군사적으로 동맹국들을 갈라놓을 수 있다고 보았다.

이상에서 본 바와 같이 손자와 클라우제비츠가 중심의 우선순위를 서로 다르게 평가하고 있는 것은 그들의 분석수준이 다르기 때문이다. 클라우제비츠는 중력의 중심 개념을 주로 작전적 개념으로 발전시켰고, 따라서 당연히 그의 관심은 일단 적대적 행위가 시작되고 난 이후에 이루어지는 병력의 사용에 맞추어졌다. 손자는 최고의 정치적·전략적 수준에 초점을 맞춤으로써 전쟁 발발 이전에 무혈의 승리를 얻을 수 있는 모든 가능성을 탐색하는 데 관심이 있었다. 따라서 그는 당연히 비군사적 수단을 사용하고 병력을 절약하는 데 최고의 우선순위를 두었던 것이다.

4. 정보의 가치

정보의 가치에 관한 한 정보무용론을 주장한 클라우제비츠보다는 정보의 중요성을 강조한 손자의 주장이 오늘날의 상황에 비추어볼 때 더욱 적실성이 있다고 할 수 있다. 그러나 정보무용론을 주장한 클라우제비츠를 비판하기보다는 그가 살았던 시대적 배경과 당시의 전쟁 양상을 고찰함으로써 왜 그러한 주장을 했는지를 이해하는 것이 더 중요할 것이다.

우선 손자는 『손자병법』을 통해 정보에 대한 평가와 지속적인 정보의 사용이 중요함을 반복해서 강조하고 있다. 좋은 정보는 적이 아군의 능력과 계획을 어떻게 평가하고 있는지를 알려줄 뿐 아니라, 적의 의중, 의도, 그리고 능력을 파악하는 데 보다 정확한 자료를 제공한다. 또한 적의 약점이 무엇인지를 알려줄 뿐 아니라 상대적으로 아군의 전력을 증강시키는 데 기여할 수 있다. 손자가 지적하고 있는 정보의 중요성에 대해서는 "적을 알고 자신을 알면 백 번을 싸워도 위험에 처하지 않을 것"이라는 명언에서 엿볼 수 있다.[8] 그는 특히 용간用間의 중요성에 대해 언급하고 있는데, "전쟁에서 첩자를 부리는 것은 필수적이며, 첩자에 의해 군대의 일거수일투족이 결정된다. …… 첩자를 부리지 않는 군대는 마치 눈과 귀가 없는 사람과도 같다"고 했다.[9]

손자에 의하면, 승리의 비결은 입수된 정보와 첩보를 바탕으로 전쟁 이전에 자국의 군대가 적의 군대보다 강한지 약한지를 판단함으로써 승리의 가능성을 구체적으로 파악하는 데 있다. 그는 시계편에서 다섯 가지 전력의 요건과 일곱 가지의 요소를 비교하여 전쟁에서 승리할 수 있는지를 보아야 한다고 주장했다. 다섯 가지의 요건이란 왕과 백성의 일체를 의미하는 도道, 전쟁을 수행할 시기와 장소를 뜻하는 천天과 지地, 장수의 능력인 장將, 그리고 군대의 규율을 의미하는 법法이다. 일곱 가지의 요소란 어느 편의 왕이 정치를 더 바르게 펴는가, 장수는 어느 편이 더 유능한가, 천시天時와 지리는 어느 편이 더 유리한가, 법령은 어느 편이 더 엄격한가, 군대는 어느 편이 더 강한가, 병력은 어느 편이 더 훈련되어 있는가, 그리고 상벌은 어느 편이 더 공정하게 시행되고 있는가에 관한 것이다.[10] 이른바 오늘날의 정보용어로 소위 총괄평가net assessment의 중요성을 지적하고 있는 것이다.

---

8 손자, 『손자병법』, 제3장 모공편(謀攻篇).

9 앞의 책, 제13장 용간편(用間篇).

10 앞의 책, 제1장 시계편(始計篇).

이렇게 볼 때 정보의 중요성을 강조한 손자의 견해는 클라우제비츠가 제기한 '마찰' 개념과 상충한다. 왜냐하면, 클라우제비츠는 제아무리 완벽하고 시기적절한 정보가 제공된다고 해도 전쟁수행 중에 불가피하게 나타날 수밖에 없는 마찰이라는 요소로 인해 모든 판단과 예측의 정확성을 의심하지 않을 수 없다고 강조했기 때문이다. 클라우제비츠는 '전쟁의 안개fog of war', 즉 비밀, 기만, 그리고 주관적 인식으로 가득한 전쟁의 세계에서는 정보가 확실한지의 여부를 알 수 없으며, 따라서 정보를 토대로 적의 전투력을 정확히 판단하는 것은 불가능하다고 보았다. 그래서 그는 이렇게 언급했다.

> 전쟁은 다른 어떤 인간 영역에 비교할 수 없을 정도로 불완전한 정보, 재앙의 위협, 수많은 우연들로 가득 차 있으며, 따라서 기회를 놓치게 되는 경우도 그만큼 많아질 수밖에 없다.[11]

> 정보나 가정이 불확실하고 여기에 우연이라는 요소가 도처에서 작용함으로써 모든 일은 지휘관이 기대했던 것과는 다른 방향으로 진행될 것이다. …… 최신의 정보 보고는 즉각 도착하는 것이 아니라 드문드문 올라온다.[12]

여기에서 분석수준의 문제로 되돌아갈 필요가 있다. 정치, 전략, 작전, 전술 등 모든 수준에서의 정보에 관심을 기울였던 손자와 달리, 클라우제비츠는 오직 하위 수준의 작전적·전술적 수준에 초점을 맞추고 있다. 클라우제비츠가 살았던 산업혁명 이전의 시대에는 유선과 무선에 의한 실시간 통신이 불가능했기 때문에 전장에 관한 정보는 너무 늦게 도착했고, 그것이 사용되기도 전에 이미 무용지물이 되기 일쑤였다.

---

11 Carl von Clausewitz, *On War*, p. 502.

12 앞의 책, p. 102.

즉, 적 또는 전장 상황에 대한 정보가 보고되고, 평가되고, 조치되기까지 너무 많은 시간이 소요되었던 것이다. 이는 클라우제비츠가 왜 정보를 가치가 없는 것으로 간주했는지 납득할 수 있게 해준다.

그러나 하위의 작전적·전술적 수준에서의 정보가 무가치한 것이 사실이라 해도, 그것이 상위의 정치적·전략적 수준에서의 정보마저도 가치가 없다는 것을 의미하지는 않는다. 정보에 대한 클라우제비츠의 부정적인 견해가 전장[작전적·전술적 수준]에서뿐 아니라 더 높은 수준의 전쟁[정치적·전략적]에도 적용될 수 있다고 잘못 생각함으로써, 『전쟁론』을 읽은 많은 군사전문가들은 그가 총체적으로 정보에 대해 부정적인 평가를 내리고 있는 것으로 잘못 이해해왔다. 그러나 명심할 점은 클라우제비츠의 논의가 주로 작전적·전술적 차원에서 이루어지고 있다는 점에서 그가 정치적·전략적 차원에서의 정보의 유용성을 부인한 적은 없다는 사실이다.

극단적으로 보자면, 아무리 완벽한 정보가 있더라도 충분한 군사력 없이는 아무런 가치가 없게 된다. 반면에 수적으로 우세한 강력한 군대는 정보를 전혀 갖고 있지 않더라도 많은 희생을 감수한다면 어떻게든지 승리를 달성할 수는 있다. 그러한 이유에서, 클라우제비츠는 불확실한 정보에 의존하기보다는 최대한 많은 군사력을 동원하고 실전에 배치하는 것이 전쟁의 첫 번째 규칙이라고 주장했던 것이다. 비록 그가 정보의 정확성과 정보의 잠재력을 무시하고 있는 것은 사실이지만, 지휘관의 목적이 전쟁술의 원칙을 가능한 한 효과적으로 이행하는 데 있음을 감안할 때 아무리 직관적인 판단이 뛰어난 군사적 천재라 해도 최소한 어느 정도는 신뢰할 수 있는 정보에 의지하지 않을 수 없을 것이다.

▣ 정보에 관한 견해 비교

구분	손자	클라우제비츠
논의 수준	• 모든 수준의 전쟁	• 주로 작전적 수준과 전장 정보
정보의 주요 출처	• 간첩과 관찰	• 적과 직접 접촉 • 지휘관의 직접 관찰
정보에 대한 태도	• 긍정적 · 낙관적 • 신뢰할 만한 정보의 획득 가능 • 전쟁의 승리에 주요한 요소로 작용 • 매우 유용 • 신뢰할 만한 정보의 획득 노력 지대	• 부정적 · 비관적 • 정보는 대부분 신뢰할 수 없고 단시간 내 쓸모없게 됨 • 정보는 마찰의 원인이며 전쟁의 승리에 거의 기여하지 않음 • 쓸모없음 • 정보획득 불필요, 최대한의 병력배치 및 집중

앞의 표는 정보에 관한 손자와 클라우제비츠의 견해를 잘 나타내주고 있다. 손자는 정보의 중요성을 강조했다. 그는 신뢰할 만한 정보가 가용할 때 피아 전투력의 비교가 가능하고, 나아가 합리적이고 신중하게 계산된 계획을 작성할 수 있다고 보았다. 반면, 클라우제비츠는 전쟁에서 불가피하게 나타나는 마찰, 우연, 불확실성을 고려하여 정보를 토대로 한 합리적 결정이나 계획은 매우 어렵다고 보았다. 그에 의하면, 전쟁에서 정보에 기반한 예측이란 거의 불가능하며 합리적 계산보다는 군사적 천재의 직관 또는 혜안에 의해 승패가 결정된다.

5. 전쟁수행 : 기만과 기습

전쟁과 전략의 문제는 시대 상황에 따라 변한다. 그것은 인간성과 같이 역사적으로 변하지 않는 본질적인 요소뿐 아니라 기술의 발전에 따라 변화가 불가피한 요소들이 작용하기 때문이다. 기만과 기습의 문제와 관련하여 손자와 클라우제비츠의 견해가 다른 것은 바로 이들의 주장 가운데 이와 같이 변화가 불가피한 요소들이 포함되어 있기 때문이다. 가령, 기습의 효용성에 대해 손자가 긍정적으로 평가했던 것은 당시 전쟁의 양상이 과거 춘추시대 중기 이전에 '예의'를 갖춘 전쟁에서 춘추시대 말기로 들어서면서 무자비하고 파괴적인 전쟁의 양상을 띠었기 때문으로 볼 수 있다. 반면, 클라우제비츠가 기습의 가치를 낮게 평가한 것은 당시 기술 수준이 열악하여 지휘 및 통신, 그리고 기동 면에서 효율적이지 않았고 기습을 위해 대규모 병력을 은밀하게 이동시킨다는 것이 현실적으로 불가능했기 때문이다. 즉, 전쟁의 양상과 기술의 변화에 따른 무기 장비의 발달은 전쟁의 이론을 변화시킨다. 따라서 시대가 다른 손자와 클라우제비츠 사이에 이처럼 상이한 견해가 나타나는 것은 당연한 결과라 하겠다. 다음 표와 같이 두 전략가의 전쟁수행 방식에 차이가 나타나는 것도 바로 이러한 이유에서이다.

▣ 기만과 기습에 관한 견해 비교

구분	손자	클라우제비츠
기만과 기습	• 기만은 모든 작전의 기본 • 선택 가능한 무기의 하나 • 기습은 달성 가능하며 성공의 열쇠	• 기만은 시간의 낭비, 무가치 • 최후의 수단으로 사용 • 상위의 수준에서 기습 달성 어려움
정보와 기만	• 모든 계획은 정보에 근거 • 광범위한 기만 사용 • 적에게 정보 거부 위한 최대한의 노력	• 지휘관의 직관 이용 • 주도권 유지로 불확실성 창출 (즉, 적의 정보획득 방해)
문제점	• 정보와 기만을 만병통치약으로 간주 • 마찰을 과소평가, 작전계획의 가치를 과대평가	• 정보와 기만의 가치 무시함 • 지휘관의 직관과 폭력에 대한 지나친 의존 • 전장 상황에 대한 통제가 거의 불가능

가. 기만

적의 병력을 분산시키면서 아군의 병력을 집중시키는 주요한 방법은 기만deception을 사용하는 것이다. 기만과 양동diversion은 그 자체가 목적이 아니라 기습을 달성하는 하나의 수단이다. 기습이란 적이 예상하지 못한 곳에 병력을 집중시키는 능력이라 할 수 있다. 기만을 달성하려는 측은 그의 실제 목적을 은닉해야 하며, 성공적인 기만은 적으로 하여금 부대를 엉뚱한 장소에 집중하도록 하고, 그럼으로써 결정적인 교전 지점에서 적 전투력을 약화시킬 수 있다.

기만은『손자병법』에서 가장 자주 논의되는 주제 가운데 하나이다. 기만에 대한 손자의 정의는 매우 광범위하다. 손자는 기만의 개념에 능동적인 것과 수동적인 방책 모두를 포함시키고 있으며, 정교한 계획, 단순한 유혹, 그리고 양동으로부터 은닉과 잠복에 이르기까지 다양하다. 손자에 의하면, 기만은 전쟁 발발 전으로부터 전쟁수행 과정에 이르기까지 모든 수준에서—즉, 외교적[적과 동맹국 간의 쐐기를 박는 것] · 정치적[정치적 전복을 통해 적 내부에 의심과 불신의 씨를 뿌리는 것], 그리고 군사적 수준에서—이루어져야 한다. 그러한 행동은 적이 내심 가지고 있는 생각, 그리고 적의 목표와 계획을 철저하게 이해하는 것에서 출발해야 한다. 물론, 이러한 것들은 적 진영에 침투한 아군의 첩자가 제공한 신뢰할 수 있는 정보를 토대로 파악할 수 있을 것이다.

손자에게 기만은 전쟁에서 승리하기 위한 열쇠로서, 영원히 변하지 않는 심리학적 원칙에 입각하여 통찰력 있게 실행해야 한다.

> …… 능력이 있으면서도 없는 것처럼 보이게 하고, 군대를 사용하고자 하면서도 사용하지 않을 것처럼 하라.
>
> 가까이 있으면서도 먼 곳에 있는 것처럼 보이게 하고, 멀리 있으면서도 가까이에 있는 것처럼 보이게 하라.

적에게 이로움을 보여주어 적을 유인하라. 혼란 상태에 빠져 있는 것처럼 가장하라. 그리고 적을 타격하라.

비굴함을 보여서 적을 교만하게 만들어라.[13]

손자는 적의 인식을 교묘하게 조종할 수 있는 심리적 요소에 주목했다. 그는 자신의 우월함을 확신하고 있는 사람일수록 통상적으로 기만에 대해 경계해야 할 필요성을 느끼지 못한다는 사실을 잘 이해하고 있었다. 상대로 하여금 기존에 갖고 있던 자신감과 희망적 사고에 빠져들게 할 때 기만은 성공할 수 있다. 따라서 손자가 가장 자주 언급하는 계략은 바로 약한 척하는 것이다. 적은 항상 그러한 '희소식'을 환영할 것이며, 점차적으로 자신이 안전하다는 착각 속으로 빠져들게 될 것이다. 손자에 의하면, 전장에서 기만과 양동작전은 적이 직접 관측할 수 있는 전장 또는 그 근처에서 아군의 혼란, 철수, 소음 등과 같은 자극적인 행동을 취함으로써 이루어져야 한다. 그리고 보다 높은 수준에서 이루어지는 허위정보는 이중간첩 또는 사간—고의로 조작된 정보를 제공하고 나서 적에게 잡히도록 함으로써 그러한 거짓정보를 제공하도록 한 간첩—을 이용함으로써 적을 기만할 수 있다.

손자는 기만을 당하지 않도록 주의해야 함을 분명히 인식했으나, 이에 대해서는 다음과 같은 충고 이상으로 구체적인 내용은 언급하지 않고 있다. "적이 도망가는 척하면 추격하지 마라." "적이 던진 미끼를 덥석 물어서는 안 된다."[14] 물론 이러한 충고가 대단히 훌륭한 것임은 분명하지만, 과연 군 지휘관들이 전투의 열기에 휩싸인 상태에서 적이 정말

13 손자, 『손자병법』, 제1장 시계편(始計篇).

14 앞의 책, 제7장 군쟁편(軍爭篇).

로 퇴각하는 것인지, 아니면 단지 철수하는 척하는 것인지 어떻게 알 수 있겠는가? 오히려 손자의 충고는 위험할 수 있다. 왜냐하면, 그것은 많은 야전지휘관들로 하여금 지나치게 조심하도록 함으로써 전과 확대에 실패하거나 실수할 가능성이 높아질 수 있기 때문이다.

손자가 전쟁 발발 이전에 적에 대한 기만작전과 모든 형태의 정치적 전복 가능성에 무게를 두었다는 사실은 곧 그가 초기에 적의 계획을 공격하고 적의 동맹을 와해시키며 전쟁 전에 문제를 해결하는 것이 가능하다고 믿었음을 단적으로 보여주고 있다.

반면, 클라우제비츠는 양동과 기만의 효과가 미약한 것으로 보고 있다. 그의 논리에 의하면, 적에게 타격을 줄 정도로 완벽한 기만을 준비하기 위해서는 많은 시간과 노력이 요구되며, 또한 기만의 규모가 클수록 이러한 시간과 노력의 규모는 더욱 증가한다. 그러나 일반적으로 적을 기만하기 위해 그만한 시간과 노력을 들이지 않기 때문에 이른바 전략적 기만을 통해 의도했던 효과를 달성하는 경우는 거의 없다. 최악의 경우 기만작전에서 아무것도 얻지 못할 수도 있으며, 예상치 못한 사태가 발생할 경우 기만을 위해 투입된 전투력을 결정적인 장소에 투입하지 못할 수 있다.[15]

또한 클라우제비츠는 양동과 기만이 전투력이 약하거나 거의 승리할 가망이 없는 자만이 선택할 수 있는 최후의 수단일 뿐, 모든 작전에서 정상적으로 선택 가능한 방책은 아니라고 주장한다. 그는 이렇게 말한다.

> …… 전투력이 약하면 약할수록, 더욱더 계략의 사용에 호소하게 된다. 약하고 무능한 상태에서는 신중함, 건전한 판단, 그리고 전투력이 더 이상 발휘될

---

15 Carl von Clausewitz, *On War*, p. 203.

수 없고, 따라서 당연히 계략이 유일한 희망으로 떠오르게 된다. 군의 상황이 절망적일수록 모든 희망을 단 한 번의 필사적인 타격에 걸어야 하기 때문에 계략은 쉽사리 대담성과 조화를 이루게 될 것이다. 장차 그 결과가 어떻게 될 것인지에 대한 아무런 생각도 없이, 차후 적으로부터의 무차별한 보복을 망각한 채, 계략과 대담성은 서로를 합리화시켜가면서 실낱같은 희망의 빛을 모아 하나의 초점에 집중시킴으로써 꺼져가는 불씨를 다시 살리려고 할 것이다.[16]

요약하면, 손자는 모든 수준에서 기만의 사용을 권유하고 있다. 특히, 그는 가장 높은 수준인 정치적·전략적 수준에서 기만이 매우 효과적일 수 있다고 한다. 그러나 클라우제비츠는 기만이 오직 하위의 작전적·전술적 수준에서 약간의 유리한 고지를 점할 수 있을 뿐, 정치적·전략적 수준으로 갈수록 성공 가능성은 거의 없다는 견해를 피력한다.

왜 클라우제비츠는 계략이 전쟁의 승패에 미치는 영향에 대해 관심을 갖지 않았을까? 다시 언급하지만, 해답은 분석수준의 문제에서 찾을 수 있다. 클라우제비츠가 말하는 전투에서 승리하는 주요한 방법은 결정적인 지점에서 우세한 전투력을 집중하는 것이다. 이것은 나폴레옹 전쟁이 남긴 가장 중요한 교훈이었다. 양동은 가장 간단하고 가장 평범한 형태의 기만술임에도 불구하고 그는 심지어 양동의 사용조차도 불가피하게 주력에 투입되어야 할 병력의 수를 감소시키는 결과를 초래하게 된다고 보았다. 당시 지휘 및 통신상의 어려움과 기동력이 발달하지 않은 상황을 고려해볼 때, 양동작전은 오직 적의 군대를 분산시키기만 할 뿐 적을 확실하게 속이지는 못했던 것이다. 적은 아군의 양동을 알아채지도 못하거나, 그냥 그렇게 내버려둘 수도 있을 것이다. 적을 기습하거나 적 군대를 분산시키기가 굉장히 어렵다는 것을 확신했기 때문에

---

16 Carl von Clausewitz, *On War*, p. 203.

클라우제비츠는 불필요한 기만보다는 군대를 집중함으로써 승리를 달성하는 것이 보다 바람직하다고 믿었다.

나. 기습

전략적·작전적 수준에서 실질적으로 기만을 달성하기가 어렵다고 평가한 클라우제비츠는 기습surprise의 효과와 중요성에 대해서도 평가절하하고 있다. 누구나 기습을 하고자 하는 욕심을 갖게 되지만, 본질적으로 탁월한 성공을 거둔 예는 거의 드물다. 왜냐하면, 전쟁을 준비하는 데는 어마어마한 병력을 주요 지점으로 집결시키고 보급창고 및 기지를 건설하는 등 수개월이 소요되기 마련이다. 이 과정에서 적은 당연히 아군이 기습을 준비한다는 사실을 조기에 파악하게 될 것이다. 물론, 소규모 기습이라면 적이 인식하지 못한 상태에서 취할 수도 있다. 그러나 이 경우 그 효과는 미미할 것이다. 따라서 클라우제비츠는 기습에 대해 다음과 같이 정의하고 있다.

> 근본적으로 기습은 전술적 방책이다. 전술에서는 시간과 공간이 짧고 좁다. 따라서 기습은 전술의 영역에 가까울수록 실행 가능성이 높으며, 정치의 영역에 가까울수록 실행이 어렵다.
>
> 그러므로 서둘러 전쟁을 준비하여 적국을 기습하는 경우는 매우 드물다. …… 또한 그러한 기습이 큰 성과로 연결된 사례는 거의 없다.[17]

클라우제비츠와 달리 손자는 기습이 가장 효과적인 전쟁수행 방법이며, 군 지휘관들은 항상 기습을 염두에 두고 있어야 한다고 믿었다.

> 군사전략가들은 적으로 하여금 어디를 방어해야 하는지 알지 못하도록 해야

한다.[18]

> 적이 서둘러 방어하지 않으면 안 될 장소로 접근하라. 적이 예상하지 않았던 장소로 신속히 이동하라.[19]

기습에 대한 손자의 신념은 전쟁 이전에 계산과 정보가 중요하다는 그의 신념과 어느 정도 모순이 된다. 왜냐하면, 그러한 계산과 정보는 기습을 방지할 수 있어야 하기 때문이다. 또한 한편에서 기습을 달성할 수 있다고 한다면, 적도 마찬가지로 그러한 기습을 달성할 수 있기 때문이다. 적의 기습 가능성은 정보와 계산으로 얻을 수 있는 이점을 제한하게 된다. 이 문제 역시 분석수준의 상이함으로 설명할 수 있다. 즉, 클라우제비츠가 기습 달성이 거의 불가능하다고 본 것은 보다 높은 수준의 정치적 또는 전략적 수준에서 주로 언급한 것이고, 반면에 손자는 주로 전술적 수준의 전쟁에서 기습의 효용성을 높게 평가한 것이었다.

클라우제비츠가 기만과 기습에 대해 무관심했던 것은 그 당시의 기술 수준에 비추어볼 때 옳은 것이었으며, 손자는 아예 군사기술이 발전하기 이전의 시대에 살았기 때문에 기만과 기습의 중요성을 강조했다고 평가할 수 있을 것이다. 전략적·작전적 기습은 클라우제비츠 사후 본격화된 산업혁명에 의해 기술이 발달함에 따라 비로소 적합한 선택이 될 수 있었다. 산업혁명은 이전에는 상상도 할 수 없었던 기동성의 증가, 엄청난 화력의 강화, 그리고 실시간 통신의 개발—이것은 멀리 떨어진 거리에서도 서로 분리된 부대에 대한 협조와 통제를 훨씬 더 용이하게

---

17 Carl von Clausewitz, *On War*, p. 98-99.

18 손자, 『손자병법』, 제4장 군형편(軍形篇).

19 앞의 책, 제6장 허실편(虛實篇).

해주었다—을 가능하게 했다. 이러한 지휘, 통제, 통신의 발달은 보다 상위 수준인 전략적·작전적 기습이 가능하도록 했던 것이다.

일단 기습이 전쟁에서 없어서는 안 될 요소로 자리 잡게 되자, 기만의 가치는 그만큼 증가했다. 결과적으로, 모든 전쟁이 기만에 근거한다는 손자의 주장은 그 가치를 부정한 클라우제비츠의 주장보다 우리 시대에 훨씬 더 적실성이 있는 것으로 다가왔다. 일단 전쟁이 시작되고 나면, 전략적·작전적 수준에서의 기습 달성은 결정적 지점에 우세한 전투력을 집중하기 위해 필수적인 것이 되었고, 이러한 기습은 종종 기만을 성공적으로 달성함으로써 가능하게 되었다. 근대 산업시대에는 결정적 지점에서 우세한 전투력을 집중하기 위해 병력의 수보다는 화력, 기동력, 기술적 우세에 더욱 의지하게 되었다. 제2차 세계대전 동안 연합국들이 기만을 성공적으로 사용한 예를 보더라도 클라우제비츠를 따른 독일의 전통—즉, 전반적으로 정보의 잠재력과, 특히 기만에 대해 과소평가해온 전통—은 구시대의 유물이 되었다.

6. 후세 해석상의 오류

후세 전략가들의 해석 차이가 이 두 전략가들의 유사성보다는 차이점을 더욱 부각시켰다는 점을 빼놓을 수 없다. 손자의 경우 비록 부전승을 가장 가치 있는 승리로 간주하고 있지만, 『손자병법』에서 주로 논의하고 있는 것은 이러한 부전승에 대한 것보다는 실제 전쟁과 전투에서 승리할 수 있는 방법에 관한 것이었다. 즉, 손자는 부전승을 하나의 이상으로 제시하고 있지만, 현실에서 그러한 승리는 매우 드문 것이기 때문에 보다 현실적으로 거둘 수 있는 승리에 대해 논의하고 있는 것이다. 그러나 후대의 전략가들은 손자의 부전승 사상을 그의 병법의 정수essence로 간주하게 되었고, 따라서 전투를 통해 전쟁의 승리를 얻어야 한다는 클라우제비츠의 주장과 모순되는 것으로 여겼던 것이다.

이러한 점에서는 클라우제비츠에 대한 해석에서 나타나는 오류와도 일치한다. 사실 클라우제비츠는 상상 속에서나 가능한 이상적인 전쟁, 즉 절대전쟁absolute war 개념을 창출했으나, 그것은 단지 현실 속의 전쟁인 제한전쟁limited war 개념을 이끌어내기 위한 수순에 불과했다. 그는 결코 절대전쟁이 바람직하거나 유일한 전쟁의 유형이 될 것이라고 이야기한 적이 없다. 오히려 전쟁은 독자적으로 군에 의해 수행될 수 없으며 정치적 통제를 받게 됨으로써 현실 속에서 전쟁은 제한될 수밖에 없음을 주장했다. 사실, 전쟁이 정치의 수단이라는 주장 못지않게 중요한 것은 그가 군이 정치에 종속되어야 한다고 강조했다는 사실이다. 그럼에도 불구하고 그는 제1차 세계대전의 무제한적 전쟁에 대한 책임을 뒤집어썼으며, '전쟁광'으로 묘사되기도 했다. 그러나 그것은 클라우제비츠 사후 독일 내의 몰트케와 같은 공격의 신화를 추종한 군사가들이 스스로 『전쟁론』을 잘못 해석하고 왜곡한 것이지, 결코 클라우제비츠가 무제한적인 절대전쟁을 예찬한 것은 아니었다. 오히려 클라우제비츠는 방어의 강함을 주장함으로써 현실에서 전쟁이 무조건적인 공격으로만 이루어질 수 있는 것이 아님을 강조했다.

흔히 독자들은 손자와 클라우제비츠가 제시한 이상과 현실을 혼동하고 있는 경우가 많다. 손자는 전쟁 전반—즉, 정치·외교적 영역을 모두 포함—에 걸쳐 이상적인 전쟁을 싸우지 않고 승리하는 것이라고 했지만, 곧바로 현실적인 전쟁에 대한 논의로 들어가서는 곧 신속하고 결정적인 승리를 거두어야 한다고 했다. 클라우제비츠는 전쟁에서 정치·외교적 영역을 제외하고 순수하게 전쟁을 수행하는 측면에서 가장 이상적인 전쟁은 적 전투력을 완전히 파괴하고 승리를 거두는 것이라고 했다. 그러나 그는 곧바로 현실에서의 전쟁은 정치적 목적에 의해 제한을 받지 않을 수 없으며, 전쟁은 곧 정치적 목적을 달성하기 위한 수단에 불과하다고 했다. 그것은 곧 정치적 목적을 초월한 불필요한 전쟁의 확대는 바람직하지 않음을 의미한다. 즉, 두 전략가는 서로 다른 이상을 설정해놓고 있으나, 현실상의 전쟁에서는 그러한 이상과 반대의 측면에서 전쟁과 전략을 논의하고 있음을 알 수 있다. 중요한 것은 신속하고 결정적인 승리를 추구하되 불필요한 전쟁의 확대에는 반대하는 입장을 다 같이 취하고 있다는 사실이다. 그럼에도 불구하고 후대의 전략가들은 이들이 설정해놓은 이상적인 측면에만 관심을 기울이면서 정작 이들이 논의하고자 하는 핵심을 간과하거나 왜곡하는 결과를 가져왔던 것이다.

이렇게 볼 때, 두 전략가에게서 나타나는 차이점은 결국 전쟁의 본질적인 측면에 대한 견해차가 아님을 알 수 있다. 그것은 우선 그들의 분석 수준과 관점이 다르기 때문이며, 그들이 살았던 시대적 상황의 차이로 인해 불가피하게 나타나는 것으로 볼 수 있다. 따라서 이들 간에 나타나는 차이점이란 미미한 것일 뿐, 전쟁이라는 공통된 주제에 관한 한 얼마든지 상호보완이 가능하다는 결론을 도출할 수 있다. 이러한 논의를 통해 동양 전략과 서양 전략이 따로 있을 수 없으며, 전략이란 동서양을 막론하고 그 본질을 같이하고 있음을 알 수 있다.

■ 토의 사항

1. 전쟁의 본질에 대한 손자와 클라우제비츠의 주장은 서로 상반된 것인가? 두 전략사상가의 주장이 상반된 것으로 보이는 이유는 무엇인가?

2. 손자와 클라우제비츠가 제시한 중심에는 어떠한 것이 있는가? 그 우선순위는 무엇이고, 두 전략사상가의 차이는 무엇인가?

3. 정보에 대한 손자와 클라우제비츠의 인식은 어떻게 다른가? 왜 두 전략사상가의 인식에는 차이가 있는가?

4. 기만과 기습에 대해 손자와 클라우제비츠는 어떻게 인식하고 있는가? 왜 두 전략사상가의 인식에는 차이가 있는가?

5. 클라우제비츠 사후 그의 사상은 어떻게 왜곡되었는가? 그렇게 왜곡된 사상은 유럽의 전쟁에 어떠한 영향을 주었는가?

6. 손자와 클라우제비츠 가운데 누구의 전략사상이 오늘날의 전략 문제에 더 적실하다고 생각하는가? 그리고 그렇게 생각하는 이유는 무엇인가?

ON
MILITARY
STRATEGY

제6장 지상전략

1. 예방공격과 선제공격 전략
2. 공격전략과 방어전략
3. 소모전략과 기동전략
4. 전차를 이용한 기동전략
5. 간접접근전략

'지상전략'을 해양전략이나 항공전략과 별도로 떼어내어 정의하는 것은 매우 어렵다. 실제로 전략에 관한 많은 논의가 있지만, 지상전략이라는 제목으로 연구한 예는 드물다. 그것은 아마도 역사적으로 전쟁의 승패가 지상전을 통해 적의 주력을 격파하든가, 혹은 적의 수도를 점령함으로써 결정되었음을 고려할 때 일반적으로 말하는 전략이란 곧 지상에서의 전략을 의미하는 것으로 받아들여졌기 때문일 것이다. 즉, 일반적인 전략에 관한 연구는 그것이 별도로 '해양'이나 '항공', 혹은 '핵'이라는 수사가 붙지 않는 한, '지상전략'과 동일한 것이거나 그와 유사한 것으로 간주하는 경향이 있다.

현대전에서 육군이 해군과 공군의 지원을 받지 않고 전쟁을 수행하는 것은 거의 불가능한 일이 되었다. 따라서 순수한 지상전략이란 존재하지 않을 수 있다. 그럼에도 불구하고 육군의 전략, 혹은 '지상전략'은 해군 및 공군의 전략과 분리하여 생각해볼 필요가 있다. 육군은 산악, 하천, 그리고 각종 장애물 등 지상에서의 복잡한 지형을 극복하면서 전쟁을 수행해야 하기 때문에 아무런 방해를 받지 않고 기동할 수 있는 해·공군과는 근본적으로 전략의 성격이 다를 수 있다. 탁 트인 공간에서 작전하는 해·공군의 경우 적보다 우수한 무기체계에 의존하는 경향이 상대적으로 강한 반면, 육군은 기동과 화력, 그리고 병력의 집중 등 무기체계보다는 전쟁술에 의존하여 작전을 수행한다. 비록 여기에서 논하는 '지상전략'이 부득이하게 해군전략과 공군전략의 일부를 포함할 수밖에 없겠지만, 필자는 "지상에서 주로 작전이 이루어지는 전략"이라는 측면에서 '지상전략'을 고찰하고자 한다.

여기에서 다룰 지상전략의 내용으로는 전통적으로 육군 간의 전쟁에서 통상적으로 사용되는 방어전략과 공격전략, 방어 혹은 공격의 성격을 규정하는 차원에서 소모전략과 기동전략, 그리고 기동을 강조한 다양한 전략이론을 들 수 있다. 또한 통상적인 공격과 방어라는 고정된 틀을 벗어나 적을 제압하기 위해 먼저 군사력을 사용하는 전략, 즉 예방공격과 선제공격 전략도 고려해볼 수 있다. 이 장에서는 시계열상으로 가장 먼저 이루어지는 예방공격과 선제공격을 먼저 살펴본 후 지상전략에서 고려할 수 있는 다양한 전략에 대해 살펴보겠다.

1. 예방공격과 선제공격 전략

적의 군사적 위협에 대응하기 위한 방법에는 예방공격, 억제, 선제공격, 그리고 방어 등 적 위협이 형성되고 고조되는 시간적 흐름에 따라 여러 가지를 상정해볼 수 있다. 우선 예방공격은 적의 위협이 가시화되기 이전에 먼저 손을 써서 미리 제압하는 방법이다. 억제란 적의 위협을 사전에 제압하지 못하여 이미 가시화된 상황에서 적으로 하여금 그 위협을 행사하지 못하도록 강제하는 조치이다. 선제공격이란 억제가 실패하여 적이 군사력을 사용할 것으로 확실시되는 상황에서 적보다 먼저 군사적 공격을 가하는 것이다. 그리고 방어란 적이 먼저 시작한 군사적 공격을 방해, 저지, 격퇴 및 격멸하는 것을 말한다. 이 가운데 적보다 먼저 군사력을 사용하는 행위로는 먼 장래의 위협을 사전에 제거하기 위한 '예방공격preventive attack'과 당장 임박한 위협을 제압하기 위한 '선제공격preemptive attack'을 들 수 있다.

■ 방어적 조치와 선제공격

위협 발전 단계	위협의 등장	위협의 가시화	적 공격 임박	적 공격 개시
방어적 조치	예방공격	억제	선제공격	방어

가. 예방공격

예방공격은 전쟁의 발발이 당장 급박한 상황에 이르지는 않았으나, 조만간에 일전이 불가피하다고 판단되는 긴장 속에서 적이 유리한 전략태세하에서 전쟁을 개시하는 것을 예방하기 위해 적보다 앞서 전쟁을 개시하는 공격이다.[1] 이러한 상황에서 적의 위협은 아직 충분히 형성된 것이 아니기 때문에 당장에는 아무런 문제가 되지 않는다. 그러나 그대로 방치할 경우 가까운 혹은 먼 미래에 적은 커다란 세력으로 성장하여 심각한 안보위협으로 작용할 가능성이 높다. 이러한 상황에서 취할 수 있는 선택은 적의 능력이 더욱 강화되기 전에 먼저 공격함으로써 장차 위협이 될 수 있는 싹을 잘라버리는 것이다.[2] 즉, 예방공격은 국가들 간에 당장 전쟁을 야기할 정도의 긴장이 조성되지 않았음에도 불구하고 장래에 전쟁 발발이 불가피할 것이라는 인식, 그리고 시간이 지나면서 상대방의 힘이 더 강해져 미래의 전쟁이 지금보다 더 불리해질 것이라는 우려가 커짐에 따라 상대적으로 유리한 현재의 시점에서 먼저 공격을 가하는 것으로 볼 수 있다.

가장 보편적인 예방공격은 패권을 장악하고 있는 강대국이 새롭게 부상하는 도전국가를 제압하기 위해 전쟁을 추구하는 사례에서 찾아볼 수 있다. 역사적으로 볼 때 기원전 420년경에 있었던 펠로폰네소스 전쟁Peloponnesian War은 기존 강대국이었던 스파르타가 신흥 강대국 아테네의 부상을 두려워하여 이를 저지하기 위해 의도적으로 벌인 전쟁이었다. 이후 인류 역사는 이와 유사한 전쟁을 목격할 수 있었는데, 1500년대 스페인의 유럽 패권을 저지하기 위한 영국의 개

1 국방대학교, 『안보관계 용어집』(서울: 국방대학교, 2010), p. 144; 합동참모본부, 『합동 연합작전 군사용어사전』(서울 : 합동참모본부, 2010), pp. 230-231.

2 Richard K. Betts, *Surprise Attack: Lessons for Defense Planning*(Washington, D.C.: Brookings, 1982), p. 145.

1951년 2월 압록강을 건너는 중국군. 1950년 한국전쟁 시 중국의 개입은 북한이라는 완충지대를 확보함으로써 본토의 안전을 공고히 한다는 목적 외에 미국에 대한 일종의 경고 메시지를 던짐으로써 향후 중국을 함부로 공격하지 못하도록 하는 예방적 의도가 있었다.

입, 1600년대 네덜란드의 부상을 저지하기 위한 영국-네덜란드전쟁, 1700년대와 1800년대 영국과 프랑스의 전쟁, 그리고 독일의 부상을 저지하기 위한 제1차 및 제2차 세계대전이 이에 해당한다.[3]

약한 국가도 상대적으로 강한 국가를 상대로 예방 목적 차원의 공격을 시작할 수 있다. 약한 국가는 먼저 개시한 군사적 공격이 대규모 전면전쟁으로 확대될 경우 국가의 생존을 보장할 수 없음을 인식하여 반드시 군사행동 범위를 엄격하게 제한하고 소규모 제한전쟁을 추구하는 경향이 있다. 1950년 한국전쟁 시 중국의 개입은 북한이라는 완충지대를 확보함으로써 본토의 안전을 공고히 한다는 목적 외에 미국에 대한 일종의 경고 메시지를 던짐으로써 향후 중국을 함부로 공

3 Jia Qingguo and Richard Rosecrance, "Delicately Poised: Are China and the U. S. Heading for Conflict?", *Global Asia*, Vol. 4, No. 4(Winter 2010), pp. 73-77.

격하지 못하도록 하는 예방적 의도가 있었다.[4] 1969년 마오쩌둥은 중소 국경을 따라 흐르는 우수리 강 상의 전바오다오라는 조그만 섬에서 소련군을 상대로 군사적 공격을 가하도록 했는데, 이는 체코 침공 및 브레즈네프 독트린을 통해 중국에 압박을 강화하고 있던 소련에 대해 먼저 군사적으로 도발함으로써 향후 더 큰 전쟁을 예방하고자 하는 의도가 있었다. 이처럼 약한 국가의 예방공격은 한국전쟁의 경우 비록 중국이 군사적으로 개입한다 하더라도 전쟁이 한반도에 국한될 것이라는 확신, 그리고 중소국경분쟁의 경우 의도적으로 멀리 떨어진 조그만 섬을 도발지역으로 선정함으로써 군사력 사용의 범위를 제한하는 경향이 있다.[5]

▣ 예방공격과 선제공격의 차이점

구분	예방공격	선제공격
시간	• 미래의 위협에 대응	• 급박한 위협에 대응
위협의 근원	• 새로운 군사 자산의 개발	• 현존 군사력의 동원 · 배치
행동 실패의 결과	• 군사력의 상대적 약화 • 보다 큰 비용의 전쟁위협	• 적의 전면적 공격
선제의 동기	• 외교 · 국내정치적 이유 • 우세하다는 가정	• 군사기술 · 교리가 공세적
군사력 강도	• 강함	• 통상 약함

*Jack S. Levy, "Declining Power and the Preventive Motivation for War", *World Politics*, Vol. 40, No. 1(October 1987), pp. 90-92.

---

4 Michael Hunt, "Beijing and the Korean Crisis, June 1950-June 1951," *Political Science Quarterly*, Vol. 107, No. 3(Fall 1992), p. 464.

5 T.V. Paul, *Asymmetric Conflicts: War Initiation by Weaker Powers*(New York: Cambridge University Press, 1994), pp. 7-8, 173-174.

나. 선제공격

선제공격은 적의 공격이 임박한 상황에서 적에게 선공을 허용할 경우 감당하기 어려운 피해를 입을 수 있음을 인식하여 적이 공격하기 이전에 적을 먼저 공격하는 것을 말한다. 즉, 선제공격이란 적이 공격을 준비하고 있다는 전략적 경고를 접수한 상황에서 적의 공격을 무력화하고 기선을 제압하며, 향후 사태 전개의 주도권을 장악하기 위해 이루어진다.[6] 이러한 공격은 "적의 공격이 임박한 확실한 증거를 기초로 시작하는 공격으로서 자위권 차원에서 실시하는 공세행동"이다.[7] 1967년 이스라엘이 이집트 및 주변 아랍국가들을 상대로 치렀던 6일전쟁이 대표적 사례이다.

6일전쟁(제3차 중동전쟁) 당시 골란 고원(Golan Heights)을 향해 진격하고 있는 이스라엘 전차들. 1967년 시리아와 이스라엘 간에는 골란 고원을 둘러싸고 긴장이 고조되고 있었는데, 이집트가 아카바(Aqaba)만 입구인 티란(Tiran) 해협을 봉쇄한 것을 계기로 이스라엘이 이집트, 시리아, 요르단과 전쟁을 하게 되었다. 6일전쟁은 선제공격의 대표적 사례이다.

---

6 Richard K. Betts, *Surprise Attack: Lessons for Defense Planning*, p. 145; Stephen Van Evera, *Causes of War: Power and the Roots of Conflict*(Ithaca: Cornell University Press, 1999), p. 40, fn. 18. 단지 시기적으로 가까운 것은 선제공격, 먼 것은 예방공격으로 보는 견해에 대해서는 Dan Reiter, "Exploding the Powderkeg Myth: Preemptive Wars Almost Never Happen", pp. 6-7 참조.

7 합동참모본부,『합동 연합작전 군사용어사전』, p. 190.

선제공격은 앞에서 살펴본 예방공격이라는 용어와 뚜렷이 구별된다. 예방공격이나 선제공격은 모두 상대국가에 대해 먼저 군사적으로 공격한다는 점에서 공통점이 있다. 그러나 예방공격의 경우 당장 적으로부터의 위협이 미미한 상황에서 군사행동이 이루어지는 반면, 선제공격은 적의 무력공격이 임박한 매우 긴박한 상황에서 이루어진다는 차이가 있다.[8] 또한 예방공격은 근본적으로 적의 세력을 약화시키기 위해 추구하는 것으로 통상 대규모 전쟁으로 귀결되는 경향이 있으나, 선제공격은 적의 공격을 좌절시키기 위한 것으로 소규모 전쟁 혹은 분쟁으로 나타나게 된다. 물론, 예방전쟁이 실패하여 패배할 경우, 그리고 선제공격이 실패하여 전면전으로 치닫게 될 경우 먼저 공격을 가한 국가의 군사력이 크게 약화되고 국력이 고갈되는 결과를 초래할 것이다.

선제공격과 예방공격이라는 용어를 개념적으로는 구분할 수 있어도 이를 현실에서 명확히 구분하기는 매우 어렵다. 두 용어 사이에는 분명히 선을 그을 수 없는 회색지대가 존재하기 때문이다. 가령 1981년 이스라엘이 이라크의 오시락Osirak 원자로를 공격한 사례의 경우 보는 관점에 따라 선제공격이 될 수도, 예방공격이 될 수도 있다. 만일 이라크가 오시락 원자로 가동을 통해 즉각 핵탄두 생산이 가능했다면 이는 이스라엘에 대한 즉각적인 위협이 되기 때문에 선제공격으로 볼 수 있다. 반면, 오시락 원자로가 가동이 불가능하고 아무런 플루토늄도 생산하지 못했다고 한다면 이스라엘의 행동은 아직 위협이 가시화되지 않은 상황에서 과잉대응을 한 것으로 선제공격이 아닌 예방공격에 해당한다.

---

8 권혁철,『이론, 법, 사례연구를 통한 선제공격의 전략적 적용에 관한 연구』, 국방대학교 합동참모대학 연구문, 2009, p. 17.

■ 캐롤라인 호 사건Caroline Case ■

1837년 캐나다에서 반란이 일어나자 영국군이 출동했다. 영국군은 캐나다 반군이 미국 선박인 캐롤라인 호를 이용하여 무기를 운송하고 있는 것을 알아내고 12월 29일 항구에 정박한 캐롤라인 호에 불을 질렀으며, 캐롤라인 호는 하류로 떠내려가 나이아가라 폭포 밑으로 추락했다. 이 사건으로 미국인 2명이 사망하고 몇 명이 실종되었다. 이에 대해 영국 측은 자국군의 행동이 캐나다의 반란행위를 돕던 캐롤라인 호에 대한 자위권의 발동이라는 점에서 정당방위였음을 주장했으나, 미국은 자위권이란 급박하고 다른 대체수단이 없어야 하며 그 행위 또한 과도해서는 안 된다고 반박했다. 이 사건은 영국이 외교적 교섭을 통해 사과함으로써 종결되었다.

다. 선제공격의 정당성

선제공격은 정당성을 인정받을 수 있는가? 예방공격은 정당성을 인정받지 못하는가? 대부분의 학자들은 선제공격이 "적의 공격이 임박한 확실한 증거를 기초로 시작하는 공격으로서 자위권 차원에서 실시하는 공세행동"으로 보고 있으며,[9] 선제공격은 예방공격과 달리 정당성을 인정받을 수 있다고 한다.[10] 그러나 문제는 군사행동이 선제공격도 아니고 예방공격도 아닌 모호한 중간지대에 설 수 있다는 것이다. 미국의 리비아 공습의 경우 임박한 테러위협을 차단하기 위한 공격이라는 점에서 선제공격으로 볼 수도 있으나, 당장 그러한 위협이

9 합동참모본부, 『합동 연합작전 군사용어사전』, p. 190.

10 Y. Hakabi, 유재갑 · 이제현 역, 『핵전쟁과 핵평화』(서울: 문성인쇄사, 1988), pp. 81-82.

■ 선제공격의 정당성 인정 조건 ■

캐롤라인 호 사건은 선제공격의 정당성을 인정받기 위한 세 가지 원칙을 마련하는 계기가 되었다.

첫째, 임박성의 원칙이다. 적의 위협이 위중하고 당장 위해가 가해질 것이라는 공감을 얻어야 한다. 캐롤라인 호의 무기수송은 누가 보더라도 임박한 위협이 아니었다. 둘째, 비례성의 원칙이다. 위협이 임박하여 선제적으로 무력을 사용하더라도 위협의 수준을 크게 넘어서는 무력을 사용해서는 안 된다. 캐롤라인 호를 나이아가라 폭포에 유기하고 수 명의 사상자를 낸 조치는 과도한 것이었다. 셋째, 최후의 수단 원칙이다. 무력 사용은 사전에 외교적 조치나 제도적 보완 노력을 경주한 후에 마지막으로 이루어져야 한다.

미국의 안보를 위협하고 있지는 않았다는 점에서 예방공격으로 볼 수도 있다. 미국은 테러와 대량살상무기의 임박한 위협을 제거하기 위해 '선제공격' 독트린에 입각하여 아프가니스탄 및 이라크에 대한 전쟁을 개시했지만, 그러한 위협이 미국이 인식하는 것만큼 긴박한 것이었는지에 대해서는 의문이 있을 수 있다. 특히, 이라크의 경우 미국의 행동은 선제보다는 예방에 가까운 것으로 보인다.

이렇게 볼 때, 선제공격은 정당하고 예방공격은 부당하다는 이분법적 구분은 그 사이의 회색지대에서 이루어지는 군사행동에 대한 올바른 평가를 제공할 수 없음을 알 수 있다. 따라서 여기에서는 표에서 보는 바와 같이 정당성을 얻기 어려운 '예방공격'을 제외한 나머지, 즉 선제공격을 포함하여 회색지대에서 이루어지는 군사행동을 함께 묶어서 '선제적 자위권'이라는 영역으로 구분할 수 있다.

■ 선제공격의 정당성 인정 부분

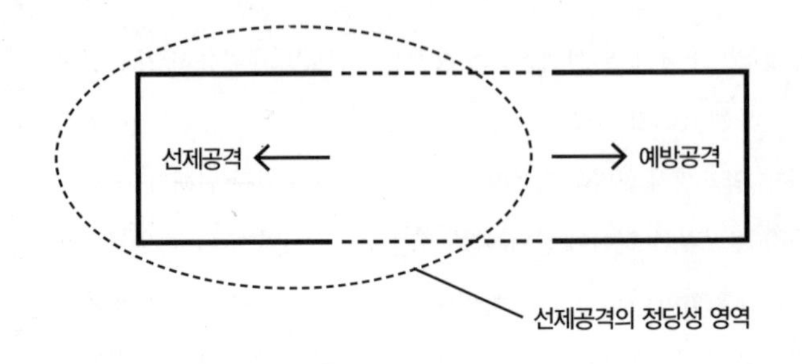

라. 선제공격의 성공요인 및 제한사항

성공요인

선제공격은 반드시 성공해야 한다. 실패할 경우 외교적으로 고립될 수 있으며, 제한될 수 있었던 전쟁이 오히려 전면전으로 확대됨으로써 의도하지 않았던 재앙적 결과를 초래할 수 있다. 따라서 다음과 같은 요인들을 면밀히 검토해야 한다.

첫째, 국제적 정당성과 국제사회의 지지를 확보하는 것이다. 선제공격 이전에 적이 조성하고 있는 위협이 얼마나 심각한지, 그들의 가공할 공격이나 행위가 얼마나 심대한 피해를 초래하는지, 그리고 그러한 위협이 얼마나 긴박한지 알려야 한다. 그래서 상대국가의 행위가 부당한 것이며, 이에 대한 우리의 선제적 대응이 정당한 것임을 납득시켜야 한다. 1979년 중국은 소련과 동맹조약을 체결한 베트남을 공격하기 이전에 소련을 포함한 국제사회에 자신들의 공격은 베트남에 교훈을 주기 위한 것이고 소규모 제한된 군사행동이 될 것이며 반드시 필요하다는 사실을 반복해서 언급했다. 이 전쟁은 비록 선제공격이라기보다는 예방전쟁에 가까운 것이었지만 소련의 군사개입을 막

을 수 있었고, 국제사회로부터 별다른 비난을 받지 않았다.[11]

둘째, 선제공격의 타이밍을 절묘하게 설정해야 한다. 이를 위해서는 적이 언제 공격해올 것인지, 적의 위협이 언제 현실화될 것인지에 대한 정확한 판단이 가장 중요하다. 적의 공격이 임박한 상황에서 적절한 시점에 선제가 이루어지지 않을 경우에는 적의 공격을 허용하게 될 것이며, 적에게 기선을 제압당하고 주도권을 내줌으로써 더욱 불리한 상황에 처하게 될 것이다. 알면서도 당하는 꼴이 되고 마는 것이다. 따라서 선제공격은 적이 어느 시점에 공격해올 것인지를 정확히 파악함으로써 그 이전의 적절한 타이밍에 먼저 공격을 가해야만 효과를 극대화할 수 있다. 가령 1967년 6일전쟁에서 이스라엘은 이집트의 전면적인 공격이 준비된 상황에서 적의 경비와 방어가 가장 느슨한 시점을 선택하여 기습적으로 선제공격을 가함으로써 전격적인 성공을 거둘 수 있었다. 반면, 1973년 제4차 중동전에서 이스라엘은 아랍국가들의 전쟁 징후를 인식하고도 적이 언제 공격해올 것인가에 대한 예측이 빗나감으로써 일격을 허용하고 말았다.

셋째, 선제공격은 목표의 설정 및 군사력 사용 범위 면에서 제한적이어야 한다. 물론, 두 국가 모두가 상대의 영토를 획득하거나 무조건 항복을 추구하는 등 적극적 목적을 갖고 있다면 전쟁은 전면전으로 확대될 수밖에 없다. 그러나 자위권 차원에서 선제공격을 추구하는 국가의 정치적 목적이 상대국가의 공격을 무력화하고 적의 의지를 약화시켜 더 큰 전쟁을 방지하는 것이라면 선제공격은 그에 부합하는 제한된 목표를 가져야 한다. 즉, 적 부대의 완전한 섬멸보다는 국지적

---

11 중월전쟁은 1978년 11월 베트남이 소련과 동맹조약을 체결하여 소련의 세력을 인도차이나에 끌어들인 데 대한 중국의 반감이 작용했다. 중국은 베트남을 제한적으로 공격함으로써 소련의 대베트남 안보공약을 약화시키고 이 지역에서 중국을 압박하려는 소련에 대해 일종의 경고를 함으로써 소련의 대중국 군사정책을 완화시키려는 의도가 있었다.

승리를 바탕으로 정치적 협상을 이끌어내는 데 주력해야 하며, 군사력 사용의 범위도 그러한 정치적 목적을 달성하는 데 필요한 정도로 한정해야 한다.

넷째, 군사전략 측면에서 선제공격은 지연소모전보다는 전격전을 통한 신속결전을 추구해야 한다. 대개 자위적 선제공격을 선택하는 국가는 상대적으로 약자일 수 있다. 따라서 전면적 공격능력을 갖고 있지 않으며, 제한된 공격마저도 사전에 많은 준비를 할 수 있는 시간과 여력을 갖고 있지 못하다. 따라서 선제공격을 가하는 국가는 적 지역 내에서 핵심적인 표적을 선택하고, 이에 대해 가용한 전력을 집중함으로써 소모적 작전보다는 전격적 전략을 추구할 수밖에 없다. 그리하여 단시간 내 적에게 충분한 물리적 피해와 심리적 충격을 가하여 즉각 정치적 협상에 나서도록 해야 한다.

다섯째, 군사적 공격이 이루어지는 가운데서도 정치적 협상 노력이 지속되어야 한다. 선제공격은 이전까지의 외교적 노력이 실패함에 따라 최후의 수단으로 동원되는 것이지만, 일단 선제공격이 시작된 후에는 다시 적과 외교적 협상을 통해 정치적 타협을 추구하는 노력이 병행되어야 한다. 선제공격과 같은 군사적 행동의 궁극적인 목적은 정부가 설정한 정치적 목적을 달성하는 데 기여하는 것이고, 이는 상대국으로 하여금 도발 또는 전쟁의지를 약화시키는 것이다. 즉, 군사적 차원에서 이루어지는 제한된 목표에 대한 전격적이고 성공적인 작전은 그 자체로는 무의미하며, 군사적 성과를 바탕으로 보다 유리한 조건하에 정치적 타협을 이끌어냈을 때 성공한 것으로 평가할 수 있다.

제한사항

국제사회가 자위적 차원의 선제공격을 정당한 것으로 인정하고 있지만 이러한 공격에는 많은 제한사항이 존재한다. 첫째로 군사력의 확실한 우위를 달성하고 있지 않은 이상 실패의 위험성이 적지 않다. 방어가 주는 이점을 버리고 공격을 시도할 경우 그만큼 더 많은 준비가 이루어지지 않으면 안 된다. 또한 먼저 공격을 당한 적이 우리를 만만하게 보고 선전포고에 나설 경우 의도하지 않은 전쟁에 휘말릴 수 있으며, 초기 선제의 성공에도 불구하고 전세가 역전될 수도 있다. 이러한 측면에서 국력 및 군사력이 약한 국가가 상대적으로 강한 국가에 대해 자위권을 행사하는 것은 쉽지 않을 것이다.

둘째로 선제공격 시기를 정확히 판단하는 것이 쉽지 않다. 너무 빨리 공격하면 과잉대응이 되어 국제사회의 비난을 받을 수 있으며, 너무 늦게 끌면 적으로부터 전면적인 공격을 당할 수 있다. 1904년 러시아의 경우 스타크O. V. Stark 제독이 일본의 공격 가능성이 증가함에 따라 태평양 함대의 전투준비태세를 갖추도록 정부에 요청했으나, 차르는 그러한 조치가 오히려 일본과의 긴장을 고조시킬 것으로 염려하여 허락하지 않았다. 그 결과는 뤼순 항에 정박해 있던 러시아 함대에 대한 일본 해군의 전략적 기습이었다. 1973년 이스라엘의 경우 메이르Golda Meir 수상이 아랍의 이스라엘 공격 가능성을 예상했으나 정보부에서는 이를 무시했으며, 그 결과 이스라엘은 이집트와 시리아로부터 동시에 공격을 받았다.[12] 이는 적의 공격태세와 의도를 명확히 판단하기가 현실적으로 매우 어려우며, 주저하는 사이에 오히려 전략적 기습을 당할 수 있음을 보여준다.

셋째로 정당성을 인정받기 쉽지 않다. 선제적으로 행동하는 측에서 아무리 급박한 위협에 대해 최후의 수단으로 자위권을 발동했다 하더라도 국제사회에 이를 객관적으로 입증하기가 쉽지 않다. 상황인

---

12 Richard K. Betts, *Surprise Attack: Lessons for Defense Planning*, p. 145.

식은 주관적일 수밖에 없으며, 상대국가는 전혀 다른 입장을 제기할 수 있다. 통상 국제사회는 먼저 군사행동을 시작한 국가에 대해 인색한 경향이 있다. 또한 주변에는 우방국만이 있는 것이 아니라 비우호적인 국가들도 있다. 따라서 선제공격을 가한 국가의 정당성은 오히려 침공을 위한 변명으로 왜곡될 수 있다.

넷째로 상대국가와 이해관계가 얽힌 당사국들을 자극함으로써 의도하지 않은 결과를 야기할 수 있다. 즉, 적과 동맹관계에 있는 국가들은 자위적 선제공격을 인정하지 않고 침략으로 규정하면서 군사개입을 시도할 수 있다. 따라서 자위적 선제공격은 상대국가는 물론, 그 국가의 동맹관계와 그로 인한 파급효과까지도 고려하지 않으면 안 된다.

요약하면, 선제공격은 이스라엘의 사례에서 볼 수 있는 것처럼 국가생존을 위한 불가피한 선택이 될 수 있다. 또한 중국의 사례에서 볼 수 있는 것처럼 국가안보를 위한 유용한 수단이 될 수 있다. 비록 선제공격의 정당성에 대한 논란이 제기될 수 있고 국제사회로부터 비난의 대상이 될 수 있지만, 국가의 생존과 안보라는 핵심이익을 수호하기 위해서는 때로 '국가이성' 논리에 입각하여 그러한 논란과 비난을 무릅쓰고 과감하게 자위적 차원의 선제공격에 나설 수 있는 상한 외교력과 군사력을 갖추어야 할 것이다.

2. 공격전략과 방어전략

가. 기본적인 전략의 유형

전쟁을 수행하기 위한 전략에는 크게 두 가지가 있다. 하나는 방어전략이고, 다른 하나는 공격전략이다. 그러나 이 두 가지의 전략이 결합되면 여러 가지의 전략이 가능해진다. 예를 들면, 순수한 방어, 공세적 방어[적극적 방어], 방어적 공세, 적극적 공격, 그리고 순수한 공격 등이 전략이라는 스펙트럼상에 존재할 수 있다.[13] 손자는 공격과 방어의 관계에 대해 "적이 나를 이기지 못하는 것은 방어하기 때문이요, 내가 적을 이길 수 있는 것은 공격하기 때문"이라고 했다.[14] 이것은 전쟁에서 자신을 지키기 위해서는 방어를 해야 하지만 방어만으로는 승리를 얻을 수 없으며, 비록 방어를 취하더라도 궁극적으로 공격을 지향해야 함을 의미한다.

순수한 방어는 자신을 지킬 수는 있으나 승리를 쟁취할 수는 없다. 방어에만 치중한다면 궁극적으로 전쟁에서 원하는 목표를 달성할 수 없기 때문이다. 클라우제비츠도 진정으로 방어작전을 수행하려 한다면 적의 공격을 되갚아주는 것이 되어야 한다고 주장했다. 그는 방어가 순전히 방어만으로 구성되는 것이 아니라 방어와 공격으로 이루어지는데, 이때 방어란 상대적으로 방어의 요소가 공격의 요소보다 더 많을 뿐이지 공격을 아예 배제하는 것은 아니라고 했다. 오히려 그는 방어가 공세적 전투를 통해 수행될 수 있다고 함으로써 방어도 적극적으로 공세를 취하는 것이 바람직하다고 보았다. 적의 공격을 기다리는 중에도 총탄은 공세를 취할 수 있듯이, 방어적 형태의 전쟁은 단순히 막기만 하는 방패가 아니라 적을 정확히 타격할 수 있는 무장력을 구비한 방패여야 한다는 것이다.[15]

순수한 공격도 있을 수 없다. 공격은 공격만 하는 것이 아니라 항상

---

13 John M. Collins, *Military Strategy*, pp. 86-87.

14 손자, 『손자병법』, 제4장 군형편(軍形篇).

15 Carl von Clausewitz, *On War*, p. 357.

방어와 함께 이루어진다. 공격하는 측은 전방지역에서 공격에 치중하더라도 후방지역에서는 병참선을 보호해야 하며, 적의 영토 깊숙이 진격해갈수록 점령한 적의 도시와 지역을 방어하지 않을 수 없다. 또한 공격을 하는 와중에도 예비대의 임무를 수행하거나 휴식을 갖게 되는 경우에는 자동으로 공격에서 방어로 전환해야 한다. 따라서 상식적으로 순전히 공격만 하는 전쟁은 있을 수 없다.

이렇게 볼 때 순수한 방어는 이론적 영역에서나 존재하는 극단적인 작전 형태로 바람직한 전략적 선택이 될 수 없음을 알 수 있다. 또한 순수한 공격은 "방어의 강함"을 부정하는 잘못된 가정에 입각하여 논리적 오류를 안고 있는 만큼 바람직한 선택이 될 수 없다. 따라서 이 두 가지를 제외한 다른 세 가지 전략, 즉 공세적 방어[적극적 방어], 방어적 공세, 그리고 적극적 방어에 대해 살펴보겠다.

첫째는 '공세적 방어' 혹은 '적극적 방어'이다. '공세적 방어'는 전체적으로 방어전략을 취하지만 필요한 경우 부분적으로는 공세를 취하는 전략이다. 이는 마오쩌둥의 '적극적 방어'와 유사한 개념으로서 전략적 수준에서 방어이지만, 전술적 수준에서는 공세를 유지하는 전략이다.[16] 즉, 전체적인 국면에서는 적의 공격을 방어하면서, 부분적으로는 적의 약점을 골라 공격을 가하는 것이다. 이 전략의 통상적인 모습은 적이 공격해올 경우 방어 위주의 작전을 전개하다가 적의 전투력이 약화되면 그때 본격적으로 반격에 나서게 된다. 따라서 적 공격으로부터 아군의 반격에 이르기까지 많은 시간이 소요될 수 있다.

이 전략은 결정적 순간에 이르러 두 가지 선택의 기로에 서게 된다. 하나는 적극적인 방책으로 방어에 성공하고 적 전투력이 크게 약화되었을 경우, 특히 정치적 협상이 이루어지지 않을 경우 본격적인 공

---

16 박창희, 『현대중국 전략의 기원』(서울: 플래닛미디어, 2011), pp. 103-104.

세로 전환하여 적을 격멸시키는 것이다. 공격해온 적의 전투력을 먼저 약화시킨 후 적 지역으로 반격을 가하고 전과를 확대하는 것은 당연하다. 이는 지극히 정상적인 전략으로 적의 공격을 응징하고 유리한 조건하에서 평화조약을 체결함은 물론, 적으로 하여금 무조건 항복을 받아낼 수도 있다. 다른 하나는 소극적인 방책으로 현 상황에서 타협하는 것이다. 즉, 서로에게 결정적 승리가 불가능하다고 판단될 경우 서로가 더 큰 피해를 입지 않기 위해 정치적 타협을 거쳐 평화조약을 체결하는 것이다. 이 경우 군사적 목표는 적을 격멸하기보다는 격퇴하는 데 주안을 두게 될 것이며, 작전은 원래의 접촉선 부근에서 종결될 것이다.

적의 공격을 방어하는 데 성공하고 나서 향후 작전을 어떻게 이끌어갈 것인가에 대한 문제는 비단 한 국가의 정치적 결정일 뿐만 아니라 주변국 또는 국제사회의 입김도 크게 작용하지 않을 수 없다. 그러나 중요한 것은 방어하는 국가가 적의 공격에 대해 '격멸'을 추구할 것인지, 아니면 '격퇴'를 추구할 것인지를 먼저 결정해야 그에 부합하는 일관된 방어전략을 구상할 수 있다는 것이다. 여기에서 격퇴란 적 군사력을 국경선 너머로 물리치는 것이며, 격멸이란 적 군사력을 섬멸하고 와해시키는 것을 말한다. 한국군의 경우 북한의 군사적 도발에 대해 '격멸'을 추구한다면 궁극적으로 통일을 지향하게 될 것이고, '격퇴'를 추구한다면 그저 북한군을 물리치고 다시 현상을 유지할 가능성이 높아질 것이다.

둘째는 '방어적 공세'이다. '방어적 공세'는 전반적인 전쟁 형태가 공세이지만 그렇다고 적을 먼저 공격하는 것이 아니다. 처음에는 적의 공격에 대해 방어태세를 취하지만 곧바로 공세로 전환하여 전격적인 작전으로 신속결전을 추구하는 전략이다. 전체적으로 짧은 기간의 방어와 신속한 공세전환, 그리고 비교적 짧은 공격으로 전격적인 승리를 거두는 것이다. 따라서 이러한 전략의 통상적인 모습은 적의 공격에 대한 최소한의 방어가 있은 후 곧바로 적에 대해 대대적인 반격을 가하게 된다. 공세적 방어전략의 경우 가용한 전투력이 충분하지 못해 적의 공격을 최대한 지연시키고 약화시키는 데 주안을 두는 반면, 방어적 공세전략은 기본적으로 기동과 화력 면에서 상대보다 우세한 전력을 갖춘 상태에서 적을 보다 적극적으로 격퇴 및 격멸시키고 전쟁 기간을 최대한 단축시키는 데 주안을 둔다.

방어적 공세도 두 가지의 전략적 목적을 추구할 수 있다. 하나는 '격퇴'에 주안을 둠으로써 적의 공격을 국경선 너머로 밀어내는 전략이다. 이 경우 작전은 적의 주력을 섬멸하는 것보다는 영토를 회복하는 데 주안을 둘 것이다. 다른 하나는 '격멸'에 주안을 두고 적의 영토까지 점령함으로써 보다 적극적인 정치적 목표를 추구하는 전략이다. 이 경우 작전은 적의 주력을 섬멸함으로써 적의 저항능력을 소멸시키는 데 주안을 둘 것이다.

셋째는 '적극적 공격'이다. 이는 통상 우리가 생각하는 공격과 같은 것으로 상대국가에게 우리의 의지를 강요하거나 영토적 야심을 가진 국가가 그러한 정치적 목적을 달성하기 위해 군사적 공격을 가하는 것이다. 적극적 공격은 대부분의 경우 군사력이 우세하거나 그렇다고 믿는 측에서 먼저 시작할 수 있다. 제1차 세계대전은 주요 국가들이 서로 전쟁에서 신속하게 승리할 수 있다는 군사적 자신감에 찬 상태에서 촉발되었다. 1950년 북한 김일성은 남북한 간의 군사력 불균형으로 인해 쉽게 승리할 수 있다고 믿고 남한을 공격했다. 1962년 인도에 대한 중국의 공격이나 1979년 베트남에 대한 중국의 공격도 마찬가지로 군사적으로 우세한 상황에서 적극적으로 공격을 가한 사례이다.

물론 군사적으로 열세에 있는 국가라도 먼저 '적극적 공격'을 가할 수 있다. 다만 이 경우에는 전쟁이 제한될 것이라는 확신이 있을 때에만 가능한 것으로, 만일 강대국과의 전쟁이 제한전쟁이 아닌 전면전이 될 것으로 예상한다면 약소국은 섣불리 강대국을 상대로 전쟁을 시작하기 어려울 것이다.[17] 1950년 중국이 한국전쟁에 개입한 것은 개입하더라도 강대국인 미국과의 전쟁이 한반도에 국한될 것이라는 믿음 때문에 가능했다. 1969년 중국이 우수리 강의 한 섬에서 소련군에 대해 먼저 군사적으로 도발한 것은 그 분쟁이 전면적인 전쟁으로 확대되지 않을 것이란 확신이 있었기 때문에 가능했다.

나. 공격의 형태

공격의 형태로는 정면공격frontal attack, 돌파penetration, 포위encirclement, 그리고 우회bypass, 이 네 가지를 들 수 있다. 정면공격은 소모전략에 해당하며, 돌파, 포위, 그리고 우회는 기동전략으로 볼 수 있다. 이러한 개념들은 전술적인 수준에도 적용될 수 있으나, 작전적·전략적 수준에서 공격을 구상할 때 검토되어야 하는 것으로 지상전략을 이해하는 데 중요하다.

정면공격은 적의 방어진지에 대해 정면에서 지속적인 타격을 가하는 형태로, 상대적으로 우세한 전투력을 보유했을 때 실시할 수 있다. 즉, 적보다 압도적으로 많은 병력과 화력, 그리고 전쟁지속능력을 보유할 경우 가능하다. 그러나 정면공격은 앞으로 이 장에서 살펴볼 소모전략이 갖는 단점이 그러하듯이 적의 집중적인 화력에 취약하며 많은 피해가 발생할 수 있다.[18] 그리고 적 전투력을 섬멸하기보다는 격퇴하는 수준, 즉 적을 밀어내고 지역을 차지하는 정도의 효과를 거둘

17 T. V. Paul, *Asymmetric Conflicts: War Initiation by Weaker Powers*, pp. 173-174.
18 육군교육사령부, 『군사이론연구』, p. 492.

수밖에 없다는 단점을 갖고 있다.

돌파는 적의 주력부대가 점령한 진지의 정면에 강력한 전투력을 집중하여 적 방어진지의 일부를 격파하고 분리시킨 다음, 양쪽으로 분리된 적을 각개격파 또는 포위하여 격파하는 공격의 한 형태이다. 돌파는 많은 전투력을 좁은 지역에 집중하여 우세를 달성하는 것이 핵심으로, 순간적으로 결정적 타격을 가해야 하기 때문에 강력한 전투력 발휘가 요구된다. 돌파에 성공하기 위해서는 기습, 충분한 화력, 유리한 지형, 충분한 병력 등이 요구된다.[19] 돌파 역시 정면공격과 마찬가지로 과다한 손실이 발생할 수 있으며, 돌파에 성공했다 하더라도 후속하는 부대가 전과확대를 제대로 하지 않으면 결정적 성과를 거둘 수 없다.

포위는 적 주력부대의 강점을 회피하여 측방 혹은 후방으로 기동한 다음 적의 퇴로 및 병참선을 차단하고 지대 내의 적 주력을 격멸하는 공격의 한 형태이다. 포위는 통상 일익포위를 지칭하나, 이외에도 양익포위, 전면포위가 있으며, 제2차 세계대전 시에는 양익포위가 빈번히 사용되었다.[20] 포위는 돌파 혹은 우회기동을 통해 완성될 수도 있다. 포위는 정면공격과 반대로 지역을 확보하기보다는 적의 전투력을 섬멸하는 데 주안을 두고 있으며, 따라서 결정적 승리를 거둘 수 있는 매우 유용한 형태의 전략이다.

우회는 적이 미리 준비하고 있는 방어지역을 회피하여 적의 측방 혹은 후방지역으로 깊숙이 진출함으로써 적으로 하여금 준비된 진지를 포기하게 하거나 적 주력의 전환을 강요한다.[21] 포위가 적의 퇴로

---

19 육군교육사령부, 『군사이론연구』, p. 487.

20 앞의 책, p. 489.

21 앞의 책, p. 491.

및 병참선을 차단하고 지대 내의 적 주력을 에워싸는 데 주안을 둔다면, 우회는 적의 방어진지를 회피하고 돌아가는 그 자체를 의미한다. 물론 우회가 성공할 경우 적은 방어배치나 계획을 변경하지 않을 수 없게 될 것이다. 간접접근전략이 주로 이러한 기동 형태를 취하는데, 이는 적의 병참선과 같이 취약한 지역으로 나아감으로써 적 주력의 전투의지를 약화시키고 심리적 마비를 달성하는 전략이다.

고대 그리스-로마 시대로부터 구스타브 아돌프, 그리고 나폴레옹 전쟁에 이르기까지 공격전략은 주로 적의 약한 측면으로 우회하여 적을 포위하고 섬멸하는 방식이 주류를 이루었다. 그러나 19세기 이후 민족주의의 영향으로 각 국가들이 대량의 군대를 보유하게 됨에 따라 빈틈을 주지 않았고, 따라서 전선에서 서로 약한 측면을 공략하기가 어려워지고 우회나 포위는 어렵게 되었다. 제1차 세계대전이 대표적 사례이다. 그러자 전략가들은 그러한 교착상태를 타개하기 위해 '돌파'에 치중하게 되었고, 그러한 수단으로 전차가 각광을 받게 되었다. 이에 대해서는 이 장의 후반부에서 논의할 것이다.

다. 방어의 형태

적의 공격을 방어하기 위한 방어의 형태로는 고정방어static defense, 전방방어forward defense, 종심방어defense in depth, 그리고 기동방어mobile defense, 이 네 가지를 들 수 있다. 고정방어와 전방방어는 적의 공격에 직접 맞붙어서 방어하는 것으로 소모전략에 해당하며, 종심방어와 기동방어는 융통성을 가지고 뒤로 물러나며 방어하는 것으로 일종의 기동전략으로 볼 수 있다.

먼저 고정방어는 준비된 진지를 따라 병력을 배치하고 적의 공격에 대비하는 것으로 전형적인 선형방어에 해당한다. 고정방어는 전략적 차원에서는 물론이고 전술적 차원에서도 거의 기동이 이루어지지 않는다. 그리고 전선이 적의 공격에 의해 돌파될 경우 전체 방어망은 사실상 무력화된다. 1914년 제1차 세계대전 당시 연합군의 방어나 1940년 제2차 세계대전 당시 독일의 공격에 대한 프랑스와 벨기에의 연합군 방어는 이와 같이 융통성을 결여한 고정방어였다. 고정방어는 적의 공격이 시작된 후 적이 지향하는 지역이나 돌파된 지역으로 신속하게 병력을 이동시킬 수 없다는 점에서 적의 기동전 혹은 전격전에 대비하는 데 적합하지 않다. 따라서 고정방어는 공간 대 병력의 비율 측면에서 배치할 수 있는 병력이 충분하여 적의 돌파를 방지할 수 있다고 판단될 경우 채택할 수 있다. 다만, 고정된 방어진지에서 적의 무차별적 공격을 감당해야 하기 때문에 많은 희생자가 발생할 수 있다는 점에서 전형적인 소모전략으로 볼 수 있다.

전방방어는 고정방어와 마찬가지로 선형방어의 일종이지만 전술적 차원에서는 어느 정도의 기동력과 제한된 융통성을 가질 수 있다. 즉, 전방방어는 방어선 전방에 일부 병력을 배치하여 적의 공격을 조기에 탐지하고 경고할 수 있으며, 필요시 제한적이나마 적의 진출을 지연시킬 수도 있다. 또한 지휘관들은 방어선 전방에 배치했던 병력을 뒤로 철수시켜 소규모 예비대로 두었다가 필요시 가용한 병력을 전방지역 혹은 돌파된 지역으로 신속히 전환할 수 있다. 물론, 전방방어에서는 대다수의 병력을 고정된 방어진지에 배치하기 때문에 그러한 병력의 전환은 단지 전술적으로만 가능할 뿐, 전략적 차원에서 그러하다는 것은 아니다. 따라서 소규모 돌파지역을 메우는 것은 가능하나 대규모 돌파를 막기에는 역부족일 수밖에 없다.

고정방어 및 전방방어와 달리 종심방어와 기동방어는 대다수의 병력을 전방의 방어진지에 투입하지 않고 뒤로 물러나면서 융통성 있게 운용할 수 있다. 먼저 종심방어는 전방에서 후방지역으로 내려가면서 순차적으로 준비된 진지를 미리 마련해놓고 적이 공격해오면 각 진지를 점령해가면서 적의 전투력을 점차적으로 마모시키는 전략이다. 이때 종심방어는 개략적인 방어선을 그어놓고 축차적으로 이동하면서 방어할 수도 있고, 혹은 방어선 없이 각 구역별로 독자적으로 작전할 수도 있다. 이때 방어하는 측은 적이 돌파할 것으로 예상되는 주요 지점 및 방어선상에 병력을 배치하여 방어하다가, 적이 첫 번째 방어선을 돌파하면 제2·제3의 진지를 점령하면서 적의 진출을 저지하게 된다. 만일 적 주력이 방어진지를 공략하지 않은 채 우회할 경우에는 사전에 점령한 방어진지를 그대로 고수하면서 적의 병참선을 공격할 수도 있다.

적은 종심방어상의 전방진지를 돌파하기가 용이할 것이다. 왜냐하면 종심방어 진지에는 고정방어나 전방방어를 위해 마련한 진지보다 병력 및 화력이 훨씬 엷게 배치되어 있기 때문이다. 그러나 공격하는 적은 두 번째, 세 번째 방어진지로 내려가면서 약화될 수밖에 없는데, 그것은 방어하는 측으로부터 더 격렬한 저항을 받을 뿐 아니라 병참선이 길어지고 측면공격을 받을 것이기 때문이다. 따라서 공격하는 측은 공격하면 할수록 방어 소요가 늘어나고 진격 속도는 갈수록 둔화될 것이다.

방어하는 측은 반드시 전술적 기동성을 확보해야 한다. 미리 준비된 진지에서 싸우는 것도 중요하지만 상황이 여의치 않을 경우 다음 진지로 후퇴하여 진지를 강화해야 하기 때문이다. 또한 방어하는 측은 다양한 진지를 방어해야 하기 때문에 많은 인력을 확보해야 한다. 만일 그러한 여건이 되지 않는다면 종심방어는 상대적으로 정면이 좁은 경우에만 바람직한 전략이 될 수 있으며, 혹은 전선 전체에서 특별히 중요한 지역에 대해 부분적으로 채택할 수 있는 전략이 될 것이다.[22]

종심방어는 일부 영토를 적에게 내어준다는 측면에서 앞에서 언급한 두 종류의 방어와 다르다. 그러나 적의 공격에 대해 전방지역에서부터 돌파를 허용하지 않도록 적극적으로 싸운다는 측면에서는 유사한 면이 있다. 그러나 다음에 알아볼 기동방어는 지금까지 언급한 세 종류의 방어와 전혀 다른 것으로 적의 전면적 돌파를 의도적으로 허용하면서 작전을 수행한다.

기동방어는 가장 대담한 방어 형태이다. 기동방어는 먼저 공격부대로 하여금 후방지역까지 돌파하도록 허용한다. 적은 전방지역을 쉽게 돌파한 다음 후방으로 진출하여 방어부대의 전투력을 마비시키려 할 것이다. 그러나 적은 측면이 노출되고 돌파구 견부肩部가 공고하지 못하다는 취약점을 안고 있다. 따라서 적이 전선을 돌파하여 후방으로 유입되는 시기에 맞춰 적의 측면을 공격한다면 적 부대와 적의 본거지를 차단할 수 있고 유입된 적을 고립시킬 수 있다. 즉, 기동방어는 돌파에 성공한 적 공격부대가 방어부대를 마비시키기 전에 먼저 적을 고립시키고 격멸시키는 전략이다.

이를 위해 기동방어는 전방에 배치하는 전력을 최소화하고, 대신 대규모 예비대를 두어야 한다. 전방에 배치된 부대는 적과 싸우기보다는 적의 주력이 어디를 지향하는지 파악하고 적의 진격을 방해하는 데 주력해야 한다. 적 주력의 공격 방향이 파악되면 적 주력이 지향하는 진격 방향을 따라 예비대를 배치한 후, 측면에서 적의 병참선을 차단하고 적 주력을 포위망에 가둔다. 이와 같은 기동방어는 점차적으로 적의 전력을 마모시키는 것이 아니라 적의 아킬레스건을 침으로써 궁극적으로 아군 지역으로 유입된 적 공격부대를 와해시키고 섬

---

22 John J. Mearsheimer, *Conventional Deterrence*, p. 50.

멸하는 데 그 목적이 있다.[23]

그러나 기동방어전략에는 한계가 있다. 역사적으로 국가들이 기동방어를 채택한 예가 드문데, 그 이유는 기동방어는 다른 방어에 비해 여러 가지 불리함을 안고 있기 때문이다. 첫째, 기동방어를 위해서는 확실한 정보와 절묘한 작전술이 요구된다. 그러나 시시각각으로 변화하는 전장에서 필요한 정보를 정확하게 수집하기에는 많은 어려움이 따른다. 또한 적 공격부대의 측면을 차단하는 임무를 맡은 아군의 기동부대가 작전에 실패할 경우 적의 돌파는 더욱 견고해질 것이며, 오히려 아군의 방어체계가 적보다 먼저 무너질 수 있다. 기동방어는 큰 위험을 안고 있는 셈이다. 둘째, 기동방어는 스스로 전방의 방어진지를 포기함으로써 방어의 이점을 누릴 수 없다. 일반적으로 공격부대와 방어부대가 전투를 벌일 때 방어부대는 미리 준비한 진지에서 몸을 숨긴 채 작전을 수행하기 때문에 공격하는 부대보다 약 세 배의 이점을 갖는 것으로 알려져 있다. 그러나 기동방어를 택할 경우 방어하는 측은 방어진지에서 벗어나 오히려 적의 측면을 공격해야 하는데, 이는 방어에서 누릴 수 있는 이점을 포기하는 것을 의미한다. 설상가상으로 측면공격을 가할 때 적이 재빨리 방어로 전환한다면 기동방어를 택한 측은 더욱 불리한 상황에서 작전을 수행해야 한다.[24]

이렇게 볼 때 적의 전격적인 공격을 방어하기 위해서는 적의 돌파에 융통성을 갖고 있는 종심방어가 최선의 선택일 수 있는 반면, 적의 돌파에 취약한 고정방어는 최악의 선택이 될 수 있다. 다만 전방방어는 좁은 전선에서 병력 대 공간의 비율이 유리하고 예비대가 충분히 확보될 수 있을 때 유용한 전략이 될 수 있으며, 병력이 부족할 경우에는

---

23 John J. Mearsheimer, *Conventional Deterrence*, p. 50.

24 앞의 책, p. 51.

적과 직접 맞서 싸우지 않고 적의 취약점을 타격함으로써 극적인 성과를 거둘 수 있는 기동방어가 바람직한 선택이 될 수 있을 것이다.[25]

3. 소모전략과 기동전략

가. 소모전략

소모전략은 수많은 개별 전투를 통해 지속적으로 적을 약화시키고 패배시키는 전략이다. 즉, 적이 더 이상 저항할 수 없을 때까지 반복해서 타격하고 적의 전투력을 고갈시킴으로써 궁극적으로 성공을 거두는 전략이다.[26] 따라서 이는 적보다 우세한 산업동원력과 전쟁지속력을 갖추었을 때 선택할 수 있다. 이러한 전략은 작전술, 즉 전장에서의 뛰어난 용병술을 필요로 하지 않으며, 다만 우세한 화력과 자원을 동원하여 전면에 배치된 적의 표적을 끊임없이 반복해서 파괴하는 누진적 효과를 통해 승리를 추구한다. 궁극적으로 소모전략은 국력이 크고 군사력 및 자원이 우세한 국가의 전략이다.[27]

소모전략에는 큰 희생이 따른다. 소모전략을 택하여 적을 정면에 두고 직접 공격할 경우, 또는 고정된 진지에서 맞서 방어할 경우 양측 모두 많은 피해를 입을 수밖에 없다. 따라서 소모전략을 통해 공격하는 측은 귀중한 인명 손실을 최소화하기 위해 인력 대신 화력을 동원하여 적을 공격하게 된다. 이는 방어하는 측도 마찬가지이다. 즉, 소모

---

25 John J. Mearsheimer, *Conventional Deterrence*, pp. 51-52.

26 앞의 책, p. 29.

27 Daniel Moran, "Geography and Strategy", John Baylis et al., *Strategy in the Contemporary World*, p. 126.

전략은 공격하는 측이나 방어하는 측 모두가 서로 상대의 전투력을 무력화시키기 위해 화력에 의존하지 않을 수 없으며, 상대적으로 비용이 저렴한 포병화력이 이러한 전략에서 중요한 역할을 담당하게 된다. 전차의 경우 전차 특유의 기동성과 속도를 활용할 수도 있지만, 전반적으로 소모전략은 적의 전선을 뒤로 밀어내는 것이므로 종심 깊은 돌파는 가급적 시도하지 않으며, 다만 전차에 달린 주포와 기관총으로 화력을 지원하는 데 한정된다.[28]

소모전략을 추구할 경우 커다란 비용을 감수해야 한다는 위험이 있지만, 한편으로 이러한 전략은 상대적으로 예측 가능한 승리를 거둘 수 있다는 장점도 있다. 즉, 소모전략은 투입한 노력과 자원의 정도에 따라 그만큼의 결과를 거둘 수 있는 것이다. 이러한 전략에서는 일부 실수를 하더라도 그것이 전체 전략의 붕괴나 전쟁의 패배로 귀결되지는 않는다. 예를 들어, 어떤 하나의 표적을 잘못 확인하거나 놓치게 될 경우 그 표적을 다시 공격하면 그만일 뿐, 그로 인해 전략 그 자체가 와해될 위험에 놓이는 것은 아니다. 이는 앞에서 언급한 기동방어의 위험성—즉, 적 측면에 대한 공격이 실패할 경우 전체 방어체계가 붕괴될 수 있다는 위험성—과 비교할 때 비교적 안정적인 전략으로 볼 수 있으며, 그것이 바로 많은 국가들, 특히 강한 국가들이 소모전략을 선호하는 이유이다.

기동전략이 실패로 돌아갈 경우 소모전략으로 전환되는 경우도 있다. 제1차 세계대전이 소모전으로 귀결된 것은 초기 프랑스 전역에서 독일군의 기동전략이 실패하고 나서 곧바로 연합군과 동맹군 간의 참호 대치로 이어졌기 때문이다. 제2차 세계대전이 소모전이 된 것은 초반에 독일군이 전격전을 통해 눈부신 승리를 거두었음에도 불구하

---

28 John J. Mearsheimer, *Conventional Deterrence*, p. 34.

고 유럽 전역으로 이러한 전과를 확대하기에는 역부족이었기 때문이다. 중국은 한국전쟁에 개입하여 제1차 전역과 제2차 전역에서 기동전을 통해 결정적 승리를 거둘 수 있었으나 화력과 기동의 열세로 인해 실패했고, 이후 전쟁은 2년 반이 넘는 소모적인 전쟁으로 전환되었다.

나. 기동전략

기동전략은 적의 물리적 실체를 파괴하는 것이 아니라 적이 가진 전쟁수행체계를 와해시켜 적의 전투력 발휘를 무력화시키는 데 그 목적이 있다.[29] 여기에서 전쟁수행체계란 적의 지휘통제체제, 전쟁수행방식, 그리고 전투대형, 혹은 핵심적 기술체계 등을 말한다. 소모전략은 투입된 노력의 양과 질에 비례하는 결과를 가져오기 때문에 물질적 우세 없이는 승리를 기대하기 어렵다. 반면, 기동전략은 적의 취약성 식별, 기습의 달성, 그리고 치밀한 행동과 속도 등에 따라 그 결과가 달라진다. 특히 기습과 속도의 결합은 성공의 전제조건이라 할 수 있는데, 그것은 적이 대응할 시간을 갖고 미리 대비한다면 적의 취약성을 노릴 수 없기 때문이다.

기동전략은 투입한 노력보다도 훨씬 더 큰 성과를 가져다줄 수 있다. 비록 상대적으로 적보다 전력이 약하다 하더라도 적의 병참선과 같은 취약한 지역을 공략함으로써 적 부대를 와해시킬 수 있다. 이러한 측면에서 기동전략은 소모전략과 달리 상대적으로 약한 측에게 승리의 기회를 제공한다.

---

29 Edward N. Luttwak, *Strategy: The Logic of War and Peace*(Cambridge: Belknap Press, 2001), p. 115.

그러나 다른 한편으로 기동전략은 그만큼 위험성도 크다. 적의 취약한 지역을 잘못 판단하여 공격하거나, 취약하다고 판단한 지역을 적이 미리 알아차리고 충분히 보강한다면, 아군의 기동부대는 전혀 예상치 못한 강력한 저항에 부딪혀 고전을 면치 못할 것이고, 공격은 완전히 실패로 돌아갈 수 있다. 소모전략에서는 한 국면의 작전이 전체 국면에 커다란 영향을 미치지 않는 반면, 기동전략에서는 한 국면의 작전 실패가 전체 국면에 영향을 주고 전쟁의 패배로까지 이어질 수 있다. 이렇게 볼 때 소모전략은 엄청난 비용을 감수해야 하지만 반전의 위험성이 적은 전략인 반면, 기동전략은 비용이 적게 들지만 높은 위험성을 수반하는 전략이라 할 수 있다.[30]

순수한 소모전 또는 순전히 기동전으로만 이루어진 전쟁은 존재하지 않는다. 적 주력과의 전투가 작전술적 차원에서 소모전을 추구한다 하더라도 전술적 차원에서는 기동전 형식의 전투가 치러질 수 있다. 또한 기동에 주안을 둔 작전이 주를 이룬다 하더라도, 기동부대와 다른 지역에서는 적을 기만하거나 고착시키기 위한 소모전이 치러질 수 있다.

그러면 왜 '기동'인가? 기동은 최초 '포위'를 위한 것이었으나, 근대에 오면서 '돌파'를 추구하는 것으로 변화했다. 19세기 이전까지 기동전략은 대부분 적을 포위하기 위해 사용되었다. 19세기 이전의 절대왕정 시대에는 군대가 직업군인 및 용병들로 구성되어 이들을 징집하고 유지하는 데 많은 비용이 들었기 때문에 그 규모가 작았다. 따라서 지휘관들은 사상자가 많이 발생할 수 있는 정면공격을 회피하고, 그 대신 적의 측면을 치고 나감으로써 적 군대를 포위하는 전략을 구사하곤 했다. 이러한 전략은 당시 군대가 소규모였고 따라

---

30 Edward N. Luttwak, *Strategy*, pp. 115-116.

서 측면이 노출되어 있었기 때문에 쉽게 성공할 수 있었다. 즉, 고전적인 의미에서의 '기동'은 곧 적 군대를 '포위'하기 위해 이루어진 것이다.

그러나 19세기 이후 징집제도가 도입되고 대규모 군대가 출현하면서 군대는 매우 넓은 정면을 갖게 되었고 측면을 노출하지 않게 되었다. 적을 포위하기가 사실상 어렵게 된 것이다. 그 결과, 지휘관들은 적의 정면 가운데 비교적 약한 지점을 돌파하여 후방지역으로 진격하는 방법을 찾게 되었다. 즉, 정면공격으로 인한 값비싼 희생을 줄이면서 적 방어를 압도하기 위한 대안으로서 지휘관들은 '포위' 대신 '돌파'를 선택했고, 따라서 '기동'은 곧 '돌파'를 의미하게 되었다.[31]

제1차 세계대전 후반기에 새로운 돌파의 모습이 등장했다. 참으로 제1차 세계대전은 전선의 변화 없이 무의미한 인명손실만 가져온 참혹한 전쟁이었다. 1914년 9월 승승장구하던 독일군의 진격이 마른 Marne 전역에서 좌절되면서 전선은 교착되었다. 그로부터 1918년 3월 독일의 최종 공세가 시작되기 전까지 무려 3년 반 동안 양측의 어떠한 공격도 전선을 15킬로미터 이상 이동시키지 못했다. 1916년 7월 영국과 프랑스 연합군이 공세를 취한 솜 전투 Battle of the Somme는 107일에 걸친 전투에도 불구하고 연합군이 정면 50킬로미터, 종심 11킬로미터에 걸친 지역을 탈환했지만, 그마저도 영국군 42만 명, 프랑스군 19만 명, 독일군 50만 명 등 총 111만 명의 사상자가 발생하고 나서야 가능했다.[32]

상황이 이렇게 되자, 연합군과 동맹국은 교착상태를 극복하고 전쟁을 신속히 종결할 수 있는 방법을 찾기 위해 다각적인 노력을 전개

---

31 John J. Mearsheimer, *Conventional Deterrence*, pp. 30-31.

32 온창일 외, 『군사사상사』(서울: 황금알, 2008), p. 216.

했다. 즉, 방어에 이점을 가져다주었던 참호와 기관총, 그리고 철조망을 극복함으로써 공격하는 측의 기동력을 부활시키고 기습을 달성하려는 노력이 전술과 무기체계의 변화를 가져왔다. 독일군은 1918년 3월 공세에서 '침투전술infiltration tactics'을 도입하여 연합군의 강한 지점을 회피하는 대신 연합군의 방어선 가운데 약한 지점을 돌파한 다음 적이 배치되지 않은 후방으로 진격하여 황폐화시킨다는 계획하에 전투력을 집중하여 운용했다. 처음에 독일군은 돌파구를 형성하는 데 성공했으나, 그 틈새로 추가 전투력을 투입할 여력이 부족하여 실패하고 말았다. 즉, 독일군이 돌파구를 내자 연합군은 즉각 추가 병력을 투입하여 돌파구를 봉쇄했는데, 이는 기갑이 아닌 보병으로는 돌파구를 확대하고 적 후방 깊숙이 진입하는 데 한계가 있음을 보여주었다.

한편 연합군에서도 교착 국면을 돌파할 요량으로 새로운 무기인 '전차tank'를 개발했다. 1916년 솜 전투에서 처음으로 전차가 사용되었을 때에는 기대 이상의 효과를 얻지 못했으나, 이후 1917년과 1918년 일부 전역에서는 어느 정도 성과를 거둔 것으로 평가되었다. 영국군은 1918년 말에 대규모 전차를 운용할 계획을 가졌지만, 전쟁이 종결됨으로써 그러한 기회는 무산되었다. 그 후 유럽 국가들에서는 전차가 앞으로의 전쟁에서 혁명적인 변화를 야기할 것이라는 주장이 일었다. 그러나 독일을 제외한 국가들에서는 이러한 견해를 무시했다.[33]

---

33 John J. Mearsheimer, *Conventional Deterrence*, p. 31.

4. 전차를 이용한 기동전략

가. 마비전 전략

전차의 도입으로 현대전의 성격에 근본적인 변화가 일어났다. 학자들은 전차의 새로운 역할을 인정하는 데에는 일치했지만, 그것이 어느 정도의 역할을 담당해야 할지에 대해서는 세 가지 견해로 나뉘었다. 첫째는 제1차 세계대전에서와 같이 전차의 역할은 보병을 지원하는 데 그쳐야 한다는 것이었다. 이러한 주장은 적진을 돌파하는 데 필요한 전차의 기동성과 속도의 유용성을 간과한 것이 아닐 수 없었다. 둘째는 전차가 보병과 포병이 달성한 전장에서의 성과를 최대한 확대하는 데 사용되어야 한다는 것이었다. 다른 말로, 전차는 과거 전통적으로 기병이 담당했던 역할을 맡아야 한다는 논리였다. 세 번째는 앞의 두 주장과 달리 전차가 전장에서 주역이 되어야 하며, 혁명적인 성과를 가져올 수 있도록 활용되어야 한다는 주장이었다. 즉, 전차가 보병과 포병을 지원하는 것이 아니라, 반대로 전장에서 주요한 역할을 담당하고 보병과 포병이 전차를 지원해야 한다는 것이다. 이러한 견해를 가진 학자들은 전차가 초기 적의 전선을 뚫고 적 종심 깊은 지역으로 돌파함으로써 신속하게 승리를 거둘 수 있음에 주목했다. 이 주장은 1918년 전선을 돌파한 후 후속 전력을 투입하지 못해 작전의 실패를 경험했던 독일에서 매우 큰 설득력을 얻었고, 독일은 이러한 개념을 토대로 '전격전' 개념을 발전시켜 제2차 세계대전 초기 프랑스를 신속하게 함락시킬 수 있었다.[34]

풀러J. F. C. Fuller의 마비전 이론은 전차의 혁명적 운용을 옹호하는 주

---

34 John J. Mearsheimer, *Conventional Deterrence*, pp. 31-33.

장들 가운데 하나이다. 풀러는 전차가 교착된 전선을 돌파할 수 있는 새로운 수단이 될 것이라고 믿었다. 그는 제1차 세계대전이 한창이던 1917년 11월 캉브레 전투Battle of Cambrai에서 378대의 전차를 투입하여 처음으로 전차를 대규모로 운용했다. 이때 영국군 전차는 영국군 2개 군단을 선도하여 약 9킬로미터의 종심을 돌파했으나 전과 확대를 실시할 예비대가 부족하여 전략적 승리를 달성하지는 못했다. 그럼에도 불구하고 이 전투는 풀러로 하여금 전차가 적으로 하여금 전투의지를 약화시키는 잠재적 가치가 있음을 인식하게 하는 중요한 계기가 되었다.[35] 그는 다음과 같이 언급했다.

> 캉브레 전투에서 전차의 탁월한 가치는 무엇이었는가? 가장 현저한 효과는 정신적인 사기에 미친 효과였다. 전투부대의 가장 궁극적인 목표와 진정한 목적은 적 군대를 파괴하는 것이 아니라 공포심을 유발하는 것임을 분명히 보여준 것이다. 즉, 군대의 중추신경조직을 공격하여 적 지휘관의 의지를 약화시키는 것이 예하 부대의 병사들을 살상하는 것보다 더욱 유리하다는 것이다.[36]

풀러는 전차가 가진 기동성, 방호력, 공격력, 파괴력을 이용하여 제1차 세계대전 이후 대량 살육전으로 변한 교착된 전쟁 양상을 타개할 수 있다고 보았다. 그의 마비전이란 "적의 야전군을 격멸하는 것보다는 적 국민의 저항의지를 말살하는 데 전쟁의 목적을 둠으로써 전투력의 물리적 파괴가 아닌 공포와 전쟁지도체계의 붕괴를 전쟁 승리의 요체로 보는 것"이었다. 즉, 적의 군사력을 모두 격파하여 전승을 도모하는 소모전을 피하고, 적의 군사력을 운용하는 중추신경을 단

---

35 온창일 외, 『군사사상사』, pp. 218-219.

36 존 프레드릭 찰스 풀러, 최완규 역, 『기계화전』(서울: 책세상, 1999), p. 45.

칼에 베어버림으로써 적의 중심을 마비시키고 군사력의 통합성을 와해시켜 궁극적인 전승을 달성한다는 것이다. 여기에서 핵심 키워드인 '마비'란 연속적인 타격으로 적을 피 흘려 죽게 하기보다는 적의 중추신경을 파괴하여 단번에 적을 와해시키고 무력화시키는 것을 의미한다.[37]

풀러는 마비의 목표를 물리적인 것보다 심리적인 것에 두었다. 물리적 마비란 전략적 기동을 통해 적 균형의 파괴, 병참선 위협, 퇴로 차단 등으로 행동의 자유를 박탈하는 것이며, 심리적 마비란 전략적 기동을 통해 적의 사고의 자유를 박탈하는 것을 말한다. 그에 의하면, 공격의 주 목표는 전선에 위치한 적 전투부대가 아니라 후방에 있는 적의 사령부가 되어야 하며, 궁극적으로 적 '지휘의 상실'을 추구해야 한다. 즉, 마비전을 수행하는 개념은 우선 전선의 적을 고착시키고, 고착된 적의 전선 중 가장 취약한 지점을 기습적으로 돌파하며, 돌파 이후 적 후방에 있는 적의 지휘부를 마비시키고, 그 후에는 지휘의 상실로 인해 유기적 전투력 발휘가 불가능한 적을 최종적으로 섬멸하는 것이다.

이 같은 작전을 수행하기 위해서는 기동과 기습, 정보, 그리고 작전의 주도권이 반드시 확보되어야 하며, 적을 고착시키고 효과적인 기습을 달성하기 위해서는 사전에 기만이 선행되어야 한다. 그러나 이 가운데 가장 중요한 요소는 기동으로, 전차는 참호와 철조망을 무력화할 수 있을 뿐 아니라 마비전에서 요구되는 기동과 속도를 가장 잘 구현해주는 수단이 된다.[38]

---

37 온창일 외, 『군사사상사』, p. 221. '마비(paralysis)'라는 용어의 사전적 의미는 "신경이나 근육이 정상적인 기능을 잃어 몸의 일부나 전부가 감각이 없어지는 상태, 혹은 어떤 사물이 본래의 기능을 잃어 제대로 구실을 못하게 되는 상태"를 말한다. 이 용어가 군사용어로 처음 공식 언급된 것은 제1차 세계대전 말기인 1918년 5월 24일 풀러가 연합군 총사령부에 제출한 「PLAN 1919」(결정적 공격목표로서의 전략적 마비)라는 보고서에서였다.

38 앞의 책, pp. 222-223.

구체적으로 풀러의 마비전을 수행하는 방법은 다음과 같다. 첫째, 항공기로 적 후방을 공격하여 적의 전의를 마비시킨다. 둘째, 경전차를 이용하여 적의 강점을 회피하고 약한 측방을 통해 배후로 깊숙이 진격하여 적 지휘부를 공포와 혼란에 빠뜨린다. 즉, 지휘부를 마비시키는 것이다. 셋째, 중전차 부대가 본격적으로 혼란에 빠져 전투력 발휘가 불가능한 적 부대를 공격하여 섬멸시킨다. 넷째, 기계화 보병부대가 적 지역에 대한 점령임무를 수행한다. 다섯째, 병참부대가 후속하면서 보급을 지원한다. 이와 같이 수행되는 마비전은 한마디로 항공기에 의한 적의 전의 마비, 전차부대에 의한 진격으로 적 지휘체계 마비 및 전투 승리, 그리고 잔적 소탕 및 지역 점령은 보병이 담당하는 것으로, 전차부대가 전장의 주역이 되는 것으로 볼 수 있다. 이러한 측면에서 풀러는 전쟁 양상의 변화를 다음과 같이 예견했다.

> 일반 시민의 의지를 공격하기 위한 항공기의 힘, 군대의 의지를 공격하기 위한 기계화군의 힘, 그리고 동요와 혼란을 확대시키기 위한 기동과 게릴라의 힘 등을 고려해볼 때, 제1차 세계대전 중에 절정에 달했던 물질적 파괴는 점차 다양하게 적의 의지를 약화시키는 방법으로 대치되어 적군을 와해시킬 뿐만 아니라 상대국민을 무력화할 것이라고 예상할 수 있다.[39]

풀러의 마비전은 전투효율성 면에서 우수한 작전술 이론으로서, 전장을 전방지역 뿐 아니라 적 후방지역까지 포함시켜 비약적으로 확대했다. 또한 마비전은 화력의 누진적 파괴를 통해 승리를 쟁취하려는 소모전략이 아니라, 적에 대해 우세한 기동력으로 전장에서의 행동의 자유를 확보하고 적 후방에 대한 종심 깊은 기동으로 적을 마비시

39 존 프레드릭 찰스 풀러, 최완규 역, 『기계화전』, p. 46.

켜 승리를 거두는 기동전략으로 볼 수 있다.[40]

풀러의 마비이론은 그 당시 유럽에서 그다지 중요하게 평가받지 못했다. 클라우제비츠 이래로 유럽에서는 모든 승리가 결정적인 전투에서 적을 섬멸하는 것으로 얻을 수 있다고 믿었기 때문이다. 또한 보병의 역할을 무시한 채 전차로만 구성된 전차부대를 상정한 구상은 비판의 대상이 되기도 했다. 그럼에도 불구하고 그의 주장은 개념적인 면에서 마비의 중요성, 대규모 전차에 의한 전략적 돌파, 전차와 항공기의 결합에 의한 적의 종심지역 타격이라는 요소를 포함하고 있기 때문에 전격전의 기본 개념을 담은 제2차 세계대전에 대한 예언적인 주장으로 인정받고 있다.[41]

나. 전격전 전략

전격전은 풀러와 리델 하트의 사상에 영향을 받은 독일의 하인츠 구데리안Heinz Guderian과 에리히 폰 만슈타인Erich von Manstein이 발전시키고 실전에 적용한 이론이다.[42] 따라서 앞에서 언급한 풀러의 마비전 이론과 매우 흡사하다. 전격전은 학자들에 따라 다양하게 정의될 수 있으나, 일반적으로 "특정 목적 달성을 위해 전차가 다른 전투무기와 함께 사용되는 방법에 관한 것"이며, 이와 함께 적을 소모시키려는 "피비린내 나는 일련의 전투" 없이 신속하고 결정적으로 적을 섬멸하는 전략으로 볼 수 있다.

40 온창일 외, 『군사사상사』, pp. 225-226.

41 존 프레드릭 찰스 풀러, 최완규 역, 『기계화전』, p. 315.

42 John J. Mearsheimer, *Conventional Deterrence*, p. 35. 전격전이라는 'blitzkrieg' 용어는 blitz(번개)와 krieg(전쟁)의 합성어로 1939년 9월 독일의 전광석화 같은 신속한 폴란드 공격에 놀란 서방 기자들의 표현에서 유래했다.

풀러와 리델 하트의 사상에 영향을 받은 독일의 하인츠 구데리안(왼쪽)과 에리히 폰 만슈타인(오른쪽)은 전격전 이론을 발전시키고 실전에 적용했다.

전격전은 기계화부대가 가진 기동력과 속도에 의존하여 적을 결정적으로 패배시키는 전략이다. 공격하는 측은 적의 방어선을 돌파하고 방어하는 측의 후방 깊숙이 진격하며, 그럼으로써 적의 보급로를 차단하고 주요 지휘통신 네트워크를 파괴한다. 전격전의 목적은 궁극적으로 적의 방어체계를 마비시키는 데 있다. 적 후방을 헤집는 작전이 종료되더라도 전방에 있는 적의 방어부대 대부분은 온전하게 남아 있을 수 있으나, 그러한 부대는 더 이상 지휘통제가 불가하여 유기적인 전투력을 발휘할 수 없게 된다. 지휘통제가 불가능한 상황에서 적의 전방 전투부대는 서로 분리되고 고립될 것이며, 추가적인 병력증원과 탄약, 그리고 장비와 같은 추가 보급지원을 받을 수 없게 된다. 이러한 상황에서 공격하는 부대는 조직적 저항능력을 상실한 이들을 각개격파하고 전격적인 승리를 거둘 수 있다.

전격전 전략은 3S, 즉 기습surprise, 속도speed, 그리고 화력의 우세

superiority를 요구한다. 기습이란 적이 예상치 않은 시간, 장소, 방법으로 적을 불시에 타격하여, 적으로 하여금 심리적 충격을 받아 전의를 상실하게 만드는 것이다. 이때 적국 내에 잠입해 있는 5열도 이에 가세할 수 있다. 속도는 기계화부대가 신속하게 적진 깊숙이 기동하여 적에게 후퇴하거나 재편성할 수 있는 여유를 주지 않는 것이다. 전차의 속도는 기습의 효과를 높이거나, 기습으로 달성한 전과를 확대하는 데 기여한다. 화력의 우세는 적의 방어선상에 돌파구를 형성하고 확대하기 위해 반드시 달성해야 한다. 화력은 전차가 가진 기관총이나 주포뿐만 아니라 공중에서 적 후방을 공격하는 급강하 폭격기와 후속하면서 화력을 지원하는 자주포 등으로 구성된다.[43]

구데리안에 의하면, 전격전이 수행되는 절차는 다음과 같다. 첫째, 적 후방지역에서 5열의 활동으로 적 민심을 교란하고 국민들의 전쟁 수행 의지를 약화시킨다. 둘째, 공군의 기습적 일격으로 적 공군력을 분쇄하고 제공권을 장악한다. 적 후방 도시와 부대 집결지, 그리고 통신시설 및 교통시설을 폭격하여 적 지휘조직과 예비전력, 그리고 동원체제를 파괴하고 마비시키며 동시에 심리적 충격을 가한다. 셋째, 전차, 자주포, 차량화 보병, 공병 및 병참부대가 팀을 이루어 적 방어선의 좁은 정면에 기습적이고 집중적인 공격을 가해 돌파구를 형성한다. 이렇게 형성된 돌파구에 기갑, 기계화 보병, 보병, 그리고 기타 지원부대로 구성된 후속부대를 투입하여 돌파구를 확장한다. 이때 돌파구 이외의 적 방어지역 전면에서는 소수 병력으로 적 방어부대를 견제하고 고착시킨다. 넷째, 기갑부대가 돌파구를 확대하면서 깊숙이 침투하여 적 주력을 포위 및 차단하고 적이 재편성할 시간을 주

43 온창일 외, 『군사사상사』, p. 249.

지 않는다. 보병은 적이 촌단공격이나 유린공격을 통해 돌파구를 차단하는 것을 방지하기 위해 돌파구 견부를 확보하고 잔적을 소탕하며 병참선을 확보한다.[44]

전격전 개념은 제1차 세계대전과 같이 "피비린내 나고 파괴적인" 수많은 전투를 통해 물질적으로 우세한 측에게 승리를 가져다주는 소모적인 전쟁과 다르다. 제2차 세계대전 초기의 독일, 그리고 그로부터 수십 년 후 중동에서 이스라엘은 수많은 파괴적인 전투를 치르지 않더라도 적을 결정적으로 패배시킬 수 있음을 보여주었다. 전격전 전략을 추구한 이 국가들은 수적으로 우세를 달성하지 못하더라도 전격적인 기동을 통해 전쟁에서 승리할 수 있음을 보여주었다. 현대 전장에서 전격전은 상대적으로 약한 전력을 가진 국가가 더 강한 상대를 대상으로 하여 적은 비용으로 신속한 승리를 거둘 수 있는 이상적인 전략이 될 수 있다.[45]

5. 간접접근전략

간접접근전략도 마비전이나 전격전 이론과 마찬가지로 제1차 세계대전의 소모전 양상에 대한 회의적 시각에서 비롯된 것으로, 더 이상의 파괴와 참상을 방지하기 위한 노력에서 비롯된 전략 개념이다. 그러나 기동전이나 전격전이 적의 전선 가운데 약한 지점을 돌파하고 후방지역으로 진격하는 데 주안을 둔다면, 간접접근전략은 교착된 전선을 돌파하기보다는 적의 강한 방어지역을 우회하는 것에 가깝다.

---

44 온창일 외, 『군사사상사』, p. 249.

45 John J. Mearsheimer, *Conventional Deterrence*, p. 36.

그리고 그 기동은 적의 반발이 가장 적은 최소저항선 또는 최소예상선을 따라 이루어진다. 그리고 이러한 접근은 반드시 전차를 동반하는 것은 아니기 때문에 간접접근전략을 앞에서 다룬 전차를 이용한 기동전략과 별도로 다룰 필요가 있다.

리델 하트는 직접접근보다 간접접근이 훨씬 우월하다고 보았다. 소모전략과 같이 적의 강한 지역을 직접 공격하면 적의 더 큰 반발로 인해 불필요하게 많은 피해를 당할 수 있는 반면, 적의 강한 방어지역을 우회하여 취약한 지역을 공격하면 적의 저항을 약화시킬 수 있고 보다 유리한 상황에서 싸울 수 있기 때문이다. 전략의 목적은 결전을 통해 적의 군사력을 맹목적으로 파괴하는 것에 있는 것이 아니고, 보다 유리한 상황하에서 그러한 결전이 이루어지도록 하는 데 있다. 따라서 리델 하트는 완성도가 높은 전략이라면 쓸데없이 참혹한 전투를 치르지 않고서 최소한의 전투를 통해 원하는 결과를 얻을 수 있어야 한다고 주장했다.

유리한 전략적 상황을 조성한다는 것은 곧 적의 저항 가능성을 약화시키는 것을 말한다. 그러면 어떻게 적의 저항 가능성을 약화시킬 수 있는가? 그것은 기동과 기습을 통해 가능하다. 보다 정확히 말하자면, 기동과 기습을 통해 적을 교란시킴으로써 적의 저항 가능성을 감소시킬 수 있다. 우선 기동은 물리적 영역에 해당하며 시간, 지형, 병력 수송 등을 고려해야 한다. 기습은 심리적 영역에 속하며 전장 상황에 따라 항상 변화하기 때문에 물질적 영역보다 훨씬 계산하기가 어렵다. 물론 기동과 기습은 서로 전혀 별개의 것이 아니라 상호 보완 작용을 하는 것으로, 기동은 기습을 유발하고 기습은 기동을 촉진하는 역할을 한다.[46]

---

46 B. H. Liddell Hart, *Strategy*, p. 323.

기동과 기습은 적을 물리적으로나 심리적으로 '교란'시켜 적의 저항력을 약화시킨다. 교란이란 인체에 있어서 관절의 탈구와 같이 부대의 균형이 깨지고 조직 기능이 마비되는 현상을 의미한다. 한편으로, 기동은 물리적 교란을 야기할 수 있다. 이때 기동은 직접기동이 아닌 간접기동이 되어야 하는데, 가령 적 배후로의 기동은 적의 배치를 혼란시키고 적에게 전투정면의 갑작스런 변경을 강요하며, 적 후방 병참선을 차단함으로써 적 부대의 배치와 조직을 교란시키는 효과를 얻을 수 있다. 다른 한편으로, 기습은 적 지휘관으로 하여금 함정에 빠졌다는 인식과 함께 공황상태를 야기함으로써 심리적 교란을 야기할 수 있다.

이때 만일 간접기동이 아니라 적의 방어정면에 대해 직접적인 기동을 할 경우, 이는 적이 미리 예상하고 준비한 지역에 대한 기동이므로 오히려 적의 물리적·심리적 균형을 강화시키고 적의 저항력을 증가시키는 결과를 초래할 것이다.[47] 그렇게 되면 제1차 세계대전과 같은 피비린내 나는 소모적인 전쟁이 다시 재연될 수밖에 없다.

적 배후로의 기동은 단순히 적의 강한 저항을 회피하겠다는 의지로만 이루어져서는 안 된다. 그에 더하여 그러한 기동이 가져올 결과까지도 계산에 넣어야 한다. 다시 말하면, 적 배후로의 기동은 '최소저항선'이자 '최소예상선'을 선택함으로써 적을 물리적·심리적 차원에서 교란시킬 수 있어야 한다. 여기에서 최소저항선이란 물리적 측면에서 적의 대응준비가 가장 적은 곳이며, 최소예상선이란 심리적 측면에서 적이 예상하지 않은 선, 장소, 방책을 의미한다. 그런데 만일 누가 봐도 최소저항선으로 보이는 진출선을 기동 방향으로 취한다면 적도 마찬가지로 그 선을 취약한 지역으로 판단하고 사전

---

47 B. H. Liddell Hart, *Strategy*, p. 326.

에 방어배치를 강화할 수 있으며, 이 경우 그 진출선은 더 이상 최소저항선이 될 수 없다. 따라서 최소저항선을 판단할 경우에는 적의 심리적 측면, 즉 적이 가장 예상하지 않을 것으로 보이는 최소예상선을 동시에 고려하지 않으면 안 된다. 최소예상선과 최소저항선은 동전의 양면과 같기 때문에 이 둘을 동시에 고려해야만 적의 방어균형을 교란할 수 있는 '간접접근'이 가능해진다.[48]

적 배후로 기동한다고 해서 그러한 기동 모두가 자동으로 간접접근이 되는 것은 아니다. 적의 정면에 대한 배후로의 기동은 기본적으로 간접적인 기동이 분명하다. 그러나 적이 시간적 여유를 갖고 정면에 배치된 부대나 예비대를 배후지역에 재배치할 경우 공격하는 측의 기동은 곧 '새로운 정면'에 대한 '직접접근'이 되고 만다. 따라서 간접접근을 통해 '교란'을 달성하기 위해서는 이에 앞서 적의 재배치를 방해하는 '견제'가 필요하다.

견제란 '적의 주의를 다른 쪽으로 끄는 것'으로, 적으로부터 행동의 자유를 빼앗는 데 그 목적이 있다. 즉, 적의 관심을 다른 곳으로 끌어 적 부대를 분산시키거나 도처에서 교전하게 하여 적이 원하는 장소에 전투력을 집중하지 못하도록 하는 것이다. 간접접근전략에서 이러한 견제는 적 배후로의 기동과 교란에 앞서 시작되어야 하며, 전투 간 지속적으로 이루어져야 한다. 견제는 물리적·심리적 분야에서 동시에 이루어지며, 효과적으로 시행될 경우 최소저항선과 최소예상선이 조성되어 간접접근을 수행할 수 있는 유리한 여건을 만들 수 있다. 물리적 견제란 적의 행동의 자유를 박탈하는 것으로, 아군이 지향하고자 하는 방향과 다른 방향으로 적 부대를 전환하거나 고착시킴으로써 아군의 기동에 대한 적의 대응기동을 방지

---

48 B. H. Liddell Hart, *Strategy*, pp. 327-328.

하는 것이다. 심리적 견제란 사고의 자유를 박탈하는 것으로, 적 지휘관의 관심과 주의를 엉뚱한 방향으로 전환시켜 아군이 지향하고자 하는 방향을 전혀 예상치 못하게 하고 효과적인 조치를 취하지 못하도록 하는 것이다.

간접접근을 시도하는 내내 적은 아군의 공격을 좌절시키기 위해 방해할 것이다. 그러한 방해를 극복하고 각종 우발상황에 주도적으로 대처하기 위해서는 '융통성'을 가져야 한다. 가장 좋은 방법은 '대용목표alternative objectives'를 갖고 작전을 이끌어가는 것이다. 여기에서 '대용목표'란 여러 개의 목표들 중에서 어떤 것을 선택해도 원하는 목표를 달성할 수 있는 동등한 목표군을 의미한다. 여러 개의 대용목표를 취할 수 있는 작전선을 선택하여 기동하게 되면 적은 우리가 어디로 갈지 알 수 없을 것이며, 적이 우리가 최초 설정한 목표지역을 방어하기 위해 조치를 취할 경우 다른 목표를 지향할 수 있기 때문에 적은 마땅히 방어할 곳을 찾지 못하고 딜레마에 빠질 것이다.[49]

이렇게 볼 때 리델 하트의 간접접근전략은 우선 적 부대를 견제하는 가운데 적의 최소저항선 및 최소예상선으로 기동하여 적을 교란하고, 이를 통해 유리한 전략적 상황을 조성하고 적 저항 가능성을 감소시켜 최소 전투에 의한 승리를 달성하는 것으로 요약할 수 있다. 이 전략은 참호전, 진지공격전과 같은 소모전략에 입각한 방식이 아니라 기습, 기동에 기초를 둔 전략으로 궁극적으로 적의 사기, 심리, 물질적 교란을 목표로 한다.

---

49 B. H. Liddell Hart, *Strategy*, pp. 329-330.

■ 간접접근전략의 체계도

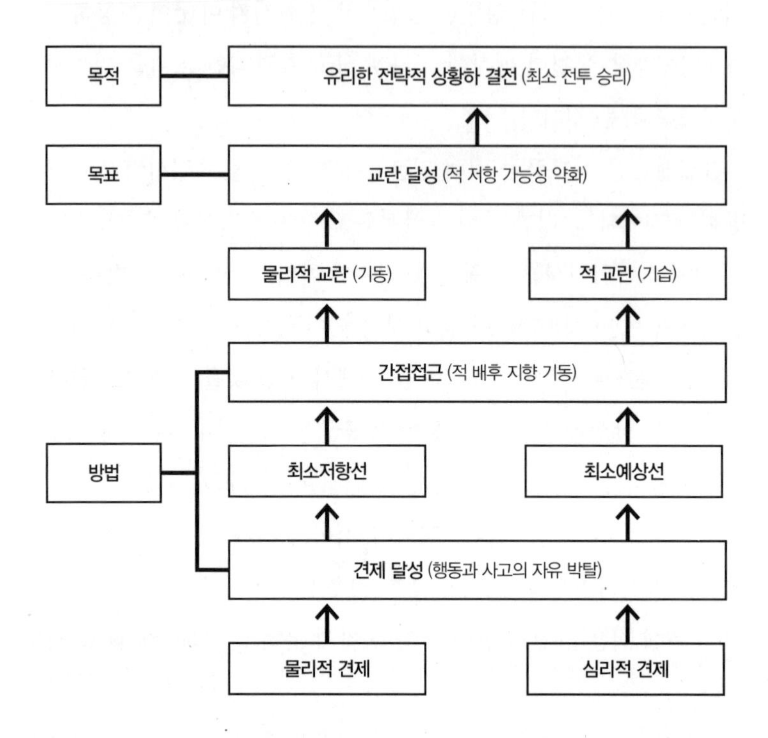
목적
유리한 전략적 상황하 결전 (최소 전투 승리)
목표
교란 달성 (적 저항 가능성 약화)
물리적 교란 (기동)
적 교란 (기습)
간접접근 (적 배후 지향 기동)
방법
최소저항선
최소예상선
견제 달성 (행동과 사고의 자유 박탈)
물리적 견제
심리적 견제

■ 토의 사항

1. 공격과 방어를 조합하여 다양한 지상전략의 형태를 있는 대로 제시하시오.

2. 공격의 형태에는 무엇이 있는가? 시대별로 어떠한 공격 형태를 선호했는가?

3. 방어의 형태에는 무엇이 있는가? 각 형태별 특징은 무엇이고, 적의 전격전 공격에 대해 어떠한 방어 형태가 가장 적합한가?

4. 소모전략은 무엇인가? 강점은 무엇이고, 약점은 무엇인가?

5. 기동전략은 무엇인가? 왜 기동을 하는가? 기동전략의 강점은 무엇이고, 약점은 무엇인가?

6. 풀러의 마비전 전략을 설명하시오.

7. 전격전 전략을 설명하시오.

8. 리델 하트의 간접접근전략을 설명하시오.

9. 마비전, 전격전, 간접접근전략의 유사성과 차이점을 설명하시오.

10. 선제공격과 예방공격의 차이점을 설명하시오.

ON
MILITARY
STRATEGY

제7장 해양전략

1. 해양전략의 기원
2. 해양과 해군, 그리고 제해권
3. 강대국의 해양전략 1 : 머핸의 제해권
4. 강대국의 해양전략 2 : 코벳의 해양통제론
5. 약소국의 해양전략 : 해양거부론

오늘날 해양에서의 전략 환경은 끊임없이 변화하고 있으나, 해양력이 제공하는 전략적 잠재력과 해군에 의해 달성할 수 있는 전략적 이점들은 아직까지 중요한 연구 대상으로 남아 있다. 기원전 5세기경의 아테네로부터 비잔틴 제국, 대영제국, 그리고 냉전 이후의 미국에 이르기까지 해양력은 분쟁의 과정이나 결과에 막대한 영향을 미치는 요소 중 하나였으며, 해양력의 유용성은 정치적으로, 경제적으로, 그리고 전략적으로 매우 중요한 분야로 간주되고 있다.[1] 지난 40년 동안 해상무역은 네 배 증가했으며, 세계 무역량의 90%와 원유량의 3분의 2가 바다를 통해 수송되고 있다. 최근 중동에서 호르무즈Hormuz 해협을 둘러싼 미국과 이란 간의 신경전이나 남중국해 및 동중국해에서의 영유권 분쟁은 예나 지금이나 해양이익이 국가전략에서 핵심적 지위를 차지하고 있음을 입증하고 있다.

1. 해양전략의 기원

해군의 역사는 인류의 역사와 맥을 같이한다. 즉, 인간이 물에 떠 있는 통나무를 타고 주걱 모양의 동물 뼈를 이용하여 저어나간 이래로 해군력은 계속해서 인류의 삶에 지대한 영향을 주었다. 특히, 문명이 진보하여 집단 간에 해상을 이용한 경제활동이 활발해지고, 정복, 해적행위, 납치 등이 공동의 관심사로 부상하면서 해운과 해군력은 국가의 생존 및 번영과 관련하여 지대한 관심의 대상이 되었다.

그리스 시대에는 지중해를 중심으로 하여 '내해thalassic'라는 개념이

1 Colin S. Gray, 임인수·정호섭 역, 『역사를 전환시킨 해양력: 전쟁에서 해군의 전략적 이점』(서울: 한국해양전략연구소, 1998), pp. 19-20; Navy Office of Information, *A Cooperative Strategy for 21st Century Seapower*, October 2007.

등장했는데, 이는 지중해가 그들의 삶의 터전이었음을 의미한다. 지중해는 도시국가들 간의 일시적 동맹 또는 경쟁관계 형성을 결정하는 매개체이자 힘을 발휘하는 주요 근원이 되었다.[2] 기원전 13세기 그리스는 트로이를 상대로 바다와 육지에서 동시 원정을 실시한 바 있고, 기원전 5세기 후반 페르시아와의 전쟁에서는 살라미스 해전Battle of Salamis에서 대승을 거두고 페르시아의 침입을 저지할 수 있었다. 로마는 카르타고와의 포에니 전쟁Punic Wars에서 승리하여 지중해에서 해양패권을 장악했으며, 이를 발판으로 이후 3세기에 걸쳐 지중해 연안지역으로부터 유럽의 도나우Donau 강과 라인Rhein 강을 잇는 선의 남부지역 전체를 정복하고 대제국으로 발전할 수 있었다. 로마가 수세기에 걸쳐 방대한 제국을 유지하고 지배할 수 있었던 데에는 제국의 가운데 위치한 구멍 모양의 지중해가 실질적인 기반을 제공했다. 로마는 지중해를 이용해 로마 군단을 점령지역으로 수송했을 뿐 아니라 로마를 먹여 살리기 위한 아프리카의 곡물을 운송할 수 있었다.[3]

4~5세기 경 이민족의 이동과 약탈로 로마 시대가 막을 내리면서 해양에서는 혼란과 투쟁, 그리고 약탈과 원정의 시대가 막을 올렸다. 9세기부터는 바이킹Viking이라 불리는 노르만 민족이 유럽의 해안을 유린했고, 노르망디, 시칠리아, 영국 등을 정복하기 시작했으며, 11세기에는 시칠리아와 남이탈리아를 침입하여 나폴리 왕국을 건설했다. 이러한 가운데 8세기부터 약 1,000년 동안 이슬람인들의 상업활동이 활발히 이루어졌고, 특히 베네치아 공화국은 아드리아 해Adriatic Sea의 북부에 위치하여 해양을 통한 교역의 중심지로 성장하여 큰 번영을 누릴 수 있었다. 유럽의 해양활동이 주로 지중해와 대서양에 집중

2 윤석준, 『해양전략과 국가발전』(서울: 해양전략연구소, 2010), p. 38.

3 제임스 A. 필드, "해상전략의 기원과 해군력의 발전", 최병갑 외 공편, 『현대 군사전략대강 II : 전략의 제원리』(서울: 을지서적, 1988), pp. 224.

바스코 다 가마(1469~1524)는 대항해 시대의 포르투갈 항해가이자 탐험가로, 세 차례에 걸쳐 인도로 항해했다. 유럽에서 아프리카 희망봉을 거쳐 인도까지 항해한 최초의 인물, 인도 항로를 최초로 발견한 유럽인으로 알려져 있다. 이 인도 항로의 개척으로 인해 포르투갈 해상 제국의 기초가 다져졌다.

크리스토퍼 콜럼버스(1451~1506)는 대항해 시대의 이탈리아 항해가이자 탐험가로, 스페인 여왕 이사벨(Isabel)의 후원을 받아 인도를 찾아 항해를 떠나 쿠바, 아이티, 트리니다드 등을 발견했다. 그의 서인도 항로 발견으로 아메리카 대륙은 유럽인들의 활동 무대가 되었고, 스페인이 주축이 된 신대륙 식민지 경영이 시작되었다.

되었던 반면, 이슬람 제국의 해양활동은 아라비아 반도를 중심으로 지중해에서 아시아를 연결하는 홍해를 거쳐 인도양으로 확대되었다. 발트 해Baltic Sea와 북해 지역에는 중요한 해상교역 공동체가 발달했다. 그리고 영국과 네덜란드 사이에는 양모 무역이 발달하여 일찍이 이 두 국가가 미래 해양강국이 될 것을 예감케 했다. 하지만 이 시대에는 지리적인 제한과 항해기술의 한계를 극복하지 못하여 주로 연안 수준의 좁은 해역을 벗어나지 못하고 있었다.

14세기 상업이 번성하고 15세기에 지리상의 발견이 활발하게 이루어지면서 인간의 활동영역이 확대되자, 지중해를 중심으로 한 내해의 시대는 종말을 고하고 대양의 시대가 막을 올렸다. 14세기에서 16세기에 이르는 르네상스 시대에는 인간 이성에 기초한 새로운 지식에 대한 탐구욕이 증가하면서 다른 세계에 대한 탐험이 본격적으로 이루어졌다. 15세기 말 바스코 다 가마Vasco da Gama가 희망봉을 돌아 인도에 도착했으며, 크리스토퍼 콜럼버스Christopher Columbus가 아메리카 신대륙을 발견했다. 이후 약 3세기에 걸쳐 유럽 국가들은 바다를 통해 해외 식민지 건설에 열을 올리게 되었다.[4] 지리상의 탐험과 해외 식민지를 확장하려는 경쟁은 스페인, 포르투갈, 네덜란드, 프랑스, 그리고 영국 등 유럽의 강대국들 간에 대서양과 발트 해, 그리고 지중해에서 해양지배권 장악을 위한 경쟁으로 발전했으며, 이후 이러한 경쟁은 인도양, 서인도제도, 아프리카, 그리고 동남아시아 해양지역으로까지 확대되었다.[5]

16세기부터 시작된 근대 제국 건설을 위한 경쟁 과정에서 유럽 국가들은 많은 전쟁을 경험했다. 스페인이 미주 대륙으로부터 확보한

---

4 제임스 A. 필드, "해상전략의 기원과 해군력의 발전", 최병갑 외 공편, 『현대 군사전략대강 II : 전략의 제원리』, pp. 225-226.

5 윤석준, 『해양전략과 국가발전』, p. 98.

1588년 8월에 격돌한 스페인 무적함대와 영국 함대. 스페인 무적함대는 그라블리느 해전(Battle of Gravelines)에서 수적으로 열세였으나 기동력이 뛰어나고 훈련이 잘 되어 있던 영국 함대에 결정적 타격을 받아 54척만 본국으로 돌아갔다. 무적함대의 패배는 스페인의 해상무역권을 영국에 넘겨주고 네덜란드가 독립하는 계기가 되었다.

금과 은을 재정적 기반으로 하여 전 유럽을 지배하려 하자 유럽은 동맹체제를 구축하여 이에 대항했고, 1588년 영국 함대가 스페인의 무적함대를 격파함으로써 스페인의 야망을 저지할 수 있었다. 17세기 네덜란드가 동인도 및 서인도로 급속히 세력을 팽창하고 세계 최대의 상선단을 구축하며 새로운 해양세력으로 등장했을 때 영국은 영국-네덜란드전쟁을 통해 네덜란드를 물리치고 해양강국으로 부상했다. 이후 영국은 인도를 둘러싸고 대륙의 최강자였던 프랑스와 경쟁했고, 1763년 프랑스와의 7년전쟁에서 승리함으로써 패권의 지위를 차지할 수 있었다. 그러나 영국은 그 이후 미국의 독립전쟁에서 프랑스 해군이 미국의 편에 섬으로써 아메리카 대륙 식민지를 상실했다.[6]

이와 같이 서구의 역사를 살펴볼 때, 한 국가의 지배적 지위와 해군력 간에는 분명한 상관관계가 있음을 알 수 있다. 해양력은 무역과 식민지 개척을 통한 번영을 가져다주었고, 국가의 경제적 번영은 문화적 수준을 높이고 국가권력을 더 강화해주었다. 그리고 영국의 사례에서 볼 수 있듯이 해양강국의 지위를 차지하는 것은 지역 및 세계 패권을 장악하는 데 필요한 조건이 될 수 있다.

2. 해양과 해군, 그리고 제해권

가. 해양의 특성

바다는 경제적으로 천연자원을 간직한 보고寶庫이다. 어업과 광물자

6 제임스 A. 필드, "해상전략의 기원과 해군력의 발전", 최병갑 외 공편, 『현대 군사전략대강 II : 전략의 제원리』, pp. 226-227.

원은 물론, 석유와 천연가스 등 다양한 자원을 제공한다. 뿐만 아니라 일종의 '고속도로'로서 상품을 저렴한 비용으로 멀리 떨어진 지역에 이동시켜주는 해상교통로의 역할을 한다.[7] 인류의 역사를 통해 볼 때, 바다는 대륙 간 교역을 가능케 했으며, 인간의 이민과 이주를 위한 통로를 제공했고, 한때는 서구 열강들의 식민주의를 가능케 했다. 비록 항공기가 개발된 이후 많은 물류가 하늘길로 오가고 있으나, 아직도 바다는 대량의 상품을 매우 경제적으로 운송할 수 있는 합리적 공간으로 간주되고 있다.[8]

해양은 매우 넓고 텅 빈 공간이다. 육상과 달리 지형의 기복이 없으며, 해상으로 이동하는 데 어떠한 장애물도 존재하지 않는다. 해양에서 작전을 수행하는 데 나타나는 특징을 지상과 비교해보면 다음과 같다.

첫째, 해양에서는 행위자들을 쉽게 식별할 수 있다. 오늘날 아군의 함정이나 잠수함들은 서로 교신하고 정보를 주고받을 수 있는 전자장비를 탑재하고 있다. 비록 일부 플랫폼의 경우에는 스텔스stealth 기술을 적용하여 적에게 탐지되지 않은 채 은밀한 이동이 가능하나, 대부분의 경우 해양에서의 움직임은 해상이건 해저이건 별다른 장애물이 없기 때문에 육지에 비해 훨씬 쉽게 식별될 수 있다.

둘째, 행위자를 식별하기는 쉽지만 그들을 발견하는 것은 지상에서보다 어렵다. 육지의 경우 도로와 철도 등 기동이 가능한 지역이 한정된 반면, 해양에서는 원하는 방향은 어디로든 갈 수 있다. 지구 표면

---

7 Alfred T. Mahan, *The Influence of Sea Power Upon History, 1660-1783*(Toronto: Dover, 1987), p. 25.

8 J. Boone Bartholomees, Jr., "Naval Theory for Soldiers", *U. S. Army War College Guide to National Security Issues, Volume Ⅰ: Theory of War and Strategy*(Carlisle: SSI, 2010), p. 326.

의 3분의 2를 차지할 정도로 해양의 면적은 광활한 반면, 바다를 떠다니는 함정의 크기는 매우 작다는 점을 고려한다면 해양에서 적이 어디에 있는지 찾기란 어려운 문제가 아닐 수 없다. 다만 오늘날에는 인공위성이나 항공정찰, 그리고 레이더 등 기술의 발달로 인해 탐지능력이 크게 개선되고 있기 때문에 심해의 잠수함을 제외하고는 바다에서 몸을 숨기기는 더욱 어려워지고 있다.[9] 그러나 이러한 첨단장비의 도움을 받지 않는다면 기본적으로 해양에서 적을 탐지하는 것은 매우 어려운 일이다.

셋째, 해전에서는 부수적 피해collateral damage가 거의 발생하지 않는다. 바다에서는 육지에 비해 민간인과 같은 비전투원의 규모가 훨씬 작다. 민간상선이 활동하고 있으나 넓은 바다에서 그 밀도는 매우 낮다. 또한 군함은 민간상선과 뚜렷하게 구별되며, 민간상선도 군의 보급선이나 의료함과 쉽게 구별될 수 있기 때문에 의도적으로 공격하지 않는 이상, 이들은 군사적 공격 대상에서 제외된다. 비록 말라카Malacca 해협과 같은 좁은 수로에서는 많은 상선이 몰릴 수 있으나, 일반적으로 바다에서 민간상선의 교통 흐름은 지상의 도심에서 차량이 붐비는 것과는 비교가 되지 않기 때문에 부수적 피해가 거의 발생하지 않는다. 또한 바다에는 교회, 사원, 또는 역사적 유물이 존재하지 않기 때문에 교전이 이루어지더라도 불필요한 재산 피해를 염려할 필요가 없다.[10]

넷째, 전장으로서의 해양은 평평한 수면을 갖는다. 20세기 초 항공기와 잠수함의 출현으로 해양은 3차원의 작전공간이 되었지만, 그럼에도 불구하고 대부분의 해양활동은 아직까지 평평한 수면 위에서

---

9 J. Boone Bartholomees, Jr., "Naval Theory for Soldiers", *U. S. Army War College Guide to National Security Issues, Volume Ⅰ: Theory of War and Strategy*, p. 327.

10 앞의 책, p. 328

이루어진다. 그런데 해양은 지상과 달리 지형적 장애물을 갖지 않으므로 가시거리만 확보된다면 얼마든지 적을 탐지할 수 있다. 따라서 적의 탐지를 회피하기 위해서는 적과의 거리를 수평선 너머로까지 이격해야 한다. 이로 인해 해군은 가능한 한 함포의 유효사거리를 증가시키고 함선의 속력을 증가시키기 위해 노력해왔다. 다만 현대에 와서 최신 함정들은 수백 킬로미터 떨어진 거리에서 서로를 탐지하고 공격할 수 있는 능력을 갖추게 됨으로써 수평선이라는 거리 개념은 더 이상 탐지 또는 교전에 제약요인이 되지 못하게 되었다.[11]

다섯째, 지상전과 달리 해전에서는 전투에 참가하는 전투력, 즉 함정 수가 제한적이다. 세계 최강의 미국도 현재 약 250척의 함정만을 보유하고 있을 뿐이며, 다른 국가들의 해군은 그 이하일 것이므로 대규모 해전이 발발한다 하더라도 그 지역에 있는 모든 함정을 탐지하고, 식별하고, 추적하고, 공격하는 것은 그리 어렵지 않다. 대규모 병력과 장비가 전투에 참가할 뿐만 아니라 산악지형과 같은 장애물의 영향으로 인해 투입된 적 전투력의 일부밖에 탐지하지 못하고 식별이 어려운 지상전과는 큰 차이가 있다. 실시간 탐지-타격을 추구하는 네트워크 중심전network centric warfare 개념이 육군보다 해군에서 발달한 것은 이러한 이유에 기인하는 것으로 이해할 수 있다.[12]

마지막으로 해전은 지휘관이 전투를 강요할 수 있는 지상전과 달리 반드시 일어나지 않을 수도 있다. 해양전략가들은 바다에서의 전투는 양측이 모두 응해야만 가능하다고 주장한다. 영국 해양전략가 코벳Julian S. Corbett에 의하면, "해전은 지상전과 전혀 다른 아주 중요한 특징을 갖고 있는데 그것은 적이 전장에서 함정을 한꺼번에 철수시킬

---

11 J. Boone Bartholomees, Jr., "Naval Theory for Soldiers", *U. S. Army War College Guide to National Security Issues, Volume I : Theory of War and Strategy*, p. 328.

12 앞의 책, p. 329.

수 있다는 것이다. 적은 아군이 도저히 따라잡을 수 없는 속도로 항해하여 잘 방호된 항구로 철수할 수 있다. 물론, 현대 해군이 가진 타격수단으로 적 항구를 박살낼 수도 있으나, 이러한 작전은 정치적으로 허용되기 어려울 수 있다."[13] 즉, 해전에서는 결전을 추구하고 싶어도 적이 신속히 해안지역으로 철수하여 방어태세를 취한다면 결전을 추구할 수 없는 경우가 많다.

나. 해군의 속성

해군은 육군과 다른 성격을 가지며, 이는 해군전략을 이해하는 데 매우 중요하다. 바다라는 광활한 영역에서 작전하는 해군의 고유한 속성을 살펴보면 다음과 같다.[14]

첫째, 모든 해군은 기계에 의존한다. 해군은 그들의 함정을 지상에서 운용하는 전차나 전투차량 등과 비교하는 것 자체를 거부한다. 전차나 전투차량은 그야말로 전투를 위한 장비 그 자체이지만, 해군에게 전함은 거기에 탑승하는 승무원들의 가정이자, 일터이자, 운송수단이자, 전투용 함정이기 때문이다. 그렇지만 해군은 태생적으로 매우 기술적인 군일 수밖에 없는데, 그것은 그들의 삶이나 다름없는 전함이 결국은 하나의 기계이기 때문이다. 따라서 우수한 해군이 되기 위해서는 기술적으로 능수능란해야 하며, 조그마한 기술 변화에도 민감하게 대응하고 적응하지 않을 수 없다.

둘째, 해군은 육군과 달리 고도로 전문화된 군이다. 이것은 해군이 기술에 의존한다는 점은 물론이고 바다라는 특수한 환경에서 다양

---

13 J. Boone Bartholomees, Jr., "Naval Theory for Soldiers", *U. S. Army War College Guide to National Security Issues, Volume I : Theory of War and Strategy*, pp. 329-330.

14 앞의 책, p. 330.

한 임무를 수행해야 한다는 측면을 생각하면 쉽게 이해할 수 있을 것이다. 이로 인해 해군은 유사시 충원의 고충을 안고 있다. 육군의 경우 비교적 짧은 기간의 훈련으로 기본적인 임무를 소화할 수 있기 때문에 모든 국민들을 대상으로 충원할 수 있다. 그러나 해군의 경우에는 아무나 동원할 수 없으며 과거 해군에서 복무한 경험이 있는 국민들을 대상으로 해야 한다. 일반인을 동원할 경우에는 비교적 긴 전문적 양성 과정을 거쳐야 한다.

셋째, 해군은 대대로 내려온 고유의 임무를 수행한다. 역사적으로 강대국의 해군은 제해권 장악, 전방 주둔, 적 항구 및 해안 봉쇄, 연안 방어, 상선 공격, 지상군 수송 및 상륙, 대잠수함작전 그리고 대對해적 임무 등 다양한 활동을 담당해왔다. 다만, 현대로 오면서 핵국가의 해군에는 핵억제 임무가 추가되었으며, 최근에는 국제사회에서 인도주의적 지원이나 재난구조와 같은 비전통적 임무도 부여되고 있다. 핵억제, 해전, 지상군 수송 및 상륙지원 등의 임무를 제외하면 해군의 모든 임무는 직간접적으로 해양에서 이루어지는 무역을 촉진하거나 방해하는 것과 관계되는 것으로, 기본적으로 경제적인 성격을 갖는다. 이는 바다가 갖고 있는 경제적 속성을 반영한 것으로, 해양전략가들이 전통적으로 주장해온 것과 맥락을 같이한다.[15]

다. 제해권과 해양통제

많은 해양전략가들이 해양전략에서 '제해권command of the sea'의 중요성을 언급하고 있다. 본질적으로 제해권의 가치는 지상전투에서처럼 물

---

15 J. Boone Bartholomees, Jr., "Naval Theory for Soldiers", *U. S. Army War College Guide to National Security Issues, Volume I : Theory of War and Strategy*, p. 330.

1942년 6월 5일, 미드웨이 해전(Battle of Midway) 당시 일본 항공모함 히류(飛龍) 호를 공격하고 있는 B-17 폭격기. 미드웨이 해전에서 태평양의 전략요충지인 미드웨이 섬을 공격하려던 일본 제국 항모전단이 벌떼처럼 달려든 미국 전투기의 공격을 받아 궤멸되어 참패를 당했다. 미국은 일본의 항공모함 4척을 격침시켜 태평양 제해권을 장악하고 반격에 나설 수 있는 발판을 마련했다.

리적인 정복이나 소유에 있는 것이 아니라 해양을 자유롭게 사용하는 데 있다. 즉, 해양을 지배한다는 것은 우리의 자유로운 의도에 따라 해양을 사용할 수 있도록 하고, 반대로 적으로 하여금 그들의 의도대로 사용하지 못하게 하는 것으로 이해할 수 있다.

20세기 초 일본의 팽창과 태평양전쟁은 제해권의 의미를 잘 보여주고 있다. 당시 영국 해군의 부재와 진주만 기습에 따른 미국 함대의 불능, 그리고 말레이 해와 자바 해에서 연합군이 참패한 덕분에 태평양 지역에서는 일본의 제해권에 대적할 상대가 없었고, 일본은 그들의 군사력을 태평양지역에 있던 영국, 네덜란드, 미국의 점령지에 자유롭게 이동시킬 수 있었다. 그러나 이후 연합군은 일련의 전투를 통해 일본 해양력의 기반을 제공하는 시설을 파괴함으로써 일본의 제해권을 압박하고 전쟁 상황을 반전시킬 수 있었다. 일본이 제해권을 상실하자 연합군은 일본 본토 및 섬에 대한 공격, 일본 산업시설과 도시에 대한 폭격, 그리고 일본 본토 및 섬에 대한 식량선을 차단하기 위한 해상봉쇄 등을 추구함으로써 일본으로 하여금 항복할 것인지 아니면 서서히 죽어갈 것인지를 선택하도록 강요할 수 있었다.[16]

그러나 제해권이라는 용어는 오해를 낳을 수 있다. 우선 학자들은 제해권을 상대적 개념이라기보다는 절대적 개념으로 이해하는 경향이 있다. 머핸Alfred Thayer Mahan도 제해권은 배타적인 것이기 때문에 여러 국가들이 공유할 수 있는 것이 아니며, 역사적으로 한 시대에 한 국가에게만 가능했다고 주장해 비판을 받았다. 그러나 코벳과 같은 해양전략가들이 지적한 바와 같이 제해권은 절대적이 아닌 상대적인 용어일 수밖에 없다. 시간 측면에서 제해권은 태평양전쟁 당시 일본의 사례와 마찬가지로 한 시대 혹은 장기간 지속되기보다는 이를 확보함과 동시에 사라져버리는 경우가 많았다. 장소 측면에서도 해양을 지배한다는 것은 경쟁하는 해역 전체에 대한 통제를 의미할 수도 있으나, 바다가 너무 광대하기 때문에 전체보다는 일부 해역에 대한 통제를 상정하는 것이 보편적이었다. 또한 지배의 범위 면에서 공중, 수상, 수중 모두를 지배하기가 어려울 수 있다. 양차 세계대전 중 독일 해군은 수상작전보다 수중작전을 지배하고 있었으며, 영국은 독일 함대를 봉쇄하고 있었는데도 여전히 자국 선단과 연안지역에 대해서는 직접 방어하지 않으면 안 되었다. 결국 해전의 역사는 대부분의 사례에서 어느 측도 제해권을 완전히 확보하지 못했음을 보여주고 있다. 따라서 제해권이란 시간, 공간, 그리고 범위 등 다양한 측면에서 절대

---

16 Geoffrey Till, 배형수 역, 『21세기 해양력』(서울: 한국해양전략연구소, 2011), p. 281.

적 개념이 아닌 상대적 개념으로 이해해야 한다.[17]

비록 제해권을 절대적 개념이 아닌 상대적 개념으로 정의하여 제해권의 정도를 완화시켰음에도 불구하고, 현대에 이 용어를 사용하는 것은 여전히 큰 부담으로 작용한다. 소련의 고르시코프Sergey Gorshkov 제독의 주장대로 현대에는 "해양에서 확보한 지배권을 유지하는 기간이 짧아지고 있고, 제해권을 확보하기 위한 국가들 간의 투쟁이 더욱 거세지고 있다." 새로운 기술의 발전으로 유도탄과 어뢰, 기뢰, 그리고 지상에서 전개한 해상작전 항공기들—즉, 해군항공—이 등장하여 이들의 사정거리 내에서 작전을 수행하는 강대국의 대양해군을 위협할 수 있게 되었다. 이러한 이유로 현대의 해양전략가들은 점차 '제해권'이라는 용어를 사용하는 데 부담을 느끼기 시작했고, 제해권이란 용어 대신에 '해양통제sea control'라는 용어를 사용하기 시작했다. 미국의 스탠스필드 터너Stansfield Turner 제독에 의하면, "'해양통제'란 제해권에 비해 제한된 구역에서 제한된 기간 동안, 그러나 더욱 실질적으로 해양을 통제하는 것을 의미한다. …… 해양통제는 반드시 필요한 경우를 제외하고는 더 이상 우리 측의 자유로운 사용을 위해 해양을 전체적으로 통제한다든가, 전체적으로 적을 거부하는 개념이 아니다."[18]

여기에서 한 가지 명심해야 할 것이 있다. 해군은 해양통제를 달성하기 위해 노력해야 하지만, 해양통제는 그 자체로 목표가 아니라 하나의 수단일 뿐이라는 사실이다. 즉, 중요한 것은 해양통제를 달성하는 것 그 자체가 아니라 해양통제를 이용하여 궁극적으로 해군에 부

---

17 Julian S. Corbett, 김종민·정호섭 역,『해양전략론』(서울: 한국해양전략연구소, 2009), p. 127.

18 Stanfield Turner, "Missions of the US Navy", *Naval War College Review*(March/April 1974).

여된 임무를 달성해야 한다는 것이다.

'해양통제'는 '해양사용sea use'과 '해양거부sea denial'라는 2개의 하위 개념으로 나눌 수 있다. 해양사용이란 해양을 통한 교역과 해군의 유지 등과 같이 전통적인 국가목적을 달성하기 위해 해양을 사용하는 능력과 관계가 있다. 해양거부란 적이 원하는 목적을 달성하지 못하도록 하기 위해 그들의 해양사용을 방해하는 능력과 관계가 있다.[19] 오늘날에는 스마트 기뢰, 고속 공격함정, 대함 유도탄과 같은 첨단무기가 발달함으로써 이스라엘은 물론, 제3국의 특수부대들까지도 해양 강대국에 비대칭적 충격을 가할 수 있는 해양거부 능력을 강화하고 있다.

해양거부는 두 가지 차원에서 검토할 수 있다. 첫째, 해양거부는 해양통제의 대안으로 추구할 수 있다. 이스라엘은 스스로 전시에 해양우세를 달성하는 것은 사치라고 인식하고 있으며, 대신 적이 해양을 이스라엘에 대해 해롭게 사용하지 못하도록 하는 데 주안을 두고 있다. 즉, 해양거부는 해양통제가 불가하거나 굳이 필요하지 않을 경우 그 대안이 될 수 있다. 둘째, 해양거부는 해양통제를 보완하거나 해양통제를 달성하는 데 필요하기 때문에 추구할 수 있다. 강한 해군들도 특정 지역에서는 해양통제를 고수하지만 다른 지역에서는 해양거부 전략에 의존할 필요가 있다. 여기에서 한 가지 지적할 점은 한국의 경우 중국이나 일본이 한국의 해상교통로를 봉쇄하려 할 때 이러한 기도를 거부하려는 전략을 갖고 있는데, 이는 '해양거부'라기보다는 오히려 해상교통로 장악을 위한 경쟁이라는 측면에서 해양통제를 위한 노력으로 간주할 수 있다.[20]

---

19 Geoffrey Till, 배형수 역, 『21세기 해양력』, p. 297-298.

20 앞의 책, p. 295.

▣ 용어의 정리 ▣

- **해양력**sea power, maritime power

  국가이익을 증진시키고 국가목표를 달성하며 국가정책을 수행하기 위해 해양을 통제하고 사용할 수 있는 국가의 능력으로서, 해양력은 해군력 외에 해운, 자원, 기지 및 제도를 포함

  *국가의 정치력, 경제력, 군사력으로 전환되는 국력의 일부분

- **제해권**command of the sea

  한 국가가 자국의 경제 또는 국가안보를 유지하는 데 필요한 만큼의 해양사용을 확보하고 또한 적국에 대해서는 그러한 해양사용을 거부하는 것

  *보다 단순하게 해상교통로를 안전하게 확보하는 것, 또는 항해의 자유를 확보하는 것으로 볼 수 있음 (과거 스페인, 영국, 네덜란드, 미국 등)

- **해양통제**sea control

  한정된 해역에 대해 한정된 기간 동안 적의 사용을 거부하는 것과 아군이 특정한 시기에 특정한 영역에서 해양사용을 확보하는 것

  *오늘날 제해 범위의 확대와 능력의 제한으로 절대적 의미를 갖는 제해권이라는 용어의 사용을 꺼려함에 따라 새로운 해양통제라는 개념이 등장 (냉전 시 서구의 대소 전략)

- **해양우세**sea superiority

  해양을 이용함에 있어서 필요로 하는 일정한 기간에 일정한 해역에서 적보다 상대적으로 우월한 전력을 달성함으로써 적의 방해를 거부하고 원하는 대로 해양을 사용할 수 있도록 적 해군력을 제압하는 상태 또는 그러한 상태를 달성할 수 있는 힘의 우세 정도

  *해양통제보다 더 작은 개념으로, 통상 작전수행 지역에 한정하여 사용

- **해양거부**sea denial

  해양통제 혹은 해양우세를 달성할 수 없는 상황에서 적의 자유로운 해양사용을 방해하고 저지하는 것

  *어느 측도 해양을 완전히 사용할 수 없는 상태 (독일의 유보트U-boat)

---

* 국방대학교, 『안보관계용어집』(서울: 국방대학교, 2010); 합동참모본부, 『합동·연합작전 군사용어사전』(서울: 합동참모본부, 2010).

라. 해양통제·해양우세·해양거부 관련 작전적 개념

해양통제, 해양우세, 그리고 해양거부란 결국 우리의 해군전력과 상대의 해군전력 간의 관계에서 비롯되는 개념일 수밖에 없다. 따라서 해양통제든 해양거부든 이를 확보하는 것은 적의 해군력을 격파하거나 무력화함으로써 달성할 수 있다. 전통적으로 해양통제, 해양우세, 그리고 해양거부를 달성하기 위한 작전적 방법으로는 결전, 현존함대 전략, 그리고 함대봉쇄 전략이 있다.[21]

적의 함대가 존재한다는 것은 그 규모에 관계없이 항상 위협이 된다. 결전이란 가용한 전력을 집중하여 적을 격파destroying하는 개념이다. 결전 시에는 함대를 집중 운용하여 적 주력을 공격해야 한다. 역사적으로 기원전 480년 살라미스 해전, 기원전 31년 악티움 해전Battle of Actium, 그리고 1905년 쓰시마 해전 등을 꼽을 수 있다. 이 경우 해양통제 혹은 해양우세를 달성할 수 있을 것이다.

현존함대 전략은 상대적으로 열세한 함대가 해양통제를 확보할 수 없는 상황에서 적과의 결전을 회피해 아군의 세력을 보존함으로써 적의 전투 또는 공격의지를 발동할 수 없도록 견제diverting하는 전략이다. 이 전략은 본질적으로 수세적이지만 전술적으로는 공세를 취한다. 적의 주력함대와 결전을 회피하지만 적의 취약한 상선 또는 연안에 대한 공격을 통해 전략적 이득을 추구하며, 적 주력으로부터 분리된 소부대를 각개격파함으로써 누진적으로 적의 세력을 약화시킨다. 제1차 세계대전 당시 제해권을 확보하지 못한 독일 해군의 전략이 그 예이다. 현존함대 전략은 전체적으로는 아니지만 부분적으로 원하는 장소에서 해양우세를 달성할 수 있는 전략이다.

---

21 해군본부, 『해양전략개론』(논산: 해군대학, 1997), pp. 46-48.

함대봉쇄 전략은 결전을 회피하고 현존함대를 채택하는 적의 함대를 무력화시키기 위해 적 함대를 항만 내에 봉쇄containing하는 전략을 말한다. 적이 봉쇄된다면 봉쇄하는 측의 해군은 해양통제를 효과적으로 달성할 수 있게 된다. 한 가지 강조할 사항은 적의 함대를 무력화시키는 함대봉쇄와 적의 통상을 저지하는 상업봉쇄는 근본적으로 다르다는 사실이다. 함대봉쇄는 해양통제권을 확보하고 유지하기 위한 방법인 반면, 상업봉쇄는 해양통제권을 행사하거나 거부하는 영역에 속한다.

제해권 혹은 해양통제권을 행사하는 것은 해양을 사용하는 것을 의미한다. 즉, 해양통제권을 확보한 다음에는 이를 어떻게 이용할 것인가를 고민해야 하며, 여기에는 군사력 투사, 침공에 대한 방어, 해상교통로 공격, 그리고 해상교통로 방호 등이 있다.[22] 군사력 투사는 적국의 영토에 대한 함포사격부터 상륙작전에 이르기까지 다양한 작전 형태를 포함한다. 해군력에 의한 군사력 투사는 제2차 세계대전과 그 이후의 해전에서 점차 큰 비중을 차지하고 있다. 적 침공에 대한 방어는 적의 군사력 투사에 대한 자국의 연안방어를 의미한다. 해상교통로에 대한 공격은 적 상선파괴와 상업봉쇄를 통해 적의 전쟁수행 능력을 박탈하는 것이다. 그리고 마지막으로 해상교통로 방호는 자국의 해운과 상선을 보호함으로써 전쟁수행 능력을 유지하려는 노력을 말한다. 해군의 해양통제 혹은 해양우세 달성은 그것으로 끝나는 것이 아니라 이를 통해 해군에 부여된 임무를 수행하는 데 기여해야 한다.

---

22 해군본부,『해양전략개론』, pp. 48-51.

3. 강대국의 해양전략 1 : 머핸의 제해권

가. 머핸의 제해권 이론

머핸의 해양전략을 살펴보기 전에 그의 생애를 요약하면 다음과 같다. 머핸은 1859년 미 해군사관학교를 졸업하고, 1861년 남북전쟁에 참전하여 남부연방 연안의 초계 임무를 수행한 적이 있다. 그는 1886년 해군전쟁대학 총장으로 취임하게 되는데, 이것이 그에게는 해양력의 전도사로 출발하게 되는 인생의 중요한 전환점이 되었다. 머핸은 1890년에 해군대학에서 『1660~1783년 역사에 미친 해양력의 영향The Influence of Sea Power upon History, 1660-1783』을 출간했으며, 1892년에는 『1793~1812년의 프랑스 혁명 및 그 제국에 미친 해양력의 영향The Influence of Sea Power upon the French Revolution and Empire, 1793-1812』을 출간했다. 1896년에 퇴역한 그는 그 이후에도 해군대학에서 계속 강의하면서 해군장관과 대통령에게 해군운용에 관한 자문을 제공했다.[23]

그의 가장 큰 업적 가운데 하나는 지상전에서의 비교방법론을 적용함으로써 해전에 대한 과학적 연구를 개척했다는 데 있다. 당시 시대적 조류는 기술이 급속도로 발전함에 따라 해군장교들 사이에서 넬슨Horatio Nelson 제독이 트라팔가르 해전Battle of Trafalgar에서 사용한 전술이 구시대의 유물에 불과한 것으로 간주되고 있었고, 해군전쟁대학에서 가르치는 내용에 대해 냉소적인 분위기가 팽배해 있었다. 그럼에도 불구하고 머핸은 전쟁을 효율적으로 수행하기 위한 원칙과 방법을 과학적으로 도출하는 것보다 더 중요한 것은 없다고 생각하

---

23 Philip A. Crowl, "Alfred Thayer Mahan: The Naval Historian", Peter Paret, ed., *Makers of Modern Strategy: from Machiavelli to the Nuclear Age*(Princeton: Princeton University Press, 1986), pp. 444-447.

미 해군제독이자 역사가인 앨프리드 머핸(Alfred Thayer Mahan)(1840~1914)의 가장 큰 업적 가운데 하나는 지상전에서의 비교방법론을 적용함으로써 해전에 대한 과학적 연구를 개척했다는 데 있다. 그는 전쟁을 효율적으로 수행하기 위한 원칙과 방법을 과학적으로 도출하는 것보다 더 중요한 것은 없다고 생각하고 역사에서 나타난 해전의 방법과 해군의 역할에 대해 연구했다.

고 역사에서 나타난 해전의 방법과 해군의 역할에 대해 연구했다.[24]

머핸은 강한 해양력sea power을 구비하지 않고서는 국가의 번영과 강대국 부상을 기대할 수 없다고 보았다. 그는 '해양력'이라는 용어를 명확하게 정의하지 않았지만, 그의 저서에서 '해양력'이 의미하는 바를 정리하면 두 가지로 요약할 수 있다. 하나는 '제해권'이다. 이는 바다에서의 군사력을 강화하여 적과 조우 시 적 함선으로 하여금 도망가기에 급급하도록 만드는 것으로, 곧 해군력의 강화를 의미한다. 다른 하나는 해상교역 능력, 식민지 개척, 국외시장에 접근할 수 있는 남다른 능력 등으로 국가의 부와 지위를 고양시키는 능력이다. 즉, 한 국가의 생산력, 해상수송력, 그리고 식민지 및 시장개척 능력을 통틀어 한마디로 해양력이라 할 수 있다.[25] 이렇게 본다면, 머핸의 '해양력'은 보다 넓은 의미에서 해군력뿐만 아니라 상업 및 해운을 포함한 바다에서의 모든 국력을 의미하며, 해군력은 해양력의 한 요소에 해당하는 것으로 정리할 수 있다.[26] 머핸은 영국을 본보기가 되는 사례로 꼽으면서 영국이 강한 해군력으로 뒷받침된 해양력을 구비함으로써 프랑스와의 오랜 경쟁에서 승리를 거둘 수 있었다고 주장했다.

머핸은 해군의 존재 이유를 제해권 확보에 두었다.[27] 즉, 해군은 제

---

24 Alfred T. Mahan, *The Influence of Sea Power upon History, 1660-1783*(New York: Dover Publications, Inc., 1987), p. 2; p. 447. 머핸의 이러한 입장은 해군전쟁대학 초대 총장이었던 루스(Stephen Luce) 제독의 영향을 받은 것이었다.

25 Alfred T. Mahan, *The Influence of Sea Power upon History 1667-1773*(New York: Hill and Wang, 1957), p. 25; Philip A. Crowl, "Alfred Thayer Mahan: The Naval Historian", Peter Paret, ed., *Makers of Modern Strategy: from Machiavelli to the Nuclear Age*, p. 451. '해양력(sea power)'이란 세간의 주목을 끌기 위해 머핸이 만든 용어이지만, 그는 이 용어를 명확하게 정의하지 않았다.

26 J. Boone Bartholomees, Jr., "Naval Theory for Soldiers", *U. S. Army War College Guide to National Security Issues, Volume Ⅰ: Theory of War and Strategy*, p. 331; 윤석준, 『해양전략과 국가의 발전』, p. 141.

27 김현기, 『현대해양전략사상가』(서울: 한국해양전략연구소, 1998), p. 203.

해권을 장악하기 위해 바다에서 적 해군과 결정적인 교전을 벌여야 하며, 그럼으로써 적으로 하여금 우리의 해양활동에 함부로 간섭할 수 없도록 군사적으로 우월한 지위를 확고히 구축해야 한다고 보았다. 또한 머핸은 제해권 장악 자체가 전쟁에서 승리할 수 있는 원동력이 된다고 주장했다. 제해권을 장악할 경우 자국의 해상교통로를 확보하고 적의 해상교통로를 위협할 수 있으며, 이를 통해 해양에서 이루어지는 적의 경제활동을 질식시켜 전쟁지속력을 파괴할 수 있기 때문이다. 이때 제해권을 장악할 수 있는 가장 확실한 방법은 적 함대를 제거하는 것으로, 이는 결정적인 전투 혹은 일련의 전투에서 적 해군을 패배시킴으로써 달성할 수 있다. 적의 해군이 살아 있는 한 해양의 사용을 둘러싼 경쟁은 끊임없이 계속될 것이므로, 해군의 최우선 임무는 적 함대를 격퇴하고 제해권을 장악하는 것이 되어야 한다. 다음 표는 해군이 제해권을 장악함으로써 국가생존을 확보하고 국가번영에도 기여할 수 있음을 보여준다.

▣ 국가생존 및 번영에 기여하는 해군의 역할

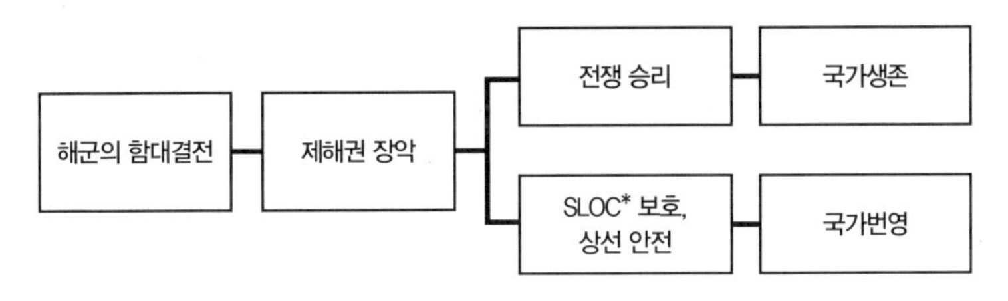

* SLOC(Sea Lines of Communications: 해상교통로)

머핸은 자신의 해양력 이론을 구축하는 과정에서 동시대의 많은 사상가 및 역사가들의 저서로부터 많은 영향을 받았다. 그는 로마 역사에서 한니발이 바다를 통해 이탈리아를 공격했으며, 바다를 통해 카르타고와 자유로운 연락을 취하고 있음에 주목했다. 그리고 역사상 많은 제국들의 흥망이 제해권을 확보하는 문제와 깊은 관계가 있음을 깨달았다. 그가 최종적으로 주목한 것은 아이러니하게도 지상전략을 다룬 조미니의 『전쟁술』이었다. 머핸은 조미니의 전쟁술 원칙에 입각하여 다음과 같은 해전의 원칙을 발전시켰다.[28]

첫째, 집중의 원칙이다. 집중은 동서고금을 통해 입증된 전쟁의 원칙 가운데 하나로 해전에서도 가장 중요한 원칙이다. 해상에서 일렬로 늘어서 적 함대와 전투가 시작될 경우 4분의 1 구간에서는 함정을 집중하여 절대적인 우세를 달성하고 신속히 적 함대를 격파해야 한다. 그리고 나머지 4분의 3 구간에서는 함정을 분산 운용하여 주공이 결정적 성과를 얻을 때까지 적을 견제해야 한다.[29] 머핸은 집중의 원칙에 관한 한 해상전투도 지상전투와 별로 다를 바가 없다고 보았다.

둘째, 내선의 이점을 활용해야 한다. 아군은 중앙에 위치하여 좌우측 어디든 신속하게 기동할 수 있어야 하며, 적이 분리된 채 열세한 상황에서 아군으로부터 공격을 받도록 해야 한다. 이때 분리된 한쪽의 적을 집중의 원칙을 적용하여 격파한 후, 다른 쪽의 적을 순차적으로 격파할 수 있다. 다만, 내선의 이점이 해전의 승리에 결정적인 것은 아니다. 그 이유는 내선작전이 유리하지만 일단 내선을 확보한 후에는 오로지 전투선단의 전투력이 결정적인 요소가 되기 때문이다. 따라서 내선의 이점을 확보하기에 앞서 기본적으로 우수한 전투선단을 확보하는 것이 중요하다.

셋째, 함대의 공격력을 극대화해야 한다. 해군력은 함대가 얼마나

---

28 Philip A. Crowl, "Alfred Thayer Mahan: The Naval Historian", Peter Paret, ed., *Makers of Modern Strategy: from Machiavelli to the Nuclear Age*, pp. 467-460.

29 이러한 전술은 기원전 371년 테베인들이 그리스 주도권을 장악하기 위해 스파르타에 도전했던 루크트라 전투에서 사용했다. 육군사관학교, 『세계전쟁사』, pp. 26-27.

많은 화력을 집중할 수 있느냐에 따라 결정되는 만큼 함대는 결정력을 높이기 위해서라도 전시든 평시든 절대로 분리해서 운용해서는 안 된다. 함대를 절대로 분리해서 운용해선 안 된다는 머핸의 주장은 앞에서 언급한 집중의 원칙 및 내전의 이점을 활용하는 원칙과도 일맥상통한다.

넷째, 해군을 공세적으로 운용해야 한다. 해군 함대의 주 임무는 적 함대와 교전하여 적 함대를 파괴하고 제해권을 장악하는 것이다. 그런데 적 함대의 공격으로부터 우리 함대를 보호하는 가장 좋은 방법은 우리가 먼저 적 함대를 공격하는 것이다. 바다에는 장애물이 있을 수 없기 때문에 기본적으로 모든 전함이 적의 포화로부터 숨을 곳이 없다. 따라서 해전에서 가장 중요한 것은 멀리에서 적 함대를 정확하게 격침시킬 수 있는 능력을 갖추는 것이며, 이는 방어보다는 공격이 유리하다는 것을 의미한다.

마지막 원칙은 해군기지의 확보이다. 머핸은 조미니가 사용한 '군수logistics'라는 용어 대신 '교통communication'이라는 용어를 사용했다. 그는 해양전략이 성공하기 위해서는 해군이 연료, 탄약, 그리고 식량을 보급받기 위해 필요한 적절한 기지를 획득하고 이에 대한 접근성을 갖추어야 한다고 보았다. 다만, 그러한 기지가 너무 많을 경우 불필요한 방어요소가 증가하므로 해군력을 집중하기 어렵다는 점도 지적했다.

나. 국가의 해양력 영향요인

머핸은 국가의 해양력에 영향을 주는 여섯 가지 조건으로 지리적 위치, 자연적 지세, 영토의 넓이, 인구의 수, 국민성, 그리고 정부의 성격을 제시했다. 첫째로 지리적 위치로 볼 때 대륙 쪽을 방어해야 하거나 영토를 확장할 필요가 없을 경우 상대적으로 해양력을 강화하는 데 유리하다. 또한 대양으로의 접근성이 유리할수록, 그리고 지브롤터 Gibraltar와 같은 지리적 요충지와 무역항로를 장악할 수 있는 유리한 지역에 위치할수록 해양력을 강화하는 데 유리하다.[30] 프랑스와 네덜란드는 다 같이 해양 및 대륙을 접하고 있는 국가들이지만, 프랑스는 대륙에서 세력을 확대하는 데 집중했고, 네덜란드는 프랑스의 위협에 대비해야 했기 때문에 상대적으로 영국보다 해상력을 발전시킬 수 없었다.

둘째로 자연적 지세란 해안이 갖고 있는 특징을 말한다. 한 국가의 해안은 그 국가의 전방이나 다름없다. 그러한 해안지역으로부터 먼 바다에까지 쉽게 뻗어나가기가 용이할 경우, 그 지역 사람들은 다른 세상의 사람들과 쉽게 접촉할 수 있고 경제활동을 활발하게 할 수 있을 것이다. 많은 항구들이 발달하고 수심이 깊은 해안은 국력을 키우고 부를 축적할 수 있는 원천이 될 수 있으며, 내륙지역으로 항해가 가능한 하천과 연결되어 있을 경우 내부 교역을 활발하게 촉진시킬 수 있다. 물론, 이와 같이 유리한 환경은 전쟁이나 위기 시에 불리하게 작용하기도 한다. 항구 및 내륙지역으로의 손쉬운 접근성은 전쟁이 발발할 경우 적의 공격으로부터 방어하기 어렵다는 취약성을 동시에 안고 있기 때문이다. 한편, 농지의 비옥성 여부도 국가의 해양력 발전에 영향을 줄 수 있다. 가령, 프랑스와 같이 비옥한 땅이 많아 사람들이 바다로 나가기보다 육지에 남아 농작물을 재배하게 되면 바다에 대해 소홀해질 수 있는 반면, 천연자원과 농산물이 부족하여 어업이나 상업에 치중할 경우 해양력을 발전시킬 수 있는 동기를 가질 수 있다.[31]

---

30 Alfred T. Mahan, *The Influence of Sea Power upon History*, pp. 29-35.

31 앞의 책, pp. 35-42.

셋째로 영토의 넓이란 국토의 면적을 말하는 것이 아니라, 해안선의 길이와 가용한 항구의 수, 그리고 이 항구들이 갖는 수용능력까지를 고려한 것이다. 앞에서 언급한 지리적 조건과 자연적 조건 두 가지가 동등한 상황이라면 해안선이 길다고 해서 무조건 해양력에 유리하게 작용하는 것은 아니다. 해안선의 길이는 그 국가가 가진 인구와 해군력 규모의 크고 작음에 따라 강점이 될 수도 있고 약점이 될 수도 있기 때문이다. 국가가 하나의 요새라고 한다면, 이를 수비하는 군대의 수는 그 요새의 크기에 비례해야 한다. 만일 긴 해안선을 갖고 있으면서도 충분한 해군력을 보유하고 있지 않다면 그 국가는 강한 해군력을 가진 국가에 의해 해양이 봉쇄될 수 있으며, 지상전투에서 포위된 요새와 같이 전략적으로 불리한 위치에 놓일 수 있다.[32]

넷째로 인구의 수는 전체 인구의 규모뿐만 아니라 해양에 관계된 인력의 규모를 의미한다. 물론 여기에는 즉각 배에 승선할 수 있는 선원은 물론, 해운과 관계되는 업종에 종사하는 사람을 모두 포함한다. 프랑스 혁명 이전과 나폴레옹 전쟁 시기에 프랑스는 영국보다 훨씬 많은 인구를 보유하고 있었으나, 일반적으로 해양세력이라 할 수 있는 해군이 약했고, 평시 상선의 규모도 작았다. 이는 두 국가의 해양력 차이를 야기한 원인이 되었다.[33]

다섯째로 국민성이란 해양력의 발전에 기여할 수 있는 국민들의 성향과 타고난 소질을 일컫는다. 국민들이 농업보다 상업을 추구하는 성향을 가졌다면 개방적이고 활동적인 대외무역과 교류를 바탕으로 국부를 축적하고 해양력을 키울 수 있을 것이다. 영국의 경우 국민들의 모험적인 해양 진출과 의욕적인 식민지 개척을 통해 해양강국으

---

32 Alfred T. Mahan, *The Influence of Sea Power upon History*, pp. 42-44.

33 앞의 책, pp. 44-49.

로서의 면모를 갖출 수 있었다. 반면, 스페인과 포르투갈은 부를 추구하는 방식이 탐욕스러웠기 때문에 그들의 상업활동과 부의 축적 과정에 치명적인 오점을 남겼는데, 그것은 그들이 발견한 신대륙에서 유럽과 같이 상업 및 해양력 발전을 추구하지 않고 오직 금과 은만을 착취했기 때문이다.[34]

여섯째 요소는 정부의 성격으로 정부 형태와 통치자의 성격, 그리고 외부 지향적 정치구조 등을 의미한다. 머핸은 국가의 이익과 번영을 기약하기 위해 무엇을 해야 할 것인가에 대한 정부의 정책이 그 국가가 갖추는 해양력의 종류와 규모를 결정한다고 보았다. 그는 영국의 사례를 들고 영국 정부가 다른 국가들로부터 지나치게 칭송을 들을 정도는 아니지만, 그래도 일반적으로 제해권을 확보한다는 목적하에 비교적 일관성 있는 해양정책을 추구해왔음을 지적하고 있다.[35]

다. 머핸의 영향과 평가

1890년 발행된 머핸의 저서는 세계 주요 국가들의 해양정책에 두루 영향을 주었다. 영국의 경우에는 머핸의 저서가 나오기 1년 전인 1889년에 이미 "영국 해군은 적어도 다른 두 국가들의 해군력을 합한 전력과 대등한 전력을 유지한다"는 법안이 통과되었기 때문에 직접적인 영향을 주었다고 보기는 어렵다. 그러나 머핸의 주장은 독일 및 러시아의 해군정책에 맞서 전함 건설을 강화하고 제해권을 추구한다는 영국의 정책적 선택이 옳았음을 확인해주는 역할을 했다.

독일에 미친 영향은 매우 컸다. 소년 시절부터 해군에 열광했던 독

---

34 Alfred T. Mahan, *The Influence of Sea Power upon History*, pp. 50-58.

35 앞의 책, pp. 58-59.

일 황제 빌헬름 2세Wilhelm II는 머핸의 저서를 '씹어 먹을 정도로' 탐독했으며, 독일의 해군장교들은 모든 함정에 머핸의 저서를 비치하고 머핸의 주장을 끊임없이 인용했다. 1890년대 독일의 세계정책과 해군력 강화 조치는 머핸의 사상에 직접 영향을 받았음이 분명하다. 해군장관 알프레트 폰 티르피츠Alfred von Tirpitz는 1897년 황제에게 서신을 보내 "영국의 군사상황을 볼 때 가급적 많은 전함이 필요하다"고 건의했으며, 머핸의 저서 2,000권을 인쇄하여 의회에 보내 전투함대의 건조를 승인하도록 압력을 넣었다. 결국 1898년 독일 의회는 이 법안을 통과시켰고, 이는 영국과의 해군경쟁을 촉발하는 계기로 작용했다.[36]

미국을 제외하고 독일 못지않게 머핸의 영향을 받은 나라는 일본이었다. 머핸은 자서전에서 자신의 저서가 가장 많이 번역된 곳이 일본임을 밝히고 있다. 일본 해군장교단이 번역한 머핸의 저서는 황제와 황실 가족, 장관, 의원, 민간인 및 군인에게 회람되었으며, 일본의 해군대학 및 군 교육기관에서 교재로 채택되었다. 머핸의 해양이론이 일본의 해군정책에 미친 영향은 정확히 알려져 있지 않으나, 이후 청일전쟁과 러일전쟁을 거쳐 아시아에서 식민지 침탈을 강화하고 제국주의로 나아가는 데 사상적 기초를 제공한 것으로 평가할 수 있다.

오늘날의 해양환경을 고려할 때 머핸의 이론은 몇 가지 한계를 안고 있다. 우선 머핸은 21세기에 그 중요성을 더해가는 무력투사의 문제를 심각하게 다루지 않았다. 또한 합동성 강화라는 차원에서 해군과 육군의 군 간 협력에 대해 관심을 두지 않았으며, 특히 상륙작전에 대한 문제를 소홀히 했다. 그는 해군력이 제해권을 확보하는 것 외에 다른 분야에 전용되는 데 대해 부정적이었으며, 대외원정보다는 해양

---

36 Philip A. Crowl, "Alfred Thayer Mahan: The Naval Historian", Peter Paret, ed., *Makers of Modern Strategy: from Machiavelli to the Nuclear Age*, p. 473.

에서의 우세를 달성하는 데 주안을 두었다. 물론 이러한 머핸의 입장은 17세기와 18세기에 육군과 해군의 합동작전이 두드러진 현상이 아니었음을 고려할 때 충분히 이해할 수 있는 부분이지만, 그래도 해전의 원칙을 다루는 저서에서 적 지상군에 대한 함포의 효용성이라든가 보병의 상륙작전 등의 문제를 다루지 않은 것은 의도적으로 제해권 장악을 중심으로 한 해군의 역할을 부각시키려 했던 것으로 이해할 수 있다.[37]

처음에는 반제국주의적이었던 머핸은 1890년 이후 서구 열강들의 제국주의를 옹호하는 입장으로 선회했다. 그해 출간된 저서에서 그는 해양력을 바탕으로 식민지를 확대하고 있던 대영제국에 대해 경탄을 표하고 미국은 영국을 경쟁 모델로 삼아야 한다고 강력히 주장했다. 1890년 8월 기고한 글에서 그는 미국이 중앙아메리카의 안보를 위해 해군력을 증강해야 하며, 서부 해안의 안전을 위해 샌프란시스코에서 300마일 이내에 위치한 섬이나 지역에는 외국 함정에 대한 석탄 공급 기지를 불허해야 한다는 주장도 내놓았다. 1893년 하와이에서 미국인 거주자들이 원주민 여왕을 몰아내고 공화정을 수립하자, 머핸은 서부 해안의 안전을 위해 즉각 하와이를 병합해야 한다고 주장했다. 1898년 미 함대가 마닐라에 주둔한 스페인 함대를 격파하고 괌, 하와이, 그리고 필리핀을 병합하자, 머핸은 이들 지역을 발판으로 유망한 시장으로 떠오르고 있는 남미와 중국을 개척해야 한다고 주장했다.[38]

해양력이 곧 강대국으로 부상하기 위한 조건이라는 머핸의 논리에도 맞지 않는 부분이 있다. 머핸의 주장과 달리, 역사적으로 유럽 대륙에서는 제정 러시아, 오스트리아-헝가리 제국, 오스만 제국, 그리고

---

37 Philip A. Crowl, "Alfred Thayer Mahan: The Naval Historian", Peter Paret, ed., *Makers of Modern Strategy: from Machiavelli to the Nuclear Age*, pp. 460-462.

38 앞의 책, pp. 462-467.

비스마르크의 독일과 같이 많은 국가들이 제해권을 장악하지 못했음에도 불구하고 제국으로 성장했다. 또한 머핸은 1688년부터 1815년까지 영국이 프랑스에 승리한 원인을 제해권을 추구한 해양전략으로 설명하고 있지만, 사실상 영국이 승리한 데에는 해양뿐 아니라 지상에서의 전략과 외교적 차원의 성공도 큰 기여를 했다. 무엇보다도 영국이 대서양에서 제해권을 장악하던 시기에 나폴레옹은 유럽에서 가장 큰 전성기를 누리고 있었다.[39] 또한 19세기 산업혁명이 본격화되고 대륙국가의 생산성이 해양국가를 능가하면서 '해양무역'과 '해군력'의 유기적 관계는 약화되었다.[40] 이렇게 볼 때 머핸의 주장과 달리 해양력은 강대국으로 부상할 수 있는 '필요조건'은 될지언정 '충분조건'은 아닌 것으로 볼 수 있다. 즉, 제해권을 확보하고 우세한 해양력을 보유했다 하더라도 반드시 강대국이 될 수 있는 것은 아닌 것이다.

요약하면, 머핸은 해양력을 강화하는 것이 곧 강대국으로 성장할 수 있는 중요한 토대를 제공하기 때문에 해양전략을 곧 국가대전략의 중요한 부분으로 받아들여야 한다고 주장했다. 그리고 그는 함대결전을 통한 제해권 장악을 통해 자유로운 해양의 사용을 보장하고 적의 경제를 교살함으로써 전쟁에서 승리하고 해양력을 강화할 수 있다고 보았다. 머핸의 사상은 해양강국으로 발돋움하려는 한국에게 적대세력의 위협으로부터 해양이익을 수호하기 위해 국가전략 차원에서 반드시 해군력이 강화되어야 함을 가르쳐주고 있다.

---

39 Philip A. Crowl, "Alfred Thayer Mahan: The Naval Historian", Peter Paret, ed., *Makers of Modern Strategy: from Machiavelli to the Nuclear Age*, pp. 452-454.

40 Daniel Moran, "Geography and Strategy", John Baylis et al., *Strategy in the Contemporary World*(London: Routledge, 2007), p. 129.

4. 강대국의 해양전략 2 : 코벳의 해양통제론

가. 코벳의 해양통제론

줄리언 코벳은 영국의 해양전략가로 머핸과 같은 시대의 인물이다. 애초에 그는 해군과는 전혀 관계없는 인물이었으나, 1893년 '해군전우회Naval Records Society'에 가입한 이후 해전과 관련한 저술활동을 시작했으며, 이후 해군에 대한 논평을 제공하고 해군 자문가로 활동하기 시작했다. 1911년 그는 『해양전략론Some Principles of Maritime Strategy』이라는 책을 저술하여 주목을 받았다.

코벳의 해양사상은 그가 "가장 위대한 이론가"라고 칭송했던 클라우제비츠의 영향을 많이 받았다.[41] 클라우제비츠는 코벳에게 해전을 정치적인 것으로, 그리고 해전은 전부가 아니라 전쟁의 한 부분, 즉 국가대전략의 한 부분에 불과한 것으로 인식하도록 했다. 사실 그는 해전보다 지상전이 더 중요하다고 생각했다. 왜냐하면 사람은 바다가 아닌 육지에 살고 있으므로 전쟁 시 국가들 간의 가장 큰 관심은 대부분의 경우 해전보다는 지상에서 육군이 적의 영토와 국민들에게 어떠한 위협을 가할 수 있는가, 혹은 함대가 육군의 작전을 어떻게 도울 수 있는가 하는 문제일 것이기 때문이다.[42]

코벳은 바다가 경제활동의 영역이며, 해군은 국가의 해양이익을 보호하고 극대화하기 위해 존재하는 것으로 인식했다. 코벳의 이론이 머핸의 이론과 차이 나는 부분은 국가가 어떻게 전쟁에서 승리할

---

41 J. S. Corbett, *Some Principles of Maritime Strategy*(London: Longmans, Green and Co., 1918), pp. 77-80.

42 J. Boone Bartholomees, Jr., "Naval Theory for Soldiers", *U. S. Army War College Guide to National Security Issues, Volume Ⅰ: Theory of War and Strategy*, p. 333.

수 있고, 해양에서의 경쟁을 어떻게 이끌어야 하는지에 대한 부분이다. 코벳은 머핸과 달리 해양력이 국력을 구성하는 일부에 불과한 것으로 보았으며, 바다에 대한 국가의 이익은 주로 연안지역에 한정되어 있기 때문에 정치적 목적을 해양에서 달성할 수 있는 경우는 드물다고 주장했다. 따라서 그는 해양전략에서 가장 중요하게 다루어야 하는 것은 전쟁을 계획함에 있어서 육군과 해군의 상호관계를 규정하는 것이며, 이것이 규정되어야만 해군은 비로소 주어진 기능을 가장 잘 수행하기 위한 전략을 구상할 수 있다고 했다. 그의 주장에 의하면, 어떠한 상황에서는 제해권이 반드시 필요하며 육군도 이를 위해 해군을 지원할 수 있어야 하지만, 그렇지 않은 상황에서는 해군이 제해권을 장악하기 위해 적 함대와 싸우기보다는 육군의 상륙작전을 지원하는 데 기여해야 할 수도 있다는 것이다.[43]

코벳은 머핸이 해양이론과 관련된 일부 근본적인 문제를 잘못 이해하고 있다고 지적했다. 먼저 머핸이 주장한 제해권 이론은 심각할 정도로 과대평가되어 있다고 보았다. 제해권을 장악하는 것이 중요한 것은 사실이지만, 어느 한 국가가 제해권을 항상 장악할 수 있는 것은 아니다. 역사적으로 해전을 연구해보면 대부분의 경우 어느 측도 제해권을 장악하지 못한 채 전쟁이 이루어지곤 했음을 알 수 있다. 비록 영국이 1688년부터 1815년까지 프랑스와의 오랜 해양경쟁에서 매 국면마다 어느 정도 성공을 거둘 수 있었던 것은 사실이다. 그러나 프랑스 해군도 1680년대와 1690년대 초, 그리고 1770년대에는 상대적인 우세를 점할 수 있었으며, 영국보다 우수한 함정을 건조하는가 하면 이 시기를 전후해서 훌륭한 제독들을 다수 배출할 수 있었다.[44]

---

43 J. Boone Bartholomees, Jr., "Naval Theory for Soldiers", *U. S. Army War College Guide to National Security Issues, Volume Ⅰ: Theory of War and Strategy*, p. 333.

44 Colin S. Gray, 임인수 · 정호섭 역,『역사를 전환시킨 해양력』, p. 31.

코벳은 '제해권' 대신 '해양통제'라는 개념을 사용했다. 그는 머핸의 제해권 개념을 국가전략적 차원보다는 전쟁의 승패에 영향을 미치는 군사전략적 요소로 인식했으며, 해군력의 주된 역할을 해양통제를 장악하는 것으로 규정함으로써 일종의 개량된 해양전략 개념을 제시했다. 즉, 해양에서 절대적인 제해권을 행사하는 것은 시공간적으로 거의 불가능하다고 보고 바다 전체의 제해권보다는 해외 식민지의 인접한 해양에서 제한적이고 상대적인 해양통제를 추구해야 한다고 주장했다.[45]

코벳은 해전이 지상전에 비해 결정적이지 않은 것으로 믿었다. 해전은 일부 적에게 어느 정도 심각한 피해를 줄 수 있지만, 아무래도 적을 완전히 무너뜨리는 데에는 역부족이라고 보았다. 현대의 전쟁 양상은 총력전이 아닌 제한전쟁을 추구하는 경향이 있어서 지상전을 통해서조차도 상대국가를 붕괴시키기는 어렵다. 더구나 해양에서는 적보다 강한 전투력과 공격력을 가지고 있다 하더라도 적이 잘 방어된 항구로 철수해버리면 어쩔 도리가 없게 된다. 과감하게 적 함대를 찾아내 결전을 추구하고 싶어도 그러한 기회를 갖기 어려우며, 해전은 교착상태에 빠지게 될 것이다. 이처럼 바다에서 적 함대를 상대로 결전을 추구하는 데에는 한계가 있다.

17세기 후반 영국과 네덜란드가 치른 세 번의 전쟁은 그러한 대표적 사례이다. 통상을 이유로 시작된 이 전쟁에서 양측 해군은 서로 적 함대의 격멸을 추구했고, 나폴레옹 전쟁과 같은 방식의 격렬한 전투가 지속되었다. 그러나 양측 간의 균형이 깨지고 전쟁 후반에 영국이 우세를 차지하기 시작하면서 적 함대의 격멸은 더욱 어려워졌다. 영국군이 적 함대를 추적하여 결전을 시도하면 네덜란드 함대는 본국

---

45 윤석준, 『해양전략과 국가발전』, p. 159.

연안지역으로 퇴각해버렸다. 이로 인해 결전은 매번 좌절되었다. 네덜란드 해안 인근에서 영국 함대는 지상 화력의 엄호를 받으며 숨어 있는 네덜란드 함대에 제대로 접근조차 할 수 없었다. 오히려 네덜란드 해군은 영국 함대를 무기력하게 만들기 위해 기회가 있을 때마다 출동하여 기습공격을 가했다.[46] 기회가 있을 때마다 전함을 집중 운용하여 적 함대를 격파해야 한다는 머핸의 주장은 현실적으로 실현하기가 녹록지 않은 것이다.

또한 클라우제비츠의 영향을 받은 코벳은 해양에서도 방어가 강할 수 있다고 믿었다. 그는 해양에서의 결전을 추구하는 것이 어렵기 때문에 해전에서는 상대적으로 방어하는 측이 이점을 가질 수 있다고 보았으며, 따라서 머핸이 해전에서 전략적 방어가 갖는 이점을 과소평가하고 있다고 지적했다.

그리고 코벳은 해전에서 방어가 갖는 이점과는 별개로 해양강국은 굳이 결전을 추구할 필요가 없으며, 방어적인 태세를 견지하는 것이 바람직하다고 주장했다. 국가가 추구하는 정치적 목표가 적을 완전히 파괴하는 것이 아니라면 굳이 결전이 아니더라도 원하는 결과를 얻을 수 있기 때문이다. 예를 들어, 함대의 기동이나 배치, 또는 무력시위 등을 통해 정치적으로나 전략적으로 원하는 효과를 거둘 수 있으며, 불가피하게 적의 영토 일부를 점령하거나 식민지를 빼앗는 경우라면 가능한 한 신속하게 탈취하고 이를 방어하는 태세로 전환하는 것이 유리하다는 것이다. 또한 그는 제해권을 장악한 국가일수록 위험을 무릅쓰지 않고 방어적인 태세를 취해야 한다고 주장했는데, 그것은 무리한 해전을 강행하여 승리할 경우 단지 제해권을 확인하

---

46 Geoffrey Till, 배형수 역, 『21세기 해양력』(서울: 한국해양전략연구소, 2011), pp. 191-192.

는 정도에 그치지 않으나 패배할 경우에는 제해권을 넘겨줘야 하는 위험부담을 안고 있기 때문에 신중을 기해야 한다고 보았다.

코벳은 머핸의 해전 원칙 가운데 '집중의 원칙'에도 회의적이다. 그는 대형 전함 위주로 함대를 건설하고 이러한 함대를 집중적으로 운용하여 해상결전을 추구해야 한다는 머핸의 주장에 반대한다. 코벳에 의하면, 해군은 기본적으로 분산해 운용해야 하며, 그러한 분산은 가용한 항구의 수와 해안선의 길이를 고려하여 균형 있게 이루어져야 한다.[47] 그는 전쟁에서 승리하기 위해서는 해상에서의 결전만 가지고 되는 것이 아니라, 국가전략 차원에서 '집중'과 '분산'을 적절히 결합한 현존함대 전략, 적의 항구 봉쇄, 그리고 지상군과의 합동작전 등이 유기적으로 이루어져야 한다고 보았다.[48]

나. 코벳의 영향과 평가

오늘날 코벳의 해양이론에 대해서도 비판적 시각이 없지 않다. 콜린 그레이Colin S. Gray는 클라우제비츠의 이론에 입각하여 해양에서 방어의 이점을 강조한 코벳의 주장에 의문을 제기한다. 그레이에 의하면, 방어가 공격보다 강하다는 주장은 지상전에서만 일반적으로 적용될 수 있다. 왜냐하면 지상전에서는 방어하는 측이 지리적 상황을 잘 알고 적절히 이용할 수 있으며, 방어진지에 숨어서 노출된 적을 공격할 수 있기 때문이다.[49] 그러나 해양에서 이와 같은 방어의 이점은 연안

---

47 J. Boone Bartholomees, Jr., "Naval Theory for Soldiers", *U. S. Army War College Guide to National Security Issues, Volume I : Theory of War and Strategy*, p. 334.

48 윤석준, 『해양전략과 국가발전』, p. 159. 현존함대 전략이란 적의 주력으로부터 분리된 소함대를 각개격파함으로써 누진적으로 적 세력을 약화시켜 최종 목표를 달성하고자 하는 것으로, 이 전략은 본질적으로 수세이나 전술적으로 공세를 지향한다. 강영오, 『해양전략론: 이론과 적용』(서울: 한국해양전략연구소, 1998), p. 271.

49 지상전에서 방어의 이점에 관해서는 Carl Von Clausewitz, *On War*, pp. 357-366 참조.

지역에서 작전하는 경우를 제외하면 적용될 수 없다. 따라서 그레이는 "해양국가가 그들의 상대적인 이점을 활용하기 위해서는 그들이 보유하고 있는 해양력을 적극적으로 사용할 수 있는 공세적인 교리가 필요하다"고 하면서 해군의 공세적 성격에 무게를 싣는다. 만일 코벳이 주장한 대로 해양강국이 전투에서 그들의 함정이 격침될 것을 우려하여 적이 도망갈 수밖에 없는 유리한 상황에서도 전투에 임하지 않고 방관한다면, 이는 국가가 필요해서 투자했던 기대에 제대로 부응하지 못하는 것이다.[50]

전반적으로 제1차 세계대전 이전에 나온 코벳의 해양사상은 많은 부분 타당한 것으로 인정되었다. 그러나 그의 주장은 유럽 대륙에서 영국이 강대국으로 부상하는 데 해군이 기여한 부분을 과소평가했으며, 해군 고유의 역할보다는 상륙작전 지원에 집착한 측면이 있어 수용하기 어려웠다. 또한 당시 영국 내에서는 영국 해군이 독일 해군을 제압할 수 있어야 한다는 여론이 우세하여 그의 이론은 큰 주목을 받지 못했다. 그럼에도 불구하고 해양력 및 해전에 관한 그의 사상은 보다 균형적인 입장을 견지함으로써 많은 부분 오늘날까지 적실한 것으로 평가받고 있다.[51] 가령, 그는 잠수함의 출현을 예상하지 못했지만, 이후 잠수함의 등장은 머핸이 강조한 제해권의 장악을 더 어렵게 함으로써 코벳 이론의 적실성을 뒷받침해주고 있다.

이상의 논의에서 머핸과 코벳이 제기하는 강대국의 해양전략사상은 다음과 같이 종합할 수 있다. 우선 해군전략의 핵심은 1차적으로 함대결전을 통해 제해권 혹은 해양통제권을 확보하는 것이다. 그러

---

50 Colin S. Gray, 임인수·정호섭 역, 『역사를 전환시킨 해양력』, pp. 48-57.

51 J. Boone Bartholomees, Jr., "Naval Theory for Soldiers", *U. S. Army War College Guide to National Security Issues, Volume Ⅰ: Theory of War and Strategy*, p. 334.

고 나서 이를 바탕으로 2차적으로 자국의 자유로운 경제활동을 보장하면서 적의 경제활동을 제약해야 한다. 이 과정에서 해군은 군의 특성상 기본적으로 공세적으로 운용되어야 하며, 제해권 혹은 해양통제를 달성한 상황에서 필요하다면 적극적으로 타군과의 합동성을 강화하고 지상 및 공중에 대한 무력투사를 제공할 수 있다.

5. 약소국의 해양전략 : 해양거부론

머핸과 코벳이 해양 강대국들에게 적합한 이론을 제기했다면, 상대적으로 약한 국가들 혹은 중견국가들에게 부합한 해양이론은 무엇인가? 아마도 약한 국가들의 입장에서는 제해권과 그에 따른 기득권을 모두 강대국에게 양보하고, 대신 바다보다는 육지에서 이들과 경합하는 전략을 선택할 수도 있을 것이다. 그러나 전쟁 역사를 보면, 아무리 약한 국가라 하더라도 스스로 바다로부터 완전히 고립되기를 원하는 국가는 없으며, 최소한 적의 제해권을 거부하기 위해 나름대로의 해양전략을 구사해왔음을 알 수 있다. 약한 국가의 입장에서 강대국에 대응하기 위한 전략을 살펴보면 다음과 같다.[52]

우선 '해양거부 전략sea denial strategy'을 들 수 있다. 제해권을 달성하는 경우가 드물다고 한 코벳의 주장이 옳다면 약한 해양국가도 어느 정도 바다에서 희망을 가질 수 있다. 비록 약한 국가가 제해권을 장악하지 못하고 바다를 유리하게 활용할 수 없다 하더라도 최소한 적으로 하여금 바다를 자유롭게 사용하지 못하도록 방해할 수는 있다.

---

52 Philip A. Crowl, "Alfred Thayer Mahan: The Naval Historian", Peter Paret, ed., *Makers of Modern Strategy: from Machiavelli to the Nuclear Age*, p. 335.

즉, 제해권 장악이나 해양통제가 불가능한 상황에서 차선책으로 '해양거부'를 추구하는 것이다. 가령, 해전에서 감히 승리를 추구하지는 못하더라도 빈약하나마 해군을 유지하는 것 그 자체는 매우 중요한 '거부' 효과를 거둘 수 있다. 굳이 적 해군과 싸우지 않더라도 그 존재 자체는 근처를 오가는 적의 상선에 위협으로 작용할 것이다. 따라서 아무리 강한 해양국가라 하더라도 자국의 상선을 보호하기 위해 상당한 전력과 자원을 배치해야 하는 부담을 갖지 않을 수 없다. 또 약한 국가의 해군이라고 해서 항상 방어태세만 유지해야 하는 것은 아니다. 때에 따라서 강대국 해군이 분산되어 일부가 고립되어 있다면 전력을 집중하여 순간적 우세를 달성하고 적극적 공세를 취하여 격파할 수 있다. 물론 적의 더 강한 함대가 개입할 경우에는 즉각 자리를 피해 안전한 지역으로 이동해야 할 것이다. 이것이 바로 약한 국가가 취할 수 있는 '해양거부' 전략이다.[53]

약소국이 취할 수 있는 또 다른 해양전략은 '상선공격guerre de course 또는 commerce raiding' 전략이다. 이는 국력이 매우 약한 국가가 사용할 수 있는 전략으로, 해양력을 구성하는 중요한 요소 가운데 하나인 적 '상선'을 직접 겨냥한다.[54] 바다가 경제활동을 위한 공공영역이라면 바다를 오가는 적의 화물을 공격하여 포획하는 것은 매우 수지맞는 사업이다. 적 상선을 직접 공격하는 전략은 제해권을 장악하는 절차를 생략하고 곧바로 적의 화물을 압수하거나 침몰시킴으로써 단기적으로는 적 함대의 주의를 돌릴 수 있으며, 장기적으로는 적의 경제를 위협하고 정치적 타협을 강요하는 효과를 가져올 수 있다. 19세기에는 국가들 간에 '상선공격'이 횡행했다. 국가의 면허를 받은 '사략선

53 Philip A. Crowl, "Alfred Thayer Mahan: The Naval Historian", Peter Paret, ed., *Makers of Modern Strategy: from Machiavelli to the Nuclear Age*, p. 336.

54 Colin S. Gray, 임인수 · 정호섭 역, 『역사를 전환시킨 해양력』, p. 31.

privateers', 즉 전시에 적의 상선을 나포할 수 있는 허가를 받은 민간 무장선이 합법적으로 운용된 것이다. 그러다가 1856년 사략선이 국제적으로 금지되자, 제1차 세계대전 때 잠수함이 등장하여 적 상선을 침몰시키는 역할을 담당했다. 이와 같이 적 상선을 공격하는 전략은 상대적으로 약한 국가들이 강대국을 대상으로 해양거부를 추구할 수 있는 유용한 방법으로 간주되었다.

사실 강대국이 제해권을 확보하고 있다 하더라도 강대국의 전함에 의해 패배한 약소국 전함들이 지속적으로 강대국의 상선을 공격한다면 의외의 효과를 거둘 수 있다. 물론 역사를 통해 볼 때 상선공격이 전쟁의 승패에 직접적으로 영향을 주고 해양강국과의 전쟁에서 승리를 거둔 사례는 매우 드물다. 그럼에도 불구하고 범선 시대에 네덜란드와 프랑스에 대한 약소국들의 약탈행위, 1941년부터 1945년까지 일본의 상선을 겨냥한 미국 잠수함들의 공격, 그리고 양차 대전에서 연합군 상선에 대한 독일 잠수함들의 공격은 모두가 상대국가에게 경제적으로나 전략적으로 매우 큰 고통을 안겨주었다. 향후 상선공격 전략은 보다 심각하게 받아들여야 한다. 지금까지의 상선공격은 소말리아 해적과 같이 기술적으로나 작전적으로 매우 저급한 수준에 머물러온 것이 사실이다. 아마도 이러한 전략이 보다 기술적으로 발전하고, 작전적으로 능숙해지며, 정책적 차원에서 아마추어 수준을 뛰어넘는다면, 금세기 제해권을 보유한 해양강국들에게 치명적인 위협으로 작용할 수 있다.[55]

마지막으로 약소국의 해양전략으로 적 함대에 대한 게릴라식 공격을 고려해볼 수 있다. 19세기 프랑스의 '소장학파Jeune École 또는 Young School'라 불리는 전략사상학파는 제해권 이론과 상선공격 이론을 결

---

55 Colin S. Gray, 임인수 · 정호섭 역,『역사를 전환시킨 해양력』, pp. 38-39.

합하여 '게릴라식 해양전략'을 제시했다.[56] 이는 널리 알려진 이론은 아니지만, 국력이 약한 국가들이 선택할 수 있는 유용한 전략이 될 수 있다. 19세기 후반 기술의 발달로 인해 어뢰와 대구경 평사포가 개발되면서 대형 전함을 중심으로 한 전통적 해군 방식을 계속 고집할 것인가에 대한 논란이 일었다. 당시 프랑스는 해양강국이었음에도 불구하고 더 강한 해양국가인 영국과 경쟁하는 데 많은 어려움에 처해 있었다. 이에 '소장학파'는 기술의 급속한 변화를 반영하여 대형 전함 대신 어뢰정이나 순양함 같은 빠른 소형 함정을 도입하고 이에 신형 무기를 장착한다면 상대의 전함을 무용지물로 만들 수 있다고 주장했다. 어뢰와 같은 신형 무기를 장착한 프랑스 함정이 영국 전함을 격침하면 영국은 제해권을 장악할 수 없을 것이고, 그렇게 되면 대규모 상선을 보호하기 어려울 것이다. 그런 다음 프랑스 해군이 영국 상선을 공격하면 해양교역에 의존하고 있는 영국의 경제에 타격을 가할 수 있다고 그들은 믿었다.

1886년 프랑스의 해양장관은 소장학파의 주장에 따라 기존의 함정 건조 계획을 취소하고 그 예산을 어뢰정과 순양함 개발로 돌렸다. 그러나 프랑스의 이러한 시도는 이후 어뢰정 개발의 기술적인 문제, 유도탄을 탑재한 대형 구축함의 등장, 그리고 대형 함대의 중요성을 강조한 머핸의 영향으로 인해 좌절되었다. 1889년 영국 해군은 전함 건조 예산을 두 배로 증액했으며, 다른 해양강국들도 영국의 뒤를 따라 대형 함정 건조를 추진하자 소장학파의 이론은 역사의 뒤안길로 사라지게 되었다. 그러나 약소국들에게 이러한 전략은 아직도 유효한 것으로 남아 있다. 소형 어뢰정과 유도탄정은 먼 대양에서 적의 전함

---

56 Philip A. Crowl, "Alfred Thayer Mahan: The Naval Historian", Peter Paret, ed., *Makers of Modern Strategy: from Machiavelli to the Nuclear Age*, pp. 336-337.

을 맞아 싸우기에는 역부족일 수 있으나, 수심이 얕은 연안지역에서는 여전히 적 함정에 치명적인 위협을 가할 수 있다.

이렇게 볼 때 약소국의 해군전략은 기본적으로 제해권을 장악하거나 해양통제를 달성하기보다는 해양거부를 추구해야 한다. 해군은 1차적으로 현존함대 전략이나 게릴라식 공격을 통해 적의 자유로운 해양사용을 거부해야 하며, 2차적으로 상선공격을 통해 적의 경제활동을 방해해야 한다.[57] 약소국 해군은 기본적으로 방어적으로 운용해야 할 것이나, 필요시에는 적 함대 대비 국지적 우세를 달성한 상태에서 공세적으로 운용할 수 있다. 다만 약소국은 적 함대와 직접적인 결전을 추구하기 어렵기 때문에 잠수함이나 어뢰와 같은 비대칭적 수단의 비중을 높임으로써 전력증강의 효율성을 추구할 필요가 있다.

---

57 현대 해전에서도 현존함대의 개념 적용이 유효하다는 견해에 대해서는 정삼만, "현존함대의 개념과 현대적 적용에 관한 연구", 해군대학 편, 『해양전략 이론의 한국 해군에의 재조명』(대전: 해군대학, 2007), pp. 169-170 참조.

■ 토의 사항

1. 해양전략의 기원은 무엇인가? 인류의 역사에서 해양은 국가의 번영에 어떠한 영향을 주었는가?

2. 해양이 갖는 본래의 특성은 무엇인가? 전구theater로서의 해양은 어떠한 특성을 갖는가?

3. 육군과 달리, 해군은 어떠한 속성을 갖고 있는가?

4. 제해권, 해양통제, 해양우세, 그리고 해양거부의 개념 차이는 무엇인가?

5. 머핸의 해양전략 이론의 핵심은 무엇인가?

6. 머핸이 제기한 국가해양력에 영향을 미치는 여섯 가지 요인은 무엇인가?

7. 조미니의 전쟁술을 적용하여 머핸이 제시한 해전의 원칙은 무엇인가?

8. 코벳의 해양전략은 무엇인가? 머핸과 다른 점은 무엇인가?

9. 제해권을 장악하지 못한 국가의 입장에서 취할 수 있는 해양전략에는 무엇이 있는가?

ON MILITARY STRATEGY

제8장 항공전략

1. 항공력의 기원

그리스 신화에는 다이달로스Daedalus와 그의 아들인 이카로스Icarus에 대한 이야기가 나온다. 아테네의 장인인 다이달로스는 그의 아들과 함께 크레타Creta 섬의 감옥에서 탈출하기 위해 실로 엮은 깃털을 밀납을 녹여 붙여 두 쌍의 날개를 만들었다. 그는 아들에게 날개를 주면서 당부했다. "아들아, 조심해야 한다. 태양에 밀납이 녹을 수 있으니 너무 높이 올라가선 안 된다. 그리고 깃털이 바다에 젖으면 안 되니까 너무 낮게도 내려가지 말아야 한다." 날개를 완성한 후 두 사람은 크레타 섬의 동북쪽을 향해 훨훨 날아서 아름다운 들판을 가로질러 바다 건너 저 멀리로 향했다. 그러나 아들인 이카로스는 하늘을 날게 된 것에 너무 흥분한 나머지 아버지의 경고를 깜빡 잊은 채 한없이 높이 올라가다 밀납이 태양열에 의해 녹아 에게 해Aegean Sea에 빠져 죽고 말았다.

이 신화는 인류가 역사 이전부터 하늘을 동경해왔으며 하늘을 나는 꿈을 갖고 있었음을 보여준다. 그러나 바다에서의 항해와 달리 하늘을 나는 항공은 쉽게 이루어질 수 없었다. 1483년에 이르러 이탈리아 레오나르도 다빈치Leonardo da Vinci는 상상력을 동원하여 헬리콥터를 만들기 위한 설계도를 제작했으며, 만일 자신이 그 뜻을 이루지 못하더라도 나중에 다른 사람이 반드시 날 수 있을 것이라고 믿었다. 그 이후 헬리콥터는 아니더라도 열을 이용한 기구로 맨 처음 하늘을 난 사람은 1783년 프랑스의 몽골피에 형제[조제프 미셸 몽골피에Joseph-Michel Montgolfier와 자크 에티엔느 몽골피에Jacques-Étienne Montgolfier]였다. 이들은 열기구를 타고 파리를 출발하여 약 25분 동안 2.5마일을 이동하는 데 성공했다. 당시의 기구 비행은 훗날의 동력비행에 도저히 비교될 수 없는 조악한 수준이었지만, 이는 세상 사람들로 하여금 미래의

항공기에 대한 꿈을 더욱 키우도록 하는 계기가 되었다.[1]

기구는 나폴레옹 전쟁 때부터 본격적으로 군사적 용도로 사용되기 시작했다. 1794년 플뢰뤼스 전투Battle of Fleurus에서 프랑스 혁명군은 적의 움직임을 관찰하기 위한 목적으로 기구를 이용했다. 1849년에는 오스트리아군이 베네치아Venezia에 폭탄을 투하하기 위해 약 300개의 열기구를 사용했다. 또한 미국의 남북전쟁 기간 동안 기구는 군사지도를 작성하고 포병사격을 관측하는 용도로 사용되었다. 1870년 보불전쟁에서도 기구가 사용되었는데, 프랑스는 파리가 프로이센군에 포위된 기간 동안 기구를 이용하여 우편물을 운송했으며 프로이센군 진영에 선전물을 투하하기도 했다. 이후 19세기 후반에는 기구가 더욱 발전하여 인력에 의한 동력으로 조종이 가능한 비행선이 개발되었다.[2]

인류 최초의 동력비행은 20세기에 이르러서야 비로소 실현될 수 있었다. 1903년 라이트 형제[오빌 라이트Orville Wright와 윌버 라이트Wilbur Wright]는 미국 캐롤라이나 주의 키티 호크Kitty Hawk 인근 모래언덕에서 12마력의 엔진을 얹은 플라이어Flyer I 비행기를 조종하여 12초 동안 120피트의 거리를 비행하는 데 성공했다. 이후 이들은 플라이어 II와 III을 추가로 개발하여 이 같은 도전을 계속했다.

라이트 형제가 동력비행에 성공하고 나서 전쟁에서 최초로 항공기를 군사적 용도로 사용한 것은 1911년 이탈리아와 터키 간의 전쟁에서였다. 이 전쟁에서 이탈리아의 육군항공단은 리비아의 아인 자라Ain Zara에 있던 터키군의 캠프에 폭격을 가했다. 그리고 1912년의 제1

---

1 Donaldson D. Frizzell, "초기의 항공전략이론", 최병갑 외 공편, 『현대 군사전략대강 II : 전략의 제원리』(서울: 을지서적, 1988), pp. 260-263.

2 이명환 외, 『항공우주시대 항공력 운용: 이론과 실제』(서울: 도서출판 오름, 2010), pp. 148-151.

1794년 플뢰뤼스 전투 당시 사용된 기구. 기구는 나폴레옹 전쟁 때부터 본격적으로 군사적 용도로 사용되기 시작했다. 플뢰뤼스 전투에서 프랑스 혁명군은 적의 움직임을 관찰하기 위한 목적으로 기구를 이용했다.

차 발칸 전쟁에서는 불가리아군이 아드리아노플Adrianople에 있는 터키군의 진지를 항공기로 폭격한 바 있다.

그러나 항공기가 본격적으로 사용되기 시작한 것은 제1차 세계대전에서였다. 대전 초기에 연합국과 동맹국 양측은 항공기를 기구와 함께 주로 관측 목적으로 사용했다. 즉, 항공기는 상대방의 움직임과 표적에 관한 정보를 수집하고 포병사격을 유도하는 임무를 담당했다. 항공관측에 의해 정보가 노출되고 정확한 포병사격으로 피해가 커지자, 항공기는 지상군에게 커다란 위협으로 작용했다. 그러자 각 국가들은 적의 항공관측을 방해하기 위해 상대의 항공기나 기구를 공격하기 시작했고, 이로 인해 항공기들 간에 공중전이 시작되면서 '도그파이트dogfight'라 불렸던 공중전 전술이 점차 발전하기 시작했다. 그리고 1916년 이후에는 공중전투 임무를 수행하기 위한 전투용 항공기들을 양산하면서 본격적인 공중전의 시대가 막을 열었다.[3]

제1차 세계대전 말기에 들어서면서 항공기는 공중전을 수행하는 것 외에도 폭격, 기총사격, 해상정찰, 대잠수함전, 선전물 투하 등을 통해 지상군 및 해군을 지원하는 임무를 수행하기 시작했다. 특히 1918년 서부전선에서 항공기는 포병관측을 지원함으로써 독일군의 반격을 저지하는 데 기여했으며, 지상군에 각종 장비와 부속품을 낙하산으로 투하하는 데 사용되었다. 또한 영국은 항공기를 운용하여 당시 막 등장한 전차의 진격을 지원해주었으며, 진격하는 독일 지상군을 저지하기 위해 오늘날의 근접항공지원 및 항공차단작전과 유사한 임무도 수행토록 했다. 그리고 제1차 세계대전이 끝날 무렵에 있었던 독일의 영국 도심 공습은 육군 및 해군과는 별도로 후방에 위치한 공장, 수송시설, 그리고 정부청사를 폭격한 것으로 공군력만으로 독

3 이명환 외,『항공우주시대 항공력 운용: 이론과 실제』, p. 153.

자적인 작전이 가능하다는 것을 보여준 최초의 사례였다.[4]

제1차 세계대전에서 연합국과 동맹국의 항공기 운용은 관측, 공중전, 그리고 지상지원 등으로 발전되었지만, 공군의 독자적인 임무수행 영역으로까지는 나아가지 못했다. 물론 독일의 경우 항공기를 투입하여 영국 도심지역을 폭격함으로써 영국 시민을 대혼란에 빠뜨리는 효과를 얻을 수 있었다. 그리고 이에 따라 영국은 방공전력을 강화하고 그때까지 '육군항공단'으로 존재했던 공군을 세계 최초로 독립공군으로 창설하는 조치를 취하기도 했다. 그러나 공군이 독자적인 군종으로서 상대국가의 산업시설 및 인구밀집지역을 폭격함으로써 적의 전쟁의지를 약화시킬 수 있다고 하는 인식은 아직 형성되지 못하고 있었다. 독자적인 항공력 운용에 대한 전략사상은 제1차 세계대전이 끝나고 나서 두에Guilio Douhet, 미첼William Mitchell, 트렌차드Hugh Trenchard 등의 전략가들에 의해 제기되었다.

2. 두에의 항공전략

줄리오 두에Guilio Douhet는 1869년 이탈리아에서 태어났다. 포병장교로 임관한 두에는 1909년 항공력에 관한 첫 논문을 발표했으며, 1918년 중앙항공국장에 임명된 후 1921년 장군으로 진급했다. 1921년 두에는 그의 항공전략사상을 담은 『제공권The Command of the Air』을 출간했으며, 1927년에는 이를 보완한 개정판을 출간했다.

두에의 전략사상은 제1차 세계대전의 참혹한 결과에 대한 회의를

4 David MacIsaac, "Voices from the Central Blue: The Air Power Theorists", Peter Paret, ed., *Makers of Modern Strategy: from Machiavelli to the Nuclear Age*(Princeton: Princeton University Press, 1986), p. 628.

이탈리아의 군인, 항공전략 이론가인 줄리오 두에(1869~ 1930)는 육군의 작전을 비판하여 투옥되었으나 카포레토 전투(Battle of Caporetto) 패전으로 그의 이론의 정당성이 인정되어 복귀했다. 공군의 독립과 다른 부대의 축소, 특히 전략폭격기에 의한 적군 기지의 섬멸을 주장했는데, 그 이론은 제2차 세계대전에서 실증되었다.

반영하고 있다. 화력이 발전하고 방어가 공격보다 우세하게 됨에 따라 지상전에서는 더 이상 공격다운 공격이 이루어지지 못하고 전선이 교착상태에 빠져 서로 상대방을 살육하는 소모적인 전쟁이 장기간 진행되었다. 전략가들은 이와 같은 전쟁의 참상이 재연되는 것을 방지하기 위해 전략에 대한 새로운 사고와 접근방법을 모색하고 있었다. 앞의 "지상전략"에서 살펴본 바와 같이 마비전, 전격전, 그리고 간접접근전략 등은 이러한 측면에서 전략적 탈출구를 모색한 결과 제기된 지상전 차원의 처방들이었다. 이러한 상황에서 두에는 새롭게 등장한 혁신적 병기인 항공기를 이용하여 미래의 전쟁을 효율적으로 수행할 수 있다고 보고 그의 사상의 핵심인 제공권 이론을 주장했다.

두에의 제공권 이론은 다음과 같은 몇 가지 기본가정에서 출발한다. 첫째, 장차 전쟁은 제1차 세계대전과 마찬가지로 총력전 양상을 유지할 것이며, 이러한 총력전에서는 전투원과 비전투원을 구분하는 것이 무의미하다. 따라서 일반 시민에 대한 폭격은 도덕적으로나 인도적으로 문제가 되지 않으며, 이들에 대한 폭격은 정당한 전쟁의 수단으로 간주할 수 있다. 둘째, 교착된 전선을 돌파하기 위한 육군의 공격은 더 이상 성공할 수 없다. 총력전 시대에 대규모 동원을 통해 양측이 전선을 따라 빽빽이 늘어선 전쟁에서 지상전으로는 결정적인 성과를 거둘 수 없다. 이는 이미 제1차 세계대전을 통해 명확히 입증되었다. 셋째, 항공기는 전장지역뿐만 아니라 더 멀리까지 자유롭게 기동할 수 있고, 일단 목표지역에 도달하면 적의 입장에서 이를 적절히 방어할 수 있는 수단이 없다. 따라서 항공기는 지상 및 해상을 막론하고 모든 시설물을 공격하여 파괴할 수 있는 능력을 갖춘 완벽하고도 유일한 공격무기이다. 넷째, 항공기 공격으로 적 국민의 전의를 약화시킬 수 있다. 적 도시에 대해 전략폭격을 가할 경우 단시일 내에 그들의 사회질서를 완전히 붕괴시킬 수 있으며, 적 시민들을 곤경에 처하게 하고 전의를 상실하게 할 수 있다.[5]

이러한 가정들을 기초로 두에는 항공력을 운용하는 데 다음과 같은 항공이론을 제기했다.[6] 첫째, 항공력을 운용하기 위해서는 제공권을 완전히 장악해야 한다. 제공권 사상은 두에 이론의 핵심을 이루는데, 그는 미래 전쟁에서는 공중전에서 승리하여 하늘을 지배하지 않고는 전쟁에서 승리할 수 없다고 보았다.

> 제공권을 장악할 수 있는 국가는 적의 공습으로부터 영토를 보호할 수 있으며, 심지어 적의 육상 및 해상작전에 대한 지원활동을 제지하여 적을 무력하

---

5 도넬슨 D. 프리젤, "초기의 항공전략이론", 최병갑 외 공편, 『현대 군사전략대강 II : 전략의 제원리』(서울: 을지서적, 1988), p. 267; David MacIsaac, "Voices from the Central Blue: The Air Power Theorists", Peter Paret, ed., *Makers of Modern Strategy: from Machiavelli to the Nuclear Age*, p. 630. 두에는 공군을 기본적으로 공격력을 갖춘 군사력으로 보았다. 그는 공군력에 의한 최상의 방어는 곧 공격에 의해 달성된다고 믿었다. 항공기에 대항할 수 있는 방어는 있을 수 없으며, 적의 공중공격에 대항할 수 있는 방어수단은 오직 공격에 의해서만 가능하다고 주장했다.

6 도넬슨 D. 프리젤, "초기의 항공전략이론", 최병갑 외 공편, 『현대 군사전략대강 II : 전략의 제원리』, pp. 268-269.

게 함으로써 아무것도 할 수 없게 만들 수 있다. …… 제공권을 장악한다는 것은 곧 승리를 쟁취하는 것이다.[7]

따라서 그는 지상군은 공군이 적 영토 내에서 공격하는 동안 반드시 방어에 주력할 수 있도록 배치되어야 한다고 주장했다. 즉, 지상부대는 적의 전진을 저지하여 적이 통신망, 산업시설, 공군기지, 그리고 병참선을 공격하지 못하도록 방어하는 역할을 담당해야 한다는 것이다.

둘째, 제공권을 장악한 다음 공군은 적의 전방에 배치된 군사력이 아닌 주요 산업시설과 인구밀집지역을 공격해야 한다. 일단 제공권이 확보되면 공군은 방해받지 않고 적 영토 전역을 자유자재로 이동하면서 타격할 수 있다. 이때 병력, 기차, 해군기지, 선박, 병기고, 항구, 유류저장소, 철도역, 차고, 인구중심지, 교량, 도로, 교차로 등을 타격할 수 있다. 그러나 중요한 것은 적의 전쟁수행 능력을 파괴하고 적국 국민의 전쟁수행 의지를 붕괴시키는 것이며, 이를 위해서는 산업시설과 인구밀집지역을 겨냥해 고성능 폭탄과 소이탄, 그리고 화학탄을 투하해 폭격을 가함으로써 민간인들의 공포심을 유발하고 그들의 사기를 꺾어야 한다. 두에는 이 같은 전략폭격이 물리적 효과보다 심리적 효과를 가져올 것으로 믿었는데, 이는 폭격을 통해 유발된 공포가 주민들로 하여금 자국 정부에 전쟁을 종식하도록 압력을 넣을 것으로 기대했기 때문이었다.[8]

---

7 Giulio Douhet, Dino Ferrari, tran., *The Command of the Air*(Washington, D.C.: Office of the Air Force History, 1983), p. 25.

8 Giulio Douhet, *The Command of the Air*, pp. 20-21; 이명환 외, 『항공우주시대 항공력 운용: 이론과 실제』, p. 98. 제2차 세계대전 당시 두에를 따랐던 사람들은 화학탄의 사용 가능성을 예견했으나 실제로 국가들은 상대국가들의 보복을 우려하여 화학탄을 사용하지는 않았다. David MacIsaac, "Voices from the Central Blue: The Air Power Theorists", Peter Paret, ed., *Makers of Modern Strategy: from Machiavelli to the Nuclear Age*, p. 630.

셋째, 제공권을 장악하기 위해서는 두 가지 방법을 동시에 고려할 수 있는데, 하나는 공중에서 적 항공기와 교전하는 것이고, 다른 하나는 지상에 있는 적 항공기와 기지시설을 파괴하는 것이다. 따라서 항공기는 공중전을 수행할 수 있는 능력과 함께 지상에 위치한 적 공군기지를 폭격할 수 있는 능력을 구비해야 한다. 다만 보다 효과적인 방법은 공중전보다 지상에 위치한 기지를 폭격하는 것인데, 그 이유는 공중에 나는 새를 사냥하는 것보다는 둥지에 있는 알을 부수는 것이 보다 손쉽고 효율적이기 때문이다.

넷째, 공군은 육군 및 해군으로부터 분리하여 독자적으로 운용해야 한다. 즉, 항공력을 육군의 일부인 '육군항공단'으로 운용하기보다는 공군을 창설하여 별도의 군으로 두어야 한다는 것이다. 적 공군과의 공중전투에서 승리하여 제공권을 장악하고 적 후방을 공격하여 적의 물질적·정신적 저항력을 분쇄하려면, 육군의 통제를 받는 조직이 아니라 공군이라는 독자적 조직을 갖추는 것이 바람직하다는 것이다. 그리고 그는 공군이 창설되어 3군 체제가 성립된다면 각 군 간의 작전협조는 육군을 중심으로 하는 것이 아니라 당연히 그 상위 조직, 즉 국방부에 의해 이루어져야 한다고 주장했다.[9]

다섯째, 항공기의 기본형은 공중전과 지상공격 능력을 다 같이 갖춘 이중목적의 전투기가 되어야 한다. 두에는 하나의 동일한 기체를 가지고 속도와 장거리 비행능력, 그리고 화력을 충분히 갖춘 비행기를 제작할 수 있다고 보았다. 즉, 상황에 따라 화물을 적재하지 않을 경우 속도를 낼 수 있는 요격기로 활용할 수 있으며, 폭탄을 다량 적재할 경우에는 폭격기로 사용할 수 있다는 것이다. 다만, 전략폭격을 중시한 두에에게 중요한 것은 적 도시를 폭격하기 위해 많은 무장을 신

---

9 Giulio Douhet, *The Command of the Air*, pp. 31-33.

영국 본토 항공전(Battle of Britain) 당시 독일 폭격기 하인켈(Heinkel) He 111(위 사진)과 폭격에 파괴된 영국 런던 시가지(아래 사진). 프랑스 붕괴 이후 히틀러는 영국의 항복을 받아내기 위해 바다사자 작전(Operation Sea Lion)이라는 상륙작전을 준비하고 있었다. 하지만 그와 괴링(Hermann Göring)은 영국 공군(RAF)을 무찌르지 않는 한 이 상륙작전은 불가능하다고 여기고 영국 본토 항공전을 시작하여 항공기 생산 시설과 지상 시설을 파괴하여 영국인들을 공포에 빠뜨려 휴전이나 항복을 받아내려 했으나, 오히려 영국 국민을 더욱 단결시키는 역효과를 불러왔다.

고 원거리를 기동할 수 있는 능력을 갖추는 것이었다. 폭탄을 많이 적재할수록 속도는 떨어지겠지만 폭탄을 투하한 이후에는 즉시 빠른 속도로 전환하여 요격기의 임무를 수행할 수 있으며, 속도와 기동성이 떨어질 경우에는 기총과 같은 화력으로 이를 보완할 수 있다고 보았다.

두에의 이론은 논리적이고 설득력 있게 제시되었으며, 오늘날까지도 현실과 부합된 측면이 있다. 그럼에도 불구하고 두에의 이론 가운데 일부는 역사적 검증 과정에서 만족스런 결과를 보여주지 못했다. 우선 무차별적인 공중폭격으로 적국 국민의 사기가 급속히 저하될 것이라는 두에의 가정은 맞지 않았다. 제2차 세계대전에서 런던과 베를린에 대한 양측의 대도시 공습이 시민들 사이에 공포감을 불러일으킨 것은 사실이다. 그러나 시간이 지나면서 시민들은 무난히 심리적 공황상태를 극복했을 뿐만 아니라 오히려 상대국가에 대한 전쟁의지를 더 불태우는 역효과를 낳았다. 무자비한 나치의 통치하에 있던 독일 국민들도 연합국 공군의 공습으로 재산과 거주지가 완전히 파괴되는 상황에서 어려움과 고통을 감내하며 전쟁에 동참했다. 즉, 전략적 폭격은 상대 국민들의 사기를 급속히 붕괴시키는 결과를 초래했지만, 국민들은 단시간 내에 이를 극복하고 다시 전쟁의지를 강화하는 모습을 보임으로써 두에의 '항공력에 의한 전쟁 종결' 주장은 빗나가고 말았다.[10]

항공기 한 대로 요격기와 폭격기 임무를 번갈아 수행할 수 있다고 주장한 두에의 주장은 항공과학기술의 문제들을 과소평가한 것이었음이 드러났다. 오늘날 전투기와 폭격기가 별도로 운용되는 것에서

---

10 도넬슨 D. 프리젤, "초기의 항공전략이론", 최병갑 외 공편,『현대 군사전략대강 II : 전략의 제원리』, pp. 272-273; 앤드류 밸런스, "항공력 발달의 역사적 배경", 박덕희 편역,『항공전략 이론의 이해』(유성: 공군대학, 2001), pp. 51-52.

볼 수 있는 것처럼 항공과학 측면에서 속도, 기동, 그리고 화력을 동일한 기체에 융합하는 것은 기술적으로 가능하지 않았다. 또한, 항공기를 공격용 무기로만 본 두에의 인식에도 오류가 있었다. 그는 항공기에 대한 방어가 불가능하다고 보고 방공체계를 구축할 예산으로 항공기를 구입하는 것이 낫다고 주장했다. 그러나 제2차 세계대전에서 영국의 전투기들은 독일의 전투기 및 폭격기 조종사들에게 상당한 손실을 입혔으며, 레이더와 대공무기들이 개발되어 지상에서 적 항공기들을 추적하고 격추시킴으로써 그 위력을 유감없이 발휘했다.

한편으로, 전략폭격을 통해 전쟁에서 승리할 수 있다는 두에의 생각이 아주 잘못된 것은 아니었다. 비록 항공력에 의한 후방공격은 심리적 측면에서 적의 사기를 와해시키거나 전의를 약화시키지는 못했지만, 적어도 적의 물리적 저항수단을 파괴할 수는 있었다. 즉, 적 후방에 위치한 산업시설을 집중적으로 타격함으로써 누진적 효과를 거두고 적의 전쟁지속능력을 약화시킬 수 있었다. 두에의 전략폭격의 효과는 어쩌면 심리적 측면이 아닌 물리적 측면에서 나타난 것으로 볼 수 있다.

제공권의 장악이 전쟁에서 승리하기 위한 필수요소라는 두에의 주장은 타당한 것으로 입증되었다. 독일의 경우 최상의 군사력을 갖고서도 제공권을 상실하여 그들 영토의 심장부에 적의 대규모 공군 전력이 자유롭게 왕래하도록 허용했다는 사실은 충분한 공중우세 없이 전쟁에서 승리할 수 없음을 보여주었다.[11] 또한 공중우세를 달성하기 위한 최선의 방안으로 지상에 있는 적의 항공기와 기지 시설을 파괴해야 한다는 두에의 적극공세 개념도 타당함이 입증되었다. 실제로 이러한 개

---

11 도넬슨 D. 프리젤, "초기의 항공전략이론", 최병갑 외 공편, 『현대 군사전략대강 II : 전략의 제원리』, p. 273.

념이 완전히 성공한 사례는 1967년 이스라엘과 이집트 간의 제3차 중동 전쟁이다. 이 전쟁에서 이스라엘 공군은 전격적인 기습을 통해 지상에 머물고 있던 이집트 공군기 374대를 기지에서 파괴하는 경이로운 성과를 거두고 6일 만에 전쟁에서 승리할 수 있었다.

요약하면, 두에는 항공기의 능력을 너무 과신하고 과대평가한 면이 있다. 그는 항공기의 출현이 세상을 바꾸어놓았으며, 항공전력의 공세적이고 전략적인 운용을 통해 미래의 전쟁 양상을 바꿀 수 있다고 확신했다. 무엇보다도 그의 이론이 갖는 가장 큰 결점은 바로 전략폭격에 대한 인간의 저항의지를 과소평가했다는 데 있다. 그럼에도 불구하고 그는 당시의 항공과학기술이 극히 초보단계에 있었던 시기에 항공력에 관한 광범위한 전략 개념을 구축하고 이를 체계화했다는 점에서 항공전략이론의 선구자로 인정받고 있다.[12]

3. 미첼의 항공전략

윌리엄 미첼William Mitchell은 두에보다 10년 뒤인 1879년 미국에서 태어났다. 그는 통신장교로 임관했으나, 1916년 38살의 나이로 조종술을 익힌 후 1917년 제1차 세계대전에 참전하면서 공군에 투신했다. 그곳에서 그는 트렌차드를 비롯한 유럽의 항공이론가나 항공력을 옹호하는 군 지도자들과 교류할 기회를 가졌고, 그 과정에서 항공력에 대한 신념을 더욱 확고히 할 수 있었다. 미첼은 초기 항공전략사상에 있어서는 두에에 이어 제2인자였지만, 항공력의 전술적 운용에 있어

---

12 도넬슨 D. 프리젤, "초기의 항공전략이론", 최병갑 외 공편, 『현대 군사전략대강 II : 전략의 제원리』, p. 276.

윌리엄 미첼(1879~1936)은 미국 항공계의 개척자이다. 제1차 세계대전 때 프랑스에서 미 전투항공부대의 지휘관으로 활약한 그는 지상전과 해전의 시대는 지나고 바야흐로 항공전의 시대에 접어들었음을 강조하면서 미 공군의 독립과 군용기 확충 등을 주장했다. 항공기를 이용하여 옛 독일 군함들을 폭격·격침시키는 실험을 했는데, 이는 항공모함 개발의 계기가 되었다.

서만큼은 제1인자로 인정받고 있다.[13] 그는 1921년 『우리 공군: 국방의 핵심Our Air Force: The Key to National Defense』이라는 저서를 발간했으며, 1925년에는 『항공력을 통한 방위Winged Defense』, 그리고 1930년에는 『공중항로Skyways』 등의 저서를 출간했다.[14]

미첼은 두에와 마찬가지로 항공력이 전장을 지배할 것이라는 확신을 갖고 있었다. 1917년 4월 6일 독일에 선전포고를 한 미국은 제1차 세계대전에 참전하기 이전에 유럽 전선의 상황을 파악하기 위해 미첼을 항공관찰장교로 프랑스에 파견했다. 미첼은 파리에서 처음으로 독일의 공습을 경험했는데, 이때 그의 경험을 다음과 같이 기록하고 있다.

> 폭격에 의한 실질적 효과는 꾸준히 증가하고 있었으며 국민들의 사기에 큰 영향을 미쳤다. 부녀자들은 공포에 떨고 있었는데 이는 지금까지와는 전혀 다른 위협으로 인식되었다. 이제 지상전과 해전의 시대는 지나고 바야흐로 항공전의 시대에 접어들었다. 앞으로 당분간은 사람들이 지금까지 익숙해 있었던 구제도로부터 탈피하여 이러한 새로운 전쟁 양상에 눈을 돌리느냐, 그렇지 않고 옛날 전쟁 방식을 고집하느냐에 따라 생사가 갈릴 것이다.[15]

미첼은 항공력이 기본적으로 공세적인 전력이라고 믿었다. 당시 프랑스군은 파리 동북부에서 니벨Nivelle 공격에 실패한 이후 방어태세로 전환한 채 미국의 군사적 지원만을 기다리고 있었다. 프랑스 항공대도 마찬가지로 수세에 몰려 최선의 방책으로 자위를 위한 전투만을 수행하고 있었으며, 전략과 전술은 모두 방어에 주력함으로써 적

---

13 온창일 외, 『군사전략사상사』, p. 203.

14 이명환 외, 『항공우주시대 항공력 운용 : 이론과 실제』, pp. 107-108.

15 도넬슨 D. 프리젤, "초기의 항공전략이론", 최병갑 외 공편, 『현대 군사전략대강 II: 전략의 제원리』, p. 284.

항공기를 찾아내 격추시키기보다는 적이 공격해올 경우 요격하여 영공에서 쫓아내는 것이 전부였다. 이에 대해 미첼은 프랑스가 직면한 어려운 상황을 이해하면서도 항공대는 궁극적으로 공격을 하지 않으면 안 된다고 생각했다. 프랑스 항공기들은 여기저기 분산되어 지상기지에 대기하고 있었으며, 독일 항공기들은 이들이 출격하기 전까지 프랑스 영공과 영토를 마음대로 유린하고 있었다. 미첼은 프랑스 항공대의 방어적 태세는 불행한 것으로 가급적 빨리 공세로 전환하지 않으면 안 된다고 보았다. 기지에 주저앉아 날아드는 적기를 기다리고 있을 것이 아니라 도처에 걸쳐 적을 찾아 발견해낸 다음, 조기에 공격하여 격추시킬 수 있도록 항공력을 공세적으로 운용해야 한다고 보았다. 이러한 미첼의 인식은 이 시기 "항공전력은 천성적으로 공격무기이므로 방어보다는 공세적으로 운용되어야 한다"는 영국 항공대사령관 트렌차드 장군의 영향에 의해 더욱 굳어졌다.[16]

제1차 세계대전이 끝날 때까지 미첼은 두에의 영향을 받지 않았다. 당시 두에는 자국의 전쟁 정책을 혹평한 데 대해 군법회의에 회부되어 투옥 중이었기 때문에 만날 수 있는 기회를 갖지 못했다. 그럼에도 불구하고 미첼은 두에처럼 제공권 장악의 중요성에 대해 다음과 같이 강조했다.

> 공중우세의 유지는 분명히 절대적으로 필요한 것이며, 이를 단기간에 획득할 수 있는 충분한 가능성이 있음에도 불구하고 어느 국가도 아직 한 번도 시도하지 않았다. 그러나 지난 3년간의 전쟁 경험에서 얻은 교훈은 먼저 하늘을 차지하는 것이 중요하며, 이를 위해서는 적에 대한 우위를 확보해야 한다는 것이다. 만일 적으로부터의 공중위협이 없어지면 그것은 곧 승리를 향

---

16 도넬슨 D. 프리젤, "초기의 항공전략이론", 최병갑 외 공편, 『현대 군사전략대강 II : 전략의 제원리』, pp. 285-286.

한 첫 걸음이 될 것이다.[17]

이와 같은 항공력에 대한 견해를 바탕으로 미첼은 두에와 마찬가지로 독립된 공군의 폭격기들이 '핵심적 중심vital centers'이 되는 전략적 목표를 타격할 경우 전쟁을 쉽게 종료할 수 있다고 주장함으로써 전략폭격의 중요성을 강조했다. 미첼은 1917년 6월 퍼싱John Joseph Pershing 장군이 원정 미군을 지원하기 위해 제기한 59개 전술비행대대 창설 방안 대신 41개 관측대대, 55개 폭격대대, 105개 요격대대로 구성된 총 201개 대대 창설 방안을 제시하여 이를 관철시켰다. 그해 12월 '전략항공'이 새로운 참모부서로 설치되어 미첼은 전략폭격계획을 담당하는 임무를 맡게 되었다. 1918년 9월 생미엘 전투Battle of Saint-Mihiel에서 미첼은 항공전력의 '집중운용'과 '공중우세'라는 두 가지 원칙을 통해 커다란 성과를 거두었다. 이 전투에서 미첼은 지상군 군단에 최소한의 관측 및 엄호용 항공기만을 할당한 채 폭격기와 전투기로 구성된 1,000대의 항공기를 각각 500대씩 2개 여단으로 편성했다. 각 여단은 작전지역 상공에 출현하는 독일 항공기를 격추시키는 한편, 지상에 돌출된 독일군의 진지를 대대적으로 폭격했다. 항공력을 집중하여 운용함으로써 연합군은 접전지역에서 독일 공군의 방해를 완전히 제거할 수 있었고, 공군의 지원에 힘입은 미 지상군은 성공적으로 작전을 마칠 수 있었다.[18]

제1차 세계대전 후 미첼은 "적의 심장부를 최우선 목표"로 설정했던 두에와 달리 항공기의 지상공격 가능성에 관심을 갖기 시작했다. 그는 항공전력으로 적 지상군 거점을 공격하는 방안과 지상에 있는

---

17 도넬슨 D. 프리젤, "초기의 항공전략이론", 최병갑 외 공편, 『현대 군사전략대강 II : 전략의 제원리』, p. 290.

18 앞의 책, pp. 293-294.

여러 형태의 목표물을 파괴하는 데 필요한 제반 고려사항을 연구하기 시작했다. 비록 미첼은 두에와 마찬가지로 항공력에 의한 전략폭격의 중요성을 인정했으나, 그가 두에와 차이를 보인 것은 바로 공군의 지상 및 해상작전 지원 역할을 받아들였다는 점이다. 그는 항공전력의 60%는 타군의 지원에 할당하고 나머지 40%는 전략폭격에 할당할 것을 주장하기도 했다. 또한 그는 강대국들이 항공력을 해상전력의 한 요소로 간주하기 시작했음에 주목하고, 향후 항공력이 해양전략에도 영향을 줄 것으로 전망했다.[19]

그러나 1930년 군에서 전역한 이후 미첼은 두에의 이론에 더욱 가까워져갔다. 그는 "적의 지상군 주력부대는 하나의 가상 목표물이며, 진정한 목표는 적의 중추부에 두어야 한다"고 주장했다. 즉, 공군은 적국의 중추부를 향해 곧바로 침투해 공격함으로써 적을 완전히 무력화시키거나 파괴시켜버려야 한다. 이를 통해 적 지상군 주력을 격파하는 것이 승리의 지름길이라고 생각한 과거의 낡은 전쟁 방식에서 완전히 탈피하여 새로운 전쟁 방식으로 바꾸어야 한다는 것이다. 또한 미래전 양상이 인구밀집지역에 대한 공격에 치중할 것으로 예상한 미첼은 두에와 마찬가지로 화학전이 중요한 무기의 하나가 될 것으로 보았다. 화학탄은 방어할 수단이 마땅치 않으므로 저항능력을 상실한 적으로 하여금 빨리 항복하게 만들 것이기 때문이다. 아마도 이 시기 미첼은 두에의 저서를 접하면서 자연스럽게 그의 주장을 수용하게 된 것으로 보인다.

그러나 미첼은 항공력의 운용 방법에서 두에와 근본적인 차이를 보였다. 두에는 전략폭격의 중요성을 강조하면서 장거리 폭격기를 중

---

19 도넬슨 D. 프리젤, "초기의 항공전략이론", 최병갑 외 공편, 『현대 군사전략대강 II: 전략의 제원리』, p. 295; 온창일 외, 『군사전략사상사』, p. 204.

시한 반면, 전투기와 같은 다른 항공기들은 반드시 필요한 것으로 생각하지 않았다. 심지어 방공전력에 대해서도 별다른 관심을 두지 않았다. 그러나 미첼은 항공전력을 폭격기, 전투기, 그리고 공격기로 구분하고 각각의 용도가 있음을 지적했다. 특히 미첼은 두에가 소홀히 다룬 항공기의 방어적 역할에 대해서도 언급했는데, 제1차 세계대전 당시 영국이 독일 폭격기의 공습을 저지하기 위해 전투기들을 공중감시에 투입한 사례를 들어 요격용 항공기들이 이러한 임무를 수행할 수 있다고 보았다. 두에가 적 항공력을 공중폭격을 통해 직접적으로 파괴할 수 있다고 강조한 반면, 미첼은 적 공군과의 교전이 예상되는 전투 상황에서 이를 방어하고 격파할 수 있는 전투기가 매우 중요한 수단이라고 보았다. 물론, 그렇다고 해서 미첼이 이 세 가지 종류의 항공기 가운데 폭격기가 항공전력의 근간이라는 사실을 부인한 것은 아니다.[20]

4. 트렌차드의 항공전략

휴 트렌차드Hugh M. Trenchard는 영국 공군이 세계 최초로 독립적인 지위를 가진 공군으로 탄생하는 데 결정적 기여를 한 인물로 '영국 공군의 아버지'로 알려져 있다. 1893년 보병장교로 임관한 그는 1912년 왕립항공단에 합류했으며, 제1차 세계대전 기간인 1914년 11월 제1항공단을 지휘하게 되었다.[21]

트렌차드도 항공력이 공세적으로 운용되어야 한다고 인식했다. 항

20 도넬슨 D. 프리젤, "초기의 항공전략이론", 최병갑 외 공편, 『현대 군사전략대강 II: 전략의 제원리』, p. 298; 온창일 외, 『군사사상사』, p. 204.

21 이명환 외, 『항공우주시대 항공력 운용: 이론과 실제』, p. 101.

휴 트렌차드(1873~1956)는 영국 공군이 세계 최초로 독립적인 지위를 가진 공군으로 탄생하는 데 결정적 기여를 한 인물로 '영국 공군의 아버지'로 알려져 있다. 트렌차드는 자신을 찾아온 미첼에게 "공격무기로서의 항공기 역할을 아무리 강조해도 지나치지 않다"고 조언했다.

공기가 적 상공에 출현하는 것만으로도 적은 심리적으로 과도한 불안감에 휩싸이게 된다. 이러한 심리적 효과를 달성하기 위해서라도 항공력은 적을 공격하고 또 공격해야 한다. 만일 적 공군이 우리의 영공으로 공격해 들어올 경우 최선의 방어는 적기에 가차 없는 공격을 가하는 것이다. 베르됭 전투Battle of Verdun에서 프랑스군은 소수의 항공기를 보유하고 있었음에도 불구하고 신속하게 모든 항공기를 집결시켜 과감하게 공세적으로 운용한 결과 공중우세를 확보할 수 있었으며, 포병과의 협조도 원활하게 이루어질 수 있었다. 그러나 이후 지상군의 요구에 따라 지상군 엄호를 위한 임무만을 부여하게 되자 적 공군의 공습에 속수무책으로 당하고 말았다. 트렌차드는 이러한 경험을 바탕으로 자신을 찾아온 미첼에게 "공격무기로서의 항공기 역할을 아무리 강조해도 지나치지 않다"고 조언한 적이 있다.[22]

초기에 트렌차드는 항공력의 주 임무가 전술폭격이어야 한다고 보았으나, 이러한 그의 견해는 제1차 세계대전 이후 전략폭격으로 선회했다. 원래 그는 항공대를 육군의 작전에 보조적인 존재로 인식하고, 그가 지휘하는 항공대는 공중우세를 달성하면서 동시에 정찰, 포병과의 공조, 그리고 전술폭격을 통해 전장에서 육군을 지원해야 한다고 보았다. 따라서 그는 독립공군을 창설하는 데에도 회의적인 입장이었다. 그러나 1920년대 초부터 그는 입장을 바꾸어 공군의 임무는 전술폭격이 아닌 전략폭격이 되어야 한다고 주장하고 독자적 공군의 창설 필요성을 제기했다. 그는 두에와 미첼처럼 적의 산업, 통신, 교통망, 그리고 경제를 파괴함으로써 국민들의 일상생활에 타격을 주고 실업과 곤경을 유발시켜 그들로 하여금 전쟁의 종식을 요구하도록 만

---

22 도넬슨 D. 프리젤, "초기의 항공전략이론", 최병갑 외 공편, 『현대 군사전략대강 II: 전략의 제원리』, pp. 305-306.

들 수 있다고 생각했다. 이는 독일의 패배가 비록 전략폭격의 직접적 결과는 아니더라도 전략폭격에 의한 사회적 붕괴로 '촉진'된 측면이 있음을 고려하여 전략폭격이 전쟁을 종결하는 데 어느 정도 효과를 거두었다는 '전시폭격피해 조사팀'의 결론을 반영한 것이었다.[23]

다만 트렌차드는 두에와 다음 몇 가지 측면에서 다른 견해를 갖고 있었다. 우선 적국 국민들에 대한 직접적인 공격의 필요성을 강조했던 두에와 달리 트렌차드는 주요 기간시설들을 파괴함으로써 민간인들의 사기가 붕괴되도록 하는 간접적인 방법을 선호했다. 그는 국제법에 따라 부수적 피해의 발생을 가급적 제한하는 가운데 폭격이 이루어져야 하며, 따라서 민간인을 대상으로 하기보다는 군사적으로 중요한 도시지역의 표적들, 즉 국가기간시설 및 생산시설이 공격의 대상이 될 수 있다고 보았다. 또한 항공력이 전쟁에서 결정적인 역할을 할 수 있지만 그것이 두에가 주장한 것처럼 몇 주 만에 전쟁을 종식시킬 것으로 보지는 않았다. 공중공격의 효과는 누진적인 것이므로 작전은 장기간에 걸쳐 반복적으로 이루어져야 한다고 생각했다. 공중우세를 달성하기 위해 공중전보다 적 비행장 폭격에 비중을 둔 두에와 달리, 트렌차드는 제1차 세계대전에서 적 비행장에 대한 공격이 단지 제한적인 성공을 거두었음을 들어 공중우세를 확보하기 위한 노력이 어느 정도는 공중전을 통해 이루어져야 한다고 보았다. 그리고 폭격기의 자체방어 능력을 과신했기 때문에 폭격기들이 전투기의 호위를 받아야 할 필요가 없다고 생각했다.[24]

1945년 트렌차드는 『전쟁에서의 항공력 운용 원칙The Principles of Air Power on War』이라는 소책자를 발간했다. 여기에서 그는 항공력의 운용

---

23 이명환 외, 『항공우주시대 항공력 운용: 이론과 실제』, pp. 103-104.

24 앞의 책, p. 105.

에 관한 다음 네 가지 원칙이 실현될 경우 공군은 전장을 지배할 수 있다고 보았다. 첫째, 공중우세권을 획득하고 이를 유지하기 위해 지속적인 투쟁을 전개해야 한다. 둘째, 적 후방에 있는 생산수단과 수송시설을 파괴하기 위해 전략폭격을 실시해야 한다. 셋째, 적에 의한 어떠한 방해도 받지 않고 전쟁을 수행하기 위해서는 지속적으로 전투에 필요한 막대한 보급과 증원을 적에게 차단당하지 않도록 보호해야 한다. 넷째, 적의 전쟁지속능력을 거부하기 위해 적의 육군, 해군, 공군에 충분한 보급이 이루어지지 못하도록 해야 한다. 이처럼 트렌차드는 공군이 전장을 지배할 수 있을 때 지상과 해상에서 동시에 발생할 손실을 미연에 방지할 수 있고 전쟁에서 승리할 수 있다고 주장했다.

두에와 미첼은 전략폭격, 혹은 전략공군의 역할에 대해 견해를 같이하고 있으며, 공군의 전략적 운용은 반드시 중앙통제화되어야 함을 강조했다. 다만, 두에는 고집스럽게도 전략공군의 중요성에만 치중하여 공군의 다양한 잠재능력을 경시했기 때문에 전략공군 이외의 항공전력을 가리켜 "보조공군auxiliary air force"으로 부르며 이를 자원 낭비라고 비아냥거렸다. 그러나 미첼은 달랐다. 그는 항공전력의 기본적인 역할이 전략폭격임에는 동의했지만, 항공전력은 기본적으로 전략폭격, 적기요격, 그리고 전술공군의 세 분야로 구분될 수 있다고 보았다. 그럼에도 불구하고 둘은 모두 전략폭격에 대해 견해를 같이했기 때문에 군 간의 균형 면에서 육군과 해군은 공군에 비해 부차적 요소로 간주했다. 반면, 트렌차드는 이들과 달랐다. 물론 그도 역시 전략폭격이 항공력의 중추적 역할임을 인정했지만, 그는 육군과 해군의 중요성을 결코 경시하지 않았다. 요약하면 공군의 임무에 대해 두에는 오직 전략폭격만을, 트렌차드는 전략폭격과 전술폭격의 균형을 추구했으며, 미첼은 이 둘의 중간에 서 있는 것으로 평가할 수 있다.[25]

■ 두에, 미첼, 트렌차드의 항공이론 비교 ■

• 두에

철저하게 전략공군의 중요성에만 치중했으며, 비전략공군에 대해서는 자산낭비로 간주

• 미첼

전략폭격, 적기요격, 전술공격의 세 분야 모두 인정했으나, 기본적인 항공력의 역할은 전략폭격으로 간주

• 트렌차드

전략폭격을 중시했으나 육군과 해군의 중요성도 인정

5. 현대 항공력의 특성

가. 항공력의 강점

항공력은 지표면 상공의 제3차원을 이용하는 독특한 능력을 갖는다. 즉, 공중의 항공기는 바다의 해군 함정이나 지상의 차량들에 비해 훨씬 빠르고 훨씬 먼 거리를 이동할 수 있다. 즉, 고도, 속도, 그리

---

25 도넬슨 D. 프리젤, "초기의 항공전략이론", 최병갑 외 공편, 『현대 군사전략대강 II: 전략의 제원리』, pp. 323-324; David MacIsaac, "Voices from the Central Blue: The Air Power Theorists", Peter Paret, ed., *Makers of Modern Strategy: from Machiavelli to the Nuclear Age*, p. 631.

고 도달거리는 항공력의 일차적인 강점인 셈이다. 이러한 강점으로 인해 항공기는 부가적으로 항재성, 융통성, 그리고 집중성을 가질 수 있다.[26] 이와 같이 항공력의 여섯 가지 강점을 살펴보면 다음과 같다.

첫째, 항공력은 높은 고도height를 갖는다. 일련의 고도 스펙트럼 상에서 작동하는 항공기는 많은 군사적 이점을 가지고 있는데, 그것은 관찰할 수 있는 범위가 넓다는 것, 항공기가 갖는 화력의 사정거리가 광범위하다는 것, 그리고 지상표적을 타격할 경우 중력의 이점을 갖는다는 것이다. 또한 항공기는 2차원이 아닌 3차원 공간에서 기동하기 때문에 육군이나 해군에 비해 높은 생존성을 가질 수 있다.

둘째, 항공력은 빠른 속도speed를 갖는다. 항공기의 속도는 군사력을 원하는 지역으로 신속하게 투사할 수 있도록 해준다. 또한 빠른 속도를 낼 수 있기 때문에 타 군에 비해 주어진 시간 내에서 보다 많은 임무를 보다 짧은 시간 내에 완수할 수 있다. 전술적 측면에서 볼 때 항공기의 빠른 속도는 그만큼 적의 화력에 노출되는 시간을 줄여주며, 그럼으로써 전투에서의 생존성을 높일 수 있다.

셋째, 항공력은 지형에 방해받지 않고 어디든 도달reach할 수 있다. 항공기는 지상의 산악이나 광활한 해양의 파도와 같은 장애물에 방해받지 않은 채 그 어떤 방향으로도 멀리 떨어진 지역에 군사력을 투사할 수 있다. 최근 항공기의 도달거리는 공중재급유 기술이 등장함에 따라 더욱 확장되었다.

---

26 이명환 외,『항공우주시대 항공력 운용: 이론과 실제』, pp. 58-60; Andrew G. B. Vallance, "3차원에서의 전쟁: 항공력에 대한 조망", 공군대학 역,『공군력의 이해』(대전: 공군대학, 2004), pp. 46-49; Philip Towle, "항공력의 특성", 공군대학 역,『공군력의 이해』(대전: 공군대학, 2004), pp. 33-36.

넷째, 항공력은 항재성ubiquity을 갖는다. 고도와 속도, 그리고 도달거리 덕분에 항공력은 어느 지역에서나 그 존재를 드러낼 수 있으며, 공군은 육군이나 해군이 상상할 수 없을 만큼 광범위한 지리적 영역에서 동시에 위협을 행사하거나 적의 위협에 대응할 수 있다.

다섯째, 항공력은 융통성flexibility을 갖는다. 항공기는 매우 다양한 유형의 활동을 할 수 있으며, 상황에 따라 다른 임무를 수행할 수 있다. 예를 들면, GR1A 항공기의 경우 정찰 임무, 공대지의 지상공격 임무, 그리고 공대공의 자체방어 임무 등 다양한 임무를 위해 사용될 수 있다. 허큘리스Hercules와 같은 대형 항공기는 일차적 역할인 공중수송뿐만 아니라 정찰 및 감시, 그리고 공중재급유를 위해서도 사용될 수 있다.

여섯째, 항공력은 집중성concentration을 갖는다. 속도, 도달거리, 그리고 융통성은 항공기로 하여금 때와 장소를 불문하고 다양한 형태로 군사력을 집중할 수 있도록 해준다. 따라서 먼 거리에 배치된 항공기들이라도 단시간 내에 집결하여 공중요격이든 적 후방 타격이든 동시에 작전할 수 있다.

나. 항공력의 제한점

항공력은 강점만 갖는 것이 아니다. 항공력은 본래가 일시성, 탑재량의 제한, 그리고 지상에서의 취약성 등과 같은 제한사항을 갖고 있다. 강점들과 마찬가지로 이러한 제한사항들은 절대적인 것이라기보다는 상대적인 것으로 볼 수 있다.[27]

---

27 이명환 외, 『항공우주시대 항공력 운용: 이론과 실제』, pp. 60-62; Andrew G. B. Vallance, "3차원에서의 전쟁: 항공력에 대한 조망", 공군대학 역, 『공군력의 이해』, pp. 49-50; Philip Towle, "항공력의 특성", 공군대학 역, 『공군력의 이해』, pp. 37-40.

첫째, 항공력은 일시성을 갖는다. 항공기는 무한정 공중에 체공하면서 임무를 수행할 수 없다. 비록 공중재급유를 통해 항공기의 행동범위와 체공능력을 확장시키긴 했지만, 여전히 비행 중에 재무장을 하거나 승무원을 교체할 수는 없다. 또한 항공력은 지상전을 지배할 수는 있어도 지상을 탈취하거나 점령할 수는 없다. 따라서 항공력이 창출하는 효과는 일시적이며 그러한 효과를 지속시키기 위해서는 작전을 반복적으로 수행해야 한다.

둘째, 항공력은 탑재량이 제한된다. 항공기로 운반할 수 있는 물량은 차량이나 함정으로 운반할 수 있는 물량에 비해 훨씬 적다. 따라서 항공기는 높은 가치의 이득을 얻을 수 있는 핵심적 임무에 사용되어야 효율성을 기할 수 있다. 물론, 상대적으로 적은 탑재량은 불리한 것이 사실이지만, 이러한 제한사항은 항공기의 속도와 치명성, 탄약의 정밀성, 그리고 높은 출격률 등에 의해 어느 정도 보완될 수 있다.

셋째, 항공력은 지상 운송수단에 비해 유약성fragility이 크다. 항공기는 최대 성능을 발휘하기 위해 고도로 압축되고 최대한 가벼워야 한다. 따라서 비교적 작은 전투피해 수준이라도 치명적인 타격으로 이어질 수 있고, 이러한 단점 때문에 적의 포화에 노출되는 위험에 예민하지 않을 수 없다. 또한 항공기는 공중에서 전력을 맹렬하게 발휘하지만 지상에서는 매우 취약하다. 그러나 이러한 유약성 및 취약성을 너무 과장해서는 안 된다. 항공기가 지상 또는 해상 운송수단에 비해 유약하고 취약한 것은 사실이지만, 동시에 항공기는 속도 및 고도 활용 능력을 갖고 있어서 쉽게 적의 표적이 되지 않기 때문이다.

6. 공중우세와 항공력의 본질

가. 제공권과 공중우세

제공권이란 "전 전쟁지역에서 적 공군력의 간섭을 배제할 수 있는 절대적인 공중우세의 정도"를 의미한다.[28] 그러나 적 공군이 와해되지 않는 이상 제공권을 장악하는 것은 현실적으로 불가능할 수 있다. 또한 작전을 수행하는 데 있어서는 제공권을 장악하는 정도까지는 필요하지 않을 수도 있다. 역사적으로 보더라도 제2차 세계대전 당시 일본 공군과 같이 만만치 않은 적과, 한국전쟁 당시 중국 공군과 같이 만만하지만 국경선을 넘나들며 성역에서 작전하는 적을 상대로 하여 제공권을 장악하는 것은 불가능하다. 이러한 경우 불리한 여건에도 불구하고 제공권 수준은 아니더라도 원하는 시간과 장소에서 '공중우세'를 획득함으로써 작전을 성공적으로 이끌 수 있다.[29]

공중우세란 양측의 군사적 능력에 따라 상대적으로 결정되는 개념이다. 공중우세란 "공군력에 있어서 적보다 우세한 전투능력을 가지고 적 공군력의 대항에도 불구하고 주어진 시간과 장소에서 적의 간섭을 받지 않고 지상, 해상 및 공중작전을 할 수 있는 공중에서의 상대적 우세의 정도"를 의미한다.[30] 즉, 전 지역에서 절대적인 우세를 달성하기 어려운 상황에서 작전을 수행하는 데 필요한 정도의 적정한 우세를 달성하는 것이다.[31]

---

28 합동참모본부, 『합동·연합작전 군사용어사전』, p. 338.

29 프루스 할로웨이, "전술항공전에 있어서의 공중우세", 이종학·박성국 편, 『항공전략론』(서울: 형설출판사, 1982),p. 254.

30 합동참모본부, 『합동·연합작전 군사용어사전』, p. 36.

31 프루스 할로웨이, "전술항공전에 있어서의 공중우세", 이종학·박성국 편, 『항공전략론』, p. 254.

제공권이나 공중우세를 달성하는 것은 대단히 어렵고 많은 희생이 따를 수 있다. 제2차 세계대전 당시 히틀러는 소련을 침공하기 위해 164개 사단 병력과 2,700여 대의 동맹국 전투기를 투입했다. 러시아는 이에 대해 119개 사단 병력과 5,000여 대의 항공기로 맞섰다. 우수한 전투기와 조종사를 가진 독일 공군은 1주일 만에 4,000대의 소련 항공기를 파괴하며 동부전선에서의 공중우세를 달성했다. 그러자 연합군은 이후 독일 공군에 연속적인 공격을 가해 기지를 빼앗고, 연료 및 보급을 차단함으로써 비로소 공중우세를 소련 측으로 전환할 수 있었다. 서부전선에서도 마찬가지로 공중우세를 달성하는 데 많은 비용이 초래되었다. 노르망디 상륙작전 시 연합군은 그 지역에서 공중우세를 달성할 수 있었지만, 1944년 가을부터 1945년 초까지 독일 공군은 연합국 폭격기 편대에 치열한 공격을 계속했으며, 결국 연합군 공군은 전쟁이 끝날 무렵에 가서야 광범위한 전역에서의 제공권을 장악할 수 있었다.[32]

공중우세의 획득은 비록 그 자체가 전역의 목표는 아니더라도 최소한 두 가지를 가능하게 해준다. 하나는 적 공군의 방해를 제거함으로써 모든 목표물에 대해 낮은 비용으로 공세적 항공작전을 가능케 하며, 다른 하나는 적이 이러한 기회를 갖지 못하도록 거부할 수 있다는 것이다.[33]

항공전에서 공중우세를 확보하는 방법에는 두 가지가 있다. 하나는 적의 공중공격에 대해 수세적으로 대응하는 '방어적 제공작전'이다. 이는 아군에 대해 공격을 가하거나 침투를 기도하는 적의 항공전력을 가능한 원거리에서 탐지, 식별, 요격, 그리고 격추시킴으로써 적의 공중공격을 차단하고 무력화시키는 작전이다. 이 작전을 성공적으

---

32 프루스 할로웨이, "전술항공전에 있어서의 공중우세", 이종학·박성국 편, 『항공전략론』, pp. 252-253.

33 John A. Warden, 박덕희 역, 『항공전역』(서울: 연경문화사, 2001), p. 47.

로 수행하기 위해서는 전투기와 지대공 방공무기로 구성된 대응전력을 효과적으로 운용해야 한다. 그러나 이러한 방어적 제공작전은 극복하기 어려운 난제들을 안고 있다. 첫째, 공중전투에서는 한 대의 적기를 격추시키기 위해 통상 한 대 이상의 전투기가 필요하기 때문에 전력 소요가 크게 늘어난다. 이는 지상에서 공격이 방어보다 약 세 배 어려운 것과 달리, 공중에서는 방어가 더 어렵다는 것을 보여준다. 둘째, 공군 지휘관의 입장에서 방어는 적에게 주도권을 넘겨주는 결과를 가져올 수 있다는 것이다. 공격하는 적은 어디든 공격할 지점을 선택할 수 있는 반면, 방어하는 측은 적이 어디를 공격할지 모르기 때문에 항공기를 각 작전기지에 분산시켜 배치할 수밖에 없고, 따라서 전력을 집중하는 데 곤란을 겪게 된다. 셋째, 적의 공격을 기다리고 있는 항공기는 적에게 아무런 압력도 행사하지 않고 있기 때문에 아무것도 달성할 수 없는 유휴전력에 불과하다.[34] 방어적 공군 운용은 적 항공기로 하여금 아군 항공기와 맞닥뜨리기 전까지 지상의 전투부대와 후방의 시설을 마음껏 유린할 수 있는 시간을 부여하게 된다. 따라서 방어적 제공작전은 매우 바람직하지 못한 것으로 볼 수 있다.

공중우세를 확보하는 또 다른 방법은 적의 항공역량을 직접적으로 감소시키고 동시에 적에게 더 많은 전력을 방어에 치중하도록 강요하는 '공세적 제공작전'이다. 이는 적 지역에 대해 공중타격, 대공제압, 전투기 소탕, 엄호, 미사일 공격 등을 통해 공중우세를 달성하는 방법이다. 이 작전을 수행할 때는 전자전, 지대지 유도무기, 특수전 부대를 이용하여 사전에 적의 방공체계를 파괴하거나 무력화시킴으로써 적 지역에서 이루어지는 아군 항공작전의 자유를 보장해야 한다.

34 이명환 외, 『항공우주시대 항공력 운용: 이론과 실제』, pp. 244-252; John A. Warden, 박덕희 역, 『항공전역』, pp. 48-49.

공세적 제공작전은 많은 이점을 갖고 있다. 무엇보다도 주도권을 장악할 수 있으며, 적에게 압력을 가해 우리에게 유리한 상황과 지역에서 전투를 하도록 강요할 수 있다. 또한 공중우세를 획득하기 위한 공세적 제공작전이 적의 중심지역에서 수행될 경우 적의 핵심 기반시설을 파괴할 수 있는 부수적 효과도 얻을 수 있다.[35]

어떤 상황에서는 성공적인 방어가 적으로 하여금 더 이상의 공세작전은 대가가 너무 크다는 것을 인식하도록 만듦으로써 전쟁을 포기하게 할 수 있다. 그러나 기본적으로 방어작전의 결점은 방어 그 자체만으로는 잘해야 본전일 뿐 원하는 결과는 얻지 못한다는 것이다. 보다 적극적인 결과를 얻기 원한다면, 즉 제공권을 장악하고 전쟁의 주도권을 획득하며 적 후방에 전략폭격을 추구하려 한다면 공세적 제공작전을 추구하는 것이 바람직하다.[36]

나. 항공력의 본질

제1차 세계대전으로부터 약 100년간의 역사를 통해 다수의 항공전략가들이 제기한 여러 항공이론들 가운데는 그 적실성을 인정받은 것도 있고, 그렇지 않은 경우도 있다. 이러한 항공이론에 대한 검토와 역사적 경험을 바탕으로 필립 멜링거Philip S. Meilinger는 항공력의 본질 또는 속성이라 할 수 있는 10가지를 제기했다. 여기에서는 그의 주장을 통해 항공력의 본질을 이해하도록 한다.[37]

---

35 이명환 외, 『항공우주시대 항공력 운용: 이론과 실제』, pp. 244-248.

36 앞의 책, p. 246.

37 필립 멜링거, "항공력에 관한 10가지 명제", 이종학 편저, 『군사전략론』(대전: 충남대학교출판부, 2009), pp. 306-348.

▣ 항공력의 10가지 본질 ▣

1. 하늘을 지배하는 측이 대개 지상을 지배한다.
2. 항공력은 본질적으로 전략적 전력이다.
3. 항공력은 주로 공세적 무기이다.
4. 항공력의 핵심은 표적선정이고, 표적선정의 핵심은 정보이며, 정보의 핵심은 항공작전의 효과를 분석하는 것이다.
5. 항공력은 제4차원, 즉 시간을 지배함으로써 물리적 및 심리적 충격을 야기한다.
6. 항공력은 어떤 전쟁 수준에서도 병행작전을 동시에 수행할 수 있다.
7. 정밀 항공무기는 집중mass의 의미를 다시 정의했다.
8. 항공력의 고유한 특성은 항공인에 의한 중앙통제를 필요로 한다.
9. 기술과 항공력은 긴밀히 연계되어 상승작용적인 관계에 있다.
10. 항공력은 군사적 자산뿐만이 아니라 항공우주산업과 상업항공까지 포함한다.

첫째, 하늘을 지배하는 측이 대개 지상을 지배한다. 이 개념은 제공권 획득 혹은 공중우세를 달성함으로써 전쟁을 유리한 국면으로 전개할 수 있음을 의미한다. 공군의 1차적 임무는 아군의 지상, 해상, 공중에서의 작전이 적 공군으로부터 방해받지 않도록 하고, 동시에 국가의 중심center of gravity과 군사력이 적의 공중공격으로부터 안전할 수 있도록 적 공군을 패배 혹은 무력화시키는 것이다. 모든 항공전략가들은 제공권의 획득 혹은 공중우세의 달성을 통해 승리를 얻을 수 있다는 점에 동의한다. 비록 공중우세를 달성한다고 해서 반드시 전쟁의 승리를 가져오는 것은 아니지만, 공중우세는 승리를 위한 핵심적인 요건임이 분명하다. 그러나 한편으로 제공권 혹은 공중우세의 획득을 강조하는 이 같은 공군의 입장은 언제든지 항공지원을 받고 싶어 하는 지상군 지휘관과의 마찰을 불러일으키곤 한다.

둘째, 항공력은 본질적으로 전략적 전력이다. 국가의 산업시설, 인구밀집지역, 지휘통제시설 등 핵심적인 중심은 통상 후방 깊숙한 곳에 위치하고 있으며, 군대와 다중 방어시설에 의해 보호받고 있다. 항공기가 개발되기 이전에 이러한 중심을 공격하기 위해서는 먼저 지상군을 투입하여 전면에 배치된 적의 군사력을 격파해야 했다. 즉, 전략적 성과를 달성하기 위해서는 우선 전술적 성공을 거두어야 했다. 그러나 항공기는 전략과 전술 사이의 공간을 뛰어넘어 곧바로 전략적 성과를 달성하는 것을 가능케 했다. 즉, 적의 지상군이나 함대, 그리고 지리적 장애물을 뛰어넘어 직접 적의 심장부를 타격함으로써 전쟁수행 방식을 완전히 변화시킨 것이다. 따라서 항공력은 광범위하고도 전략적인 사고를 요구한다.

셋째, 항공력은 주로 공세적 무기이다. 일반적인 전쟁이론에서는 방어가 공격보다 더 강한 것으로 인정되고 있지만, 항공력에 대해서는 이러한 논리가 적용되지 않는다. 공군은 하늘이라는 통행의 제약이 없는 광활한 공간에서 어떤 방향으로든 적을 공격할 수 있다. 하늘에는 지상과 같은 전선이나 측면이 없으며, 적 항공기의 공격을 저지할 수 있는 요새를 구축할 수 없다. 즉, 지상에서 방어가 공격에 대해 갖는 3 대 1의 우세를 누릴 수 없다. 따라서 공중에서의 방어작전은 지상에서와 달리 유리하지도 않고 효율적으로 이루어질 수 없다. 무엇보다도 항공기가 갖는 속도, 거리, 융통성, 그리고 항재성 등의 특징은 항공력에 공세적 능력을 부여한다. 공중전에서는 비록 방어작전이라 하더라도 일반적으로 공세를 통해 승리를 얻을 수 있기 때문에 "공격이 최선의 방어"라는 격언은 항공전에서 불변의 원칙이 되고 있다.

넷째, 항공력의 핵심은 표적선정이고, 표적선정의 핵심은 정보이며, 정보의 핵심은 항공작전의 효과를 정확히 분석하는 것이다. 항공력을 운용하는 데에는 무엇보다도 공격할 목표물을 선정하는 것이 핵심이다. 표적의 존재를 식별하지 못한다면 항공력은 효과적으로 운용될 수 없기 때문이다. 그리고 타격 목표를 선정하기 위해서는 신뢰할 수 있는 정보가 뒷받침되어야 한다. 예를 들어, 걸프전에서 다국적군 항공기가 이라크 내에서 식별한 핵·생물학·화학전 연구시설 대부분을 파괴했지만, 이후 유엔 조사단에 의하면 아예 식별되지 않은 표적이 훨씬 많았다고 한다. 한편으로, 항공공격의 효과를 정확히 분석하는 것은 향후 정보수집 및 표적선정을 위해 매우 긴요하다. 이는 비단 전술적 수준에서의 폭격피해평가BDA로 충족될 수 있는 것이 아니라, 보다 전략적 수준에서 종합적으로 평가되어야 한다. 즉, 전략폭격의 결과가 전쟁에 어떠한 영향을 미쳤는지에 대한 종합적 평가가 이루어져야 차후 폭격 대상을 인구밀집지역으로 할 것인지, 산업시설로 할 것인지, 아니면 포기해야 할 것인지를 결정할 수 있을 것이다.

다섯째, 항공력은 제4차원, 즉 시간을 지배함으로써 물리적·심리적 충격을 야기한다. 전력을 신속히 전개하고 대량으로 운용하면 느리고 소량으로 운용할 때 기대할 수 없는 물리적·심리적 충격효과를 야기할 수 있다. 항공력은 어느 지역이든 기동하여 막대한 양의 화력을 집중적으로 투하할 수 있기 때문에 가공할 물리적 충격효과를 야기하며, 빠른 속도를 이용해 적이 예기치 않은 시점에 공격을 가함으로써 심리적 충격효과를 가져오고 혼란과 무질서를 불러일으킬 수 있다.

여섯째, 항공력은 어떤 전쟁 수준에서도 병행작전을 동시에 수행할 수 있다. 병행작전이란 상이한 전쟁 수준에서 상이한 표적을 상대하는 다수의 전역을 동시에 수행하는 것을 말한다. 지상군의 경우 작전적·전략적 목표를 상대하기 전에 먼저 전술적 승리를 달성해야 하므로 병행작전이 불가능하지만, 공군은 지상군과 달리 다른 수준에서 여러 개의 전역을 동시에 수행할 수 있다. 예를 들어, 적 후방의 무기공장을 공격하는 전략적 임무를 수행할 때에도 공군은 적의 수송 및 보급체계를 혼란시키는 작전적 수준의 전역을 동시에 수행할 수 있고, 이와 병행하여 전술적 수준에서 전선에 배치된 적 지상군을 공격할 수도 있다. 또한 항공력은 동일한 수준, 가령 전략적 수준 내에서도 공중우세를 달성하기 위한 전역과 적 후방을 전략폭격하는 전역처럼 다른 유형의 항공전역을 동시에 수행할 수 있다. 이러한 공군의 능력은 앞에서 살펴본 대로 항공력이 융통성을 갖고 있기 때문에 가능하다.

일곱째, 정밀 항공무기는 집중mass의 의미를 다시 정의했다. 집중은 오랜 기간 동안 전쟁의 원칙 중 하나로 간주되었다. 적 방어망을 돌파하기 위해 병력과 화력을 적의 취약한 지점에 집중적으로 운용하는 것은 지상전에서 가장 중요한 전략의 원칙으로 자리 잡고 있다. 이 원칙은 항공 전역에서도 마찬가지인 것으로 보였다. 제2차 세계대전 시 항공폭격의 부정확성으로 인해 적의 정유시설 하나를 파괴하는 데에도 수백 대의 폭격기가 필요했기 때문이다. 그러나 군사기술이 발전함에 따라 정밀타격이 가능해지고 파괴력이 가공할 수준으로 증강되면서 과거와 같은 집중은 더 이상 필요하지 않게 되었다. 예를 들어, 소규모 표적을 파괴하는 데 제2차 세계대전에서는 9,000톤의 폭탄이, 베트남전에서는 190톤의 폭탄이 필요했으나, 걸프전 이후에는 단 한 대의 항공기가 투하하는 두 발의 정밀유도폭탄이면 충분하게 되었다. 항공무기의 발달은 지상전에서도 집중의 의미를 퇴색시켰다. 보병이든 기갑부대든 대규모 부대의 집중은 적의 정밀유도무기의 제물이 될 것이기 때문이다. 1970년대 유도무기가 발달하자, 소련은 기계

우주왕복선 디스커버리(Discovery) 호. 항공력은 항공역학, 전자공학, 금속학 및 컴퓨터 분야 등 최첨단 기술의 발전에 의존한다. 항공력은 다른 군보다도 첨단기술에 대한 의존도가 높기 때문에 기술의 발전은 곧 항공력의 발전이라 할 수 있으며, 역으로 항공력의 발전 그 자체는 기술의 발전을 견인하는 효과를 가져온다.

화부대를 집중적으로 운용하는 '작전기동단Operational Maneuver Group: OMG' 전법을 재고하지 않을 수 없었는데, 이는 공격을 개시하기도 전에 나토군의 정밀유도무기에 의해 자국 군대가 무력화될 것을 우려했기 때문이다.

여덟째, 항공력의 고유한 특성은 공군 지휘관의 중앙통제를 필요로 한다. 항공전략가들은 공군이 육군 장교들에게 지배되는 한 항공력 본래의 잠재력을 발휘할 수 없다고 생각한다. 우선 공군의 조직, 교리, 전력구조 및 병력충원 등의 문제를 공군이 직접 결정하지 못하기 때문에 항공력이 갖는 강점을 제대로 살릴 수 없다는 것이다. 그들은 육군이 전술적 문제에 골몰할 뿐 항공력을 운용하는 데 필요한 작전적 혹은 전략적 마인드가 부족한 경향이 있다고 지적한다. 실제로 항공기는 수백 킬로미터 떨어진 지역을 짧은 시간에 넘나들 수 있는 반면, 육군 지휘관들은 매일 10킬로미터 남짓한 영역을 놓고 치열하게 작전을 실시해야 한다. 만일 육군 지휘관이 공군의 이러한 특성을 도외시한 채 항공력을 지역별로 분할해 지상작전을 지원하도록 한다면, 이는 귀중한 항공전력을 운용하는 데 있어서 엄청난 비효율성을 낳을 수 있다. 항공력이란 원래 지형과 전선을 초월하여 임무를 수행할 수 있는 장점을 갖고 있음에도 불구하고 전투를 치르지 않고 있는 지역의 공군은 놀게 될 것이기 때문이다. 사막의 폭풍 작전Operation Desert Storm에서 찰스 호너Charles Honer 장군이 동맹국들의 공군 자산을 통합하여 지휘했듯이 항공력은 공군 지휘관에 의해 중앙통제를 받는 것이 바람직하다.

아홉째, 기술과 항공력은 상호 발전을 견인하는 유기적인 관계에 있다. 우선 항공력은 기술의 산물이다. 항공력은 항공역학, 전자공학, 금속학 및 컴퓨터 분야 등 최첨단 기술의 발전에 의존한다. 물론 지상전과 관련한 전력도 기술의 발전과 밀접한 관련이 있다. 그러나 기관총, 전차, 그리고 화포의 발전 속도는 1903년 라이트 형제의 동력비행으로부터 최근 우주왕복선Space Shuttle과 같은 우주항공력에 이르기까지 항공력의 발전 속도와는 비교의 대상이 될 수 없다. 즉, 항공력은 다른 군보다도 첨단기술에 대한 의존도가 높기 때문에 기술의 발전은 곧 항공력의 발전이라 할 수 있으며, 역으로 항공력의 발전 그 자체는 기술의 발전을 견인하는 효과를 가져온다.

마지막으로, 항공력은 군사적 자산뿐만 아니라 항공우주산업과 상업항공까지 포함한다. 군사 및 상업용 항공기는 유사한 성격을 갖고 있으며 설계 면에서도 공생적 관계에 있다. 두에와 세버스키Alexander P. de Seversky가 주장한 대로 민간 항공기는 군용 폭격기 혹은 군용 수송기로 전환할 수 있다. 또한 이러한 항공기를 만들고 정비하며 조종하는 기술 역시 유사하여 민군 간에 상호 호환성을 갖는다. 궁극적으로 이러한 분야에서의 경쟁력은 인공위성 발사나 통신위성 유지 등 항공우주산업의 발전에 기여할 수 있다.

이렇게 볼 때 항공력은 한 세기 남짓한 기간 동안 전쟁의 형태를 혁명적으로 변화시킨 요인으로 작용했다. 전쟁수행 방법에 관한 문제, 즉 어떻게, 어디서, 어떤 수단으로 싸울 것이냐 하는 문제는 계속 변화해왔다. 항공 역사가 짧기 때문에 항공전략가들이 너무 성급하게 제기한 이론도 있고, 아직 검증되지 않은 이론도 있는 것이 사실이다. 그럼에도 불구하고 이제 항공력은 유아기와 청년기를 지나 성년기에 도달해 전쟁수행의 주역으로서 입지를 굳혀가고 있다.

■ 토의 사항

1. 항공작전과 관련하여 제1차 세계대전의 교훈은 무엇인가?
2. 항공력이 갖는 강점과 약점에 대해 설명하시오.
3. 두에의 항공전략에 대해 설명하시오. 제공권과 전략폭격에 대한 그의 견해는 무엇인가?
4. 미첼의 항공전략에 대해 설명하시오. 미첼이 두에와 다른 견해를 보인 부분은 무엇인가?
5. 트렌차드의 항공전략에 대해 설명하시오. 두에 및 미첼과 비교할 때 트렌차드의 다른 점은 무엇인가?
6. 제공권과 공중우세에 대해 설명하시오. 제공권 혹은 공중우세를 달성할 수 있는 방법은 무엇인가?
7. 공군의 역할이 전략폭격이어야 하는지 전술폭격이어야 하는지, 그리고 제공권이 우선인지 지상작전 지원이 우선인지 논하시오.
8. 공군의 본질에 대해 설명하시오.

ON MILITARY STRATEGY

제9장 핵전략

1. 핵시대 이전의 억제전략
2. 억제의 조건
3. 냉전기 핵전략
4. 탈냉전기의 핵전략

1. 핵시대 이전의 억제전략

억제란 간단히 말하자면 "적으로 하여금 현재의 행동으로 얻을 수 있는 이익보다 그것이 초래할 비용과 위험이 더 크다는 것을 인식하도록 설득하는 것"이라 할 수 있다.[1] 그러나 국제관계에서 억제는 말처럼 쉽게 달성할 수 있는 것이 아니다. 행위자들 간의 미묘한 관계와 국제체제의 성격 변화 등 다양한 국제정치적 상황은 억제의 문제를 매우 복잡하게 만들 수 있다. 우선 억제의 문제를 살펴보기 위해 핵시대 이전에 유럽의 역사를 통해 국가들 간의 재래식 억제가 어떻게 이루어졌는지 개관해보도록 하겠다.

억제라는 문제를 이론적으로 연구하기 시작한 것은 핵무기가 출현한 현대에 와서 본격적으로 이루어졌지만, 실제로 억제는 인류 역사에서 군사술military art만큼이나 오래된 것으로 볼 수 있다. 기원전 400년경에 아테네의 군사가였던 투키디데스Thucydides는 『펠로폰네소스 전쟁사』를 기술하면서 그리스의 여러 도시국가들이 군대를 동원해 무력시위show of force를 함으로써 다른 국가들에게 전쟁을 시작하거나 전쟁을 확대할 경우 감당할 수 없을 정도의 위험과 비용이 초래될 것임을 인식케 한 많은 사례들을 제시하고 있다. 15세기 이탈리아의 마키아벨리Niccolò Machiavelli도 역시 적의 공격을 억제하기 위해서는 적에게 침략행위가 감당할 수 없는 비용과 위험을 초래할 것이라는 점을 설득해야 하고, 이를 위해 '무력시위'가 매우 효율적이고 경제적인 수단이 될 수 있음을 강조했다.

---

1 Alexander L. George and Richard Smoke, *Deterrence in American Foreign Policy: Theory and Practice*(New York: Columbia University Press, 1974), p. 11; Dennis M. Drew and Donald M. Snow, *Making Twenty-First-Century Strategy*(Maxwell Air Force Base: NDU, 2006), p. 172.

15세기 이탈리아의 정치사상가이자 외교가, 역사가였던 마키아벨리(1469~1527)는 적의 공격을 억제하기 위해서는 적에게 침략행위가 감당할 수 없는 비용과 위험을 초래할 것이라는 점을 설득해야 하고, 이를 위해 '무력시위'가 매우 효율적이고 경제적인 수단이 될 수 있음을 강조했다.

수백만 명의 사망자와 수많은 도시의 파괴를 가져온 참혹했던 30년전쟁 이후로 유럽에서 전쟁은 '제한전쟁'의 양상을 보였다. 국가들은 값비싼 용병들을 고용해 싸우는 전쟁에서 많은 사상자를 내고 높은 비용을 지불해야 하는 상황을 피하고자 했으며, 군 지휘관은 그러한 위험에 처했다고 판단될 경우 즉시 항복하거나 도주할 수 있었다. 이 시기에 국가들은 충분한 인력과 국부를 축적하지 못한 상태에서 서로가 공멸을 피해야 한다는 공감대를 형성하고 있었으며, 따라서 국가들 간의 군사력 차이가 분명하게 확인될 경우 약한 측은 바로 꼬리를 내리곤 했다. 즉, 상대에 대한 무력시위 또는 강압을 통해 억제가 가능했다. 비록 억제가 실패하여 전쟁에 돌입하더라도 강한 측이 약한 측에게 전쟁을 확대하겠다는 위협을 가하면 즉각 평화조약이 이루어지기도 했다. 이와 같은 상황에서 전쟁의 궁극적인 목적은 적 군대를 격파하는 것이 아니라 적의 요새나 도시를 점령하는 것이었으며, 이러한 '게임'에서는 대개 무력충돌 없이 유리한 지점으로의 기동을 통해 승패가 결정되곤 했다. 18세기에는 더 우세한 군사력을 가진 적과 대적했을 때 한 번도 싸우지 않고 항복하는 것이 가능했으며, 그렇다고 해서 그들의 명예가 더럽혀지는 것은 아니었다.[2] 즉, 18세기 이전에는 국가들이 가진 인력과 자원의 부족, 그리고 대규모 전쟁수행에 대한 부담으로 인해 제한전쟁의 양상을 보였으며, 이들은 서로에 대해 적당한 선에서 억제를 추구하는 것이 가능했다.

프랑스 혁명 이후 등장한 국가총동원 체제는 프랑스의 군사적 능력을 강화함으로써 이러한 흐름을 바꿔놓았다. 민족주의로 무장한 국민들의 열정을 등에 업고 무제한의 병력충원과 자원동원이 가능

---

2 Alexander L. George and Richard Smoke, *Deterrence in American Foreign Policy*, pp. 12-13.

하게 되자, 나폴레옹은 이를 바탕으로 총력전 체제로 전환하고 유럽에서 팽창적 모험주의를 추구하기 시작했다. 유럽 국가들은 단합하여 프랑스의 이러한 움직임을 '억제'하려 했으나 실패하고 말았다. 이전부터 제한적 군사력만을 유지하고 있던 유럽 국가들의 위협은 총력전 체제를 갖추고 군사력을 재정비한 나폴레옹에게 위협으로 통할 수 없었던 것이다.

그러나 나폴레옹 전쟁이 끝난 이후 등장한 빈 체제Wiener System하에서 유럽의 주요 강대국들은 다시 소규모 상비군 체제를 갖추고 세력균형을 유지하는 데 주력함으로써 전쟁은 다시 제한되었다. 이후 약 100년간 지속된 유럽의 세력균형 체제는 오늘날 억제를 중심으로 하는 체제와 유사한데, 그것은 세력균형의 핵심적인 개념이 곧 어떤 국가, 혹은 일부 국가들의 군사적 능력과 다른 국가, 혹은 국가들의 군사적 능력 간에 서로 균형을 이루도록 함으로써 전면적인 전쟁이 발발할 경우 어느 측도 이득을 얻지 못하게 했기 때문이다.

18세기와 19세기의 외교사 및 군사사는 이 시기 국가들이 상호 '억제적 균형'을 통해 평화를 유지하려 했음을 보여준다. 1870년 보불전쟁 초기에 비스마르크Otto von Bismarck는 오스트리아가 이 전쟁에 개입할 경우 러시아의 개입을 야기하게 될 것임을 경고했고, 오스트리아는 전쟁이 유럽 전역으로 확대되는 것을 우려하여 결국 개입하지 않았는데, 이는 프랑스를 지원하기 위한 오스트리아의 개입을 억제하기 위한 비스마르크의 외교적 노력이 성공한 사례였다. 1854년 영국과 프랑스는 오스만 제국에 대한 러시아의 간섭을 막기 위해 인근 해역에 함대를 파견했는데, 이는 비록 크림 전쟁Crimean War을 야기하게 되었지만 러시아의 개입을 억제하기 위한 일종의 경고 조치로 볼 수 있다. 19세기 내내 영국은 베네룩스 3국에 대한 프랑스의 개입을 저지하고자 자주 위협을 가했으며, 이는 1869년 나폴레옹 3세의 '벨기에 철도건설 계획' 포기를 비롯해 매우 성공적인 결과를 가져왔다.[3] 이처럼 유럽 국가들은 절묘한 세력균형 정책을 추구함으로써 잠재적 적성국의 행동을 억제할 수 있었다.

제1차 세계대전이 발발하기 전까지 유럽에서 약 100년 동안 세력균형에 입각한 억제가 통할 수 있었던 것은 강대국들 대부분이 나폴레옹 전쟁과 같은 대규모 전쟁이 또다시 일어날 경우 국내 사회 질서에 혼란을 가져올 수 있다는 경각심을 가졌기 때문이다. 또한 19세기 후반 경제적 자유주의가 유럽 전역으로 확산되면서 세력을 형성한 상업 및 자본가 계층이 유럽 지도자들의 군사적 모험주의에 반대했던 것도 큰 몫을 했다.

19세기 후반과 20세기 초반에 오면서 현대의 억제 개념을 태동케 하는 두 가지 요인이 등장했다. 하나는 영국과 독일의 해군력 건설 경쟁이고, 다른 하나는 항공기의 출현이었다. 18세기와 19세기 억제가 주로 외교적 동맹정책과 무력시위를 통해 이루어졌다면, 이제는 첨단무기 경쟁에 따른 '공포의 균형'을 통해 억제를 추구하기 시작한 것이다. 독일은 대규모 함대를 건설함으로써 영국이 대서양에서 그들의 함대를 함부로 사용하지 못하게 할 수 있다고 믿었으며, 이에 대해 영국은 독일을 견제하기 위해 전함 위주의 해군력을 건설했다. 항공기의 등장은 20세기 억제이론의 형성에 더 큰 영향을 주었다. 1930년대에 항공력에 의한 전략폭격이론이 발전하는 것을 보고 조너선 그리핀Jonathan Griffin은 앞으로의 평화는 '세력균형' 대신에 '공포의 균형 balance of terror'에 의해 이루어질 것으로 보았다.[4] 당장 항공력의 발전이 새로운 억제이론을 만들어내는 것은 아니지만, 향후 억제는 외교나

3 Alexander L. George and Richard Smoke, *Deterrence in American Foreign Policy*, p. 15.

4 앞의 책, pp. 19-20.

1945년 8월 9일 일본 나가사키(長崎)에 투하된 원자폭탄에서 피어오르고 있는 버섯구름. 제2차 세계대전의 막바지에 등장한 핵무기의 가공할 파괴력으로 인해 국가들은 전쟁에 대비하기보다는 전쟁 자체를 억제해야 한다는 인식을 갖게 되었다.

무력시위보다는 가공할 파괴력을 가진 무기에 의해 가능할 것임을 예고하는 것이었다.

사실상 항공력이 등장한 이후 전략사상가들은 '억제'보다도 '전쟁수행'에 초점을 맞추었다. 두에와 미첼을 비롯한 항공전략가들은 모두가 군인이었기 때문에 전쟁을 방지하는 문제보다는 전쟁이 발발했을 때 어떻게 싸울 것인가에 관심이 있었다. 즉, 이들은 전쟁이 발발할 것을 전제로 자신들의 이론을 발전시킨 것이다. 현대의 핵억제전략이 '제2격 능력'을 확보함으로써 적의 핵공격을 억제할 수 있다고 한다면, 이들은 한결같이 공군의 공세적 능력과 역할을 과신하여 '제2격 능력'보다는 '제1격 능력'을 구비하고 선제적으로 공격을 추구하는 전략을 제시했다.[5] 결국 이들의 이론은 전쟁을 억제하는 것이 아니라 오히려 전쟁에 대한 자신감을 불러일으켜 전쟁의 발발을 촉진시키고 전쟁 발발 이후에는 전쟁을 확대하는 데 기여하는 결과를 가져왔다.

핵무기의 등장은 현대 핵억제전략의 출발점을 제공했다. 제2차 세계대전의 막바지에 등장한 핵무기의 가공할 파괴력으로 인해 국가들은 전쟁에 대비하기보다는 전쟁 자체를 억제해야 한다는 인식을 갖게 되었다. 그동안 국제정치의 중요한 개념이었음에도 불구하고 그늘에 가려져 잘 보이지 않았던 '억제'의 문제에 대해 관심을 갖도록 한 것이다.

억제라는 개념을 이해하기 위해서는 '보복'과 '거부'라는 용어에 대해 알아볼 필요가 있다. 보복이란 적에게 상해를 가하는 것이고, 거부란 적을 패배시키는 것으로 '승리'를 의미한다. 억제란 궁극적으로 적의 공격을 거부하여 승리한 다음 그 국가에 보복하겠다는 위협을 가함으로써 가능하다. 18세기 및 19세기 제한전쟁 시대에는 적을 '거부'

---

5 Alexander L. George and Richard Smoke, *Deterrence in American Foreign Policy*, p. 20.

▣ 억제와 관련된 핵전략 ▣

● 선언전략

• **선제불사용**No First Use: NFU: 먼저 핵공격을 받지 않으면 핵무기를 사용하지 않겠다는 원칙 혹은 전략이다. 상호 핵 사용 가능성을 줄이기 위한 조치로 볼 수 있다. 중국은 1964년 핵실험에 성공하면서 선제불사용 원칙을 선언했고, 인도도 2003년 이러한 정책을 공표했다.

• **선제핵사용**preemptive use: 선제불사용과 반대로 핵을 먼저 사용하는 원칙 혹은 전략이다. 이와 같이 핵공격을 받지 않더라도 먼저 핵무기를 사용하겠다고 선언한 국가들이 있다. 미국은 부시 행정부 시기 선제핵사용을 공식적인 핵전략으로 채택한 바 있다. 파키스탄의 경우 적이 재래식으로 공격해올 경우 '모든 수단'을 사용하겠다고 함으로써 선제핵사용 전략을 채택하고 있음을 밝힌 바 있다. 나토NATO의 경우에도 압도적인 재래식 군사력을 보유한 소련의 위협을 억제해야 했기 때문에 핵 선제불사용 원칙을 거부하고 '선제핵타격'을 주요한 전략으로 채택한 바 있다.

• **모호성 유지**: 핵의 선제사용 혹은 선제불사용 입장을 선언하지 않은 경우로 이스라엘이 대표적인 국가이다. 부시 행정부를 제외한 미국, 러시아 등은 선제불사용 원칙을 명시하지 않음으로써 유사시 선제사용 가능성을 열어두고 있다.

● 핵타격 시기별 전략

• **제1격**: 선제핵사용의 의미와 같다. 적이 핵을 사용하기 전에 먼저 핵으로 공격하는 것이다. 이론상으로 핵공격은 적의 제2격에 의한 핵보복을 야기하기 때문에 제1격을 가하는 국가는 적의 핵무기를 모두 파괴할 수 있을 때 가능하며, 따라서 공격대상은 적 핵전력을 우선으로 하는 대군사counter force 공격이 된다.

• **제2격**: 적으로부터 핵공격을 당하고 나서 적을 핵으로 공격하는 전략이다. 따라서 제2격을 추구하는 국가는 적의 핵공격으로부터 생존성을 확보하는 것이 중요하다. 이 경우 대륙간탄도미사일 ICBM이나 전략폭격기보다 잠수함발사탄도미사일SLBM이 생존성을 확보하는 데 유리하다.

● 핵공격 대상별 전략

• **대가치**counter value: 적국의 대도시와 같이 취약하면서도 국가적으로 감내하기 어려운 피해를 유발할 수 있는 표적을 공격하는 전략이다. 통상 핵전력이 약한 국가가 제2격으로 선택할 수 있는 전략이다.

• **대군사**counter force: 적의 핵무기와 운반수단, 저장고 등 핵전력을 공격하는 전략이다. 통상 핵전력이 강한 국가가 약한 국가의 핵무기를 제1격으로 일거에 제거할 수 있을 때 취할 수 있는 전략이다. 만일 적 핵무기를 완전히 제거하지 못한다면 적에게 제2격을 허용하여 피해를 감수해야 한다.

● 핵안전보장 제공

• **적극적 안전보장** positive security assurance: 핵확산을 방지하기 위해 핵을 갖지 않은 우방국에 대해 핵우산 또는 확장억제를 제공하는 것이다. 미국이 동맹국에게 제공하는 핵우산이 그것이다.

• **소극적 안전보장** negative security assurance: 적대국이 핵확산을 하지 않도록 유인하는 방책으로, NPT에 가입하고 규정을 준수할 경우 적이 화학무기 또는 생물학무기로 공격해오더라도 핵무기를 사용하지 않겠다는 보장을 제공하는 것이다. 오바마 행정부의 NPR에 이러한 보장책이 언급되어 있다.

하지 않고서는 '보복'이 불가능했다. 20세기 초 총력전 시대에도 마찬가지였다. 즉, 적의 도시를 불태우고, 여자들을 강간하고, 재산을 빼앗는 등 '보복'을 가하기 위해서는 먼저 적의 군사력을 완전히 패배시켜야 했다. 그리고 제1차 세계대전이나 제2차 세계대전의 경우에도 독일과 일본에 무조건 항복을 강요한 후 이 두 나라에 다양한 희생을 강요할 수 있었다. 그러나 핵무기의 등장으로 적의 군사력을 파괴하지 않은 채 적에게 심대한 보복을 가할 수 있게 되었다. 가공할 파괴력을 가진 핵무기로 적 군사력에 대한 '거부' 또는 '승리' 없이도 적에 대한 '보복'이 가능하게 된 것이다. 다시 말해서 현대 핵시대의 억제는 적의 군사력을 파괴하지 않은 채 적에게 가공할 피해와 고통을 안겨주겠다는 위협을 가하는 것으로 이전의 억제 개념과 다른 것으로 이해할 수 있다.[6]

2. 억제의 조건

억제에 성공하기 위해서는 세 가지 조건이 충족되어야 한다. 의사전달communication, 능력capability, 그리고 신뢰성credibility이다. 이 조건들은 재래식 억제나 핵억제 모두 적용되는 것으로 세부적인 내용은 다음과 같다.[7]

---

6 Alexander L. George and Richard Smoke, *Deterrence in American Foreign Policy*, p. 21.

7 필 윌리엄스, "전략의 개념", 최병갑 외 공편, 『현대 군사전략대강 II: 전략의 제원리』, pp. 56-57; Phil Williams, "Nuclear Deterrence", John Baylis et al., *Contemporary Strategy: Theories and Concepts I* (New York: Holmes & Meier, 1987), pp. 117-121.

가. 의사전달

의사전달이란 어떠한 범주의 행위를 해선 안 되고 만일 그러한 행위를 하게 된다면 어떠한 일이 일어나리라는 것을 적에게 정확히 알리는 것이다. 예를 들면, 야생의 곰들은 그의 영역에 있는 나무에 발톱자국을 냄으로써 그 지역이 그가 지배하는 영역이라는 표시를 남긴다. 이는 다른 동물들에게 자신의 영역을 침입할 경우 제재를 받을 것이라는 일종의 경고이다. 그러나 동물의 세계와 달리 국제정치 영역에서 국가들은 서로 다른 문화, 가치체계, 신념, 그리고 정치구조를 갖고 있기 때문에 서로 간의 의사전달은 매우 어렵고 많은 과오와 오해의 소지를 안고 있다. 따라서 국가들은 공식적인 성명 발표, 지도자의 개인 서신 전달, 군사력을 동원한 무력시위 등 가급적 다양한 통로와 방법을 활용하여 자국의 의사를 최대한 분명하게 전달하려 한다.

베를린 공수는 억제에 성공한 사례였다. 1948년 소련이 연합군 측이 점령한 베를린 시의 접근로를 봉쇄하자, 미국은 영국과 함께 약 1년 동안 약 25만 회에 걸친 공수를 통해 물자를 지원했다. 이는 미국이 서베를린을 절대로 포기하지 않을 것이며 서베를린에 대한 소련의 어떠한 무력행위도 돌이킬 수 없는 비참한 결과를 초래할 것이라는 점을 분명히 전달한 것으로, 이로써 미국은 1949년 5월 소련으로 하여금 베를린 봉쇄를 풀도록 하는 데 성공할 수 있었다. 베를린 공수의 사례와 같이 서로 침입해서는 안 될 영역을 분명하게 선으로 긋고 행위자들이 이에 합의한다면 억제는 성공적으로 달성할 수 있다. 그러나 모든 상황이 그처럼 명확한 것은 아니며, 억제자가 설정한 선이 확고한 신념을 가지고 끝까지 고수되는 것도 아니다. 즉, 불확실성으로 가득 찬 회색지대가 존재하는 것이다. 따라서 현실적으로 의사전달은 심각한 어려움에 직면할 수 있다. 비록 억제자가 상대방에게 특정한 행동을 하지 않도록 요구한다 하더라도 설정된 범위가 불확실하거나 말이 엇갈릴 수 있으며, 상대방의 입장에서는 그러한 요구를 한 억제자의 의도, 능력, 의지가 어느 정도 확고한 것인가에 대한 의구심을 가질 수 있기 때문에 의사전달이 제대로 이루어지지 않을 수 있다.

국가들 간의 관계에는 언제나 불확실성이 존재한다. 억제를 추구하는 국가는 항상 대외적인 문제에만 집중할 수는 없다. 모든 정부는 항상 골치 아픈 많은 국내 문제들에 직면해 있으며, 그러한 문제들을 해결하기 위한 시간과 자원은 제한되어 있다. 이러한 상황에서 전혀 예상치 못한 사건이 발생한다면 정부는 적절하게 대응하지 못하고 우왕좌왕할 수 있다. 대부분의 위기 상황에서는 상대의 의도와 전략을 확실히 알 수 없기 때문에 정책결정자들 간에 견해가 충돌하고 갈등이 증폭되어 상황을 더욱 복잡하고 혼란스럽게 할 수 있다.[8] 그 결과 억제를 위해 상대방에 제시한 의사전달이 일관성을 유지하지 못하고 흔들릴 수 있다.

비록 억제자가 상대국가에 의사전달을 제대로 했더라도 이를 접수하는 상대가 그 의도를 정확히 인식하고 이해할 것이라는 보장은 없다. 상대국가는 정부의 눈과 귀 역할을 하는 관료조직을 통해 억제자의 의도를 분석하게 되는데, 관료조직은 대부분 과거의 경험과 타성에 의해 선입견을 갖고 있기 때문에 억제자가 제시하는 '새로운' 의도를 왜곡해서 받아들일 가능성이 크다. 이 경우 상대국가는 억제자가 전달한 의도를 곧바로 심각하게 인식하기보다는 그러한 의도가 행동으로 이행되지 않아 상황이 악화될 때까지 별 의미 없는 것으로 여길 수 있다. 즉, 의사전달이란 상대국가에 전달한 것으로 끝나는 것이 아니라 상대국가가 이를 어떻게 수용하는가의 문제까지도 다루어야 한

---

8 필 윌리엄스, "전략의 개념", 최병갑 외 공편, 『현대 군사전략대강 II: 전략의 제원리』, p. 58.

다.[9] 1950년 미국의 38선 돌파를 저지하는 데 실패한 중국의 사례와 같이 의사전달에 실패하면 다음에 다룰 '능력'과 '신뢰성'의 요소들은 아무런 쓸모가 없게 된다.

▣ 의사전달의 성공 및 실패 사례 ▣

• 성공 사례

1948년 베를린 공수는 미국이 소련에 서베를린이 절대로 포기할 수 없는 이익이므로 서베를린을 차지하기 위한 소련의 어떠한 무력행위도 돌이킬 수 없는 비참한 결과를 초래할 것이라는 점을 분명히 전달하여 베를린 봉쇄를 풀도록 하는 데 성공한 사례이다. 공수는 1948년 6월부터 1949년 5월까지 계속되었으며, 약 25만 회의 비행을 통해 200만 톤의 물자를 보급했다. 총 비용은 2억 2,400만 달러가 소요되었다.

• 실패 사례

1950년 10월 초 한국전쟁 당시 중국의 저우언라이周恩來는 인도대사 파니카K. M. Panikkar를 통해 미군이 38선을 돌파할 경우 군사적으로 개입하겠다는 의사를 전달했으나, 미국은 중국의 개입이 시기적으로 늦었다고 판단하여 이를 무시한 채 38선 돌파를 강행했다. 중국의 억제는 우선 그들의 위협이 명확하고 충분하게 전달되지 못했기 때문에 실패했다. 그리고 이와 동시에 미국의 정책결정자들이 현재의 상황을 너무 낙관한 나머지 중국의 의도를 평가절하했기 때문에 실패한 것으로 볼 수 있다.

---

9 필 윌리엄스, "전략의 개념", 최병갑 외 공편, 『현대 군사전략대강 II: 전략의 제원리』, pp. 59-60.

나. 능력

능력이란 상대에게 압력이나 해를 가할 수 있는 물리적 능력을 의미한다. 억제자는 상대가 얻기를 원하는 이득에 비해 상대적으로 감당하기 어려운 대가를 치르도록 할 수 있는 능력을 갖추어야 한다. 그러나 억제에 성공하기 위해서는 그러한 물리적 능력만으로는 부족하다. 억제자가 그러한 능력을 갖추고 있더라도 상대가 손익관계를 적절히 평가하지 못한다면, 그래서 억제자로부터 제재를 당하더라도 금지된 행위를 하는 것이 결국은 이익이라고 생각한다면 억제자의 물리적 능력은 별 의미가 없게 된다. 따라서 억제자는 냉정하고 침착한 계산을 통해 특정 행동에 대한 손익을 비교하고 그 균형관계를 철저히 판단해야 하며, 이를 바탕으로 상대로 하여금 반항해도 소용이 없으며 어떠한 경우에도 치러야 할 비용과 위험이 이득보다 훨씬 크다는 것을 인식시켜야 한다.[10]

비용 대 이익의 계산, 즉 손익계산은 억제자보다는 상대국가의 몫이다. 억제하는 국가는 합리적 판단에 근거하여 상대국가도 이익보다는 손해가 더 클 것으로 판단하리라 생각하겠지만, 그러한 판단은 절대적인 것이 아니라 상대적인 것이다. 억제자가 제시한 처벌 위협의 수위는 상대방의 입장에서 볼 때 충분히 감수할 만한 것일 수도 있다. 따라서 억제자는 자신만의 기준에서 판단할 것이 아니라 적의 입장에 서서 그들이 상황을 어떻게 바라보고 있는가를 이해해야 한다. 그래서 그들이 갖고 있는 가치와 문화, 그리고 그들의 기준에 입각하여 그들이 행동을 위반함으로써 얻을 수 있는 이득보다 억제자의 제재에 의한 비용이 훨씬 더 크다는 인식을 갖도록 해야 한다.[11]

---

10 필 윌리엄스, "전략의 개념", 최병갑 외 공편, 『현대 군사전략대강 II: 전략의 제원리』, p. 61.

다. 신뢰성

억제에 성공하기 위해서는 첫째로 의사전달, 즉 억제자가 상대국가에 금지해야 할 행동이 무엇인지 명확하게 전달해야 하며, 둘째로 능력의 과시, 즉 상대가 금지된 행동을 할 경우 이득보다 훨씬 더 큰 비용을 부과할 수 있는 충분한 능력이 있음을 과시해야 한다. 그러나 이 두 요건으로는 억제에 성공할 수 없으며, 이외에 신뢰성이라는 요건이 충족되어야 한다.

신뢰성이란 순응하지 않을 경우 즉각 보복이 이루어질 것이라는 기대치로서, 이러한 기대치가 높으면 높을수록 억제는 성공할 가능성이 커질 것이다. 반대로 행동을 위반하더라도 억제자가 즉각 보복을 이행하지 않을 것이라고 상대국가가 인식한다면 억제는 실패할 것이다. 다시 말하면, 상대로 하여금 특정 행위를 위반할 경우 억제를 위해 가했던 위협이 실제로 실행될 것이고 대가가 충분히 지불될 것임을 믿도록 해야 억제에 성공할 수 있다.[12]

동물의 세계에서 암사자는 침입자로부터 새끼를 보호한다. 이때 사자는 으르렁거림으로써 자기의 의사를 전달하고, 송곳니를 보임으로써 자신의 능력을 과시할 것이다. 이로써 침입자들은 너무 가까이 가려고 하면 반드시 피해를 입을 것을 잘 알고 있기 때문에 다가가지 않을 것이다. 이때 보복의 신뢰성은 명확하다. 사자라는 존재와 새끼라는 절대적 가치로 인해 다가가면 반드시 제재가 이루어질 것이라는 것은 부인할 수 없는 사실이기 때문이다. 그러나 인간들의 세상에서 현실은 그렇지 않을 수 있다. 가령 특정한 범죄에 대한 형벌이 무겁다 하더라도 범죄자는 잡히지 않을 것이라 확신하고, 또 잡히더라도 처

---

11 필 윌리엄스, "전략의 개념", 최병갑 외 공편, 『현대 군사전략대강 II: 전략의 제원리』, p. 62.

12 앞의 책, p. 63.

벌이 가벼울 수 있으리라 생각하여 범죄를 일으킬 수 있다.[13] 국제관계에서도 마찬가지이다. 제2차 세계대전 직전에 영국이 히틀러의 팽창정책을 저지하기 위해 폴란드에 대한 보장을 약속했을 때 히틀러는 영국이 국내적 반대로 인해 그 약속을 이행하지 못할 것으로 믿었다. 비록 영국이 개입하더라도 그에 따른 손실을 감수할 각오가 되어 있었다. 따라서 영국의 폴란드 보장 조치는 신뢰성이 약했고 능력이 충분하지 못해 히틀러의 팽창을 억제하는 데 전혀 도움이 되지 못했다.[14] 억제자의 신뢰성, 즉 보복 실행 의지가 상대로부터 의심받게 되면 상대는 어느 정도 대가를 치를 수 있다고 생각할 것이며, 그렇게 되면 억제는 실패한다.

핵억제의 경우에도 신뢰성의 문제가 제기될 수 있다. 즉, 핵무기의 파괴력이 너무 크기 때문에 과연 그것을 실제로 사용할 수 있겠느냐는 의구심이 제기될 수 있다. 미국의 경우 자국이 직접 핵미사일 공격을 받는다면 즉각 보복에 나서겠지만, 유럽 등 미국이 핵우산을 제공하는 국가가 핵공격을 받을 경우 자국 국민들의 피해를 감수하면서까지 핵보복에 나설 수 있을 것인가에 대한 문제가 제기될 수 있다. 이러한 문제들은 결국 억제자가 의사전달을 명확히 하고 억제에 필요한 제재 능력을 갖추었다 하더라도 그것으로 충분한 것은 아님을 보여준다. 신뢰성은 억제의 성공에 필요한 마지막 요건인 셈이다.

---

13 필 윌리엄스, "전략의 개념", 최병갑 외 공편, 『현대 군사전략대강 II: 전략의 제원리』, pp. 63-64.

14 앞의 책, p. 64.

3. 냉전기 핵전략

가. 1945–1950년 : 미국의 핵독점과 억제 개념 미발전

제2차 세계대전이 끝난 후 약 5년 동안 미국과 서구 국가들은 대외정책 목표를 달성하기 위해 군사력을 어떻게 기획할 것인가에 대한 체계적인 전략 혹은 이론을 갖추지 않았다. 정부는 다음에 닥쳐올 전쟁, 효율적인 대비 전략, 그리고 전쟁 억제 등의 문제를 심각하게 고민하지 않았으며, 군은 역사상 가장 방대한 규모의 동원을 해제하고 군을 재조직하는 데 골몰하고 있었다. 조지 케넌George Kennan이 1947년《포린 어페어스Foreign Affairs》에 기고한 글에서 주장한 공산주의에 대한 '봉쇄containment' 개념이 미 정부의 NSC-20 문서에서 공식적인 독트린으로 채택되었음에도 불구하고, 미 정부는 1950년 이전까지 어떠한 정책문서도 억제의 문제, 봉쇄정책이 군사정책에 미치는 영향, 혹은 종합적인 전략이론 등을 제시하지 않았다.[15]

즉, 이 시기에는 국가안보를 위한 정치-군사politico-military 차원의 이론이 마련되어 있지 않았다. 트루먼Harry Shippe Truman 행정부는 소련에 대한 봉쇄정책을 채택했음에도 불구하고 곧바로 억제전략을 도입하려 하지 않았다. 물론, 미 정부는 제2차 세계대전과 같은 유형의 또 다른 세계적 수준에서의 전면전이 발생할 가능성에 대해 관심을 갖고 있었다. 그러나 미 정보부는 소련이 지난 전쟁에서 너무 큰 피해를 입었기 때문에 당장 새로운 전쟁을 준비할 여력이 없다고 판단했으며, 따라서 억제와 같이 전쟁을 예방하기 위한 개념에는 소홀할 수밖에

---

15 Alexander L. George and Richard Smoke, *Deterrence in American Foreign Policy*, pp. 21-23.

없었다. 비록 그리스와 베를린에서 위기가 터지긴 했지만, 이러한 위기는 '전면전'과는 거리가 먼 것으로 억제라는 개념을 적용할 수 있는 범주가 아닌 것으로 인식되었다. 당시 미국의 핵 독점은 억제 개념의 발전을 가로막는 또 하나의 원인이었다. 핵을 갖지 않은 소련이 미국과의 제3차 세계대전을 각오하지 않고서는 어느 지역도 침공할 수 없을 것이라고 판단한 미국은 굳이 소련의 공격을 억제하기 위한 전략을 도입해야 할 필요가 있다고는 느끼지 않았다.[16]

오히려 이 시기 미국의 핵전략은 전쟁을 '억제'하기보다는 전쟁 시 '핵 사용'을 염두에 둔 것이었다. 1949년 말 미국이 가진 핵탄두는 불과 100개에 불과했으며, 육군과 해군은 거의 동원을 해제한 상태였다. 유럽 국가들이 군사적으로나 경제적으로 거의 파산한 상태였지만, 소련은 아직 대규모 지상군을 유지하고 있었다. 이와 같이 재래식 전력이 전적으로 불리한 상황에서 미국은 소련이 유럽을 군사적으로 점령할 경우 소련의 전쟁능력을 불구로 만들기 위해 원자탄을 사용해야 한다고 믿고 있었다.

결국 1949년부터 1950년까지 억제 개념은 발전할 수 없었다. 그것은 기본적으로 소련의 전쟁 능력이 약화되어 제3차 세계대전이 당분간 발발하지 않을 것이라는 판단이 작용했기 때문이다. 또한 미국의 원자탄 독점, 미 재래식 전력의 동원해제, 서유럽 동맹국 전력의 약화, 그리고 서유럽에 대한 소련의 군사적 위협에 대비하여 소련의 전쟁 억제보다는 전쟁 시 원자탄 사용에 초점을 맞추었기 때문이다. 그리고 이 시기 미국은 전 지구적으로 나타나기 시작한 정치-군사적 위기, 그리고 전면전이 아닌 소규모 전쟁에 대해 무력 사용 및 개입 의지가 약

---

16 Alexander L. George and Richard Smoke, *Deterrence in American Foreign Policy*, pp. 24-25.

▣ 핵전략 관련 용어 ▣

● **대량살상무기**Weapons of Mass Destruction: WMD: 사용할 경우 대량살상 및 파괴를 유발하는 무기의 총칭으로 통상 핵무기, 화학무기, 생물학무기를 지칭한다.

● **삼원핵전력**nuclear triad: 전략핵무기를 운반하는 세 종류의 무기체계를 일컫는다. 통상적으로 지상에 기반을 둔 대륙간탄도미사일ICBM, 공중에서 투하할 수 있는 전략폭격기strategic bomber, 그리고 수중에서 발사되는 잠수함발사탄도미사일SLBM을 말한다. 이와 같이 운반수단을 다양화하는 이유는 상대로 하여금 아군이 보유한 핵무기를 제1격에 모두 파괴하지 못하도록 하려는 것이며, 이는 제2격의 신뢰성을 높임으로써 상대에 대한 핵억제력을 제고하도록 할 수 있다.

● **신新삼원핵전력**new triad: 2002년 부시 행정부에서 기존의 삼원핵전력을 수정하여 새롭게 규정한 용어로 여기에는 공격전력, 방어전력, 그리고 인프라를 3개의 중심 축으로 한다.

- 공격전력은 핵과 비핵 타격전력으로 구성된다. 핵전력은 기존의 삼원핵전력을 의미하며, 비핵전력은 재래식 장거리 정밀타격무기로 크루즈미사일, 전자전 공격, 그리고 컴퓨터 네트워크 공격 등을 포함한다.
- 방어전력은 적극방어전력, 소극방어전력, 그리고 방어적 정보작전으로 구성된다. 적극방어전력은 적 미사일을 요격하는 미사일 방어체계를 의미하며, 소극방어전력은 방호, 은닉, 경보, 분산, 기동 등의 방책으로 방어하는 것을 의미한다. 방어적 정보작전은 정보체계에 대한 적의 공격에 대응하는 것이다.
- 인프라는 신삼원핵전력을 개발하고 유지하며 현대화하기 위해 필요한 실험실, 설비, 그리고 인력을 확충하는 것이다.

▣ 핵무기의 종류 ▣

● **전략핵무기**: 전장에서 멀리 떨어진 지역에 대해 전략적 목적으로 사용되는 핵무기로 군사기지, 군사지휘센터, 무기공장, 교통·경제·에너지 인프라, 그리고 인구밀집지역을 타격한다. 전장이 아닌 적 후방지역에 위치한 전쟁지속능력 파괴를 위해 사용한다.

● **전술핵무기**: '비전략핵무기'라고도 하며 전략핵무기에 비해 폭발력이 작다. 전략핵무기와 달리 적 후방지역이 아닌 전장에서 사용하는 핵무기로 아군이 적과 접촉하고 있는 곳에서 근접한 지역에 위치한 표적을 타격한다.

▣ 탄도미사일의 종류 ▣

● **단거리 탄도미사일**Short Range Ballistic Missile: SRBM: 사거리 1,000km 미만

● **준중거리 탄도미사일**Medium Range Ballistic Missile: MRBM: 사거리 1,000~3,500km

● **중거리 탄도미사일**Intermediate Range Ballistic Missile: IRBM: 사거리 3,500~5,500km

● **대륙간탄도미사일**InterContinental Ballistic Missile: ICBM: 사거리 5,500km 이상

화되어 소련의 침략을 적극적으로 저지하기 위한 억제 개념을 검토할 수 있는 여력을 갖지 못했다.

나. 1950년대 대량보복전략

1950년 초 당시 국무부 정책기획국장인 폴 니츠Paul Nitze는 최초의 포괄적인 국가전략을 담은 NSC-68 문서를 작성했다. 이 문서는 소련이 1954년까지 미국에 원자탄 공격을 가할 수 있는 능력을 확보할 것으로 판단했으며, 소련은 그들 영토에 대한 미 전략항공사령부의 폭격을 저지하기 위해 필요시 미 전략항공사령부를 먼저 파괴하려 할 것이라고 예상했다. 따라서 미국은 소련의 공격을 억제하기 위해 전략적 핵능력을 증강해야 하며, 동시에 나토의 재래식 전력을 강화해야 한다고 주장했다.[17] 이 문서에는 오늘날 보편적으로 사용하고 있는 많은 전략적 억제 개념을 제시하고 있다. 다만 1950년 6월 한국전쟁이 발발하자, 미국은 당분간 핵억제 개념을 발전시키기보다는 재래식 전력을 증강하는 데 주안을 두지 않을 수 없었다.

1952년 아이젠하워Dwight Eisenhower 행정부는 '뉴룩New Look'을 통해 미 국가안보 문제에 대한 전면적 검토에 착수했다. 그리고 그 결과로 1953년 10월 새로운 기획문서인 NSC-162/2가 비밀리에 대통령의 재가를 받았고, 3개월 후인 1953년 1월 덜레스John Foster Dulles 국무장관이 이 문서의 존재를 공식적으로 확인해주었다. 이 문서는 '대량보복Massive Retaliation' 독트린을 골자로 한 것으로, 미국은 공산주의자들의 군사적 모험에 대해 더 이상 그 지역에 한정된 재래식 반격에 그치지

17 폴 니츠가 제시한 소련의 핵공격 가능성에 대해서는 버나드 브로디, 이종학 편저, "핵전략의 발전", 『군사전략론』(대전: 충남대학교출판부, 2009), p. 257 참조.

않고 그에 대한 책임이 있는 공산주의 강대국에 대량의 핵무기로 즉각 보복하겠다는 내용을 담고 있다. 즉, 한반도, 인도차이나, 이란 혹은 그 밖의 어느 지역에서건 또다시 대리전쟁proxy war이 발발한다면, 미국은 소련이나 중국에 대해 원자탄을 사용해 즉각 보복하겠다는 것이다. 대량보복전략은 냉전기 최초로 제시된 미국의 억제전략으로서 1950년대 주요한 핵전략으로 자리 잡았다.[18]

미국이 대량보복전략을 채택한 데에는 세 가지 요인이 작용했다. 첫째는 한국전쟁의 경험이었다. 전통적으로 전격적인 승리를 추구하던 미국은 한반도에서 '소규모 더러운 전쟁dirty little war'을 치르면서 값비싼 희생을 치렀다. 그래서 앞으로 전쟁에서 많은 사상자가 발생하는 것을 방지하고 더 이상 좌절감을 맛보지 않기 위해서는 소규모 도발이라도 공산주의자들의 심장부에 전략적 핵 타격을 가해야 한다고 인식했다. 둘째는 경제적 요인이었다. 전후 경제를 재건하기 위해 낮은 세금 수준을 유지하고 균형 있는 연방예산을 편성할 것을 공약으로 내건 아이젠하워 행정부는 한국전쟁에서와 같은 높은 수준의 재래식 군사력을 유지할 수 없었다. 따라서 미국은 대량보복전략을 통해 값비싼 재래식 전력을 핵전력으로 대체함으로써 경제성과 효율성을 동시에 추구하고자 했다.[19] 셋째는 기술의 발전에 따른 자신감이다. 핵무기 분야에서의 기술이 발전하여 다양한 종류의 핵탄두와 운반수단이 개발되기 시작했다. 1953년에 이르자 비교적 충분한 수량의 핵 폭격기를 보유하게 되었으며, 위력이 큰 핵무기로부터 소형 전

---

18 Alexander L. George and Richard Smoke, *Deterrence in American Foreign Policy*, p. 26; Lawrence Freedman, "The First Two Generations of Nuclear Strategists", Peter Paret, ed., *Makers of Modern Strategy: From Machiavelli to the Nuclear Age*, pp. 741-742.

19 Lawrence Freedman, "The First Two Generations of Nuclear Strategists", Peter Paret, ed., *Makers of Modern Strategy: From Machiavelli to the Nuclear Age*, p. 740.

술핵무기까지 등장하여 핵전력을 보다 융통성 있게 운용할 수 있게 되자 핵에 대한 의존도가 높아졌다. 이와 같이 정치적·경제적·기술적 요인들로 인해 미국은 억제전략을 강구하게 되었으며, 이는 1954년 1월 덜레스의 '대량보복연설'로 공식화되었다.[20]

1950년대 후반에 국제정치 상황이 변화하면서 대량보복전략은 두 가지 측면에서 비판을 받게 되었다. 하나는 취약성의 문제였다. 소련의 전략무기가 규모 및 기술 면에서 꾸준히 발전하자, 미국의 전략 핵전력이 소련의 기습공격에 취약하다는 지적이 제기되었다. 만일 이것이 사실이라면 미국이 소련보다 더 많은 폭격기를 갖고 있기 때문에 핵 우위에 있다는 논리는 설득력을 가질 수 없었다. 대규모 전략미사일 건설 프로그램을 통해 우위에 설 수 있다는 논리도 마찬가지였다. 학자들은 대량보복 개념보다는 억제와 관련한 다른 문제들, 즉 충분성, 전략적 균형 및 군비경쟁의 안정성, 그리고 전략적 군비통제 등의 문제에 관심을 갖게 되었다. 특히 앨버트 월스테터Albert Wohlstetter는 1959년 초 보복력을 중심으로 한 미국의 대량보복전략의 문제점을 지적했는데, 그는 적의 공격으로부터 생존 가능성, 보복 명령의 전달 과정, 미 폭격기의 적 방공망 침투 가능성, 그리고 적 민간방공체계의 극복 등의 문제를 제기했다. 그리고 그는 당시 소련의 기습공격을 아주 쉽게 저지할 수 있다고 한 가정은 잘못된 것으로, 이를 그대로 받아들이는 것은 매우 위험한 결과를 초래할 것이라는 결론을 내렸으며, 다른 많은 학자들도 월스테터의 견해에 동의했다.[21]

다른 하나의 비판은 대량보복전략이 갖는 신뢰성의 문제였다. 비록

---

20 Alexander L. George and Richard Smoke, *Deterrence in American Foreign Policy*, pp. 27-29.

21 Lawrence Freedman, "The First Two Generations of Nuclear Strategists", Peter Paret, ed., *Makers of Modern Strategy: From Machiavelli to the Nuclear Age*, p. 752.

미국의 핵전력이 소련의 기습공격으로부터 안전하다고 하더라도 과연 미국이 전면전이 아닌 상황에서 핵무기를 사용할 수 있겠느냐는 의문이 제기되었다. 핵전력을 강화한 소련은 미국이 소규모 군사적 분쟁에 대해 자국의 대도시를 쑥대밭으로 만들 위험을 각오하면서까지 대량보복에 나서리라고는 믿지 않게 되었다. 물론 아이젠하워 행정부는 봉쇄선을 넘는 공산주의자들의 어떠한 침범에 대해서도 즉각 핵 타격을 실행한다는 정책을 견지하고 있었지만, 과연 어느 수준에서 대량보복을 실제로 이행할 것인지에 대해서는 의도적으로 모호한 태도를 취하고 있었다. 문제는 미소 양국 간의 핵전력 격차가 줄면서 소련이 미국의 대량보복전략을 공갈로 받아들일 가능성이 더 커지고 있다는 것이었다.[22]

이러한 비판에 직면하여 아이젠하워 행정부는 1950년대 후반 대량보복을 보완한 '점증적 억제Graduated Deterrence' 독트린을 제시했다. 이는 소련의 소규모 공격에 대해 전략핵무기가 아닌 전술핵무기로 조기에 단호히 대응하는 개념이었다. 물론 이 독트린도 비판을 받았는데, 그것은 소련도 몇 년 이내로 전술핵무기를 개발할 것이며, 그렇게 되면 소규모 핵전쟁이 대규모 핵전쟁으로 확대될 것이라는 지적이었다.

다. 1960년대 유연반응전략과 상호확증파괴

1961년 케네디John F. Kennedy 행정부가 등장하면서 기존의 대량보복전략 대신 '유연반응Flexible Response'이라는 전략을 들고 나왔다. '유연반응전략'은 그 자체로 단일한 이론이라기보다는 여러 개의 아이디어와

---

22 Alexander L. George and Richard Smoke, *Deterrence in American Foreign Policy*, pp. 29-30.

견해가 집합된 것으로, 1970년대 초까지 다양한 형태로 변형되었다. 1961년 등장한 유연반응전략은 전력구조를 개편하여 대통령으로 하여금 위기상황에 대처하는 데 있어서 선택 가능한 '다수의 옵션'을 제공한다는 것이 핵심이다. 즉, 전략적으로나 전술적으로 모두 충분한 핵능력을 갖춤으로써 국지적 전장에서의 제한된 핵 사용이나 전면전시의 전략적 핵 타격 모두에 대비한다는 것이다. 물론 이러한 전력을 유지하는 주된 목적은 적의 핵공격을 억제하는 데 있다. 그리고 여기에서 전술핵을 사용하겠다는 의지를 반영한 것은 소련에 대해 유럽 등의 지역에서 대규모 재래식 공격을 못하도록 억제하려는 것으로 이해할 수 있다.[23]

유연반응전략은 핵전력 외에 재래식 전력의 증강을 꾀했다. 즉, 다양한 핵 옵션으로 핵 균형을 안정적으로 유지하는 가운데 핵으로 억제될 수 없는 재래식 전쟁에 대비하기 위해 주요 재래식 전력을 강화한다는 것이다. 이는 유연반응전략의 핵심적인 부분으로 초기 케네디 행정부 하에서 미 재래식 전력은 양적으로나 질적으로 급속하게 증강되었다. 그 결과, 미 대통령은 핵전쟁뿐 아니라 재래식 전쟁을 포함한 어떠한 유형의 위협에 대해서도 다양한 옵션을 가지고 융통성을 발휘하며 대응할 수 있게 되었다.

로버트 맥나마라Robert McNamara는 국방장관으로 취임하면서 핵무기를 사용할 경우 민간인들의 피해를 줄이기 위해 최선을 다해야 한다는 생각을 가졌다. 그는 이를 두 가지 측면에서 고려했다. 하나는 1962년 앤 아버Ann Arbor 연설에서 제안한 '대병력Counter Force' 전략이었고, 다른 하나는 '탄도탄요격미사일Antiballistic Missile: ABM'을 이용한 방

---

23 Alexander L. George and Richard Smoke, *Deterrence in American Foreign Policy*, p. 31; Julian Lider, *Miltiary Theory*, p. 209.

로버트 맥나마라(1916~2009)는 1961년 국방장관으로 취임하면서 핵무기를 사용할 경우 민간인들의 피해를 줄이기 위해 최선을 다해야 한다고 생각했다. 무엇보다 미소 간의 핵균형의 안정성을 강화해야 한다고 생각한 그는 핵무기의 운용을 체계화하고 충분한 수량을 확보하는 '상호확증파괴' 개념을 제시했다. 상호확증파괴는 1964년 등장한 용어로 "침략자 혹은 침략자들에 대해 감당할 수 없을 정도의 피해를 가할 수 있는 분명하고 의심의 여지가 없는 능력을 항상 유지함으로써 미국 혹은 우방국들에 대한 공격을 억제하는 것"을 의미한다.

어적 조치였다.[24] 그러나 그는 각종 대규모 민간방어 프로그램을 검토한 후 핵전쟁에서는 아직까지 방어보다는 공격이 이점을 가지고 있으며, 효과적인 방어체계를 개발하려는 노력은 실패할 뿐만 아니라 오히려 적의 공격을 자극할 위험이 있다고 판단했다. 그는 미소 간의 핵균형의 안정성을 강화해야 한다고 느꼈고, 핵무기의 운용을 체계화하고 충분한 수량을 확보하는 '상호확증파괴Mutual Assured Destruction: MAD' 개념을 제시했다.[25]

상호확증파괴MAD는 1964년 등장한 용어로 "침략자 혹은 침략자들에 대해—적의 기습적인 제1격을 흡수한 후에라도—감당할 수 없을 정도의 피해를 가할 수 있는 분명하고 의심의 여지가 없는 능력을 항상 유지함으로써 미국 혹은 우방국들에 대한 공격을 억제하는 것"을 의미한다. 여기에서 감당할 수 없을 정도의 피해란 소련 인구의 20~25%와 산업능력의 50%에 달하는 손실을 가하는 것으로 설정되었다. 물론, 1960년대 중반에 미국은 이미 그 이상의 파괴를 가할 수 있는 능력을 가지고 있다고 판단했다.[26]

공교롭게도 'MAD'라는 약어로 표현되는 상호확증파괴는 군사적 표적 대신에 상대국가의 민간인을 보복의 대상으로 삼아 핵공격에 따르는 위험과 비용을 극대화한 것으로, 그야말로 '미치지 않는 한' 어느 측도 함부로 공격하지 못할 것이라는 가정에 기초하고 있다. 다만 상호확증파괴를 위협하는 요인, 그래서 억제가 실패하도록 할 수 있

---

24 맥나마라의 전략에 대해서는 Leon Sloss and Marc Dean Millot, "U. S. Nuclear Strategy in Evolution", George Edward Thibault, ed., *Dimensions of Military Strategy*(Washington, D.C.: NDU, 1987), p. 66 참조.

25 한창식, "냉전시 미러의 핵전략", 『국가전략』 제16권 2호(2010년 봄), p. 222.

26 Lawrence Freedman, "The First Two Generations of Nuclear Strategists", Peter Paret, ed., *Makers of Modern Strategy: From Machiavelli to the Nuclear Age*, pp. 757-758.

는 요인은 바로 ABM이었다. 미국이 ABM을 개발하면, 소련도 그렇게 할 것이고, 그러면 맥나마라가 구상한 상호확증파괴에 의한 핵 안정은 위협을 받게 된다. ABM으로 자국 국민들을 보호할 수 있다면 핵으로 상대를 공격하는 데 따르는 위험과 비용이 낮아질 것이고, 그렇게 되면 서로 핵을 사용할 가능성이 높아지기 때문이다. 따라서 미국은 방어적 조치인 ABM을 개발하기보다는 보다 공격력을 강화하는 노력을 기울일 수밖에 없었고, 그래서 맥나마라는 1966년 말에 '다탄두 각개목표 재돌입 미사일Multiple Independently targetable Re-entry Vehicle: MIRV' 개발을 인가함으로써 소련의 ABM 개발을 무력화하려 했다. 한편, 소련의 ABM 개발 노력이 강화되자 미국도 ABM 개발에 박차를 가하지 않을 수 없었다. 그러나 맥나마라는 이러한 위험성을 인식하고 있었으며, 양국의 전략적 균형을 위해 서로 ABM 개발을 중단해야 한다고 믿었다.[27]

1969년 닉슨 행정부가 들어서면서 세이프가드Safeguard라는 ABM을 민간인 방어용으로 도시에 배치하지 않고 대신 ICBMIntercontinental Ballistic Missile[대륙간탄도미사일] 자이로를 보호하기 위해 기지에 배치했다. 이는 일종의 소련에 대한 메시지로서 미국의 ABM 개발이 적어도 소련의 확증파괴 능력에 대한 위협은 아니라는 것을 보여주려는 의도였다. 또한 닉슨 행정부는 제1세대 ABM을 뚫을 수 있는 MIRV를 공개해 ABM 개발에 열을 올리고 있는 소련을 압박했다. 미국은 1968년에 이미 MIRV에 의해 무용화된 제1세대 프로젝트를 거의 포기하고 제2세대 ABM 사업을 추진하고 있었다. 1972년 제1차 전략무기감축협정Strategic Arms Reduction Talks: SALT에서 미국은 소련의 ABM 개발을 저

---

27 Lawrence Freedman, "The First Two Generations of Nuclear Strategists", Peter Paret, ed., *Makers of Modern Strategy: From Machiavelli to the Nuclear Age*, pp. 759-760.

지하기 위해 이를 협상카드로 사용했으며, 이 자리에서 양국은 ABM의 배치를 크게 감축한다는 것을 골자로 한 'ABM 조약'에 전격적으로 합의했다. 미소 양국이 핵전력에서 방어적 조치를 제한하고 공격의 우위를 인정한 것은 상호 전략적 취약성을 유지함으로써 핵 균형을 안정적으로 유지할 수 있다는 상호확증파괴의 논리를 수용한 것으로 볼 수 있다.[28]

라. 1970년대와 1980년대

1970년대 미국의 주요 관심은 MIRV 프로그램을 통해 전략적 우위, 혹은 우위가 불가능하다면 전략적 안정을 이루는 것이었다. 1970년대 중반까지 미국은 대륙간탄도미사일ICBM과 잠수함발사탄도미사일Submarine-Launched Ballistic Missile: SLBM의 탄두를 거의 다탄두화했다. 1967년부터 미국은 1,750기의 미사일을 보유하고 있었지만, 탄두를 다탄두화함으로써 1976년에는 같은 수량의 미사일로 7,000개 이상의 탄두를 운반할 수 있게 되었다. 소련의 MIRV 프로그램은 미국보다 늦게 시작했고, 특히 SLBM 분야에서는 크게 뒤처졌다. 그러나 소련은 더 많은 ICBM을 갖고 있었기 때문에 보다 신속하게, 그리고 더 많은 수량의 탄두를 갖게 될 것으로 예상했다.

1970년대에는 이와 같이 공세적이고 정확성이 개선된 핵탄두에 대한 전략적 논의가 지배적이었다. 그리고 이러한 논의는 '대가치countervalue'보다는 '대전력counterforce' 옵션, 특히 상대의 지상에 배치된 핵전력을 타격할 수 있는 능력을 개선하는 방향으로 진행되었다. 그

---

28 Lawrence Freedman, "The First Two Generations of Nuclear Strategists", Peter Paret, ed., *Makers of Modern Strategy: From Machiavelli to the Nuclear Age*, p. 760.

렇지만 전반적으로는 ICBM과 전략폭격기가 가진 취약성으로 인해 미국은 진정한 제1격 능력을 보유하는 데에는 한계가 있으며, 소련에 대해 결정적인 전략적 우위를 달성하지 못한 채 1950년대 이후 지속된 전략적 불안정이 여전히 지속되고 있다고 믿었다. 한편, 소련의 대잠능력 발전으로 잠수함 전력이 점점 취약해지고 있다는 주장이 제기되기도 했지만, 상대적으로 조용하고 장거리 미사일을 탑재한 전략핵잠수함이 적의 공격에 쉽게 당할 것으로는 생각하지 않았다. 상대의 무자비한 선제타격에 의해 지상에서 제2격 능력이 불구가 될 가능성에 대비하여 핵잠수함은 최후의 보루로 남겨두어야 했다.[29]

한편, 1970년대에는 상호확증파괴 전략의 실효성에 대한 의문도 끊임없이 제기되었다. 상호확증파괴는 상호 핵전쟁에 따르는 위험과 비용을 무한정 높임으로써 전쟁을 억제할 수 있다는 논리를 갖고 있기 때문에 사실상 억제가 실패할 것이라는 생각은 할 수 없었다. 1962년 쿠바 미사일 위기 이후 미소 간에 핵문제는 제기된 적이 없었으며, 1970년대 초에는 양국 간에 데탕트가 이루어져 핵 균형은 안정적인 것으로 비춰졌다. 그러나 1973년 제4차 중동전쟁은 이러한 인식에 찬물을 끼얹었다. 이집트에 대한 이스라엘의 반격이 본격화될 무렵, 미국은 소련이 이집트 지원을 이유로 개입하지 않도록 경고하기 위해 핵태세를 격상하는 조치를 취했다. 이후 미국 내에서는 만약 이러한 경고가 실패하여 우발적으로 핵전쟁이 발발할 경우 어떻게 해야 할 것인지에 대한 의문이 높아졌다. 어떤 경로로든 핵무기를 사용하게 될 경우에는 무고한 국민의 학살을 감수해야 할 텐데, 과연 이것이 바람직한가에 대한 회의도 일었다. 이러한 문제는 가장 근본적인 것으로,

---

29 Lawrence Freedman, "The First Two Generations of Nuclear Strategists", Peter Paret, ed., *Makers of Modern Strategy: From Machiavelli to the Nuclear Age*, pp. 760-761.

1970년 닉슨 대통령은 의회에 제출한 보고서를 통해 미국이 핵공격을 받을 경우 국민들이 대량살상을 당할 것을 뻔히 알면서도 적국 시민들을 살상하도록 명령할 수밖에 없는지 질의한 적이 있다.[30]

국제정치적 상황이 변화하면서 상호확증파괴 전략의 변화를 요구하는 목소리가 높아졌다. 우선 1970년대 제3세계 국가들의 정세가 악화되고 위기발생 가능성이 증가하면서 억제가 실패할 경우 어떻게 해야 할 것인가에 대한 논의가 활발해졌다. 또한 기술의 발달로 소련이 보다 정교한 방식으로 핵전쟁을 추구할 수 있게 됨에 따라 소련이 제한적으로 미국의 핵시설을 타격할 경우 어떻게 대응해야 하는가의 문제가 제기되었다. 그리고 1970년대 군비통제협상은 핵무기를 전략핵무기, 중거리핵무기, 단거리핵무기로 구분하여 이루어졌는데, 이는 일괄적으로 대량의 보복을 가하는 상호확증파괴의 논리보다는 위협의 단계에 따라 상응한 조치를 취해야 한다는 목소리를 강화했다.

이러한 상황에서 1970년대에는 미소 간 긴장이 고조되지 않도록 어떻게 상황을 관리해야 하는가에 대한 관심이 높아졌다. 1974년 제임스 슐레진저James Schlesinger 국방장관은 다양한 핵 옵션을 개발하여 상호확증파괴에 대한 의존도를 낮추겠다고 발표했다. 그는 진정한 제1격 능력을 갖추는 것이 가능하지도 바람직하지도 않으며, 대규모 분쟁이 발생할 경우 무조건 상호확증파괴를 추구하기보다는 핵무기를 보다 효율적으로 사용하여 적의 진격을 저지하고 적의 침공행위를 계속하지 못하도록 경고하는 것이 낫다고 보았다.

이러한 기조는 카터Jimmy Carter 행정부에서도 유지되었다. 1980년 해럴드 브라운Harold Brown 국방장관은 대통령지침PD 제59호로 알려진

30 Lawrence Freedman, "The First Two Generations of Nuclear Strategists", Peter Paret, ed., *Makers of Modern Strategy: From Machiavelli to the Nuclear Age*, p. 773.

'상쇄전략Countervailing Strategy'을 내놓았다. 이는 더 많은 대응 옵션을 개발하는 것으로, 여기에는 핵 지연전의 가능성을 검토하거나 소련의 주요 정치적·경제적 자산을 타격하는 방안들이 포함되어 있다. 기본적으로 상쇄전략의 핵심 개념은 만일 소련이 핵 위기를 고조시키면 미국은 각 위기 수준별로 효과적으로 대응할 수 있어야 한다는 것이다.[31]

1981년 레이건Ronald Reagan 행정부는 한 단계 더 나아간 조치를 취했다. 레이건 행정부는 공세적 전력을 유지하는 가운데 방어적 조치를 강화함으로써 핵태세의 새로운 돌파구를 마련하려는 노력을 기울였다. 레이건 대통령은 1983년 3월 과학자들에게 '전략방위구상Strategic Defense Initiative: SDI'으로 명명된 방어적 조치를 통해 가공할 소련의 미사일 위협에 대응할 수 있는 방안을 강구할 것을 요청했다. 그것은 우주에 기반한 시스템을 이용하여 적 미사일을 요격하는 것이었다. 그는 이러한 프로젝트가 소련의 핵전력에 대한 군사적 우위를 추구하는 것이 아니라고 했지만, 사실상 이러한 방어적 수단을 개발할 경우 소련의 핵 공격력을 무력화하고 일방적으로 우위에 설 것임은 틀림이 없었다. 물론, SDI에 대한 반대의견도 있었다. 우주체계를 이용한 방어구상은 기술적으로, 정치적으로, 그리고 자원 측면에서 성공할 것으로 보이지 않았기 때문이다.[32] 그러나 SDI를 추진하는 과정에서 소련에서는 고르바초프Mikhail Gorbachev가 등장하여 개혁개방을 추진하며 미소 간의 데탕트를 이루었고, 이로써 SDI는 그 추진동력을 잃게 되었다. 1991년 말 소련의 붕괴로 미소 간의 팽팽했던 냉전기 핵무기 경쟁은 막을 내리게 되었다.

---

31 Lawrence Freedman, "The First Two Generations of Nuclear Strategists", Peter Paret, ed., *Makers of Modern Strategy: From Machiavelli to the Nuclear Age*, p. 775.

32 앞의 책, p. 761.

4. 탈냉전기의 핵전략

가. 1994년 NPR : 냉전적 사고의 연장

미국은 냉전이 종식된 이후 국제안보환경이 극적으로 변화했지만, 동시에 커다란 불확실성이 여전히 존재하는 것으로 평가했다.[33] 구소련이 해체되고 나타난 러시아와 신생독립국가들Newly Independent States: NIS, 그리고 공산주의를 포기하고 자유민주주의를 택한 중부 및 동부 유럽 국가들이 정치적·경제적 개혁을 추진하고 있었으나, 아직 미래를 예측하기 어려울 정도로 매우 불안정한 상황에 처해 있었다. 중국은 덩샤오핑登小平이 등장한 이후로 개혁개방을 추진해오고 있었으나, 소련 및 동구 공산주의 국가들의 전철을 밟지 않기 위해 1989년 천안문天安門 사태에서와 같이 억압적인 정치체제를 유지하고 있었다. 이러한 상황에서 핵 관련 새로운 위협이 등장하고 있었다. 구소련 국가들 가운데 정치경제적 혼란을 틈타 대량살상무기Weapons of Mass Destruction: WMD가 유출되어 국제사회에 심각한 안보위협으로 작용할 가능성이 있었으며, 테러, 인종갈등, 마약밀매, 자원고갈 등 초국가적 위협이 세계안보를 위협하고 있었다.

이러한 상황에서 미국은 러시아 지도부가 의도적으로 미 본토에 대해 핵 타격을 가할 것으로는 보지 않았으나, 우발적으로 혹은 인가되지 않은 핵무기가 발사될 가능성에 대해 우려하지 않을 수 없었다.[34] 또한 이라크나 북한과 같은 불량국가들이 핵무기를 획득하여 미국의 안보를 위협하는 상황에 대해서도 우려하지 않을 수 없었다. 따라서

---

33 Department of Defense, *Nuclear Posture Review*, 1994.

34 Andrew Grotto and Joe Cirincione, *Orienting the 2009 Nuclear Posture Review*, pp. 25-27

미국은 핵무기를 포함한 대량살상무기, 그리고 대량살상무기 운반수단의 확산을 방지하는 데 높은 우선순위를 부여했다.[35] 비록 냉전이 종식된 이후로 구소련 국가들의 비핵화와 핵감축을 추진하고 있었지만 이러한 작업들은 아직 완전히 종결되지 않은 상태에 있었고, 따라서 언제든 잠재적 위협들이 현실화될 가능성에 대해 촉각을 곤두세우지 않을 수 없었던 것이다. 다만, 이 시기에는 테러 위협에 대한 인식은 크게 부각되지 않았기 때문에 상대적으로 대량살상무기나 관련 물질이 테러집단의 수중에 들어가는 것에 대한 경각심은 그다지 높지 않았다.

1994년 『핵태세검토보고서Nuclear Posture Reveiw: NPR』는 미국의 국가안보에서 핵무기가 차지하는 역할이 이전에 비해 축소되었음을 밝히고 있다. 그럼에도 불구하고 미국은 수천 기의 핵무기를 발사대에 대기상태로 두었던 냉전기의 핵전략을 답습하지 않을 수 없었다. 그것은 비록 냉전이 종식되기는 했으나 수만 개의 핵무기를 보유하고 있는 러시아가 완전한 민주국가로 탈바꿈할 수 있을지에 대한 의구심을 떨쳐버릴 수 없었기 때문이었다. 물론 많은 사람들이 러시아의 미래에 대한 불확실성을 크게 염두에 둔 것은 아니었다. 그러나 냉전기 핵전략을 대폭 변경시키는 것에 반대하는 일부 세력들은 이러한 불확실성을 의도적으로 과장했고, 과거와 같이 러시아에 대해 강경한 핵전략을 추구해야 한다는 입장에 섰다.[36]

그 결과 미 국방정책에서 핵무기의 역할을 어떻게 규정할 것인가를 놓고 NPR 작성을 담당하던 '전략사령부STRATCOM'와 국방부 사이에

---

35 The White House, *A National Security Strategy of Engagement and Enlargement*, February 1995, p. 13.

36 Andrew Grotto and Joe Cirincione, *Orienting the 2009 Nuclear Posture Review*, pp. 25-27.

커다란 견해차가 나타났다. STRATCOM은 미국 핵무기의 역할을 현 수준으로 유지하거나 오히려 더욱 확대해야 한다는 입장이었다. 반면, 국방부는 재래식 정밀타격무기가 전장에서 핵무기를 대체하기 시작했으므로 핵무기의 역할은 순수하게 보복위협을 통해 적의 핵무기 사용을 억제하는 것이 되어야 하며, 이러한 정도의 임무는 SLBM을 유지하는 것만으로도 충분히 달성할 수 있다고 보았다. 그러나 당시 국방부는 소말리아 문제, 북한의 핵개발 프로그램, 그리고 구소련 국가들의 핵확산 가능성 등으로 인해 NPR 작성에 많은 관심을 기울일 수 없었다. 결과적으로 1994년 NPR은 STRATCOM이 자체적으로 검토한 안을 반영할 수밖에 없었다. 그 결과, '삼원핵전력nuclear triad' 유지, '전략무기감축협정START II'에서 규정된 이상의 핵무기 감축 미실시, 그리고 현재의 작전적 핵교리 고수 등의 내용이 포함되면서 냉전기 핵전략과 유사한 모습을 갖추게 되었다.[37]

한편으로 1994년 NPR은 국제환경의 급격한 변화에도 불구하고 '억제deterrence'와 '생존성survivability'이 계속해서 미국의 핵태세를 결정하는 중심적 개념이 될 수밖에 없다는 점을 밝히고 있다. 즉, 핵무기는 여전히 미 군사력에서 없어서는 안 될 필수불가결한 부분을 구성하며, 미국은 적의 공격을 억제하고 핵심적인 국익을 수호하기 위해 언

---

37 삼원핵전력(nuclear triad)에서 두 전력인 대륙간탄도미사일(ICMB)과 중폭격기가 구시대의 유물이 되었다는 주장에 대해 STRATCOM은 내부적 검토와 의회에 대한 압력을 통해 이러한 견해가 NPR에 반영되지 않도록 방해했다. 군인들과 핵무기 관련 민간관료들이 STRATCOM의 견해를 지지하며 결속을 강화했고, NPR의 일부 내용이 의회에 알려지자 의원들은 삼원핵전력을 폐기하려는 행정부를 공격했다. 안보전략과 관련한 이러한 논쟁에서 백악관과 국방부는 일방적으로 밀렸다. 백악관은 소말리아와 게이들의 군 입대 문제를 둘러싸고 각 군과 힘겨운 줄다리기를 하고 있었다. 국가안보회의(NSC)는 NPR 작성 과정에 간여하지 않고 있었으며, 국방부는 장관이 교체된 가운데 북한 핵 프로그램과 구소련 국가들의 핵확산 문제 등에 골몰하고 있었다. Andrew Grotto and Joe Cirincione, *Orienting the 2009 Nuclear Posture Review*, pp. 25-27.

제든 핵타격을 가할 수 있는 능력을 유지해야 한다는 것이다.[38]

요약하면, 1994년 NPR은 탈냉전기에 변화된 국제안보환경을 반영하여 이전과는 다른 프리즘에서 미국의 핵전략을 구상하려 했음에도 불구하고 러시아의 민주화 추진, NIS 국가들의 비핵화 노력, 제3세계 국가들의 핵개발 시도 등 불확실성이 남아 있는 상황에서 과감한 패러다임 전환을 추구하지는 못함으로써 모호한 입장에 서고 말았다. 1994년 NPR에서 제시된 대로 "주도하되 만일에 대비한다lead but hedge"는 개념 자체가 미국이 추구한 어정쩡한 핵전략의 모습을 잘 대변해주고 있다.[39] 그 결과 미국의 새로운 핵전략은 핵무기의 역할이나 핵억제 교리, 그리고 핵태세를 결정하는 데 있어서 일부 양적인 감소는 가져왔을지라도, 기존의 핵전략을 답습하고 여전히 가공할 수준의 핵무기를 유지함으로써 냉전기의 굴레에서 벗어나지 못한 것으로 평가할 수 있다.[40]

나. 2001년 NPR : 일방주의적 핵전략

2001년 NPR은 '미사일방어Missile Defense: MD'라는 완벽한 방어체제를 구축함으로써 미국이 가진 핵무기를 감축할 수 있다는 인식을 반영하고 있다. 그러나 1972년 소련과 체결한 ABM 조약을 철회하고 러시아, 중국, 그리고 불량국가들에 대한 핵 사용 가능성을 언급하는 등 2001년 NPR에 나타난 미국의 일방적이고 독단적인 핵전략은 다른

38 Department of Defense, *Nuclear Posture Review*, 1994.

39 Michael R. Boldrick, "The Nuclear Posture Review: Liabilities and Risks", *Parameters*(Winter 1995-96), p. 82.

40 박용옥, "북한의 핵보유와 미국의 확장억제: 주요 이슈 및 대책," 『정세와 정책』, 통권(2009년 11월), p. 3.

강대국들의 전향적 협력을 이끌어내는 데 실패했고, NPT 및 IAEA 등 국제 비확산 레짐을 무기력하게 만드는 부정적 결과를 초래했다.

2001년 NPR은 21세기를 시작하는 시점에서 안보상황이 1994년 NPR이 발간되었던 시기의 상황과 본질적으로 다르다고 판단했다. 즉, 소련이 붕괴한 지 이미 10년 이상이 경과한 시점에서 러시아는 더 이상 적이 될 수 없다고 보았다. 그러나 한편으로 전통적 위협과는 전혀 다른 형태의 새로운 위협이 등장하고 있는데, 이 가운데 대량살상무기를 획득하고 사용할 의도를 가진 테러집단과 불량국가들은 지금까지의 적과 달리 생소하고 예측하기 어려운 위협 요인들로 간주되었다.[41] 9·11테러는 극단적 국제테러조직이 미국의 영토, 국민 및 핵심기반 시설에 대해 파괴적 공격을 감행할 수 있음을 가장 충격적으로 보여준 사례였다. 만일 알 카에다를 비롯한 테러집단과 지지세력들이 핵을 포함한 대량살상무기를 획득하여 미 본토를 공격한다면 미국은 역사상 유례가 없는 재앙적인 타격을 입게 될 것이다.

이와 같이 테러집단 및 불량국가들의 도전이 예상되는 상황에서 부시George W. Bush 행정부는 보다 완벽한 방어능력을 구비해야만 핵감축을 추진할 수 있다는 입장에 섰다. 2000년 5월 대통령선거 유세연설에서 부시는 핵무기 감축을 '국가미사일방어National Missile Defense'와 연계하는 발언을 했다. 사실 미사일방어는 보수주의자들의 이념적 목표 가운데 핵심적 부분을 구성하고 있었다. 그것은 1980년대 레이건의 '전략방위구상Strategic Defense Initiatives: SDI'과 일치하는 것으로 미사일방어를 통해 불량국가들의 핵무기를 무능하고 쓸모없는 것으로 만들 수 있으며, 따라서 미국은 안전하게 핵무기를 감축할 수 있다는 논리적 근거

41 Donald H. Rumsfeld, *Annual Report to the President and the Congress*, 2002, p. 59.

를 제공했다.[42]

2001년 NPR은 핵무기가 적의 위협으로부터 미국, 동맹국, 그리고 우방국의 안보를 보장하는 핵심적 역할을 수행하고 있다고 지적했다. 그러나 한편으로 핵전력만으로는 21세기의 다양한 위협에 대응하기에 부적절할 수 있으며, 따라서 핵능력, 비핵능력, 그리고 방어능력을 동시에 구비함으로써 잠재적 적과 예기치 않은 위협에 대응할 수 있는 능력을 갖추어야 한다고 강조했다.

부시 행정부는 과거 행정부의 억제 개념을 유지하는 가운데 핵무기의 사용 범위를 확대했다. 2001년 NPR은 핵무기의 역할을 적의 핵무기를 억제하고 대응하는 '유일한 목적sole purpose'에 한정하지 않았다. 즉, 미국이 가진 핵무기를 통해 적의 핵무기뿐 아니라 재래식 무기, 화학무기, 생물학무기, 그리고 기타 경악할 만한 군사무기 등 '광범위한 위협'을 억제하고 대응하는 것으로 규정했다. 일각에서는 이와 같이 핵무기의 '부가적 역할'을 부여하는 것이 핵무기의 확산과 사용을 예방하는 데 부정적 영향을 미칠 것으로 보았는데, 그것은 미국이 핵무기에 의존하면 할수록 약소국들은 더욱 핵무기를 보유하려 할 것이라는 이유에서였다.[43]

럼스펠드Donald Rumsfeld는 NPR을 의회에 보고하면서 미국이 핵전력에 덜 의존하게 되었다고 증언했다. 또한 NPR 작성에 참여한 고위 공직자들도 미국의 국가안보전략에서 핵무기의 역할이 감소했다고 주장했다. 이들의 주장은 NPR에서 언급한 대로 실전에 배치된 핵탄두를 3분의 2 감축하여 1,700~2,200개로 유지한다는 내용에 근거하고

---

42 Andrew Grotto and Joe Cirincione, *Orienting the 2009 Nuclear Posture Review*, pp. 25-27.

43 Stephen Young and Lisbeth Gronlund, "A Review of the 2002 US Nuclear Posture Review", *Union of Concerned Scientists Working Paper*, May 14, 2002, p. 2.

있었다.[44] 그러나 2002년 초 NPR의 일부 내용이 언론에 유출되면서 세상에 알려지자, 러시아를 포함한 많은 국가들은 오히려 미국이 핵무기에 더 의존하게 된 것으로 평가하지 않을 수 없게 되었다. 그것은 2001년 NPR이 핵전력 기획, 핵무기 개발, 그리고 핵 사용에 이르기까지 '더 큰 융통성'을 부여하고 더 많은 부분을 의존하고 있었기 때문이다. 사실 부시 행정부의 NPR은 이란이나 북한과 같은 불량국가들의 위협에 대응하기 위해 신형 전술핵무기를 개발하고 사용할 수 있다는 내용을 포함하고 있었으며, 심지어 유사시 핵무기를 사용할 수 있는 대상 국가로서 러시아와 중국 외에도 부시 대통령이 '악의 축'으로 규정한 북한, 이라크, 이란, 그리고 리비아와 시리아 등 7개 국가를 지목하기도 했다. 그리고 NPR은 미국이 핵무기를 사용할 수 있는 상황을 보다 구체적으로 적시했는데, 이러한 상황으로는 재래식 무기로 파괴할 수 없는 지하 군사시설 등에 대한 공격, 상대방의 핵 및 화학무기 공격에 대한 보복, 그리고 우발적인 군사사태 등을 포함했다. 이로써 과거 재래식 전쟁 상황에서 핵을 사용할 가능성이 크게 증가했다.

이와 함께 부시 행정부는 선제공격 가능성을 제기했다. 과거 미국은 '핵 선제 불사용no first use 원칙'을 부정한 적도 없었지만, 그렇다고 공식적으로 인정한 적도 없었다. 그러나 2001년 NPR에서는 필요에 따라 선제공격을 할 수 있음을 분명히 밝히고 있다. 특히 부시는 2002년 6월 미 육사West Point에서 연설을 통해 "우리의 자유와 삶을 수호하기 위해 필요시 선제행동을 위한 준비가 되어 있어야 한다"고 언급하는가 하면, 2002년과 2006년에 발간된 『미 국가안보전략National Security Strategy of the United States』 문서에서 "적들에 의한 그러한 적대행위를[즉,

---

44 Department of Defense, *Nuclear Posture Review 2001 [Excerpts]*, January 8, 2002. 이는 2002년 5월 러시아와 '전략공격무기감축조약(Strategic Offensive Reductions Treaty)'에 합의함으로써 문서화되었다.

대량살상무기를 이용한 테러공격을] 제압하거나 예방하기 위해 필요하다면 자위권을 행사하는 차원에서 선제적으로 행동할 것"임을 명시했다.[45] 여기에서 선제공격이란 불량국가들이 국제규범을 어기고 핵시설을 건설하는 경우 이를 타격하는 예방적 개념에서부터 핵을 가진 국가의 핵공격 징후가 보일 경우 타격하는 선제타격의 개념까지를 모두 고려할 수 있을 것이다. 이 같은 입장은 미국이 공식적으로 핵 선제불사용 원칙을 부인하는 입장을 취한 것이다.

한편, 부시 행정부는 2003년 5월 '대량살상무기확산방지구상Proliferation Security Initiative: PSI'을 통해 핵무기 및 관련 물자의 이동을 물리적으로 차단하는 조치를 취하기 시작했다. 이는 미국이 2002년 북한 화물선 서산호가 예멘에 수출할 스커드 미사일과 탄두를 적재하고 있음을 확인했음에도 불구하고 국제법상 별다른 제약을 가할 수 없었던 상황을 경험하고 나서 보다 적극적인 대확산counter proliferation 방책을 강구해야 할 필요성이 제기됨에 따라 본격적으로 PSI를 추진하게 되었던 것이다. PSI는 2003년 5월 최초 11개국이 참여한 가운데 출범했으며, 이 국가들은 상호 정보를 공유하고, 훈련 또는 실제 작전 시 군사력 지원 등 필요한 지원을 제공하며, PSI 이행을 위한 자국의 법체제를 정비하는 등의 내용에 대해 합의했다.[46]

요약하면, 부시 행정부는 미사일방어MD를 통해 안전을 확보하고, 이를 통해 핵을 감축할 수 있다는 논리를 제기했다. 그리고 이를 관철하기 위해 동원한 지극히 현실주의적이고 일방적인 접근들은 러시아 및 중

---

45 The White House, *The National Security Strategy of the United States of America*, September 2002, p. 6; The White House, *The National Security Strategy of the United States of America*, March 2006, p. 18.

46 Sharon Squassoni, "Proliferation Security Initiative(PSI)", *CRS Report for Congress*, September 14, 2006, pp. 2-3.

국과의 협력을 이끌어내는 데 실패했으며, 국제 비확산 레짐의 역할을 경시하고 무력화시키는 결과를 초래했다.[47] 또한 NPR에 이란, 북한 등 불량국가들에 대한 핵 사용 가능성을 명시함으로써 이들의 핵개발 동기를 더욱 자극하고 부추기는 아이러니한 결과를 초래했다. 그리고 테러집단의 대량살상무기 확보 가능성을 크게 우려했음에도 불구하고 넌-루가Nunn-Lugar 프로그램에 필요한 예산을 삭감하는 등 국제협력을 통한 비확산 문제에는 그다지 많은 관심을 기울이지 않았다.[48]

다. 2010년 NPR과 미국의 핵전략

2010년 NPR은 탈냉전기의 새로운 시대상황을 반영한 최초의 핵전략 보고서이자 가장 혁명적인 전환을 시도한 것으로 평가되고 있다. 오바마Barack Obama 행정부는 핵확산과 핵테러리즘에 대처하는 데 중점을 두고 있으며, 궁극적으로 '핵무기 없는 세상'을 지향하는 이상적이고 신자유주의적 성향의 핵정책을 내걸고 있다.[49] 특히 테러집단으로의 핵확산이 가능할 것으로 판단되는 불량국가들을 대상으로 역사상 최초의 '소극적 안전보장negative security assurance'을 제안했으며, 이와 함께 테러 발생 시 사용된 핵무기 또는 관련 물질의 출처를 추적하여

---

47 이서항, "미 새로운 핵전략 구축의 파장: 핵태세검토보고서(NPR) 내용을 중심으로", 《국방저널》(2002. 5), p. 86; Graham Allison, "How to Stop Nuclear Terror", *Foreign Affairs*, Vol. 83, No. 1(Jan/Feb 2004), p. 68.

48 Graham Allison, 김태우 · 박선섭 공역, 『핵테러리즘: 최후의 재앙, 그러나 예방할 수 있다.』(서울: 한국해양전략연구소, 2004), pp. 234-235, 279.

49 '핵무기 없는 세상'이라는 오바마의 비전은 전 국무장관 조지 슐츠(George P. Shultz)와 키신저(Henry A. Kissinger), 전 국방장관 윌리엄 페리(William James Perry), 전 상원의원 샘 넌(Sam Nunn)이 2007년 1월 《월스트리트 저널(The Wall Street Journal)》에 공동으로 기고한 글에서 영향을 받았다. George P. Shultz et. al., "A World Free of Nuclear Weapons", *The Wall Street Journal*, January 4, 2007.

제공 국가에 타격을 가하는 응징 개념의 억제 방안을 도입했다.

현재 미 국방부는 핵 안보상황을 다음 두 가지 측면에서 평가하고 있다. 하나는 핵테러리즘과 핵확산이 가장 시급하고 극단적 위협으로 작용하고 있다는 것이다.[50] 미국은 알 카에다와 그 동맹들이 핵무기 획득을 시도하고 있으며, 획득 시 반드시 사용할 것으로 인식하고 있다.[51] 전 세계적으로 40개국 이상의 민간 핵시설에 고농축 우라늄이 산재해 있으며, 구소련 연방의 경우 1만5,000개에서 1만6,000개의 핵무기와 추가로 4만 개의 핵무기 제조가 가능한 우라늄과 플루토늄을 보유하고 있다. 그럼에도 불구하고 핵물질의 관리 및 통제는 제대로 이루어지지 않고 있다. 수백 개의 핵무기가 범죄자들의 도난에 취약한 상태로 보관되어 있으며, 지금까지 알려진 바에 의하면 공식적으로 확인된 것만 약 15회의 핵물질 도난 및 밀수 시도가 있었다.[52] 만일 이란과 북한, 파키스탄 등의 국가에서 의도적으로, 또는 정정政情이 불안한 상황을 틈타 테러집단으로의 핵확산이 이루어진다면 미국과 동맹국의 안보는 매우 취약한 상황에 빠져들게 될 것이다.

또 하나의 안보상황 인식은 러시아 및 중국과의 전략적 안정이 필요하다는 것이다.[53] 러시아는 냉전종식 이후 핵확산 등에 대해 공동의 이해를 가지고 협력을 강화하고 있다. 다만, 미국은 러시아에 현재 추구하고 있는 미사일방어와 재래식 장거리 탄도미사일 개발이 탈냉전기의 새로운 위협에 대응하는 것이지 러시아와의 전략적 균형에 영향

---

50 Department of Defense, *Nuclear Posture Review*, April 2010, pp. 3-4.

51 Robert L. Gallucci, "Averting Nuclear Catastrophe: Contemplating Extreme Responses to U. S. Vulnerability", *Annals of the American Academy of Political and Social Science*, No. 607(September 2006), p. 52.

52 신성호, "부시와 오바마", 『국가전략』, 제15권 1호 (2009), pp. 10-11; Graham Allison, "How to Stop Nuclear Terror", *Foreign Affairs*, Vol. 83, No. 1(Jan/Feb 2004), p. 66.

53 Department of Defense, *Nuclear Posture Review*, April 2010, pp. 4-5.

을 주는 것은 아님을 설득해야 한다. 중국의 경우 DF東風-31A 미사일 개발 및 신형 핵잠수함 건조 등 최근 핵전력을 현대화하고 있으나, 군사적 투명성이 크게 부족한 상황이다. 따라서 미국은 중국과 서로의 핵 관련 전략, 정책, 무기개발 프로그램, 전략적 능력에 대해 견해를 교환하는 메커니즘을 구축하여 신뢰와 투명성을 제고해야 할 필요성을 인식하고 있다.

이러한 평가를 바탕으로 2010년 NPR은 핵테러리즘과 핵확산을 방지하는 데 최고의 우선순위를 부여하고 있으며, 국제안보환경이 변화함에 따라 상당한 수준의 핵전력 감축이 가능하다는 점을 밝히고 있다. 다만, 전략적 안정을 유지하는 차원에서 핵감축의 규모와 방법, 속도는 러시아의 핵전력과 너무 차이가 나지 않도록 해야 하며, 따라서 러시아를 참여시키는 것이 중요하다는 인식을 갖고 있다.

2010년 NPR은 미국이 가진 핵무기의 역할을 핵억제만으로 한정하지 않고 있다. 즉, 미국과 동맹국 및 우방국들에 대한 핵공격을 억제하는 것이 핵무기의 '근본적 역할fundamental role'이지만, 그것이 '유일한 목적sole purpose'은 아니라는 것이다.[54] 2010년 NPR을 구상하면서 핵무기의 역할이 핵억제라는 '유일한 목적'으로 한정될 것이라는 예상이 있었으나, 오바마 행정부는 부시 행정부와 마찬가지로—물론 정도의 차이는 있지만—적이 화학무기 또는 생물학무기로 공격해올 때 핵무기로 대응할 수 있다는 여지를 남겨놓은 것이다. 이는 현 오바마 행정부가 핵무기 없는 세상을 앞당기기 위해 보다 전향적 조치를 희망하는 진보층과 미국의 핵능력을 보다 강화하기를 희망하는 보수층 사이에서 중도적 선택을 취한 것으로 볼 수 있다.[55]

---

54 Department of Defense, *Nuclear Posture Review*, April 2010, pp. 15-16.

55 이상현, "미국의 2010「핵태세검토(NPR) 보고서」: 내용과 함의", 『정세와 정책』(2010년 5월), p. 19.

미국은 핵무기의 역할 축소 및 전체적인 핵무기 수량의 감소에도 불구하고 동맹국 및 우방국에 대한 확장억제 공약에는 변함이 없을 것임을 강조했다. 미국이 제공할 핵우산은 미국이 가지고 있는 삼원 핵전력과 주요 지역에 배치되어 있는 전략핵무기, 그리고 전방으로 신속하게 전개할 수 있는 미 본토 내의 핵무기로 제공될 것이다. 미국은 각 지역별 핵태세를 효율적으로 유지하기 위해 아시아와 중동 지역의 동맹국들과 확장억제를 제공하기 위한 구체적 방안을 논의하고 있다. 그리고 지역안보구조를 강화하기 위해 효과적인 미사일 방어 구축, 대對WMD[대량살상무기] 능력 강화, 신속타격능력 제고, 재래식 무력투사능력 강화, 그리고 통합된 지휘통제능력을 구비한다는 방침이다.

2010년 NPR에서는 불량국가들에 의한 핵확산을 방지하기 위해 일종의 당근과 채찍을 제시했는데, '소극적 안전보장'은 당근에, '핵 과학수사nuclear forensics' 능력을 강화하여 확산국가를 응징하겠다는 의지를 표명한 것은 채찍에 해당한다. 우선 오바마 행정부는 핵무기 사용을 최소화하고 재래식 억제를 강화하기 위해 역사상 최초로 소극적 안전보장을 제안했다.[56] 즉, NPT 회원국으로서 의무조항을 준수하는 국가의 경우 미국 또는 동맹국에 대해 생화학무기를 사용하여 공격하더라도 미국은 핵이 아닌 재래식 군사력으로 대응할 것임을 밝혔다. 이 경우 이란이나 북한과 같은 NPT 비가입국의 경우 소극적 안전보장을 받지 못하므로 이들이 화학무기 또는 생물학무기를 사용하여 공격할 경우 미국은 핵무기를 사용하여 이들의 공격을 억제하거나 대응할 수 있다.

이와 함께 미국은 불량국가들이 국제규범과 합의를 위반하면서 핵

---

56 Department of Defense, *Nuclear Posture Review*, April 2010, pp. 15-16.

개발 및 핵확산을 지속할 경우 이들을 국제적으로 고립시키고 압력을 강화하는 등 그에 상응한 책임을 부과할 것임을 경고하고 있다. 특히 핵 과학수사 능력을 강화하여 핵물질의 출처를 규명하는 능력을 강화하기로 한 것은 유사시 관련 국가를 추적하여 책임을 추궁하겠다는 의도로 볼 수 있다.[57] 이는 테러집단이 핵을 사용하여 공격할 경우 핵을 공급한 국가에 대해 응징보복을 가하겠다는 의지를 천명함으로써 불량국가를 포함한 핵보유국들로 하여금 테러집단에 대해 핵무기 또는 관련 물질을 공급하지 못하도록 압박하는 전략이다.

2010년 NPR은 부시 행정부에서 강조한 '선제적 억제'에 대해 아무런 언급도 하지 않음으로써 선제공격 입장에서 크게 후퇴하는 모습을 보이고 있으나, 그렇다고 '선제 불사용'을 공식적으로 선언하지도 않았다. NPR이 발표된 직후 클린턴Hillary Rodham Clinton 국무장관이 "선제공격 가능성을 포기할 정도로 국제안보상황이 호전된 것은 아니다"라고 언급한 사실을 감안한다면, 비록 부시 독트린과 유사한 수준은 아니더라도 선제공격 원칙은 약하나마 여전히 유효한 것으로 평가할 수 있다.

---

57 Department of Defense, *Nuclear Posture Review*, April 2010, p. 12.

■ 토의 사항

1. 근대부터 제1차 세계대전 이전까지 유럽에서 주요 강대국들 간에 억제가 성공할 수 있었던 요인은 무엇인가?
2. 재래식 전쟁이건 핵전쟁이건 억제를 위한 세 가지 요소는 무엇인가? 이 가운데 가장 중요한 요소는 무엇이라고 생각하는가?
3. 1945년부터 약 5년 동안 미국에 핵억제 이론 및 핵전략이 형성될 수 없었던 이유는 무엇인가?
4. 1950년대 대량보복전략의 등장 배경과 그 내용은 무엇인가? 대량보복전략에 대한 비판은 무엇인가?
5. 1960년대 유연반응전략의 등장 배경과 그 내용은 무엇인가? 맥나마라는 왜 상호확증파괴 논리를 주장했는가?
6. 1970년대와 1980년대 미국의 핵전략을 설명하시오.
7. 클린턴 행정부의 핵전략을 설명하시오.
8. 부시 행정부의 핵전략을 설명하시오.
9. 오바마 행정부의 핵전략을 설명하시오.

ON MILITARY STRATEGY

제10장 전략문화

1. 전략문화의 개념
2. 전략문화 연구의 접근방법 : 한계와 가능성
3. 전략문화의 특성
4. 전략문화를 형성하는 요인
5. 각국의 전략문화

1. 전략문화의 개념

비록 '전략문화'라는 용어는 사용하지 않았더라도 이를 다룬 연구는 20세기 초로 거슬러 올라갈 수 있다. 리델 하트는 1924년 "나폴레옹의 오류The Napoleonic Fallacy"라는 논문을 발표하여 적군의 주력에 맞서서 싸우는 나폴레옹의 소모적인 절대전쟁 개념을 비판하고, 영국은 예부터 '간접접근' 방식의 전략적 전통을 갖고 있다고 하면서 프랑스와의 차별화를 시도했다. 그리고 그로부터 약 50년 후인 1973년 미국의 군사가 러셀 웨이글리Russell Weigley는 미국의 독립전쟁부터 베트남 전쟁에 이르기까지 미국이 수행한 전쟁수행 방식을 분석한 『미국의 전쟁수행 방식The American Way of War』을 발간했는데, 그는 이 저서에서 다른 국가들과 다르게 미국의 전쟁수행에서 나타나는 독특한 전략문화적 특징을 제시했다.[1] 이러한 연구들은 서로 다른 문화를 갖는 국가들이 서로 다른 전략적 전통을 갖고 있음을 보여주는 선구적 연구로 볼 수 있다.

전략문화에 대한 본격적인 연구는 그 역사가 깊지 못하다. '전략문화'라는 개념은 1977년 스나이더Jack Snyder가 작성한 『소련의 전략문화: 제한핵작전에 주는 시사점The Soviet Strategic Culture: Implications for Limited Nuclear Operations』에서 처음으로 제기되었다. 그는 전략문화를 "한 국가의 전략공동체가 갖는 신념과 태도, 그리고 반복된 경험을 통해 획득하는 습관적인 행동 패턴의 총합"이라고 정의했다. 스나이더에 의하면, 엘리트들은 군사안보 문제와 관련된 독특한 전략문화를 공유하는데, 이러한 전략문화는 그 사회의 독특한 전략적 사고가 그들만의

---

1 로렌스 손드하우스, 이내주 역, 『전략문화와 세계 각국의 전쟁수행방식』(서울: 화랑대연구소, 2007), pp. 12-14.

것으로 사회화된 것으로 볼 수 있다고 했다. 따라서 그는 핵전략과 관련된 일반적 신념, 태도, 행동 패턴들은 단순한 정책적 차원이 아닌 문화적 차원에 해당하는 것으로, 쉽게 변화할 수 있는 것이 아니라 반영구적으로 지속성을 갖는다고 주장했다. 스나이더는 이러한 전략문화의 틀을 적용하여 서로 다른 구조, 역사, 정치상황, 기술적 제한사항 등을 중심으로 소련과 미국의 핵 교리 발전 과정을 설명했다. 그리고 소련군이 선제공격과 공세적 군사력 사용을 선호했는데 이러한 경향은 러시아 역사에서 나타나는 안보불안과 권위주의적 통치에서 기인한다고 결론지었다.[2]

스나이더의 연구는 전략문화에 대한 다른 학자들의 관심을 촉발시켰다. 많은 학자들은 스나이더와 같이 전략문화를 광범위하게 정의했다. 켄 부스Ken Booth는 전략문화를 "한 국가의 전통, 가치, 태도, 행동양식, 습관, 관습, 업적, 그리고 무력의 사용이나 위협과 관련하여 문제를 해결하는 독특한 방식"으로 정의했다. 콜린 그레이는 "전략의 모든 차원들은 문화적"이며 전략문화는 대전략으로부터 말단 전장에서의 결정에 이르기까지 전 범위에 걸쳐 일어나는 모든 행동에 영향을 미치는 설득력 있는 지침이라고 주장했다. 그는 한 국가가 간혹 전략문화에서 벗어난다고 해서 전략문화라는 개념의 신뢰성을 떨어뜨리는 것은 아님을 강조했다. 전략문화는 국가의 모든 행동을 일일이 결정하는 것은 아니며, 정책결정과정에는 정책을 결정하는 인간의 오인과 오해, 그리고 우연이라는 요소가 작용함으로써 일시적으로는 그 국가가 가진 전략문화와 다른 부류의 행동을 낳을 수 있다. 다만 전체적으로 보았을 때, 그러한 일탈행위는 문화라는 커다란 개

2 로렌스 손드하우스, 이내주 역, 『전략문화와 세계 각국의 전쟁수행방식』, pp. 15-16.

념 내에 포함될 수도 있을 것이다.[3]

스나이더, 부스, 그리고 그레이와 달리 전략문화를 보다 협소하게 정의한 학자들도 있다. 이차크 클라인Yitzhak Klein은 전략문화를 "전쟁의 정치적 목적 및 그러한 목적 달성에 가장 효과적인 전략 및 작전 방법에 대해 군 조직이 갖고 있는 태도와 신념에 관한 부분"이라고 정의했다. 이 정의는 국가의 전략문화를 군이라는 한정된 집단으로 축소시킴으로써 지지를 얻지 못하고 얼마 못 가서 사장되었다. 앨러스테어 존스턴Alastair Iain Johnston도 전략문화를 협의로 정의했는데, 그는 전략문화를 "특정한 국가가 정치적 목적을 달성하기 위해 군사력을 사용하는 데 있어서 일관성과 지속성을 갖는 역사적 패턴"으로 보았다.[4] 특히 존스턴은 기존의 전략문화 연구가 개념적이고 추상적으로 이루어지고 있다고 비판하는 입장에 섰기 때문에 가급적 전략문화를 협의로 정의하여 이로부터 변수를 도출하고 변수 간 관계를 검증하고자 했다.

이렇게 볼 때 전략문화의 개념을 한마디로 정의하기는 어렵다. 이 분야에 대한 연구는 매우 미진하여 학자들마다 서로 다른 관점에서 전략문화를 바라보고 있으며 연구방법이나 연구방향에 대한 공감대를 형성하지 못하고 있다. 다만 전략문화란 전쟁 및 전략에 관해 한 국가 또는 공동체가 갖는, 다른 국가 또는 공동체와 비교하여 명확히 구별되는 신념, 태도, 행동 패턴으로 볼 수 있다.

---

3 로렌스 손드하우스, 이내주 역, 『전략문화와 세계 각국의 전쟁수행방식』, pp. 18-19.

4 Alastair Iain Johnston, *Cultural Realism: Strategic Culture and Grand Strategy in Chinese History*(Princeton: Princeton University Press, 1995), p. 1.

■ 전략문화의 정의 ■

- 광의의 정의

  * 스나이더 : 전략적 공동체의 습관적 행동 패턴으로 사회화된 종합적이고 전략적인 사고

  * 부스 : 한 국가의 전통, 가치, 태도, 행동양식 외에 무력사용이나 위협과 관련하여 문제를 해결하는 독특한 방식

  * 그레이 : 대전략부터 전술까지 모든 행위에 대한 설득력 있는 지침

- 협의의 정의

  * 클라인 : 전략 및 작전방법에 관해 군 조직이 갖는 태도와 신념

  * 존스턴 : 군사력 사용과 관련한 일관적이고 지속적인 역사적 패턴

- 이 책에서의 정의

  * 전쟁 및 전략에 관해 다른 행위자와 명확히 구별되는 신념, 태도, 행동패턴

2. 전략문화 연구의 접근방법 : 한계와 가능성

전략문화을 연구할 때 기본적으로 "과연 전략문화는 존재하는가?"라는 의문을 갖게 된다. 또한 전략문화가 존재한다 하더라도 "과연 그것이 한 국가의 군사력 사용에 영향을 주는가?"라는 의문도 배제할 수 없다. 사실상 전략문화가 어떻게 해서 그 국가로 하여금 그러한 전

략적 선택을 하도록 만들었는지를 파악하는 것은 매우 난해하다. 예를 들어, 중국이 1979년 베트남을 공격했을 때 그 이면에서 그들 전략문화의 어떠한 특성이 얼마만큼 작용하여 베트남 공격을 결정했는지를 규명하는 것은 거의 불가능할 것이다. 이는 아마도 국제정치적 현실주의에서 전략문화라는 주제를 회피해왔던 가장 큰 이유로 보아도 별 무리가 없을 것이다.

이러한 한계에도 불구하고 전략문화를 연구하기 위해서는 다음과 같은 세 가지 가정을 먼저 전제해야 할 것이다. 첫째는 특정 사회에는 그 사회만의 고유한 전략문화, 즉 중심이 되는 전략적 패러다임이 존재한다는 것이다. 둘째는 그러한 전략문화가 정책결정자들의 우선순위를 지배하고 국가의 정책결정에 영향을 미친다는 것이다. 셋째는 그 결과 한 국가의 정책결정 행위를 면밀히 관찰하면 거기에는 일정한 패턴이 형성된다는 것이다.[5]

전략문화 연구는 근본적으로 국제정치학 연구와 그 접근방법에서 판이하게 다르다. 첫째, 국제정치학이 과학적 접근방법을 사용하고 있다면, 전략문화 연구는 다분히 '선험적' 접근을 따른다. 국제정치학 연구는 사회과학적 연구방법에 따라 독립변수와 종속변수를 설정하고 이들 변수 간의 인과관계를 규명하는 '과학적' 연구이다. 그리고 그에 대한 반증과 반론이 가능하다. 그러나 존스턴의 연구를 제외한 대부분의 전략문화에 관한 연구는 천편일률적으로 변수 간의 관계를 규명하기보다는 역사적 고증을 통해 나타나는 독특한 전략적 속성을 문맥적으로 분석하고 있으며, 이러한 연구에 대한 비판이나 논쟁이 거의 이루어지지 않고 있다. 예를 들어, 중국의 전략적 행동이 과거 손자병법이나 유교적 사상과 같은 문화적 요소에서 비롯되어왔다는

---

5 Alastair Iain Johnston, *Cultural Realism*, pp. ix-x.

주장은 1980년대까지 별다른 과학적 논증이나 증명 없이 학계에서 보편적으로 인정되어왔다.

둘째, 국제정치학이 '합리적 선택'의 관점에서 연구가 이루어지는 반면, 전략문화 연구는 다분히 '결정론적 관점'에 서 있다. 국제정치학에서 한 국가의 전략적 선택은 여러 가능한 대안 중에서 각 대안을 선택했을 때 나타나는 기대효용expected utility, 즉 비용 대 효과를 고려하여 이루어지는 것으로 가정한다. 이른바 행위자의 합리성을 가정하는 것이다. 그러나 전략문화적 접근은 한 국가의 전략적 선택이 전적으로 그 국가의 과거 역사와 문화에 의해 영향을 받는 것이기 때문에 그러한 결정이 행위자의 의지나 계산에 관계없이 문화적 속성에 의해 이미 예정된 것으로 본다. 즉, 문화결정론을 받아들이는 것이다.

셋째, 국제정치학에서는 국가를 비역사적·보편적·단일한 합리적 행위자로 간주하는 반면, 전략문화 연구에서는 국가를 역사적이고 특수한 행위자, 그리고 단일하지 않고 합리적이지도 않은 행위자로 간주한다. 국제정치학은 역사학과 달리 특수성보다 보편성을 추구한다. 또한 국가는 과거 역사적 경험과 무관하게 국가이익을 추구하는 존재로서 모두가 합리적으로 행동한다고 가정한다. 따라서 국제정치학에서 볼 때 모든 국가는 만일 동일한 상황이 주어진다면 모든 국가가 동일한 전략적 선택을 할 것으로 본다. 반면, 전략문화적 접근은 각 국가별로 과거 역사에 뿌리를 둔 서로 다른 문화에 주목한다. 즉, 국가들은 같은 속성을 가진 단일한 행위자가 아니며 서로 다른 전략문화를 갖고 있기 때문에 비록 동일한 여건과 상황이라 하더라도 서로 다른 전략적 선택을 할 것으로 본다.

다음의 표에서 보는 바와 같이 국제정치적으로 본다면 A, B, C 세 국가는 동일한 상황에서 비용 대 효과를 고려하여 다 같이 가장 유리하다고 판단되는 X라는 행동을 하게 될 것이다. 그러나 전략문화적으로 본다면 이 세 국가는 각각의 전략문화로 인해 비록 동일한 상황에 처하더라도 서로 다른 선택, 즉 X, Y, Z라는 행동을 하게 될 것이다.[6]

■ 국가의 전략적 선택에 관한 국제정치학과 전략문화 연구의 차이

<table>
<tr><th>구분</th><th>국가</th><th>상황</th><th colspan="2">영향요소</th><th>전략적 선택</th></tr>
<tr><td rowspan="3">국제정치학의 입장</td><td>A</td><td rowspan="3">동일</td><td rowspan="3" colspan="2">비용 대 효과에 대한
합리적 계산</td><td>X</td></tr>
<tr><td>B</td><td>X</td></tr>
<tr><td>C</td><td>X</td></tr>
<tr><td rowspan="3">전략문화 연구의 입장</td><td>A</td><td rowspan="3">동일</td><td rowspan="3">전략문화</td><td>a</td><td>X</td></tr>
<tr><td>B</td><td>b</td><td>Y</td></tr>
<tr><td>C</td><td>c</td><td>Z</td></tr>
</table>

전략문화 연구가 미진한 것은 과연 전략문화가 실제로 국가의 정책결정에 영향을 주는가에 대한 과학적 검증이 제대로 이루어질 수 없기 때문이다. 즉, 지금까지 전략문화 연구는 각 국가의 전략문화를 통시적인 하나의 개념으로 정의하기 위해 전쟁과 전략에 관한 역사적 경험을 '균질화homogenization'하고 '과잉일반화overgeneralization'하려는 경향이 있었다. 가령, 중국을 유교적 전략문화, 일본을 무사도에 입각한 전략문화로 단정하는 것이 그 예이다. 그러나 이러한 시도는 아직까지 뚜렷한 결론을 맺지 못하고 있는데, 그것은 모든 국가의 전략문화가 하나가 아닌 여러 개의 다양하고 서로 다른 전략문화로 구성되어 있어 학자들마다 상충된 연구결과를 내놓고 있기 때문이다.[7] 예를 들어, 중국의 전략문화는 한족을 중심으로 정착생활을 해왔던

---

6 Alastair Iain Johnston, *Cultural Realism*, pp. 1-4.

7 Arthur Waldron, "Chinese Strategy from the Fourteenth to the Seventeenth Centuries", William Murray et. al., eds., *The Making of Strategy: Rulers, States, and War*(New York: Cambridge University Press, 1994), p. 88, 113.

농경민족에 의한 방어적 전략문화와 외부에서 침략과 약탈을 일삼던 유목민족에 의한 공세적 전략문화가 혼재되어 있음을 상기할 필요가 있다.

따라서 전략문화 연구는 다음 두 가지 문제를 고려해 이루어져야 한다. 하나는 역사적으로 연구의 대상 시기를 어떻게 설정하느냐에 따라 상이한 전략문화가 우세하게 나타날 수 있다는 것이다. 예를 들어, 중국의 경우 역사 전체를 놓고 보자면 유교사상에 입각한 방어적 전략문화가 보편적인 것으로 나타나지만, 특정 시기에서는 현실주의적 전략문화가 두드러질 수 있다. 즉, 중국의 대표적인 공자-맹자 사상에 입각한 전략문화는 중국이 대내외적으로 안정되고 제국으로 흥기할 때 현상을 유지하기 위한 전략문화로 대두되었지만, 반대로 중국이 쇠퇴할 때에는 급격한 현상 변화에 적응할 수 있는 현실주의적 전략문화를 필요로 했다. 이와 같이 전략문화 연구는 그 시기를 어떻게 설정하느냐에 따라 전혀 다른 결론이 도출될 수 있음을 이해해야 한다.

다른 하나의 문제는 분석수준에 따라 각 국가의 전략문화가 달라질 수 있다는 것이다. 정치적·사상적 수준에 초점을 맞출 경우 대부분의 국가는 전쟁을 혐오하는 문화를 갖고 있지만, 군사적·전략적 수준에 초점을 맞출 경우 각 국가는 정치적 목적을 달성하기 위해 군사력을 적극적으로 사용하는 모습을 보인다. 실제로 존 페어뱅크John K. Fairbank는 중국의 전략을 정치적·사상적 수준에서 분석함으로써 중국이 전쟁을 혐오하는 '공자-맹자 패러다임Confucian-Mencian paradigm'을 갖는다고 주장했지만, 존스턴의 경우 무경칠서武經七書 분석을 통해 군사적·전략적 수준에 초점을 맞춘 결과 중국도 서구와 별반 다르지 않은 '전쟁추구 패러다임para-bellum paradigm' 또는 '현실주의적 전략문화'를 갖고 있다고 주장했다.

지금까지 전략문화에 대한 학자들의 연구는 나름 적실성을 갖는다. 다만 학자들은 앞에서 언급한 연구의 대상 시기와 분석수준을 구분하지 않은 채 모든 연구를 '전략문화'라는 공통된 용어로 포장하고 있으며, 전략문화를 포괄적이고 개념적으로, 그리고 통시적으로 규정함으로써 이에 대한 유의미한 논의를 어렵게 하고 있다. 기실 서로 다른 언어와 의미를 가지고 각기 다른 논의를 하고 있는 셈이다. 따라서 앞으로 전략문화 연구는 전통적이고 통시적인 전략문화의 연속성을 이해하는 가운데 새로운 시대환경에 따른 전략문화의 변화도 함께 고찰할 필요가 있다. 즉, 연구하고자 하는 대상 시기와 수준, 그리고 필요하다면 영역을 명확히 설정하여 분석이 이루어진다면 보다 유의미한 연구결과를 산출할 수 있을 뿐 아니라 이를 연구하는 학자들 간에 서로 공통의 언어로 소통하는 것이 가능할 것이다.[8]

3. 전략문화의 특성

전략문화는 그 자체로 한계를 갖고 있다. 따라서 한 국가의 전략문화를 이해한다고 해서 그 국가의 전략을 이해할 수 있는 '황금열쇠'를 갖게 되는 것은 아니다. 문화란 하나의 문맥context을 형성하는 것이지, 높은 '인과성causality'을 갖는 것은 아니기 때문이다. 때로 국가 내에서는 지배적인 전략문화와 전혀 다른 상충되는 전략적 결정이 이루어지기도 한다. 전략문화는 세대가 바뀌면서 조금씩이나마 변화할 수 있으며, 시간이 지나면서 외부의 문화가 유입되고 문화적 다원주의가 형성되어 전통적인 고유의 문화를 희석시킬 수도 있다. 역사적으

8 박창희, "현대중국의 전략문화와 전쟁수행방식: 전통적 전략문화의 연속성과 변화를 중심으로", 『군사』 제27호(2010. 3), pp. 253-254.

로 군국주의적 문화를 가졌던 독일과 일본이 제2차 세계대전 이후 평화노선을 추구한 것이 대표적인 사례이다. 그럼에도 불구하고 전략문화는 변하지 않는 몇 가지 특성을 갖고 있으며, 이는 전략문화의 본질과 실제를 이해하는 데 도움이 될 수 있다.

첫째, 전략적 행동은 문화를 벗어나 이루어질 수 없다. 비록 일부 전략적 행동은 특정 관점에서 볼 때 정도를 벗어난 것으로 볼 수 있으나, 그것이 문화를 벗어나 비문화적이 되는 것은 아니다. 현재 존재하는 인간, 조직, 혹은 안보공동체가 아무리 탈문화적이라 하더라도 그들 자신이나 그들의 과거에 대해 전혀 알려고 하지 않는다는 것은 상상조차 하기 어렵다. 물론, 인간, 조직, 혹은 안보공동체가 주변환경을 그다지 심각하게 고려하지 않은 채 전략적 이슈를 다룰 수는 있다. 그러나 분명한 것은 어떠한 행위자라 할지라도 그 이슈를 다루기 위해서는 그와 관련된 환경, 근거, 과거 사례, 강점과 약점 등을 파악하지 않을 수 없다는 것이다. 즉, 기본적으로 전략적 행동을 결정하는 것은 과거의 경험이나 역사와 완전히 단절되어 이루어질 수 없다. 비록 그러한 전략적 선택으로 인한 행동이 그들의 지배적인 전략문화와 맞지 않는다 하더라도 그것은 그들의 과거 경험과 역사를 반영한 것이기 때문에 비문화적인 것이 아니다.[9]

둘째, 역경이 닥친다고 해서 문화가 바뀌는 것은 아니다. 미국인 혹은 러시아인들은 혹독한 환경적 변화 속에서도 이를 극복해야 했기 때문에 끊임없이 자신들을 문화적으로 내면화시켜왔다. 러시아의 경우를 보자. 러시아는 20세기에 세 번의 갑작스런 국가 및 체제의 붕괴를 경험하면서도 그들 문화에 대한 믿음과 지속성을 가지고 온갖 역경 속에서도 그들만의 문화적 특성을 꿋꿋이 지켜냈다. 예를 들면, 대

9 Colin S. Gray, *Modern Strategy*, p. 142.

륙적 기질을 갖고 있는 러시아인들은 해양작전을 대륙전략의 부수적인 것으로 인식하여 해양보다는 대륙에서의 군비통제 및 전략적 균형에 더 관심을 가지고 있었다. 이와 같은 소련의 해양전략을 제대로 이해하지 못한 미 해양전략가들은 1980년대에 해양 군비통제를 통해 전략적 균형을 달성하려 했고 이러한 노력은 별 성과를 거두지 못했는데, 이는 러시아가 그들과 다른 독특한 전략문화를 가지고 전혀 다른 전략적 세계관을 가지고 있었음을 제대로 파악하지 못했기 때문이다.[10]

셋째, 전략문화는 전략적 행동을 위한 지침을 제공한다. 전략이론은 군인들이 전장에서 교범처럼 사용할 수 없는 것이지만, 전략문화는 이와 달리 전장에 나가 있는 전투원들과 군사조직에 그들 자신도 모르는 사이에 이미 깊숙이 침투해 있다. 즉, 모든 군인들은 그들의 문화를 품고 전장으로 나간다. 명 왕조의 문화를 연구한 존스턴이 제시한 바와 같이 한 국가는 다수의 문화를 가질 수 있으며, 어떤 문화는 행동에 지침이 되기보다는 이상적 목표를 제시하기도 한다. 그러나 '전략문화'만큼은 행동에 대한 지침을 제공할 수 있어야 한다. 왜냐하면 전략문화는 본질적으로 전략에서 태동하는 것이며, 전략이란 주어진 목적을 달성하는 것이므로 불가피하게 '처방적prescriptive' 성격을 가질 수밖에 없기 때문이다.[11]

넷째, 전략문화는 전략적 이점 혹은 취약성을 반영한다. 넓은 바다에 인접한 국가와 평지에 국경선을 둔 국가가 동일한 전략문화를 갖기는 어렵다. 해양국가인 미국의 경우 특수작전을 수행하는 데 상대적으로 취약한 반면, 이스라엘, 영국, 소련의 경우는 이러한 작전에 매

---

10 Colin S. Gray, *Modern Strategy*, p. 143.

11 앞의 책, p. 144.

우 능했다. 만일 첨단무기가 특수작전을 수행하는 데 결정적으로 중요한 요인으로 작용한다면 미국의 델타포스Delta Force, 그린베레Green Beret, 그리고 네이비실Navy SEAL은 다른 국가의 특수부대보다 훨씬 더 유능한 조직이 되었을 것이다. 그러나 미국은 전통적으로 지상에서 정규군이 아닌 게릴라들과 싸우는 데 익숙하지 않았기 때문에 전략을 기획하고 이행하는 부서는 미국이 겨우 적 게릴라들을 상대하는 특수작전을 수행한다고 해서 전략적이고 작전적인 효과를 거둘 것으로 보지 않았다. 이는 미국의 군사문화 및 전략문화를 반영한 것으로서, 실제로 1980년대와 1990년대 전장환경의 변화에 따라 특수작전의 필요성이 제기되었을 때에도 미국 내에서는 전통적인 전쟁수행 방식을 축소하면서 특수전사들의 영역을 확대하는 데 대해 상당한 문화적 거부감이 표출되었다.[12]

국가 또는 공동체가 그 나름의 전략문화를 유지하는 데에는 그러한 이유가 있기 마련이다. 따라서 정도를 벗어난 정책을 채택하는 등 전략문화에 위배되는 기형적 방식으로 행동할 경우 성공을 거두기 어렵다. 그것은 독일이나 러시아가 지상전보다 해전에 치중하는 것과 마찬가지일 것이다. 결국 지상전에 주안을 둔 전략문화는 오랜 기간 동안 모든 경험을 감내하면서 훨씬 많은 자원을 해양이 아닌 대륙에 쏟아 부음으로써 형성된 문화이다. 그리고 그들이 각자 독특한 전략문화를 갖게 된 데에는 역사를 통해 축적된 심리적 이유도 작용한다.

국가 또는 공동체는 전략문화와 다르게 행동할 수 있다. 즉, 그들의 독특한 전략문화에 부합한 전략적 선호와 다르게 정반대의 행동을 취할 수도 있다. 제1차 세계대전 당시의 영국이 바로 그 예이다. 영국은 전통적으로 대륙의 문제에 전적으로 간여하지 않은 채 '균형자'로

---

12 Colin S. Gray, *Modern Strategy*, pp. 144-146.

서의 역할을 담당해왔다. 따라서 리델 하트와 같은 전략가들은 영국의 제1차 세계대전 참전이 예외적 사건이며 이후 영국답지 않게 대규모 대륙전쟁에 다시 휘말려서는 안 된다고 주장했다. 베트남 전쟁 당시 미국도 마찬가지였다. 미군은 대규모 기계화전을 수행하는 전략문화를 갖고 있었으므로 유격전이 주를 이룬 베트남 전쟁에서는 성공할 수 없었으며, 이로 인해 미국 내에서는 미국이 미국답지 않은 전쟁을 수행함으로써 실패했다는 비판여론이 일었다. 이렇게 볼 때 영국이나 미국이나 그들 고유의 전략문화가 있고 그러한 전략문화로부터 나름의 전쟁수행 방식이 있음에도 불구하고, 현실적으로는 그러한 전략문화를 벗어나 엉뚱한 선택이 가능함을 알 수 있다. 즉, 모든 국가의 행위가 그들의 전략문화와 항상 일치하는 것은 아니다.

다섯째, 전략문화는 전략적 이익을 달성하는 데 순기능뿐만 아니라 역기능을 할 수도 있다. 가령 인종차별주의가 배어 있음으로 인해 합리적인 사고와 행동을 가로막을 수 있으며, 타 국가의 전략문화적 속성을 경멸하고 경시함으로써 전략적 실패를 자초할 수 있다. 독일의 경우 역사적으로 러시아와 프랑스 사이에 위치하여 지정학적으로 불리한 안보환경을 극복해야 한다는 딜레마에 처해 있었으며, 이러한 안보불안감이 팽배한 전략문화는 공세지향주의, 인종차별주의, 그리고 팽창주의로 연결되어 두 번의 세계대전을 야기하고 쓰라린 실패를 경험했다.[13]

그러나 전략문화는 매우 미묘하고 복잡하여 역기능을 하는 것 같으면서도 그 이면에는 아이러니하게 순기능적 작용을 하기도 한다. 예를 들어, 러시아의 전략문화는 근현대 역사를 통해 세 번에 걸친 러시아·소련의 붕괴를 야기하는 원인으로 작용했다. 비록 파국을 맞진

---

13 Colin S. Gray, *Modern Strategy*, pp. 146-148.

미군은 대규모 기계화전을 수행하는 전략문화를 갖고 있었기 때문에 유격전이 주를 이룬 베트남 전쟁에서는 성공하기 힘들었다. 이로 인해 미국 내에서는 미국이 미국답지 않은 전쟁을 수행함으로써 실패했다는 비판여론이 일었다. 베트남 전쟁은 미국이 고유의 전략문화를 가지고 있고 그러한 전략문화로부터 나름의 전쟁수행 방식이 있는데도 불구하고, 현실적으로는 그러한 전략문화를 벗어나 엉뚱한 선택이 가능함을 보여준 사례이다. 이처럼 모든 국가의 행위가 그들의 전략문화와 항상 일치하는 것은 아니다.

않았지만 1941년 히틀러가 침공했을 때에는 그야말로 다시는 회복할 수 없을 정도로 완전히 붕괴될 수도 있었다. 전략문화가 역기능적 요소로 작용하여 국가의 멸망을 초래할 위기를 가져온 것이다. 그러나 다른 한편으로 러시아가 그러한 역경에도 불구하고 꿋꿋이 생존할 수 있었던 것은 그들의 전략문화가 역사적 도전과 국가적 재앙을 충분히 극복할 수 있을 정도로 강인했기 때문이다. 즉, 전략문화의 역기능 이면에는 역설적으로 순기능으로 작용하는 측면도 있음을 알 수 있다.

전략문화는 적어도 공동체의 오랜 생존과정을 통해 축적된 결정체이다. 전략문화는 전략적 행동의 기초가 되는 것으로 국가 구성원 및 조직들이 납득할 수 있는 것이어야 한다. 공동체는 수십 년, 혹은 수백 년에 걸쳐 지속되며, 이 과정에서 전략문화는 실패한 경험보다는 성공한 전략적 경험을 반영한다. 따라서 전략문화는 안보공동체의 역사를 형성하고 발전시키는 데 있어서 역기능보다는 순기능적으로 영향을 미칠 수 있다.

4. 전략문화를 형성하는 요인

한 국가의 전략문화는 오랜 역사를 통해 물질적·관념적 요소가 축적되고 결집된 것으로, 그 원천을 이루는 요인은 다양하다. 다만 여기에서는 물리적 요인, 정치·군사적 요인, 사회·문화적 요인, 그리고 초국가적 요인으로 나누어 살펴보겠다.

가. 물리적 요인

물리적 요인으로는 지리, 자원, 세대변화, 그리고 기술의 발전 등을 들 수 있다. 우선 이러한 요인들은 오랜 기간 동안 국가들의 전략적 사고를 형성하는 핵심적인 요인들로서, 오늘날 전략문화를 이루는 중요한 원천으로 간주되고 있다. 우선 지리적 환경은 특정 국가가 무슨 이유에서 다른 국가들과 차별되는 전략방침을 채택하는지를 이해하는데 중요한 요소이다. 일례로 냉전시대 노르웨이와 핀란드의 경우에는 소련이라는 강대국과의 지리적 근접성이 그들의 전략을 결정하는 중요한 요소로 작용했다. 국경 문제는 많은 국가들 간의 분쟁의 원인으로 작용하고 있으며, 특히 다수의 국경을 맞대고 있는 국가는 이웃한 각각의 국가들과 상충하는 이익을 놓고 대치함으로써 다수의 안보딜레마에 직면하게 된다. 이는 이스라엘과 같은 국가들이 왜 선제적 기습을 선호하며, 이들이 왜 기어이 핵능력을 보유하고자 하는지를 설명해준다.[14] 한편으로, 기술의 발전에도 불구하고 지리적 환경이 갖는 물리적 특성은 뚜렷이 구별되는 전략문화적 태도와 신념을 만들어낸다. 와일리J. C. Wylie는 다음과 같이 지적했다.

> 전략이라는 용어가 육군 병사에게 주는 함의는 해군 병사 또는 공군 병사에게 주는 함의와 같을 수 없다. 그 이유는 다소 설명하기가 모호하지만 분명한 사실이다. 그것은 전략이라는 개념이 태동하는 환경과 관계가 있다. 해군이나 공군은 지리와 관계없이 넓은 세계 전체라는 측면에서 전략을 인식한다. 반면, 육군은 전구, 전역, 그리고 전투라는 한정된 영역에서 생각하며, 이 세 영역에서의 개념은 별반 다르지 않다. 육군의 전략 개념은 주로 지리와 연계되어 있다.[15]

또한 자원에 대한 접근을 보장하는 것도 전략의 핵심요소로 간주

---

14 Jeffrey S. Lantis and Darryl Howlett, "Strategic Culture", John Baylis et al., *Strategy in the Contemporary World*(New York: Oxford University Press, 2007), pp. 86-87.

15 Colin S. Gray, *Modern Strategy*, p. 148.

되고 있다. 스페인과 포르투갈, 그리고 영국이 식민지 개척에 나서고 팽창주의로 나서게 된 것은 해외에서 자원을 확보함으로써 국부를 쌓기 위한 것이었으며, 이 과정에서 해양을 중심으로 한 전략문화를 발전시킬 수 있었다. 마찬가지로 미국도 19세기 말부터 해양전략을 강화하기 시작했는데, 이는 해상을 통한 자유로운 경제활동을 확대하면서 남미, 유럽, 아시아 등 각 지역에서의 시장과 자원을 확보하기 위한 것이었다. 최근 중국은 중동과 아프리카에서 자원을 안정적으로 확보하기 위해 해군력을 증강하여 남중국해와 인도양지역, 그리고 아덴Aden 만 지역을 잇는 해상교통로 보호에 나서고 있다. 21세기 지구상의 자원이 한정됨으로 인해 이 요소는 앞으로도 계속 전략가들에게 큰 영향을 줄 것이다.[16]

세대교체는 전략문화의 변화에도 영향을 미친다. 각 연령대는 각기 특정한 역사적 경험에 의해 그들 나름대로의 전략적 세계관을 갖는다. 잠수함에서 평생 근무한 해군의 경우 비교적 단순하게 정책을 결정하는 경향이 있는 반면, 쿠바 미사일 위기나 9·11테러와 같이 역사적으로 특별한 사건에 의해 충격을 경험한 집단은 보다 복잡한 전략문화를 갖게 될 것이다. 그리고 세대가 다르면 서로 다른 역사적 경험과 문화의 영향에 의해 각기 다른 견해를 갖게 될 것이다. 이것은 세대별로 경험한 역사적 사건이 전략문화를 압도한다는 것은 아니다. 다만 세대가 변화하면서 전략문화는 각 세대만의 독특한 경험에 의해 어느 정도 영향을 받고 변화할 수 있다는 것이다.[17]

마지막으로, 기술—특히 정보 및 통신기술—은 개인과 집단에 권력을 부여하고 전략적 범위를 확대하는 데 중요한 이정표가 되고 있

---

16 Jeffrey S. Lantis and Darryl Howlett, "Strategic Culture", John Baylis et al., *Strategy in the Contemporary World*, p. 87.

17 앞의 책, p. 88; Colin S. Gray, *Modern Strategy*, p. 149.

다. 인터넷의 등장은 비교적 최근의 현상으로 현 세대는 이러한 정보통신 매체와 함께 자라왔다. 현대사회는 수많은 개인과 집단에게 전지구적 소통을 가능케 하고, 이를 통해 매우 독특한 방식으로 권력을 부여해준다. 정보와 통신기술은 이와 같이 사회를 변화시키는 과정에서 개인 또는 집단 간에 참신한 방식의 의사소통과 이해를 가능케 하기도 하고, 반대로 멀리서 혼란을 초래하기도 한다.[18] 그리고 이 과정에서 그 사회의 전략문화 형성에 영향을 준다.

나. 정치·군사적 요인

전략문화를 형성하는 정치·군사적 요인으로는 역사적 경험, 국민성, 정치체제, 그리고 군사조직을 들 수 있다. 먼저 역사와 경험은 국가의 탄생과 발전, 그리고 국가를 구성하는 전략문화 정체성의 형성 및 유지에 중요한 요소이다. 학자들은 약소국에서 강대국에 이르기까지, 식민지시대에서 탈식민시대에 이르기까지, 그리고 근대 이전, 근대, 탈근대에 이르기까지 다양한 국가들의 속성과 행위를 분석해왔다. 이들의 연구에 의하면, 서로 다른 국가들은 각기 다른 형태의 전략적 문제에 직면하게 될 것이고, 서로 다른 유·무형적 자원을 동원하여 각기 독특한 방식으로 대응할 것이다. 신생국들은 국가건설의 어려움에 직면하여 불안정을 경험하는 가운데 전략문화적 정체성이 아직 완전히 형성되지 않은 상태에 있을 수 있다. 이와는 반대로 오랜 역사를 지속해온 국가들은 그 국가가 가진 풍부한 경험을 바탕으로 국력 또는 문명의 성쇠에 영향을 미치는 요인들을 반영한 전략문화를

---

18 Jeffrey S. Lantis and Darryl Howlett, "Strategic Culture", John Baylis et al., *Strategy in the Contemporary World*, p. 89.

보유함으로써 그 국가에 적합한 정책을 고안하는 데 이를 직간접적으로 활용할 수 있다.[19]

국민성도 전략문화를 결정하는 한 요소로 볼 수 있다. 국가별로 독특한 역사적 경험은 국민의 성향을 다르게 만들 수 있다. 그리고 다르게 형성된 국민성은 마치 다른 색안경을 끼고 있는 것처럼 똑같은 정보라 하더라도 그것을 접하는 국가에 따라 문화적으로 다르게 받아들이고 해석할 것이며, 나아가 다른 전략적 선택을 취하게 될 것이다.[20]

전략문화의 또 다른 원천은 정치체제의 성격이다. 어떤 국가들은 서구식 민주주의 체제를 폭넓게 수용하고 있는 반면, 다른 국가들은 그렇지 않다. 서구식 민주주의를 채택한 국가라 하더라도 어떤 국가는 성숙한 민주주의 체제가 정착된 반면, 다른 국가들은 민주주의를 받아들이는 과정에 있거나 공고화하는 단계에 머물러 있다. 서구식 민주주의가 발달한 국가에서는 자유민주주의, 시장경제, 인권 등의 가치를 존중하고 국민들의 의사를 최대한 반영하는 가운데 정책결정을 추구하는 반면, 그렇지 않은 경우에는 내부적으로 종교 또는 인종 문제와 같은 심각한 갈등에 직면하여 상대방의 인권이나 자유 등 서구적 가치를 억압하는 정책결정이 이루어질 수 있다.[21]

군사조직도 전략문화의 형성에 영향을 준다. 즉, 한 국가가 갖고 있는 군사교리, 민군관계, 그리고 징병제도 등도 전략문화에 영향을 미친다. 군이 직업군제인지 아니면 징집제인지에 따라서 국가안보에 대한 국민들의 인식이 다를 수 있으며, 군의 전투경험이 많은지 적은지

19 Jeffrey S. Lantis and Darryl Howlett, "Strategic Culture", John Baylis et al., *Strategy in the Contemporary World*, p. 87.

20 Colin S. Gray, *Modern Strategy*, p. 149.

21 Jeffrey S. Lantis and Darryl Howlett, "Strategic Culture", John Baylis et al., *Strategy in the Contemporary World*, p. 87.

에 따라 군사적 분쟁이나 위기상황에 대처하는 국민들의 자신감도 달라질 수 있다. 전략문화는 또한 보다 하위 차원에서 군사문화라는 관점에서도 생각해볼 수 있다. 즉, 육군, 해군, 공군, 그리고 해병대는 물론이고 해군항공, 잠수함, 정보전문가 등 각 전문적 분야도 나름대로의 문화를 갖는다. 예를 들어, 특수작전부대는 군 합동작전의 한 부분을 담당하여 전체 전력의 시너지 효과를 증대시키는 기능을 하지만, 특수전사로서의 비전통적 가치관을 고집함으로써 고유한 전략문화를 고수하고 있다.[22]

▣ 군사문화란? ▣

군사문화는 각 군, 병과, 제도, 무기체계, 특수부대, 그리고 핵미사일 등과 관계되는 보다 구체적인 문화이다. 군사문화는 전략문화라는 보다 넓은 맥락 안에서 연구되어야 하나, 아직까지 학자들은 군사문화가 전략문화와 어떠한 관계가 있는지에 대해 아무것도 제시하지 못하고 있다. 모든 국가의 해군 병사들이 그들의 국적을 불문하고 모두 똑같은 해군 병사들이라고 할 수는 없다. 따라서 그들이 어떻게 다르고, 왜, 그리고 얼마나 다른지를 분석할 필요가 있으며, 이러한 연구를 통해 각 국가들이 갖고 있는 독특한 군사문화를 규명할 수 있다.

---

22 Colin S. Gray, *Modern Strategy*, p. 149.

다. 사회·문화적 요인

전략문화 형성에 영향을 주는 사회·문화적 요인으로는 신화와 상징물, 그리고 고전의 영향을 들 수 있다. 우선 신화와 상징물은 문화를 구성하는 중요한 부분으로 간주되며, 둘 다 전략문화의 정체성 발전에 안정 또는 불안정 요소로 작용할 수 있다. 신화의 개념은 "다소 근거가 없거나 그릇된 것"으로 보는 해석도 있지만, 그와 달리 그 공동체의 믿음과 신념을 표현한 것으로 볼 수 있다. 존 캘버트John Calvert는 신화의 의미를 다음과 같이 언급했다.

> 신화는 근본인 것이라고 할 수 있는 신념의 실체, 주로 무의식적이거나 가상적인 정치적 가치로서 한마디로 이념ideology의 극적인 표현이라 할 수 있다. 구체적으로 기술된 정치적 신화는 진실일 수도 거짓일 수도 있다. 그것들은 종종 진실과 허구를 융화시켜 구별하기 힘들다. …… 정치적 신화가 효과적이기 위해서는 논리를 따지기보다는 믿음과 신념으로 접근해야 한다.[23]

또한 "상징물은 어느 정도 공동의 이해를 바탕으로 한 사회적 인식체"로서의 역할을 하며, 문화적 공동체의 전략적 사고와 행동에 안정적인 지표를 제공한다고 보았다. 가령 미국의 독수리, 중국의 용, 그리고 러시아의 쌍두매는 전통적 국가 이미지를 형상화한 것으로 대외정책 및 대외전략에서 각각 경찰국가, 중화질서 유지, 그리고 동서양의 동시 지향 등의 의미를 내포하고 있다.

많은 분석가들은 역사적으로 내려오는 고전古典도 행위자들의 전략적 사고와 행동에 중요한 영향을 미친다고 본다. 이러한 고전으로

---

23 Jeffrey S. Lantis and Darryl Howlett, "Strategic Culture", John Baylis et al., *Strategy in the Contemporary World*, p. 87.

는 고대 중국의 전국시대에 씌어졌던 손자의 『손자병법』을 비롯해 투키디데스의 『펠레폰네소스 전쟁사』, 그리고 나폴레옹 전쟁을 통해 전쟁의 본질을 기술한 클라우제비츠의 『전쟁론』 등을 들 수 있다. 이와 함께 한 사회에는 수 개의 고전들이 경쟁적으로 영향을 미칠 수 있다. 일례로 그리스의 전략문화에 관한 연구에서는 2개의 서로 다른 고전이 그리스 사회의 전략적 행동에 영향을 미치고 있다. 『일리아드Iliad』와 『오디세이Odyssey』가 바로 그것이다. '전통주의자들traditionalist'은 지적 수단으로서 『일리아드』의 영웅 아킬레우스Achilleus를 인용하는데, 그들의 세계관은 무력만이 궁극적인 안보를 보장할 수 있는 무정부적 격투장과 같다. 한편, '근대주의자들modernist'은 『오디세이』의 영웅 오디세이를 추종하는데, 이들은 비록 세계를 무정부적 환경으로 보았지만 그리스 최고의 전략은 평화와 안보를 위한 다자협력적 접근을 채택하는 길이라고 본다. 이와 같이 한 국가의 전략문화는 오랫동안 유지되어온 고전의 영향을 반영하여 이중성을 가질 수 있다.[24]

라. 초국가적 규범

초국가적 규범 또한 전략문화의 중요한 근원으로 간주된다.[25] 시오 패럴Theo Farrell과 테리 테리프Terry Terriff는 초국가적 규범이 "군사변화의 목적과 가능성"을 정의하고, 무력사용과 관련된 지침을 제공할 수 있다고 했다. 가령, 미국이 1990년대부터 본격적으로 추진한 '군사혁신

---

24 Jeffrey S. Lantis and Darryl Howlett, "Strategic Culture", John Baylis et al., *Strategy in the Contemporary World*, p. 88.

25 규범이란 "행위자, 상황, 행동 가능성을 규정하는 사회와 자연세계에 대한 상호주관적 믿음(intersubjective beliefs)"으로 이해할 수 있다.

revolution in military affairs'과 이를 바탕으로 21세기 초에 도입한 '군사변혁 transformation'은 정보화시대의 도래와 함께 전 세계의 국가들이 군사발전에 반영해야 할 규범이 되었다. 또한 미국은 이를 바탕으로 군사적 자신감을 가지고 1991년 걸프전, 1999년 코소보전, 그리고 21세기 초 아프간 및 이라크전을 주도할 수 있었다.

한편, 패럴은 군사 관련 초국가적 규범이 국가정책과 정책집행에 어떻게 영향을 미치는지에 대해 연구했다. 패럴은 초국가적 규범이 '정치동원'을 통해 대상 공동체로 하여금 새로운 규범을 수용하도록 압력을 가하거나 '사회적 학습'을 통해 자발적으로 수용하도록 함으로써 한 국가의 문화에 이식될 수 있다고 보았다. 또한 규범의 이식은 초국가적 규범과 국가규범이 문화적 결합을 이루면서 시간의 흐름에 따라 점진적인 수용과정을 거쳐 일어날 수 있다고 했다.[26]

▣ 전략문화의 잠재적 근원

물리적 요소	정치적 요소	사회적 · 문화적 요소
지형 기후 자연자원 세대변화 기술	역사적 경험 정치체계 지도자의 신념 군사조직	신화와 상징 원전(text)의 영향
← 초국가적 규범의 압력 →		

26 Jeffrey S. Lantis and Darryl Howlett, "Strategic Culture", John Baylis et al., *Strategy in the Contemporary World*, pp. 89-90.

5. 각국의 전략문화

가. 미국의 전략문화

제2차 세계대전까지만 해도 미국은 '국가전략'을 갖지 못했다. 즉, 미국은 정치적 목적을 달성하기 위해 평시에 군사력을 운용하고 군사력 사용을 위협하는 전략을 갖고 있지 않았으며, 다만 전쟁이 발발할 경우 직접적으로 군사력을 사용하여 완벽한 승리를 거두는 경향이 있었다. 즉, 미국이 갖고 있던 유일한 전략은 국가전략이 아니라 군사전략, 그것도 가장 직접적인 형태의 군사전략이었다. 그것은 미국의 역사가 짧았기 때문에 정치적 목적을 달성하기 위해 군사력과 외교력, 그리고 기타 경제력을 적절히 조합한 형태의 국가전략을 발전시킬 수 있을 만큼의 충분한 국제정치 경험을 보유하고 있지 않았기 때문이다. 즉, 제2차 세계대전 이전까지 미국의 군사력 운용 전략은 곧 직접적 형태의 군사전략이었다.[27]

따라서 초기 미국의 전략은 주로 전쟁의 목적을 달성하기 위해 전투력을 사용하는 것이었으며, 주요 목적은 단순히 군사적 승리를 거두는 데 있었다. 물론, 초기 미국의 국력은 너무 약했기 때문에 제한적 범위의 승리를 추구하는 경향이 있었다. 미국의 독립전쟁의 경우 정치적 목적은 미국의 영토에서 영국의 영향력을 완전히 배제하는 것이었기 때문에 제한적 범위의 승리를 넘어서는 것이었지만, 그렇다고 해서 영국의 세력을 북아메리카 전역에서 뿌리 뽑는다거나 영국에 대해 완전한 승리를 거두는 것도 아니었다.

---

27 Russell F. Weigley, *The American Way of War: A History of United States Miltiary Strategy and Policy*(Bloomington: Indiana University Press, 1973), p. xix.

시간이 가면서 군사력이 충분히 강화되자, 미국은 전쟁목적을 확대하여 적을 완전히 굴복시키는 무제한적 전쟁을 추구하기 시작했다. 인디언 전쟁은 처음부터 전쟁의 목적이 군사력을 통해 적을 파괴하는 것 그 자체임을 보여주었다. 남북전쟁도 마찬가지로 적의 군사력을 파괴하고 적을 완전히 굴복시키는 것이 전쟁의 목적임을 보여주었으며, 이 전쟁은 특히 1860년대부터 미국이 세계 강대국으로 부상한 1890년대까지 미국의 전쟁관을 지배하게 되었다. 이러한 미국의 전략문화는 클라우제비츠가 정의한 전쟁, 즉 "우리의 의지를 적에게 강요하기 위한 폭력의 사용"이라는 정의를 따르고 있으나, 적의 저항 수준에 관계없이 일단은 적을 완전히 와해시킨 후 우리의 의지를 강요한다는 특징을 갖고 있다. 다시 말해서, 미국은 클라우제비츠가 정의한 현실의 전쟁, 즉 제한전쟁이 아닌 이상 속에서의 전쟁, 즉 절대전쟁을 추구한 것이다.[28]

독일의 군사가 한스 델브뤼크는 군사전략을 섬멸annihilation전략과 소모attrition전략으로 구분했다. 섬멸전략은 적의 군사력을 와해시키는 것이고, 소모전략은 적을 와해시킬 충분한 군사력을 갖고 있지 못한 상태에서 간접적인 방법으로 적을 공략하는 전략이다.[29] 이러한 기준을 놓고 본다면 미국의 전쟁수행 방식은 섬멸전략을 추구하는 것이었음을 알 수 있다. 초기 미국의 전략가들은 군사적 자원이 충분하지 못했기 때문에 소모전략으로부터 출발했으나, 이후 경제적 번영을 바탕으로 무제한적인 전쟁목적을 채택함으로써 얼마 가지 않아 섬멸전략은 미국의 대표적인 전쟁수행 방식으로 자리 잡게 되었다. 이러한 성향

---

28 Russell F. Weigley, *The American Way of War*, pp. xx-xxi.

29 델브퀴크의 소모전략 개념은 앞의 "전략의 유형"에서 살펴본 개념과 다르다. 앞에서의 소모전략은 기동전략과 반대되는 것으로 적의 정면에 대해 직접적인 방법으로 공격하는 전략인 반면, 델브뤼크의 소모전략은 일종의 게릴라전략 또는 비대칭 전략을 지칭하고 있다.

은 제1차 세계대전과 제2차 세계대전에서 미국이 매번 독일과 일본 등 적국에 대해 '무조건 항복'을 요구하는 것으로 나타났다.[30]

그러나 전쟁에서 적의 군사력을 파괴하고 적국을 붕괴시키는 것은 결코 만만하지 않다. 클라우제비츠가 언급했듯이 그러한 목적은 물질적으로나 정신적으로 우월함을 바탕으로 하는 것이며, 극단적인 위험도 감수해야만 가능한 것이다. 따라서 미국의 전략가들은 막대한 전쟁 비용 때문에 스스로 목을 죄는 정도의 희생을 치르지 않고서 어떻게 원하는 완전한 승리를 거둘 수 있는가에 대한 문제를 고민하기 시작했다. 특히 나폴레옹 전쟁 이후 전쟁이 다양한 기술적·사회적 발전에 따라 총력전 양상이 됨으로써 결정적인 승리를 거두기가 점차 어려워졌다. 그리고 그러한 고민은 핵무기가 출현하고 소련과의 냉전이 조성됨으로써 자연스럽게 전쟁을 억제하고 제한하는 것으로 귀결되었다.

한국전쟁 이후 냉전시대에 들어서면서 미국은 공산주의와의 긴 투쟁에 나서게 되었다. 미국은 군사력 위주의 과거 전략에서 벗어나 정치적 가치와 이익을 수호하고 증진하기 위해 미국이 가진 파워를 효과적으로 운용하기 위한 국가전략을 마련하기 시작했다. 새로운 국가전략은 이전과 달리 단순히 군사전략이 아니라 국가이익을 극대화하기 위해 미국이 가진 총체적인 자원을 사용하려는 포괄적인 계획이었다. 그리고 그것은 전쟁을 수행하는 것보다는 적의 팽창을 봉쇄하고 적의 군사력 사용을 억제하는 전략에 주안을 두었다.[31] 그 결과, 냉전기 미국 전략문화의 핵심 개념은 서구동맹에 대한 미국의 리더십, 다자적 행동의 선호, 핵억제, 안보목적 달성을 위한 군사력의 유용성

---

30 Russell F. Weigley, *The American Way of War*, p. xxii.

31 앞의 책, p. xix.

에 대한 믿음 등으로 발전했으며, 이러한 개념들은 냉전 기간에 더욱 강화되었다.

그러나 2001년 9월 11일 테러리스트들에 의한 미국 본토 공격과 부시 행정부의 테러와의 전쟁 선포는 미국 전략문화의 근본적인 변화를 야기했다. 21세기 미국의 전략문화는 대체로 국제안보문제에서 미국의 군사적 우월성 재확인, 국토방호의 우선적 고려, 안보이익 달성을 위한 군사력의 적극적 사용, 미국의 행동을 제약하는 외부의 위협에 대한 선제공격 교리 등을 포함하고 있다. 봉쇄와 억제에 주안을 둔 전략문화가 일방주의와 선제공격을 내세운 전략문화로 변화한 것이다. 이와 같은 전략문화의 극적인 변화를 합리화하기 위해 미국 정부는 테러와 극단주의와 같은 새로운 위협의 부상을 강조하고 이러한 위협으로부터 자유와 민주주의를 수호해야 한다는 논리를 내세웠다.[32]

전반적으로 미국의 전략문화를 요약하면 다음과 같다. 첫째, 미국은 정치와 군사를 명확히 구분하는 경향이 있다. 초기 미국의 국가전략은 지극히 협소한 것으로 '군사전략'과 동일한 개념이었다. 군인들은 '전략'을 전시 군사적인 분야에 한정된 것으로 인식함으로써 정치의 영역에 간여하지 않으려 했다. 그 결과 평시에는 정치가 모든 전략을 주도하지만, 일단 전쟁이 발발하게 되면 모든 것을 군이 주도하게 된다. 독일과 일본에 대해 무조건 항복을 추구한 두 번의 세계대전에서는 물론이고, 한국전쟁에서도 이러한 모습을 발견할 수 있다. 유엔군사령관 맥아더Douglas MacArthur는 중국군 개입에 따라 전쟁을 제한하려던 트루먼 행정부의 결정에 반대하고 오히려 중국군의 개입을 저지하기 위해 만주지역에 대한 폭격을 주장했는데, 이는 미국이 갖고

---

32 Jeffrey S. Lantis and Darryl Howlett, "Strategic Culture", John Baylis et al., *Strategy in the Contemporary World*, p. 91.

아프간전 당시 엘도라도 작전(Operation EL DORADO)을 수행 중인 미 해병대. 2001년 10월 7일, 미국과 영국은 9·11테러 공격에 대한 보복으로 오사마 빈 라덴을 잡고 알 카에다 조직에 은신처를 제공한 탈레반 정권을 축출하는 것을 목적으로 전쟁을 시작했다. 이처럼 21세기에 미국은 아프간전 및 이라크전에 이르기까지 정치적 타협을 목적으로 하는 제한전쟁보다는 적 정권의 붕괴를 목표로 하는 절대적 형태의 전쟁을 추구하는 경향이 있다.

있는 이러한 전략문화의 한 단면을 보여준다.

둘째, 미국은 선과 악을 구분하는 경향이 있다. 이는 미국이 청교도 정신에서 국가를 건설하고 경영해온 데서 비롯된 것으로 볼 수 있다. 인디언 전쟁 때부터 미국은 스스로 그러한 정신을 대외적으로 전파해야 한다는 "사명을 타고났다는 믿음manifestation of destiny"을 가지고 서부개척과 대외적 팽창을 합리화했다. 냉전기간 중에 미 행정부는 소련을 비롯한 공산권 국가들에 대해 '악의 제국'이라는 표현을 사용했으며, 부시 행정부에서도 이란, 이라크, 북한을 악의 축으로 묘사하기도 했다. 미국의 전략문화는 때로 클라우제비츠가 제기한 '정치행위'가 아니라 악에 대한 투쟁의 성격을 갖는다.

셋째, 미국은 무조건 항복을 추구하는 경향이 있다. 선과 악의 구분은 곧 악을 근절해야 한다는 절대적인 목표를 부여하며, 적과 타협하기보다는 적 정권을 붕괴시키는 전쟁을 추구하도록 한다. 미국은 인디언 전쟁부터 두 차례의 세계대전, 소련과의 냉전, 그리고 21세기에 아프간전 및 이라크전에 이르기까지 정치적 타협을 목적으로 하는 제한전쟁보다는 적 정권의 붕괴를 목표로 하는 절대적 형태의 전쟁을 추구하는 경향이 있다.

나. 중국의 전략문화

중국의 경우 전략적 행동을 결정하는 데 문화가 특히 중요한 역할을 하고 있다. 현대 중국의 전략문화에 대한 연구는 크게 세 가지 주요한 흐름이 있는데, 먼저 '공자-맹자 패러다임Confucius-Mencius paradign'은 유교사상의 이상적 논점을 설정하여 중국의 평화로운 이미지를 부각시켰고, '전쟁추구 패러다임para bellum paradigm'은 서구 국가들과 마찬가지로 국가이익 달성을 위한 현실주의적 측면에 초점을 맞추었다. 그리고 세 번째로 앤드류 스코벨Andrew Scobell이 제기한 '방어의 신화cult of defense' 입장은 이러한 두 흐름을 절충적 입장에서 적절하게 혼합한 것이다.

공자-맹자 패러다임은 페어뱅크를 중심으로 한 학자들이 제기한 것으로, 1990년대 존스턴의 연구가 이루어질 때까지 중국의 전략문화에 관한 주류의 입장으로 간주되었다. 이에 따르면, 중국은 유교의 영향으로 평화와 조화를 중시하면서 전쟁과 폭력을 혐오하는 전통을 갖고 있으며, 이에 따라 가급적 전쟁을 회피한다는 것이다. 그리고 전쟁이 불가피한 상황이라면 중국은 이를 최대한 억제하면서 최후의 수단으로만 군사력을 사용하며, 이때에도 전쟁의 범위와 기간을 가급적 제한한다는 것이다. 페어뱅크에 의하면, 중국은 영웅주의와 폭력을 높이 평가하지 않고 무武보다 문文의 우위를 강조하는 경향, 적군의 섬멸을 목표로 하는 공세적 전쟁보다는 방어적이며 소모적인 전쟁을 선호하는 경향, 그리고 지구적이며 팽창주의적인 것보다는 오히려 제한적이고 징벌적 성격의 전쟁을 수행한다고 보았다.[33] 또한, 앨런 화이팅Allen Whiting은 중국의 한국전쟁 개입을 연구하면서 중국이 군사개입을 극도로 꺼리는 가운데 단지 제한된 목적을 가지고 최후의 선택으로 어쩔 수 없이 개입했다고 주장함으로써 현대 중국이 여전히 '공자-맹자 패러다임'에 입각한 전략문화를 갖고 있는 것으로 보았다.[34]

---

33 John K. Fairbank, "Varieties of the Chinese Military Experience", p. 7; Edward S. Boylan, "The Chinese Cultural Style of Warfare", *Comparative Strategy*, Vol. 3, No. 4(1982), pp. 342-346; Gerald Segan, "Defense Culture and Sino-Soviet Relations", *Journal of Strategic Studies*, Vol. 8(1985), p. 180; Tiejun Zhang, "Chinese Strategic Culture", *Comparative Strategy*, Vol. 21(2002).

34 Allen Whiting, *China Crosses the Yalu: The Decision to Enter the Korean War* (Stanford: Stanford University Press, 1960), pp. 151-162.

공자-맹자 패러다임에서 제기하는 중국 전략문화의 특징은 다음 세 가지로 요약할 수 있다. 첫째, 중국은 이론적으로나 실제적으로 전략적 방어를 선호한다는 것이다. 중국이 전통적으로 토루, 성벽, 요새 수비대, 고정된 진지방어, 외교적 술책과 동맹형성 등을 적극적으로 추구하는 반면, 침략이나 섬멸전을 선호하지 않는다는 사실은 이를 입증한다. 아마도 만리장성은 중국의 전략문화가 평화적이고 비폭력적임을 보여주는 대표적 상징으로 간주될 수 있을 것이다. 둘째, 제한전쟁을 추구한다. 중국은 전쟁에 임할 때 분명하게 설정된 정치적 목적을 달성하는 데 주안을 두며, 제한된 범위 내에서만 군사력을 사용하는 경향이 있다. 셋째, 군사력의 효용성을 높게 평가하지 않고 있다. 손자가 제기한 "싸우지 않고 승리하는 것이 으뜸이다不戰而屈人之兵, 善之善者也"라는 부전승 사상이 아직도 중국의 전략문화에 투영되어 있다는 것이다.

공자-맹자 패러다임을 추종하는 학자들은 이와 같은 방어적이고 비폭력적인 전략문화가 손자로부터 마오쩌둥에 이르기까지 거의 변화하지 않고 지속적으로 전해 내려오고 있다고 주장한다.[35]

'전쟁추구 패러다임'은 '공자-맹자 패러다임'과 반대의 입장에서 중국도 서구와 마찬가지로 현실주의적 전략문화를 갖고 있다고 보는 견해이다. 존스턴은 전통적으로 받아들여져온 '공자-맹자 패러다임'에 의문을 제기하고 이를 검증하기 위해 중국의 고대 전략서인 무경칠서武經七書에 나타난 전략사상을 3개의 변수, 즉 전쟁의 역할, 전쟁의 본질, 그리고 군사력의 효용성 차원에서 분석했다.[36] 그리고 그 결과 중국의 전략사상은 서구의 현실주의에서 발견되는 전쟁추구parabellum

35 Alastair Iain Johnston, *Cultural Realism*, p. 25.

36 무경칠서는 『손자(孫子)』, 『오자(吳子)』, 『육도(六韜)』, 『사마법(司馬法)』, 『삼략(三略)』, 『위료자(尉 子)』, 『이위공문대(李韋公問對)』를 의미한다.

또는 강경한 현실주의적 세계관을 발견할 수 있다고 보았다. 즉, 중국은 전통적으로 전쟁을 인간관계에서 나타나는 우연적 요소가 아닌 일상적이고 지속적인 요소로 간주하고, 적과의 분쟁에서 다투는 이해관계를 제로섬zero-sum적이고 서로 타협이 어려운 것으로 보며, 폭력 그 자체는 적으로부터의 위협을 다루는 데 매우 효과적인 수단으로 이해하고 있다는 것이다. 이는 중국의 무경칠서가 정적인 방어와 포용적 방책보다는 공세적인 전략을 선호하고 있음을 보여주는 것이다.

또한 그는 명나라의 대對몽골 및 청 정책에 관한 사례연구를 통해 전략적 행동을 분석한 결과, 무경칠서에서 제시된 바와 마찬가지로 공자-맹자 패러다임보다는 전쟁추구 패러다임이 우세하게 나타난다고 주장한다. 이 시기 명은 정당한 전쟁론이나 방어적 비폭력적 전략을 추구하기보다는 상대적 군사력을 중시하여 적에 대해 우위에 있을 때 공세적 전략을 선호하지만, 그러한 능력이 감소할 경우에는 덜 강압적으로 변화하는 모습을 보여주었다. 따라서 존스턴은 기존의 연구가 중국의 현실적인 측면을 보지 못하고 관념적인 공자-맹자 사상에 경도되어 있다는 비판을 제기하면서, 중국의 전략도 서구와 마찬가지로 구조적 현실주의structural realism나 기대효용 이론과 같은 현실주의적 이론에 부합한다고 보았다.[37]

이렇게 볼 때 중국의 전략문화는 그 자체로 독특한 것이 아니며, 서구의 현실주의적 사고와 행동 경향에 비추어 별반 다르지 않다. 전쟁추구가 모든 시기의 문화에 배어 있는 한, 중국의 현실정치적 행동은 '문화적 현실주의'의 산물로 간주할 수 있다.[38]

스코벨은 중국의 전략문화가 이중적인 성격을 갖기 때문에 이를

---

37 Alastair Iain Johnston, *Cultural Realism*, pp. 248-251.

38 앞의 책, p. 31.

단순히 평화적 또는 호전적인 것으로 구분하는 것은 바람직하지 않다고 한다. 그에 의하면 중국의 전략문화는 유교적 신념과 현실주의 논리가 결합하여 '방어의 신화'라는 전략문화를 형성했다. 즉, 분쟁회피 및 방어지향적인 유교문화와 군사적 해결 및 공세지향적인 현실정치적 문화가 결합되었다는 것이다. 방어의 신화는 역설적으로 중국으로 하여금 방어적 군사작전 대신 공세적 군사작전을 취하도록 한다. 왜냐하면 방어의 신화는 스스로를 평화적이고 방어적이라고 믿도록 함으로써 지도자들로 하여금 공세적 군사작전이 순수하게 방어적이고 정당한 수단이라는 합리화를 가능케 하기 때문이다.[39] 이상주의적 신념이 현실주의적 논리를 합리화하는 셈이다.

요약하면, 현대 중국의 전략문화는 기본적으로 공자-맹자 패러다임의 연장선상에서 이해할 수 있다. 어떻게든 중국이 역사적으로 유교사상에 입각한 공자-맹자 전략문화를 갖는다는 것은 부인할 수 없기 때문이다. 실제 현대 역사를 볼 때 중국은 한국전쟁, 중인전쟁, 그리고 중월전쟁에서와 같이 군사력 사용을 가급적 자제하면서 최후의 수단으로서 무력을 동원하는 모습을 보여주었으며, 군사력 사용은 제한적으로만 이루어졌다. 이와 같은 중국의 전략적 행동은 외형적으로 전통적인 공자-맹자 패러다임에 부합한 것으로 볼 수 있다. 그러나 존스턴은 중국의 무경칠서를 분석하고 명나라 시대의 전략적 행태를 사례로 연구함으로써 중국의 전략문화가 서구의 그것과 비교할 때 별반 다르지 않으며, 중국의 전략문화에서도 때에 따라서는 매우 공세적이고 현실주의적 성격을 보인다고 주장했다. 이에 반해, 스코벨은 절충적 입장에서 중국 지도자들이 스스로 평화적이고 방어적이

---

39 Andrew Scobell, *China's Use of Military Force: Beyond the Great Wall and the Long March* (Cambridge: Cambridge University Press, 2003), p. 38.

라고 인식함으로써 그들의 공세적 행동을 '방어적'인 것으로 합리화하는 성향이 있다고 보았다. 즉, 중국의 평화적이고 방어지향적 성향이 오히려 분쟁지향적이고 공세적 행동을 보일 수 있다는 것이다. 아마도 현대 중국의 전략문화는 공자-맹자 패러다임이라는 큰 틀 내에서 전쟁추구 패러다임이 작동하고 있는 것으로 볼 수 있는데, 이는 스코벨이 제기한 '방어의 신화'라는 관점에서 가장 잘 설명될 수 있을 것이다.[40]

다. 일본의 전략문화

일본의 전략문화는 다른 국가들과 다른 독특한 면이 있고, 국제정치 이론으로 설명할 수 없는 미묘한 부분이 있다는 것이 많은 학자들의 견해이다. 전통적으로 일본의 전략문화는 1185년 미나모토源 씨족의 수장이 쇼군으로서 사무라이 전사를 지배하면서 약 700년 동안 쇼군이 국가의 실질적 통치자로서 군림했던 전통을 따라 무인의 가치, 또는 무사도를 중심으로 발달했다. 17세기 초 도쿠가와德川 막부 시대에 약 250년 동안 일본은 외부세계와 단절된 시기가 있었지만, 1853년 페리Matthew C. Perry 제독이 이끈 미 해군의 포함외교에 의해 일본의 쇄국정책은 막을 내렸고, 개혁적 사고를 가진 사무라이들이 쇼군 체제를 전복시키고 메이지 유신明治維新을 이끌었다. 메이지 유신의 지도자들은 서양 문물을 배우고 도입함으로써 산업을 육성하고 근대적인 군대를 만들기 시작했다.[41]

일본의 무사도는 전통적 전사정신과 유교적 개념이 결합된 것으

40 박창희, "현대중국의 전략문화와 전쟁수행방식: 전통적 전략문화의 연속성과 변화를 중심으로", 『군사』, 제27호(2010. 3), pp. 275-276.

41 로렌스 손드하우스, 이내주 역, 『전략문화와 세계 각국의 전쟁수행방식』, pp. 194-196.

로, 일본 전략문화의 모태가 되었다. 무사도는 유교사상으로부터 윗사람에 대한 공경, 합당한 행동, 그리고 도덕성 등의 덕목을 수용하는 한편, 미나모토 막부 이래로 발전해온 그들의 전사적 전통으로부터 개인적 용기, 충성과 헌신, 수치의 거부, 그리고 자신의 운명에 대한 스토아적 사상—즉, 도덕주의와 엄격주의가 정치사회적 의무와 결합되어 군주 또는 국가에 대한 의무와 복종을 강조하는 사상—을 계승하여 도쿠가와 시대에 이르러 체계화되었다. 전통적으로 무사계급은 전체 인구의 10%에 불과했고, 무사적 정신은 그러한 계급에 제한되었으나, 메이지 유신 이후에 징병제를 시행함으로써 무사의 행동강령을 일반 대중에까지 주입하여 일본 사회에 근대 민족주의 사상을 고양시키기 시작했다. 메이지 유신 이전까지 특권층에 제한되었던 무사도는 이후로 국가를 위한 애국적인 자기희생 정신으로 승화되고 추앙되었다.[42]

일본의 지도자들은 국민들을 통제하기 위해 일반인들을 대상으로 무사적 구조와 정신, 그리고 이와 관련된 각종 전통적 가치들을 주입했다. 그러나 이는 한편으로 일본이 제국주의 시대를 맞으면서 돌이킬 수 없는 결과를 낳았다. 우선 무사도 정신은 일본으로 하여금 뒤로 물러날 줄 모르는 태도를 견지하도록 함으로써 타협이나 조정보다는 극단적 충돌을 야기했다. 예를 들어, 일본은 청일전쟁 후 러시아, 프랑스, 그리고 독일이 3국협상을 통해 일본으로 하여금 다롄大連항과 랴오둥遼東 반도를 중국에 반환하도록 압력을 가했을 때 이를 수용했으나 이 사건을 매우 수치스럽게 생각한 나머지 1905년 러시아와 전쟁에 돌입했다. 또한 미국이 1941년 7월 석유수출 금지조치를 취하며 일본으로 하여금 만주, 중국 대륙, 그리고 인도차이나를 포기하

---

42 로렌스 손드하우스, 이내주 역, 『전략문화와 세계 각국의 전쟁수행방식』, p. 197.

일본 봉건시대의 무사(武士). 일본의 무사도는 전통적 전사정신과 유교적 개념이 결합된 것으로, 일본 전략문화의 모태가 되었다. 무사도는 유교사상으로부터 윗사람에 대한 공경, 합당한 행동, 그리고 도덕성 등의 덕목을 수용하는 한편, 미나모토 막부 이래로 발전해온 그들의 전사적 전통으로부터 개인적 용기, 충성과 헌신, 수치의 거부, 그리고 군주 또는 국가에 대한 의무와 복종을 강조하는 사상을 계승하여 도쿠가와 시대에 이르러 체계화되었다. 무사도 정신은 일본으로 하여금 뒤로 물러날 줄 모르는 태도를 견지하도록 함으로써 타협이나 조정보다는 극단적 충돌을 야기했다.

도록 압력을 가했을 때 일본은 뒤로 물러서지 않았으며, 오히려 위험을 감수하면서 진주만에 공격을 가하여 전쟁을 확대했다. 제2차 세계대전 기간 동안에 일본군이 보여준 군사행동들, 예를 들어 일본군이 중국 및 다른 점령지에서 보여준 만행, 1944~1945년 자살폭격을 감행한 가미카제神風 특공대원들, 그리고 전쟁포로들에 대한 야만적인 취급 등은 근대 일본에서 '진리' 또는 '정의'와 같은 보편적 가치들이 주변부로 밀려나고 애국주의와 군국주의를 고양시키기 위해 전면에 내세운 '무사도의 가치'가 지배적 영향을 미쳤음을 보여준다. 또한 일본은 1945년에 이르러 60%에 이르는 일본의 도시들이 미군의 폭격으로 파괴되고 패배가 분명해지고 있었음에도 불구하고 연합군의 무조건적 항복 요구를 거부한 채 원자탄 공격을 받는 순간까지 파국으로 몰고 갔는데, 이는 명예로운 퇴장으로 보일 때까지 싸움을 계속하는 일본의 전사적 가치를 고수했음을 보여준다.[43]

독일과 마찬가지로 일본의 경우에도 제2차 세계대전의 파멸적인 패배는 전통적 전략문화를 변화시킬 정도로 엄청난 충격으로 작용했다. 그러나 일본의 군국주의는 독일과 달리 전통적인 엘리트들에 의해 통제되고 있던 군부에 의해 위로부터 하향식으로 주입되었으며, 따라서 메이지 시대의 권위적 군국주의가 태평양전쟁에서 패배

43 로렌스 손드하우스, 이내주 역, 『전략문화와 세계 각국의 전쟁수행방식』, pp. 196-200.

한 후 일소되자 일본의 군국주의도 쉽게 평화주의로 대체될 수 있었다.

전후 일본의 정치 및 지식인 집단은 좌파 이상주의, 중도파, 그리고 우파 이상주의 세 그룹으로 나눌 수 있다. 좌파 이상주의자들은 일본을 사회주의적 경제체제에 기초한 중립적이며 비군사화된 '평화국가'로 만들려는 비전을 가졌다. 이들은 무사도에 근거한 국가적 전통을 거부하고 제국주의 시대에 일본이 아시아인들에게 행한 전쟁범죄에 대해 뉘우치는 감정을 갖고 있었다. 이들은 자위대의 창설을 반대하고 이를 완전히 폐지할 것을 원했으며, 미국과의 동맹도 바라지 않았다.

중도파는 일본을 자본주의 경제체제를 갖는 '상업국가'로 만들려는 비전을 가졌다. 이들은 일본의 국가전통에 대해 거부하기도 하고 수용하기도 하는 양면적인 입장을 취했지만, 여하간에 자신들이 저지른 전쟁범죄는 인정하지 않았다. 이들은 미국과의 동맹 및 자위대의 해외파병 및 핵무기 보유 금지를 지지했으며, 또한 민간에 의한 군의 통제를 지지했다.

우파 이상주의자들은 일본의 국가전통을 선양하고 일본이 저지른 전쟁범죄를 부인했다. 중도파처럼 이들은 철저하게 자본주의적이었지만, 냉전시대에 일본의 역할에 대한 열정에서라기보다는 미국의 동맹국으로서 정치적인 이유에서 자위대의 보유를 지지했다. 이들은 전적인 주권유지를 지지하면서 자위대의 해외파병 및 핵무기 보유에 대해 어떠한 제약도 가하길 원치 않았다. 이들은 보다 큰 규모의 징병제를 원했으며, 문민통제가 반드시 필요하다고 보지도 않았다.[44]

1950년대 중반까지 발전한 일본의 정당 시스템을 보면, 좌파 이상주의자들은 대표적 야당인 일본 사회당을 구성한 반면, 대부분의 중도파와 우파 이상주의자들은 당내에서 서로 경합하는 파벌을 형성

---

44 로렌스 손드하우스, 이내주 역, 『전략문화와 세계 각국의 전쟁수행방식』, pp. 203-204.

하면서 자민당에 속하게 되었다. 자민당 내에서 다수를 점한 중도파가 냉전시대에 일본의 정계를 주도했으며, 이들의 통치하에서 일본은 미국과 동맹을 유지하고 골치 아픈 군사문제를 회피하면서 상업국가로서의 번영을 누릴 수 있었다. 냉전이 종식된 이후 좌파 이상주의자들은 자위대를 해체시키고 미국과의 동맹관계도 끝내야 한다고 주장한 반면, 중도파와 우파는 자위대를 원래 모습대로, 그리고 미국과의 동맹조약도 그대로 유지하려고 했다.[45]

일본의 사례는 전략문화의 존재와 그 타당성에 대한 논의에 한계를 제기할 수 있다. 무사도로 대표되는 일본의 전략문화는 메이지 유신 이후 일본의 군국주의와 제국주의에 매우 강한 영향을 주었음에 분명하다. 그러나 전후 일본은 군국주의를 청산하고 평화주의를 지향했으며, 냉전기 국력이 강화되었음에도 불구하고 '정상국가'로 나아가지 않고 있다. 냉전이 종식된 후에도 일본은 평화헌법을 고수하면서 자국의 군사역량을 강화하기보다는 미국과의 동맹체제에 더 의존하고 있다. 전후 일본이 보여준 급격한 변화와 지속성은 일본의 전략문화의 본질에 대한 의구심을 증폭시키고 있다.

라. 러시아의 전략문화

현대 러시아·소련의 전략적 특성은 타국에 대한 침공, 팽창주의적 성향, 그리고 공산주의적 사명감으로 요약될 수 있으며, 이는 과거 제정 러시아가 추구한 침략 및 팽창의 역사, 그리고 정교주의적이며 범슬라브주의적인 사명감과 연결되어 있다. 그래서 현대 러시아·소련은 공산주의를 수호하고 전파한다는 마르크스주의적이며 레닌주의적인 목표와

---

45 로렌스 손드하우스, 이내주 역, 『전략문화와 세계 각국의 전쟁수행방식』, pp. 204-205.

더불어 과거 러시아 제국에 의해 정복된 다민족으로 구성된 유라시아 지역을 지배하에 둔다는 전통적 목표를 동시에 추구하고 있다.[46]

러시아의 팽창주의적 성향은 다분히 러시아가 안고 있는 지정학적 상황을 반영한 것이다. 러시아는 얼음에 쌓인 북쪽지방을 제외하고는 천연적인 지리적 방어선을 갖지 못했다. 따라서 역사적으로 러시아는 인종적으로 백계 러시아인들이 거주하는 핵심지역으로부터 주변의 적들을 멀리 몰아내는 방식으로 대응했고, 이러한 과정에서 넓은 영토를 차지하게 되었다. 즉, 볼셰비키 혁명 및 소련 정권 수립 훨씬 이전부터 러시아의 전략문화는 대외영토 팽창을 통해 안보를 강화하려는 노력에서 형성되었다. 1380년 몽고 지배에 대해 반격을 가한 모스크바 대공국이나 17세기 표트르 1세Pyotr I 통치 기간에는 방어와 침략을 구분하는 선이 불분명했는데, 그것은 외부의 침략을 방지하는 가장 좋은 방법이 현재적 혹은 잠재적 침략자들을 직접 지배하에 두는 것이었기 때문이다.[47]

현대에 와서도 현재의 혹은 잠재적 적을 국경선 멀리 밀어낸다는 개념은 유효했다. 비록 냉전의 관점에서는 '공산주의의 팽창'으로 볼 수 있지만, 1943년부터 1945년까지 단행된 중앙유럽에서의 소련군의 반격과 1945년 8월 소련군의 한반도 북부로의 진격은 국경선 지역에서 영토적으로 완충지대를 확보함으로써 적군을 가능한 한 멀리 밀어낸다는 과거 러시아의 전통에서 유래한 것이었다. 1968년 소련의 체코 침공 및 브레즈네프 독트린 발표는 프라하의 봄이 동구의 공산국가들에 미칠 부정적 영향을 사전에 차단하고 경고하기 위한 조치였다. 또한, 1979년 소련의 아프가니스탄 침공은 이 지역

---

46 로렌스 손드하우스, 이내주 역, 『전략문화와 세계 각국의 전쟁수행방식』, p. 59.

47 앞의 책, pp. 59-60.

을 점령함으로써 예견되는 위협, 즉 소련의 중앙아시아 영토에서 일어나고 있던 이슬람 근본주의자들의 위협에 대한 완충지대를 확보하려던 것으로, 역시 과거 러시아의 전략적 전통과 맥을 같이한다. 1991년 옐친Boris Nikolaevich Yeltsin이 소련 연방 내 14개 비러시아계 공화국들의 독립을 인정하고 연방의 해체를 선언했음에도 불구하고, 곧이어 독립국가연방CIS을 창설한 것도 마찬가지로 외부의 위협세력에 대항하여 전통적으로 완충지대를 추구해온 러시아의 욕구를 반영하는 것이었다.[48]

러시아의 역사에서 나타나는 또 다른 특징은 왕실, 귀족, 그리고 군부 간의 결속이 미약했다는 것이다. 표트르 1세가 사망한 이후 100년 동안 근위대 장교들은 1762년 쿠데타 및 1801년의 쿠데타를 비롯해 기존의 차르를 살해하고 새로운 차르를 세우는 궁정 쿠데타를 상습적으로 자행했다. 이는 당시 세 그룹 간에 일체감이 형성되어 있던 프로이센·독일과 극단적인 대조를 이룬다. 1825년 왕위에 오른 니콜라스 1세Nicholas I는 자신에게 충성하지 않는 장교단을 제거함으로써 어느 정도 충성을 확보할 수 있었으나, 이러한 문제가 완전히 해소되진 않았다. 제정 말기에 이르러 군의 고위 지휘관들은 차르가 군대를 국내 소요진압을 위한 경찰임무에 동원하는 것에 불만을 갖고 있었으며, 이는 1914년 이후 로마노프Romanov 왕조의 마지막 차르인 니콜라스 2세Nicholas II가 전시 지휘권을 행사할 때 군의 고위 장교들이 로마노프 왕조를 지지하는 데 주저하도록 만들었다. 결국 이는 1917년 2월 혁명 기간 동안에 장교단이 차르를 중심으로 단합하는 데 실패하고, 급기야는 황제의 퇴위로 이어지는 결과를 가져왔다.[49]

48 로렌스 손드하우스, 이내주 역, 『전략문화와 세계 각국의 전쟁수행방식』, pp. 65-70.

49 앞의 책, p. 61.

러시아 정권과 군부 간의 부조화는 볼셰비키 혁명 이후에도 계속되었다. 1917년 10월 혁명을 통해 권력을 장악한 볼셰비키들은 내전에서 승리하고 1922년 소비에트 사회주의 연방공화국, 즉 소련을 수립한 후 기존의 군 고위 장교들이 혁명정신을 훼손할 수 있다는 구실로 3분의 1을 강제로 전역시켰다. 1924년 레닌Vladimir Il'ich Lenin이 사망한 이후 벌어진 트로츠키Leon Trotsky와의 권력투쟁에서 승리한 스탈린Iosif Vissarionovich Stalin은 1937~1938년 실시된 군의 숙청과정에서 트로츠키에 의해 임관된 수백 명의 고위급 장교들을 포함해 약 2만 2,000명의 군 장교들을 처형했다. 제2차 세계대전이 끝난 후 스탈린은 나치 독일을 무찌르는데 가장 위대한 영웅이었던 주코프Georgii Konstantinovich Zhukov 원수에 대한 불안감 때문에 그를 연대장으로 좌천시켰다. 흐루시초프Nikita Khrushchyov는 한때 그를 국방장관으로 임명하고 정치적 위기 시 그의 지지를 받았지만, 그 후에는 주코프를 '보나파르트주의자'로 비난하고 조기 전역시켰다. 정권과 군의 긴장은 냉전 말기에도 나타나 1991년 군부의 쿠데타와 옐친의 쿠데타 저지는 결국 고르바초프의 퇴진과 함께 독립국가연합의 출범, 그리고 소련의 붕괴를 야기했다.

이렇게 볼 때 러시아의 전략문화는 그들의 역사적 경험과 지정학적 여건의 산물로서, 스스로를 방어하기 위해 부득불 대외적으로 팽창정책을 추구하지 않을 수 없는 전략문화를 견지하고 있다. 이와 동시에 내부적으로는 정권과 군부 간에 긴장이 존재하고 있으며, 이로

1924년 레닌이 사망한 이후 벌어진 트로츠키와의 권력투쟁에서 승리한 스탈린(1879~1953)은 1937~1938년 실시된 군의 숙청과정에서 트로츠키에 의해 임관된 수백 명의 고위급 장교들을 포함해 약 2만 2,000명의 군 장교들을 처형했고, 제2차 세계대전이 끝난 후 나치 독일을 무찌르는 데 가장 위대한 영웅이었던 주코프 원수에 대한 불안감 때문에 그를 연대장으로 좌천시켰다. 이처럼 러시아는 역사적으로 볼 때 정권과 군부 간에 긴장이 존재하고 결속이 미약한 특징을 보여왔다.

인해 관료조직 간의 이해충돌과 전문 직업군인에 대한 편견이 작용하여 대외적으로 국력을 효율적으로 발휘하는 데 제약요소로 작용하고 있다.

■ 토의 사항

1. 전략문화를 어떻게 정의할 수 있는가? 광의의 정의와 협의의 정의가 갖는 장단점은 무엇인가?

2. 국제정치학적 접근과 전략문화적 접근의 차이점은 무엇인가? 전략문화를 국제정치학에서와 같이 과학적인 방법으로 연구할 수 있는가?

3. 전략문화의 특성에는 어떠한 것이 있는가? 국가들의 정책결정과 행동은 전적으로 전략문화의 영향을 받는가? 국가들이 그들의 전략문화에 부합하지 않는 행동을 하는 것을 어떻게 설명할 수 있는가?

4. 전략문화는 국가이익을 달성하는 데 순기능을 하는가, 아니면 역기능을 하는가?

5. 전략문화를 형성하는 데 원천이 되는 요인들은 무엇이 있는가? 그러한 요인들 가운데 가장 중요한 요인 세 가지를 든다면 무엇이라고 생각하는가?

6. 미국의 전략문화는 무엇인가? 미국의 전략문화는 냉전의 종식과 9·11테러 등을 겪으면서 변화하고 있는가?

7. 중국의 전략문화는 무엇인가? 1978년 이후 중국의 개혁개방과 그로 인한 중국의 부상은 중국의 전략문화에 어떠한 영향을 주고 있는가?

8. 일본의 전략문화는 무엇인가? 전후 평화헌법을 채택하고 평화적 노선을 걷고 있는 일본의 행태는 그들의 전략문화에 위배되는 것인가?

9. 러시아의 전략문화는 무엇인가? 소련의 붕괴 이후 러시아의 전략문화는 어떠한 변화를 겪고 있는가?

ON MILITARY STRATEGY

제11장 지정학과 군사전략

1. 지정학의 기원
2. 대륙 중심의 지정학
3. 해양 중심의 지정학
4. 항공 중심의 지정학
5. 군사전략적 함의와 지정학의 미래

지정학은 알게 모르게 국가의 정체성, 특성, 그리고 역사를 형성해왔으며, 그 과정에서 정치적·사회적·경제적 발전을 돕기도 하고 저해하기도 했다. 그리고 때로는 강대국들의 정책결정에 다른 어떠한 요인보다도 핵심적 역할을 담당하기도 했다.

지정학이란 지리적 요인이 국가의 행위에 미치는 영향을 연구하는 학문이다. 즉, 어떤 국가의 지리, 기후, 자연자원, 인구, 그리고 지형이 어떻게 그 국가로 하여금 외교정책을 결정하게 하고, 국가들 간의 위계 속에서 스스로 자리매김하도록 하는지 보는 것이다. 지정학이라는 용어는 1899년 스웨덴 정치학자인 루돌프 첼렌Rudolf Kjellén이 처음 사용했고, 1930년대 칼 하우스호퍼Karl Haushofer와 독일의 정치지리학자들에 의해 세상에 널리 알려지게 되었다.[1]

1. 지정학의 기원

인간은 사회적 동물이다. 그러나 인간의 사회적 성격은 그들이 생활하는 공간의 영향에 따라 달라진다. 그것은 인간이 거주하는 공간의 지리적 요소와 자연환경에 따라 인간의 사고와 행동에 미치는 영향의 정도가 다르며, 그들의 의지와 창의력을 자극하는 정도가 다르기 때문이다. 그래서 아리스토텔레스Aristoteles는 "국토의 이질성은 국민의 이질성을 형성하며, 이는 국가 통일성에 장애가 된다"고 지적하고, "어떤 생활양식의 사람들은 특정한 자연환경에만 적합하므로 정부의 형태도 각기 달라야 한다"고 보았다.[2] 그러나 이러한 인식에도 불

---

1 Martin Griffiths et al., *International Relations: The Key Concepts*(New York: Routledge, 2008), pp. 122-123.

2 차륜, "지정학 강의(Ⅰ)", 『청탑』 제8집(1968년 7월), p. 34.

구하고 지리와 정치, 혹은 지리와 국가정책 간의 관계를 연구하는 '지정학'이 태동한 것은 19세기 막바지에 와서야 가능했다. 여기에서는 지정학의 선구자라 할 수 있는 프리드리히 라첼Friedrich Ratzel과 루돌프 헬렌의 주장을 중심으로 지정학의 기원을 고찰해보겠다.

가. 라첼

19세기 말부터 20세기 초에 이르기까지 독일의 지리학자인 프리드리히 라첼은 정치지리학을 발전시키면서 지정학이 출현할 수 있는 학문적 토양을 개척했다. 그의 사상을 이해하기 위해서는 우선 그가 살았던 시대적 배경을 살펴볼 필요가 있다. 라첼이 그의 사상을 발전시켰던 시대에 독일은 빌헬름 1세Wilhelm I와 비스마르크가 독일의 국력을 급속히 증대시키고 있었다. 독일은 1871년 강력한 위협세력이었던 프랑스와의 전쟁에서 승리하고 통일을 달성하면서 유럽 대륙에서 최강자로 부상했다. 산업혁명의 영향으로 석탄, 철광, 제철, 화학 분야가 급속히 발전하자, 독일은 해외 주요 지역에서 원료를 공급하고 시장을 개척할 필요를 느끼게 되었다. 그러나 이미 영국, 프랑스, 러시아 등 강대국들이 해외 주요 지역 대부분을 분할·점령한 상태였다. 이러한 상황에서 독일은 뒤늦게라도 식민지 건설 경쟁에 뛰어들어야 한다고 믿고 대외적 공간을 향한 팽창의 욕망을 강렬하게 느끼고 있었다.

라첼의 사상은 이러한 독일의 시대적 상황을 반영하고 있다. 그가 제기한 2개의 중심 개념은 '공간space'과 '위치location'였다.[3] 그에 의하면, 공간은 국가의 단순한 영토가 아니라 국가의 권력power의 상징 가

3 Saul B. Cohen, *Geopolitics of the World System*(Oxford: Rowman & Littlefield Publishers, 2003), p. 13.

프리드리히 라첼(1844~1904)은 '공간'이라는 지리적 요소가 정치를 결정한다고 보는 지리결정론자였다. 영국, 프랑스, 러시아 등 강대국들이 전 세계의 식민지와 해외시장을 이미 분할·점령한 이후 독일이 뒤늦게 해외시장을 비롯한 대외적 공간을 향한 팽창의 욕망을 강하게 느끼고 있던 시기에 "발전하지 않으면 노화할 수밖에 없고, 발전을 추구하는 국가는 발전에 필요한 에너지를 공급받아야 한다"는 라첼의 사상은 독일로 하여금 강대국 부상의 욕구와 함께 팽창의 욕구를 더욱 자극했다.

운데 하나였다. 즉, 공간은 정치적 권력이었다. 그는 국가를 하나의 유기체organism로 보고 국가는 단순히 국민과 영토가 기계적으로 결합된 것이 아니라 생명이 있는 유기체와 같은 실체로서 생물체의 일생과 유사하게 변화한다고 주장했다. 즉, 국가는 하나의 유기체로서 정치적 공간을 토대로 생성되고, 성장하고, 발전한다는 것이다. 이에 부가하여 그는 '위치'의 중요성도 강조했다. 그는 '위치'란 국가가 차지하고 있는 공간에 특별한 유일성을 부여해주는 요소라고 주장했다. 가령 동일한 규모의 공간을 차지하고 있다 하더라도 그러한 공간이 대륙에 속해 있느냐, 아니면 커다란 섬으로 존재하느냐에 따라 독특한 지정학적 성격이 부여된다고 보았다.[4]

라첼은 '공간'이라는 지리적 요소가 정치를 결정한다고 보는 지리결정론자였다. 그의 주장을 요약하면 다음과 같다. 첫째, 국가의 정치적 힘은 국가영역의 크기에 따라 결정된다. 국가는 성장할수록 더 많

---

4 Saul B. Cohen, *Geopolitics of the World System*, p. 13.

은 공간을 확보하는 데 관심을 갖지 않을 수 없다. 만일 영역에 대한 관념이 퇴색하면 그 정치체는 소멸할 수밖에 없다. 둘째, 국경은 국가의 팽창력에 따라 변한다. 국가의 팽창력이 이를 저지하는 경계선에 닿으면 그것을 타파하려 함으로써 전쟁이 일어난다. 셋째, 국가는 생명을 가진 조직체이다. 생물이 성장하기 위해서는 폭력을 사용해서라도 이를 저해하는 요인을 근절하지 않으면 안 된다. 넷째, 국가는 에너지 제공이 필요한 유기체이다. 성장하는 생물인 국가는 에너지를 공급받지 않으면 쇠약해져 죽기 때문에 주변의 가치 있는 요소들—해안, 강, 평야, 그리고 자원이 풍부한 지역 등—과 작은 국가들을 흡수하면서 성장해나가야 한다.[5] 이와 같이 라첼은 20세기 국제정치에서 나타나는 가장 두드러진 특징은 국가들이 큰 공간에 대한 욕구와 그것을 효과적으로 이용하는 능력을 추구하는 것이라고 보았다. 그리고 앞으로 인류의 역사는 북미, 러시아, 호주, 남미와 같이 대륙을 점령하고 있는 보다 큰 국가들이 지배하게 될 것이라고 전망했다.

라첼이 제기한 국가의 공간적 성장법칙은 영토침략 및 정복의 불가피성을 인정하고 있다. 이 시기에 국제정치 상황은 영국, 프랑스, 러시아 등 강대국들이 전 세계의 식민지와 해외시장을 분할·점령한 후였고, 후발주자인 독일은 뒤늦게 해외시장을 비롯한 공간 팽창의 욕망을 강하게 느끼고 있었다. "발전하지 않으면 노화할 수밖에 없고, 발전을 추구하는 국가는 발전에 필요한 에너지를 공급받아야 한다"는 라첼의 사상은 독일로 하여금 강대국 부상의 욕구와 함께 팽창의 욕구를 더욱 자극했다.[6]

---

5 이영형, 『지정학』(서울: 앰-애드, 2006), p. 33.

6 앞의 책, pp. 37-38.

나. 헬렌

루돌프 헬렌은 스웨덴의 정치학자로서 1916년 지정학의 효시로 평가되는 『유기체로서의 국가Staten Som Livsform』라는 저서에서 처음으로 '지정학Geopolitics'이라는 용어를 사용했다. 그는 지정학을 "공간으로 구현된 지리적 조직체인 국가를 연구하는 학문"으로 정의했다. 헬렌은 국가를 유기체로 보는 라첼의 사상에서 많은 영향을 받았으며, 그 결과 일부 학자들은 헬렌의 주장에 새로운 것이 없다고 비판하기도 한다. 비록 그가 라첼의 사상에서 많은 영향을 받은 것이 사실이라 하더라도 그가 '지정학'이라는 학문적 용어를 처음 사용하고 이를 발전시킨 것은 부인할 수 없다.[7]

헬렌은 라첼과 마찬가지로 국가를 지정학적 유기체geopolitical organism로 본다. 국가의 생명은 영토, 정부, 국민, 경제, 문화에 달려 있으며, 가장 중요한 속성은 권력이다. 국가는 살아 있는 유기체이므로 생명을 유지하기 위해 권력을 통한 영토확장을 추구한다. 국가는 법, 도덕, 이성보다도 권력을 우선시하며, 본능적으로 생존을 위해 권력에 입각한 공간적 팽창을 추구한다. 국가는 생존과 발전에 필요한 에너지를 계속 충당해야 하며, 그렇지 못하면 쇠약해지고 소멸하게 된다. 따라서 국가는 폭력을 사용해서라도 성장과 발전에 필요한 물자를 자신의 지배하에 넣어야 하고 또 그러한 것이 성장하는 국가의 권리이다.[8]

헬렌이 공간 크기의 중요성과 공간 확대의 필요성을 강조한 것도 라첼과 유사하다. 강대국이 되기 위한 조건은 국가영역의 넓이에서 시작된다. 그는 "한 국가가 강대국이 되기 위해서는 영역이 넓을 것, 이동의 자유를 확보할 것, 내부 결속이 확고할 것 등 세 가지 조건이

---

7 이영형, 『지정학』, p. 41.

8 앞의 책, p. 43.

'지정학'이라는 용어를 처음 사용하고 발전시킨 스웨덴의 정치학자 루돌프 헬렌(1864~1922)은 국가를 '지정학적 유기체'로 보았다. 그는 인간의 지리적 조직체인 국가와 공간의 관계를 논의하면서 국가의 공간 확대가 그 국가의 생존과 연계되어 있기 때문에 '생존권' 차원에서 어떠한 수단을 사용해서라도 공간적 팽창이 불가피하다는 점을 강조했다.

필요하다"고 했다. 따라서 그의 논리에 의하면, 불충분한 공간을 가진 국가는 식민지, 합병, 정복의 방법으로 자신의 공간을 확장시켜야 한다.[9]

다만, 헬렌의 주장은 '생존권'과 '자급자족의 경제권'이라는 측면에서 라첼의 사상을 보다 체계화한 것으로 볼 수 있다. 그는 인간의 지리적 조직체인 국가와 공간의 관계를 논의하면서 국가의 공간 확대가 그 국가의 생존과 연계되어 있기 때문에 '생존권' 차원에서 어떠한 수단을 사용해서라도 공간적 팽창이 불가피하다는 점을 강조했다. 또한 국가 생존에 필요한 에너지 혹은 자원을 자신의 지배하에 두어야 한다고 주장함으로써 '자급자족'의 개념을 강조했다. 이러한 주장은 뒤에 언급하게 될 하우스호퍼의 지정학 사상에 영향을 주었다.[10]

헬렌은 당시 유럽 정세에 대해 19세기 강대국들의 협조체제Concert of Europe가 약화되면서 유럽 전체가 전쟁과 혼란 속에 빠져 들어가고 있

9 이영형, 『지정학』, p. 43.

10 앞의 책, p. 41.

다고 진단했다. 범게르만주의자였던 헬렌은 스웨덴이 독일의 영향권에 편입되어야만 국가의 생존을 담보할 수 있다고 믿고 독일의 팽창 논리를 옹호하는 입장에 섰다.[11]

2. 대륙 중심의 지정학

가. 매킨더

지정학이라는 학문적 명칭을 처음 사용한 학자는 헬렌이었지만, 그것의 학문적 틀을 정립한 사람은 영국의 지리학자 해퍼드 매킨더Halford J. Mackinder였다. 매킨더는 대영제국의 전성기였던 빅토리아 시대의 인물로, 영국이 후발 산업국가인 독일의 강력한 추격을 받고 있는 상황에서 해양강국의 지위를 점차 잃어가고 있다는 비관적 관점에서 자신의 지정학 이론을 제기했다. 그의 논리는 대륙 중심의 지정학이 대두하고 있다는 준엄한 경고였고, 영국으로 하여금 이러한 지정학적 현실을 고려하여 대륙정책을 마련하도록 촉구하는 의미를 가졌다.

1904년 1월 매킨더는 "역사의 지리적 중추The Geographical Pivot of History"라는 논문을 발표했다.[12] 여기에서 그는 해양이 아닌 "유라시아의 내륙지역이 세계 정치의 중심"이 될 것으로 보았다. 그의 논리를 구성하는 세 가지 가정은 다음과 같다. 첫째는 정치에 대한 지리학의 영향이다. 그는 자연지리학이 정치과정에 직접적인 영향력을 미치고, 동시에 모든 국가의 정치적 지배력은 그들의 지리적 위치에 의해 결정

11 Saul B. Cohen, *Geopolitics of the World System*, p. 20.

12 Halford J. Mackinder, "The Geographical Pivot of History", Gearoid O Tuathail et al., eds., *The Geopolitics Reader*(New York: Routledge, 2005), pp. 27-31.

해퍼드 매킨더(1861~1947)는 지정학의 학문적 틀을 정립한 영국의 지리학자이다. 대영제국의 전성기였던 빅토리아 시대의 인물로, 영국이 후발 산업국가인 독일의 강력한 추격을 받고 있는 상황에서 해양강국의 지위를 점차 잃어가고 있다는 비관적 관점에서 자신의 지정학 이론을 제기했다. 그의 논리는 대륙 중심의 지정학이 대두하고 있다는 준엄한 경고였고, 영국으로 하여금 이러한 지정학적 현실을 고려하여 대륙정책을 마련하도록 촉구하는 의미를 가졌다.

된다고 보았다. 둘째는 정치에 대한 기술의 영향이다. 즉, 기술의 발전은 자연환경에 의한 제약을 극복할 수 있게 해주기 때문에 정치적 권력의 정도를 변화시킬 수 있다는 것이다. 셋째는 대륙우세론이다. 육지 공간에서 대륙 중심을 차지할 경우 세계의 정치과정에 중요한 영향력을 행사할 것으로 보았다. 그는 영국이 바다의 지배적인 해양세력임에는 분명하지만 앞으로 역사의 주인은 해양세력이 아닌 육지세력이 될 것이며, 20세기 세계의 패권은 육지세력에게 돌아갈 것이라고 주장했다.[13]

13 이영형, 『지정학』, p. 213.

1900년을 전후한 국제 상황을 바라보는 매킨더의 시각은 비관적이다. 그는 20세기를 전환기로 인식했다. 지리적 탐험의 시대가 막을 내림으로써 그때까지 유럽 강대국들이 누렸던 식민지 및 해외시장 개척이라는 기회를 더 이상 갖지 못하게 되자, 국가들 간에 전략적 기회와 자원의 확보 면에서 불균등한 분배가 이루어지고 이로 인해 국가 간 갈등과 분쟁의 싹이 틀 가능성이 증가하고 있었기 때문이다.[14] 또한 매킨더는 과학기술의 발달이 해양국가보다는 대륙국가에게 더 유리하게 작용할 것으로 전망했다. 내연기관의 발명, 철도, 그리고 근대적 도로망의 확충 등 육상 교통수단 발달로 과거와 같이 대륙국가에 대한 해양국가의 우월성은 이미 사라지고 반대로 해양세력에 대한 대륙세력의 우위가 가능해졌다. 머핸 시대의 과학기술이 대륙에서보다 해양에서의 이동성을 더 향상시켰다면, 매킨더 시대의 과학기술은 해양보다 대륙에서의 이동성을 더 향상시키고 있었다. 그 결과 과거에 바다가 영국에 안겨주었던 이점을 이제는 육상의 교통수단이 러시아와 독일 등 대륙국가에 제공해주고 있었던 것이다.[15]

매킨더는 그의 논문에서 '추축지대pivot area'라는 용어를 도입했다. 지구 공간을 놓고 볼 때 '추축지대'는 해양세력이 접근할 수 없는 유라시아 내부의 광활한 지역이다. 이 지역은 구체적으로 북극해의 체시스카야Cheshskaya 만, 모스크바 서쪽, 흑해 및 카스피 해 중간, 이란 고원, 톈산天山 산맥, 몽고 북쪽 산맥, 아나디르Anadyr 산맥 서부를 연결한 내측지역에 해당한다. 매킨더는 이 지역을 지배하는 것이 세계 지배를 위한 토대가 될 수 있다고 강조했다. 그는 육상수송, 인구 증가, 산업화 등에 주목하면서 권력의 기본 요소로 위치와 인력, 그

---

14 이기택, 『현대국제정치이론』(서울: 박영사, 1997), p. 102.

15 이영형, 『지정학』, p. 219.

리고 자원을 들고, 이 세 요소가 충족되는 세계의 중심부 지역을 적절히 개발하여 전쟁에 이용한다면 세계 지배가 가능할 것이라고 주장했다.[16]

▣ 매킨더의 세계 구분 1904 ▣

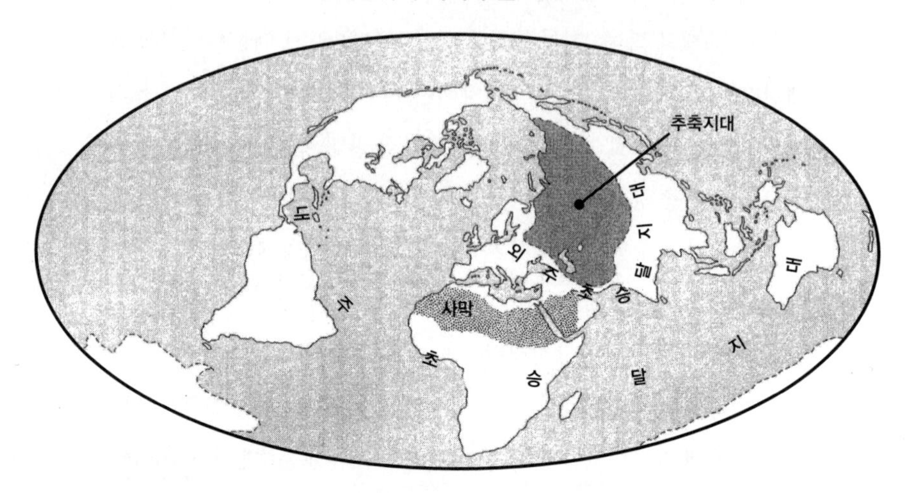

1904년 제기된 매킨더의 주장은 그로부터 15년 후 보다 구체적으로 발전했다. 1919년 매킨더는 『민주주의의 이상과 현실Democratic Ideals and Reality』을 출간했다. 이 저서에서 그는 '축pivot' 개념을 '하트랜드heartland' 또는 '심장부'라는 개념으로 수정하여 발전시켰다. 하트랜드는 해양세력이 접근할 수 없는 해상교통로에서 완전히 차단된 유라시아 내부지역을 말한다. 동시에 이 지역은 대륙국가들이 철도라는 육상 교통수단을 이용하여 쉽게 접근할 수 있는 지역이기도 하다. 즉, 하트랜드는 유라시아 대륙의 중심부로서 발트 해, 도나우 강 중류 및 하

16 이영형, 『지정학』, p. 215.

류 지역, 흑해, 아르메니아, 페르시아, 티베트 고원, 몽골 지역 내부를 포함한다. 동쪽으로는 인도와 중국의 대수로, 티베트와 몽골 고지를 포함하며, 서쪽으로는 동부 및 중부유럽을 포함하고 있다. 그는 과거 '축'에 포함되지 않았던 동유럽과 극동지역의 일부를 포함시켜 하트랜드의 영역을 더욱 확대했는데, 이는 대륙에서의 교통수단의 발달과 인구성장, 그리고 산업화 등을 고려했기 때문으로 보인다.[17]

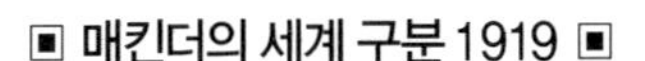

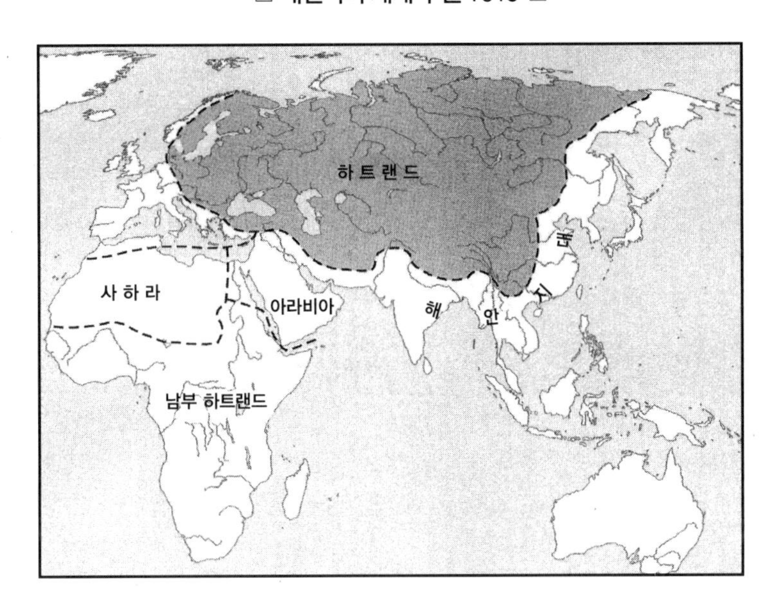

매킨더는 세계의 심장부가 그 주변지역인 극동과 남아시아, 그리고 유럽을 지배할 수 있는 거대한 힘의 원천이 될 수 있을 것으로 보았다. 그리고 그는—영국의 시각에서 볼 때—심장부로 향하는 관문인 동

17 이영형, 『지정학』, pp. 220-221; 사울 코헨, "지정학적 관점: 고대와 현대", 최병갑 외, 『현대 군사전략대강 II』(서울: 을지서적, 1988), p. 190.

유럽의 지배가 그 전초전이 될 것으로 믿었다. 그래서 그는 다음과 같이 주장했다.

> 동유럽을 지배하는 자가 세계의 심장부를 지배하고,
> 세계의 심장부를 지배하는 자가 세계의 섬을 지배하며,
> 세계의 섬을 지배하는 자가 세계를 지배한다.[18]

매킨더에 의하면 유라시아 중심부인 하트랜드, 즉 심장부 지역은 사방으로 진출하기 용이할 뿐 아니라 풍부한 자원과 옥토로 구성되어 있다. 따라서 이 지역을 지배할 경우 유라시아 전체는 물론, 더 나아가 세계 지배를 보다 쉽게 현실화할 수 있다. 그런데 그는 러시아가 그러한 위치에 설 수 있을 것으로 보았다. 지리적으로 볼 때 러시아는 유라시아 대륙의 중심에 있으며, 하트랜드는 러시아의 내부 공간과 일치하기 때문이다.[19]

매킨더는 하트랜드 이외의 외부 공간에 대해서도 지정학적 의미를 부여했다. 먼저, 그는 유라시아 대륙의 반도부에 위치하고 있는 스칸디나비아에서 중국 해안까지 펼쳐진 연속된 벨트 모양의 공간을 '내주 또는 연변의 초승달 지대inner or marginal crescent'로 명명했다. '내주 또는 연변의 초승달 지대'는 추축지대를 보호하는 역할을 하며, 중부 및 서부유럽, 중동, 동남아시아, 중국, 한반도 등을 포함한다. 이 지역은 바다로의 접근이 가능하여 대륙이나 해양 모두에 대한 힘의 투사가 용이하다. 또한 매킨더는 내부 초승달 지역의 바깥에 위치한 지역을 '외주 또는 도서 초승달 지대outer or insular crescent'로 불렀다. 이 지역

---

18 Halford J. Mackinder, *Democratic Ideals and Reality*(New York: Norton, 1962), p. 150.

19 이영형, 『지정학』, p. 222.

은 영국, 일본, 남북아메리카, 오스트레일리아, 남아프리카를 포함한다.[20] 매킨더는 이러한 국가들이 지리적 특성상 외부로부터 공격받을 우려는 거의 없으나, 내륙으로 진출하려는 강한 충동을 느끼고 있어 내륙 공간을 통제하려는 각종 전략을 개발하려 한다고 보았다.

▣ 추축지역(하트랜드)과 기타 지역 구분

구분	지역 및 특징
하트랜드 지역 (pivot area, heartland)	• 유라시아 대륙 내부 [볼가(Volga) 강-레나(Lena) 강-티베트-북극해] • 해양세력 접근 불가능 • 규모나 자원 면에서 세계적으로 중요한 지역
내주 또는 연변 초승달 지대 (inner or marginal crescent)	• 중부 · 서부유럽지역, 중동지역, 동남아시아, 중국 • 바다에 접근 가능 • 대륙이나 해양에 대한 힘의 행사가 가능
외주 또는 도서 초승달 지대 (outer or insular crescent)	• 영국, 일본, 남북아메리카 대륙, 오스트레일리아, 남아프리카 등 • 해양을 통한 무역에 치중 • 자국의 해양력에 힘입어 내륙으로 진출하려는 강한 충동

매킨더는 두 대륙세력인 독일과 러시아가 결합하여 블록을 형성할 때 영국을 위협할 수 있는 '세계제국'이 될 위험성을 우려했다. 독일 혹은 러시아가 단독으로 하트랜드를 장악할 경우에도 마찬가지로 세계를 지배하고 영국을 위협할 수 있다. 따라서 제1차 세계대전 당시 영국이 프랑스, 러시아와 동맹을 맺고 유럽 대륙에 군대를 투입하여 독일의 패권 야욕에 대항한 것은 바로 매킨더의 전망이 현실화될 것에

20 이영형, 『지정학』, pp. 223-224; Halford J. Mackinder, "The Geographical Pivot of History", Gearoid O Tualthail et al., eds., *The Geopolitical Reader*, pp. 30-31.

대한 우려를 반영한 것으로 이해할 수 있다.

제2차 세계대전 막바지에 이르러 매킨더의 지정학적 관점에 커다란 변화가 나타났다. 매킨더는 1943년 "둥근 세상과 평화 달성The Round World and the Winning Peace"이라는 논문에서 그 이전에 주장한 하트랜드와 그의 세계관을 수정했다. 우선 그는 이전에 설정한 하트랜드에서 중앙시베리아 고원을 제외시키고 이를 유라시아의 삼림과 목초지로 한정했으며, 서쪽 경계를 북대서양 연안지역으로 확대했다. 또한 그는 아시아 몬순지역과 남대서양 유역을 하트랜드에 포함시키지는 않았지만, 이 지역이 미래에 중요성을 더할 것이라고 주장했다. 이러한 매킨더의 인식 변화는 과거 철도교통 발달에 따른 육상세력의 이동력에 초점을 맞춘 세계관에서 벗어난 것으로, 새롭게 사람, 자원, 그리고 기술을 중심으로 한 권력의 중추에 초점을 맞춘 것으로 볼 수 있다. 항공력과 같은 기술이 발전함에 따라 '철도' 수준의 세계관은 더 이상 맞지 않았던 것이다.

▣ 매킨더의 하트랜드 영역 변화 ▣

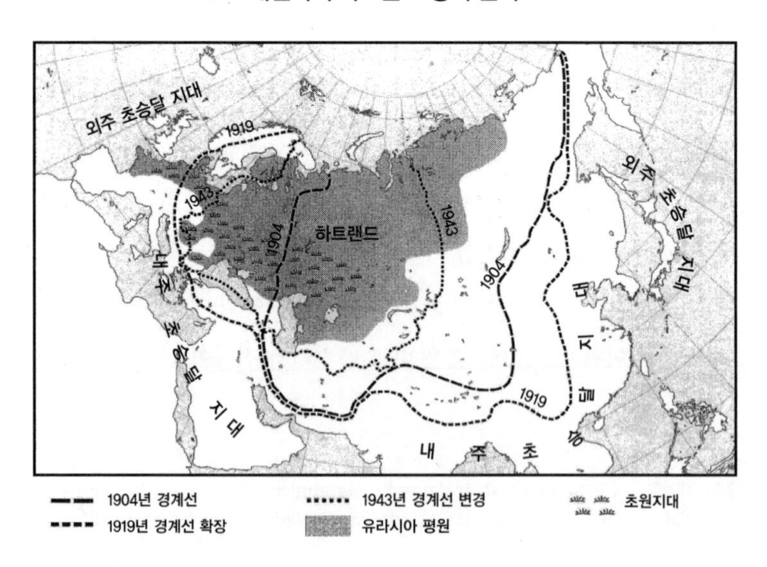

결국, 매킨더는 1919년 하트랜드를 통제하는 자가 세계를 지배한다고 했지만, 현실은 하트랜드를 통제한다고 해서 자동으로 유럽이나 다른 섬들을 통제하는 것은 아님이 분명히 밝혀졌다. 이 시기에 이르러 그도 이러한 사실을 깨닫고 있었으며, 그것이 바로 그가 자신의 주장을 수정한 이유였을 것이다. 아무튼 학자들은 매킨더의 1943년 주장에 대해서는 별다른 관심을 두지 않았지만, 1943년 제시한 매킨더의 지정학적 관점은 소련의 강대국 부상과 함께 냉전시대 대서양과 유럽의 중요성을 예언했다는 점에서 의미가 크다.[21]

나. 하우스호퍼

제1차 세계대전 기간 직접 전투에 참여했던 칼 하우스호퍼는 1919년 뮌헨 대학교 지리학 강사로 강단에 서면서 1939년까지 자신의 지정학 사상에 관한 400편 이상의 논문을 발표했다. 그는 1924년 월간지《지정학보Zeitschrift für Geopolitik》를 창간했으며, 1931년 이후 나치의 외교 고문으로서 독일의 대외정책, 특히 나치의 침략정책에 논리적 근거를 제공하는 역할을 담당했다. 1933년 히틀러가 독일의 정치권력의 중심에 서게 되면서 지정학은 현실정치를 위한 하나의 도구로 자리 잡기 시작했으며, 독일 내 지정학자들은 독일 국민들에게 제1차 세계대전의 패전에 대한 보복정신을 가르치고, 국가의 생존 및 발전, 그리고 팽

21 Saul B. Cohen, "Geopolitical Perspectives: Ancient and Recent", Arthur F. Lykke, Jr., ed., *Military Strategy: Theory and Application*(Washington, DC: NDU Press, 1982), pp. 3-85; Colin S. Gray, "In Defense of the Heartland", Brian W. Blouet, ed., *Global Geostrategy: Mackinder and the Defense of the West*(New York: Frank Cass, 2005), p. 23.

독일의 지정학자 칼 하우스호퍼(1869~1946)는 1931년 이후 나치의 외교 고문으로서 독일의 대외 정책, 특히 나치의 침략정책에 논리적 근거를 제공하는 역할을 담당했다. 그는 국가의 생명을 유지하기 위해 생활의 기반이 되는 '큰 공간(large space)'을 안전하게 확보해야 한다는 라첼의 사상에서 출발하여 헬렌의 사상과 1930년대 일본의 제국적 팽창의 성공을 모델로 하여 '생활권' 확보 개념을 만들어냈다.

창에 대한 국가사회주의적 입장을 대변하도록 했다.[22]

하우스호퍼는 지정학자로서 전쟁과 전략, 그리고 전면전의 필요성을 역설했다. 그는 제1차 세계대전 직후 유럽의 세력 판도에서 독일의 '제3제국The Third Reich' 건설을 간절히 바라는 민족의 염원을 지정학적 개념으로 풀어내고 이를 실천적 정책으로 제시했다.[23] 그의 사상은 국가의 생명을 유지하기 위해 생활의 기반이 되는 큰 공간large space을 안전하게 확보해야 한다는 라첼의 사상에서 출발한다. 그리고 헬렌의 사상과 1930년대 일본의 제국적 팽창의 성공을 모델로 하여 '생활권lebensraum' 확보 개념을 만들어냈다. 또한 그는 하트랜드가 세계 지배를 위한 열쇠라는 매킨더의 주장을 수용하여 러시아와의 연합을

22 이영형, 『지정학』, pp. 245-249. 하우스호퍼는 지정학을 "땅과 정치과정의 관계를 연구하는 학문"으로 정의하고 있다. 그에 의하면 지정학이란 국가의 행동과 지리적 한계의 관계를 다루는 것이며, 공간적 요구에 관심을 기울이는 학문이다.

23 사울 코헨, "지정학적 관점: 고대와 현대", 최병갑 외, 『현대군사전략대강 II』, p. 194.

주장했다. 그의 지정학 사상은 단순한 '이론연구'가 아닌 '정치실습'을 위한 것으로, 생활권, 국가의 경제적 자급자족autarky, 범지역주의pan-regions, 대륙국가 우세론, 그리고 자연국경론natural frontier으로 요약할 수 있다. 그의 핵심적 주장을 살펴보면 다음과 같다.[24]

첫째, 생활권 이론이다. 살아 있는 유기체인 국가에게는 충분한 생존 공간이 제공되어야 한다. 하우스호퍼는 모든 인류의 역사가 생존 공간을 위한 투쟁사였으며, 국가 간 생존경쟁은 더 많은 생활공간을 확보하려는 경쟁이었다고 주장한다. 또한 그는 국가의 발전 정도에 따라 그에 걸맞은 영역을 소유하는 것은 곧 국가의 권리라고 보았다. 역동적인 국가는 자신의 삶의 공간을 확장하면서 대규모 경제적 자급자족 체제를 구축하고 이웃 국가로부터 정치적 독립을 확보하려 한다. 따라서 강대국은 약소국을 흡수하게 되고, 작은 국가는 자연스레 소멸하면서 역사는 발전한다는 것이다. 이 같은 하우스호퍼의 주장은 독일의 과도한 인구밀도에 따르는 정치적 공간의 협소함과 국가경제의 불안정성에서 나타나는 문제에 대한 해결책을 주변국에 대한 침략정책에서 찾고 있음을 보여준다.

둘째, 자급자족론이다. 이는 헬렌이 지적한 바와 같이 국가는 생존 및 발전에 필요한 물자를 자신의 지배하에 넣을 권리가 있다는 주장의 연장선상에 있다. 자급자족 체제란 한 국가가 자국의 국경 안에서 외부의 도움 없이 독자적으로 생존할 수 있는 필요한 모든 자원을 갖추어야 한다는 것을 의미한다. 즉, 자급자족론은 단일국가는 경제적으로 자기 충족이 가능해야 한다는 것으로, 자급자족을 위해서는 자원과 산업이 소재하는 지역을 자국의 영토로 편입시키는 것이 가장 확실한 방법이다. 이러한 논리는 이웃의 버터를 획득하기 위해 총을

---

24 이영형, 『지정학』, pp. 250-255; 이기택, 『현대국제정치이론』, pp. 105-107.

사용하여 이웃을 차지해야 한다는 것으로, 독일 국민으로 하여금 전쟁으로 나가도록 종용하는 근거로 작용했다.

셋째, 범지역주의 이론이다. 앞의 생활권 이론과 자급자족론은 범지역주의 이론으로 연결된다. 생존권 확보와 자급자족에 필요한 자원 및 산업을 지배할 필요성이 대두함에 따라 '범지역주의'라는 개념이 도입된다. 하우스호퍼에 따르면, 모든 국가는 생활공간을 확보하고 자급자족에 필요한 자원과 생산을 보장하기 위해 이와 관계된 광범위한 지역을 지배할 수 있는 능력을 갖추어야 한다. 그는 미국이 1823년 '먼로 독트린Monroe Doctrine'을 발표하면서 남북아메리카 전체를 외부로부터 간섭을 받지 않는 미국의 생활권으로 만들었다고 보고, 이 같은 개념을 바탕으로 세계를 4개의 블록으로 나누었다. 그것은 남북아메리카를 포함하는 미국 지배하의 범아메리카 지역, 유럽과 아프리카를 포함하는 독일 지배하의 범유라프리카 지역, 러시아와 인도를 포함하는 소련 지배하의 범러시아 지역, 그리고 대동아공영권인 일본 지배하의 범아시아 지역으로서, 이들 지역은 각각 자원과 생산 면에서 자급자족이 가능하다고 보았다.

넷째, 대륙국가 우세론이다. 매킨더와 마찬가지로 하우스호퍼도 역시 지구 공간의 통제에 있어서 대륙세력이 해양세력보다 우세하다고 보았다. 그는 기본적으로 강대국들 간의 투쟁이 불가피하며, 각 국가들이 제국주의적 팽창을 추구함으로써 군사적 충돌이 심화할 것으로 보았다. 따라서 그는 우선 아시아의 강국인 러시아와의 동맹이 필요하다고 보았다. 즉, 대륙국가인 독일과 러시아가 동맹을 통해 유럽의 운명을 통제하고, 더 나아가 독일이 러시아를 제압한다면 최종적으로 대륙국가인 독일이 지구 공간을 통제할 수 있게 된다는 것이다. 이 과정에서 독일이 러시아와 함께 유럽의 운명을 통제하더라도 우선은 동유럽의 슬라브 영토를 포함한 유럽을 독일의 지배하에 통일해야 한다고 보았다. 그리고 독일이 유럽 대륙을 장악한 다음에는 일본을 중심으로 한 태평양 세력과 연합하여 미국과 영국 중심의 대서양 세력을 상대로 투쟁해야 할 것으로 전망했다.

다섯째, 자연국경론이다. 이는 정치적 국경political frontier과 대응되는 개념이다. 정치적 국경은 일시적인 조치이므로 국가 간 경계는 항상 자연 국경으로 설정해야 한다는 것이다. 즉, 모든 국가는 자연 국경에 대한 권리를 갖고 있으며, 침략적일지라도 정치적 국경을 넘어서는 자연 국경을 추구할 수 있다는 이론이다.

이후 히틀러가 추진한 팽창정책은 하우스호퍼의 이론을 토대로 한 것이었다.[25] 우선 히틀러는 독일의 생존 공간을 확보하기 위해 러시아와 주변 국가들을 희생시키기 위한 동유럽 진출을 결정했다. 동유럽은 하트랜드로 다가서기 위한 관문이었을 뿐 아니라, 그 지역의 밀, 석탄, 석유 등 무한한 자원은 독일의 지정학 전략을 현실화할 수 있는 귀중한 자원으로 인식되었다. 다만, 그는 하우스호퍼가 소련에 대한 군사정복에 동의하지 않고 오히려 소련과의 제휴를 주장함에 따라 1939년 8월 23일 소련과 불가침조약을 체결했다.[26] 1939년 제2차 세계대전을 일으킨 히틀러는 1940년 손쉽게 프랑스 점령에 성공하자, 소련과의 연합을 주장한 하우스호퍼의 조언을 무시하고 곧바로 하트랜드 지역을 점령하기 위해 1941년 6월 소련에 대한 공격을 개시했다. 그는 독일을 최고의 강국으로 만들기 위해 볼셰비키와 유대인을 파괴하고 유라시아에 새로운 사회를 건설한다는 확신에 차 있었다. 그는

---

25 James E. Dougherty and Robert L. Pfaltzgraff, Jr., *Contending Theories of International Politics*, p. 67.

26 사실 소련은 유럽에 집단안보구상을 제안했으나 서구 국가들로부터 무시를 당하게 되었고, 향후 전쟁에 가담하지 않는 길은 독일과의 협상뿐이라는 생각을 갖고 불가침조약에 임하게 되었다.

동부로 전격하여 동유럽과 소련을 점령하고 독일에 보다 광활하고 안정된 생활공간을 제공하려 했다.[27]

결국 하우스호퍼의 생활권 이론은 나치의 '세계지배' 이론과 연결되었고, 이를 뒷받침한 지정학은 침략정책을 정당화한 제국주의 학문으로 낙인찍히게 되었다. 그리고 지정학은 세계대전이 끝난 후 갑자기 학문 영역에서 설 자리를 잃고 말았다.[28]

3. 해양 중심의 지정학

가. 머핸의 해양우세론

머핸의 해양이론에 대해서는 이미 앞 장에서 세부적으로 알아보았다. 따라서 여기에서는 그의 사상 가운데 지정학과 관련하여 해양우세론에 대한 내용을 중심으로 살펴보겠다.

머핸의 이론은 "국제정치라는 것은 결국 바다를 통제하기 위한 계속적인 투쟁"이라는 가설에 기초를 두고 있다. 세계열강이 되는 길은 해양이라는 공간과 그 공간을 따라 연결된 긴 상업적 통로를 장악하는 것이 그 요체라고 본 것이다. 사실 고대로부터 해양은 국가와 문명의 해후나 상봉을 가능케 하는 연결통로였으며, 초기 문명은 이러한 해안선을 끼고 발달할 수 있었다. 또한 그리스나 로마 등 지중해 연안국가가 고대 세계의 권력 중심이 된 것도 해양 공간을 장악하고 이를 효과적으로 이용할 수 있었기 때문에 가능했다. 근대 역사를 통해 해양과 국가 발전

---

27 이영형, 『지정학』, p. 259.

28 Colin Flint, *Introduction to Geopolitics*(New York: Routledge, 2006), p. 21.

의 관계를 연구한 머핸은 영국을 하나의 모범적 국가의 예로 들어 해양 국가만이 세계를 지배하는 강대국이 될 수 있음을 주장했다.[29]

따라서 머핸에 의하면, 모든 국가의 외교정책결정에 있어서 바다에 대한 진출과 해양공간의 장악이 가장 중요하다. 그 이유는 해양세력이 대륙세력보다 우세하기 때문이다. 해양세력이 우세한 이유는 그 '기동성'과 '교통의 편리함'에 있다. 바다라는 것은 결국 내부로부터 외부로 뻗어나가는 교통로가 될 수 있으며, 해양세력은 해상교통로를 통해 육지세력보다 용이하게 세계 각지에 접근하여 자원을 획득하고 시장을 개척하며 국가의 부를 축적할 수 있다. 역사적으로 수에즈Suez, 지브롤터, 싱가포르, 홍콩으로 연결되는 수로를 장악할 경우 세계 무역을 장악할 수 있었으며, 따라서 이러한 수로를 확보하는 것은 강대국의 입장에서 매우 중요한 대외정책이 아닐 수 없다.[30]

머핸의 이론은 해양우세론의 입장에 서 있다. 보다 정확하게 말하자면 '도서국가 지배론'에 가깝다. 그의 이론에 의하면, 육지에서 불안한 국경을 갖고 있는 국가는 바다로의 접근이 어렵다. 육지상의 국경을 방어하기 위해 많은 자원을 투입해야 하기 때문이다. 반면, 미국이나 영국과 같이 대륙국가이자 도서국가인 나라는 상대적으로 해양으로의 진출이 용이하고, 대륙국가는 이러한 도서국가에 쉽게 도전할 수가 없다.

머핸의 이론은 영국과 미국, 나아가 일본의 국력 팽창을 위한 정치철학적 기초를 제공해주었으며, 이들로 하여금 더욱 적극적으로 해양에 대한 진출 노력을 경주하도록 만들었다.

---

29 이기택, 『현대국제정치이론』, p. 104.

30 앞의 책, p. 105.

나. 스파이크맨의 림랜드 이론

미국 예일대 교수였던 스파이크맨Nicholas J. Spykman의 해양 중심 지정학 이론은 대양지배를 세계지배의 핵심으로 간주했다는 점에서 머핸 사상의 연속선상에 있다. 그러나 한편으로 그의 논리구조나 용어, 그리고 결론을 살펴보면 오히려 매킨더로부터 많은 영감을 얻었음을 알 수 있다. 물론 스파이크맨은 매킨더와 정반대로 해양 중심의 사상을 전개했다.

스파이크맨은 1944년『평화의 지리학The Geography of Peace』을 저술하면서 국가의 대외정책에서 지리의 중요성을 강조했다.[31] 그는 지리가 가장 영속적이기 때문에 국가의 정책 형성에 있어서 가장 기본적인 결정요소라고 보았다. 물론, 지리가 영속적이라고 해서 그것이 항구불변하다는 것은 아니다. 국제정치 주체들의 역동성이 공간의 의미를 변화시키기도 하고, 그러한 변화로 인해 지리적 의미가 새롭게 해석될 수도 있다. 가령, 중국의 공산화 전후로 중국이라는 지리적 의미가 전혀 다르게 받아들여지는 것과 마찬가지이다. 그럼에도 불구하고 지리 그 자체는 쉽게 변화하는 것이 아니며, 모든 국가의 대외정책은 국가 공간이 펼쳐진 위치와 상황으로부터 자유로울 수 없기 때문에 지리적 속성을 감안하지 않을 수 없다. 이러한 이유로 스파이크맨은 지정학이 국제정치를 분석하는 가장 유용한 도구이자 대외전략을 수립하는 데 가장 분석적이고 효율적인 기제라고 주장한다.[32]

스파이크맨은 매킨더와 마찬가지로 지구 공간을 분할하고 각 공간별로 가치를 평가했다. 그는 지구 공간을 하트랜드, 림랜드rimland, 그리고 해양대륙으로 나누었다. 먼저 하트랜드 지역은 소련 영토에 해

---

31 Nicholas N. J. Spykman, *The Geography of Peace*(New York: Harcourt, Brace, 1944).

32 이영형,『지정학』, pp. 232-233.

당하는 지역으로 매킨더가 하트랜드로 지정한 지역과 유사하나, 그 가치에 대해서는 다른 평가를 내리고 있다. 즉, 스파이크맨은 하트랜드 지역이 교통과 기동성, 그리고 산업 잠재력 면에서 세계적인 중심 지역이 될 가능성이 희박하다고 보았다. 그것은 첫째로, 소련의 공간은 광대하지만 경작이 가능한 지역은 서부지역과 남서부지역으로 한정되며, 유전 및 석탄, 철광의 분포는 우랄 산맥 서부에 편재되어 있기 때문이다. 둘째로 교통이 발달하면서 유라시아 내부에서의 기동성은 높아졌으나 외부지역으로의 수송은 북쪽, 동쪽, 남쪽, 남서쪽이 빙산과 바다, 산악으로 이루어져 여의치 않다는 것이다. 따라서 그는 하트랜드가 국제정치에서 지정학적으로 큰 비중을 차지하기는 어렵다고 판단했다. 매킨더는 수송체계의 발달을 근거로 하트랜드의 잠재력을 과대평가하고 있으나, 스파이크맨은 수송체계의 발달로 인해 새로운 중심지로 떠오르는 지역은 오히려 하트랜드가 아니라 교역활동이 활발한 대륙의 주변부임을 강조했다.[33]

▣ 스파이크맨의 지구 공간 분류 ▣

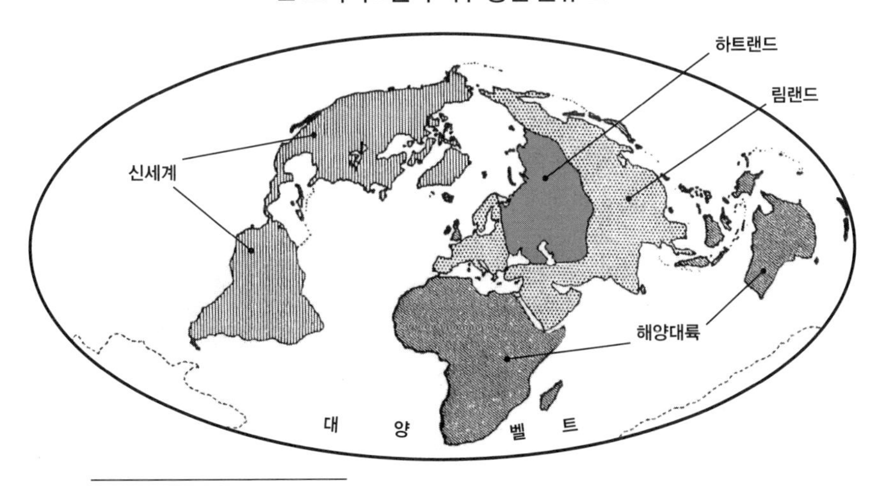

33 이영형, 『지정학』, pp. 234-237.

스파이크맨은 매킨더가 지적한 '내부 초승달' 지역을 림랜드로 명명한다. 그가 언급하고 있는 유라시아의 림랜드는 유럽 해안, 아라비아와 중동의 사막, 그리고 인도에서 중국 남부에 이르는 아시아의 몬순기후 지역 등 가장자리의 땅을 포함한다.[34] 이 지역은 다음과 같은 특징을 갖는다. 첫째로 강우량이 많아 농경에 적합하다. 북극해에 접해 있는 관계로 추위가 심해 농경에 적합하지 않은 하트랜드 북부와 대비된다. 둘째로 인구가 조밀하여 생산활동이 활발하게 이루어진다. 역사적으로 고대의 문명이나 종교가 이 지역에서 발원한 것은 바로 이러한 이유에 기인한다. 셋째로 림랜드는 잠재적으로 해양세력 또는 육지세력의 일부가 될 수 있는 가능성을 지닌 지역으로 가장 붐비고 문명화된 지역이다. 이를 근거로 스파이크맨은 림랜드 지역을 역사의 객체가 아니라 능동적인 주체로 인식한다.

림랜드 외곽에는 영국과 일본 등을 비롯한 도서국가들이 해양대륙을 형성하고 있다. 이 지역은 매킨더의 '외주 초승달' 지대를 의미한다. 림랜드 외곽의 도서국가인 영국과 일본, 그리고 미국은 독자적인 지정학 전략을 구사할 능력이 있다. 그러나 호주나 아프리카와 같은 그 외의 다른 도서국가들은 하트랜드 및 림랜드 세력의 정치 변화로부터 많은 영향을 받고 있다.

스파이크맨은 유라시아 림랜드가 대규모 인구, 풍부한 자원, 그리고 해안선 활용 등의 측면에서 세계를 통제할 수 있는 열쇠가 될 수 있다고 본다. 따라서 그는 매킨더와 정반대의 입장에서 다음과 같이 주장했다.

림랜드를 통제하는 자가 유라시아를 지배하고, 유라시아를 지배하는 자가

---

34 Brian W. Blouet, "Halford Mackinder and the Pivotal Heartland", *Global Geostrategy: Mackinder and the Defense of the West*(New York: Frank Cass, 2005), p. 6.

세계의 운명을 자신의 손아귀에 넣을 수 있다.[35]

대륙세력이 림랜드를 장악한다면 해양세력이 대륙의 연안지역에 닻을 내리는 것을 막을 수 있다. 그리고 해양세력이 동일 지역을 장악한다면 대륙세력의 팽창을 차단하면서 대륙 공간으로 침투할 수 있는 발판을 마련할 수 있다. 결국 스파이크맨은 유라시아의 심장지역이 아니라 주변지역을 장악함으로써 세계를 지배할 수 있다고 본 것이다.

스파이크맨의 림랜드 이론은 제2차 세계대전 이후부터 냉전이 종식될 때까지 서구의 대표적인 지정학 전략으로 이용되었다. 그의 논리는 미국의 대對소련 봉쇄정책의 개념적 틀을 제공했다. 미국은 해상세력을 중심으로 소련의 공산주의 팽창을 봉쇄하기 위해 림랜드 지역의 주요 국가들과 군사동맹을 결성하고 군사기지를 건설하면서 거대한 포위망을 구성했다. 이러한 미국의 전략은 전후 일본의 전략적 중요성을 부각시켜 미국으로 하여금 일본을 보호하고 미일동맹을 강화하는 원인이 되었다.[36]

4. 항공 중심의 지정학

과학기술의 발달로 공군력이 전쟁의 승패를 좌우할 수 있는 핵심적 역할을 수행할 수 있게 되자, 이와 관련된 다수의 견해가 지정학 차원에서 제기되었다. 항공력 중심의 지정학을 발전시킨 학자들로는 세버스키Alexander P. Seversky, 레너George T. Renner, 존스Stephen Jones 그리고 슬레서John Slessor 등을 들 수 있다.

---

35 Nicholas J. Spykman, *The Geography of the Peace*(New York: Harcourt, Brace & Co., 1944), p. 43.

36 이영형,『지정학』, p. 242.

1942년 레너는 항공기의 발전과 북극을 지나는 비행항로 덕분에 기존 유라시아의 '하트랜드'와 다른 지역에 있는 제2의 하트랜드, 즉 북반구 내에 새롭게 형성된 '영미권' 하트랜드 사이에 이동이 용이하게 되었다고 주장했다. 그 결과 유라시아의 소련과 영미권인 미국과 영국이 모두 북극 비행경로를 통한 서로의 항공기 공격으로부터 취약해졌다고 평가했다.[37]

이에 영향을 받은 세버스키는 1942년『항공력을 통한 승리Victory through Air Power』와 1950년『항공력: 생존의 열쇠Air Power: Key to Survival』라는 저서에서 항공력을 통해 결정적인 공간을 장악함으로써 전쟁에서 승리할 수 있다는 새로운 전략과 논리를 제시했다. 세버스키의 주장은 '결정지역Area of Decision 이론'으로 불린다. 그는 우선 제2차 세계대전 이후 위력을 발휘하고 있던 공군력에 무게중심을 두고, '하늘의 패권air supremacy'을 장악하는 자가 항공우주시대에 세계의 운명을 지배한다고 주장했다. 그리고 하늘의 패권을 장악해야 하는 핵심지역으로 미소 양국의 제공권이 중첩되는 공중구역인 북반구의 결정지역을 지목했다.[38] 세버스키에 의하면, '결정지역'은 다음과 같이 볼 수 있다. 먼저, 북극을 중심으로 하여 남북아메리카, 유라시아, 아프리카를 바라본다. 그리고 미국의 공업중심지역을 중심으로 미국의 공군에 의해 통제가 가능한 범위를 따라 원을 그린다. 마찬가지로 소련의 공업중심지역을 중심으로 소련 공군이 통제할 수 있는 범위를 따라 원을 그린다. 그러면 두 원이 겹쳐지는 부분이 생기는데, 이 중첩된 지역이 바로 '결정지역'이다. 이 지역은 북아메리카, 유라시아 하트랜드, 유럽의 해안지역, 북아프리카, 중동지역 등을 포함하며, 미소 양국 공군 모두의 작전 가

---

37 Saul B. Cohen, *Geopolitics of the World System*(Oxford: Rowman & Littlefield Publishers, 2003), p. 202.

38 앞의 책, pp. 202-203.

능 범위에 속하기 때문에 이 지역에서 미국과 소련의 제공권이 충돌할 수 있다.[39]

▣ 세버스키의 '결정지역' ▣

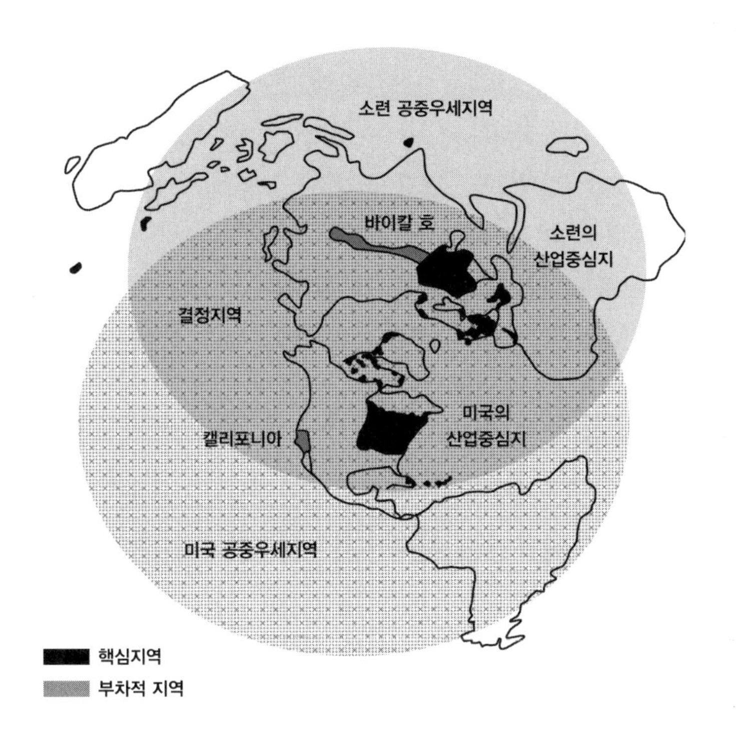

세버스키는 미국과 소련 중 누가 먼저 결정지역을 장악하느냐에 따라 세계 제공권의 장악이 결정되고 지구 공간에 대한 지배가 가능하다고 보았다. 따라서 그는 미소 간의 공군력이 중복되는 결정지역을 장악하는 자가 하늘의 패권을 장악하고, 하늘의 패권을 장악하는 자

---

39 이영형, 『지정학』, p. 290.

가 세계를 지배한다고 했다.[40]

다만, 세버스키의 이 같은 주장에는 논란의 여지가 있다. 첫째, 공중전을 통해 제공권을 장악할 수 있다고 한 주장은 부분적으로 옳을 수 있으나 전체적으로 그러한 것은 아니다. 어느 한 국가가 결정지역 전체에 대해 전쟁 기간 내내 제공권을 장악하기는 사실상 불가능하다. 둘째, 공군력을 지나치게 중시하고 있다. 전쟁은 육·해·공군이 제 역할을 담당해야만 승리할 수 있는 것임에도 불구하고, 공군만으로 전쟁에서 승리하고 세계를 지배할 수 있다는 논리는 비약이 아닐 수 없다. 셋째, 핵무기의 위력을 고려하지 않았다. 세버스키가 생각하지 못했던 핵시대에는 사실상 공군력 간의 전면전이 발생하기도 어려울 뿐 아니라 상대의 공군력을 무너뜨렸다 하더라도 핵무기의 존재로 인해 세계의 패권을 장악하기란 불가능할 것이다.[41]

5. 군사전략적 함의와 지정학의 미래

지정학은 강대국들의 군사전략에 직간접적으로 무시할 수 없는 영향을 주었다. 첫째, 지정학은 국가들로 하여금 대륙 중심 혹은 해양 중심의 대전략을 마련하고 추구하도록 했으며, 국가들은 이를 바탕으로 군사전략의 성격과 내용을 규정했다. 독일의 경우 1930년대 칼 하우스호퍼의 이론에 입각하여 팽창적 대전략을 완성했으며, 이를 실행에 옮기기 위해 전격전을 중심으로 한 지극히 공세적 군사전략을 준비했다. 영국의 경우 매킨더의 대륙우세론의 영향을 받아 독일을

40 이영형, 『지정학』, p. 291.

41 앞의 책, p. 292.

견제하기 위해 두 차례 세계대전에 참가하는 등 대륙에 대한 적극적 군사개입을 단행하는 전략을 채택하지 않을 수 없었다. 그리고 미국의 경우에는 스파이크맨의 림랜드 이론의 영향으로 전후 소련을 봉쇄하기 위한 대전략을 수립했고, 이를 바탕으로 해군 중심의 군사전략을 추구했다. 이처럼 지정학은 군사전략의 토양을 마련하는 역할을 했다.

둘째, 지정학은 핵심적 공간을 차지하기 위한 경쟁을 부추겼으며, 이는 세계 각지에서 정치적·군사적 영향력을 확대하려는 강대국들의 군사전략 발전에 영향을 주었다. 가장 단적인 예는 미국과 소련의 경우로 자국의 영향권을 수호하기 위해 항모전력을 비롯해 전략수송 및 전략폭격 등 무력투사능력을 강화한 것을 들 수 있다. 물론, 소련의 경우에는 여전히 대륙 중심의 지정학의 영향으로 항모를 비롯한 해상세력을 방어적으로 운용하는 대신, 지상에서는 대량의 기계화부대를 동원하여 나토군의 전방방어선을 공세적으로 돌파하는 군사전략을 채택했다. 또한 이들은 지정학적으로 핵심적 공간에서 발발한 전쟁, 즉 한국전쟁, 베트남 전쟁, 그리고 중동전쟁 등에 직간접적으로 개입하여 지역분쟁에서 승리할 수 있는 군사전략을 발전시켰다. 가령, 미국 공군의 경우 제2차 세계대전 직후 전략폭격에 비중을 둔 전략공군 중심의 전략을 채택하고 있었으나, 한국전쟁에서 별다른 효과를 거두지 못하자 공중전과 지상전 지원에 눈을 돌려 전술공군 임무에 대한 비중을 늘렸다.

이처럼 강대국이 가진 지정학적 사고는 그들의 대전략과 군사전략을 지배하고 있음을 알 수 있다. 지정학이 일종의 공간을 놓고 벌이는 강대국들 간의 게임이라면, 그러한 게임은 강대국들 혹은 때로 제3국의 생존을 걸고 벌어지는 만큼 군사력의 개입이 반드시 따를 수밖에 없다. 그리고 군사전략은 그러한 게임에서 가장 중요한 변수가 되기 마련이다.

냉전 기간 동안 지정학은 '자본주의'와 '사회주의' 진영 간의 정치 이데올로기 경쟁에 가려 빛을 보지 못했다. 아마도 그것은 미국과 소련의 세력이 균형을 이루면서 두 진영 간에 공간을 확보하기 위한 노력이 정지했기 때문으로 볼 수 있다. 또한 1945년 이후 생성된 유엔체제는 주권존중 원칙을 내세웠기 때문에 과거와 같은 침략전쟁 혹은 타국에 대한 간섭이 배제되었고, 따라서 라첼이나 매킨더, 하우스호퍼가 제시한 생존권을 위한 약소국 침략과 병합이 먹혀들지 않았던 것으로 볼 수 있다.

그러나 냉전이 종식되면서 지정학은 새로운 모습으로 다시 부활하고 있다. 그것은 과거와 같이 영토 공간을 넓히는 것이 아니라 국가의 영향력을 행사할 수 있는 공간을 넓히는 것으로 나타나고 있다. 즉, 20세기 초반 지정학이 제국주의적 사상을 토대로 국가 영토의 확대를 지향했다면, 21세기 지정학은 자유주의적 사조를 반영하여 군사뿐 아니라 정치, 경제, 사회, 문화를 앞세운 '영향력'의 확대를 추구하는 것으로 변화했다. 과거의 지정학이 군사력 중심의 '권력' 우위를 내세웠다면, 지금은 국가 간 경제협력과 통합의 논리를 포함한 공동체적 질서를 추구하고 있는 것이다. 1990년대 클린턴Bill Clinton 행정부의 민주주의와 자유시장경제의 확대를 통한 '개입과 확대Engagement & Enlargement' 전략은 이러한 맥락에서 이해할 수 있다. 비록 중국의 부상으로 인해 미중 양국의 군사력 증강이 가시화되고 긴장이 조성되고 있는 것이 사실이지만, 그럼에도 불구하고 미래의 지정학은 영토의 팽창보다는 포괄적 '영향력' 확대를 중심으로 발전해나갈 것이다.

지정학은 고전적 현실주의의 한 부류로 볼 수 있다. 따라서 이에 대한 폄훼나 무조건적 비판은 바람직하지 않다. 매킨더의 대륙 중심의 지정학이나 스파이크맨의 해양 중심의 지정학 모두가 20세기를 통해

그 이론이 갖는 적실성이 입증되었으며, 21세기에도 그 영향은 지속될 것이다.[42]

---

42 Colin S. Gray, "In Defense of the Heartland", Brian W. Blouet, ed., *Global Geostrategy: Mackinder and the Defense of the West*(New York: Frank Cass, 2005), p. 28.

■ 토의 사항

1. 지정학이란 무엇인가? 지정학의 기원이라 할 수 있는 라첼과 헬렌의 주장은 무엇인가?

2. 매킨더의 지정학 이론은 무엇인가? 그의 주장은 오늘날에도 적실성을 갖는다고 보는가?

3. 하우스호퍼의 이론은 무엇인가? 그의 주장은 어떠한 영향을 주었는가? 그의 주장을 도덕적 관점에서 비판하는 것이 타당한가?

4. 스파이크맨의 림랜드 이론은 무엇인가? 매킨더의 이론과 무엇이 다른가? 스파이크맨과 매킨더 가운데 누구의 주장이 더 타당하다고 보는가?

5. 세버스키의 항공 중심의 지정학 이론은 무엇인가? 그의 주장 가운데 핵심이라 할 수 있는 결정지역 이론은 타당하다고 보는가?

6. 지정학은 군사전략에 어떠한 영향을 주는가? 그리고 그러한 영향은 직접적인가 아니면 간접적인가? 예를 들어 설명해보자.

7. 지정학 학문에 대해 전반적으로 평가하고, 앞으로 지정학이 발전할 수 있는 방향에 대해 제시하시오.

ON
MILITARY
STRATEGY

제12장 무기기술과 군사전략

전쟁의 본질은 변하지 않는다. 그러나 전쟁 양상과 전쟁수행 방식은 인류의 역사를 통해 끊임없이 변화해왔다. 그것은 많은 부분 기술의 진보에 따른 무기기술과 무기체계의 발전 덕분에 가능한 것이었다.

학자들은 무기기술의 발달 시기를 저마다 다르게 구분하고 있다. 파커Geoffrey Parker는 보병 집중의 시대, 성곽의 시대, 총과 항해의 시대, 그리고 기계화전 시대로 구분했다.[1] 뒤피T. N. Dupuy는 근육의 시대, 화약의 시대, 그리고 기술의 변화 시대로 구분했다.[2]

크레펠트Martin Van Creveld는 연장의 시대, 기계의 시대, 시스템의 시대, 그리고 자동화의 시대로 구분했다.[3] 풀러J. F. C. Fuller는 용기의 시대, 기병의 시대, 화약의 시대, 증기력의 시대, 석유의 시대, 그리고 원자력의 시대로 구분했다.[4] 그리고 아퀼라John Arquilla는 육박전, 대형전, 기동전, 그리고 스워밍Swarming의 시대로 구분했다.[5]

이러한 학자들의 분류를 참고하여 여기에서는 무기기술의 발달 시기를 네 단계로 나눈다. 즉, 기원전 2000년 전의 고대로부터 약 16세기 중세시대에 이르기까지 도구의 시대, 15세기 중세시대로부터 나폴레옹 전쟁까지의 화약의 시대, 나폴레옹 전쟁으로부터 제2차 세계대전까지 기계화의 시대, 그리고 현대에 들어와 핵 및 정보화의 시대로 구분하여 살펴보겠다.

---

1 Geoffrey Parker, ed., *The Cambridge History of Warfare*(Cambridge: Cambridge University Press, 2005).

2 Trevor N. Dupuy, *The Evolution of Weapons and Warfafe*(Fairfax: De Capo, 1984).

3 Martin Van Creveld, *Technology and War: From 2000 B.C. to the Present*(New York: Free Press, 1991).

4 J. F. C. Fuller, *Armament and History: The Influence of Armament on History from the Dawn of Classical Warfare to the End of the Second World War*(New York: De Capo, 1998).

5 John Arquilla and David Rodfeldt, *Swarming and the Future of Conflict*(Santa Monica: RAND, 2005). 스워밍(Swarming)이란 민병, 게릴라, 반군 등이 '벌떼'처럼 공격하는 것을 의미한다.

1. 고대와 중세 : 도구의 시대

가. 그리스 이전의 시대

역사에 기록된 최초의 전쟁은 기원전 1469년 팔레스타인의 메기도 Megiddo 지역에서 발생한 것으로 고대 이집트 왕국의 젊은 파라오 투트모세 3세Thutmose III에 대항한 시리아 종족들의 반란이었다. 그러나 그 이전부터 인류의 무력갈등은 이미 하나의 삶의 형태로 존재하고 있었다. 인류는 음식이나 배우자, 거주지 등을 찾아다니거나 내재적 통치욕을 충족시키기 위해 돌이나 나무토막을 이용했고, 시간이 지나면서 뾰족한 돌이나 날카로운 막대기가 치명적 손상을 가할 수 있다는 것을 알게 되었다. 이들은 숲속에 잠복해 있다가 나타난 적을 기습공격하는 것이 유리하다는 것을 깨달았고, 이러한 방식으로 가용한 무기를 적절히 사용할 수 있는 전술을 개발하게 되었다.[6]

인류 최초의 무기는 충격무기와 투사무기로 구분할 수 있다. 충격무기는 선사시대 인간이 직접 충격을 가해 적을 타격했던 곤봉club 또는 막대기에서 비롯되었으며, 투사무기는 적을 향해 던진 돌sling에서 비롯되었다. 타격무기는 철퇴나 도끼, 그리고 칼 등으로 발전했고, 투사무기는 화살, 창, 부메랑 등으로 발전했다.

기원전 3000년경부터 인류가 최초로 사용한 금속인 청동이 등장하면서 무기는 이전의 재료들보다 단단하고 날카롭게 발전했다. 그러나 고대의 무기체계와 전쟁 양상에 지대한 영향을 미친 것은 기원전 1500년경 철의 발명이었다. 기원전 1200년경 소아시아, 시리아, 이집트 등지에서 철로 만든 날카로운 칼이 나타나는데, 이러한 칼은 강도

6 T. N. Dupuy, 박재하 편저, 『무기체계와 전쟁』(서울: 병학사, 1987), p. 13.

트로이 전쟁 당시의 전차. 기원전 1200년경 트로이 전쟁에서 전차는 궁병과 투창병의 움직이는 포좌로 이용되었으며, 그리스 시대 말기까지 장교들을 전장 결전지로 수송하는 수단이 되었다. 인도와 중국에서는 왕과 귀족이 직접 타고 전투를 지휘하는 지휘본부로 이용했고, 그 후 시간이 흐르면서 군대의 주요 돌격무기로 발전했다.

가 높아 잘 부러지지 않았다. 다양한 형태의 칼이 만들어지면서 그리스 장갑보병들이 사용한 짧은 칼부터 시작해 후에 골Gauls족이나 켈트Celts족이 사용한 긴 칼이 등장했다. 한편, 활은 석기시대 말기에 출현하여 화약이 등장하기 전까지 아주 기본적인 투사무기로 널리 사용되었다.[7]

한 마리 이상의 무장한 말이 끄는 작은 마차인 '전차chariot'는 아주 일찍부터 등장했다. 기원전 1200년경 트로이 전쟁Trojan war에서 전차는 궁병과 투창병의 움직이는 포좌로 이용되었으며, 그리스 시대 말기까지 장교들을 전장 결전지로 수송하는 수단이 되었다. 인도와 중국에서는 꽤 큰 전차를 만들어 왕과 귀족이 직접 타고 전투를 지휘하는 지휘본부로 이용했다. 그 후 시간이 흐르면서 전차는 군대의 주요한 돌격무기로 발전했다.[8]

---

7 T. N. Dupuy, 박재하 편저, 『무기체계와 전쟁』, p. 16.

8 앞의 책, pp. 18-19.

나. 그리스·로마 시대

그리스의 방진

그리스의 밀집부대로 알려진 방진Phalanx은 기원전 3000여 년경 수메르Sumeria 지역의 전술대형으로 사용되던 것이었다. 그리스인들은 기원전 7세기경부터 이 전술대형을 사용하기 시작했다. 북쪽을 제외하고 테살리아Thessalía, 마케도니아Macedonia, 그리스Greece 지역은 산이 많아 기병의 기동에 적합하지 않았으므로 그리스인들은 대체적으로 중장갑보병[이하 중보병]의 밀집부대에 의존했다. 이들은 전투 시 8~12열의 두터운 횡대대형을 이루었으며, 각 병사들은 보통 2~3미터 길이의 창을 주 무기로 사용했다. 장갑보병들은 청동투구를 쓰고 가슴과 정강이에 갑옷을 둘렀으며, 단검을 칼집에 꽂거나 허리에 찼다. 그리고 지름 1미터의 청동방패인 호플론Hoplon으로 몸을 보호했다.[9] 이러한 그리스의 중보병을 호플리테Hoplite라고 불렀는데, 이들은 '방진'이라고 하는 조밀한 밀집대형을 구축해 싸웠다.[10]

중보병의 기본전술은 방패와 창을 앞세운 단단한 대열로 적과 격돌하는 것이었다. 전투는 평지에서 대열을 유지하면서 상대편으로 다가가 방패를 부딪치고 창으로 찌르는 식으로 진행되었다. 후미의 열은 전투 중에 앞쪽에 빈틈이 생기면 그 틈을 메우고 예비용 창을 운반하며 부상자를 처리했다. 전투의 승패는 밀집대형의 지속성과 병사 수에 의해 결정되었고, 대개 짧은 시간 안에 승부가 났다. 일단 대열이 무너지면 중보병들은 달아났고, 예비대가 없었기 때문에 2차 공격은 불가능했다.

페르시아 전쟁 동안 그리스 중보병의 밀집대형인 '방진'은 큰 위력

---

9 T. N. Dupuy, 박재하 편저, 『무기체계와 전쟁』, p. 26.

10 정명복, 『무기와 전쟁 이야기』(파주: 집문당, 2011), p. 30.

수메르인의 방진. 그리스의 밀집부대로 알려진 방진은 기원전 3000여 년경 수메르 지역의 전술대형으로 사용되던 것이었다. 그리스인들은 기원전 7세기경부터 이 전술대형을 사용하기 시작했다. 그리스 지역은 산이 많아 기병의 기동에 적합하지 않았으므로 그리스인들은 대체적으로 중장갑보병의 밀집부대에 의존했다.

을 발휘하여 마라톤Marathon과 플라타이아이Plataiai에서 페르시아군을 격파했다. 페르시아군은 수백 미터 사거리의 활을 보유하고 있었으므로 멀리에서 궁수들이 먼저 적 보병을 와해시킨 후 짧은 창과 검, 그리고 활로 무장한 기병이 적의 측면을 치고 나가 섬멸하는 전략을 채택하고 있었다. 그리스가 중보병에 의존한 반면, 페르시아는 기병과 경보병에 의존하고 있었던 것이다. 그러나 페르시아군의 전술은 그리스 방진에 통하지 않았다. 페르시아군은 그리스 중보병과 거리를 두고 활로 공격한 후 기병의 기동력을 활용하려 했다. 그러나 기병과 보병의 근접대결에서는 보병이 우세했다. 근거리 접전에서 땅에 서서 싸우는 궁수가 말 탄 궁수보다 유리했고, 결국 페르시아 기병은 견고한 그리스 방진을 뚫을 수 없었다.[11] 그리스 방진은 상당 기간 동안 그리스 군사력의 중추적 역할을 했을 뿐 아니라 로마 등 타 지역 국가의 전술에 영향을 주었다.

기원전 359년 마케도니아의 필리포스 2세Philippos II는 권력을 잡자마자 군대를 재조직했다. 그는 다른 그리스 군대와 달리 용병제를 채택하지 않고 대부분 농민층의 원주민으로 구성된 직업군대를 조직하고 이들을 연고 지역별로 중대를 구성했는데, 이 부대의 단결력은 매우 뛰어났다. 필리포스 2세는 대형 방패와 함께 그리스보다 더 긴 4.5미터 길이의 장창을 도입하여 적이 달려들기 전에 선수를 칠 수 있도록 했다. 이 창은 사리사Sarissa라고 불렸는데, 알렉산드로스 대왕Alexandros the Great의 통치 기간 막바지에는 5.5미터까지 길어져 양손으로 들어야 했다. 마케도니아 방진은 그리스 방진을 모델로 했으나, 그 밀집대형의 종심 길이는 8~12열이 아닌 16열로 더 두터웠다. 4,096명

11 Archer Jones, *The Art of War in the Western World*(New York: Oxford University Press, 1987), p. 15.

마케도니아의 왕 알렉산드로스 대왕(기원전 356~기원전 323)은 그리스, 페르시아, 인도에 이르는 대제국을 건설하여 그리스 문화와 오리엔트 문화를 융합시킨 새로운 헬레니즘 문화를 이룩했다. 이처럼 그가 대제국을 건설할 수 있었던 것은 우수한 무기의 도입과 부대구조 혁신, 그리고 뛰어난 전술 덕분에 가능했던 것이다.

의 중보병과 3,000명의 경보병, 그리고 1,024명의 기병으로 구성되었는데, 이는 현재의 1개 사단과 맞먹는 규모이다.[12]

필리포스 2세에 이어 알렉산드로스 대왕 시대의 방진이 강했던 이유는 중보병만 고집했던 그리스 국가들과 달리 경보병과 중보병, 그리고 기병을 조합해 운용했기 때문이다. 마케도니아의 주력은 다른 그리스 국가와 마찬가지로 방진을 사용하는 중보병이었다. 경보병이 앞에서 돌과 창을 던지고 활을 쏘며 적을 교란시킨 후 뒤로 물러나면, 중보병이 전진하여 적과 교전했다.[13] 그러나 적을 섬멸하는 부대는 강력한 정예 기병인 '헤타이로이hetairoi'[왕의 친구라는 뜻]였다. 헤타이로이는 마케도니아 중보병이 적의 주력부대를 완전히 봉쇄하고 균열시키

12 육군사관학교, 『세계전쟁사』, p. 29.

13 Archer Jones, *The Art of War in the Western World*, pp. 22-23.

는 사이에 적의 측면과 틈을 노려 포위·섬멸하는 역할을 수행했다. 또한, 그 이전까지 곡사무기인 '캐터펄트catapult'와 평사무기인 '발리스타ballista'가 공성용으로만 사용되고 있었으나, 알렉산드로스 대왕은 이를 오늘날 야포처럼 마차에 싣고 이동하다가 돌발사태 시에 언제든 전투무기로 활용했다. 알렉산드로스 대왕이 대제국을 건설할 수 있었던 것은 이처럼 우수한 무기의 도입과 부대구조 혁신, 그리고 뛰어난 전술 덕분에 가능했던 것이다.[14]

로마 시대

로마에는 그리스의 방진과 유사한 부대가 있었는데 바로 '군단legion'이다. 로마 군단은 병역의 의무를 지는 시민들로 충원되었으며, 중보병, 경장갑보병[이하 경보병], 그리고 기병으로 구성되었다. 주력은 중보병이었고, 경보병은 최전선에서 정찰임무를 담당했다. 기병은 귀족들로 구성되어 주로 정찰과 추격 임무를 맡았다. 로마 군단은 450명으로 구성된 10개 대대cohort로 구성되었고, 1개 대대는 60명 또는 120명 규모의 중대maniple로 나뉘어졌다. 기원전 104년부터 시작된 마리우스Gaius Marius의 개혁 이후 대대는 600명으로 확대되었는데, 각 대대는 6개 백인대century로 구성되었다. 경보병은 백인대 사이에 배치되었으며, 기병은 좌우 양익에 300명이 10개조로 나뉘어 배치되었다. 1개 로마 군단은 보통 6,000명으로 구성되었다.[15]

로마 군단의 장점은 탄력적 수비와 유연한 공격이 모두 가능하다는 것이었다. 로마 군단은 그리스 방진에서의 개인 간 거리 및 간격을

---

14 육군사관학교, 『세계전쟁사』, p. 30; Archer Jones, *The Art of War in the Western World*, p. 71.

15 정명복, 『무기와 전쟁 이야기』, pp. 38-39; 육군사관학교, 『세계전쟁사』, p. 36.

두 배로 넓혀 고도의 융통성을 가질 수 있었다. 경장갑부대가 투척무기로 공격하면 3개 대열 가운데 맨 선두 대열이 전진하여 적에게 창을 던진 다음 격돌하고, 불리해지면 후미 대열과 교대하여 적을 지속적으로 압박할 수 있었다. 그리스 방진에서는 주요 공격무기가 창이었고 칼은 보조역할을 했던 반면, 로마 군단은 창과 검을 조화롭게 사용했다. 이는 대형을 닫거나 열거나 모두 적을 위험에 빠뜨림으로써 궁지에 몰아넣을 수 있었다.[16] 로마 군단은 그리스 방진보다 더 큰 위력을 발휘했고, 이탈리아 반도를 넘어 지중해와 전 유럽을 정복하는 데 원동력이 되었다.[17]

초기 로마는 보병을 주력으로 삼고 기병을 상대적으로 소홀히 했다. 다만 칸나이 전투에서 로마군이 한니발 휘하의 누미디아 기병대에 대패한 후 기병의 필요성을 인식하게 되었다. 그러나 로마는 기병을 로마 시민으로 뽑기보다는 동맹국 용병부대를 활용했기 때문에 중기 로마 군단의 기병대는 주로 동맹국 병사들로 채워졌다. 마리우스의 군사개혁으로 로마 군단에서 로마인 기병대가 폐지되자 모든 기병은 동맹국 병사들로 채워졌다. 이로 인해 로마의 중심인 중보병은 더욱 강력해졌지만, 장기적으로 로마의 군사적 전통이 와해되고 군기와 효율성이 파괴되는 결과를 가져왔다. 로마는 기병을 소홀히 했으나, 로마 말기로 가면서 기병이 위력을 발휘하면서 사정이 달라졌다. 이전과 비교할 수 없을 정도로 강력해진 중기병을 앞세운 고트족이 아드리아노플Adrianople에서 출현하여 로마 군단을 격파했고, 이후 로

16 Martin Van Creveld, *Technology and War: From 2000 B.C. to the Present*(New York: Free Press, 1991). p. 17.

17 정명복,『무기와 전쟁 이야기』, pp. 39-40.

마는 중기병을 앞세운 이민족들에게 멸망당하고 말았다.[18] 이로써 보병의 시대는 지나고 향후 1,000년 동안 기병의 시대가 도래했다.

중세시대

로마와 달리 비잔틴 제국의 주력군은 보병이 아닌 중기병이었다. 이민족에 의한 서로마 멸망으로부터 교훈을 얻은 것이다. 전투대형은 모두 기병으로만 이루어졌다. 기병대는 선두 전투대와 2선 지원대로 나누어졌고, 2선 뒤에는 적은 수의 예비대를 두었다. 보병도 있었으나 이들은 주로 요새나 협곡을 방어하는 임무를 맡았다. 이들 가운데 경보병은 대부분 궁수였고, 일부 투창병도 있었다. 중보병은 창과 칼, 도끼를 주 무기로 사용했다.[19]

비잔틴 제국의 군대는 1개 군단이 6,000명 내지 8,000명으로 구성되었고, 이들을 메로스Meros라 불렀다. 전투는 주로 중기병에 의해 이루어졌지만, 보병으로만 이루어진 슬라브족이나 프랑크족을 상대할 경우에는 보병과 기병이 합동작전을 펼쳤다. 이 경우 보병이 중앙에 위치했고, 기병은 양익에 배치되어 적을 측면에서 공격했다. 공격 시 보병은 2개 대형으로 싸운 반면, 수비 시에는 하나의 대형으로 밀집해 싸웠다. 항상 예비대를 남겨두었기 때문에 중요한 순간에 이들을 투입해 적을 물리칠 수 있었다.[20]

비잔틴 제국은 최강의 군대를 유지했으나 동쪽으로부터 세력을 팽창해온 이슬람 세력과 경쟁하면서 점차 쇠약해지기 시작했다. 처음

---

18 정명복, 『무기와 전쟁 이야기』, pp. 43-44; 어니스트 볼크먼, 석기용 옮김, 『전쟁과 과학, 그 야합의 역사』(서울: 이마고, 2003), pp. 83-84.

19 정명복, 『무기와 전쟁 이야기』, p. 48; 육군사관학교, 『세계전쟁사』, p. 36.

20 정명복, 『무기와 전쟁 이야기』, p. 49.

에 이슬람 세력은 비잔틴 제국의 군 체계를 모방했고, 시간이 가면서 비잔틴 제국을 수적으로 압도하기 시작했다. 1071년 비잔틴 제국은 투르크족에게 패배한 후 동유럽의 소국으로 전락했다.

중세 사회가 발전하면서 중기병은 전쟁에서 핵심적 존재가 되었다. 8세기 말 샤를마뉴Charlemagne와 같은 중세 유럽의 군주들은 중기병을 유지하는 데 드는 비용을 해결하기 위해 자신의 영토를 봉건화함으로써 이 문제를 해결했다. 이에 프랑크 왕국에서는 중기병을 한층 발전시킨 기사라는 새로운 지배계급이 등장했다. 이들은 군사적 분야뿐만 아니라 사회·문화·경제적 측면에서 중세의 중심이 되었다. 다만 기사제도에는 결정적 약점이 존재했는데, 그것은 비용이 많이 들었기 때문에 기사의 수가 적었으며 이들이 전사할 경우 대체할 병력을 구하기 어려웠다는 점이다. 그렇다고 보병의 역할이 축소된 것은 아니었다. 중세시대가 기병의 시대였지만 비용 문제로 인해 군대의 대부분은 보병으로 구성되었고, 이들은 석궁으로 무장하고 있었다. 석궁은 기존 활에 비해 연속사격이 느리다는 단점이 있었지만, 강력한 파괴력과 정확성 면에서 강점이 있었다. 중세의 군대는 기사는 물론, 창병, 석궁병이 적절히 조합되었을 때 강력한 힘을 발휘할 수 있었다.[21]

중세시대에는 많은 지역에 성이 건설되었다. 로마 제국이 무너지고 찾아온 게르만족의 이동, 이슬람 세력의 위협, 마자르족과 바이킹족의 침입 등 이민족의 위협으로부터 자위적 방어능력을 갖추기 위해 성을 건축했다. 그리고 적의 공격에 대비하여 성 주변에 해자垓字를 두르고 물을 채웠다. 이에 따라 다양한 공성무기들이 개발되었는데, 대표적인 것이 트레뷰셋trebuchet이라는 투석기였다. 이는 평형추에 의해 작동되어 돌이나 발화성 물질을 발사하는 기계식 대포로, 매우 강력

21 정명복, 『무기와 전쟁 이야기』, pp. 50-52.

1346년 크레시 전투. 백년전쟁 기간 동안에 있었던 크레시 전투는 전쟁사적으로 중요한 의미를 갖는데, 그것은 수적으로 열세한 영국군이 장궁과 보병을 효율적으로 운용하여 프랑스 기사들을 상대로 승리를 거둠으로써 과거 1,000년을 지배해온 기사의 시대에 종지부를 찍었기 때문이다. 기동력을 상실한 중무장한 기병이 활과 대포에 의한 집중 화력 앞에 무기력한 모습을 보이게 되자, 군 지휘관들은 이제 지리적 여건뿐만 아니라 화력의 운용이라는 새로운 환경하에서 병력을 어떻게 절약하고 기동시키고 집중할 것인가를 고민하지 않을 수 없게 되었다.

한 무기였다. 그러나 성을 포위해서 물리적으로 함락시키기는 매우 어려운 일이었고, 대부분의 공성전투는 외교적 술책이나 굶주림, 질병, 내부교란 및 배반 등의 심리전으로 끝을 맺기 마련이었다. 즉, 성은 기본적으로 공격하는 측보다 방어하는 측에게 유리했고, 이는 화약 무기가 등장할 때까지 계속되었다.[22]

십자군전쟁은 중기병의 강점과 한계를 동시에 보여주었다. 1066년 정복왕 윌리엄 1세William the Conqueror는 기사와 석궁병 및 보병으로 이루어진 십자군을 지휘하여 이슬람 군대를 압도할 수 있었다. 앞에 선 창병들을 이슬람 군대의 화살보다 먼 거리에서 석궁이 엄호했고, 이를 돌파해 들어오는 이슬람 군사들을 뒤에서 기다리고 있던 기사들이 제압했던 것이다. 그러나 십자군의 우위는 오래 가지 못했는데, 그것은 바로 갑옷과 장구가 무겁다 보니 이동과 전투에 제약이 많았기 때문이다. 반면, 경무장을 한 이슬람 부대는 기동력과 지구력 면에서 십자군을 압도하기 시작했다. 결국 1187년 십자군은 하틴 전투Battle of Hattin에서 패배한 이후로 내리막길을 걸었으며, 중기병 위주의 중세 전술은 점차 쇠퇴했다.[23]

십자군전쟁 이후 중기병의 운용은 재앙으로 나타나기 시작했다. 적절한 궁병과 보병의 조합이 기사들을 제압하기 시작한 것이다. 보병들은 긴 창으로 밀집대형을 유지하며 기사들에 대항했으며, 13세기부터는 연속사격 속도가 빠르고 사거리가 긴 장궁이 개발되어 중기병을 압도했다. 장궁은 200미터에서 쏜 화살이 나무 10센티미터나 관통할 정도로 가공할 파괴력을 가진 무기로 기사와 말을 죽일 수 있었

---

22 정명복, 『무기와 전쟁 이야기』, pp. 92-93; Martin Van Creveld, *Technology and War: From 2000 B.C. to the Present*, p. 34.

23 정명복, 『무기와 전쟁 이야기』, p. 56.

다.[24] 백년전쟁 기간에 있었던 1346년의 크레시 전투에서 영국군은 장궁병들을 투입하여 위세가 등등한 프랑스 기사들을 상대로 승리할 수 있었다. 장궁의 정확성과 파괴력은 위력적이어서 기동력이 약한 중기병을 상대로 큰 효과를 거둘 수 있었다. 크레시 전투는 전쟁사적으로 중요한 의미를 갖는다. 이 전투로 1,000년 동안 전장을 지배해온 기사의 시대에 종지부를 찍었으며, 다시 보병이 전장의 주역으로 등장하게 되었다. 또한 이 전투에서는 대포와 화약이 최초로 사용되었는데, 이후 화약의 등장은 기사들의 몰락을 재촉했다.[25]

2. 근대 전기 : 화약의 시대

가. 화약무기의 발달

크레시 전투에서 대포와 화약이 처음 사용된 이후로 2세기 동안 기병의 시대에서 화약의 시대로 완전히 바뀌었다. 화약은 전쟁의 양상을 이전과 다르게 바꿔놓았다. 당시 화약을 이용한 대표적인 무기 두 가지는 개인이 휴대하는 소총과 여러 사람이 운용하는 대포였다. 초기에는 이러한 무기들이 전장에서 칼과 창을 대체할 만큼 효율적인 것이 아니어서 환영받지 못했다. 화승match이라 불리는 불붙은 심지를 꺼내 화약에 불을 붙여야 했던 화승총의 경우 사격속도가 너무 느렸다. 대포의 경우는 주로 공성용으로 운용될 만큼 위력은 컸으나, 너무

24 어니스트 볼크먼, 석기용 옮김, 『전쟁과 과학, 그 야합의 역사』, pp. 99-104.

25 육군사관학교, 『세계전쟁사』, p. 68; Martin Van Creveld, *Technology and War: From 2000 B.C. to the Present*, p. 117.

무거워 기동력이 떨어졌다.[26]

화승총을 본격적으로 이용하기 시작한 사람은 스페인의 곤살로 페르디난데스 데 코르도바Gonzalo Fernandez de Cordoba였다. 그는 화승격발장치가 개발되자 이를 전장에 도입했다. 화승총의 부정확성과 느린 발사속도를 보완하기 위해 그는 '테르치오tercio'라는 대형을 개발하여 많은 병사들로 하여금 일제히 발사하도록 대형을 편성했고, 장전하는 시간 동안 적의 공격으로부터 이들을 보호하기 위해 외곽에 창병을 배치했다. 일종의 총병과 창병의 조합 운용인 셈이었다. 곤살로의 전투수행 방식은 유럽 최강의 전술로 자리 잡았고, 이후 다른 나라들도 화승총을 도입하고 총병을 집중적으로 운용하기 시작했다.[27]

나. 전술의 발전

16세기 후반부터 17세기에 걸쳐 유럽에서는 종교전쟁이 진행되면서 전술의 발전이 이루어졌다. 이 시기는 무기의 발전뿐만 아니라 많은 군사적 천재들이 화약무기의 단점을 보완하기 위해 새로운 전술을 개발하고 이를 무기와 조합했다.

우선 독일에는 피스톨pistol, 즉 권총으로 무장한 기병부대인 라이터reiter들이 출현하여 선회동작caracole이라는 새로운 전술을 사용했다. 이는 연속된 각 열이 적에게 총을 발사하며 말을 몰고 가다가 뒤로 돌아 물러선 후 재장전을 하고 다시 후미에 따라붙는 전술이었다. 그러나 말을 탄 상태에서 적을 조준하고 맞히기는 매우 어려웠으며, 선회동작은 기병의 장점인 기동성과 충격력을 희생할 수밖에 없었

---

26 정명복,『무기와 전쟁 이야기』, pp. 107-109.

27 앞의 책, pp. 109-110.

다. 이에 구스타브 아돌프는 트롯trot이라는 새로운 기병전술을 도입했다. 트롯은 피스톨과 칼로 무장한 기병이 열을 맞추어 전진하다가 적 앞에서 피스톨 사격을 가한 후 칼을 빼들고 전력질주하여 돌격하는 전술이다. 이 전술은 크롬웰Oliver Cromwell이나 말버러Duke of Marlborough와 같은 지휘관들에게 계승되어 새로운 기병전술로 자리 잡았다.[28]

이 시기에 대포도 개량되었다. 15세기 말 프랑스에서 비교적 가벼운 주조 청동포를 말이 끄는 2륜마차 위에 올려놓으면서 초보적 형태의 야전포가 등장했다. 그동안 공성용으로만 사용되던 대포가 야전포로 구분되기 시작한 것이다. 16세기경에는 흑색화약 대신 낱알화약을 사용했는데, 연소속도가 빨라 동일한 크기의 탄환을 훨씬 강하게 멀리 발사할 수 있었다. 탄환도 개량되어 15세기에는 돌로 만든 탄환에서 철제 탄환으로 발전했고, 19세기 후반에 이르러 산탄, 포도탄, 연쇄탄 등으로 다양화되었다.[29]

17세기 대부분의 군대는 창병, 소총병, 포병, 그리고 기병 등 다양한 병과들을 어떻게 조합하고 사용하는가에 따라 전투력 발휘가 결정되었다. 특히 구스타브 아돌프는 새로운 선형진을 개발했는데, 이는 부대를 일렬로 늘어세운 다음 필요에 따라 보병, 포병, 기병을 융통성 있게 투입하는 전술이었다. 이는 테르치오 대형을 사용하는 밀집된 적에게 매우 효과적이었다. 특히 밀집된 적은 포병화력에 취약했다. 구스타브 아돌프는 강도 높은 훈련을 통해 전술의 완성도를 높였는데, 이는 당시 기사가 전장의 중심이었던 중세와 달리 다양한 병과들의

---

28 정명복, 『무기와 전쟁 이야기』, pp. 115-116.

29 앞의 책, pp. 116-117; Martin Van Creveld, *Technology and War: From 2000 B.C. to the Present*, pp. 139-141.

유기적 협조가 중요했음을 보여준다.[30]

다. 전투대형의 발전

18세기 절대왕정의 시대에 프랑스의 루이 14세Louis XIV, 프로이센의 프리드리히 2세, 그리고 러시아의 표트르 대제와 같은 군주들은 부국강병을 위해 전쟁을 마다하지 않았고 유럽의 주도권을 장악하기 위해 경쟁했다. 나폴레옹 전쟁 시까지 전술은 주로 효율적인 전투대형을 갖추는 데 주안을 두었다.

이 시기에 주목할 만한 것은 총검의 발명이었다. 총에 칼을 꽂은 총검이 창병의 역할을 대신함으로써 15~16세기 강력한 병과 중 하나였던 창병은 그 존재 의미를 상실했고, 창병이 사라지면서 보병들이 전장의 주역이 되었다. 이들은 중세의 무거운 갑옷이 사라지면서 기동력을 갖추게 되었다. 또한 부싯돌 발화장치flintlock mechanism가 도입되면서 병사들은 거추장스러운 화승을 소지할 필요가 없게 되었으며, 따라서 신속한 사격은 물론, 사격준비를 위한 개인 공간을 절약할 수 있어 보다 촘촘한 병력배치가 가능해졌다.[31]

총검의 시대에는 부대를 겹겹이 밀집시킬 필요가 없었으므로 부대를 횡대로 길게 배치한 선형전술이 등장했다. 구스타브 아돌프가 8~10개 횡렬대열을 적용했으나, 18세기 후반에는 2개 대열로 감소했다. 병사들은 횡대로 늘어서 장교의 명령에 따라 머스킷을 쏠 수 있는 사정거리까지 질서정연하게 걸어가 일제히 사격했다. 사거리가 짧고 부정확해서 최대한 적에게 근접하여 사격해야 했다. 이 과정에서 군

---

30 정명복, 『무기와 전쟁 이야기』, p. 119.

31 Archer Jones, *The Art of War in the Western World*, p. 270.

인들은 적의 사격 앞에서 대열을 이탈하지 않고 자리를 지키는 확고한 부동자세를 취할 수 있는 용기를 지녀야 했다. 지휘관들은 두려움을 극복하기 위해 규율과 훈련을 강조했으며, 일체감을 주기 위해 군복을 통일했다.[32]

한편, 1701년 시작된 스페인 왕위계승전쟁에서는 말버러의 기병전술이 빛을 발휘했다. 그는 효율적인 사격을 위해 보병훈련을 강화했는데, 가령 50명 단위의 집중사격과 저격술 등을 훈련시켰다. 또한 기병부대를 운용하여 전체적으로 기동력을 높였다. 프랑스 기병대가 달려가다가 정지한 다음 총을 쏘고 나서 돌격한 것과 달리, 말버러의 기병대는 구스타브 아돌프의 '트롯' 방식을 적용하여 프랑스 기병대가 총을 쏘기 위해 멈추면 오히려 칼을 빼들고 전속력으로 돌격했다. 프랑스 기병대는 말버러의 과감한 기병전술 때문에 제대로 싸워보지도 못하고 패배했다.[33]

프로이센의 프리드리히 2세는 1756년부터 시작된 7년전쟁에서 프랑스, 오스트리아, 러시아, 작센의 연합군을 상대로 항상 부족한 병력을 가지고 싸웠으나, 뛰어난 기동력으로 승리를 거둔 군사적 천재였다. 전쟁이 시작되었을 때 프리드리히 2세의 병력은 15만 명이었으나, 적은 약 45만 명이었다. 프로이센의 인구가 약 500만에 불과한 데 반해, 연합국의 인구는 1억이 넘었다. 장기적 지연전으로는 승리할 수 없다고 판단한 프리드리히 2세는 강한 적에게 연속으로 결정적 승리를 달성해 조기에 적에게 강화를 맺도록 강요하는 전략을 추구했다. 그는 수적으로 우세한 오스트리아군과 치른 로이텐 전투Battle of Leuthen에서 테베의 에파미논다스Epaminondas가 사용한 사선전투대형

---

32 Martin Van Creveld, *Technology and War: From 2000 B.C. to the Present*, pp. 104-105.

33 정명복, 『무기와 전쟁 이야기』, p. 131.

을 사용하여 대승을 거두었다. 프로이센군은 적의 우익을 공격하는 척하여 적으로 하여금 우익을 강화하도록 했고, 주력군의 빠른 기동력을 이용하여 적의 좌익을 격파한 후 중앙과 우익을 차례로 공략했던 것이다. 그는 전투의 핵심이 기동에 있다고 믿고 군대를 분당 90보씩 걷도록 훈련시킴으로써 승리할 수 있었다.[34]

이후 영국은 1756년부터 프랑스와 치른 프렌치-인디언 전쟁French and Indian War에서 승리하고 유럽의 패권을 장악했다. 그러나 1775년 미국 독립전쟁에서 제대로 군사훈련도 받지 못한 식민지 오합지졸들에게 패하고 말았다. 여기에는 앙숙인 프랑스가 스페인과 네덜란드를 끌어들여 영국을 방해한 것도 일부 원인으로 작용했지만, 영국군의 전술이 미국 독립군에게 통하지 않은 것이 패전의 주요한 원인이었다. 당시 유럽식의 선형 전투대형이 북아메리카에서 통하지 않았던 것은 당시 비정규군이었던 식민지 군대가 영국군처럼 선형 전투를 할 능력도 의지도 없었기 때문이다. 그들은 머스킷보다 더 길고 강선이 있는 소총을 사용했으며, 영국군처럼 서서 사격하지 않고 숲속에 몸을 숨기고 엎드려서 적에게 사격을 가했다. 영국의 정예군이 사용한 선형 전투대형이 그보다 유연한 전술을 사용한 식민지 경보병을 당해낼 수 없었던 것이다.[35]

나폴레옹은 여러 가지 면에서 전술의 혁신을 꾀했다. 그는 우선 보병전술을 다변화했다. 18세기에는 횡대대형 전투가 보편적이었지만, 이러한 방식은 병사들이 서서 화력만 집중하는 형태의 전술이었다. 나폴레옹은 보병을 혼합대형으로 배치했다. 즉, 횡대와 종대, 그리고 소규모 산병散兵으로 구성한 것이다. 이는 1개 중대의 소규모 산병들

---

34 육군사관학교, 『세계전쟁사』, pp. 76-80.

35 정명복, 『무기와 전쟁 이야기』, p. 134.

이 적을 견제하여 적의 집중을 방해하면, 주력부대가 횡대대형으로 적에게 강력한 화력을 퍼붓고 그 사이 뒤에 대기하고 있던 예비대가 종대대형으로 약해진 적의 횡대대형을 돌파하는 전술이었다. 그는 이러한 전술을 운용하여 마렝고 전투Battle of Marengo와 아우스터리츠 전투Battle of Austerlitz 등 수많은 전투에서 승리할 수 있었다.[36]

이러한 전술의 변화 외에도 나폴레옹은 프랑스군의 보속을 분당 120보로 높여 빠른 기동력을 갖추었다. 보급체계가 군대의 이동 속도를 쫓아가지 못하자 '현지 조달'에 의한 보급으로 전환했다. 포병전술에서도 혁신적 변화를 꾀했다. 포병장교인 그는 경포를 말로 끌게 하

36 정명복, 『무기와 전쟁 이야기』, pp. 142-143.

1805년 12월 2일 나폴레옹이 오스트리아와 러시아의 동맹군 상대로 전술적 대승을 거둔 아우스터리츠 전투. 여러 가지 면에서 전술의 혁신을 꾀한 나폴레옹은 우선 보병전술을 다변화했다. 18세기에는 횡대대형이 보편적이었지만, 나폴레옹은 보병을 횡대와 종대, 그리고 소규모 산병(散兵)으로 구성한 혼합대형을 사용했다. 이는 1개 중대의 소규모 산병들이 적을 견제하여 적의 집중을 방해하면, 주력부대가 횡대대형으로 적에게 강력한 화력을 퍼붓고 그 사이 뒤에 대기하고 있던 예비대가 종대대형으로 약해진 적의 횡대대형을 돌파하는 전술이었다. 그는 이러한 전술을 운용하여 마렝고 전투와 아우스터리츠 전투 등 수많은 전투에서 승리할 수 있었다.

여 포병을 전장에서 활용했고, 전투 시 포병을 한곳에 집중적으로 배치하여 화력을 극대화했다. 또한 기병을 효율적으로 운용하여 정찰과 추격 임무는 물론, 측면공격, 적 격멸, 양동과 같은 다양한 임무를 수행토록 했다. 나폴레옹은 보병, 포병, 기병을 효과적으로 운용하기 위해 각 병과를 통합한 '사단'을 편성했고, 3개 사단을 묶어 군단으로 편성했다. 이로써 모든 군대가 1개의 집단으로 움직이지 않고 사단과 군단 단위로 기동함으로써 편의성과 함께 선택할 수 있는 전략적 조합의 수를 늘렸다. 예를 들어, 각 군단별로 양동, 측면포위, 증원부대 차단, 예비대 편성 등의 임무를 부여하는 등 다양한 전략을 구사할 수 있었다.[37]

37 정명복, 『무기와 전쟁 이야기』, pp. 145-146.

3. 근대 후기 : 기계화의 시대

가. 19세기 중후반

산업혁명은 인류 역사에 커다란 분수령이 되었다. 19세기 과학기술이 급격히 진보하면서 군사 분야에도 커다란 변혁을 가져왔다. 가장 주목할 만한 기술의 발전은 19세기 중반 철도의 등장이다. 프로이센은 철도를 군사 분야에 활용한 첫 국가였다. 애초에 프로이센 장군들은 양호한 도로가 침략을 촉진시킬 것이라는 프리드리히 2세의 금언에 따라 철도의 도입을 반대했으나, 1848년 혁명을 진압하는 과정에서 그 효용성을 인식하여 철도를 설치하기 시작했다. 철도는 병참수송과 병력수송 능력을 획기적으로 증대시켰다. 나폴레옹 전쟁까지만 하더라도 병력을 한곳에 집중하는 것이 전략의 기본이었지만, 철도수송이 발전함에 따라 적 주변으로 병력을 분산시켜 적을 포위함으로써 치명적인 타격을 가할 수 있었다. 보오전쟁에서 오스트리아군은 최대한 병력을 집중시켜야 한다는 나폴레옹 전쟁의 교훈을 따랐지만, 프로이센군은 병력을 3개 야전군으로 편성하고 1개 야전군이 적 주력을 붙잡는 사이 2개 야전군으로 하여금 적을 포위하여 섬멸할 수 있었다. 이는 나폴레옹 전쟁을 분석한 조미니가 내선작전의 우위를 주장한 것과 달리, 프로이센 참모총장 몰트케가 외선작전의 우위를 입증한 것으로 철도를 이용한 신속한 병력수송과 포위작전이라는 전략의 혁신에 의해 가능한 것이었다.[38]

전신기의 발명도 철도의 등장과 함께 전투에 혁명적 영향을 미쳤다. 전통적으로 지상군은 5~6킬로미터 정도로 병력을 전개한 반면, 나

---

38 정명복, 『무기와 전쟁 이야기』, pp. 201-202.

폴레옹은 그 길이를 25~75킬로미터까지 늘려 병력을 분산 배치함으로써 러시아 원정 시 광범위하게 분산된 부대를 효과적으로 지휘통제하지 못해 패배했다. 그러나 전신기의 발명으로 전선이 깔린 지역까지 병력을 배치할 수 있게 되었고 작전을 통제할 수 있는 범위가 확대되었다.[39]

나폴레옹 전쟁은 전 유럽으로 징집제와 국민동원제도를 확산시켰다. 그리하여 유럽의 군대는 그 유례를 찾아보기 어려울 정도로 규모가 커지게 되었다. 비록 상비군의 수는 줄었지만, 전쟁이 발발할 경우 동원할 수 있는 병력 규모는 엄청나게 늘어난 것이다. 이로 인해 군은 작전범위와 지휘통제영역이 확대되고, 규모가 방대해짐에 따라 이를 관리할 수 있는 효율적인 조직이 필요하게 되었다. 과거 나폴레옹과 같은 군 지휘관의 천재성보다도 효율적인 참모조직에 의존하게 된 것이다. 이를 처음 인식한 것도 역시 프로이센이었다. 프로이센의 몰트케는 최고 엘리트들로서 지휘관의 부족한 부분을 채울 수 있는 참모조직을 갖추기 시작했고, 이들은 보오전쟁과 보불전쟁에서 지휘관의 실수에도 불구하고 침착하게 대처할 수 있었기 때문에 전쟁을 승리로 이끌 수 있었다.[40]

소총과 대포도 비약적인 발전을 거듭했다. 총신에 강선이 적용되어 정확성과 사거리를 연장시켰으며, 후장식 소총이 개발되어 치명적 무기로 등장했다. 예를 들어, 보오전쟁에서 오스트리아군은 전장식 로렌츠Lorenz 소총으로 무장한 반면, 프로이센군은 니들건Needle Gun이라 불리는 후장식 소총으로 무장했다. 로렌츠 소총은 총을 세운 다음 총구에 화약과 탄알을 장전해야 했기 때문에 병사들이 일어서야 했고,

39 Martin Van Creveld, *Technology and War: From 2000 B.C. to the Present*, p. 185.

40 정명복, 『무기와 전쟁 이야기』, pp. 202-203.

이로 인해 많은 병사들이 장전 과정에서 희생되었다. 그러나 니들건은 엎드려서 장전할 수 있었고, 로렌츠 소총보다 여섯 배 많은 사격을 할 수 있었다. 후장식 소총은 이 전쟁에서 프로이센군이 승리할 수 있는 원동력이 되었다. 이후 소총은 화약과 탄알을 분리해서 따로 장전하지 않도록 이를 결합한 일체형 탄약이 출현함으로써 또다시 발전하게 되었다. 대포도 마찬가지로 강선을 적용함으로써 사거리와 정확도를 향상시켰으며, 신속한 장전과 사격이 가능한 후장식 대포가 개발되었다. 후장식 대포는 기술의 복잡함과 개발 비용 등으로 엄두를 내지 못하다가 보불전쟁 기간에 프로이센이 처음으로 개발하여 운용함으로써 전쟁에서 승리하는 데 결정적 영향을 미쳤다.[41]

이외에도 19세기 산업혁명은 대량생산을 가능케 했다. 공장에서는 상품을 생산하는 것 이상으로 소총과 탄약, 그리고 전쟁용 물자를 대량으로 제조할 수 있게 되었다. 산업화에 따른 엄청난 제조능력으로 유럽 국가들은 대규모 군대를 무장시킬 수 있었으며, 철도, 무기, 통신장비, 참모조직, 그리고 국가동원능력과 결합하여 무제한적 총력전이 가능한 체제를 갖추었다.

나. 제1차 세계대전

제1차 세계대전은 화력전이었다. 가장 눈에 띄는 것은 기관총이었다. 19세기 유럽 내부에서 '기사도 정신'을 고려하여 사용이 금지되었던 기관총과 연발소총이 국가들 간 긴장이 고조되면서 다시 등장했다.[42] 이 시기에 등장한 맥심 기관총Maxim machine gun은 발사 시에 나오

---

41 정명복, 『무기와 전쟁 이야기』, pp. 213-215.

42 미국 남북전쟁에서는 개틀링 기관총(Gatling gun)이, 보불전쟁에서는 미트라예즈(Mitrailleuse) 기관총이 등장했으나 매우 제한적으로 사용되어 전세에 영향을 미치지 못했다.

는 반동의 힘을 이용하여 '탄피제거-장전-재발사' 메커니즘을 적용한 것으로 탄약벨트 전체가 소모될 때까지 연속사격을 할 수 있었다. 소총에도 큰 변화가 일어나 탄창을 이용한 다양한 형태의 연발식 소총이 개발되었고, 연기가 나지 않는 백색화약도 등장했다. 대포 분야에서는 후장식 대포가 보편화되고 사격속도와 사정거리가 향상되었다. 모든 무기는 위장을 위해 무광택 페인트를 칠했으며, 군복에도 변화가 일어나 화려한 색깔의 군복 대신 짙은 푸른색이나 갈색 계통의 군복을 입기 시작했다.[43]

제1차 세계대전은 모든 국가들이 공세적 정신을 내걸고 신속한 승리를 장담했음에도 불구하고 마른Marne 전역 이후 참호전 양상으로 전개되었다. 서부전선에서 독일군과 연합군이 길게 참호를 파고 대치하게 되자, 공격하는 측이 불리한 입장에 서게 되었다. 양측은 참호 전방에 철조망과 같은 장애물을 가설하고 기관총을 설치했기 때문에 이를 뚫고 먼저 공격하기는 어려웠다. 그럼에도 불구하고 구시대의 전술에 매달렸던 각국 지휘관들은 병사들을 사지로 내몰아 엄청난 수의 사상자를 낳았다. 참호를 돌파하기 위해 박격포가 사용되었고, 야포를 이용해 적진에 막대한 포격을 퍼붓는 전술도 동원되었다. 그러나 이러한 방식으로는 참호전을 끝낼 수 없었으며, 사상자 수만 늘어갔다. 1918년 11월 11일 전쟁이 종결될 때까지 사망자만 900만 명에 달했다.

전차는 전쟁의 교착상태를 타개하기 위한 새로운 병기로 등장했다. 참호를 돌파하기 위해서는 적 총탄을 막을 수 있는 방호력과 과거 기병과 같은 기동력이 필요했다. 1916년 9월 최초의 전차인 마크 원Mark I이 영국에 의해 개발되어 솜 전투에 처음으로 투입되었으나, 그 수량이

43 정명복, 『무기와 전쟁 이야기』, pp. 226-228.

당시 해군장관이었던 W. 처칠(Churchill)이 해군의 예산으로 전차의 연구·개발을 후원하게 되어 완성된 세계 최초의 전차인 마크 원(Mark I). 전차는 전쟁의 교착상태를 타개하기 위한 새로운 병기로 등장했다. 1916년 9월 영국이 개발한 세계 최초의 전차인 마크 원은 솜 전투에 처음으로 투입되었으나, 그 수량이 18대로 소수만 사용되었기 때문에 큰 효과를 보지는 못했다.

18대로 소수만 사용되었기 때문에 큰 효과를 보지는 못했다.[44] 다만 1917년 11월 캉브레 전투Battle of Cambrai에서 대량으로 투입된 전차는 독일군을 참호 밖으로 몰아내는 데 성공하여 전차의 가능성을 보여주기에 충분했으나, 후속부대가 보병으로 구성되어 전과 확대에는 실패했다.

제1차 세계대전에서 가장 두각을 나타낸 무기는 항공기였다. 처음에는 정찰과 수색 임무가 전부였지만, 나중에는 기관총을 장착하여 항공기 간 교전이 이루어졌고 폭탄을 투하하는 원시적 폭격작전을 수행하기도 했다. 다만, 이 시기 항공기의 주 임무는 포병의 탄착관측과 정찰이었기 때문에 제1차 세계대전 당시에는 현대적 의미에서의 공중전이나 폭격은 이루어지지 않았다.

44 육군사관학교, 『세계전쟁사』, p. 238.

다. 제2차 세계대전

제1차 세계대전이 사상 유례없는 참혹한 전쟁으로 막을 내리자, 다시는 그와 같이 무모하고 소모적인 전쟁이 되풀이되지 않아야 한다는 반성이 일었다. 군사가들은 참호전과 같은 교착상태를 타개할 수 있는 방안을 모색하기 시작했다. 공격력을 강화하려는 노력은 소총에서부터 이루어졌다. 노리쇠 격발방식이 자동장전식 소총으로 대체되었다. 그리고 무거운 기관총이 공격에 용이하도록 경량화되었다.

이와 함께 많은 군사가들이 전차에 주목했다. 앞의 '지상전략'에서 살펴본 것처럼 풀러, 리델 하트, 구데리안 등이 전차가 참호전을 끝낼 수 있는 병기로 생각하고 전차의 대량생산과 기갑부대 창설을 주장했지만, 영국과 프랑스는 이를 받아들이지 않았다. 끔찍한 전쟁을 다시 야기하고 싶은 생각이 없었기 때문이다. 다만, 1933년 독일 수상이 된 아돌프 히틀러는 제1차 세계대전이 종결되면서 체결된 베르사유 조약Treaty of Versailles의 가혹함에 대한 독일 국민들의 반발심을 자극하여 극우적이고 팽창적인 정책을 추진했기 때문에 전차를 이용한 과감하고도 공세적인 작전술을 개발할 수 있었다.

독일의 전차부대 창설은 구데리안Heinz Guderian이 주도했다. 그는 전차부대의 독자적 운용을 주장하는 풀러나 리델 하트와는 달랐다. 전차는 보병이 사용하는 대전차화기에 취약했으며, 전차만으로는 참호를 돌파하더라도 참호 안의 적을 공격하기는 힘들었다. 따라서 그는 전차가 보병과 항공기를 비롯한 다른 병과와 적절히 혼합될 때 강력한 힘을 발휘할 수 있다고 보았다. 이러한 이유로 구데리안은 자신이 만든 독일 기계화사단에 주력인 전차를 비롯해 견인포와 자주포, 차량화된 보병, 장갑차로 무장한 정찰부대, 통신부대, 그리고 공병부대를 포함시키고, 독일 공군이 보유한 급강하폭격기로부터 근접항공지

원을 받도록 했다.[45]

제2차 세계대전에서는 항공기가 강력한 무기로 등장했다. 단순한 관측 및 정찰임무에서 벗어나 적을 직접 공격하고 적 전투기와 교전함으로써 본격적인 항공전의 시대를 열었다. 적의 전쟁지속 역량을 파괴하고 전쟁수행 의지를 약화시키기 위해 적 후방의 산업시설과 인구밀집지역을 타격하는 전략폭격 임무를 수행했다. 또한 항공기의 다재다능성을 입증이라도 하듯이 방공, 잠수함 탐색, 지상작전 지원, 공수작전 지원 등의 임무를 수행했다.[46] 그러나 항공기의 등장은 곧 항공기를 잡기 위한 레이더의 개발로 이어졌다. 전간기에 음향, 적외선, 그리고 전파를 이용한 탐지기 개발을 위해 많은 실험이 이루어졌고, 결국 고주파를 발사해 적 항공기나 함정 등 금속 몸체에 맞고 나오는 반사파를 탐지하여 항공기의 위치와 속도를 알아낼 수 있었다. 1939년 영국은 처음으로 레이더를 활용해 적 공격을 경고했다. 레이더는 방공체제를 발전시켰으며, 항공기들은 적의 대공방어에 대처하기 위해 금속 파편인 '채프chaff'를 살포하는 등 적 레이더를 기만, 방해, 교란할 수 있는 기술을 개발했다.[47]

라. 해군 함정의 변화

산업혁명으로 기계화가 이루어지면서 해군 군함에도 혁명적인 변화가 이루어졌다. 나폴레옹 시대까지 범선이 운용되었으나, 나무로 만든 군함은 내구성에서 한계가 있었을 뿐 아니라 적의 함포공격에

---

45 정명복, 『무기와 전쟁 이야기』, pp. 251-252.

46 이명환 외, 『항공우주시대 항공력 운용 : 이론과 실제』, pp. 156-157.

47 Martin Van Creveld, *Technology and War: From 2000 B.C. to the Present*, pp. 210-212.

취약했다. 그때까지 철제 군함은 돛과 바람에 의한 동력으로 움직이는 데 한계가 있어 현실화되기 어려웠으나, 산업혁명시대에 증기기관이 발명되고 스크루 프로펠러screw propeller가 개발됨으로써 철갑을 두른 군함이 출현하게 되었다. 최초의 철갑선은 1859년 프랑스의 라 글루아르La Gloire였으며, 최초로 대구경 함포를 탑재한 함정은 1873년 이탈리아의 주력함 카이오 둘리오Caio Duilio로 17.7인치 함포를 갖췄다.[48]

철제 군함의 출현과 함께 함포에도 변화가 나타나 철판을 뚫고 들어간 다음 폭발하는 포탄이 개발되었고, 선체의 측면에 함포를 설치하는 대신 증기기관의 동력을 이용하는 회전식 포탑이 출현했다. 군함 건조술이 발전하면서 거포를 장착한 대규모 전함들이 출현하기 시작했다. 1890년대 이후 독일이 해군 군비경쟁에 뛰어들면서 유럽 강대국들은 거함거포주의에 의해 크기 위주로 군비경쟁에 나서기도 했다.[49]

1866년에는 오스트리아 해군에서 어뢰를 개발하여 철제 군함에 심각한 위협을 가했다. 대형 철제 군함은 장갑 덕분에 적의 함포사격에는 버틸 수 있었으나, 어뢰에는 당할 수 없었다. 대형 군함은 사격속도가 빠른 소구경 함포로 무장하여 어뢰정 공격으로부터 자체방어력을 높이는 한편, 대형 군함을 방어할 수 있는 구축함을 건조하여 주변에 배치했다. 어뢰정이 효과를 거두지 못하게 되자, 기술자들은 새로운 무기 개발에 착수하여 1890년대 처음으로 잠수함을 만드는 데 성공했다. 잠수함은 어뢰를 장착하여 소형 어뢰정보다 더 위협적인 존재가 되었으며, 제1차 및 제2차 세계대전에서 독일 해군의 주력 무기

---

48 James L. George, 허홍범 역, 『군함의 역사』(서울: 한국해양전략연구소, 2003), p. 164.

49 정명복, 『무기와 전쟁 이야기』, p. 268.

로 활약했다.[50] 독일은 제1차 세계대전에서 영국 상선을 공격하여 전장에서 이탈하도록 압박할 수 있다는 판단하에 1917년 1월 연합국 상선에 대해 무제한 잠수함전을 개시했다.[51]

제2차 세계대전이 시작될 무렵, 항공기를 이용해 함정을 격침시키는 것이 효과적이라는 것이 입증되었다. 그러나 항공기는 비행시간과 거리의 한계 때문에 항공기를 탑재하여 움직일 수 있는 함정이 필요했고, 그래서 등장한 것이 바로 항공모함이다. 최초의 항공모함은 1921년 영국 해군이 순양함을 개조한 것이었다. 1922년 워싱턴 회의에서 전함, 순양함, 항모의 건조에 제약이 가해졌으나 1930년 런던 회의에서 항모에 대한 제한이 풀리자 강대국들은 항모 건조에 열을 올렸다.[52] 항모에 탑재된 함재기들은 소구경 경포, 폭탄, 어뢰로 무장했으며, 이 가운데 어뢰로 무장한 뇌격기들은 적 함정에 대해 강력한 공격력을 발휘했다. 함정들은 철갑을 강화하고 대공포를 설치했지만, 함재기의 공격을 막는 데에는 역부족이었다. 항모는 해전의 양상을 바꿔놓았다. 미국은 항모단을 구성함으로써 미드웨이 해전 등 여러 해전에서 승리할 수 있었으며, 막강한 해군력을 보유하게 되었다.[53]

---

50 정명복,『무기와 전쟁 이야기』, pp. 268-270.

51 Archer Jones, *The Art of War in the Western World*, p. 467.

52 James L. George, 허홍범 역,『군함의 역사』, p. 159.

53 Martin Van Creveld, *Technology and War: From 2000 B.C. to the Present*, p. 231.

미드웨이 해전 당시 항공모함 USS 엔터프라이즈(Enterprise)호. 1922년 워싱턴 회의에서 전함, 순양함, 항모의 건조에 제약이 가해졌으나, 1930년 런던 회의에서 항모에 대한 제한이 풀리자 강대국들은 항모 건조에 열을 올렸다. 함정들은 철갑을 강화하고 대공포를 설치했지만, 함재기의 공격을 막는 데에는 역부족이었다. 항모는 해전의 양상을 바꿔놓았다. 미국은 항모단을 구성함으로써 미드웨이 해전 등 여러 해전에서 승리할 수 있었으며, 막강한 해군력을 보유하게 되었다.

4. 현대 : 핵 및 정보화의 시대

가. 냉전기 핵시대

제2차 세계대전 말 미국은 태평양전쟁을 끝내기 위해 일본 본토에 상륙작전을 감행할 경우 약 70만 명이라는 엄청난 피해가 발생할 것으로 예상하고 미군의 피해를 최소화하고자 원자폭탄을 개발하기 시작했다. 미국은 이러한 원자탄 제조 계획을 맨해튼 프로젝트Manhattan Project라고 이름 붙였으며, 1945년 7월 15일 인류 최초의 핵실험에 성공했다. 그리고 그해 8월 6일에 히로시마広島, 9일에는 나가사키長崎에 원자폭탄을 투하하여 일본의 항복을 받아냈다.

미국의 핵독점 시대는 오래 가지 않았다. 1949년 소련도 원자폭탄 개발에 성공했고, 이후 전개된 냉전시대에는 미국과 소련을 중심으로 한 핵무기 경쟁이 치열하게 전개되었다. 핵무기는 탄두를 개발하는 것보다도 이를 어떠한 수단으로 운반하느냐가 더 중요했다. 초기에는 무거운 핵무기를 중형 폭격기인 B-29기나 Tu-4에 싣고 가 공중에서 투하해야 했으므로 여러 제한사항이 있었다. 적의 전투기에 요격당하지 않도록 제공권을 장악해야 했고, 적 방공망을 무력화해야 했다. 실제로 미소 양국이 상대의 방공망을 뚫고 심장부에 핵폭탄을 투하한다는 것은 매우 어려웠다.

그러나 로켓 기술이 발달하고 핵탄두가 소형화되면서 이를 미사일에 탑재하여 공격하는 방법이 등장했다. 바로 대륙간탄도미사일ICBM이다. 소련은 1957년 10월 최초의 인공위성인 스푸트니크Sputnik 발사에 성공함으로써 이러한 능력을 갖게 되었고, 이어 미국도 1958년 1월 익스플로러Explorer 1호 발사에 성공하면서 양국 간 핵경쟁을 우주공간으로까지 확대했다. 냉전 후반기에 접어들면서 핵무기 운반수단은

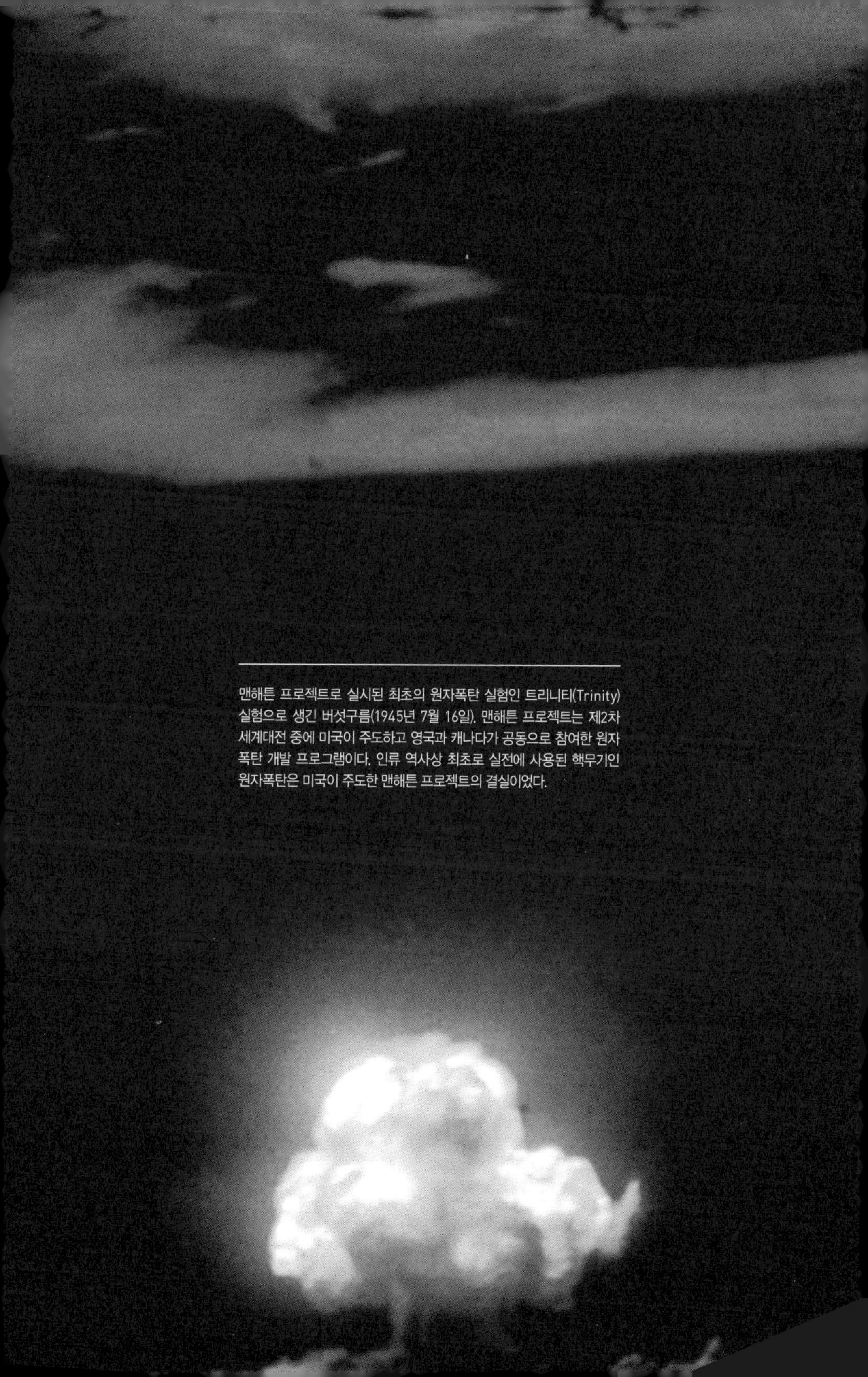

맨해튼 프로젝트로 실시된 최초의 원자폭탄 실험인 트리니티(Trinity) 실험으로 생긴 버섯구름(1945년 7월 16일). 맨해튼 프로젝트는 제2차 세계대전 중에 미국이 주도하고 영국과 캐나다가 공동으로 참여한 원자폭탄 개발 프로그램이다. 인류 역사상 최초로 실전에 사용된 핵무기인 원자폭탄은 미국이 주도한 맨해튼 프로젝트의 결실이었다.

더욱 개량되었다. ICBM에 여러 개의 핵탄두를 장착하여 미사일이 탄도 비행 도중 탄두를 분리시켜 다수의 목표물을 한꺼번에 공격하는 다탄두개별목표재돌입미사일MIRV이 개발되었다. 또한 잠수함발사탄도미사일SLBM이 개발되었는데, 지상에 배치된 ICBM의 경우 적 미사일 공격에 의해 파괴될 수 있는 반면, SLBM은 심해에서 항시 이동하기 때문에 생존성에 유리하다는 장점이 있었다.[54]

핵무기는 가공할 파괴력 때문에 실제로는 사용할 수 없는 무기였다. 따라서 핵국가들은 핵의 위력을 줄여 전술적으로 사용할 수 있는 전술핵무기Tactical Nuclear Weapon: TNW를 만들었다. 전술핵무기는 수백 킬로톤의 것도 있으나, 보통 3~5킬로톤의 파괴력을 갖는 핵무기로 전투기, 미사일, 야포, 핵배낭, 핵지뢰 등 다양한 형태로 투발하거나 사용할 수 있다.

나. 현대 정보화시대

군사혁신의 등장

21세기 문명 패러다임이 산업화에서 정보지식 중심으로 바뀌면서 전쟁 패러다임도 기계화에서 정보지식 중심으로 전환되었다. 과학기술이 발달하면서 디지털 인터넷 혁명, 항공우주 혁명, 생명 유전공학 혁명, 나노기술 혁명이 이루어졌고, 이는 전쟁수행에도 혁명적 영향을 주어 '군사혁신Revolution in Military Affairs: RMA'을 가능케 했다.

21세기 군사혁신은 사실상 20세기 말 신기술 개발로부터 비롯되었다. 미군은 1970년대 정밀유도폭탄Precision Guided Munition: PGM, 순항미사일Cruise Missile: CM, 그리고 스텔스stealth 기술 등을 개발했으며, 1972

---

54 정명복, 『무기와 전쟁 이야기』, pp. 293-294.

년 베트남 전쟁에서의 라인백커LINEBACKER 공중폭격작전에서는 23만 발의 폭탄 가운데 약 9,000발 이상의 레이저유도폭탄Laser Guided Bomb: LGB을 사용했다. 1973년 제4차 중동전쟁인 욤 키푸르Yom Kippur 전쟁에서 이스라엘은 소련의 후원을 받고 있는 아랍국가들을 상대로 매우 광범위한 정밀유도무기를 사용해 큰 성과를 거두었다. 이는 당시 나토군 전선에 기갑부대를 대량으로 투입해 돌파한다는 '작전기동단Operational Maneuver Group: OMG' 전법을 채택하고 있던 소련군에 큰 충격을 주었다. 과거 집중이 전쟁의 가장 중요한 원칙이었다면, 이제 집중은 궤멸적 타격을 가져올 것이다. 이후 소련은 오가르코프Nikolai V. Ogarkov 원수를 중심으로 1977년부터 '군사기술혁명Military-Technical Revolution: MTR'이 전쟁에 주는 영향에 대해 연구하기 시작했다.[55] 그러나 이 연구는 1980년대 중반 소련의 경제적 어려움이 가중되고 미소 간의 데탕트가 조성됨으로 인해 탄력을 잃게 되었다.

미국은 소련의 MTR 연구를 계승했다. 미 국방부 '총괄평가국Office of Net Assessment'의 앤드류 마셜Andrew W. Marshall은 소련에서 이루어지고 있는 MTR 관련 저술을 보면서 1980년대 중반부터 뒤늦게 과학기술이 전쟁에 미치는 영향에 대해 연구에 나섰다. 다만, 그는 기술뿐만 아니라 개념과 교리적 측면에도 관심을 기울였으며, 이러한 측면에서 과학기술 발달에 따른 전쟁 양상 변화를 가리켜 MTR보다 포괄적인 용어인 RMA라고 정의하고 관련 내용을 글로 제시하기 시작했다. 마셜은 미군이 아직 RMA를 인식하지 못하고 있으며, 이는 1920년대 영국이 기갑과 기계화 전쟁에 대해 눈뜨지 못한 것보다 더 심각한 상황

---

55 MacGregor Knox and Williamson Murray, *The Dynamics of Military Revolution 1300-2050*(New York: Cambridge University Press, 2001), pp. 3-4.

에 처해 있다고 신랄하게 지적했다.[56]

RMA에 대한 연구가 활발해지면서 다양한 이론이 제기되었다. 1980년대 스태리Don Starry는 구소련군의 최대 강점이 전선 후방에 위치한 제2·3 후속전력의 작전적 돌파기동이라고 규정하고 이를 무력화하기 위한 '공지전투AirLand Battle' 개념을 발전시켰다. 1990년대 오언스William A. Owens는 '신新 시스템 복합체계A New System of Systems' 개념을 제시하여 '정찰감시 및 정찰체계Intelligence, Surveillance and Reconnaissance: ISR'와 '정밀타격전력체계Precision Force: PF'를 첨단 C4ICommand, Control, Communication, Computer and Intelligence 체계로 상호 연계시켜 시너지 효과를 극대화할 것을 주장했다. 보이드John Boyd는 전투행위를 "관측observe-판단orient-결심decide-행동action"으로 이루어진 하나의 '순환고리loop'로 보고, 정보기술IT의 획기적 발전을 이용하여 이 OODA 순환고리를 빠르게 순환시킴으로써 적의 의사결정 체계를 혼동시키거나 마비시킬 수 있다고 주장했다. 세브로스키Arthur K. Cebrowski는 지금까지의 플랫폼 중심전을 '네트워크 중심전Network Centric Warfare: NCW'으로 전환해야 한다고 하면서, 3개 격자망, 즉 정보격자망information grid, 센서격자망sensor grid, 그리고 교전격자망engagement grid을 상호 밀접하게 연결하여 하나의 커다란 센서-슈터복합체를 형성함으로써 통합된 전투력 발휘가 가능하다고 주장했다.[57] 이와 같이 RMA에 대해서는 다양한 이론들이 제기되어왔다. 다만 이러한 논의는 최근 NCW 개념으

---

56 MacGregor Knox and Williamson Murray, *The Dynamics of Military Revolution 1300-2050*, p. 4.

57 권태영·노훈, 『21세기 군사혁신과 미래전』(파주: 법문사, 2008), pp. 166-176. 관련 자료로는 Alvin and Heidi Toffler, *War and Anti-War*(New York: Little, Brown, 1993), pp. 44-56; William A. Owens, "The Emerging System of Systems", *Proceedings*, Vol. 121, No. 5(1995), pp. 36-39; Arthur K. Cebrowski and John J. Garstka, "Network Centric Warfare: Its Origin and Future", *Proceedings*(January 1998), www.usni.org/proceedings/Article98/Procebrowski.html

로 수렴하는 경향을 보이고 있다.[58]

정보화시대의 전쟁

정보화시대의 전쟁은 기본적으로 NCW를 비롯해 정보전·사이버전, 효과 중심 정밀타격전, 비선형전, 비살상전, 비대칭전, 그리고 동시통합전 등 다양한 형태로 발전하고 있다. 여기에서는 그 핵심을 이루는 NCW, 정보전과 사이버전, 그리고 정밀타격전을 중심으로 그 개념을 알아보도록 한다.

NCW는 전장의 제 전력요소들을 효과적으로 연결하여 네트워킹함으로써 전장의 정보를 실시간으로 공유하고, 신속한 지휘를 가능케 하며, 임무수행의 효과를 극대화한다는 정보화시대의 새로운 전쟁 패러다임이다.[59] 즉, NCW는 센서격자망을 통해 획득한 전장상황과 표적을 정보격자망을 통해 각 요소 및 부대에 실시간으로 전파하고, 적 표적에 대해서는 교전격자망에 포함된 가용 전력을 동원하여 즉각 제압하는 개념이다. 오늘날 NCW는 대부분의 국가들이 수용하고 있다. 그런데 최근 NCW 개념을 처음으로 만든 미국에서는 실시간 정보공유 그 자체로는 전쟁수행 개념이 될 수 없다는 비판, 즉 NCW 개념에는 군사력을 어떻게 운용하느냐에 대한 부분이 명확하지 않다는 비판에 직면했다. 즉, NCW란 미래전 수행에 대한 방향이

---

58 권태영 · 노훈, 『21세기 군사혁신과 미래전』, pp. 166-177.

59 미 해군전쟁발전사령부(Naval Warfare Development Command)에서 발간한 "Capstone Concept for Naval Operations in the Information Age"라는 글에서 NCW의 개념을 "정교하고도 민첩한 형태의 기동전이 가능하도록 다양하고 정확한 정보의 송수신이 가능한 지구상 곳곳에 흩어져 있는 전투원들을 신속하고도 강력한 네트워크로 연결함으로써 전투력을 극대화하는 것"으로 정의하고 있다. 김봉환 외, 『현대전쟁연구』 (대구: 황금소나무, 2008), p. 338.

2009년 11월 26일, 아프가니스탄에 정밀유도폭탄인 JDAM GBU-31을 투하하고 있는 F-15E. 정밀유도무기는 적과 접촉하지 않은 원거리에서 적의 전쟁지휘부와 적 집결지, 혹은 적 부대를 직접 겨냥해서 정확히 타격할 수 있다. 이로 인해 전쟁은 과거의 대량파괴와 대량살상을 야기하는 접적·선형 전투로부터 정밀파괴와 파괴를 최소화하는 비접적·비선형 전투로 변화하고 있다.

라기보다는 네트워크를 중시해야 한다는 당위성을 강조한 것에 지나지 않는다는 것이다. 이러한 비판을 수용하여 미국에서는 최근 '네트워크 중심 환경Network Centric Environment'이라는 용어로 NCW를 대체했으며, 이러한 환경에서의 작전을 '네트워크 중심 작전Network Centric Operation'으로 부르고 있다.[60]

---

60 권태영 · 노훈, 『21세기 군사혁신과 미래전』, pp. 217-218.

정보전과 사이버전은 NCW를 방해하고 무력화하기 위한 일종의 '반反NCW' 작전이라 할 수 있다. 정보전Information Warfare은 정보작전Information Operation과 다르다. 두 개념을 비교한다면 정보작전은 정보전을 포함하는 상위개념이다. 즉, 정보작전은 정보우위를 달성하기 위해 전평시 가용 수단을 통합하여 아측의 정보와 정보체계를 방어하고 상대의 정보와 정보체계를 공격하는 군사행동이다. 반면, 정보전은 특정한 적에 대해 특정 목표를 달성하고 진척시키기 위해 위기 시나 분쟁 시에 수행하는 정보작전이다. 정보전에는 적의 컴퓨터 네트워크를 공격하거나 적 체계를 물리적으로 파괴하는 공세적 정보전과 아군의 컴퓨터 네트워크를 방어하는 방어적 정보전이 있다.[61] 한편으로, 사이버전은 컴퓨터와 네트워크를 통해 구현되는 전자적 가상현실세계, 즉 사이버 공간에서 상대의 정보 및 자산을 교란·거부·통제·파괴·마비시키고 적의 이와 같은 공격으로부터 아측의 정보 및 자산을 방어하는 모든 행동을 의미한다. 즉, 사이버전은 사이버 공간을 통제하고 지배하기 위한 무형의 공방전으로, 정보전의 한 부분을 구성한다.

효과 중심 정밀타격전은 정밀유도무기를 이용하여 적의 핵심표적을 타격하는 것을 의미한다. 정밀유도무기는 적과 접촉하지 않은 원거리에서 적의 전쟁지휘부와 적 집결지, 혹은 적 부대를 직접 겨냥해서 정확히 타격할 수 있다. 이로 인해 전쟁은 과거의 대량파괴와 대량살상을 야기하는 접적·선형 전투로부터 정밀파괴와 파괴를 최소화하는 비접적·비선형 전투로 변화하고 있다. 이로 인해 전쟁은 지금까지 중시되어왔던 병력 집중의 원칙을 추구하기보다는 효과 집중의 원칙을 강조하고 있다. 굳이 전방지역에서의 전투가 치열하게 이루어지지 않더라도 원거리에서 적의 중심을 제압할 수 있기 때문이다. 장거리 정밀타격능력은 이제 전술적 수준의 전쟁과 전략적 수준의 전쟁 간의 차이를 모호하게 하고 있다. 소규모 침투부대와 정밀유도무기만으로도 전략적 타격 효과를 거둘 수 있기 때문이다.[62] 효과중심작전 Effects Based Operation: EBO은 이러한 개념에 입각한 것으로 최소한의 희생으로 군사적 목표를 달성한다는 개념이다.[63]

---

61 배달형, 『정보작전의 이해』(서울: 한국국방연구원, 2003), pp. 31-47.

62 권태영 · 노훈, 『21세기 군사혁신과 미래전』, pp. 226-231.

5. 무기기술과 전략·전술

고대 그리스 시대 이전부터 약 3,000년간의 역사를 통해 인류는 기술의 진보를 이루었고, 이를 통해 무기기술 및 전략·전술을 발전시킬 수 있었다. 이 장에서 다루었던 내용을 중심으로 무기기술이 군사전략에 미친 영향을 살펴보면 다음과 같다.

첫째, 무기기술의 발전은 속도가 매우 느리기 때문에 그것이 당장 전장에 영향을 미치는 것은 아니다. 우리는 흔히 혁신적 무기기술을 개발할 경우 그것이 전쟁 양상에 급속한 변화를 가져오는 것으로 이해하는 경향이 있다. 그러나 대부분의 경우 기술의 발달은 매우 더디고 점진적으로 이루어졌다. 실제로 도구의 시대에 주류를 이루었던 창과 칼, 공성무기, 그리고 전차 등과 같은 무기는 기원전 2000년 전부터 15세기 화약이 보편화되기 시작할 때까지 3,000년 이상 지속되었다. 이 시기에 무기의 기술과 성능이 지속적으로 개선되기는 했으나 무기체계의 속성을 바꾸는 혁신이 이루어진 것은 아니었다. 알렉산드로스 대왕이 창의 길이를 늘이고 로마 군단이 중보병에 의존함으로써 가용한 무기체계와 조직의 변화를 꾀하고 전쟁에서 승리할 수 있었지만, 그것은 무기기술의 발전이라기보다는 유능한 지휘관이 이끈 전략·전술 차원의 혁신에 의해 가능한 것이었다.

현대 기술도 마찬가지이다. 비록 정보통신 분야에서의 기술혁신이 전쟁의 양상을 바꾸고 기술적으로 우위에 있는 국가로 하여금 전장에서 우세를 달성하도록 한 것은 사실이다. 그럼에도 불구하고 현재

---

63 미 합동전력사령부에 의하면 '효과중심작전'이란 "부여된 정책목표를 달성하기 위해 작전 환경에 대한 전반적인 이해를 바탕으로 국력의 제 요소[DIME: 외교(Diplomacy), 정보(Intelligence), 군사(Millitary), 경제(Economy)]를 통합 사용하여 상대방의 행동 또는 능력에 영향을 미치거나 변화시키는 데 중점을 두고 계획 · 수행 · 평가 · 조정하는 작전"으로 정의할 수 있다. 김봉환 외,『현대전쟁연구』, p. 379.

미국을 중심으로 추진하고 있는 RMA는 약 40년 전인 1970년대부터 시작되어 아직까지 완성되지 못하고 진행 중에 있음을 상기해야 한다. 중국도 '정보화 조건하 국부전쟁'에서 승리할 수 있는 능력을 21세기 중반까지 갖춘다는 목표를 가지고 준비해나가고 있다. 21세기 전쟁이 눈부신 기술전쟁으로 보일 수 있지만, 그러한 능력을 갖추는 과정은 생각보다 느리고 점진적일 수 있다.

둘째, 무기기술이 전략에 미치는 영향력을 과대평가해서는 안 된다. 물론, 혁신적인 무기는 전쟁의 승패를 좌우하고 한 국가의 전략·전술을 지배할 수 있다. 영국이 장궁을 개발하여 기병의 시대에 종지부를 찍은 것이나, 제1차 세계대전에서 기관총이 등장하여 방어 우선의 전략을 채택하도록 한 사례, 그리고 극단적으로 핵무기가 출현하여 현대 전략을 지배한 것이 대표적인 예이다. 그러나 그보다 훨씬 많은 사례에서 보듯이 전략·전술은 그 시대에 주어진 가용한 무기체계를 어떻게 효과적으로 적용하고 운용할 것인가에 대한 고민에서 비롯되는 것이지, 앞으로 출현할 뭔가 새로운 무기체계에 맞춰 구상되는 것은 아니다.

기술과 무기체계에 혁신이 이루어진다면 이는 누구에게나 기회가 될 수 있다. 가령, 화약이 발명되었을 때 모든 국가가 이를 활용할 수 있었다. 또한 전차가 등장했을 때 유럽 국가들 모두 이를 적극적으로 활용할 수 있는 기회가 있었다. 즉, 새로운 무기기술이 등장하더라도 특정 국가만 이득을 보는 것이 아니라 모든 국가들이 그 기술을 향유할 수 있다는 것이다. 따라서 중요한 것은 기술이나 무기 그 자체보다 이를 어떻게 전략·전술에 적용시키느냐 하는 것이다. 역사적으로 유능한 지휘관들은 새로운 무기체계에 전적으로 의존하기보다는 조직의 개선과 전략·전술의 혁신을 꾀함으로써 기존의 무기체계를 효율적으로 운용하고 전쟁에서 승리할 수 있었다.

심지어 제2차 세계대전에서 무기혁신의 승리로 알려진 전격전의 경우에도 마찬가지이다. 당시 전차는 유럽의 주요 국가들이 모두 보유하고 있었으며, 단지 독일은 이를 기계화부대 및 항공기와 함께 운용함으로써 그 시너지 효과를 극대화할 수 있었다. 독일은 영국이나 프랑스, 그리고 러시아와 달리 베르사유 조약에 대한 불만과 히틀러의 극우적 팽창정책을 바탕으로 대외적으로 공세적 전략을 채택했으며, 이로 인해 전차를 중심으로 한 전격전 전략을 발전시킬 수 있었다. 이러한 점에서 본다면 전략은 무기기술이 결정하기보다는 그 국가의 정책과 정치적 목적에 영향을 받는다. 즉, 새로운 무기기술이 전략을 결정하는 것이 아니라 전략이 그러한 무기체계를 이용하는 것이다.

셋째, 기술과 무기체계는 끊임없이 변화하고 발전하지만, 전술이나 전략은 그 형태만 바뀔 뿐 본질은 답습되고 있다. 고대 도구의 시대로부터 현대 정보화전쟁 시대에 이르기까지 전략·전술의 변화는 보병 대 기병, 기동 대 화력, 돌파 대 포위, 공격 대 방어, 장기전과 단기전, 신속결전과 지연전, 그리고 군사력의 파괴 대 의지의 파괴라고 하는 변증법적 개념의 상호작용이 점차 확대되고 복잡하게 진화한 것일 뿐 근본적인 변화를 야기하지는 못했다. 그리고 인류 역사에서 나타난 기술의 발전은 다만 이러한 전략·전술의 이행을 보다 편리하게 했을 뿐이지, 전략·전술의 개념을 근본적으로 흔들지는 못했다.

넷째, 기술의 발달은 아이러니하게도 비기술적·비군사적 요인의 중요성을 자극했다. 흔히 군사혁신을 주도하는 국가는 강대국으로서 타국에 비해 군사적 우세를 달성할 수 있었으며, 이에 대항하는 국가는 군사적으로 승산이 없다고 판단하고 정규전이 아닌 비정규전으로 대응했다. 나폴레옹의 군대에 대항한 스페인과 러시아가 그랬고, 장제스蔣介石의 군대에 대항한 마오쩌둥의 전략이 그러했다. 또한 미군을 상대로 한 베트남이 그랬으며, 미국에 대한 알 카에다의 전략이 그러했다. 강한 적을 상대하는 약한 측은 군사적으로 결전을 추구하기보다는 게릴라가 되어 적의 신속한 승리를 거부하고 전쟁을 지연시켰으며, 이 과정에서 적의 전쟁수행 의지를 약화시키기 위해 적국 국민을 대상으로 한 정치사회적 차원의 전략을 중시했다. 최근 이라크와 아프간, 그리고 아프리카의 취약한 국가에서 진행되고 있는 분란전 insurgency warfare에서도 상대의 의지를 약화시키기 위해 무고한 시민을 상대로 무자비한 자살폭탄테러나 인종학살을 통해 의도적으로 아마겟돈적 상황을 조성하고 있다. 군사기술의 발달은 역으로 비군사적 영역을 이용한 비대칭 전략의 발전에 기여하고 있는 셈이다.

다섯째, 현대 정보화시대에 나오고 있는 정보화전쟁에 대한 논의는 전략·전술의 발전에 별다른 기여를 하지 못하고 있다. RMA에 대한 논쟁으로부터 시작된 정보화전쟁 개념은 일종의 '기술 중심의 전쟁'을 추구하고 있는 것으로 '전략'보다는 '무기기술'에 주안을 두고 있다. 그 결과 '어떻게 싸울 것인가'에 대한 논의가 아닌 '어떠한 시스템을 갖출 것인가'에 초점을 맞추고 있다. 이러한 무기만능주의적 사고는 '싸움의 기술'이지 '싸움의 전략'은 아니다. 앞에서 언급한 것처럼 미국이 NCW라는 용어를 사용하지 않기로 한 것은 이러한 문제점을 여실히 보여주고 있다. 정보화시대에도 전략·전술의 본질은 변화하지 않았다. 다만 정보기술의 힘을 빌려 보다 효율적으로 수행하게 되었을 뿐이다. 현대에도 국가로부터 주어진 군사전략의 목표를 달성하기 위해서는 '정보화된 시스템을 어떻게 갖출 것인가'에 대한 고민보다는 '싸우는 데 그것을 어떻게 이용할 것인가'를 고민해야 할 것이다.

■ 토의 사항

1. 그리스와 로마 시대에 주로 사용된 무기는 무엇인가? 이 시대에 주로 사용된 전술대형은 무엇인가?

2. 중세시대 무기기술의 특징은 무엇인가? 이 시대 보병과 기병은 어떠한 역할을 했는가?

3. 화약의 시대에 사용된 전술과 대형은 무엇인가? 근대 전기에 절대 군주들이 사용한 전투대형은 어떠했는가?

4. 산업혁명은 근대 후기의 무기기술 발달에 어떠한 영향을 주었는가? 이 시기 전략의 발달에 가장 큰 영향을 준 기술은 무엇이라고 생각하는가?

5. 제1차 세계대전과 제2차 세계대전을 통틀어 가장 혁신적인 무기기술은 무엇이라고 생각하는가?

6. 현대 정보화시대에 군사혁신RMA은 어떻게 이루어질 수 있었는가? 정보화시대 전쟁의 특성은 무엇인가?

7. 네트워크 중심전NCW은 군사전략인가? 현대 정보화시대의 전쟁에 부합하는 군사전략에는 어떠한 것이 있을 수 있는가?

ON
MILITARY
STRATEGY

제13장 비대칭 전략

1. 개요
2. 비대칭 전략의 개념
3. 비대칭 전략의 구분 : 수준, 차원, 유형
4. 비대칭 전략의 실제
5. 비대칭 위협에 대한 대응전략

1. 개요

'비대칭asymmetry'은 인류의 전쟁 역사만큼이나 오래된 개념이다.[1] 예부터 국가 지도자들은 다른 국가들과의 전쟁을 대비하는 데 있어서—비록 표현이나 형태, 그리고 수준은 다를지라도—한결같이 비대칭적 수단과 방법을 유용한 전략적 방책으로 고려해왔다. 지금으로부터 약 2,500년 전 손자는 "전쟁에서 용병은 기본적으로 적을 속이는 것詭道"이라고 하여 심리적·정보적 차원에서 비대칭 전략의 중요성을 강조했다.[2] 기원전 약 420년 전 펠로폰네소스 전쟁 시 아테네의 지도자 페리클레스Perikles는 적국인 스파르타의 지상전력이 월등히 우세하다는 사실을 인식하고 육지에서의 결전을 회피한 채 철저히 해양전략으로 일관하는 비대칭 전략을 추구했다.[3] 13세기 칭기즈칸Chingiz Khan과 그 후손들은 적보다 뛰어난 기동력, 작전 속도, 정보, 훈련, 사기를 바탕으로 전격전을 수행하여 제국을 건설할 수 있었는데, 이 또한 비대칭 전략으로 볼 수 있다.[4]

현대에 와서도 비대칭 전략은 전쟁의 승패를 결정하는 핵심적 요소로 작용했다. 제2차 세계대전 시 독일의 전격전, 리델 하트의 간접접근indirect approach 전략, 마오쩌둥의 인민전쟁 전략 등은 이미 전쟁의 역사를 통해 입증되고 잘 알려진 비대칭 전략으로 손꼽힌다. 또한 이외에도 냉전기 유럽 전역에서 기계화부대를 앞세운 소련군의 양적 우세에 맞서 정밀유도무기를 동원한 미국과 나토의 질적 대응, 그리고

---

1 Vincent J. Goulding, Jr., "Back to the Future with Asymmetric Warfare", *Parameters*, Winter 2000-2001, p. 21.

2 손자, 『손자병법』, 제1장 시계편(始計篇).

3 R. B. Strassler, *The Landmark Thucydides*(New York: The Free Press, 1996), pp. 122-127.

4 육군사관학교, 『세계전쟁사』, pp. 55-66.

탈냉전기 급속히 부상하고 있는 테러리즘terrorism 등도 비대칭 전략의 범주로 분류할 수 있다.[5]

그럼에도 불구하고 '비대칭 전략'이라는 용어를 정의하는 것은 쉽지 않다. 그것은 지금까지 '비대칭'이라는 용어가 혁명, 테러리즘, 혹은 전쟁과 전략 등 각각 다른 분야에서 제각기 다른 의미로 사용되었을 뿐, 이러한 개별 연구들을 포괄하여 '비대칭 전략'이라는 통합된 시각에서 분석하려는 시도는 이루어지지 않았기 때문이다. 따라서 각종 비대칭 현상들—예를 들어, 비대칭 위협, 비대칭 전쟁, 비대칭 접근 등—에 공통적으로 내재된 비대칭적 특성을 '전략'이라는 용어에 담아낼 수 없었으며, 그 결과 '비대칭 전략'이라는 개념은 아직도 학자들마다 서로 다른 관점과 시각에서 사용되고 있다. 예를 들어, 최근 비대칭 전략의 개념은 테러리스트 또는 불량국가rogue state들이 채택하는 전략과 같은 것으로 보고 그러한 연장선상에서 테러리즘, 게릴라전, 사이버전, 대량살상무기 사용과 동일시하는 경향이 있다.[6] 그러나 이는 편협한 시각으로, 비대칭 전략에는 단순히 테러 집단이나 불량국가의 전략뿐 아니라 지극히 '정상적인' 국가들의 전략까지 포함된 것으로 이해해야 할 것이다.

비대칭 전략은 광범위하고 복잡하여 수준별, 차원별, 유형별, 그리고 그 밖의 다른 기준에 따라 다양하게 구분할 수 있으며, 이로 인해 그 개념을 이해하는 데 많은 혼란이 발생할 수밖에 없다. 따라서 이 장에서는 비대칭 전략의 정의, 특성, 종류를 살펴보고 그것이 역사적

---

5 MacGregor Knox and Williamson Murray, *The Dynamics of Military Revolution, 1300-2050*, pp. 3-4; Steven Metz and Douglas V. Johnson II, *Asymmetry and U. S. Military Strategy: Definition, Background, and Strategic Concepts*(Carlisle: Strategic Studies Institute, 2001), p. 2.

6 이는 지극히 편협한 시각이다. 왜냐하면 비대칭 전략이란 단순히 테러집단이나 불량국가에만 한정된 것이 아니라 지극히 '정상적인' 국가들의 전략이기도 하기 때문이다.

사례에서 실제로 어떻게 적용되었는지를 분석함으로써 향후 비대칭 위협에 대한 대응전략을 모색해보겠다.

2. 비대칭 전략의 개념

가. 비대칭의 본질

엄밀한 의미에서 '진정한' 대칭symmetry, 즉 비대칭적 요소가 전혀 없는 순수한 대칭이란 존재하지 않는다. 만일 적대적인 관계에 있는 두 국가의 모든 상황과 여건, 즉 지정학적 환경, 역사적 경험, 대외관계, 국내 정치, 국력과 군사력, 가치와 문화, 그리고 정책결정자들의 성향이 동일하다고 가정할 때, 두 국가는 상대의 군사적 위협에 대응하기 위해 아마도 동일한 전략적 대안을 선택할 수 있을 것이다. 그러나 이러한 가정은 단지 관념적 세계에서만 가능한 것으로 현실적으로는 존재하지 않는다.[7] 근본적으로 국가들은 앞에서 열거한 대내외적 상황과 여건 면에서 똑같은 환경에 놓일 수 없을 뿐더러, 설사 그렇다 하더라도 상호 군사적 우위를 달성하기 위해 나름의 혁신적 노력을 경주함으로써 결국에는 비대칭을 야기할 것이기 때문이다. 정도에 따라 달라질 수 있겠지만, 현실을 지배하는 것은 대칭보다는 비대칭인 셈이다.

왜 비대칭인가? 그것은 아마도 불확실성을 극복하려는 국가들의 본능적 선택의 결과일 수 있다. 클라우제비츠는 전쟁이 불확실성과 우연으로 가득 차 있다고 했지만, 그것은 전쟁뿐 아니라 국제정치 영

7 Steven Lambakis et. al., *Understanding Asymmetric Threats to the United States*(Fairfax: National Institute for Public Policy, 2002), p. 2.

역에 있어서도 마찬가지이다. 오늘의 친구가 내일의 적이 되는 국제관계에서는 상대방의 정치적·전략적 의도를 명확히 알 수 없다. 특히 상대가 적성국인 경우에는 그들이 군사적으로 공격할 의도가 있는지, 만일 그렇다면 언제, 어디에, 어떤 규모로 공격할 것인지 예상하기 어렵다. 상대방이 새로 개발한 무기의 효과가 어떠한지 확인할 수 없으며, 심지어는 그러한 무기의 존재 여부조차 파악할 수 없는 경우가 많다. 또한 제2차 세계대전 사례와 같이 전쟁이 발발하는 순간까지도 적의 새로운 작전 형태를 알아차리지 못할 수도 있다.[8] 모든 국가들은 스스로의 불확실성을 증대시키면서 상대의 불확실성을 감소시키려 할 것이며, 상대방이 예측할 수 없는 전략적 대안을 선택함으로써 본능적으로 비대칭성을 추구하는 경향이 있다.

21세기는 세계화가 가속화되고 정보기술이 발달함에 따라 행위자들 간의 불확실성이 감소하는 추세에 있다. 그럼에도 불구하고 비대칭은 여전히 현실세계에서 행위자들의 전략적 선택에 영향을 미치는 핵심적 요소로 남게 될 것이다. 군사력이 강한 국가는 약한 국가들에 대한 상대적 우위를 유지하고자 '비대칭 능력'을 강화할 것이며, 약한 국가는 강한 국가에 대한 군사적 열세를 만회하고자 나름대로의 '비대칭 전략'을 강구할 것이다. 물론 비대칭은 군사적으로 강하거나 약한 국가들만의 선택은 아니다. 군사력이 대등한 여러 행위자들 사이에도 서로 우위를 점하기 위한 경쟁이 이루어질 것이고, 이 과정에서 비대칭이 나타나게 될 것이기 때문이다.[9]

---

8 Clinton J. Ancker III and Michael D. Burke, "Doctrine for Asymmetric Warfare", *Military Review*, July-August 2003, p. 21.

9 전간기 독일, 프랑스를 비롯한 유럽 열강들의 군사전략과 제2차 세계대전의 발발은 대등한 행위자들 간에 '비대칭 능력'과 '비대칭 전략'이 형성될 수 있음을 잘 보여주고 있다.

■ 〈그림 1〉 대칭과 비대칭의 비교

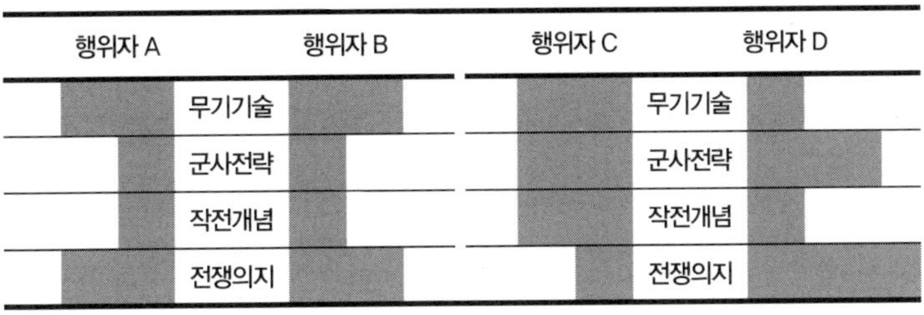

행위자 A		행위자 B	행위자 C		행위자 D
	무기기술			무기기술	
	군사전략			군사전략	
	작전개념			작전개념	
	전쟁의지			전쟁의지	

<그림 1>은 대칭과 비대칭의 예를 도식화한 것이다. 대칭이란 A와 B 두 행위자가 보여주듯이 그들의 전략적 선택이 마치 거울에 비춘 것처럼 동일한 것을 의미한다. 그러나 이러한 경우는 현실적으로 극히 드물 수밖에 없으며, 각 행위자들은 서로 다른 환경과 여건에 처하여 상대와 다른 전략적 선택을 취하게 될 것이다. 예를 들어 C라는 행위자가 정치·경제·군사적으로 충분한 능력을 갖추어 무기기술, 군사전략, 작전개념의 혁신을 꾀한다면, 다른 행위자 D는 그러한 여건을 갖추지 못함으로써—C와 같이 다방면에서 혁신을 추구하는 대신—국민들의 전쟁의지를 고양시키고 상대와 다른 군사전략을 추구하는 데 집중할 것이다. 이 경우 C와 D 두 행위자 간에는 비대칭이 나타나게 된다.

대칭과 비대칭이 독자적으로 분리될 수 있는 것은 아니다. 이들은 비율의 차이 또는 강조의 차이는 있겠지만, 항상 동시에 공존한다.[10] 예를 들어, 행위자 D가 행위자 C를 겨냥하여 비대칭 무기를 개발한다 하더라도 그들 간의 재래식 무기체계는 대부분 대칭을 이룰 것이며, 다만 행위자 D는 행위자 C가 보유한 특정 무기체계의 취약성을 겨냥하여 부분적인 비대칭을 추구할 수 있을 따름이다. 즉, 비대칭은

10 Colin S. Gray, *Irregular Enemies and the Essence of Strategy: Can the American Way of War Adapt?*(Carlisle: SSI, 2006), pp. 7-8.

대칭과 별도로 동떨어져 존재하는 것이 아니라 많은 부분 대칭과 공존하는 가운데 일정 부분에 한해 차별성을 가지고 존재하는 것으로 볼 수 있다.

나. 비대칭 전략의 정의

먼저 지금까지 제시되고 있는 비대칭 전략의 정의를 살펴보면 다음과 같다.[11] 존 콜린스는 비대칭 전략이란 "예기치 못한 조합을 통해 독창적 능력을 발휘하여 적이 대처할 수 없도록 하는 것"이라고 정의했다.[12] 생물학무기를 이용한 공격, 강한 재래식 군대를 보유한 국가에 대한 비국가 단체의 테러 공격, 그리고 컴퓨터에 의존하고 있는 강대국에 대한 사이버 공격이 여기에 해당한다. 그리고 지금은 은퇴한 미 육군 몽고메리 메이그스Montgomery C. Meigs 장군은 비대칭 전략을 서로의 질적 수준이나 능력을 비교할 수 있는 공통된 기준을 찾을 수 없는 것, 즉 정통이 아닌 이단적 접근 또는 그러한 수단을 동원하는 것이라고 작전적 수준에서 정의했다.[13]

한편 1999년 미국 합동전략검토보고서Joint Strategy Review에서는 적대국이 미국을 대상으로 추구할 비대칭 전략을 정의하고 있는데, 그것은 미국이 예상하지 못한 방법을 사용하여 미국의 강점을 회피하고

---

11 1995년 출간된 미국의 합동작전 교리에 의하면, '비대칭 교전'은 상이한 군 간의 교전, 특히 공중 대 육지, 공중 대 해양 사이의 교전이라고 정의되어 있다. 이를 통해 이때까지 미국에서 비대칭에 대한 명확한 개념 정의가 이루어지지 않았음을 알 수 있다. Joint Publication 1, *Joint Warfare of the Armed Forces of the United States*, January 10, 1995, pp. IV-10.

12 John M. Collins, *Military Strategy: Principles, Practices, and Historical Perspectives*(Washington, D.C.: Brassey's Inc., 2002), p. 65.

13 Montgomery C. Meigs, "Unorthodox Thoughts about Asymmetric Warfare", *Parameters*, vol. 33, no. 2, Summer 2003, p. 4.

약화시키며 미국의 취약점을 노리는 전략으로 보고 있다.[14] 브루스 베넷Bruce Bennett의 정의는 이와 크게 다르지 않은데, 그는 일반적인 전략과 다른 전략을 통해 적의 강점을 회피하고 적의 약점을 공격하는 것을 비대칭 전략이라고 했다.[15] 그리고 스티븐 메츠Steven Metz와 더글러스 존슨Douglas Johnson은 "비대칭이란 자신의 이점을 극대화하고, 적의 약점을 이용하며, 주도권과 행동의 자유를 확보하기 위해 적과 다르게 행동하고 조직하고 사고하는 것"이라고 했다.[16]

이상에서 살펴본 학자들의 다양한 정의를 통해 비대칭 전략이 갖는 몇 가지 핵심적인 개념을 정리해보면 다음과 같다. 첫째, 비대칭 전략은 상대가 예측하기 어렵다. 비대칭 전략은 통상 상대가 예상하지 못하는 수단과 방법을 동원하며, 비록 상대가 이를 인지했다 하더라도 대응할 수 있는 여유를 주지 않아야 한다. 둘째, 비대칭 전략은 상대의 우위를 상쇄하는 전략이다. 상대적으로 강한 적의 강점을 회피하여 무용화하거나 간접적인 방법으로 약화시킴으로써 적이 가진 '비대칭 능력'이 제대로 발휘되지 못하도록 해야 한다. 셋째, 비대칭 전략은 상대의 약점을 겨냥한다. 적의 군사력이 우세하더라도 아킬레스건과 같은 취약한 부분이 있기 마련이며, 적의 이러한 약점을 공격할 경우 상대적으로 우세한 적도 무력화시킬 수 있다.

이와 같이 볼 때 비대칭 전략이란 "상대가 예상하지 못한 수단과 방법을 동원하여 상대의 강점을 무력화하고 약점을 이용하며, 이를 통해 전략적 우세를 달성하고 전쟁목적을 달성하기 위한 전략"으로 정

---

14 *Joint Strategy Review 1999*(Washington, D.C.: The Joint Staff, 1999), p. 2.

15 Bruce Bennett et. al., *What Are Asymmetric Strategies?*(Santa Monica: RAND, 1999), p. 1.

16 Steven Metz and Douglas V. Johnson II, *Asymmetry and U. S. Military Strategy*, pp. 5-6.

의할 수 있을 것이다.[17]

다. 비대칭 전략의 특성

상대성

비대칭은 독자적으로 존재할 수 없다. 두 국가의 전략이 각각 '대칭-대칭'으로 나타날 때 비대칭이라 할 수 없듯이, '비대칭-비대칭' 역시 비대칭이라 할 수 없다. 비대칭 전략은 그 자체로 성립되는 것이 아니라 오직 상대방의 '대칭 전략'에 대한 상대적 개념으로서만 의미를 가질 수 있다. 비대칭 전략은 다음과 같이 여러 측면에서 상대성을 갖는다.[18]

우선 비대칭 전략은 상대방의 수단과 방법, 즉 무기와 전략에 대해 상대성을 갖는다. 한 국가가 아주 새로운 무기와 전략을 도입하더라도 다른 국가가 그와 유사한 무기와 전략을 동원하여 대응한다면 비대칭이라 할 수 없다. 최근 중국은 우주에 기반한 미국의 무기체계에 대응하기 위해 반위성무기Anti-Satellite Weapon: ASAT를 개발하고 있는데, 이는 미국과 동일한 무기체계가 아닌 그러한 무기체계의 취약성을 공격하는 또 다른 차원의 무기체계이기 때문에 비대칭 전략이라 할 수 있다.[19] 또한 제2차 세계대전 시 독일의 전격전을 비대칭 전략으로 간주하는 것은 비록 프랑스나 영국에서도 항공기와 전차를 보유하고 있

---

17 비대칭전에서 아측의 "강점 최대화 및 약점 최소화", 적측의 "강점 최소화 및 약점 최대화"를 주장하는 견해에 대해서는 권태영 · 박창권, 『한국군의 비대칭전략 개념과 접근 방책』, 국방정책연구보고서, 한국전략문제연구소, 2006. 8. 25, p. 14 참조.

18 Bruce Bennett et. al., *What Are Asymmetric Strategies?*(Santa Monica: RAND, 1999), p. 3.

19 James H. Hughes, "The Current Status of China's Military Space Program", *The Journal of Social, Political, and Economic Studies*, vol. 27, no. 4, Winter 2002, p. 406; 박창희, "중국인민해방군의 군사혁신(RMA)과 군현대화", 『국방연구』, 제50권 제1호, pp. 100-101.

▣ 비대칭 전쟁(전략)의 영역 ▣

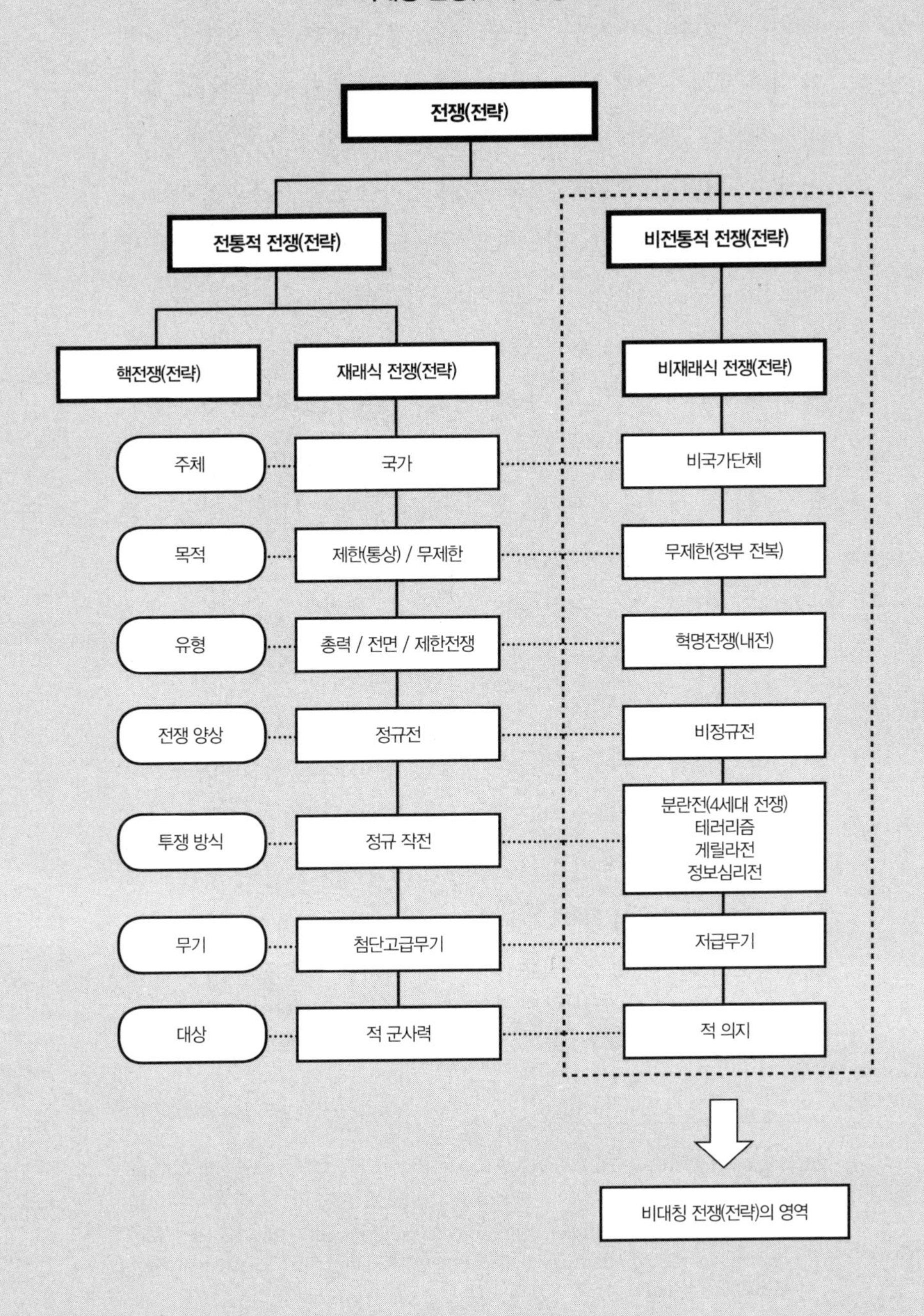

전쟁(전략)
전통적 전쟁(전략)
비전통적 전쟁(전략)
핵전쟁(전략)
재래식 전쟁(전략)
비재래식 전쟁(전략)
주체
국가
비국가단체
목적
제한(통상) / 무제한
무제한(정부 전복)
유형
총력 / 전면 / 제한전쟁
혁명전쟁(내전)
전쟁 양상
정규전
비정규전
투쟁 방식
정규 작전
분란전(4세대 전쟁)
테러리즘
게릴라전
정보심리전
무기
첨단고급무기
저급무기
대상
적 군사력
적 의지
비대칭 전쟁(전략)의 영역

었지만 그러한 작전 개념과 운용 방법을 도입하지 않았기 때문이다.

비대칭 전략은 시대에 따라 상대성을 갖는다. 비대칭 전략은 상대와 다른 무기와 전략을 구사한다는 측면에서 뭔가 독창적이고 획기적인 개념을 도입하는 것 같지만 사실은 '구개념의 신용어', 즉 이미 과거에 존재했던 아이디어나 기술을 재도입하여 만든 새로운 용어에 불과하다.[20] 예를 들면, 최근의 크루즈 및 탄도미사일의 운용은 제2차 세계대전 시 독일군의 V1 및 V2 로켓, 나아가 중세시대 화약을 사용한 화살에서 기원한다고 볼 수 있다. 이러한 비대칭 전략은 시간이 흐름에 따라 대칭 전략으로, 또 시대가 변화하면서 다시 비대칭 전략의 모습으로 나타난다. 결국 전략이란 특정 상황에 부합하는 독창적 무기 또는 혁신적 개념의 잠재력을 인식하고 활용하는 자에게 진정한 우세를 가져다준다고 할 수 있다.[21]

비대칭 전략은 특정 무기체계의 사용 의지 측면에서 상대성을 갖는다. 가령, 핵무기와 같은 대량살상무기의 경우 사용 의지에 따라 대칭 전략이 될 수도 있고 비대칭 전략이 될 수도 있다. 냉전기 미국과 소련의 경우 양국은 핵무기의 전략적 균형을 유지함으로써 서로 사용 의지를 낮추는 대칭 전략을 추구했다. 그러나 현대 테러 집단의 경우 핵을 포함한 대량살상무기를 보유한다면 이를 사용할 가능성을 배제할 수 없으며, 따라서 극히 적은 수량의 핵무기를 보유한다 하더라도 테러집단이 표적으로 삼는 국가에 대해 현저한 비대칭을 이루는 것으로 볼 수 있다.

---

20 Stephen J. Blank, *Rethinking Asymmetric Threats*, SSI, U. S. Army War College, September 2003, p. 4.

21 Helmoed-Roemer Heitman, "Opinion-Asymmetry and Other Fables", *Jane's Information Group*, 18, August 2006, http://www.janes.com/defense/news/jdw/jdw060818_1_n.shtml 검색일 2007. 7. 11.

예측불가성

대칭 전략은 사전에 알아차리기 어렵다. 아무리 뛰어난 비대칭 전략이라 해도 미리 그 수단과 방법이 노출되어 상대로 하여금 이에 대비할 수 있는 시간적 여유를 주게 된다면 그것은 이미 비대칭 전략으로서의 가치를 상실한 것이라 할 수 있다. 비대칭은 그 용어 자체로 불확실성을 전제하고 있는 셈이다.

이로 인해 비대칭 위협에 대비하기 위해서는 적지 않은 어려움이 따른다. 우선 적의 전략 개념 및 작전계획에 대한 정보가 부족하기 때문에 이에 대한 인지적 왜곡이 나타나거나 '미러 이미지mirror image'가 작용하기 쉽다.[22] 이는 과거에 가졌던 적의 이미지에 고착되도록 하여 적이 비대칭 전략을 추진할 가능성을 간과하는 결과를 가져온다. 또한 정책결정자들은 관료들로서 조직이론에 의하면 이들은 "우물 안 개구리"가 되기 쉬워 기존의 비효율적인 관례를 바꾸지 못하고 주어진 행동절차에 따라 행동하는 경향이 있다. 그 결과, 집단적 편견이 발생하여 적의 비대칭 위협이 임박했음에도 불구하고 이를 인식하지 못하거나 비대칭 위협이 야기할 파급효과를 평가절하하고 무시하게 된다.[23] 적의 비대칭 전략을 예측하고 대비하는 것은 비대칭 전략의 특성뿐 아니라 관료조직의 속성상 쉽지 않음을 알 수 있다.

---

22 미러 이미지란 "오랜 기간 적대적으로 대치하고 있는 두 국가의 국민들은 매우 유사하게도 상대에 대해 고정되고 왜곡된 태도를 갖게 된다"는 것으로, 여기에서는 과거 상대에 대한 전통적 모습이 투영됨으로써 상대가 새로운 혁신을 추구할 것으로 보지 않는 경향이 있음을 의미한다. James E. Dougherty and Robert L. Pfaltzgraff, Jr., *Contending Theories of International Relations: A Comparative Survey*(Cambridge: Harper & Row, 1981), pp. 282-284.

23 Bruce Bennett et. al., *What Are Asymmetric Strategies?*, p. 9.

비대칭 전략의 한계

현실적으로 일부 국가들은 비대칭 전략보다는 대칭 전략을 선호할 수도 있다. 대칭 전략은 이미 이전의 전쟁, 교리, 훈련 등을 통해 그 효용성이 입증되었으며, 따라서 대칭 전략의 강점과 약점, 그리고 작전 개념을 잘 이해하고 있어 받아들이기 용이하기 때문이다. 특히 군은 가장 최근의 전쟁을 모델로 하여 그 교훈을 분석하고 향후 전쟁에 대비하기 때문에 자연스럽게 대칭 전략을 추구하는 경향이 있다.

반대로 비대칭 전략은 공식적인 전략으로 채택되기가 어려울 수 있다. 비대칭 전략을 강구하기 위해서는 기존의 전략과는 다른 혁신이 요구되는데, 대체로 혁신적 전략은 검증되지 않음으로 인해 위험성을 내포하고 있기 때문이다.[24] 예를 들어, 중국혁명전쟁 시 마오쩌둥의 전략도 마찬가지로 처음에는 당으로부터 지지를 받지 못했다. 적의 공격을 회피한 채 농촌을 거점으로 하여 도시를 포위하려는 마오쩌둥의 유격전술은 적극적인 공세를 취하여 대도시를 탈취해야 한다는 볼셰비키의 혁명노선과 달랐기 때문이다. 마오쩌둥과 중국 공산당의 노선 갈등은 1930년대 초반 5차에 걸친 국민당의 초공전剿共戰[공산당 소멸전]에 대응하는 과정에서 잘 나타나고 있다. 마오쩌둥의 유격전술은 1935년 1월 준의회의遵義 議를 통해 당의 공식 노선으로 받아들여질 수 있었지만, 이러한 전략의 혁신 과정에는 대장정이라는 절대절명의 위기를 감수해야 할 만큼 어렵고도 커다란 희생이 따랐던 것이다.[25]

비대칭 전략이 모든 전쟁에서 승리를 보장하는 것은 아니다. 오히려 비대칭 전략만으로는 결정적인 승리를 거두기 어렵다. 마오쩌둥

---

24 Bruce Bennett et. al., *What Are Asymmetric Strategies?*, p. 7.

25 Mao Tse-tung, "Problems of Strategy in China's Revolutionary War", *Selected Works of Mao Tse-tung*, Vol. Ⅰ (Peking: Foreign Language Press, 1967), pp. 194-205.

이 유격전을 고집한 것은 홍군의 힘이 약했기 때문으로, 그는 언제든지 홍군의 힘이 강화된다면 정규군으로 전환해야 한다고 주장함으로써 유격전에는 한계가 있음을 분명히 했다. 사실 중국이 항일전쟁에서 승리할 수 있었던 것은 인민전쟁의 결과라기보다는 원자탄의 위력이었으며, 호치민이 남베트남 정부를 쓰러뜨릴 수 있었던 것은 남쪽에서 활동하던 베트콩의 유격전술이 아닌 북베트남 정규군의 승리에 의해 가능한 것이었다.[26] 비대칭 전략은 적의 강점을 약화시키고 약점을 노릴 수 있으나 그 자체로 결정적인 결과를 기대할 수는 없으며, 다른 수단과 방법이 결합될 때 시너지 효과를 가져올 수 있다.[27]

비대칭 전략의 유용성

비대칭 전략 자체만으로는 한계가 있는 것이 사실이다. 그러나 두 가지 조건이 충족된다면 상황에 따라 기대 이상의 효과를 발휘할 수 있다. 첫 번째 조건은 상대의 이익, 특히 강자의 이익이 그리 크지 않아야 한다는 것이다. 1983년 레바논 베이루트Beirut에 주둔한 미군 해병 막사에 대한 폭탄 테러나 1993년 소말리아 모가디슈Mogadishu에서 발생한 미군 병사 시체에 대한 잔학행위 등은 해당 지역으로부터 미군의 철수를 야기함으로써 비대칭 전략이 성공한 사례로 간주되고 있다. 물론 여기에는 테러나 잔학행위가 미국 여론에 미친 영향이 크게 작용한 것이 사실이지만, 엄밀하게 말하면 미군의 철수는 이 지역에 대한 미국의 전략적 이익이 미미했기 때문에 가능했던 것으로 볼 수 있다.

---

26 Jeffrey Record, "Why the Strong Lose", *Parameters*, Winter 2005-2006, p. 23.

27 Bruce Bennett et. al., *What Are Asymmetric Strategies?*, p. 7.

또 하나의 조건은 외부로부터의 지원이 필요하다는 점이다.[28] 비대칭 전략을 추구하는 행위자가 약자일 경우 의지와 전략만으로는 강한 적에 대응하는 데 한계가 있다. 장기적으로 군사력 균형을 유리하게 변화시키고 승리를 달성하기 위해서는 외부의 지원이 반드시 따라주어야 한다. 영국에 대한 미국의 독립전쟁은 1778년 프랑스와의 군사동맹을 통해 대규모 재정과 탄약 및 무기지원, 그리고 병력을 지원받음으로써 승리할 수 있었다. 중국 공산당이 국민당과의 내전에서 승리할 수 있었던 것은 일본군에 의해 국민당 군대의 전력이 약화되었고 소련이 만주지역의 일본군 무기를 비밀리에 지원하는 등 외부로부터 직간접 지원이 이루어졌기 때문에 가능했다. 제1차 인도차이나 전쟁 시 북베트남은 초기 프랑스군에 일방적으로 밀렸으나 1949년 중국이 공산화된 이후 중국의 전폭적 군사지원에 힘입어 디엔 비엔 푸 전투Battle of Dien Bien Phu에서 승리하고 1954년 휴전협정을 체결할 수 있었다.[29] 소련이 아프가니스탄에서 실패하고 철수한 것은 미국을 비롯한 서구 국가들이 아프간 전사들mujahedin에게 막대한 지원을 제공해주었기 때문이다.

물론 외부로부터의 지원이 약자의 승리에 얼마만큼 기여했는지, 또한 그러한 지원이 약자의 전쟁의지보다 승리에 더 중요한 요인으로 작용했는지는 알 수 없다. 분명한 것은 외부의 지원을 받지 못하여 고립되거나 군사적으로 개입하고 있는 강자가 피개입국 국민들에 대해 무자비한 전략을 추구할 경우, 약자는 비록 비대칭 전략을 추구하더라도 결국에는 패배할 가능성이 높다는 사실이다.[30]

---

28 Jeffrey Record, "Why the Strong Lose", *Parameters*, Winter 2005-2006, pp. 22-24.

29 Chen Jian, "China and the First Indo-China War, 1950-1954", *The China Quarterly*, March 1993, no. 133, pp. 85-110.

30 Jeffrey Record, "Why the Strong Lose", *Parameters*, Winter 2005-2006, p. 24.

3. 비대칭 전략의 구분 : 수준, 차원, 유형

가. 수준 level 에 의한 구분

비대칭 전략은 정치적 수준부터 전술적 수준에 이르기까지 다양하게 나타날 수 있다. 우선 정치-전략적 비대칭political-strategic asymmetry은 군사적 이점을 얻기 위해 비군사적 수단을 사용하는 것이다. 예를 들어, 강대국으로부터 공격을 받은 약한 국가는 적을 침략자로, 스스로를 일방적인 희생자로 포장함으로써 국제사회의 지지를 획득할 수 있고 국민들의 전쟁의지를 높일 수 있다. 실제로 베트남 전쟁 시 호치민은 미국의 북베트남 지역 폭격을 무고한 민간인에 대한 공격으로 선전함으로써 국제사회의 호응을 얻을 수 있었던 반면, 슬로보단 밀로셰비치Slobodan Milosevic와 사담 후세인의 경우에는 이러한 전략을 시도했으나 실패하고 말았다. 오늘날 정치-전략적 수준의 비대칭은 세계화와 정보혁명의 확산으로 더욱 중요시되고 있는데, 그것은 세계가 정보화되면서 모든 국가들이 그물망처럼 긴밀하게 연결되고 국제사회의 압력으로부터 민감하게 반응하지 않을 수 없게 되었기 때문이다.[31]

또한 군사-전략적 비대칭military-strategic asymmetry을 고려해볼 수 있다. 이는 군사적 수단과 방법에 주안을 둔 비대칭 전략으로서, 마오쩌둥의 인민전쟁, 전격전, 대량보복전략 등이 여기에 해당한다.

그리고 다음으로는 작전적 수준의 비대칭operational asymmetry이 있다. 작전적 비대칭은 가장 흔히 볼 수 있는 비대칭 전략으로 독일의 잠수함전, 시가지 작전, 적 후방에서의 게릴라 작전, 그리고 미사일 및 기

---

31 Steven Metz and Douglas V. Johnson II, *Asymmetry and U. S. Military Strategy*, p. 9.

뢰, 테러 등을 이용한 거부작전 등이 있다.[32]

나. 차원dimension에 의한 구분

비대칭 전략은 다양한 차원으로 구분해볼 수 있다. 첫째는 적극적 비대칭positive asymmetry과 소극적 비대칭negative asymmetry이다. 적극적 비대칭은 상대적으로 우위에 있는 국가가 군사적 능력을 더욱 강화함으로써 상대와의 군사력 격차를 크게 하는 것이다. 21세기 미국의 군사전략이 그러한 예로서, 미국은 군사혁신을 통해 훈련, 리더십, 무기기술 등 모든 면에서 전면적 우세full spectrum dominance를 달성하는 데 커다란 비중을 두고 있다.[33] 반면, 소극적 비대칭은 자신의 능력을 강화하는 것이 아니라 상대의 약점이나 취약성을 이용하는 전략이다. 이는 일종의 비대칭 위협을 가하는 것으로, 대부분의 경우 비대칭이라 함은 이러한 소극적 비대칭을 지칭한다.[34]

둘째는 단기적 비대칭short-term asymmetry과 장기적 비대칭long-term asymmetry이다. 대부분의 비대칭 전략은 단기적인 것으로, 이는 상대가 모방하고 대응하는 데 소요되는 기간이 비교적 짧은 비대칭을 의미한다. 제2차 세계대전 시 전격전의 경우 소련이 대응방안을 모색하기 전까지 약 1~2년간 성공적으로 적용될 수 있었다. 마오쩌둥의 인민전쟁은 그보다 오랜 기간이 소요되었지만 베트남과 같은 제3세계 국가

---

32 Steven Metz and Douglas V. Johnson II, *Asymmetry and U. S. Military Strategy*, p. 9.

33 적극적 비대칭은 강대국이 자국의 권력(power)을 극대화한다는 측면에서 존 미어샤이머(John J. Mearsheimer)가 제기한 '공세적 현실주의(offensive realism)'와도 같은 맥락에서 볼 수 있다. John J. Mearsheimer, *The Tragedy of Great Power Politics*(New York: Norton, 2001), p. 21. 공세적 현실주의와 신현실주의의 비교에 대해서는 Glenn H. Snyder, "Mearsheimer's World: Offensive Realism and the Struggle for Security", *International Security*, vol. 27, no. 1, Summer 2002, pp. 151-155.

34 Steven Metz and Douglas V. Johnson II, *Asymmetry and U. S. Military Strategy*, p. 6.

들은 이 전략을 도입하여 그들의 혁명전략으로 사용할 수 있게 되었다. 이에 반해, 장기적 비대칭은 상대적으로 찾아보기 어렵다. 예를 들면, 냉전이 종식된 이후 지속되고 있는 미국의 초강대국 지위는 다른 국가들에 대해 정치-전략적 비대칭, 혹은 군사-전략적 비대칭을 이루고 있는 것으로 장기적 비대칭으로 간주할 수 있다.[35]

셋째는 물리적 비대칭material asymmetry과 심리적 비대칭psychological asymmetry이다. 이 두 가지 비대칭은 상호 깊은 관련이 있으며, 잘 조화될 경우 더 큰 효과를 가져올 수 있다. 물리적 비대칭은 종종 심리적 우세를 야기한다. 일부 국가들은 이러한 점을 이용하여 의도적으로 적에게 무자비한 인상을 심어줌으로써 심리적 비대칭을 조성하기도 한다. 몽골, 아시리아, 아즈텍, 줄루족 등이 대표적 사례로, 이들은 훈련, 리더십, 교리 면에서 상대를 압도하여 물리적 비대칭의 이점을 차지했을 뿐 아니라 야만적 행위를 통해 심리적 비대칭의 이점을 강화할 수 있었다. 심리적 비대칭은 물리적인 것보다 비용은 적게 들지만 효과가 오랜 기간 지속되지는 않는다.[36]

이외에도 비대칭 전략은 저위험 비대칭low risk asymmetry과 고위험 비대칭high risk asymmetry, 개별적 비대칭discrete asymmetry과 통합적 비대칭integrate asymmetry, 의도적 비대칭deliberate asymmetry과 우연적 비대칭default asymmetry 등 여러 차원으로 구분할 수 있다.

다. 유형 pattern 에 의한 구분

비대칭 전략은 군사적 능력의 강함과 약함에 따라 세 가지 유형으로

---

35 Steven Metz and Douglas V. Johnson II, *Asymmetry and U. S. Military Strategy*, pp. 6-7.

36 앞의 책, p. 8.

나누어볼 수 있다. 첫째는 군사적으로 약한 행위자의 비대칭 전략이고, 둘째는 군사적으로 강한 행위자의 비대칭 전략이며, 마지막으로는 군사적 능력이 비슷한 두 행위자 간의 비대칭 전략이다. 군사적으로 강자와 약자를 구분하는 기준은 상이하다. 폴T. V. Paul은 적어도 2 대 1의 차이를, 아레귄-토프트Ivan Arreguin-Toft는 5 대 1의 차이를 기준으로 비대칭 전쟁을 논하고 있다.[37] 다만 여기에서는 객관적으로 군사력의 격차가 뚜렷하거나 유사한 행위자들을 대상으로 논의를 전개하겠다.

군사적 약자의 비대칭 전략

군사력의 차이가 뚜렷한 두 행위자 간에는 군사적 능력 면에서 비대칭이 나타난다. 강자는 우세한 군사력을 보유하고 있기 때문에 현상을 유지함으로써 '비대칭 능력'을 유지하려 할 것이다. 이때 <그림 2>에서의 상황은 강자의 '비대칭 능력'을 '비대칭 전략'으로 보지 않는다. 왜냐하면 강자의 입장에서 굳이 약소국을 겨냥하여 추가적인 '비밀병기'를 개발하거나 혁신적 전략을 마련할 필요가 없을 것이기 때문이다. 즉, 여기에서 강자와 약자 간에 나타나는 능력의 비대칭은 하나의 '현상'일 뿐 강자의 '비대칭 전략'은 아니다.[38]

군사적 능력이 비대칭적인 상황에서 약자의 선택은 두 가지로 볼

37 T. V. Paul, *Asymmetric Conflicts: War Initiation by Weaker Powers*(New Yor: Cambridge University Press, 1994), p. 20; Ivan Arreguin-Toft, *How the Weak Win Wars: A Theory of Asymmetric Conflict*(New York: Cambridge University Press, 2005), p. 3.

38 물론 9 · 11테러 이후 미국이 테러와의 전쟁 차원에서 군사혁신을 추구하는 것은 테러집단의 비대칭 위협에 대응하기 위한 것으로 비대칭 전략이라 할 수 있다. 또한 강대국이 특정 국가의 취약점을 겨냥하여 혁신을 추구하는 경우에도 비대칭 전략이라 할 수 있을 것이다. 그러나 강대국이 약소국에 대해 군사적 능력 면에서 우위에 있다고 해서 그 자체로 비대칭 전략이라고 할 수는 없을 것이다.

수 있다. 하나는 대칭 전략을 취하는 것으로, 강자와 유사한 방식으로 군사혁신을 추구하고 유사한 전략 개념을 도입하는 경우이다. 이는 강자와 동맹관계에 있거나 최소한 적대적 관계가 아닐 경우 가능한 선택이라 할 수 있다. 다른 하나는 비대칭 전략을 취하는 것으로, 강자의 군사력을 무력화시키고 취약성을 노릴 수 있는 전략을 강구하는 것이다. 이 경우 약자의 비대칭 전략은 강자의 군사적 능력에 대해 비대칭 위협으로 작용하게 된다.

▣ 〈그림 2〉 군사적 약자의 비대칭 전략

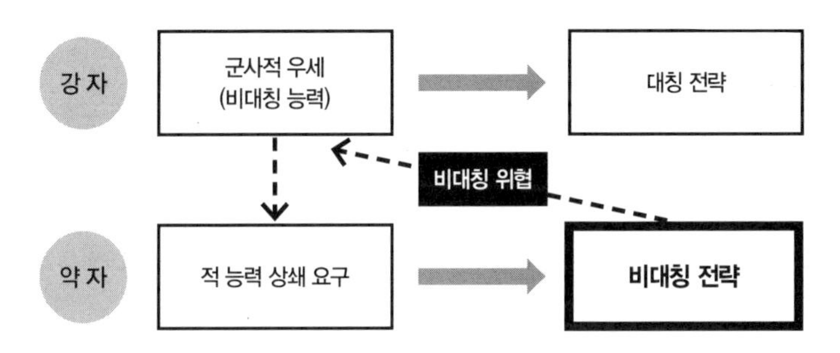

군사적으로 약한 행위자는 상대가 예상하지 못한 수단과 방법을 동원하여 대응할 것이다. 오늘날 정보화된 전장 환경은 첨단기술 무기에 의한 5차원 전쟁을 가능케 하고 있지만, 한편으로 재밍, 해킹, 바이러스 공격 등에 취약한 것이 사실이다. 국가행위자가 아닌 비국가 조직 또는 테러 집단이라면 화학·생물학·방사능무기 등 대량살상무기의 사용을 거부하지 않을 것이며, 상대가 공격해오기 전에 먼저 가공할 파괴를 가할 것이다.[39] 비록 강자가 약자에 대해 비대칭적 군사

39 Ashton B. Carter and William J. Perry, "Countering Asymmetric Threats", Ashton and Carter and John P. White, eds., *Keeping the Edge: Managing Defense for the Future*(Cambridge: The MIT Press, 2001), p. 120.

력을 보유하고 있지만 약자는 비대칭 전략과 비대칭 위협을 통해 강자의 군사적 우위를 상쇄시키고 상호 군사력의 균형을 이루려 할 것이다.

군사적 강자의 비대칭 전략

강자는 약자보다 강한 군사력을 구비함으로써 비대칭 능력을 갖추고 있다. 그러나 약자도 군사혁신이나 군비증강을 통해 군사력을 증강할 수 있다. 이때 약자가 강자와 적대적이거나 우호적인 관계에 있지 않다면 강자와는 다른 수단과 방법, 전략을 채택함으로써 강자가 가진 군사적 이점을 약화시키고 약점을 이용하는 비대칭 전략을 추구할 것이다. 이는 강자로 하여금 약자와의 군사력 격차를 더욱 심화시켜야 할 필요성을 인식하도록 하여 약자의 비대칭 전략과는 다른 차원에서 '비대칭 능력'을 강화하게 만들 것이다. 강자의 이러한 군사적 능력 강화는 단순한 군사력 증강이 아닌 약자의 비대칭 위협에 대응한다는 측면에서 비대칭 전략으로 간주할 수 있으며, 특히 적의 취약성을 이용하기보다는 스스로의 장점을 강화하고 우위를 공고히 한다는 측면에서 적극적 비대칭으로 구분할 수 있다.

■ 〈그림 3〉 군사적 강자의 비대칭 전략

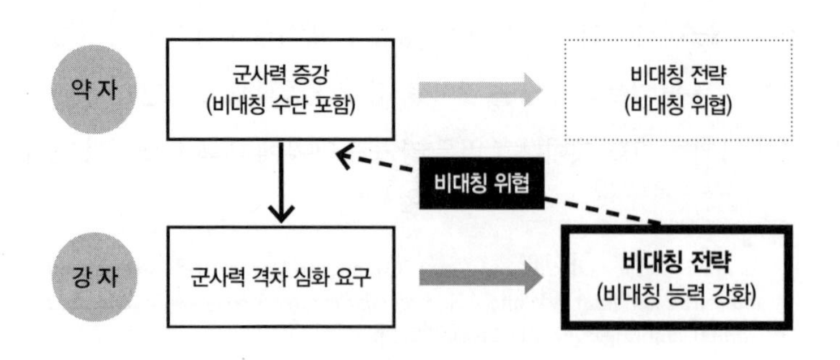

군사적으로 동등한 행위자들 간의 비대칭 전략

군사력이 동등한 행위자들 간에도 비대칭 전략을 추구할 수 있다. 이 경우 비대칭성을 결정하는 것은 두 행위자 간의 군사력 차이에 대한 위협 인식이 아니라 그들이 추구하는 정치적 목적 또는 군사적 목표가 된다. 적극적 목적을 갖는 행위자는 상대를 공격하여 신속한 승리를 거두려 할 것이며, 소극적 목적을 갖는 행위자는 방어를 통해 상대가 전쟁목적을 달성하는 것을 거부할 것이다.[40] 이때 공자는 방자와 전투력이 비슷하기 때문에 상대가 예상치 못한 수단과 방법을 동원하여 신속하고 결정적인 승리를 달성하려 할 것이다. 물론 방자도 공자에 버금가는 비대칭 전략을 추구할 수 있다. 그러나 현실적으로 소극적 목적을 추구하는 입장에서 공자보다 적극적으로 혁신을 추구하기는 어려울 것이며, 특히 공자와의 군사력 차이가 대등하다는 인식으로 인해 공자의 비대칭 전략 추진 가능성에 대한 경각심을 갖지 못할 수 있다.

■ 〈그림 4〉 군사적으로 동등한 행위자들 간의 비대칭 전략

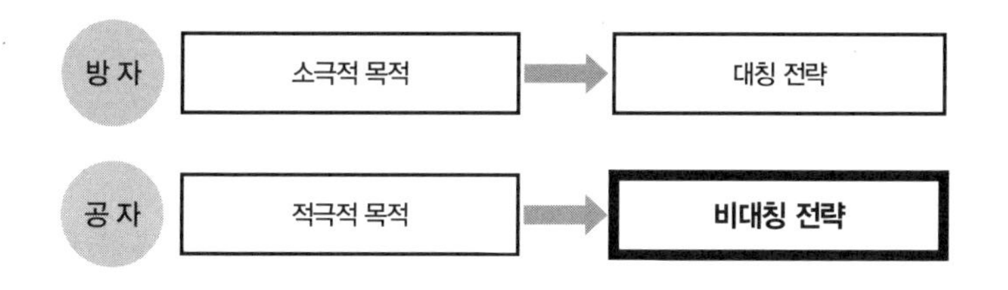

공자는 원하는 공격 시점과 장소를 선택하여 공격할 수 있으며, 주도적으로 전쟁을 이끌어갈 수 있다. 이 경우 공자는 기습, 기만 등의 방책

40 Carl Von Clausewitz, *On War*, pp. 92-94, 98.

을 추구하게 되는데, 이러한 작전적 또는 전술적 차원의 행동도 비대칭 전략으로 간주할 수 있다. 다만, 전략가들은 이를 비대칭 전략이라기보다는 '전략적 기습'이라는 관점에서 논의하고 있을 따름이다.

4. 비대칭 전략의 실제

가. 수단의 비대칭

수단의 비대칭은 군사사에서 흔히 찾아볼 수 있다. 19세기 유럽의 식민전쟁은 산업적으로 발달한 국가들이 후진국을 상대로 벌였던 전쟁이다. 당시 유럽 국가들은 기관총을 보유하고 있었던 반면, 이에 저항하는 국가들은 선진 기술을 따라잡을 시간이나 능력이 없었기 때문에 유럽 국가들은 상대적으로 오랜 기간 동안 비대칭의 이점을 누릴 수 있었다. 예를 들어, 영국의 식민군대는 1893~1894년의 마타벨레 전쟁Matabele War에서 기관총을 처음 사용했는데, 전쟁 중의 한 전투에서 영국군 50명이 기관총 4정을 가지고 마타벨레 전사 5,000명을 상대로 싸워 이긴 적이 있었다.[41] 이와 같이 비대칭 전략을 가능케 하는 수단으로는 이러한 종류의 무기 외에도 비밀병기, 정보, 테러, 대량살상무기 등을 들 수 있다.

미국의 군사변환transformation은 강대국이 군사적 능력을 극대화하기 위한 적극적 비대칭의 대표적 사례로 볼 수 있다.[42] 미국은 새로운

---

41 Steven Metz and Douglas V. Johnson II, *Asymmetry and U. S. Military Strategy*, p. 10.

42 물론, 미국의 군사변혁(transformation)에는 정보전능력 강화와 같은 수단의 비대칭과 함께 교리, 전략, 훈련을 포함한 방법의 비대칭도 포함하고 있다.

첨단기술을 이용한 장비와 무기체계를 적용하여 전쟁 방법을 혁신하고, 이를 구현하기 위해 조직체계를 혁신함으로써 새로운 전투 효과를 창출하고 있다. 미국의 군사혁신은 오언스 제독의 신 시스템 복합체계, 세브로스키 제독의 네트워크 중심전, 뎁툴라David Deptula 장군의 효과중심작전 등의 개념으로 구체화되고 있다.[43] 이러한 군사혁신은 걸프전 이후 최근 전쟁에서 확인할 수 있듯이 다른 국가들에 대한 비대칭적 우위를 확고하게 하고 있으며, 새로운 전쟁 패러다임으로 자리 잡고 있다.

중국은 상대적으로 약자의 입장에서 '살수간殺手'이라는 비장의 무기를 개발함으로써 미국의 군사적 능력에 대한 비대칭 전략을 추구하고 있다. 미국의 군대가 군사변혁을 추진함으로써 신뢰할 수 있는 정보 네트워크를 가질 수 있게 되었지만, 상대적으로 적의 비대칭 공격으로부터의 취약성을 감소시키려는 노력은 거의 이루어지지 않았다.[44] 그 결과, 정찰 및 GPS에 대한 적의 재밍jamming 공격, 위성체계에 대한 공격, 정밀타격체계를 교란시키는 위장 미사일 등은 미국의 군사변혁에 대한 새로운 도전을 제기하고 있다.[45] 중국은 미국의 군사적 취약성을 겨냥하여 비핵 전자기파electromagnetic pulse 탄두 또는 고출력 극초단파 탄두high-energy pulse munition, 기생위성parasite satellite과 같은 반위성무기ASAT, 적 레이더 체계를 공격하기 위한 대방사미사일ARM 등을 개발하고 있다. 2007년 1월 중국이 미사일로 위성 격추 실험을 하는 등 반위성무기 능력을 강화하고 있는 가운데 미국의 군사적 우위를 상

---

43 권태영 박창권, 『한국군의 비대칭전략 개념과 접근 방책』, 국방정책연구보고서, 한국전략문제연구소, 2006. 8. 25, pp. 21-24 참조.

44 Ashton B. Carter and William J. Perry, "Countering Asymmetric Threats", Ashton and Carter and John P. White, eds., *Keeping the Edge: Managing Defense for the Future*, p. 123.

45 앞의 책, p. 120.

2001년 9월 11일 알 카에다 테러리스트들의 자살테러로 무너진 세계무역센터. 테러리스트들은 미국 민간 비행기 4대를 납치해 뉴욕 맨해튼의 세계무역센터와 워싱턴 D. C.의 미국 국방부(펜타곤)에 충돌하고, 펜실베이니아 주에 추락시켰다. 이 사건으로 3,000여 명이 사망했다. 이 사건은 예상하기 어려운 수단을 활용한 비대칭 공격의 좋은 예이다.

쇄시키기 위한 중국의 비대칭 전략은 점차 현실로 나타나고 있다.[46]

최근 수단의 비대칭 사례는 테러 공격에서 적나라하게 나타나고 있다. 2001년 9월 알 카에다는 세계무역센터World Trade Center와 펜타곤Pentagon을 공격하기 위해 상대가 아무런 의심도 하지 않은 민간 비행기를 납치하여 치명적인 '유도미사일'로 활용했다.[47] 이외에도 1987년 일본의 옴진리교는 지하철에 사린 유독가스를 살포했고, 2004년 스페인 마드리드에서는 10개의 폭발물에 의한 열차폭발이 있었으며, 2005년에는 런던 지하철과 버스에서 연쇄 폭탄테러가, 그리고 2002년에는 인도네시아 발리 섬의 한 나이트클럽에서 차량폭탄테러가 발생했다. 이 모두가 예상하기 어려운 수단을 활용한 비대칭 공격이라 할 수 있다.

나. 방법의 비대칭

방법의 비대칭은 상대와 다른 전략, 즉 군사전략, 작전술, 또는 전술 등을 구사하는 것을 말한다. 전략을 크게 직접전략과 간접전략으로 구분한다면 강자는 신속하고 결정적인 결과를 얻기 위해 직접적인 전략을, 약자는 강자가 추구하는 결정적인 전역 또는 전투를 회피하기 위해 간접적인 전략을 선택하게 된다. 강자가 전격전과 같이 공세적 방법을 통해 군사적 승리를 추구하는 반면, 약자는 강자의 신속한 승리를 거부하기 위해 소모전 또는 지연전을 추구하고 적에 대해 군

---

46 박창희, "중국인민해방군의 군사혁신(RMA)과 군현대화", 『국방연구』, 제50권 제1호, pp. 100-101.

47 Montgomery C. Meigs, "Unorthodox Thoughts about Asymmetric Warfare", *Parameters*, vol. 33, no. 2, Summer 2003, pp. 9-10.

사적 승리보다는 정치적 효과를 거두는 데 주력할 것이다.[48]

중국혁명전쟁 시 마오쩌둥은 속전속결을 추구하는 국민당 군대에 대해 간접적 방법, 즉 유격전술과 지구전 전략을 취함으로써 승리를 거둘 수 있었다.[49] 국민당 군대의 전략은 우세한 군대를 투입하여 적을 공격하는 직접적인 전략이었다. 초기 중국 공산당을 이끌었던 취추바이瞿秋白, 리리산李立山, 왕밍王明 등의 노선이 실패했던 것은 군사력이 미약했음에도 불구하고 대도시를 공격함으로써 국민당 군대에 직접 대항했기 때문이었다. 이러한 사실을 인식한 마오쩌둥은 상대적으로 우세한 군대가 공격해올 경우 즉각 퇴각하여 군사력을 보존해야 하고, 적의 공격이 한계에 이르면 유격전으로 적을 교란시키며, 적과의 군사력 균형이 유리하게 변화하면 반격하여 적을 격파하는 전략을 추구했다. 그는 유격전술을 사용하여 1930년대 초 국민당의 대대적인 공격에 맞서 승리할 수 있었으며, 1940년대 후반 지구전 전략을 통해 국민당과의 내전을 승리로 이끌 수 있었다.

1937년 상하이 전투는 국민당이 일본군의 공격에 간접전략을 취하지 않고 무모하게 직접전략으로 맞섬으로써 패배한 사례였다. 최초 국민당 지도부는 지연 소모전을 구상하고 있었다. 1935년 장제스는 18개 중국 성 가운데 15개를 잃더라도 쓰촨성四川省, 구이저우성貴州省, 윈난성雲南省을 확보한다면 적을 물리치고 잃어버린 영토를 회복할 수 있을 것으로 판단하고 있었다.[50] 그러나 중일전쟁이 발발하고 난 직후 국민당의 전략은 지연 소모전으로부터 진지전으로 변화했다. 당시 장제스는 독일 참모진에 의해 군대 개편이 추진되어 어느 정도 군

---

48 Bruce Bennett et. al., *What Are Asymmetric Strategies?*, p. 8.

49 Mao, Tse-tung, "On Protracted Warfare", *Selected Works of Mao Tse-tung*, Vol. I (Peking: Foreign Language Press, 1967) 참조.

50 서진영, 『중국혁명사』(서울: 한울아카데미, 1994), p. 195.

1931년 당시 마오쩌둥. 마오쩌둥은 상대적으로 우세한 군대가 공격해올 경우 즉각 퇴각하여 군사력을 보존해야 하고, 적의 공격이 한계에 이르면 유격전으로 적을 교란시키며, 적과의 군사력 균형이 유리하게 변화하면 반격하여 적을 격파하는 전략을 추구했다. 그는 유격전술을 사용하여 1930년대 초 국민당의 대대적인 공격에 맞서 승리할 수 있었으며, 1940년대 후반 지구전 전략을 통해 국민당과의 내전을 승리로 이끌 수 있었다.

사적으로 준비가 되어 있다고 판단했다. 또한 제1차 세계대전 시 출현한 참호전 교리는 프랑스의 마지노선과 같이 국민당 지도부로 하여금 상하이上海와 난징南京을 잇는 축차적 방어선을 통해 일본의 공격을 막아낼 수 있다는 기대를 갖게 했다. 무엇보다도 장제스는 국제적 상업도시인 상하이를 포기할 경우 국내적 비난 여론을 감수해야 하지만, 만일 고수한다면 최악의 경우 패배하더라도 국제적 동정여론을 얻을 수 있을 것으로 판단했다. 결국 국민당은 일본군의 공격에 정면으로 맞섬으로써 30만 가까운 정예군을 잃게 되었으며, 차후 반격에 나설 수 있는 여력을 갖추지 못하게 되었다.

제1차 인도차이나 전쟁에서 북베트남의 전략은 간접전략을 통한 비대칭 추구의 중요성을 입증해주고 있다. 1950년 9월부터 11월 초까지 실시된 국경 전역에서 베트남의 보 응우옌 잡Vo Nguyen Giap 장군은 마오쩌둥의 전략에 입각하여 적을 분리시킨 후 각개격파함으로써 승리를 거둘 수 있었다.[51] 그러나 그는 이 승리로 과도한 자신감에 사로잡혀 1951년 1월에서 5월까지 실시된 적강 전역에서 공세적 전략으로 전환하여 총반격에 나섰으며, 그 결과 우세한 기동력과 화력을 보유

제2차 세계대전 시 독일군의 전격전은 프랑스의 진지전에 대해 신속결전을 추구한 비대칭 전략이었다. 독일군은 연합군이 예상치 못했던 전격전이라는 비대칭 전략을 통해 프랑스군을 6주 만에 무력화하고 전쟁에서 승리할 수 있었다.

한 프랑스군에 참담한 패배를 당하지 않을 수 없었다. 이후 지압은 마오쩌둥의 전략을 다시 수용하지 않을 수 없었다. 당시 프랑스군 사령관 앙리 나바르Henri Navarre가 북동부 평야지대인 적강 유역 통제를 강화하자, 보 응우옌 잡 장군은 중국군사고문단에 작전의 중심지역을 북서부 산악지대에서 적강 유역으로 전환할 것을 건의했다. 중국 지도부의 생각은 달랐다. 평야지대에서 프랑스군과 싸운다는 것은 그들의 전략에 말려드는 것으로 판단하고 오히려 북동부 산악지역을 확실하게 장악한 후 라오스와 캄보디아로 진출하여 남베트남을 측방에서 압박하는 전략을 제시한 것이다.[52] 결국 프랑스군은 북베트남의 라오스 진입을 차단하기 위해 무리하게 디엔 비엔 푸Dien Bien Phu를 점령하지 않을 수 없었으며, 호치민은 이 전투에서 승리함으로써 프랑스군의 항복을 받아낼 수 있었다.

제2차 세계대전 시 독일군의 전격전은 프랑스의 진지전에 대해 신속결전을 추구한 비대칭 전략이었다. 프랑스는 제1차 세계대전 이후 서양의 군사교리로 자리 잡은 진지전 이론에 입각하여 총길이 750킬로미터에 달하는 마지노선을 구축했다. 그리고는 영국군과 마찬가지로 전차를 집중하여 공세적으로 운용해야 한다는 리델 하트나 드골Charles de Gaulle의 주장을 무시하고 보병사단에 분산시켜 배치함으로써 방어적으로 운용했다. 독일군의 전략은 달랐다. 독일군은 만슈타인과 구데리안의 전략 개념을 수용하여 전차부대를 분산시키지 않고 집중적으로 운용하면서 차량화된 보병부대의 선두에 서도록 했다. 전쟁이 시작되자 전차부대는 급강하폭격기의 지원을 받으면서 돌파

---

51 Qiang Zhai, *China and the Vietnam Wars, 1950-1975*(Chapel Hill: University of North Carolina Press, 2000), pp. 26-33.

52 Chen Jian, "China and the First Indo-China War, 1950-1954", *The China Quarterly*, March 1993, no. 133, pp. 98-100.

1995년 1월 그로즈니 전투(Battle of Grozny) 동안 자신이 직접 만든 총으로 무장한 체첸군. 러시아와 체첸의 분쟁 사례는 의지의 비대칭을 보여준다. 1995년 새해 전날 시작된 공격에서 러시아군은 싸울 의지가 없었던 반면, 체첸군은 민족의 운명이 걸린 상황에서 목숨을 걸고 싸우지 않을 수 없었다. 체첸은 의지의 비대칭을 통해 러시아군을 물리칠 수 있었다.

구를 열었고, 차량화 보병부대가 벨기에 남부의 아르덴 삼림지역을 난도질하며 파리까지 진격했다.[53] 독일군은 연합군이 예상치 못했던 전격전이라는 비대칭 전략을 통해 프랑스군을 6주 만에 무력화하고 전쟁에서 승리할 수 있었다.

다. 의지의 비대칭

클라우제비츠는 전쟁을 구성하는 삼위일체로 국민people, 지휘관과 군대commander and army, 그리고 정부government를 들고 있다.[54] 이 가운데 국민이라는 요소는 전쟁을 수행하는 열정passion 또는 전쟁수행 의지will를 의미한다. 전쟁수행 의지는 가시적 요소는 아니지만, 전쟁의 승패를 결정하는 데 가장 근본적인 요소로 작용할 수 있다. 모든 행위자는 스스로의 생존과 직결되는 핵심적 이익이 걸려 있을 경우 그 어느 때보다 강한 의지를 가지고 전쟁을 수행한다. 전쟁의지가 상대보다 비대칭적으로 클 경우 더 큰 비용과 위험을 감수할 수 있으며, 의지가 약한 행위자가 실행하기를 꺼려하는 전략, 작전술, 전술도 서슴지 않고 행동에 옮길 수 있게 된다.[55]

---

53 William R. Keylor, *The Twentieth Century World: An International History*(New York: Oxford University Press, 1996), p. 178.

54 Carl Von Clausewitz, *On War*, p. 89.

55 Steven Metz and Douglas V. Johnson II, *Asymmetry and U. S. Military Strategy*, p. 10.

러시아와 체첸의 분쟁 사례는 의지의 비대칭을 보여준다. 1995년 새해 전날 시작된 공격에서 러시아군은 싸울 의지가 없었다. 반면, 체첸군은 민족의 운명이 걸린 상황에서 목숨을 걸고 싸우지 않을 수 없었다. 체첸군은 러시아군을 다음과 같이 조롱했다.

> 러시아 병사들은 장갑차 안에 머물러 있었고, 그래서 우리는 단지 발코니에서서 그들이 밑으로 지나갈 때 수류탄만 떨어뜨리면 되었다. 러시아 군인들은 겁쟁이였다. 그들은 장갑차에서 나와 맨투맨으로 싸우려 하지 않았다. 그들은 우리와 상대가 되지 않으리라는 것을 알고 있었다. 이것이 바로 왜 우리가 그들과 싸워 이겼고, 앞으로도 항상 이길 수 있는지를 말해준다.[56]

이 전쟁에서 무기는 해결사가 아니었다. 중요한 것은 무기를 휘두르는 사람이었다. 비록 RPG-7은 소련군이 보유한 무기에 비해 결코 첨단무기가 아니지만 의지가 단호한 체첸군의 수중에 들어가면 오늘날 아파치 헬기에 장착된 '롱보longbow'에 못지않은 무기가 되어 소련 '군사귀족'들의 자부심을 콩가루로 만들어버렸다. 체첸은 의지의 비대칭을 통해 러시아군을 물리칠 수 있었다.[57]

5. 비대칭 위협에 대한 대응전략

오늘날 세계화globalization가 확산되고 정보기술information technology이

---

56 Anatol Lieven, *Chechenya: Tombstone of Russian Power*(New Haven, Conn.: Yale University Press, 1999), p. 109; Vincent J. Goulding, Jr., "Back to the Future with Asymmetric Warfare", *Parameters*, Winter 2000-2001, p. 27.

57 Vincent J. Goulding, Jr., "Back to the Future with Asymmetric Warfare", *Parameters*, Winter 2000-2001, pp. 28-29.

발달하면서 비대칭 전략의 가능성과 효과는 더욱 커질 것으로 전망된다. 국가안보에 있어 과거의 억제 전략deterrence strategy이나 대칭적 방어symmetric defense 전략이 유용성을 상실하고 있으며, 상대적으로 비대칭 전략의 유용성이 증가하고 있는 것이다.[58] 따라서 재래식 군사력의 열세를 극복하지 못하는 국가들과 상대적으로 열악한 처지에 놓인 비국가 행위자들은 대량파괴무기, 테러, 혹은 네트워크 공격과 같은 비대칭 전략을 강화할 것이다. 이러한 비대칭 위협에 대응하기 위한 전략으로는 다음을 고려해볼 수 있다.

첫째, 적의 비대칭 위협의 실체를 규명해야 한다. 비대칭 위협은 수준level, 차원dimention, 그리고 유형pattern에 있어서 너무도 다양하다. 어떤 국가도 이러한 모든 종류의 위협에 대응할 수는 없으며, 우선적으로 현재 직면하고 있는 위협이 무엇인지를 파악해야 한다. 가령 적대적인 국가의 비대칭 위협과 테러집단의 비대칭 위협은 엄연히 다르다. 또한 동일한 테러 위협이라 하더라도 단순한 불법단체로부터의 테러 위협과 종교적 원리주의 단체로부터의 테러 위협은 다르다. 그리고 원리주의 단체의 테러 위협이라 하더라도 그것이 정치-전략적 수준의 위협인지, 아니면 군사-전략적 수준의 위협인지의 여부는 그러한 위협의 성격뿐 아니라 대처 방법에 있어서도 크게 다른 결과를 가져올 수밖에 없다. 적이 추구하는 비대칭 전략이 무엇인지 그 실체를 명확히 규명하지 못한다면 그에 상응한 대응전략을 마련할 수 없을 것이다.

둘째, 비대칭 위협에 대응하기 위해서는 스스로의 취약성을 감소시키기 위한 노력을 기울여야 한다. 모든 분야에서 취약성을 감소시킨다는 것은 불가능하다. 그렇지만 적의 비대칭 위협의 실체가 규명된

---

58 허태회 외 2명, "21세기 현대 정보전의 실체와 한국의 전략과제", 『국가전략』, 제 10권 2호, 2004년, p. 76.

다면 적이 노리는 약점을 도출할 수 있을 것이며, 취약성 정도에 따라 먼저 보완해야 할 우선순위를 판단할 수 있을 것이다. 적이 대량살상무기를 이용하는 것이라면 비확산 정책을, 생화학무기를 보유하고 있다면 백신 개발을, 민간인에 대한 무차별적 테러를 계획하고 있다면 민간 대테러 방호망을 구축해야 할 것이며, 정보 네트워크를 와해시키기 위한 시스템을 개발하는 비대칭적 방책에 대해서는 정보전 체계의 취약성을 줄일 수 있는 조치를 강구해야 할 것이다.[59]

셋째, 적의 강점을 상쇄시키거나 적이 갖고 있는 취약성을 최대한 이용해야 한다. 비대칭 전략을 추구하는 적도 강점이 있는 반면 약점도 지니고 있다. 아레귄-토프트가 지적한 대로 적의 비대칭 전략에 대해 승리를 거두기 위해서는 대칭 전략으로 불가능하며 역逆비대칭 전략을 구사해야 한다. 아프간의 알 카에다는 험준한 산악지역의 동굴에 은닉하고 있는 것이 그들의 강점이지만, 미군은 수 마일 떨어진 지역의 수천 피트 상공에서 정밀유도무기로 정확히 타격함으로써 이들의 강점을 약화시킬 수 있었다.[60] 제2차 보어전쟁 시 영국군은 지연전을 각오하고 게릴라전으로 맞서는 보어 유격대에 대해 역으로 지연전을 펼치며 철저한 봉쇄와 초토화 작전을 통해 승리할 수 있었다. 인디언 전쟁 시 미군은 기동과 정보에서 앞선 인디언들의 게릴라 전술에 고전했으나, 겨울에는 인디언들이 근거지에서 멀리 떨어질 수 없다는 약점을 이용하여 동계 원정에서 승리할 수 있었다.[61] 이러한 사례들은 비대칭 전략을 추구하는 적에게도 약점이 있으며, 비록 기술적 혁

---

59 Ashton B. Carter and William J. Perry, "Countering Asymmetric Threats", Ashton and Carter and John P. White, eds., *Keeping the Edge: Managing Defense for the Future*, p. 122.

60 Clinton J. Ancker Ⅲ and Michael D. Burke, "Doctrine for Asymmetric Warfare", *Military Review*, July-August 2003, p. 19.

61 앞의 글, p. 23.

신이 아니더라도 상대의 취약성을 적절히 이용할 수 있음을 보여주고 있다.

넷째, 비대칭 위협의 변화를 예측하여 사전에 군사적 준비를 해야 한다. 비대칭 분쟁의 양태가 너무 복잡하고 광범위한 것이 사실이지만, 향후 비대칭적 작전환경이 어떻게 전개될 것인지에 대한 주요 개념과 속성은 어느 정도 예측하고 대비할 수 있다.[62] 먼저 비대칭 위협이 평가되면, 이를 기초로 대응교리, 작전 개념, 군사연구 개발 및 무기 획득, 군 구조, 군사대비태세, 훈련 등을 결정해야 한다.[63] 이러한 군사적 준비가 반드시 첨단무기를 동원하는 것만은 아니다. 예를 들어, 반정부세력의 비대칭 위협에 대처하기 위해서는 안정화 작전을 수행할 수 있는 군사력을 구비하는 것 외에도 인간정보, 민사, 경찰, 보건, 심리전 등 다양한 분야에서 임무를 수행할 수 있는 숙련된 인력을 준비해야 할 것이다.[64]

다섯째, 향후 비대칭 위협에 대처하기 위해서는 정치와 군사가 긴밀하게 연계되어야 한다. "전쟁은 정치의 연속"이라는 클라우제비츠의 금언은 앞으로도 유효할 것이다. 초국가적 위협에 대처하든, 전통적 위협에 대처하든, 대칭 또는 비대칭 위협에 대처하든, 군사적 승리는 전쟁의 종결이 아니라 정치적 목적을 달성하기 위한 또 다른 시작에 불과하다. 더욱이 비대칭 위협은 군사적 성과보다는 정치적 효과에 치중하는 경향이 있음을 고려할 때, 앞으로 군사적 승리는 자동으

---

62 Clinton J. Ancker III and Michael D. Burke, "Doctrine for Asymmetric Warfare", *Military Review*, July-August 2003, p. 19.

63 이때 대응교리의 특성은 다음과 같다. 첫째, 재래식 우위 이상의 작전적 개념을 포함해야 한다. 둘째, 예측을 강조하는 특성. 셋째, 창조성과 준비성 강조. 넷째, 작전의 부수적 효과, 즉 군사적 능력 또는 취약성에 어떠한 파급효과를 주는지 알려주어야 한다. 다섯째, 위협평가를 통해 혁신적 해결책을 제시해야 한다. Clinton J. Ancker III and Michael D. Burke, "Doctrine for Asymmetric Warfare", *Military Review*, July-August 2003, p. 24 참조.

64 Jeffrey Record, "Why the Strong Lose", *Parameters*, Winter 2005-2006, p. 26.

로 평화를 가져다주지 않을 것임을 짐작할 수 있다. 비대칭 위협이 더욱 증가하고 있는 상황에서 더 나은 평화는 군사적 수단만으로 불가능하며 정치적 술art이 병행될 때 온전히 유지될 수 있을 것이다.[65]

역사는 지난 전쟁에 집착하여 싸우다가 패배한 사례들로 가득 차 있다. 보다 전향적인 마인드로 미래를 통찰해야 하며, 비록 예측하기 어렵더라도 향후 등장할 비대칭 위협의 실체를 분석하고 이에 대응하기 위한 전략을 모색해나가야 할 것이다. 비대칭 전략이란 특정 상황에 부합하는 독창적 무기 또는 혁신적 개념의 잠재력을 인식하고 활용하는 자에게 진정한 '비대칭적' 우세를 가져다준다는 점을 명심해야 할 것이다.

65 Jeffrey Record, "Why the Strong Lose", *Parameters*, Winter 2005-2006, p. 25.

■ **토의 사항**

1. 비대칭 전략을 정의하시오. 대칭 전략과 비대칭 전략을 구분하는 기준이 있을 수 있는가?

2. 비대칭 전략의 특징은 무엇이고, 그 유용성과 한계는 무엇인가?

3. 비대칭 전략을 수준, 차원, 유형별로 구분하시오. 강대국이 비대칭 전략을 가질 수 있는가?

4. 수단과 방법, 그리고 의지 차원에서 역사적으로 나타난 비대칭 전략에는 무엇이 있는가?

5. 비대칭 전략에 대응하기 위해서는 어떠한 전략이 유용한가?

6. 정보화시대에 대표적인 비대칭 전략은 무엇인가?

7. 북한의 비대칭 전략은 무엇이고, 이에 대비한 한국의 대응전략은 어떻게 구상할 수 있는가?

ON MILITARY STRATEGY

제14장

비정규전 : 제4세대 전쟁과 분란전

1. 제4세대 전쟁의 개념과 특징
2. 분란전 전략
3. 사례 연구 : 중국혁명전쟁
4. 대분란전 전략
5. 제4세대 전쟁과 군사전략

비정규전에 관련된 용어가 범람하고 있다. 정치적 폭력, 테러리즘, 비정규전, 저강도 분쟁, 인민전쟁, 혁명전쟁, 민족해방전쟁, 게릴라전쟁, 빨치산전쟁, 후방지역작전, 소규모 전쟁, 전쟁 이외의 군사활동, 그리고 제4세대 전쟁 등 많은 용어들이 합의되지 않은 채 사용되고 있다. 이러한 용어들은 비대칭 전쟁에 관한 것이기도 하며, 강한 적과의 싸움에서 정규전을 회피하고 다른 방식으로 승리를 추구하기 위한 비정규전에 관한 것이기도 하다. 이 장에서 이러한 혼란스러운 개념들을 묶어 '비정규전'으로 칭하고 이를 제4세대 전쟁과 '분란전 insurgency warfare'을 중심으로 알아보고자 한다. 여기에서 제4세대 전쟁이라는 용어는 '분란전' 혹은 '혁명전쟁'과 본질적인 측면에서 호환이 가능하다.

1. 제4세대 전쟁의 개념과 특징

가. 제4세대 전쟁의 개념

미국의 군사전문가 윌리엄 린드 William S. Lind는 1648년 베스트팔렌 조약으로 주권 및 영토국가 개념이 등장한 이후 국가들 간의 전쟁 양상이 어떻게 변화했는지를 4개의 세대로 나누어 논의하고 있다.[1] 그가 단순히 전쟁 양상의 변화에 따라 전쟁 세대를 구분한 것이 아니라 각 세대별 전쟁수행 주체들의 전략 개념 또는 군사전략의 특성을 반영하고 있다는 점에서 주목할 필요가 있다.

---

1 William S. Lind et al., "The Changing Face of War: Into the Fourth Generation", *Marine Corps Gazette*(October 1989), pp. 22-26.

제1세대 전쟁은 나폴레옹 시대까지의 전쟁으로 '선과 대형line and column'을 이루어 전투를 치렀다는 것을 특징으로 한다. 베스트팔렌 조약 이후 국가들은 '주권'을 가진 행위자로서 중세봉건시대와 구별되는 '국가 간' 전쟁을 수행했는데, 이 시기에는 중세 기사들 중심의 전략에서 벗어나 고대 그리스-로마 시대의 방진과 유사한 방식으로 일정한 대형을 갖추고 진격하여 적 대형을 무너뜨리는 전술을 구사했다. 물론 제1세대 전쟁은 기술의 발달로 보병들이 머스킷 소총으로 무장했다는 점에서 다르지만, 기본적으로 적의 약한 지역을 주공 방향으로 선택하고 대규모 병력을 집중하여 적을 와해시켰다는 점에서는 유사했다. 이러한 전략은 나폴레옹 전쟁 시기에 이르러 정점에 달했다. 이는 프랑스 혁명으로 인한 국민들의 열정이 뒷받침되어 대규모 군대를 동원할 수 있었는데 징집된 일반 국민들의 훈련 수준이 직업군인에 비해 높지 않았기 때문에 부득불 대형을 갖춘 전략을 펼치지 않을 수 없었던 것이다. 오늘날까지도 제1세대 전쟁의 흔적은 남아 있는데, 그것은 전장에서 마지막으로 고지를 탈취할 때 일정한 대형을 갖추어 공격하는 것에서 찾아볼 수 있다.

제2세대 전쟁은 나폴레옹 전쟁 이후부터 제1차 세계대전까지의 전쟁으로 '선과 대형'에 의한 전쟁을 무력화시킨 '화력전'을 그 특징으로 한다. 나폴레옹 전쟁이 끝난 이후로 유럽의 각 국가에는 민족주의가 형성되어 국민군대 중심의 전쟁을 수행할 수 있게 되었다. 국가들마다 국민개병제가 보편화되면서 무한정 충원이 가능했고, 따라서 이들은 방진형 대형의 규모를 더 크게 만들 수 있게 되었다. 그럼에도 불구하고 병력을 집단적으로 운용하는 방진형 대형은 무의미하게 되었는데, 그것은 이 시기 산업혁명과 기술의 발달로 포병, 활강총, 후장총, 기관총 등의 무기체계가 개발되어 화력이 질적으로나 양적으로 크게 발전했기 때문이다. 즉, 직간접 화기의 화력이 크게 증가하면서 전장에서 병력을 한데 모아 방진형의 대형을 갖추는 것은 자살행위나 다름이 없었고, 따라서 국가들은 대형을 갖춘 공격보다는 참호에 의존한 방어에 치중하지 않을 수 없게 되었다.

물론, 19세기 후반 '공격의 신화'에 의해 공격지상주의적 전략사상이 발전하기도 했다. 그러나 제1차 세계대전은 공격보다는 방어가 강하다는 사실을 보여주었다. 국가들이 무한정한 병력과 전쟁물자를 동원할 수 있는 능력이 갖추어지자 연합국과 동맹국의 전선에는 빈틈이 생길 수 없었다. 또한 이 시기에 포병과 기관총을 비롯한 화력이 크게 발전하여 공격하는 측은 상대방의 방어진지를 쉽게 돌파할 수 없었다. 제1세대 전쟁과 달리 제2세대 전쟁에서는 포병의 간접화력지원에 크게 의존하여 "포병은 정복하고 보병은 점령한다"는 교훈이 등장했는데, 이는 '화력전'이 '인력전'을 대체한 것을 의미한다.

이렇게 볼 때, 제2세대 전쟁은 화력의 발전으로 인해 제1세대 전쟁의 '선과 대형'의 전략을 무기력하게 만들었으며, 공격하는 측이 적의 방어선을 돌파하는 것이 여의치 않게 됨으로써 많은 국가들로 하여금 공격보다는 방어에 치중하도록 했다. 다만 한 가지 지적할 것은 제2세대 전쟁도 제1세대 전쟁과 마찬가지로 전장에서 선형 대형을 벗어나지는 못했다는 점이다.

제3세대 전쟁은 제1차 세계대전 이후부터 제2차 세계대전까지의 전쟁으로 교착된 전선을 돌파하고 결정적인 성과를 추구하는 '기동전'을 그 특징으로 한다. 물론 제3세대 전쟁에서는 화력도 중요한 역할을 담당하지만, 기동에 비해서는 상대적으로 그 중요도가 낮다. 제1차 세계대전에서 방어의 유리함이 입증되고 전선의 교착되면서 전쟁은 소모적인 양상을 보이고 엄청난 사상자가 발생하는 처참한 상황이 연출되었다. 그러자 영국과 독일의 전략가들을 중심으로 적 방어진지를 돌파하고 신속한 승리를 얻기 위해 대규모 기동전 중심의 전략을 연구하기 시작했다. 그리고 독일은 제2차 세계대전 초기 전격전이라는 새로운 작전술을 통해 유럽 전역을 석권하면서 제3세대 전쟁의 시대를 열었다. 이 시기의 전략은 근접전투를 통해 적 부대를 직접적으로 격멸하기보다는 적의 취약한 정면을 돌파한 후 측후방으로 기동하여 적의 균형을 깨고 주력을 격파하는 전략으로, 이는 방어선이라는 개념, 즉 제1세대와 제2세대 전략의 근간이었던 선형 대형이라는 고정관념을 처음으로 타파했으며 현대 전략에 '기동'을 새롭게 부활시키는 계기가 되었다.

제4세대 전쟁은 적 내부의 정치적·사회적 붕괴를 추구하는 전략이다. 제2차 세계대전 이후 국가 이외의 새로운 비국가 행위자가 전쟁의 새로운 주체로 등장했으며, 이들은 물리적 파괴가 아닌 적 내부의 정치적·사회적 붕괴를 전투의 목적으로 설정하여 적군의 파괴보다는 적 내부의 시민과 정책결정자의 의지를 교란하고 굴복시키는 데 주력했다. 이러한 전쟁에서는 전투 행위자의 식별, 전선의 구분, 전쟁과 평화의 구분이 모호하며, 적의 전략적 중심center of gravity이 무엇인지 파악하기가 어렵다. 즉, 새로운 전쟁에서는 더 이상 주권국가가 무력을 독점할 수 없으며, 그 결과 이전보다 다양한 전쟁수행과 주체, 무기, 전략·전술이 병존하게 될 것이다.[2]

린드는 제3세대 전쟁에 이르기까지 발전해온 주요 개념들 가운데 제4세대 전쟁으로 이어지고 심화될 것으로 보는 네 가지를 다음과 같이 제시했다.[3] 첫째, 전장의 확산이다. 각 세대별 전쟁을 통해 전장이 확장되었고 전투에 참여하는 병력의 수도 크게 증가했다. 제4세대

2 조한승, "4세대 전쟁의 이론과 실제", 『국제정치논총』 제50집 1호(2010), p. 220.

3 William S. Lind et al., "The Changing Face of War: Into the Fourth Generation", *Marine Corps Gazette*, pp. 22-26.

전쟁에서 전장의 범위는 적 사회 전반으로까지 확대된다. 따라서 앞으로는 전장에서 싸우는 대부대가 아닌 후방지역에서의 소규모 전투조직의 융통성 있는 임무수행이 더 중요하게 부각될 수 있다. 둘째, 중앙통제 방식의 군수지원에 대한 의존도가 감소한다. 전장이 적 사회로까지 확산되고 작전 속도의 가치가 줄어들게 되면서 현지조달의 비중이 더 증가할 것이다. 셋째, 기동의 중요성이 더욱 강조된다. 병력이나 화력의 집중은 더 이상 중요한 요소가 될 수 없다. 집중은 적으로부터 타격받기 쉽다는 점에서 취약하므로 그 대신 작고, 기동성 있고, 기민한 전투력을 갖추는 것이 유리하다. 넷째, 중심 식별의 중요성이다. 제4세대 전쟁의 목표는 적을 물리적으로 파괴하는 것보다는 내부적으로 붕괴시키는 것이다. 따라서 주요한 표적은 적 국민의 전쟁 지지 약화, 혹은 적의 문화를 붕괴시키는 것이 될 수 있으며, 적의 전략적 중심을 정확히 식별하는 것이 매우 중요하게 될 것이다.

▣ 전쟁의 세대 구분 및 특징 비교

구분	제1세대 전쟁	제2세대 전쟁	제3세대 전쟁	제4세대 전쟁
시기	베스트팔렌 조약 이후	나폴레옹 전쟁 이후	제1차 세계대전 이후	20세기 중반 중국인민전쟁 이후
주요 행위자	국가	국가	국가	국가 및 비국가 행위자
주요 전략 개념	선과 대형	화력전	기동전	정치전
특징	근대 국가의 등장과 군사력의 독점	국민군대의 등장과 소모전	대규모 기동력 중심의 총력전	소규모 분권적 조직의 분란전 또는 저강도 분쟁

* 조한승, "4세대 전쟁의 이론과 실제", 『국제정치논총』, 제50집 1호(2010), p. 221.

나. 제4세대 전쟁의 특징

제4세대 전쟁의 특징은 다음과 같이 볼 수 있다.[4] 첫째, 전쟁수행의 주체가 더 이상 민족 혹은 영토로 규정된 국가로만 한정되지 않는다. 즉, 비국가 행위자도 전쟁의 주체가 될 수 있다. 마르틴 반 크레펠트는 미래의 전쟁이 군대가 아닌 테러집단, 게릴라, 폭도, 그리고 범죄자들과 같은 집단에 의해 수행될 것이라고 주장했다.[5] 이 경우 비국가적 행위자의 폭력행위는 전쟁으로 인정되기 위한 국제법상의 문제점을 안고 있다. 예를 들어, 전통적으로 전쟁에서는 선전포고가 이루어졌으나 비국가 행위자는 이러한 것을 생략할 수 있다. 이 경우 국가는 비국가 행위자를 패배시키기 위해 누구를 공격해야 하는지, 무엇을 공격해야 하는지 분명하지 않을 수 있다.

둘째, 적대행위의 목적, 대상, 그리고 공간이 과거의 전쟁과 다르다. 우선 제4세대 전쟁의 목적은 적을 군사적으로 파괴하는 것이 아니라 적의 정치적 의지를 붕괴시키고 전쟁수행 의지를 약화시키는 것이다. 과거 전쟁에서는 전방에 위치한 적 군사력을 직접적으로 섬멸하거나 전방을 우회한 후 적의 전쟁수행체제를 마비시켜 승리하는 방법에 주력했다. 그러나 제4세대 전쟁에서 적은 군사적으로 맞서 싸우기에 불리하다고 판단하여 상대의 군사력이 아닌 민간인을 대상으로 싸우려 한다. 주로 후방의 민간인을 대상으로 심리전을 펼치거나 비군사시설과 인구밀집지역을 겨냥하여 공격함으로써 내부를 교란하고 의지를 약화시키는 데 주력한다. 즉, 사회가 표적이 되는 셈이다. 이에 따라 전장과 비전장의 개념이 모호해지고, 전투가 일어나는 지역이 전후방

---

4 Dennis M. Drew and Donald M. Snow, *Making Twenty-First-Century Strategy*, pp. 151-152.

5 Martin van Creveld, *The Transformation of War*(New York: Free Press, 1991), p. 192, 197.

구분 없이 광범위하게 확산된다.

셋째, 제4세대 전쟁 전략은 직접 대결보다 기동과 기습을 중시하는 아시아적 전통의 전쟁을 계승하고 있다. 마오쩌둥의 혁명전쟁 전략이나 베트남에서의 베트콩 전략이 그 예이다. 이들은 게릴라와 같이 소규모 분권적 조직에 의해 테러, 분란전 또는 저강도 분쟁을 수행한다. 제4세대 전쟁은 약자의 전략으로, 적의 강한 군대와 맞서 싸우기보다는 기동과 기습에 의해 적의 약점을 치고 빠지는 전략을 추구한다. 베스트팔렌 조약 이후 각 세대별 전쟁이 공통적으로 수천 내지 수만 명 단위의 사단 및 군단급 대부대를 동원하여 수행되었다면, 이제는 소규모 부대의 신속한 이동과 자유로운 분산, 그리고 순간적 집중 등을 통해 기습 효과를 극대화할 수 있는 비정규전과 특수작전 등을 추구한다.[6]

1990년대 말 제4세대 전쟁이라는 용어가 새롭게 등장했지만, 이는 그 내용면에서 전혀 새로운 것이 아니다. 그 기원은 중국혁명전쟁으로 거슬러 올라가며, 인민전쟁 개념에 입각한 분란전과 거의 유사한 용어로 볼 수 있다. 다만 제4세대 전쟁 전략이나 전쟁수행에 대해서는 많은 논의가 이루어지고 있지 않다는 점을 고려하여 이에 대해서는 '분란전' 전략을 중심으로 제4세대 전쟁 전략을 유추해보고자 한다.

2. 분란전 전략

분란전을 추구하는 반군들은 기존의 정부와 체제를 전복하기 위해

6 김재엽, "제4세대 전쟁: 미래전과 한국안보에 대한 함의", 『신아세아』, 제17권 1호(2010년 봄), pp. 168-169.

혁명전쟁을 수행한다.[7] 기존 정부가 아무리 약하다 하더라도 국가의 군사력을 장악하고 있는 한, 반군보다는 강할 수밖에 없다. 따라서 분란전은 기본적으로 강자를 상대로 한 약자의 전략이다. 반군세력은 정부의 강한 군사력을 상대하기 위해 기동력, 조직, 상대적 비밀성과 같이 그들이 가진 강점을 최대한 이용하려 한다. 그러나 정부의 전복은 쉽지 않다. 전복은 많은 시간과 자원, 노력이 소요될 뿐 아니라 그 성공을 보장할 수 없다. 대부분의 경우 분란전은 수년 혹은 수십 년이 소요될 수도 있다.

분란전 전략에 대해서는 학자들마다 다르다. 여기에서는 키라스 James D. Kiras가 제시한 시간, 공간, 정당성, 그리고 국내외 지원이라는 요소를 중심으로 살펴보겠다. 다만 분란전의 성공은 이러한 네 가지 요소 외에 분란전을 이끄는 지도자의 특성으로부터 그 지역의 문화에 이르기까지 다양한 추가적 변수에 의해 영향을 받을 수 있는 만큼 역사상 한 사례에서 비롯된 이론을 가지고 경솔하게 다른 분쟁에 적용한다면 재앙적 결과를 초래할 수 있음을 명심해야 한다.[8]

가. 시간

분란전이든 혁명전쟁이든 시간은 반군의 편이다. 시간이 충분하다면 분란조직을 결성하고, 적의 결속력을 약화시키며, 그 국가의 권력을

---

7 Dennis M. Drew and Donald M. Snow, *Making Twenty-First-Century Strategy*, p. 132. 혁명전쟁은 20세기 초반 민족주의와 반식민주의에 의해 제3세계 지역에서 광범위하게 나타났지만, 탈냉전기 이후에도 강압적이고 부패하고 무능한 토착세력이 지배하는 지역에서는 여전히 분란전이 계속 진행되고 있다.

8 James D. Kiras, "Irregular Warfare: Terrorism and Insurgency", John Baylis et al., eds., *Strategy in the Contemporary World*(Oxford: Oxford University Press, 2007), pp.167-168.

탈취할 수 있는 재래식 군대도 건설할 수 있다. 마오쩌둥은 그의 저서에서 전략적 퇴각, 전략적 대치, 전략적 반격의 3단계로 시간을 구성하고, 적과의 군사력 균형이 유리하게 변화하여 결전을 추구하는 '전략적 반격' 단계에 이르기까지는 수년 혹은 수십 년이 걸리더라도 감수해야 한다고 했다. 그것은 1단계에서의 한없는 퇴각이든, 2단계에서의 무제한적 게릴라전이든, 결정적 승패가 없이 지속되는 끝없는 투쟁은 점차 적의 피로를 누적시킴으로써 적의 붕괴 또는 철수를 야기할 수 있기 때문이다.[9] 즉, 시간은 약자의 편이다.

대다수의 분란전은 오랜 기간 동안 미해결 상태로 남을 수 있다. 스리랑카의 정치적 자치권을 쟁취하기 위해 결성된 무장반군단체인 '타밀엘람타이거해방군Liberation Tigers of Tamil Eelam: LTTE'이 수행한 분란전은 33년이 지난 후에도 해결되지 않은 채 남아 있다. 그러나 때때로 게릴라 투쟁은 신속히 종결되기도 한다. 그 대표적인 예인 쿠바 혁명은 1957년부터 1959까지 진행되었다. 바티스타Batista 정권에 대항하여 피델 카스트로Fidel Castro가 주도한 비정규전은 3년이 못 되어 종결되었고, 이에 참여한 인물들은 혁명적 신화로 남아 있다. 분란전의 기간이 3년이든, 33년이든 반군은 조직을 정비하고 군사력을 강화할 수 있는 시간을 벌어야 한다.

반군에 쉽게 굴복할 정도로 약한 정부군은 거의 없다. 따라서 대부분의 경우 분란전은 지연전으로 나아가는 것이 상례이다. 마오쩌둥의 중국혁명전쟁과 호치민의 베트남혁명전쟁은 지구전 전략을 채택한 대표적 사례였다.

---

9 James D. Kiras, "Irregular Warfare: Terrorism and Insurgency", John Baylis et al., eds., *Strategy in the Contemporary World*, p. 168.

나. 공간

시간과 공간은 함수관계에 있다. 앞에서 언급한 시간을 벌기 위해서는 공간을 포기해야 한다. 정부군이 압도적으로 우세하다면, 반군은 공간을 내주고 철수한 다음 세력을 강화해야 하며, 차후 승산이 있다고 판단될 때 싸워야 한다. 이러한 측면에서 분란전에서 성공하기 위해서는 적의 세력을 피할 수 있는 광활하고 험준한 공간이 필요하다.

공간이 충분하다면 분란전에 유리한 상황을 조성할 수 있다. 반군과 대치하고 있는 정부군은 게릴라 공격을 우려하여 부대를 너무 얇게 배치할 수 없으며, 모든 곳을 방어할 수 없다. 따라서 경무장으로 기동성을 갖춘 반군은 적의 손길이 미치지 않는 험준한 지형을 최대한 활용함으로써 정부군의 기동을 제한하고 상대적으로 취약한 무기, 조직, 병력 수를 극복할 수 있다. 반군은 전술적 이점을 얻기 위해 산악, 정글, 늪지대, 그리고 사막 등 주로 까다로운 지형을 이용하여 이에 익숙지 않은 적을 상대로 저항할 수 있다. 예를 들어, 아프가니스탄의 무자헤딘Mujahaddin은 그들의 조상들이 영국군에 대항했던 방식대로 소련군을 상대로 평지가 아닌 산악지역에서 이들의 공격을 유린했다. 베트콩과 북베트남군은 3중의 정글 숲을 이용하여 미군의 기동력과 화력을 무력화시킬 수 있었다. 1994년 체첸 전쟁에서 체첸 게릴라들은 그로즈니Grozny 시내의 건물들과 좁은 골목길을 이용해 소련군을 고립시키고 파괴할 수 있었다. 마찬가지로 10년 후 이라크 반군들은 미군에 대항하여 팔루자Fallujah에서 이와 같은 수법을 사용했다. 정부군에게 불리한 지형은 반군이 작전을 유리하게 이끌 수 있게 해줄 뿐 아니라, 안전한 근거지를 마련할 기회를 제공하고 세력을 확대할 수 있게 해준다.[10]

공간 대비 병력의 비율 역시 분란전에 영향을 미친다. 만일 정부군이 방어해야 할 지역이 넓다면, 반군들은 일부 지역에 병력을 집중시

아프가니스탄의 무장 게릴라 조직인 무자헤딘은 1979년 소련이 아프가니스탄을 침공한 이후, 산악지방을 근거지로 한 반정부 이슬람 저항 게릴라들의 활동이 두드러지면서 널리 알려졌다.

켜 전술적 우세를 달성함으로써 작전적 차원의 열세를 상쇄시킬 수 있다. 정부군은 대체로 정치적·경제적·사회적 또는 군사적 가치를 지닌 대도시 지역이나 자원이 풍부한 지역을 방어하려고 한다. 따라서 이들은 외곽지역에서 반군의 공격을 받을 경우 이 지역을 포기하고 방어가 더 유리한 도시나 군사기지로 철수하곤 한다. 그러므로 정부군이 장악하지 못하는 지역이 많을수록 분란전은 반군에 유리하게 전개될 수 있다.

정부군의 주의를 다른 곳으로 돌려 반군 소탕에 집중할 수 없도록 함으로써 성공 가능성을 높일 수도 있다. 영국에 대항해 수행된 키

---

10 James D. Kiras, "Irregular Warfare: Terrorism and Insurgency", John Baylis et al., eds. *Strategy in the Contemporary World*, p. 170.

프로스Cyprus 게릴라의 경우, 민족주의 성향의 EOKAEthniki Organosis Kypriakou Agonos 조직이 활동했던 공간은 영국군이 활동했던 공간의 3%도 채 되지 않았다. EOKA 조직의 지도자였던 게오르기오스 그리바스Georgios Grivas는 도시에서 폭동을 일으킬 경우 대부분의 영국군이 폭동을 진압하는 데 투입될 것으로 판단하고, 이에 입각하여 분란전 전략을 수립했다. EOKA의 조직원들은 소규모로 조를 이루어 도시에서 매복공격, 폭파, 암살 등의 임무를 수행했으며, 이러한 활동이 강화되자 영국은 키프로스에 잔류하는 것이 정치적·군사적으로 더 이상 가치가 없다는 것을 깨닫고 철수하게 되었다.[11]

다. 국내외 지원

분란전은 내부 및 외부의 지원 없이는 성공하기 힘들다. 일반적으로 반군들은 그들이 사용할 장비를 직접 제조하거나 노획해야 한다. 또한, 반군들은 직접 부상자들을 돌보고 식량과 물을 포함한 보급품들을 지속적으로 보충해야 한다. 게다가 새로 충원된 조직원에 대한 훈련뿐만 아니라 정부군의 위치와 활동에 대한 정보를 수시로 획득해야 한다. 따라서 반군은 많은 부분 대중의 도움을 필요로 한다. 그래서 클라우제비츠는 여론을 중심으로 한 대중의 지원이 폭동의 성공에 가장 중요한 요소 가운데 하나라고 했다. 대중의 지지를 받지 못한다면 반군은 가장 초보적 형태의 근거지도 유지할 수 없을 것이며, 결국 정부군에 의해 근절될 것이다. 『도시 게릴라 소교본Minimanual of the Urban Guerrilla』을 쓴 브라질의 카를로스 마리겔라Carlos Marighella는 초기

11 James D. Kiras, "Irregular Warfare: Terrorism and Insurgency", John Baylis et al., eds., *Strategy in the Contemporary World*, pp. 170-171.

에 도시혁명을 추진하는 데 있어서 도시 게릴라들이 투쟁을 계속하는 데 필요한 자원들을 주로 도시에서 획득할 수 있다고 믿었으나, 후에는 인민들의 지지를 지방으로까지 확대시킬 필요가 있음을 인정했다.

국내적으로 대중의 지원은 테러와 협박을 통한 강요에 의해 일시적으로 확보할 수도 있지만, 장기적 혁명투쟁은 오로지 그들의 민심 hearts & minds을 얻는 방법이 아니면 안 된다.[12] 비록 지금은 상투적인 문구가 되었지만, 게릴라와 인민의 관계를 묘사한 마오쩌둥의 비유는 여전히 의미심장하다. 게릴라들은 인민대중이라는 '바다'에서 헤엄치고 있는 '물고기'와 유사하다. 바다가 없다면 물고기는 죽게 될 것이다. 국내 인민대중의 지원을 얻는 데 실패한 극적인 예로 체 게바라 Che Guevara의 최후를 들 수 있다. 체 게바라는 1967년 당시의 볼리비아 정세를 평가하면서 무장봉기를 주도할 적기로 판단했다. 그러나 그는 볼리비아의 공산주의자들과 농민들의 지원 가능성을 과대평가했다. 볼리비아 공산주의자들은 그들의 혁명 방향에 대해 외부인의 충고를 받아들이려 하지 않았으며, 농민들은 체 게바라의 정부보증 토지제도 개혁안에 대해 불만을 갖고 있었다. 결국 체 게바라의 봉기는 인민대중의 지원을 받지 못했고, 반군들은 혁명 7개월 만에 정부군에 의해 체포되거나 사살되었다.

인민대중의 지원에 대한 확신 없이 이전에 효과적이었던 방식대로 혁명을 재연하려고 하는 시도는 위험하다. 마르크스-레닌주의자들의 혁명이론에서는 도시 프롤레타리아의 봉기가 중요하다고 간주되었지만, 1920년대 말 중국 공산당의 봉기와 1968년 베트남의 봉기는 실패로 돌아갔다. 중국과 베트남 농민들의 특성상 도시에서의 봉기

---

12 James D. Kiras, "Irregular Warfare: Terrorism and Insurgency", John Baylis et al., eds., *Strategy in the Contemporary World*, p. 171.

는 애초부터 실패하게 되어 있었는데, 그것은 양국 모두 지방 인구의 대다수가 농민들이기 때문이었다. 결국 마오쩌둥과 베트남의 보 응우옌 잡 장군은 그들의 전략을 농민 중심의 전략으로 수정함으로써 성공을 거둘 수 있었다.

국외의 지원 여부는 국제정치적 상황에 따라 좌우된다. 반군에 대한 외부 지원은 그 국가의 정세, 그리고 반군과 주변국과의 관계에 달려 있다. 외부의 지원으로는 무기를 제공하거나 국경선 밖의 은신처를 제공하는 등의 물질적 지원, 그리고 정치적 정당성을 인정하거나 압력을 가하는 정신적 지원이 있을 수 있다. 독일의 '적군파Red Army Faction'와 같이 1970년대에 마르크스주의를 추종하는 수많은 테러조직들은 소련 또는 그 진영의 국가들로부터 자금, 무기, 그리고 훈련 제공 등 많은 물질적 지원을 받았다. 1950년 인도네시아로 독립한 네덜란드령 동인도부터 1948년 이후 이스라엘로 독립한 영국령 팔레스타인에 이르는 국가들의 반군과 테러 지도자들은 반식민주의를 주장하는 국가들로부터 지원을 받았으며, 이는 이들의 독립에 결정적인 영향을 주었다.[13]

라. 정당성

정당성이 결여된 폭력 사용은 국내외적으로 지지를 받을 수 없다. 반군 지도자들은 그들의 폭력행위가 정당함을 대내외적으로 선전하고 확신시켜야 하는데, 그렇지 못할 경우 그들의 행위에 대한 지지를 잃게 될 것이기 때문이다. 반군은 대체로 그들이 장악하고 있는 지역에

13 James D. Kiras, "Irregular Warfare: Terrorism and Insurgency", John Baylis et al., eds., *Strategy in the Contemporary World*, p. 172.

서 정부의 기능을 대신하고 지역 대중에게 정치적 메시지를 전파하는 방식을 통해 현재의 정부보다 도덕적으로 우위에 있음을 과시하고 폭력 사용을 정당화하려 한다. 그리고 대외적으로는 인민대중의 지지를 과시함으로써 반정부 투쟁의 정당성을 입증하려 한다.

도덕적 우월성은 게릴라들의 반군활동을 합리화할 수 있는 가장 중요한 근거를 제공한다. 인민대중이 정부의 무능과 부정부패에 대해 불만을 가지고 있는 상황에서 도덕성은 이들을 포섭할 수 있는 매우 강력한 무기가 될 수 있다. 마오쩌둥은 그들의 도덕적 우월성을 과시하기 위한 방법으로 '세 가지 규율과 8항주의'로 알려진 게릴라들의 '행동규칙'을 제정하고, 도덕적 우월성을 과시하여 인민들로 하여금 게릴라들이 산적 또는 '반혁명군'과 다르다는 것을 인식하도록 만들었다.[14] 이와 유사한 입장에서 체 게바라도 농민들이 게릴라를 인민의 보호자이자 사회개혁가로 인식하게끔 해야 한다고 주장했다.[15]

반군에 협조한 농민들은 종종 정부의 가혹한 처벌을 받게 되지만, 오히려 이는 반군들이 추진하는 혁명의 동기를 더욱 정당화시켜준다. 정부군은 반군에 동조한 대중에 대해 가혹한 고문, 촌락의 파괴, 그리고 기관총 사격을 가하기도 한다. 심지어 반군에 협력했다는 의심만으로 이들을 처벌하기도 한다. 그러나 정부가 인민대중을 부당하게 대우하는 것은 오로지 이들의 불만을 고조시키고 반정부적 성향을 강화시킬 뿐이다. 정부의 야만적 행위는 오히려 반군으로 하여

14 3개의 규율은 다음과 같다. 첫째, 모든 행동은 지휘를 받아야 한다. 둘째, 인민의 것을 훔치지 마라. 셋째, 이기적이거나 불공정한 행동을 하지 마라. 8개의 지침은 다음과 같다. 첫째, 집을 떠날 때에는 물을 바꿔주어라. 둘째, 잠자는 데 사용했던 방문은 다시 걸어놓아라. 셋째, 공손하게 행동하라. 넷째, 거래를 할 때에는 정직해라. 다섯째, 빌린 물건은 되돌려줘라. 여섯째, 파손한 물건은 바꿔놓아라. 일곱째, 여인이 있는 곳에서는 목욕하지 마라. 여덟째, 포획한 자의 지갑을 허락 없이 뒤지지 마라.

15 James D. Kiras, "Irregular Warfare: Terrorism and Insurgency", John Baylis et al., eds., *Strategy in the Contemporary World*, p. 173.

1959년 피델 카스트로와 함께 쿠바 혁명을 성공시킨 뒤 쿠바의 2인자 자리를 박차고 남아메리카의 게릴라 지도자로 전장에서 숨진 혁명가 체 게바라(1928~1967). 그는 농민들이 게릴라를 인민의 보호자이자 사회 개혁가로 인식하게끔 해야 한다고 주장했고, 대중에 대한 테러 전술이 게릴라의 의도를 정당화할 수 없기 때문에 바람직하지 않다고 생각했다.

금 인민들의 대리자로서 행동하고 이들과의 유대관계를 강화시키는 역할을 한다.

대중들은 자발적 협력자, 완강한 적, 그리고 아직 결정을 내리지 못한 다수로 구분할 수 있다. 아직 결정을 내리지 못한 다수의 마음을 사로잡기 위해 반군은 그 지역을 통제하는 실질적인 정부가 됨으로써 정당성을 과시할 수 있다. 여기에는 학교와 의료시설을 건립하는 것과 같은 '긍정적인 수단'과 세금징수와 같은 '부정적 수단'이 포함될 수 있다. 대중을 협박하기 위해 테러를 동원할 수 있으나, 이에 대해서는 견해가 엇갈린다. 체 게바라는 대중에 대한 테러 전술이 게릴라의 의도를 정당화할 수 없기 때문에 바람직하지 않다고 생각했다. 반면, 마오쩌둥과 마리겔라는 다른 입장에 서 있다. 그들은 테러가 대중들로 하여금 정부를 위해 일하는 것이 위험하다는 인식을 심어주는 데 기여할 수 있다고 보았다. 그리고 실제로 베트남 전쟁에서 베트콩은 그들의 테러 행위를 정당화하기도 했다. 다만, 21세기 초 대테러 전쟁에서 알 카에다 지도자들 간의 통신을 감청한 결과, 이라크에서 사용한 알 카에다의 테러는 외곽지역에서 그들의 정치적 목표를 달성하는 데 역효과를 가져온 것으로 평가되고 있다.[16]

반정부 투쟁을 정당화하는 가장 효과적인 방법은 그들의 군사행동

16 James D. Kiras, "Irregular Warfare: Terrorism and Insurgency", John Baylis et al., eds., *Strategy in the Contemporary World*, p. 174.

을 정당한 정치적 목적과 연계시키는 것이다. 다양한 정치적 목적을 내걸 수 있겠지만, '민족자결self-determination'은 지금까지 가장 널리 사용된 슬로건이었다. 1941년 대서양헌장Atlantic Charter과 1945년 유엔 헌장United Nations Charter에는 영국, 프랑스, 네덜란드, 포르투갈과 같은 국가들로 하여금 해당 지역의 반군들이 주장하는 권리에 반하여 해외 식민지를 보유할 수 없다고 규정했다. 이러한 측면에서 동티모르의 독립운동은 국제적 정당성을 얻을 수 있었으며, 국내외적으로 인도네시아 정부에 25년에 걸친 분란전을 종식하도록 하는 압력으로 작용했다.[17]

3. 사례 연구 : 중국혁명전쟁

중국혁명전쟁 사례는 모든 면에서 약했던 중국 공산당이 군사적으로 월등히 우세한 국민당 군대의 공격을 맞아 어떻게 승리할 수 있었는지를 보여준다. 이는 군사적·경제적으로 약한 행위자가 정치적·사회적 차원의 전략을 구사함으로써 적의 강점을 무력화하고 약점을 극대화하는 비대칭 전략의 전형적인 사례였다. 또한 인민대중의 민심을 얻고 이들의 지원을 통해 전쟁에서 승리할 수 있었던 혁명전쟁 혹은 분란전으로서 오늘날 제4세대 전쟁 전략의 기원으로 볼 수 있다.

중국혁명전쟁 전략은 정치사회적 차원에서 인민전쟁, 그리고 군사적 차원에서 지구전 전략으로 구분해볼 수 있다. 군사력이 약하다고 판단한 마오쩌둥은 국민당과 직접적인 군사적 충돌을 회피하면서 정

17 James D. Kiras, "Irregular Warfare: Terrorism and Insurgency", John Baylis et al., eds., *Strategy in the Contemporary World*, pp. 174-176.

치사회적 차원에서 인민대중을 공산당 편으로 끌어들이는 전략에 치중했다. 그리고 인민대중의 지원에 힘입어 병력을 충원하고 무기를 보충할 수 있었으며, 국민당 군대의 움직임에 대한 정보를 입수할 수 있었다. 중국 공산당의 승리는 군사적 차원의 승리 이전에 정치사회적 차원의 승리였다. 즉, 국민당에 대한 군사적 승리는 정치사회적 전략의 성공이 가져온 부산물에 지나지 않은 것이었다.

가. 중국혁명전쟁 전략

정치사회적 수준 : 인민전쟁 전략

정치사회적 수준에서 마오쩌둥은 인민전쟁 전략을 추구했다. 인민전쟁이란 "인민을 믿고 의지하며, 인민을 동원하고 조직하고 무장시키며, 철저하게 인민의 근본이익을 위해 전쟁을 수행하는 것"이다.[18] 인민전쟁의 핵심은 무기에 대한 인간의 관계를 인식하는 문제에서 시작한다. 전쟁의 결과에 미치는 무기의 중요성을 무시할 수 없지만, 전쟁의 결과는 궁극적으로 인간이라는 요소에 의해 결정된다. 여기에서 말하는 인간 요소는 정치적 측면에서 정당하게 동원되고 정치적 동기가 강한 병사를, 그리고 군사적 측면에서는 올바른 전략과 전술에 따라 전투 및 무기를 전장에서 운용할 수 있는 수준 높은 병사를 의미한다. 마오쩌둥에 의하면 이러한 인간 요소는 적이 사용하는 무기의 양과 질을 대체할 수 있으며, 이와 같은 인간 요소의 중요성은 시간의 변화와 기술의 발전에 상관없이 지속된다.[19]

인민전쟁 전략의 핵심은 인민대중의 에너지를 조직하고 동원하는

---

18 中國國防大學, 박종원 · 김종운 역, 『中國戰略論』(서울: 팔복원, 2001), p. 88.

19 Mao Tse-tung, "On the Protracted War", *Selected Works of Mao Tse-tung, Vol. 2*, p. 192.

것이다. 즉, 인민들의 '민심'을 얻음으로써 이들로 하여금 중국 공산당을 지지토록 하는 것은 물론, 공산당 군대에 참여하고 후방작전을 지원하며 필요시에는 민병을 조직하여 적과 싸우도록 하는 것이다.

인민대중을 끌어들이기 위해서는 대중에 대한 정치적 교화가 중요하다. 그러나 더 중요한 것은 그 이전에 인민을 교육시킬 공산당원들을 먼저 교육시키는 것으로, 우선 이들로 하여금 인민대중을 열렬히 사랑하고 그들의 목소리를 주의 깊게 들을 수 있도록 가르쳐야 한다. 또한 당원들은 항상 어디를 가든지 대중 속에서 대중과 함께해야 하며, 그들을 노예처럼 부려서는 안 된다는 점을 명확히 인식해야 한다. 이렇게 교육을 받은 당원들은 일반대중들 사이에 침투하여 그들로 하여금 공산당이 그들의 이익과 삶을 대변하고 있음을 인식케 하고, 이를 통해 공산당이 제기하는 더 높은 과업, 즉 혁명전쟁을 이해시켜야 한다. 그럼으로써 인민들이 공산혁명을 지원하고 혁명을 중국 전역에 확산시키며, 혁명전쟁에서 승리하는 순간까지 공산당의 정치적 투쟁에 호응토록 해야 한다.

군사적 수준 : 지구전 전략

마오쩌둥은 군사적으로 열세한 상황에서 국민당 군대를 상대로 조기에 승리를 거둘 수 있을 것으로 보지 않았다. 따라서 그는 속전속결이 아니라 지구전에 의해 승리를 추구해야 한다고 판단했다. 마오쩌둥의 지구전은 전략적 퇴각, 전략적 대치, 그리고 전략적 반격의 세 단계로 이루어진다.

지구전의 제1단계는 적이 전략적 공격을 하고 홍군이 전략적 방어를 하는 단계이다. 이 단계에서 홍군은 적보다 군사적으로 열세에 있기 때문에 전략적으로 퇴각을 단행한다. "전략적 퇴각은 전력이 열세에 있는 군대가 우세한 군대의 공격을 맞아 그 공격을 신속히 격파할 수 없다는 것을 느꼈을 때 취하는 것으로, 우선 자기의 군사력을 보존했다가 시기를 기다려 적을 격파하기 위해 취하는 하나의 계획적이고 전략적인 조치"이다.[20] 이러한 측면에서 제1단계는 '무조건적으로' 적이 추구하는 결전을 회피하는 단계라고 할 수 있다.

제2단계는 전략적 대치 단계로서 적이 전략적 수비를 하고 홍군이 반격을 준비하는 시기이다. 제1단계 말기에 이르면 적은 신장된 병참선을 방어해야 하기 때문에 병력이 부족해질 것이고, 또한 홍군의 저항이 증가함으로써 공격의 정점에 가까워질 것이다. 따라서 적은 부득이하게 공격을 중지하고 이미 점령한 지역을 방어하는 단계로 전환하여 전과확대에 나서기보다는 이미 점령한 지역 가운데 전략적 요충지나 거점을 확보하는 데 치중할 것이다. 이때 홍군은 전략적 공세를 취한다. 다만, 이러한 공세는 결전을 추구하는 것이 아니기 때문에 확실하게 승리할 수 없는 강한 적에 대해서는 공격하지 않으며 유격대의 역량으로 제압할 수 있는 적의 일부에 대해서만 집중적인 공격을 가한다.[21]

제3단계는 홍군이 전략적 반격을 하고 적이 전략적 퇴각을 하는 단계로서 결전을 추구하는 단계이다. 마오쩌둥은 "오직 결전만이 양군 간의 승패 문제를 판가름할 수 있다"고 했다.[22] 제1단계에서 적은 공산당이 결전을 회피함에 따라 결정적인 승리를 얻는 데 실패했으며, 홍군의 근거지에 깊숙이 들어와 있었다. 제2단계에서 유격전에 시달리

---

20 Mao Tse-tung, "Problems of Strategy in China's Revolutionary War", *Selected Works of Mao Tse-tung, Vol. 1*, p. 221.

21 Mao Tse-tung, "Problems of Strategy in Guerrilla War Against Japan", *Selected Works of Mao Tse-tung, Vol. 2*, p. 106.

22 Mao Tse-tung, "Problems of Strategy in China's Revolutionary War", *Selected Works of Mao Tse-tung, Vol. 2*, p. 224.

고 피로에 지친 적은 전투의지를 상실한 채 방어에 급급했다. 이때가 반격으로 전환할 수 있는 적기가 된다. 다만 마오쩌둥은 결정적인 전투가 비정규군에 의해 수행되는 유격전이 아니라 정규군에 의한 정규전을 통해서만 가능하다는 점을 강조했다.[23]

마오쩌둥 전략의 성격이 방어적이며 전술적으로 유격전을 주요한 형태의 전쟁으로 간주한다고 해서 그의 전략이 시종 방어일변도의 전략이라거나 유격전과 동일한 것으로 보는 견해는 잘못된 것이다. 오히려 그는 극단적 유격주의에 대해 적극 반대하고 충분한 군사력을 갖추었을 경우에는 정규전을 통한 결전을 추구해야 한다고 강조했다.[24]

나. 혁명전쟁 수행

정치사회적 수준의 전략

마오쩌둥이 중국 혁명을 추진하면서 가장 역점을 둔 것은 안전한 근거지를 확보하는 것이었다. 혁명세력은 생존을 위해 우선적으로 근거지를 확보해야 한다. 왜냐하면 근거지를 확보해야만 혁명이라는 전략적 임무를 수행할 수 있으며, 자신을 보존하고 발전시켜 적을 궤멸시키고 몰아내는 목적을 달성할 수 있기 때문이다. 마오쩌둥은 1935년 8월 대장정 끝에 연안을 중심으로 한 산간닝陝甘寧 지역, 즉 산시성陝西省, 간쑤성甘肅省, 닝샤성寧夏省의 변경지대에 위치한 지역에 근거지를 마련했다. 이 지역은 자연적으로 험준한 산악과 척박한 토양, 만성적인 자연재해가 되풀이되는 삶의 조건이 매우 열악한 지역이었다. 또한

---

23 Mao Tse-tung, "On Protracted War", *Selected Works of Mao Tse-tung, Vol. Ⅰ*, pp. 172-174.

24 Samuel B. Griffith, *The Chinese People's Liberation Army*(New York: McGrow-Hill Book Co., 1967), p. 35.

지주들의 횡포도 심하고 비적匪賊과 반란의 온상지였으며, 경제적으로나 문화적으로 매우 낙후하여 주민들의 98%가 문맹이었다. 따라서 중국 공산당의 입장에서 이 지역은 공산혁명의 중심지로 삼기에 매우 이상적으로 판단되었다. 국민당 군과 일본군의 지배지역과 상당히 떨어져 있어 군사적으로 위협을 덜 받았으며, 워낙 낙후되어 토착 지주나 엘리트 집단의 저항을 거의 받지 않았다.

근거지를 확보한 마오쩌둥은 인민대중의 민심을 확보하는 데 주력했다. 중국 공산당은 철저하게 대중노선을 추구하여 모든 당간부, 관료, 지식인들로 하여금 대중 속에 들어가 대중과 함께 생활하면서 대중이 가지고 있는 애환을 함께하고, 대중을 위해 헌신함으로써 당과 정부가 인민대중을 위해 존재하고 있음을 인식하도록 했다. 또한, 당과 정부의 정책과 결정이 그들의 이익과 권익을 구현한 것이라는 점을 자각하도록 했다. 이러한 관점에서 연안정부는 정풍운동整風運動 및 정병간정精兵簡政운동을 전개하면서 당간부와 지식인들의 관료주의와 명령주의, 그리고 대중에게 이질감을 주는 행동에 대해 신랄하게 비판했고, 대중 속에 들어가 대중과 함께 노동하고 생산활동에 참여하면서 대중과 함께 생활하는 것을 제도화했다.[25]

이와 더불어 틈나는 대로 인민대중에 대한 정치적 교화를 진행했다. 마오쩌둥은 '신문화운동'을 전개하여 대중교육 확충, 문맹퇴치 운동, 야학 제공, 신문 발행 등을 추진했다. 또한 문화예술의 대중화 및 혁명화 운동을 전개하여 예술을 위한 예술을 부르주아적 예술이라고 비판하고, 대신 대중의 정서에 맞고 대중의 혁명의식을 고양할 수

---

25 서진영, 『중국혁명사』(서울: 한울아카데미, 1994), p. 233, 250. 정풍운동이란 기풍을 바로잡는 것을 의미하는 것으로, 마오쩌둥은 마르크스주의의 중국화를 골자로 한 학풍, 개인보다 당의 이익을 우선시하는 당풍, 그리고 무책임하고 형식적인 공허한 표현을 삼가는 문풍을 제시했다. 정병간정이란 군대의 정예화와 행정의 간소화를 추구하는 것을 말한다.

있는 문예활동을 고취했다. 이는 인민을 대상으로 은연중에 정치교육을 실시하는 것으로, 이들에게 왜 싸워야 하며 싸움이 이들과 어떠한 관계가 있는지를 명확하게 알려주는 것이었다. 이를 통해 중국 공산당은 인민들로부터 내전의 정당성을 인정받고 이들의 지지를 확보할 수 있었다.

민심을 얻기 위한 가장 결정적이고 효과적인 방법은 적극적으로 토지혁명을 추구하는 것이었다. 1937년 제2차 국공합작이 이루어진 후 중단된 토지혁명은 내전이 시작되면서 본격적으로 재개되었다.[26] 마오쩌둥은 중국 공산당이 점령한 지역에서 지주와 부농의 토지를 몰수하여 모든 계층에 균등하게 분배하는 토지혁명을 추구했다. 중국 사회에서 토지 소유의 불균형은 심각한 문제였으며, 지주들의 수탈과 착취는 빈농의 삶을 파탄에 이르게 하고 있었다. 1930년대 강서지역의 토지는 6%의 지주와 부농들이 70%의 토지를 소유한 반면, 60%를 차지하는 빈농이 겨우 5%의 토지를 소유하고 있었을 정도로 폐해가 컸다.[27] 내전이 전개되고 있던 1940년대 후반 만주지역의 경우에는 농사를 짓는 농민 가운데 97%가 토지를 갖고 있지 않았으며, 토지혁명을 통해 1인당 884평의 농지를 분배할 수 있었다. 비록 토지혁명을 실시하는 과정에서 여러 문제점이 노출되었다 하더라도 토지혁명 그 자체는 기층 농민의 대중적 지지를 확보하는 데 결정적 요인으로 작용했다.

인민대중이 자신들의 편이 되었다고 판단한 중국 공산당은 해방구

---

26 중국 공산당은 내전이 격화되면서 빈농의 요구를 수용할 수 있는 급진적 토지정책을 추진했다. 1946년 5월 4일 '5·4지시'로 알려진 '토지 문제에 관한 지시'를 발표하여 해방구에서 토지 문제를 해결하는 것이 중국 공산당이 당면한 가장 역사적인 임무임을 선언하고, 대지주와 친일세력에 대한 토지몰수와 토지분배를 추진했다.

27 서진영, 『중국혁명사』, p. 156.

에서 내부 동원체제를 강화했다. 내전의 중후반기에 가면서 중국 공산당과 인민해방군은 농민들을 조직하고 동원하는 데 성공함으로써 급속하게 세력을 불릴 수 있었다. 1945년 4월에 약 120만 명이었던 중국 공산당의 당원이 1949년에는 약 네 배로 증가하여 450만 명이 되었다. 인민해방군의 병력도 비슷한 비율로 증가했는데, 1948년 당내 지시에서는 지난 2년 동안 해방구에서 토지를 획득한 농민들 가운데 약 160만 명이 인민해방군에 지원했다고 발표했다.[28] 1946년 7월 국민당 병력이 430만 명, 공산당 병력이 120만 명이었으나, 1948년 6월에는 각각 218만 명과 260만 명으로 공산당이 우세했다.[29] 이처럼 중국 공산당은 전면적인 내전이 폭발한 지 2년 만에 인민대중의 참여와 지원을 확보함으로써 전략적 방어에서 전략적 공격으로 전환하고 내전에서 승리할 수 있었다.

군사적 수준의 전략

1946년 6월 26일 국민당 군대는 공산당 근거지에 대해 전면적인 공세를 취했다. 중국 공산당 군대는 지구전의 제1단계인 전략적 방어 개념에 입각하여 점령하고 있던 도시를 포기하면서 퇴각했다.[30] 그들은 국민당 군대와 맞서 싸우려 하지 않았으며, 전력을 보존하기 위해 그들의 근거지인 농촌지역으로 전략적 퇴각을 단행했다. 마오쩌둥은 퇴각

---

28 서진영, 『중국혁명사』, p. 274.

29 F. F. Liu, *A Military History of Modern China 1924-1949*(Princeton: Princeton University Press, 1956), p. 254.

30 Mao Tse-tung, "Smash Chiang Kai-shek's Offensive by a War of Self-Defense", *Selected Works of Mao Tse-tung, Vol. 4*, p. 89; *Department of State, United States Relations With China: With Special Reference to the Period 1944-1949*, August 1949, p. 314.

을 통해 장제스 군대가 과도하게 신장될 것을 노리고 있었다. 당시 장제스의 군대는 총 190여 개 여단을 보유하고 있었으나, 그중 절반이 점령한 지역을 방어해야 했기 때문에 실제로 가용한 전투력은 그 절반에 불과했으며, 그나마도 인민해방군이 전투를 통해 국민당 군대를 감소시킬 경우 그 수는 더욱 줄어들 수밖에 없었다.

내전의 첫해 국민당은 눈부신 진격을 하고 있었지만, 그것은 공산당의 군사전략에 휘말리고 있는 것에 불과했다.[31] 마오쩌둥은 시간을 얻기 위해 공간을 내주었고, 병력을 보존하기 위해 도시를 내주었다. 한편으로 린뱌오林彪는 만주에서 차후 결전을 준비하기 위해 동북야전군을 훈련시키고 있었으며, 중국 공산당은 전 지역에서 적의 역량을 고갈시키기 위해 소모전을 계속해나갔다.

1947년 6월 국민당의 공격이 정점에 도달한 것으로 판단한 마오쩌둥은 내전의 제2단계가 도래한 것으로 내다보았다. 중국 공산당은 보다 많은 소련의 원조를 받을 수 있었고, 농촌을 장악함으로써 이들의 지지를 기반으로 충분한 군대를 확보할 수 있었다. 무엇보다도 전략적인 측면에서 중국 공산당은 만주의 대도시들을 잇는 교통의 요지를 장악함으로써 대도시를 점령한 국민당의 병참선을 차단하고 고립시킬 수 있었다.[32] 국민당 군대는 고립된 상황에서 그들이 점령하고 있던 대도시를 잃지 않기 위해 수세로 전환하지 않을 수 없었으며, 공격의 주도권은 중국 공산당으로 넘어가게 되었다. 이제 공산당은 주요 도시를 단위로 마치 섬처럼 나뉘어 고립된 국민당 군대에 대해 수적인 우세를 달성하면서 작전을 전개할 수 있게 되었다.

제3단계는 전략적 반격 단계로서, 최초 작전은 1948년 9월 만주에

---

31 Edward L. Katzenbach, Jr. and Gene Z. Hanrahan, "The Revolutionary Strategy of Mao Tse-tung", *Political Science Quarterly*, Vol. LXX, No. 3(Sep. 1955), p. 333.

32 Department of State, *United States Relations With China*, p. 318.

주둔하고 있던 린뱌오의 동북야전군에 의해 이루어졌다. 중국 공산당의 군대는 만주를 필두로 하여 국민당 주력을 격파하기 시작했으며, 샨하이관山海關을 통과한 다음 북중국 평야를 휩쓸어나갔다. 결전이 이루어졌던 대표적인 3대 전역은 랴오닝遼寧과 선양瀋陽 지역의 랴오선遼瀋 전역, 베이징北京과 톈진天津 지역의 핑진平津 전역, 그리고 쉬저우徐州 일대에서 치렀던 화이하이淮海 전역이었다. 마오쩌둥은 국민당 정부가 위치한 지역으로부터 가장 먼 지역, 그리고 약한 적부터 차례로 격파하는 전략을 통해 국민당 군대를 양쯔강 남쪽으로 밀어내고 내전에서 승리할 수 있었다.

마오쩌둥의 혁명전략을 요약하면 다음과 같다. 첫째, 혁명을 추구하기 위한 근거지를 확보하고자 했다. 초기 세력이 약했던 중국 공산당은 산시성 연안을 중심으로 산악지역 일대에 터를 잡고 혁명세력을 강화하는 데 주력했다. 1936년 시안 사건西安事件 직후 마오쩌둥은 적과도 연합을 꾀하면서 어렵게 얻은 산간닝 근거지를 공고히 하고 세력을 확장하고자 했다. 둘째, 군사적으로 국민당 군대의 상대가 되지 않는다는 것을 인식하여 군사적 차원의 전략보다는 정치사회적 차원의 전략, 즉 인민전쟁 전략을 추구했다. 인민전쟁 전략은 일반대중의 민심을 사는 것으로 마오쩌둥은 토지혁명을 추구함으로써 기층 농민들의 절대적 지지를 확보할 수 있었다. 셋째, 일반대중에 정치적 동기를 주입하고 이들을 조직화했다. 중국 공산당은 각종 문화행사와 사상교육을 통해 대중을 정치적으로 교화시키고 국민당과 싸워야 하는 이유를 설득함으로써 이들을 내전에 동원할 수 있었다. 넷째, 정치사회적 전략의 성과를 바탕으로 중국 공산당은 피아 군사력 균형을 유리하게 전환시킬 수 있었으며, 그 결과 세 번의 결정적 전역을 통해 최종적인 군사적 승리를 거둘 수 있었다.

4. 대분란전 전략

반군의 분란전 전략에 대응하기 위한 대분란전 전략에는 여러 가지가 있다. 여기에서는 그리피스Samuel B. Griffith가 제기한 탐지location, 고립isolation, 근절eradication의 세 개념을 중심으로 살펴보겠다.[33]

가. 탐지

대분란전에서 가장 중요한 국면은 위협의 존재를 인식하는 단계이다. 대분란 전문가인 로버트 톰슨Robert Thompson은 반군의 조직화 단계 또는 폭력적 군사행동의 초기 징후가 보일 때 분란을 제압할 필요가 있다고 보았다. 이를 위해서는 불만을 가진 집단의 합법성과 불법성을 구별해야 하며, 효과적인 정보 수집과 평가조직을 운영해야 한다. 물론, 폭탄이 폭발할 때마다 국민들에게 보장된 권리와 자유를 제한하는 것은 정부의 신뢰성과 의도를 훼손시킬 것이다. 그러나 법을 지키기 위해 너무 오래 기다리게 되면 반군에게 강건하고 조직적인 하부구조를 구축하는 데 필요한 시간을 주게 된다. 그리고 일단 이러한 하부구조가 구축되면 이를 소탕하기 위해 엄청난 노력이 필요하게 된다. 따라서 현대의 다원화된 사회에서는 잠재적으로 반정부적인 인물이 감시의 대상이 될 수 있는지, 또는 법을 위반하지 않고서 그들을 체포할 수 있는지의 문제를 항상 고민해야 한다.[34]

정부가 정당성을 갖추고 반군에 대한 도덕적 우월성을 견지하려면 법을 준수해야 한다. 모든 작전은 법의 테두리 내에서 이루어질 때 효

---

33 Samuel B. Griffith, *On Guerrilla Warfare*(New York: Praeger, 1961), pp. 32-33.

34 James D. Kiras, "Irregular Warfare: Terrorism and Insurgency", John Baylis et al., eds., *Strategy in the Contemporary World*, pp. 176-179.

과적이다. 다만, 법을 준수하면서 통행금지 및 언론접촉 통제와 같은 대분란전 활동을 언제, 어떻게, 그리고 무슨 수단으로 시작할지를 결정하는 것은 매우 어려운 문제이다. 그러나 9·11 테러나 2005년 7월 영국 지하철 테러 이후 대테러 규제 법안들이 통과된 것은 대부분의 민주주의 사회의 대테러 대응이 예방적이지 못하고 사후적임을 보여준다.

비정규적 위협이 확인되면 여러 민간 및 군 기관은 유기적인 협조를 통해 그 위협을 곧바로 제거해야 한다. 이때 반정부 세력의 은신처, 조직원, 보급원 등을 확인해야 한다. 이와 같은 정보를 획득하는 것은 조직을 비밀리에 소규모로 유지하려는 반군들의 기를 꺾는 역할을 한다. 베트남에서와 같이 지형적으로나 문화적으로 생소한 국가에서 대분란전을 수행할 경우에는 전복을 원하는 자들에 대한 정보를 획득하는 데 시간이 소요된다. 아프가니스탄처럼 현지 정부가 효과적이고 충분한 안보기관을 두고 있지 않거나, 이라크처럼 이러한 안보기관이 제 기능을 하지 못할 때에는 더 많은 시간이 소요되며, 반군들은 그 시간을 이용하여 주도권을 장악하고 조직을 강화할 수 있다.[35]

나. 고립

반군들을 대중들로부터 고립시키는 것은 군사작전 성공에 가장 중요한 요소이다. 고립은 물리적 분리 또는 정치적 고립의 형태를 취할 수 있다. 물리적 분리는 말레이 반도와 베트남에서의 '전략적 마을strategic hamlets'과 같이 방어가 보다 용이한 지역으로 주민들을 이주시키는 것을 말한다. 통금시간과 출입금지구역 설정, 식량배급, 공세적 정찰, 그

35 James D. Kiras, "Irregular Warfare: Terrorism and Insurgency", John Baylis et al., eds., *Strategy in the Contemporary World*, p. 179.

리고 현지 주둔 등과 같은 예방적 수단 역시 반군들을 물리적으로 고립시킬 수 있다. '차단과 탐색' 작전만을 수행하는 것이 아니라 '정찰 및 현지 주둔'을 통해 '위협'과 '억제'를 병행하는 것이 더욱 효과적인 방법이 된다.

외교적 압력과 군사적 수단을 결합하여 반군에 대한 외부로부터의 지원을 차단할 수 있다. 프랑스는 아르메니아에서의 분란전에서 아르메니아와 그 이웃인 모로코 및 튀니지와의 국경에 철망, 초소, 그리고 정찰 등을 통해 아르메니아 민족해방군the Armee Liberaion Nationale에 대한 외부 지원을 차단했다. 미국의 이라크전에 대해 전문가들은 이란과 시리아로부터의 외부 지원을 차단하지 못하는 한, 이라크전을 효과적으로 수행할 수 없을 것이라고 경고했다.[36]

반군을 대중으로부터 정치적으로 고립시키는 것은 그들을 단순히 물리적으로 분리시키는 것보다 더 중요하다. 진정한 고립을 달성하려면 정부는 반군으로부터 흘러나오는 정치적 메시지를 일소해야 하며, 이에 실패할 경우 반군은 대중으로부터 많은 병력과 지원을 제공받을 수 있게 된다. 정부는 우선 대중을 상대로 토지개혁이든, 정치적 참여 요구든 대중이 갖고 있는 불만을 수용하고 완화시켜주어야 한다. 동시에 성명을 발표하여 반군의 정치적 파괴행위에 대해 강력하게 대처하겠다는 의지를 표명하고 행동으로 보여야 한다. 또한 반군의 위협에 대해 정부의 확고하고 합법적인 대응 의지를 과시해야 하는데, 이러한 대응으로는 테러리스트들과의 협상은 없다는 위압적인 자세부터 지역주민의 안전을 보장하고 기본 생필품을 지원하는 조치에 이르기까지 다양하다. 정부는 주민들로 하여금 게릴라와 반군보

36 James D. Kiras, "Irregular Warfare: Terrorism and Insurgency", John Baylis et al., eds., *Strategy in the Contemporary World*, p. 180.

다 정부가 도덕적으로 우월하며 정부가 그들을 대신해 싸우고 있다는 확신을 갖도록 함으로써 대분란전의 정당성을 확보해야 한다. 정부의 정당성이 확보된다면 주민들로 하여금 반군에 대한 불신을 갖도록 할 수 있고, 주민들로부터 반군을 고립시킬 수 있다. 반군이 고립되어 대내외 지원을 받지 못하고 국민이 정부를 지지한다면 정부군이 비정규적 위협을 파괴하는 것은 시간문제가 될 것이다.[37]

다. 근절

투항하지 않는 반군을 제거하는 단 하나의 방법은 그들을 '근절eradication'하는 것이다. 근절은 부득불 반군에 대한 물리적 공격과 파괴를 추구한다. 국가는 사회적·재정적·군사적 자원을 장악하고 있기 때문에 적에 비해 훨씬 유리한 입장에 있다. 다만, 민주국가에서 가장 중요한 문제는 국가 지도자들이 대중의 지지를 확보하면서 그들이 갖고 있는 재원을 효과적으로 사용하여 분란의 불씨를 진화하는 것이다. 반군에 대한 공격은 그들의 근거지를 제거하는 것이 가장 우선시되어야 한다. 통상 정부군 대 게릴라의 전투력 비율은 10 대 1로 보는 것이 정설이지만, 반군 게릴라를 소탕하기 위해서는 특수작전부대Special Operations Force: SOF가 필요하다. 물론, 상황에 따라서는 정부군과 반군 간의 병력 대 공간 균형을 강화하여 적을 압도할 수도 있고, 혹은 기동력의 우위를 달성하기 위해 헬리콥터 및 원거리 센서 등의 기술을 사용할 수도 있다.[38]

국가가 분란을 무력화하고 반군의 수를 감소시키기 위해 취하는

---

37 James D. Kiras, "Irregular Warfare: Terrorism and Insurgency", John Baylis et al., eds., *Strategy in the Contemporary World*, p. 180.

소극적 방법도 있다. 그중의 하나는 반군에게 그들의 투쟁이 부질없음을 인식시키기 위해 전단을 살포한다든가, 사면을 약속하고 무기와 정보에 대한 현금을 보상하는 등 일종의 심리전 기술을 결합하는 방법이다. 최근 예멘에서는 이러한 방법을 사용하여 종교적 신념을 가진 테러리스트들 간의 논쟁을 자극했는데, 이에 영향을 받은 일부는 정부에 투항하여 사면을 받았고 일자리를 얻을 수 있었다. 또한 반군의 테러 요원, 공작원, 그리고 지지자들의 수를 줄이는 효과도 가져왔다. 물론 예멘 정부는 반군에 안전한 근거지를 제공하는 국가들이나 단체에 정치적·경제적 압력을 가했다.

분란전을 수행하기 위해서는 정치적으로 강한 의지가 있어야 한다. 비정규전을 수행하는 반군을 근절하는 데에는 많은 시간과 재원이 요구되므로 점진적 지구전을 각오해야 한다. 궁극적으로 반군을 척결하겠다는 결단, 지속적인 투쟁, 그리고 핵심적 사회가치를 놓고 타협하지 않겠다는 정치적 의지 등 다양한 노력의 조화가 요구된다. 2001년 9월 미국의 대테러전 선언과 관련하여 미 정부는 군사행동이 여러 가용 수단 중의 하나일 뿐이라고 강조했다. 직접적 군사행동은 유용하지만 그것만으로는 테러리즘을 막을 수 없다는 것이다. 따라서 미국과 동맹국들은 알 카에다의 훈련시설과 금융자산, 그리고 외부의 정치적 지원을 차단하고, 알 카에다에 소속되어 있거나 이를 지원하는 사람들을 근절하는 데 초점을 맞추었다. 이처럼 분란전 수행은 엄청난 시간, 인내, 결의, 협상, 그리고 재정 등이 소요되는 만큼 강한 정치적 의지가 요구된다.[39]

---

38 James D. Kiras, "Irregular Warfare: Terrorism and Insurgency", John Baylis et al., eds., *Strategy in the Contemporary World*, pp. 180-181.

5. 제4세대 전쟁과 군사전략

제4세대 전쟁이 등장하면서 클라우제비츠의 삼위일체론은 더 이상 무의미한 것이 되었는가? 마르틴 반 크레펠트는 클라우제비츠가 제기한 전쟁사상과 전략 개념이 더 이상 적실성이 없다고 보고 이러한 경향이 강화된다면 정부, 군, 그리고 국민, 이 세 가지 요소로 구성되는 전쟁은 지구상에서 사라질 것으로 본다. 그리고 미래의 전쟁은 군대가 아닌 테러집단, 게릴라, 폭도, 그리고 범죄자들과 같은 집단에 의해 수행될 것이라고 주장했다.[40]

그러나 분란전이나 테러, 그리고 제4세대 전쟁 등의 모습이 정부를 제외한 제3의 행위자들 간 전쟁으로 발전할 것이라고 보는 견해는 이러한 전쟁을 추구하는 집단의 동기를 이해하지 못하고 있다. 제4세대 전쟁과 관련한 모든 폭력은 정치적 동기를 갖는다. 만일 그것이 정치, 혹은 정치적 목적과 연계되지 않는다면, 가령 개인의 재산 이익 또는 자신의 평판을 고양시키기 위해 행해진 폭력과 같은 경우라면, 그것은 시민사회에서의 범죄행위와 다르지 않고, 또 그렇게 다루어져야 한다. 즉, 정치적 목적을 갖지 않은 폭력은 국내 범죄 혹은 국제 범죄이지 제4세대 전쟁으로 간주될 수 없다.

종교, 문화, 민족, 기술 등은 제4세대 전쟁의 원인이 되는 것으로서 오늘날 왜 많은 비정부단체들이나 개인들이 테러와 폭력을 사용하는지에 대해 설명해주는 요인으로 볼 수 있다. 그러나 비정부 행위자들이 종교와 문화를 내걸고 분란전이나 테러를 통해 무자비한 폭력을 일삼는 이면에는 그들이 추구하는 정치적 목적이 있다. 예를 들어,

---

39 James D. Kiras, "Irregular Warfare: Terrorism and Insurgency", John Baylis et al., eds., *Strategy in the Contemporary World*, pp. 182-183.

40 Martin van Creveld, *The Transformation of War*, p. 192, 197.

오사마 빈 라덴의 경우 알 카에다와 그의 조직원들의 목표는 종교, 정치, 사회 혁명에 대한 그의 독특한 비전을 전파함으로써 신정주의적 칼리프caliph의 정치적 힘과 기반을 달성하는 것이다.[41] 아프리카의 실패한 국가들 내부에서 자행되는 인종학살은 다른 종족 간, 혹은 민족 간에 정치권력을 장악하기 위한 투쟁에 지나지 않는다. 비록 이들은 종교와 인종을 새로운 전쟁의 모티브로 포장하고 있지만, 궁극적으로 그 지향점은 정치권력을 장악하는 것으로 귀결된다.

중요한 것은 상대가 누구이든 정부는 비정부 행위자들의 도전으로부터 국가를 지키기 위해 싸울 것이라는 점이다. 즉, 미래의 제4세대 전쟁은 국가에 대한 제3자의 도전이지, 국가 그 자체를 도외시하고 비정부 행위자들 간의 전쟁이 될 수 있는 것은 아니다. 만일 마르틴 반 크레펠트가 주장한 대로 비국가 행위자와 비국가 행위자 간의 전쟁이 성립하기 위해서는 우선 국가가 소멸되어야 하나, 이는 국가소멸론을 주장한 마르크스주의와 같이 이상적인 상황을 가정한 상상할 수 없는 전쟁이 아닐 수 없다. 결국, 제4세대 전쟁이란 국가와 비국가 행위자, 혹은 정부와 반군 간의 전쟁으로서 앞에서 살펴본 혁명전쟁 혹은 분란전의 맥락으로 이해하는 것이 바람직할 것이다.

---

41 James D. Kiras, "Irregular Warfare: Terrorism and Insurgency", John Baylis et al., eds., *Strategy in the Contemporary World*, p. 187.

■ 토의 사항

1. 윌리엄 린드가 구분한 세대별 전쟁의 변화를 설명하시오. 제4세대 전쟁의 개념과 특징은 무엇인가? 세대별 전쟁의 구분이 적절하다고 보는가?

2. 분란전을 일으키는 반군의 전략은 무엇인가? 세 가지 요소 가운데 가장 중요한 것은 무엇인가? 여기에 제시된 전략 외에 본인이 생각하는 전략을 제시하시오.

3. 마오쩌둥이 구상한 중국혁명전쟁 전략은 무엇이었는가? 그것이 성공할 수 있었던 이유는 무엇인가? 국민당이 마오쩌둥의 전략을 차단할 수는 없었는가?

4. 제4세대 전쟁에서 민심은 왜 중요한가? 민심을 획득하기 위해서 강압적 방법이 효과가 있는가?

5. 정부가 반군과의 분란전에 대응하기 위한 전략은 무엇인가? 세 가지 요소 가운데 가장 중요한 것은 무엇인가? 여기 제시된 전략 외에 더 좋은 전략을 제시하시오.

6. 중국혁명전쟁과 분란전, 그리고 제4세대 전쟁의 차이는 무엇인가?

7. 제4세대 전쟁은 클라우제비츠가 제시한 전쟁의 '삼위일체' 개념을 무효화하고 있는가? 제4세대 전쟁으로 인해 제3세대 이전까지의 전쟁 양상은 더 이상 나타나지 않을 것인가?

ON MILITARY STRATEGY

제15장 한국의 군사전략

1. 서론
2. 전략 개념과 '신군사전략' : '실전 기반 억제'
3. 북한의 국지 도발 대비전략
4. 북한의 전면전 도발 대비전략
5. 북한의 핵위협 대비전략
6. 결론

1. 서론

한국의 군사전략은 무엇인가? 이 질문은 매우 간단한 것 같지만 선뜻 답하기는 의외로 쉽지 않다. 그것은 '군사전략'이라는 개념이 모호하여 그 내용을 떠올리기가 막연하기 때문이기도 하지만, 중요한 것은 북한의 군사적 위협에 대응하기 위한 우리의 군사전략이 개념적으로 충분히 발전하지 못하고 있기 때문이다. 사실 우리는 군사전략 개념에 대한 논의가 매우 빈곤하다. 우리 군이 서구의 군사혁신RMA에 영향을 받아 국방개혁을 추진하고 있지만, 그 내용을 보면 '무기 도입'과 '군 조직 개편'이 골간을 이루고 있을 뿐, 군사전략에 관한 논의는 뒷전으로 물러나 있는 것이 현실이다.[1] 비록 우리 군에서 네트워크중심작전Network Centric Operation이나 효과중심작전에 관한 활발한 논의가 진행되고 있으나, 이는 작전수행에 요구되는 작전술 혹은 전투기술에 관한 것이지, 군사전략에 관한 개념적 논의는 아니다.

전략 개념을 정립하지 않은 채 하드웨어 도입이나 군 구조 개편에만 공을 들이는 것은 자칫 '사상누각砂上樓閣'이라는 위험한 결과를 초래할 수 있다. 특정한 무기체계를 도입하고 군 조직의 편제를 바꾸기 위해서는 먼저 그러한 것이 왜 필요하고 왜 그렇게 해야 하는지에 대한 논리가 마련되어야 하는데, 이는 군사전략 개념을 정립하지 않고서는 불가능하다. 전략 개념이 구체화되지 않는다면 국방개혁의 목표와

---

1 군사혁신은 군 조직, 무기체계, 그리고 전략(전술) 및 교리의 발전이 함께 이루어져야 한다. MacGregor Knox and Williamson Murray, *The Dynamics of Military Revolution, 1300-2050*(Cambridge: Cambridge University Press, 2001), p. 12. 그럼에도 불구하고 한국에서 국방개혁과 관련한 대부분의 연구는 전략보다는 무기체계 도입이나 군 구조 개편에 초점이 맞추어져 있으며, 이 가운데에서도 특히 조기경보능력 확충, 첨단 해 · 공군 장비 도입, 차기 보병사단 편성, 동원체제 정비, NCW 능력 강화, 그리고 북한의 사이버 공격에 대비한 정보보호체계 구축 등에 맞춰져 있다.

추진 노력의 정도, 그리고 달성 여부를 판단하는 기준을 설정할 수 없다. 그 결과, 무기체계를 도입하더라도 어떤 종류의 무기를 구비해야 하는지, 어느 정도가 충분한 것인지, 그리고 국방개혁이 올바른 방향으로 가고 있는지를 알지 못한 채 표류할 가능성이 있다.

이 책은 이러한 측면에서 한국의 군사전략 개념을 보다 발전적으로 검토하고 대안을 제시하는 데 그 목적이 있다. 군사전략이란 무엇인가? 한국은 어떠한 군사전략 개념을 가지고 북한의 군사적 도발 위협에 대비해야 하는가? 구체적으로 북한의 국지 도발, 전면전 도발, 그리고 핵위협에 대응하기 위한 '신新군사전략'을 어떻게 정의하고 추진할 수 있는가?[2]

지금까지 한국은 북한의 재래식 도발에 대해 한미동맹을 주축으로 억제력을 강화하는 전략에 주안을 두어왔다. 그러나 최근 북한이 핵을 보유함으로 인해 이러한 억제전략의 효용성에 의문이 제기되기 시작했다. 핵을 가진 북한은 보다 큰 자신감을 가지고 국지 도발과 전면전 도발을 야기할 수 있으며, 언제든 우리 사회에 핵위협을 가할 수 있다. 이에 따라 한국의 군사전략은 과거 북한의 재래식 군사도발을 '억제'하는 전략에서 발전하여 '전쟁수행'에 초점을 맞춘 '실전 기반 억제' 전략을 추구해야 한다. 여기에서 '실전 기반 억제'라 함은 적의 공격을 단순히 방어하고 격퇴하는 데서 그치지 않고 적과의 '전쟁수행'에 주안을 두어 보다 적극적이고 공세적으로 적을 응징하고 비싼 대가를 강요하며 경우에 따라서는 체제붕괴를 야기할 정도로 전격적인 작전을 수행하는 것을 의미한다. '실전 기반 억제'라는 한국의 새로운

---

2 이 책에서는 북한의 전면전 도발 대응과 핵위협 대응을 구분해서 분석하고자 한다. 그것은 북한이 전면전을 도발할 경우 핵위협을 가할 것이 분명하지만, 실제로 핵을 사용하는 핵전쟁과 핵을 사용하지 않는 재래식 전쟁을 구분해서 볼 필요가 있기 때문이다. 따라서 북한의 재래식 도발과 핵 도발을 분리하여 한국의 대응전략을 모색해보고자 한다.

군사전략은 한미 연합군의 대북한 전력우세를 반영한 것으로, 이러한 전략의 발전은 적이 도발할 경우 효율적인 군사작전을 가능케 함은 물론, 궁극적으로 북한의 도발을 억제하는 데 기여할 것이다.

여기에서는 우선 '군사전략'이라는 용어를 '무기체계'가 아닌 '싸우는 개념'으로 정의하고, 한국이 지향해야 할 새로운 군사전략으로 '실전 기반 억제' 개념을 제시하겠다. 그리고 북한의 국지 도발, 전면전 도발, 그리고 핵위협에 대해 구체적으로 한국이 '실전 기반 억제'를 어떻게 구현해야 하는지를 검토하겠다.

2. 전략 개념과 '신군사전략' : '실전 기반 억제'

가. 전략의 이해 : '수단'이 아닌 '방법'으로서의 전략

전략은 통상적으로 "수단과 목표를 연계시키는 개념"으로 정의된다.[3] 이러한 정의에 의하면, 전략은 목표와 수단 간의 관계에서 취할 수 있는 어떠한 선택을 의미한다. 전략을 수립하는 것은 곧 목표를 설정하고, 수단을 결정하고, "수단과 목표를 연계하는 방법을 선택하는 창조적 행위"라고 할 수 있다.[4] 이와 같은 전략은 '수단' 그 자체가 아닌 '수단을 운용하는 방법'을 의미한다. 그럼에도 불구하고 많은 사람들이 '수단'이 전략이 될 수 있다고 혼동하고 있는 만큼 여기에서는 전략

---

3 Carl H. Builder, *The Masks of War: American Military Styles in Strategy and Analysis*(Baltimore: The Johns Hopkins University Press, 1989), p. 49; David Jablonsky, "Why is Strategy Difficult?", Boone Bartholomees, Jr., ed., *U. S. Army War College Guide to National Security Issues, Volume 1: Theory of War and Strategy*(Carlisle: SSI, 2010), p. 3.

4 Carl H. Builder, *The Masks of War*, p. 50.

의 정의를 보다 구체적으로 고찰하고자 한다.

전략의 정의를 6하 원칙에 따라 구분해보면 다음과 같다. 먼저 '목표ends'는 뭔가 요구되는 것으로 '누가who'와 '왜why'의 질문이 여기에 해당한다. '수단means'은 가용한 군사력과 자원에 관계되는 것으로 '무엇what'을 의미한다.[5] '방법ways'은 군사력을 포함한 자원을 운용하는 방법을 선택하고 이행하는 것으로 '어떻게how', '언제when', 그리고 '어디서where'라는 질문에 해당한다. 즉, "냉전기 미국은 소련의 팽창을 저지하기 위해 즉각 유럽과 아시아에서 군사동맹을 강화하여 봉쇄를 추구"했는데, 이러한 전략의 목표는 [미국이] 소련의 팽창을 저지하는 것이고, 수단은 군사동맹이며, 방법은 즉각 군사동맹을 강화하여 유럽과 아시아에서 봉쇄를 추구하는 것이 된다.

군사전략은 목표나 수단보다는 '수단을 운용하는 방법'의 문제로 귀결된다. 군사 분야의 목표는 대개 상위의 전략목표로부터 주어지게 마련이다. 가령 군사전략의 목표가 "적의 공격을 격퇴하는 것"이라면, 이는 "국민의 생명과 재산을 보호한다"고 하는 국가안보전략 목표의 연장선상에서 부여된 것으로 볼 수 있다. 수단도 대부분의 경우 주어질 수밖에 없는데, 그것은 이미 그 국가가 갖고 있는 군사력 또는 자산 그 자체가 단기간 내 크게 변화할 수 없기 때문이다. 물론 미래의 보다 나은 전략환경을 조성하기 위해 군사력을 건설할 수 있으나, 이는 미래의 전략에 관한 것일 뿐 현재의 전략을 준비하고 이행하는 것과는 관계가 없다. 결국 군사전략이란 목표나 수단보다는 '방법', 즉 군사력을 운용하는 방법에 관한 것으로 '양병'이 아닌 '용병'의 문제인

---

5 6하 원칙에 의한 전략 설명은 콜린스가 제기하고 있지만, 필자의 해석은 콜린스와 다르다. 콜린스는 목표를 'what'과 'why'로, 방법을 'how'와 'when'과 'where'로, 그리고 수단을 'who'로 보고 있다[Gray, 1999, 3]. 그러나 전략의 주체인 국가 또는 정치 및 군사 지도부가 'who'가 되어야 하고 가용한 병력과 자원인 수단이 'what'이 되어야 함을 고려할 때 콜린스의 구분은 적절하지 않은 것으로 보인다.

셈이다.

전략사상가들의 견해도 이를 뒷받침한다. 클라우제비츠는 전략을 "전쟁목적을 달성하기 위해 전투를 운용하는 것"이라고 했고, 리델하트는 "정책목적을 이행하기 위해 군사적 수단을 배분하고 운용하는 술"이라고 정의했다. 마이클 하워드도 "전략은 주어진 정치적 목적을 달성하기 위해 군사력을 운용하고 사용하는 것에 관한 것"이라고 보았다.[6]

물론 '양병' 자체를 전략으로 보는 견해도 있다. 많은 학자들이 군사전략을 "군사력을 개발하고, 군사력을 전개하며, 군사력을 운용하는 것, 그리고 나아가 이러한 행동을 조율하는 것"으로 정의한다.[7] 이러한 정의에는 '수단'과 '방법' 모두가 포함된다. 역사적 사례에서도 양병을 중심으로 한 전략의 사례를 찾아볼 수 있다. 가령 냉전기 핵억제가 가능했던 것은 미국과 소련이 수만 발의 핵무기를 양산함으로써 핵균형이 이루어졌기 때문이다. 또한 전통적으로 이스라엘은 핵무기와 미사일방어체계를 비롯한 첨단무기체계를 도입함으로써 주변국의 위협에 대응하는 전략을 추구해오고 있다. 그리고 최근 중국의 경우 우주자산을 기반으로 한 미국의 우세한 군사력에 대해 미국의 C4ISR 체계를 공격할 수 있는 비대칭적 군사력을 개발함으로써 상대의 군사적 우위를 상쇄하려는 전략을 추구하고 있다.[8] 이들은 마치 군

---

6 Michael Howard, "The Dimensions of Strategy", Lawrence Freedman, ed., *War*(Oxford: Oxford University Press, 1991), p. 197.

7 Dennis M. Drew and Donald M. Snow, *Making Twenty-First-Century Strategy: An Introduction to Modern National Security Processes and Problems*(Maxwell Air Force Basc: Air University Press, 2006), p. 103. 한편 온창일은 "군사 부문에 부여된 목표를 달성하기 위해 요소별 군사력을 개발, 유지, 운용하는 술과 과학"으로 정의한다[온창일, 『전략론』(파주 : 집문당, 2004), p. 46].

8 Roger Cliff, et al., *Enterring the Dragon's Lair: Chinese Antiaccess Strategies and Their Implications for the United States*(Santa Monica: RAND, 2007), p. 11.

사력 증강 자체가 군사전략의 핵심을 구성하는 것처럼 보인다.

그러나 이와 같이 '수단'의 강화에 주안을 두는 전략의 이면에는 그러한 수단을 운용하기 위한 전략 개념이 존재하고 있음을 인식해야 한다. 첫째로 냉전기 미국과 소련이 어마어마한 양의 핵무기를 비축한 데에는 '대량보복'과 '상호확증파괴'라는 논리가 작용했다. 즉, 미소 양국의 핵전력 축적은 철저한 전략적 계산의 결과였던 것이다. 둘째로 우수한 무기체계를 도입하는 국가의 경우, 적의 공격에 대해 즉각 보복하거나 적의 승리를 거부한다는 '재래식 억제conventional deterrence'의 개념을 수용하고 있었다. 첨단무기를 전략적 고려 없이 무조건 도입하는 것은 국가의 한정된 예산을 고려할 때 가능하지도 않으며, 또 그 자체가 자동으로 억제를 보장해주는 것도 아니다. 셋째로 비대칭적 수단을 도입하는 국가의 경우, 치밀하게 계산된 비대칭 전략이 존재한다. 중국의 경우, 비대칭 전쟁의 유용성을 제기한 '초한전超限戰'이나 '점혈전쟁點穴戰爭'에 대한 논의가 여기에 해당하며,[9] 비대칭무기의 도입은 이러한 비대칭 전략 개념을 토대로 이루어지고 있다. 만일 이러한 '전략 개념'을 무시해도 된다면 거의 모든 면에서 비대칭적 상황에 있는 후진국이 상대적으로 강한 선진국을 상대로 반드시 승리할 수 있다고 하는 모순된 논리가 성립할 수 있다.

무엇보다도 군사전략에서 '양병'과 '용병'을 대등한 것으로 간주할 경우 주객이 전도될 수 있다. 군사력 건설은 그 국가의 군사전략, 즉 군사력을 어떻게 운용할 것인가 하는 방법에 따라 결정되는 것이지, 그와 반대로 군사전략이 군사력 건설을 좇아가는 것은 아니다. 예를 들어, 독일이 제1차 세계대전과 제2차 세계대전 사이의 시기에 전차, 포

---

9 '초한전(超限戰)'과 '점혈전쟁(點穴戰爭)'은 전통적 무기체계와 전쟁 방식에 제한되지 않고 이를 뛰어넘어 비대칭 전력 및 비대칭 방법에 의한 전쟁을 통해 승리를 거두어야 한다는 중국 내부의 논의를 반영한 것으로, 전자는 중국에서, 후자는 대만에서 제기된 용어이다.

병, 항공기를 중심으로 군사력을 건설한 것은 전격전이라는 전략 개념을 구현하기 위한 것이었지, 그 역은 아니었다. 또한 이스라엘과 같이 지리적 여건상 공세적 군사전략을 추구하는 국가가 공세적 군사력을 건설하는 것이지, 어쩌다 보니 공세적 전력을 갖추게 되어 공세적 전략을 추구하는 것은 아니다.

이렇게 볼 때 군사전략은 한마디로 군사력 운용에 관한 방법이라 할 수 있다. 즉, 군사전략은 "군사력 그 자체가 아니라 군사력 또는 군사적 위협을 사용하는 것"이다.[10] 따라서 군사력 건설의 문제는 반드시 군사전략 개념을 토대로 이루어져야 한다. 한국의 군사전략도 마찬가지로 무기체계 도입보다는 그 개념을 도출하는 것이 선행되어야 할 것이다.

나. 한국의 '신군사전략' 개념 도출

재래식 억제의 한계

한국의 군사전략은 한미동맹을 근간으로 북한의 공격을 '거부'하는 '재래식 억제conventional deterrence' 전략이었다. 비록 미국의 핵우산에 의존하고 있었지만 북한이 핵을 갖고 있지 않은 상황에서 핵전략은 별다른 의미를 가질 수 없었다. 그리고 이러한 억제전략은 지난 반세기가 넘는 기간 동안 북한의 군사적 위협으로부터 한반도의 평화와 안정을 유지하는 데 중추적 역할을 담당했다.

그러나 21세기에 들어오면서 억제전략은 그 한계를 드러내고 있다. 과거 재래식 무기를 가진 북한에 대해 재래식 억제를 추구하는 것이 가능했다면, 이제는 핵을 가진 북한에 대해 더 이상 재래식 억제를 추구

---

10 Colin S. Gray, *Modern Strategy*, p. 17.

하는 것이 어렵게 된 것이다.[11] 그 결과, 지금까지 취해온 억제전략을 가지고 앞으로도 북한의 도발을 억제할 수 있는가에 대한 근본적 의문이 제기되고 있다. 억제를 위해서는 적어도 의사소통communication, 능력capability, 그리고 신뢰성credibility이라는 세 요소를 충족해야 한다.[12] 지금까지 재래식 전략환경하에서 한미동맹이 이러한 요소들을 구비함으로써 북한의 전면전 도발을 방지할 수 있었다면, 이제는 북한이 핵을 보유하게 되면서 이러한 조건들이 효과적으로 작동하지 않을 수 있다.

먼저 의사소통이란 상대에게 무엇을 해서는 안 된다는 것과, 이를 위반할 경우에는 상대로 하여금 충분한 대가를 치르도록 할 능력과 의지가 있다는 것을 분명히 전달하는 것이다.[13] 즉, 북한으로 하여금 한국에 대해 군사적으로 도발하면 안 되고, 도발할 경우에는 반드시 그 대가를 치르게 할 능력과 의지가 있다는 점을 인식시키는 것이다. 그러나 의사소통이란 우리 측에서 전달하는 것보다는 상대방이 이를 수용하느냐의 여부가 더욱 중요하다. 이미 우리 정부와 군은 북한에 충분히 메시지를 전달했다. 그럼에도 불구하고 북한은 냉전이 종식된 이후 12차례의 국지 도발을 감행했으며, 특히 2010년 11월 연평도 포격은 천안함 피격 사태 이후 정부와 군이 북한에 대해 강력한 제재안을 담은 5·24조치를 발표한 지 6개월 만에 발생했다. 이는 내부적 모순에 봉착한 북한

---

11 Dale Walton and Colin S. Gray, "The Second Nuclear Age: Nuclear Weapons in the Twenty-first Century", John Baylis et al., eds., *Strategy in the Contemporary World*(New York: Oxford University Press, 2007), pp. 214-220; 윤영관, "천안함 공격은 북의 '핵 증후군'이다", 《조선일보》, 2010년 6월 2일.

12 Phil Williams, "Nuclear Deterrence", John Baylis et al., *Contemporary Strategy: Theories and Concepts I*(New York: Holmes & Meier, 1987), pp. 118-121; Alexander L. George and Richard Smoke, *Deterrence in American Foreign Policy: Theory and Practice*(New York: Columbia University Press, 1974), p. 64. 조지와 스모크는 의지, 능력, 의사소통의 세 요소를 제시하고 있다.

13 Alexander L. George and Richard Smoke, *Deterrence in American Foreign Policy*, p. 64.

이 핵을 보유함으로써 더욱 과감하게 도발할 수 있음을 보여준 것이며, 북한의 도발을 억제하기 위한 요소인 의사소통 측면에서 한계가 있음을 여실히 보여준 것이다.

둘째로 능력이란 억제의 성공을 위해 가장 중요한 요소로서 적의 공격을 억누를 수 있는 물리적 능력, 즉 적의 공격을 거부 또는 보복할 수 있는 군사력을 의미한다.[14] 보다 우세한 군사력을 보유함으로써 상대로 하여금 도발하지 않을 때의 비용보다 도발할 때 감당해야 할 비용이 더 크도록 강요해야 한다. 그러나 여기에도 문제는 있다. 북한은 국지적으로 비대칭 전력 측면에서 한국군보다 우세한 전력을 보유하고 있다. 예를 들어, 서해 5도 지역에서 북한의 포병은 장산곶을 비롯해 옹진반도, 등산곶, 해주 등 해안과 섬 동굴에 1,000여 문의 해안포를 배치하고 있으나, 서해 5도에 배치된 우리 해병대는 155mm 및 105mm 화포를 40여 문 보유하고 있을 뿐이다.[15] 능력 측면에서 한국이 북한의 국지 도발을 억제하기는 매우 어렵다는 것을 알 수 있다. 다만 전면전을 가정한다면 북한의 전력은 한미 연합전력에 비해 약하기 때문에 도발 가능성이 낮다고 판단할 수도 있다. 그러나 이마저도 잘못된 판단일 수 있다. 핵을 보유한 북한은 이미 전력 면에서 한미 연합군의 재래식 군사력 우위를 상쇄한 것으로 인식할 수 있으며, 따라서 실제로 한미 연합군의 재래식 전력이 더 우세하다 하더라도 북한의 전면전 도발 억제는 성공하지 못할 수 있다.

셋째로 신뢰성이란 상대로 하여금 도발할 경우 반드시 그에 대한

---

14 Phil Williams, "Nuclear Deterrence", pp. 118-121.

15 김성만, 『천안함과 연평도: 서해 5도와 NLL을 어떻게 지킬 것인가』(서울: 상지피앤아이, 2011), pp. 32-35.

대가를 치르게 될 것이라는 인식을 갖도록 하는 것이다.[16] 즉, 도발하더라도 원하는 목적을 달성하지 못하고 오히려 보복을 받게 될 것이라는 점을 각인시키는 것이다. 이스라엘의 경우 주변 아랍 국가들에게 도발하면 반드시 되갚아준다는 원칙을 수립함으로써 억제에 필요한 높은 신뢰성을 유지하고 있다. 그러나 한국의 경우에는 문제가 있다. 한국은 북한이 도발할 때마다 더 큰 보복을 공언했음에도 불구하고 더 큰 피해를 우려하여 '충분한' 보복을 가하지 못함으로써 억제를 위해 필요한 신뢰성을 확보하지 못하고 있다.

따라서 지금까지 재래식 전면전을 억제하는 데 주안을 두었던 한국의 군사전략은 다시 검토해야 한다. 핵을 가진 북한은 그 자신감을 배경으로 국지 도발과 전면전 도발을 위협하고 필요시 군사행동을 주저하지 않고 감행할 수 있다. 2010년 천안함 피격 사태와 연평도 포격 도발은 북한이 핵에 대한 자신감으로 이전에 비해 훨씬 과감하고 더 큰 규모의 군사도발을 야기할 수 있음을 보여준 것이다. 많은 군사전문가들은 앞으로 북한이 서해 5도 지역을 무력으로 점령하거나 대규모 특수부대를 침투시켜 국가기반시설을 타격하고 후방을 교란시키는 시나리오를 제기하고 있다. 국지 도발의 규모가 커지고 전쟁으로 확대될 개연성이 증가하고 있는 것이다. 이는 적 도발에 대한 한미 연합군의 억제전략에 한계가 노정된 것을 의미하는 것으로, 지금까지의 억제전략을 보다 발전적으로 검토해야 할 필요가 있다.

16 Alexander L. George and Richard Smoke, *Deterrence in American Foreign Policy*, p. 64.

'신군사전략'의 개념적 틀

이제 한국의 군사전략은 북한의 전면전 도발에 대응하기 위한 단순한 억제만으로는 충분하지 않으며, 따라서 보다 적극적으로 '전쟁수행'에 주안을 둔 '실전 기반 억제' 전략으로 발전시켜야 한다. 즉, 북한의 도발이 억제하기 어려운 것이라면 북한이 도발할 경우 강력하게 대응하고 응징할 준비를 갖추는 전략에 치중해야 한다. 이는 하위 수준에서 전술적 부대들이 갖추어야 할 전투준비 또는 전투수행을 말하는 것이 아니라, 상위 수준에서 전쟁지도부가 취해야 할 전략적 대응 개념을 지칭한다. 물론, 이 책에서 전쟁수행을 강조하는 것은 지금까지의 억제전략이 무의미하다거나 폐기되어야 한다는 것을 의미하는 것이 아니라, 오히려 실전에서의 전쟁수행 능력을 강화함으로써 대북 억제력을 제고하려는 것임을 밝힌다.

우선 북한의 국지 도발에 대해서는 '응징적 억제' 개념을 발전시켜 적의 공격을 '보복'하고 '거부'하는 데 주안을 두어야 한다. 과거의 억제가 한미 연합전력 또는 한국군의 대북한 우위를 통한 도발 방지에 주안을 두었다면, 응징적 억제는 적 도발에 대한 '보복'에 초점을 맞추어야 한다. 즉, '보복' 차원에서의 '전투수행'이 요구되는 셈이다. 이와 함께 적이 도발할 경우 적 지도부가 추구하는 정치적 목적을 달성하지 못하도록 '거부'하는 전략도 병행되어야 한다.[17] 즉, 응징적 억제는 북한이 국지적으로 도발할 경우 보복과 거부를 통해 추가적인 도발을 억제하는 전략이라 할 수 있다.

둘째, 북한의 전면전 도발 대비전략은 '방어적 공세전략'이 되어야

---

17 보복과 거부에 관해서는 Julian Lider, *Military Theory: Concept, Structure, Problems*(Aldershot: Gower, 1983), pp. 239-240; T. V. Paul, *Asymmetric Conflicts: War Initiation by Weaker Powers*(New York: Cambridge University Press, 1994), pp. 7-8.

한다. 이는 북한이 도발할 경우 '공세적 방어전략'과 같이 단순히 방어 및 격퇴에 주안을 두는 것이 아니라, 신속히 공세로 전환하여 전격전으로 신속결전을 추구하고 적 정권을 붕괴시키며 통일을 앞당기는 전략이다. 이 전략은 '공세'에 주안을 두지만, 선제공격을 의미하는 것은 아니다. 다만, 전쟁이 교착되어 많은 인명피해가 발생하는 것을 방지하기 위해 최대한 단기간 내에 공세로 전환함으로써 전쟁 기간을 단축시키고 결정적 성과를 추구한다는 측면에서 공세적 전략이며 '전쟁수행'에 주안을 둔 전략이라 할 수 있다.

셋째, 북한의 핵위협에 대해서는 전술적 차원과 전략적 차원의 핵 상황을 구분하고 억제부터 선제공격, 그리고 핵대응 및 보복에 이르기까지 다양한 옵션을 마련해야 한다. 즉, 적의 전술핵무기 사용에 대해서는 적극적인 핵반격을, 전략적 핵위협에 대해서는 선제타격 및 보복을 추구하는 이른바, '선제적 억제' 개념을 고려해볼 수 있다. 이 전략은 전술적 수준에서의 핵반격을 거부하지 않으며 필요시 적의 핵무기를 선제공격하고 보복할 수 있다는 측면에서 '전쟁수행' 전략으로 볼 수 있다.

이와 같이 재래식 억제보다 '전쟁수행'에 주안을 둔 새로운 군사전략, 즉 '실전 기반 억제전략'은 북한의 도발 시 한국군의 효율적인 대응

▣ 〈표 1〉 한국의 '신군사전략' : '전쟁수행' 중심의 '실전 기반 억제'

구분	군사전략	중심 개념	목적
국지 도발 대비	응징적 억제	보복 및 거부	추가 도발 방지
전면전 대비	방어적 공세	수도방어, 전격전 및 신속결전	정권붕괴 및 통일 추구
핵위협 대비	선제적 억제	전술적 핵반격 / 전략핵 선제대응	전략핵 억제, 대응, 보복

을 가능케 할 뿐 아니라, 북한으로 하여금 도발의 효과를 거두지 못하도록 하고 오히려 정권의 생존을 위협함으로써 역설적으로 대북 억제력을 강화하는 효과를 가져올 것이다. 한국의 새로운 군사전략 개념을 <표 1>과 같이 정리해볼 수 있다.

3. 북한의 국지 도발 대비전략

가. 북한의 의도와 위협

북한은 한미 연합군에 비해 재래식 군사력이 상대적으로 열세에 있는 만큼 전면전보다는 제한적인 국지 도발을 감행할 가능성이 높다. 폴T. V. Paul은 약한 국가도 강한 국가에 먼저 군사적 공격을 할 수 있는데, 이 경우 약한 국가는 전면적인 전쟁보다는 한정된 목표를 공격하여 얻은 이익을 기정사실화fait accompli하는 전략을 추구하는 경향이 있다고 주장했다.[18] 북한은 현 체제의 생존에 필요하다고 인식할 경우, 또는 제한적 공격을 통해 정치적 혹은 군사적 이익을 얻을 수 있다고 판단할 경우, 전면전이 아닌 국지적 도발을 일으킴으로써 정치적 메시지를 전달하거나 협상을 요구할 것이다.

북한의 도발 의도를 살펴보면 다음과 같다. 첫째, 북한은 현재 진행되고 있는 김정은 권력세습을 공고화하기 위해 도발할 수 있다. 군 경험이 없는 김정은이 군부의 지지를 얻고 내부적으로 권력기반을 구축하기 위해서는 실전 경험을 쌓고 대외적으로 무자비한 모습을 과시할 필요가 있다. 둘째, 내부의 체제결속을 강화하기 위해 대외적 위

---

18 T. V. Paul, *Asymmetric Conflicts*, pp. 173-174.

기를 조성할 수 있다. 즉, 만성적 식량난 및 에너지난으로 불만에 가득 찬 주민들의 이목을 외부로 돌림으로써 내부적 불만을 억누르고 정치사회적 결속을 다지려 할 것이다. 셋째, 미국 및 중국 등 강대국에 모종의 정치적 메시지를 전달하기 위해 도발할 수 있다. 북한 핵문제와 관련하여 미국과 직접대화를 강요하거나, 한반도 안정을 원하는 중국으로부터 식량과 유류를 지원받기 위해 군사행동을 취할 수 있다. 넷째, 한국 정부의 대북정책 실패를 부각시키고 남남갈등을 부추길 수 있다. 한반도 긴장을 고조시킴으로써 한국 정부의 대북 강경정책에 대한 비난여론을 조성하고 친북좌파 세력의 결집을 유도할 수 있다.

북한이 고립되고 폐쇄적인 대외정책을 고집한 채 개혁·개방으로 나오지 않는 한, 북한 내부의 모순은 더욱 심화될 것이며 정권 및 체제를 유지하기가 더욱 어려워질 것이다. 이러한 측면에서 생존을 위한 북한의 국지 도발 가능성은 더욱 커질 수밖에 없을 것이다.

북한은 국지 도발을 정당화하기 위해 남북한 간의 시빗거리를 도발의 구실로 삼을 것이다. 이러한 점에서 서해 5도 지역에 대한 도발이나 전단살포 및 심리전 방송시설은 언제든 손쉬운 타격 대상이 될 수 있다. 그러나 북한은 얼마든지 그러한 구실을 만들 수 있으며, 혹은 그러한 구실이 없더라도 천안함 사태와 같이 임의의 표적을 대상으로 군사적 공격을 가할 수 있다. 또한 한국군 단독훈련 또는 한미연합훈련을 전후하여 도발함으로써 도발의 책임을 한국과 미국에 전가할 수 있다. 향후 북한이 도발한다면 지금보다 더 상징성이 큰 표적을 타격함으로써 정치적 파급효과를 극대화하려 할 것이다.

북한의 도발 시나리오를 상정해보면 다음과 같다. 첫째, 천안함 사태와 유사하게 어뢰 또는 대함미사일을 사용하여 아군의 해군 함정을 공격할 수 있다. 북한은 대함용 초음속 유도탄을 중국으로부터 도입하여 보유하고 있다는 정보가 있으며, 서해에 배치된 상어급 잠수함과 연어급 잠수정은 한국 해군의 대형 함정에 큰 위협이 되고 있다.[19] 만일 북한의 공격을 받고도 천안함 사태와 마찬가지로 누구의 소행인지 즉각 밝혀내지 못할 경우 피격 원인을 규명하는 과정이 지연될 수 있으며, 따라서 즉각적인 군사적 대응이 곤란할 수 있다. 둘째, 경기 북부지역 등 민간인 거주지역을 미사일 또는 장사정포로 공격할 수 있다. 연평도 포격과 같은 공격은 물론, 그 연장선상에서 향후 '서울 불바다' 발언을 현실화하겠다는 위협과 함께 현 정부의 대북정책을 압박할 수 있다. 셋째, 서해 5도를 기습적으로 공격하여 점령한 후 주민들을 인질로 삼아 정치적 협상을 시도할 수 있다. 만일 북한이 서해 5도를 노린다면 그 첫 번째 대상은 백령도가 될 가능성이 높다. 백령도 북쪽에 위치한 초도에는 우리 해병대 성격의 해상육전대 5만 명이 배치되어 있어 유사시 투입될 수 있다.[20] 이 경우 공격하는 북한군과 방어하는 한국군 사이에 치열한 교전이 불가피할 것이며, 만일 도서가 점령된다면 북한은 한국 정부를 대상으로 NLL 무력화, 정전체제 무실화 등을 요구할 것이다. 넷째, 북한 특수부대가 침투하여 인천공항, 국가통신망, 발전소 등을 타격함으로써 우리 사회를 극도의 공포와 혼란에 휩싸이게 할 수 있다. 인천공항 폭파 시 국내 외국자본이 이탈하는 등 국가경제에 큰 타격을 줄 수 있다. 이외에도 북한은 전방 GP 공격, 전단살포, 민간인 대상 포격, 특수부대에 의한 테러, 그리고 화생무기 공격 등 다양한 유형의 국지 도발을 야기할 수 있다.

북한의 도발은 한미 연합군으로부터 심대한 보복타격을 받지 않을 것이라는 전제하에 이루어질 것이다. 상대적으로 약한 국가의 선제적 군사공격은 그들의 공격이 전면적인 전쟁으로 발전하지 않을 것이

---

19 김성만, 『천안함과 연평도: 서해 5도와 NLL을 어떻게 지킬 것인가』, p. 216.

20 앞의 책, p. 217.

라는 전제하에 이루어졌다.[21] 북한의 대남 국지 도발도 마찬가지로 전면전을 불사하기보다는 남북 간에 적절한 군사적 긴장을 고조시켜 자신들이 원하는 정치적 목적을 달성하기 위해 야기할 것이다. 즉, 북한의 도발은 "제한된 목적하의 제한된 군사행동"이 될 것이다.[22]

나. 한국의 군사전략 : 응징적 억제

개념 정립

2010년 5월 24일 현 정부는 '적극적 억제'라는 용어를 처음 사용했다. 이 용어는 아직 그 내용이 구체화되지 못하고 추상적으로만 언급되고 있으나, 북한의 국지 도발에 대비하는 데 매우 유용한 개념이 될 수 있다. 다만, '적극적 억제'는 '보복'에 초점을 맞춘 용어임을 고려하여 필자는 이 용어에 '거부'의 개념을 추가한 '응징적 억제'라는 용어를 북한의 국지 도발에 대비하기 위한 한국의 군사전략 개념으로 제시하고자 한다. 우선 '응징적 억제' 개념을 기존의 억제전략과 비교하여 그 내용을 구체화해보면 다음과 같다.

첫째, 응징적 억제전략은 북한의 전면전보다는 국지 도발에 대응하는 전략이다. 기존의 억제전략이 주한미군과 함께 북한의 전면전 도발에 대응하는 전략이었다면, 새로운 전략은 전면전은 물론, 북한의 국지 도발에도 주안을 두는 전략으로 볼 수 있다.

둘째, 응징적 억제전략은 '보복'에 주안을 둔다. 기존의 억제전략이

---

21 과거 역사를 살펴보면, 1950년 10월 중국이 한국전쟁에 개입한 것은 한반도에서의 전쟁이 중국 본토로 확대되지 않을 것이라고 판단했기 때문에 가능했다. 1969년 중국이 국경분쟁을 빚고 있던 우수리 강의 전바오다오(珍寶島)(러시아명 다만스키 섬)에서 소련군에게 선제공격을 가한 것은 소련과의 전면전 가능성을 철저히 배제한 상황에서 이루어졌다.

22 T. V. Paul, *Asymmetric Conflicts*, pp. 11-14.

한미 연합군의 군사력 증강 및 대북 우위를 통해 북한의 전면전 도발을 예방하는 데 초점을 맞추었다면, 응징적 억제는 한국군의 국방력 증강을 통해 적의 모든 유형의 도발을 억제하는 한편, 만일 적이 국지적으로 도발할 경우 즉각 보복을 가하는 데 초점을 맞춘다. 즉, 적의 도발을 억제하는 노력과 함께 적이 도발할 경우 보복하겠다는 위협을 통해, 그리고 적 도발 시 강력한 보복을 시행함으로써 적의 추가 도발을 억제하고 대비하는 전략이다.[23]

셋째, 응징적 억제전략은 '거부'에 주안을 둔다. 북한의 국지 도발은 군사적 성격과 정치적 성격을 동시에 갖는다. 따라서 북한이 도발할 경우 북한 지도부가 도발을 통해 추구하려는 정치적 목적을 달성하지 못하도록 거부하는 것은 군사적으로 대응하는 것 못지않게 중요하다. 북한은 현재 진행되고 있는 3대 세습체제 구축, 북한 주민들의 단합 강화, 한국 내 현 정부의 대북정책 실패 여론 조성, 그리고 미국으로 하여금 핵협상 참여를 종용시킬 의도를 갖고 국지적으로 도발할 수 있다. 이때 한국 정부는 북한의 도발에 대해 군사적으로 단호한 보복을 가해야 하겠지만, 더 중요한 것은 궁극적으로 북한 지도부가 원하는 정치적 목적을 달성하지 못하도록 하는 것이다. 즉, 그들로 하여금 도발을 통해 원하는 것을 얻을 수 없을 뿐더러 오히려 그러한 행위가 정권의 생존을 위협할 수 있음을 인식하도록 할 때 북한의 추가 도발을 방지할 수 있을 것이다.

이렇게 볼 때, 응징적 억제전략이란 북한의 국지 도발에 대비하기 위한 전략으로서 적 도발 시 '보복'과 함께 적의 정치적 목적 달성을

---

23 김관진 국방장관이 2011년 3월 31일 한국방송기자클럽 주최 토론회에서 "북한이 도발하면 자위권 차원에서 분명히 단호하게 대응할 것"이며, "도발의 원점뿐 아니라 그것을 지원하는 세력까지 응징에 포함할 수 있다"고 언급한 것은 이와 같은 전략에 부합한다. 《조선일보》, 2011년 4월 1일.

'거부'하는 것을 골자로 한다.[24]

응징적 억제 : 보복과 거부

북한이 가할 수 있는 국지 도발 위협은 너무나 다양하기 때문에 한국군 입장에서 북한의 모든 위협에 대해 완벽하게 대응하기란 불가능하다. 그것은 손자도 언급했듯이 "모든 곳을 방비하다 보면 모든 곳이 취약"해지기 때문이다.[25] 이러한 상황에서 한국은—물론, 우선순위가 높은 위협에 대해 우선적으로 대비해야 하겠지만—모든 가능성 있는 도발에 대한 방어에 치중하기보다는 '보복'과 '거부'를 대비전략의 중심 개념으로 삼아야 한다.

우선 '보복'은 적의 도발에 대해 즉각적으로 반응하여 타격하는 것만으로는 부족하며, 반드시 승리를 거두어야 한다. 적 도발 시 군사적 승리를 달성하는 것은 정치적 차원에서의 이익을 확보한다는 측면에서 매우 중요하다. 군사적 승리를 거둘 경우 정부는 북한에 대해 보다 우월한 입장에서 보다 유연하고 융통성 있는 대북정책을 추구할 수 있다. 김정은 정권에 대해 다시 도발하지 못하도록 엄중한 대북 메시지를 전달할 수 있으며, 대북지원이나 경제협력, 그리고 남북교류 등 주요 현안들에 대해 주도권을 장악할 수 있다. 반대로 군사적으로 승리하지 못하고 일방적으로 큰 피해를 입을 경우 정부는 매우 궁색한 입장에 설 수밖에 없다. 북한에 대한 제재를 강조함으로써 강경일변도의 정책 외에 별다른 선택을 할 수 없다. 이 경우 군사적 승리와 정치적 효과를 거둔 북한은 여의치 않을 경우 또다시

---

24 참고로 이와 같은 '적극적 억제' 개념은 적의 제한적 도발의 유형과 규모에 대해 상대적으로 대응하는 것으로, 북한의 전면전 도발에 적용하는 데에는 한계가 있다.

25 손자, 『손자병법』, 제6장 허실편(虛實篇).

군사적 도발을 감행하려 할 것이다. 정치적으로 유리한 입지를 확보하고 안보상황을 안정적으로 관리하기 위해서는 반드시 군사적으로 승리를 거두어야 한다.

성공적인 '보복'을 이행하기 위해서는 적 도발에 대비한 대응계획을 구체적으로 마련해야 한다. 여기에는 원점타격, 지원세력 타격, 추가표적 타격, 대안표적 타격을 고려해볼 수 있다. 원점타격이란 아군 부대 또는 민간인 지역에 대해 사격하는 적의 화력을 제압하는 것으로, 그러한 표적으로는 아군 함선을 공격하는 적 함선, 아군 지역으로 사격하는 적 포병 또는 미사일부대가 이에 해당한다. 지원세력 타격이란 적 화력을 지원하는 부대나 인근 전투근무지원 시설, 적 잠수함기지, 특수부대기지 등을 표적으로 타격하는 것을 말한다. 추가표적 타격이란 적 포병 타격이 아군 측 민간인을 포함하여 핵심시설까지 심대한 피해를 입혔을 때 적 원점이나 지원세력은 물론, 적에게 더 큰 피해를 강요하기 위해 보다 더 핵심적인 표적을 선정하여 타격하는 것을 의미한다. 우리가 받은 피해보다 더 많은 피해를 적에게 강요하기 위해 보다 상징적인 표적을 포함시켜 타격할 수 있다. 대안표적 타격이란 적이 특수부대를 침투시켜 아군 후방을 교란하고 테러 행위 등을 자행했을 경우 우리 입장에서 원점타격이 곤란하므로 적이 우리에게 가한 피해에 상응하는 표적을 선정하여 타격하는 것을 의미한다. 즉, 특수부대의 기지와 북한 내 핵심기반시설 등을 고려해 볼 수 있다. 이러한 대응의 핵심은 단순히 적의 군사적 표적을 공격하는 것이 아니라 궁극적으로 북한 지도부의 추가 도발 의지를 분쇄하는 데 주안을 두어야 할 것이다.

한편으로 북한의 정치적 목적 달성을 거부하는 방법으로는 두 가지로 나누어볼 수 있다. 하나는 국제사회에서 우방국들과의 협력을 통해 북한을 압박하는 것이다. 북한의 침략을 규탄하고 외교적으로 고립시키며 경제적 어려움을 가중시킴으로써 현 정권의 목을 죄는 효과를 거둘 수 있다. 다른 하나는 한국이 독자적으로 북한을 압박하는 것이다. 가령, 군사적으로 보복을 시행하면서 북한 주민들에게 상징성이 있는 표적을 타격하는 것이다. 만일 북한이 경기 북부를 타격한다면 한국은 평양 인근 지역을, 서울 도심을 공격한다면 평양 시내의 김일성 동상을 타격할 수 있다. 아울러 전방지역에서 대북방송을 재개하고 전단살포 횟수를 늘림으로써 북한 정권이 우려하는 심리전을 본격적으로 전개할 수도 있을 것이다.

응징적 억제전략은 정치-군사 수준에서의 보다 긴밀한 협력을 요구한다. 북한의 국지 도발은 전면전이 아니라 제한적 도발이며, 군사적이라기보다는 정치적 성격이 짙은 도발이다. 따라서 한국군은 북한의 도발에 대해 철저히 보복해야 하겠지만, 하나의 전제는 그러한 보복이 너무 과도해서 전면전으로 확전되어서는 안 된다는 것이다. 이러한 측면에서 군은 정치적 상황을 이해해야 하고, 정부는 군의 입장과 전략을 이해해야 한다. 그리고 정치-군사 차원에서의 일종의 '큰 그림'을 마련해야 한다. 당장 경기도 북부에 적 포탄 50발이 떨어진다면 어느 선까지 보복대응을 할 것인지, 2발이 떨어져 민가가 피해를 입었다면 어떻게 대응할 것인지, 그리고 적 항공기가 공습한다면 어느 선까지 보복할 것인지에 대한 대응지침이 사전에 마련되어야 할 것이다.[26] 보복이라는 말은 꺼내기 쉽지만 실제로 이행하기는 매우 어렵다. 북한의 국지 도발이 제한적인 것이라 한다면 어느 정도의 응징을 가할 것인지에 대한 정치-군사적 차원의 검토를 사전에 실시하여 구체적인 계획으로 발전시켜야 할 것이다.

---

26 이갑진, "북한이 오늘 연평도에 포격을 가한다면", 『서북도서와 NLL 어떻게 지킬 것인가?』, 한국해양전략연구소 및 해병대전략연구소 안보세미나, 2011년 5월 4일, p. 41.

4. 북한의 전면전 도발 대비전략

가. 북한의 의도와 위협

북한은 핵전력을 구비했음에도 불구하고 대규모 재래식 전력을 꾸준히 증강시키고 있다. 북한군은 현역 119만여 명, 예비군 770만여 명으로 병력규모 면에서 세계 3위, 군사력 면에서 5위를 차지하고 있다.[27] 특수부대의 규모는 20만 명을 넘어섰으며, 전차도 2년 전에 비해 200여 대 가량 증가했다. 최근 한미 정보당국에 의하면, 북한군은 2~3년 전부터 특수부대인 7개 경보병사단의 최전방 배치계획을 추진해 최근 완료한 것으로 알려졌는데, 이는 약 5만여 명의 특수부대 병력이 전방지역에 전진배치된 것으로 북한이 여전히 한반도 무력적화통일 전략을 고수하고 있음을 보여준다.[28]

북한이 전면적 공격에 나선다면 공격효과를 극대화하기 위해 기습, 속전속결, 정규전과 비정규전의 배합을 시도할 것이며,[29] 특히 그들이 갖고 있는 비대칭 전력인 핵무기, 미사일, 화생무기, 장사정포, 특수전부대, 사이버 무기, 전자파무기[EMP, GPS 교란장치], 잠수함 및 스텔스 고속정, 그리고 인터넷을 통한 정치-심리전 등을 동원할 것이다.[30]

초기에 북한은 핵위협으로 한국과 그의 동맹 및 지원국을 강하게 압박하면서 사이버 공격으로 우리 사회의 인프라와 군의 주요 지휘시설들을 동시다발적으로 공격할 것이다. 핵을 가진 북한은 EMP탄을

---

27 국방부, 『2010년 국방백서』(서울: 국방부, 2010), p. 271.

28 "북한 특수전 병력 5만 명 최전방 배치", 《조선일보》, 2010년 5월 6일.

29 장명순, 『북한군사연구』, pp. 319-328.

30 권태영, "천안함 이후 우리의 역-비대칭 전략 및 정책방향", 『국방정책연구』, 제26권 제3호 (2010년 가을), pp. 56-57.

사용하여 한국군의 지휘통제체계를 마비시키려 할 것이다.[31] 북한의 EMP 공격은 한국군의 C4ISR 체계를 무력화시킴으로써 한반도 전쟁을 하급기술 수준의 재래식 방식으로 싸우도록 강요할 것이다. 이와 함께 대규모 사이버 테러, 특수부대의 수도권 침투, 서해 5도 점령, 지하철 테러, 장사정포에 의한 수도권 공격, 대량살상무기WMD 공격 등을 개별적으로 또는 동시다발적으로 감행해 서울의 기능을 마비시키려 할 것이다. 이때 북한은 상대적으로 약한 재래식 전력을 보완하고 전방 지역의 강력한 한국군 방어진지를 돌파하기 위해 화생무기와 전술핵무기를 사용할 수 있다. 그리고 전방에 돌파구가 형성되면 기계화부대를 투입하여 전과를 확대하고 고속기동전으로 서울을 포위하려 할 것이다.[32] 북한은 서울을 우선 확보하기 위해 개성-문산, 철원-의정부 축선에 공격력을 집중할 것이며, 필요시 김포-부천-수원 또는 춘천-홍천-영동고속도로를 연하여 서울을 우회할 수도 있다. 수도권 우회 시 수도권 고립 및 한국군의 주력을 한강 이북에 고착시켜 한국군의 방어체계를 와해시킬 수 있을 것이다. 한국과 미국의 공군기지, 항만, C4ISR 자산에 대해서는 탄도미사일 공격을 가할 것이며, 20만에 이르는 특수전 병력을 후방에 침투시켜 제2의 전선을 형성할 것이다.[33]

북한은 한미 연합군의 방어에 의해 공격이 실패하고 전선이 교착될 경우, 혹은 한미 연합군이 방어에 성공하고 북진을 위한 채비를 갖출 시점에서 휴전을 제의할 것이다. 북한은 휴전 제안이 받아들여지지 않을 경우 전략핵무기를 포함한 대량살상무기 사용 위협을 가할 것이며, 북중동맹조약을 빌미로 중국을 전쟁에 끌어들임으로써 한미

---

31 권태영, "천안함 이후 우리의 역-비대칭 전략 및 정책방향", 『국방정책연구』, 제26권 제3호 (2010년 가을), p. 57.

32 정경영, "북한의 모든 도발 시나리오에 대비해야", 《중앙일보》, 2010년 12월 18일.

33 "Armed Forces", Jane's Sentinel Security Assessment: China and Northeast Asia.

연합군의 북진을 저지하려 할 것이다. 북한은 본질적으로 한미 연합군의 전략이 방어적인 성격임을 알고 있으며, 불리한 상황에서 중국을 개입시켜 최소한 '전쟁 이전의 상태status quo anti-bellum'를 회복할 수 있다는 믿음을 갖고 있다. 전쟁을 도발하더라도 "밑져야 본전"이라는 이와 같은 믿음은 북한의 전면전 도발을 부추기는 요인으로 작용할 것이다.

나. 한국의 군사전략 : 방어적 공세 전략

개념 정립

전쟁을 수행하기 위한 전략에는 크게 두 가지가 있다. 하나는 방어전략이고, 다른 하나는 공세전략이다. 그러나 이 두 전략을 서로 결합할 경우 여러 가지의 전쟁수행 전략을 만들 수 있다. 예를 들면, 순수한 방어, 공세적 방어, 방어적 공격, 그리고 순수한 공격 등이 있을 수 있다.[34] 손자는 공격과 방어의 관계에 대해 "승리할 수 없을 때는 방어, 승리할 수 있을 때는 공격을 취한다"고 했다.[35] 그런데 '순수한 방어'는 자신을 지킬 수는 있으나 승리를 쟁취할 수는 없다. 방어에만 치중한다면 궁극적으로 전쟁에서 원하는 목표를 달성할 수 없기 때문이다. 반대로 '순수한 공격'은 19세기 후반 유럽에서의 '공격의 신화'의 논리와 같이 공격이 곧 '최선의 방어'가 될 뿐 아니라 신속한 승리를 쟁취하는 데 유리하다는 믿음을 갖도록 한다.[36] 그러나 제1차 세계대전과 같이 양측 모두가 총력전과 소모전 수행 능력을 구비한 상황에서는 결정적인 승패를 가르지 못한 채 수백만 명의 사상자

34 John M. Collins, *Military Strategy: Principles, Practices, and Historical Perspectives*(Washington, D. C.: Brassey's Inc., 2002), pp. 86-87.

35 손자, 『손자병법』, 제4장 군형편(軍形篇).

가 발생하는 비극으로 귀결될 수 있다. 사실상 '순수한 방어'와 '순수한 공격'은 이론적 영역에서나 존재하는 극단적인 작전 형태로 바람직한 전략적 선택이 될 수 없다.

이에 비해 '공세적 방어'는 전체적으로 방어전략을 취하지만 필요한 경우 부분적으로는 공세를 취하는 전략이다. 전략적 수준에서 방어이지만 전술적 수준에서는 공세를 유지하는 것이다. 이 전략의 통상적인 모습은 적이 공격해올 경우 방어를 취하다가 숱한 교전을 통해 적의 전투력을 약화시킨 후 반격에 나서게 된다. 이 경우 적 공격으로부터 아군의 반격에 이르기까지 많은 시간이 소요되며, 서로 휴전을 원할 경우 반격은 본격적으로 이루어지지 않을 수 있다. 공세적 방어전략은 우리의 군사적 능력이 적의 군사력보다 약하거나 비슷할 경우 취할 수 있다.

'방어적 공세'는 전반적인 전쟁 형태가 공세이지만 그렇다고 적을 먼저 공격하는 것이 아니다. 처음에는 적의 공격에 대해 방어를 취하지만 곧바로 공세로 전환하여 전격적인 작전으로 신속결전을 추구하는 전략이다. 전체적으로 짧은 기간의 방어와 신속한 공세전환, 그리고 비교적 짧은 기간의 과감한 공격으로 진행되는 셈이다. 따라서 이러한 전략의 통상적인 모습은 적의 공격에 대한 최소한의 방어가 있은 후 곧바로 적에 대한 전격적인 반격이 시작된다. 공세적 방어전략

---

36 '공격의 신화'란 19세기 중엽부터 20세기 초에 걸쳐 유럽에서 유행한 공격의 우위를 신봉하는 사조를 일컫는다. 이는 클라우제비츠의 주장과 반대로 공격이 방어보다 강하다는 신념이 군사사상을 지배하기 시작한 것으로, 이 시기 유럽의 전략가들과 군 지도자들은 방어의 이점을 무시하고 수세적 전략에 대해 냉소적인 반응을 보였으며, 오직 공격일변도의 전략만을 선호했다. Stephen van Evera, *Causes of War*, pp. 194-198. Bernard Brodie, *Strategy in the Missile Age*(Princeton: Princeton University Press, 1959), pp. 42-52; Azar Gat, *The Development of Military Thought: The Nineteenth Century*(Oxford: Clarendon Press, 1992), p. 67; Stephen van Evera, Causes of War, p. 195 참조.

이 전쟁을 지연시킬 수 있는 반면, 방어적 공세전략은 전쟁 기간을 단축시킬 수 있는 이점이 있다. 물론, 이 전략은 기본적으로 기동과 화력 면에서 상대보다 우세한 전력을 갖추고 있을 때 시행할 수 있다.

방어적 공세전략은 궁극적으로 결정적인 성과를 달성하고 전쟁을 조기에 종결하는 데 목적이 있다. 이 전략은 두 가지의 작전 개념으로 구성된다. 하나는 '반응적 전략responsive strategy'이 아닌 '적극적 전략active strategy'이 되어야 하며, 다른 하나는 '소모전 전략attrition strategy'이 아닌 '기동전 전략maneuver strategy'이 되어야 한다.[37] 한국의 새로운 군사전략으로서 방어적 공세전략의 개념을 구체화하면 다음과 같다.

먼저 한국의 방어적 공세전략은 '적극적 전략'이어야 한다. 여기에서 '반응적 전략'이란 영토를 방어하거나 아군의 전투력을 보존하는 데 치중하는 '소극적 목표negative aim'를 갖는 것이고, '적극적 전략'이란 적의 영토를 탈취하거나 적 부대를 격멸하는 '적극적 목표positive aim'를 갖는 것이다.[38] 지금까지 한미 연합군의 전략은 적이 공격할 경우 이를 방어하고 격퇴함으로써 적의 목표 달성을 거부하는 '소극적 목표'에 주안을 두어왔다. 이 경우 전쟁이 지연되고 희생이 커질 수 있으며, 중국이 개입할 경우 '전쟁 이전의 상태'로 돌아갈 가능성이 높다. 그동안 한미 연합군은 상대적으로 북한군보다 월등한 전력을 갖지 못했기 때문에 '소극적 전략'을 취해왔으나, 지금은 객관적 전력 면에서 상황이 크게 달라졌다. 따라서 이제는 적의 도발에 대해 수동적으로 반응하기보다는 북한 지역으로 진격하여 통일을 추구하는 '적극적 전략'을 추구하는 것이 바람직할 것이다.

이와 함께 한국은 '소모전 전략'이 아닌 '기동전 전략'을 추구해야

---

37 John M. Collins, *Military Strategy*, pp. 63-64.

38 Carl von Clausewitz, *On War*, Michael Howard and Peter Paret, eds. and tral.(New York: Princeton University Press, 1976), pp. 92-94.

한다. '소모전 전략'이란 정면으로 공격해서 적의 군사력을 부단히 약화시키는 것으로, 장기간에 걸쳐 대규모 병력과 물자가 동원되어야 하며 불가피하게 많은 희생을 각오하지 않을 수 없다. 이는 일종의 '누진적 전략cumulative strategy'으로서 제1차 세계대전 시 연합국과 동맹국들 간의 참호전이나 한국전쟁 시 리지웨이Matthew B. Ridgway 장군의 1951~1952년 공세가 이와 같은 형태에 해당한다.[39] 반면 '기동전 전략'은 기만, 돌파, 후속기동, 회피, 반격 등으로 적의 행동의 자유를 빼앗고, 지휘통제체제를 참수함으로써 예하 부대를 마비시키는 전략이다.[40] '소모전 전략'이 적의 강한 전투력에 대해 직접 공격하는 반면, '전격전 전략'은 적의 강점을 회피하면서 적의 측면과 후방으로 기동하여 신속하고 결정적인 승리를 추구한다. 이 전략이 성공하기 위해서는 기습과 속도의 적절한 배합이 요구된다. 물론 이와 같은 과감한 기동은 비록 매우 인상적인 작전이 될 수 있을지 모르나, 실제로 그러한 기동이 성공하기는 매우 어려운 것이 사실이다. 특히 적이 유사한 규모의 전력을 가지고 유사한 방법으로 공격해올 경우 일방적으로 전격전을 추구하기는 매우 어렵다.[41] 그러나 재래식 전력 면에서 화력과 기동력이 앞선 한미 연합군이 소극적 방어를 취하는 것은 노력의 낭비이며, 그로 인한 전쟁의 지연은 희생을 늘리고 파괴를 증가시키는 결과만 초래할 것임을 고려한다면 '소모전 전략'보다는 '기동전 전략'이 바람직하다.

---

39 John J. Mearsheimer, *Conventional Deterrence*(Ithaca: Cornell University Press, 1983), pp. 33-35; Edward N. Luttwak, Strategy, p. 93.

40 John J. Mearsheimer, *Conventional Deterrence*, pp. 35-43; Edward N. Luttwak, *Strategy: The Logic of War and Peace*(Cambridge: Harvard University Press, 1987), pp. 92-96; John M. Collins, *Military Strategy*, pp. 63-64.

41 Daniel Moran, "Geography and Strategy", John Baylis et al., eds., *Strategy in the Contemporary World* (New York: Oxford University Press, 2007), p. 126.

요약하면 한국의 전면전 대비전략은 '방어적 공세전략'이 되어야 한다. 그 핵심은 적 도발 시 북한 지역으로의 진격과 한반도 통일을 겨냥한 '적극적 목표'를 추구하며, 전격전에 입각한 기동전 전략을 수행하는 것이다. 이를 도식화하면 <그림 1>과 같다.

▣ 〈그림 1〉 전쟁수행 군사전략으로서의 '방어적 공세'

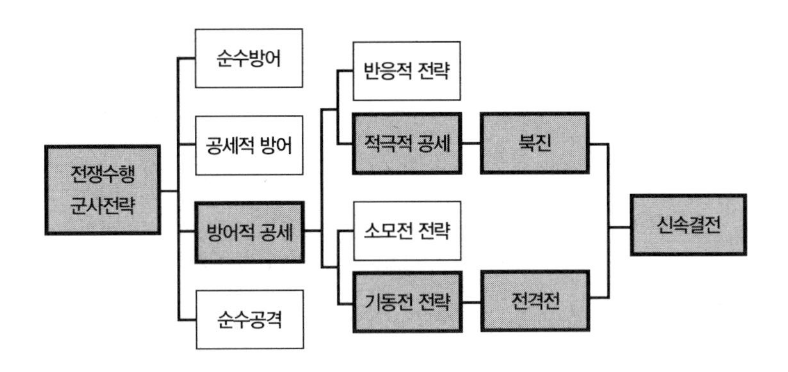

전쟁수행 : 전격전을 통한 신속결전

한미 연합군은 초전부터 전격전 전략을 준비하고 시행해야 한다. 전쟁억제 노력에도 불구하고 전쟁이 발발할 경우 우리는 개전 초기부터 전쟁의 주도권을 장악하여 최소의 손실로 단기간에 전승을 달성해야 한다.[42] 북한이 수도 서울을 포위하기 위해 기동할 때 한미 연합군 일부는 곧바로 개성-해주-사리원-평양 방향으로 진격할 수 있다. 이때 공중 및 해상 우세권을 장악한 한미 연합군은 서해 및 서해 인접 내륙지역을 쉽게 통제할 수 있을 것이며, 평양으로 진격하는 부대는

42 박창권, "한국의 군사전략 개념과 지향방향", 차영구 · 황병무 편저,『국방정책의 이론과 실제』(서울: 오름, 2009), p. 132.

우측으로부터의 위협에만 대응하면서 비교적 쉽게 진출할 수 있을 것이다. 필요시 한미 연합해병은 서해 남포 인근 해안에 상륙하여 평양으로 진격할 수 있을 것이다. 이와 같이 한국이 전격전 전략을 추구해야 하는 데에는 몇 가지 이유가 있다.

첫째, 과도한 병력손실을 예방할 수 있다. 현재의 방어계획은 북한군의 공격을 흡수한 후 반격에 나서는 것이지만, 이는 방어진지의 돌파를 방어하기 위해 엄청난 화력을 주고받으면서 현 전선을 고수하는 것으로, 소모전에 의한 막대한 인명손실을 각오하지 않으면 안 된다. 비록 반격에 나선다고 하지만 중국이 개입하겠다는 의사를 표명할 경우 북진이 어려워 전쟁이 지연될 것이며, 전쟁이 지연되어 중국군이 개입할 경우에는 더 많은 사상자가 발생할 수밖에 없다. 한미 연합군의 기동력과 화력을 고려할 때 신속하게 공세로 이전하여 전격전을 추구하는 것이 중국에 군사개입의 여유를 주지 않으면서 전쟁 기간을 단축하고 한미 연합군의 사상자를 줄이는 방법이 될 것이다.

둘째, 한국 영토 후방에 제2전선이 형성되는 것을 막을 수 있다. 20만의 북한군 특수부대는 한국군의 전쟁지속능력을 파괴할 수 있는 가공할 위협이 될 것이다. 만일 전쟁이 현재의 전선에서 교착되어 지연될 경우 한국의 후방은 커다란 혼란에 휩싸일 것이며 전방에서의 작전에 부정적 영향을 미칠 것이다. 제2차 인도차이나 전쟁에서 중국군의 개입을 두려워하여 북베트남으로 작전을 확대하지 못한 미군이 전쟁의 주도권을 잡지 못하고 남베트남 지역에서만 베트콩 게릴라를 상대로 작전을 벌이다가 결국 실패하고 만 사례와 유사한 상황이 전개될 수 있다.[43] 초전에 한미 연합군이 신속하게 공세로 전환하여 북한 지역

---

43 Harry G. Summers, Jr., *On Strategy: The Vietnam War in Context*(Carlisle: SSI, 1981), pp. 53-58.

으로 진격한다면 후방에 제2전선을 형성하여 남한을 교란시키려는 북한 지도부의 의도를 좌절시킬 수 있을 것이며, 후방에 침투한 특수부대는 별다른 효과를 거두지 못하고 지리멸렬하게 될 것이다.

셋째, 북한 지도부에 대한 직접적인 압박이 가능하다. 한미 연합군의 전격적인 반격과 공세는 남한의 일부를 점령한 후 이를 기정사실화하려는 북한 지도부의 기도를 좌절시키는 데 의미가 있다. 전쟁 초기에 이루어지는 전격적인 북진은 북한군의 와해와 함께 북한 지도부로 하여금 조기에 전쟁의 패배를 인정하고 정치적 협상에 나서도록 하는 압력으로 작용할 것이다. 물론 이때 북한은 대량살상무기 위협을 가할 수 있다. 그러나 전면전을 야기한 북한이 대량살상무기 사용 위협을 가하는 것은 시간문제일 뿐이며, 오히려 전격적인 반격작전은 북한으로 하여금 전략무기를 사용할 수 있는 적절한 기회를 박탈할 것이다.[44]

이러한 전략이 독트린의 성격으로 공식화될 경우, 북한은 한국을 공격하는 데 치러야 할 비용이 만만치 않다는 것을 인식하게 될 것이다. 한국으로서는 북한의 전면전 도발을 억제하는 효과를 거둘 수 있는 셈이다. 물론 전격전을 통한 북한 지역으로의 신속한 진격은 중국을 자극하여 중국 지도부의 반발과 개입을 야기할 수 있다. 그러나 역으로 생각해보면 전격적인 북진은 먼저 한반도 평화를 깬 북한의 군사적 도발에 의해 이루어진 것이므로 정당화될 수 있으며, 오히려 중국으로 하여금 개입할 수 있는 시간적 여유를 갖지 못하도록 할 것이다. 설사 중국이 개입하여 종전협상이 이루어지더라도 종전은 한미

44 전격적 반격작전이 오히려 북한으로 하여금 전략무기를 사용토록 하는 압력으로 작용할 수 있다. 그러나 이 시기 북한의 핵위협은 상호공멸을 추구하기보다는 연합군의 북진을 저지하려는 위협인 만큼 한미 연합군이 북진을 기정사실화할 경우 핵위협의 효용은 약화될 것이다. 설사 불가피한 이유로 인해 협상이 이루어진다 하더라도 한미 연합군의 신속한 북진은 북한 지역의 일부를 장악한 유리한 상황에서 협상을 가능케 할 것이다.

연합군의 전격적인 작전에 의해 현재의 휴전선이 아닌 북한 지역—가령 평양-원산 이북의 선—에서 타결됨으로써 우리에게 훨씬 유리한 조건에서 협상이 가능하도록 할 것이다.

이와 같이 '실전 기반 억제' 전략과 이에 입각한 한미 연합군의 단호한 대응은 북한의 도발 시 효율적인 작전을 가능케 할 뿐 아니라, 이를 두려워하는 북한으로 하여금 전면전 도발을 섣불리 야기하지 못하도록 억제하는 효과를 가져올 것이다.

5. 북한의 핵위협 대비전략

가. 북한의 의도와 위협

북한은 전면전을 도발할 경우 초전부터 핵무기를 비롯한 대량살상무기를 적극적으로 활용할 것이다. 그것은 북한이 재래식 전력만으로는 한미 연합군을 상대로 한 전쟁에서 승리할 수 없다는 것을 잘 알고 있기 때문이다. 북한은 전쟁을 개시하면서 처음부터 전략핵무기를 운용하지는 않을 것이며, 다만 한국군의 견고한 전방방어진지를 돌파하기 위해 화학무기와 전술핵무기TNW를 사용할 것이다.

북한이 초전에 전술핵무기를 사용할 것인가에 대해서는 논란의 여지가 있을 수 있으나, 북한은 다음과 같은 측면에서 이를 적극 운용할 것으로 예상할 수 있다. 먼저 전술핵무기는 전장에서 직접 사용할 수 있으므로 재래식 전력을 강화할 수 있으며, 사용하더라도 전략핵무기에 의한 보복을 받지 않을 것이라는 인식이 작용할 것이다.[45] 또한 북한은 차후 단계에서 한미 양국에 전략핵무기 사용 위협을 가하기 이전에 미리 핵위협의 신뢰성을 높이기 위해 전술핵무기를 사용할 수 있을 것이다. 이 경우 북한은 포병, 핵배낭, 단거리 미사일, 지뢰, 항공기 등 다양한 수단에 의해 전술핵무기를 투발하고 운용할 것이다.[46]

전략핵무기의 운용은 전쟁 상황의 전개에 따라 세 가지 시나리오를 상정해볼 수 있다. 첫째, 서울이 쉽게 함락되고 전쟁이 계획대로 진행되어 부산 및 한반도 남쪽지역을 수주 이내에 석권할 수 있다고 판단할 경우, 북한은 적절한 시기에 부산지역에 전략핵무기를 투발하여 미군의 증원병력을 차단하고 전쟁 개입 의지를 약화시킬 수 있을 것이다. 둘째, 서울을 어렵게 함락한 상황에서 미국의 증원병력이 도착할 경우 북한은 남한 전역을 석권하는 것이 어렵다고 보고 핵무기 사용을 위협하며 정치적 협상을 요구하든지, 아니면 수도권 남부지역에 실제 핵무기를 투발하여 서울 점령을 기정사실화하고 미국의 전쟁의지를 약화시킬 수 있을 것이다. 셋째, 북한의 공격이 여의치 않아 초전에 한국군의 방어에 의해 저지되고 반대로 한미 연합군의 반격이 임박할 경우, 북한은 핵무기 사용을 위협하거나 실제로 사용함으로써 북진을 차단하고 정치적 협상을 요구할 것이다.

북한의 대량살상무기는 한국의 방어력에 대해 상대적으로 북한의 공격력을 강화하는 요소로 작용할 것이다. 북한은 최초 화생무기 및 전술핵무기를 운용하여 전방 방어진지를 돌파하고 후방을 교란할 것이며, 전략핵무기는 보다 결정적인 단계에서 국면을 유리하게 전환하기 위한 카드로 활용할 것이다.

---

45 Alastair Iain Johnston, "China's New 'Old Thinking: The Concept of Limited Deterrence", *International Security*, Vol. 20, No. 3(Winter 1995/96), p. 26-27.

46 Steve Tulliu and Thomas Schmalberger, *Coming to Terms with Security: A Lexicon for Arms Control, Disarmament and Confidence-Building*(Geneva: UNIDIR, 2001), p. 119.

나. 한국의 군사전략 : 선제적 억제

개념 정립

상대의 핵공격을 억제하기 위한 전략으로는 '보복적 억제'와 '거부적 억제' 두 가지가 있다. 보복적 억제란 적이 핵으로 공격해올 경우 살아남은 핵전력으로 적에게 더 큰 타격을 가하여 보복할 것이라는 위협을 통해 적의 핵 사용을 단념시키는 것이며, 거부적 억제란 적이 핵으로 공격하더라도 원하는 목적을 달성하지 못할 것임을 힘으로 과시함으로써 공격을 단념시키는 것이다.[47] 그러나 이러한 핵억제 전략은 미국과 소련 간에 '공포의 균형balance of terror'을 유지하기 위해 나온 개념으로 북한의 핵위협을 억제하는 데 적용하기에는 한계가 있다. 체제 붕괴에 직면한 북한이 핵을 가지고 있으면서 순수하게 방어용으로만 사용할 것으로 기대하기는 어렵다. 이미 북한은 "서울 불바다"라든가 "잿더미" 발언을 통해 미사일 및 핵무기의 사용 가능성을 위협하고 있다. 이와 같은 북한을 상대로 '거부' 또는 '보복'에 입각한 전통적 핵억제를 통해 한반도의 핵안정을 유지하는 것은 사실상 불가능하며, 따라서 이제는 북한의 핵 사용에 대비한 전략을 구체화해야 한다.[48]

한국의 군사전략은 '선제적 억제'여야 한다. 여기서 '선제적 억제'란 <표 2>의 ①에서 보는 바와 같이 북한의 전술핵무기 사용 시 적극적으로 반격하여 차후 더 큰 전략핵무기를 사용하지 못하도록 억제하는 것에서 출발한다. 북한은 전쟁 초기 불리한 재래식 전력을 보완하고 아군의 전방방어선을 돌파하기 위해 전술핵 및 화생무기를 사용할 것이다. 이때 한미 연합군은 반드시 전술핵무기로 반격해야 한다. 뒤에서 설명하겠지만, 북한의 전술핵 및 화생무기 사용에 대해 전술

---

47 Dennis M. Drew and Donald M. Snow, *Making Twenty-First-Century Strategy*, p. 170.

48 Dale Walton and Colin S. Gray, "The Second Nuclear Age", pp. 214-220.

핵무기로 대응하지 않는다면 북한은 우리의 핵 사용 의지를 과소평가할 것이며, 불리한 상황에 처할 경우 전략핵무기 사용을 위협하거나 실제로 사용할 것이기 때문이다.

■ 〈표 2〉 '선제적 억제전략' 이행 방안

구분	적 상황	아 대응
① 초전 전술핵	적 전술핵 또는 화생무기 사용	전술핵무기로 반격
② 전략핵 1단계	핵무기 및 미사일 발사 준비	선제공격 / 정밀타격
③ 전략핵 2단계	핵무기 및 미사일 비행	미사일방어 / 요격
④ 전략핵 3단계	핵무기 및 미사일 폭발	핵보복

다음으로는 북한의 전략핵무기 사용에 대한 대응을 고려해볼 수 있다. 이 경우 한미 연합군은 북한의 핵무기 전개 과정에 따라 적어도 세 단계에 걸친 '다층방어layered defense' 능력을 강화함으로써 순차적으로 대응할 수 있을 것이다.[49] 제1단계는 북한이 핵무기를 발사하기 위해 준비하는 단계이고, 제2단계는 핵무기가 한반도 상공으로 비행하는 단계이며, 제3단계는 핵무기가 폭발한 이후의 단계이다. 한국은 첫째 단계에서 북한의 핵무기와 미사일이 발사되기 전에 선제적으로 적 핵 및 미사일 시설을 타격해야 할 것이며, 둘째 단계에서는 미사일 방어망을 구축하여 한국 상공으로 날아오는 적 미사일을 요격해야 할

49 Michael Levi, "Stopping Nuclear Terrorism: The Dangerous Allure of a Perfect Defense", *Foreign Affairs*, Vol. 87, No. 1(Jan/Feb 2008), p. 135.

것이다. 그리고 마지막으로 적 핵무기가 한국 영토에서 폭발했을 경우에는 즉각 핵보복에 나서야 할 것이다. 이러한 대응전략을 구체적으로 제시하면 다음과 같다.

전쟁수행 ① : 전쟁 초기 전술핵 대응

북한의 대량살상무기 사용을 억제하기 위해서는 북한 지도부로 하여금 대량살상무기 사용에 따르는 대가가 크다는 것을 인식하도록 해야 한다. 이를 위해서는 초기 북한의 화학탄 및 전술핵 사용에 대해 한미 연합군이 어떻게 대응하느냐가 중요하다. 북한의 초기 대량살상무기 사용에 대해 단호하게 대응하지 못할 경우—또한 북한이 그렇게 인식할 경우—한미 연합군은 차후 북한의 대규모 대량살상무기 사용 위협에 끌려다닐 수밖에 없다. 반대로 한미 연합군이 북한의 초기 대량살상무기 사용에 효과적으로 대응한다면 이후의 국면을 유리하게 끌고 갈 수 있다.

한미 연합군은 북한의 핵무기는 차치하더라도 화생무기에 대응할 능력을 구비해야 한다. 현 상황에서 한미 연합군은 북한의 화생무기 사용을 제어할 방도가 없다. 한미 양국은 화학무기금지협약Chemical Weapons Convention: CWC과 생물학무기금지협약Biological Weapons Convention: BWC에 가입하고 있기 때문에 이러한 무기를 사용할 수 없을 뿐더러 북한군의 화생무기 사용에 대해 보복계획을 갖고 있지 않다. 반면, 북한의 입장에서는 화생무기 사용과 관련한 국제규범의 구속을 받지 않으며, 또한 스스로 화생무기 사용을 자제한다고 해서 한국이나 미국이 이를 감안해줄 것도 아님을 잘 알고 있다. 화생무기를 사용하든 하지 않든 북한은 한미 연합군의 막강한 화력에 의해 막대한 타격을 입게 될 것이다. 결국 북한은 객관적으로 크게 열세에 있는 재래식 군사력을 보완하기 위해서라도 화생무기 또는 전술핵무기를 동원할 가능성이 매우 크다.

북한의 화생무기 사용을 억제하는 방법은 오직 미국의 핵무기밖에 없다.[50] 그러나 한국이 미국으로부터 제공받고 있는 핵우산은 북한의 핵위협 또는 핵공격을 억제하고 대응하기 위한 것이지, 초전에 북한이 사용하게 될 화생무기를 억제하기 위한 것은 아니다. 문제는 북한의 초기 대량살상무기 사용을 억제하지 못할 경우 차후에 전략핵무기 사용 위협 또는 사용으로 연결된다는 점이다. 즉, 초기의 화학무기 또는 전술핵무기 사용에 대해 단호하게 대응하지 않으면 북한으로 하여금 전략핵무기 사용 수순을 밟도록 방치하는 결과를 초래한다. 이 경우 한미 연합군으로서는 두 가지 기로에 서게 된다. 하나는 북한의 전략핵무기 사용 위협에 굴복하여 협상에 임하든지, 아니면 북한의 전략핵무기 사용 위협을 무릅쓰고 자칫 재앙적 결과를 초래할 수 있는 전쟁을 계속하는 것이다.

따라서 한국은 북한의 화학무기, 생물학무기, 그리고 핵무기 등 모든 종류의 대량살상무기를 억제할 수 있도록 미국으로부터 '적극적 안전보장positive security'을 제공받아야 한다. 이를 위해 미국이 제공하는 확장억제extended deterrence 방안을 바탕으로 한미 간의 핵무기 사용 교리를 보다 구체화하고 발전시킬 필요가 있다. 가령 화생무기 사용에 대해 미국의 전술핵무기로 반격을 가한다든가, 북한의 전술핵무기 사용에 대해 더 위력이 강한 전술핵무기로 보복하는 대응전략을 마련해야 한다. 그럼으로써 북한으로 하여금 향후 전략핵무기를 사용할 경우 더 큰 재앙적 타격을 입게 될 것임을 인식하도록 해야 한다. 이

---

50 Bruce W. Bennett, "The Prospects for Conventional Conflict on the Korean Peninsula", *The Korean Journal of Defense Analysis*, Vol. 7, No. 1(Summer 1995). pp. 112-113.

와 함께 선언정책declaratory policy을 병행하여 공격에 따르는 비용이 감당할 수 없을 정도임을 알리는 일종의 '견적서'를 북한에 통보해야 한다. 그럼에도 불구하고 북한이 대량살상무기를 사용하여 도발한다면 전술핵으로 철저히 보복함으로써 향후 전략적 대량살상무기 사용을 억제해야 한다. 초기 단계에서 북한이 사용하는 대량살상무기에 대해 반응하지 않는다면 북한은 전략핵무기에 의한 공갈이 통할 것으로 인식하여 터무니없는 요구를 하게 될 것이다.

전쟁수행 ② : 선제타격 추구

'선제적 억제'는 한미 연합군이 '다층방어layered defense 능력'을 강화함으로써 이루어질 수 있다.[51] 이는 북한의 핵공격이 이루어지기 전에 역으로 이를 먼저 타격하고 차단하는 것으로, 북한이 핵공격을 위해 핵무기와 미사일을 준비하고 이동시키고 실제로 발사하여 표적에 도달하기 전까지의 과정에서 이를 타격하고 방어하는 것이다. 여기에서 다층방어란 시계열상으로 북한의 핵공격 정보입수, 핵무기의 이동, 발사 준비, 발사를 위한 지휘통제 소요시간, 그리고 비행시간 등 각각의 단계에서 가능한 조치를 취하는 것을 의미한다.

적의 핵공격 첩보가 입수되면 한미 연합군은 자위적 선제공격의 개념을 적용하여 정밀타격에 나서야 한다. 타격할 표적은 핵 및 미사일 시설, 지휘통제체제, 전쟁지도부 등을 고려할 수 있으며, 효과중심의 참수작전decapitation operation 또는 외과수술적 정밀타격surgical strike의 방법을 사용할 수 있다. 이를 위해서는 첨단 네트워크중심전NCW

---

51 Michael Levi, "Stopping Nuclear Terrorism", p. 135. 레비는 "다층방어"를 "일련의 장애물을 세워둔 방어(a sequence of hurdles)"로 정의한다.

을 수행할 수 있는 전력을 구비해야 하는데, 주요 전력으로 첫째는 고해상도의 센서가 탑재된 플랫폼체계, 둘째는 탄도미사일과 순항미사일, 그리고 정밀유도무기, 셋째는 신속한 지휘통제 네트워크 구축, 넷째는 신개념의 지향성에너지무기, 비살상무기, 로봇무기 등을 고려할 수 있다.[52] 이와 같은 무기체계를 단기간 내 구비할 수 없다면 당분간 미군의 자산을 활용할 수 있도록 협조해야 할 것이다.

한미 양국이 북한의 핵공격에 대해 미리 타격할 수 있는 군사능력을 구비하고, 비행과정에서 요격할 수 있는 미사일방어체계를 구축한다면 북한의 핵공격 의지는 크게 약화될 것이며, 북한의 핵 사용에 대한 선제적 억제는 성공할 수 있을 것이다. 물론 한국은 미국이 제공하는 핵무기 및 신속타격능력에 부가하여 강력한 재래식 군사력, 특히 자체적인 선제타격 능력을 구비해야 할 것이다.[53]

전쟁수행 ③ : 미사일방어 추구

북한의 핵무기 공격을 원점에서 저지하지 못할 경우, 다음 선택은 미사일방어MD체계를 가동하여 날아오는 미사일을 공중에서 요격하는 것이다. 한국은 미사일방어체계를 다중·다층적으로 구축함으로써 어느 하나의 방어망이 뚫리더라도 다른 방어망이 이를 저지할 수 있도록 구성해야 한다.

이를 위해서는 국방 차원에서 미사일방어 아키텍처를 종합적으로 진단하고 설계하는 작업이 필요하다.[54] 우선 이스라엘과 같이 지

---

52 권태영, "천안함 이후 우리의 역-비대칭 전략 및 정책방향", pp. 66-67.

53 박용옥, "북한의 핵보유와 미국의 확장억제 : 주요 이슈 및 대책", 『정세와 정책』, 통권(2009년 11월). p. 4.

54 권태영, "천안함 이후 우리의 역-비대칭 전략 및 정책방향", p. 67.

상 기반 미사일방어체계를 강화할 필요가 있다. 지상 기반 미사일방어체계는 단거리 방어체계, 하층방어체계, 상층방어체계로 구분하여 다층적으로 구축해야 할 것이지만, 현실적으로 비용 대 효과를 고려한다면 우선적으로 단거리 및 하층방어에 중점을 둘 수 있을 것이다. 이에 부가하여 중장기적으로는 비용 대 효과를 고려하여 이지스 구축함에 해상 기반 미사일방어체계를 구축하는 방안을 검토할 필요가 있다. 미사일방어는 개별 무기체계로는 시너지 효과를 발휘하는데 한계가 있다. 즉, 한 국가의 독자적인 무기체계보다는 지역 단위의 시스템을 구축하는 것이 관건이다. 따라서 이와 같이 지상 및 해상에 기반한 한국형 미사일방어체계는 가급적 미국과 일본이 추구하고 있는 지역 미사일방어체계와 긴밀히 연계시킴으로써 효율성을 제고하는 방안을 고려해볼 수 있다.

전쟁수행 ④ : 핵보복 이행

우선 '보복적 억제'는 북한의 핵 사용 시 즉각적인 핵보복이 이루어질 것임을 명확히 해야 한다. 한국의 지형을 고려할 경우, 핵폭탄 한 발로 모든 게 끝날 수 있음을 감안한다면 보복에 의한 억제는 무의미하다는 지적이 있을 수 있다.[55] 그러나 북한의 핵 사용을 억제하기 위해서는 그에 상응한 보복이 전제되어야 한다. 비록 한국 정부가 핵공격을 당하여 제대로 기능할 수 없더라도 미국 정부가 이러한 조치를 취할 것이라는 신뢰가 있어야 한다.

다만, '보복적 억제'가 보다 효율적으로 기능하도록 하기 위해서는

---

55 James Russell and Daniel Moran, "Extended Deterrence, Security Guarantees, and Nuclear Proliferation: Strategic Stability in the Gulf Region", Conference held at the Gulf Research Center, Dubai, United Arab Emirates, October 4-5, 2009, p. 5.

다음과 같은 몇 가지 문제에 대한 명확한 입장 정리가 필요하다.[56] 첫째는 한반도에 전술핵을 배치할 것인가의 문제이다. 일각에서 한반도에 전술핵을 재배치해야 한다는 주장이 제기되고 있으나, 아직 북한의 비핵화를 위한 노력이 진행 중인 상황에서 전술핵을 조기에 반입하는 것은 오히려 북한의 핵무장을 부추기는 역효과를 낳을 수 있다. 따라서 전술핵 도입은 북한이 핵무기를 양산하고 실전에 배치함으로써 핵위협이 가시화되는 시점에서 이루어지는 것이 바람직할 것이다.

둘째는 핵을 사용해야 할 시기에 한국 정부와 미국 정부가 핵 사용에 동의할 것인가의 문제이다. 핵을 사용할 상황을 상정했다 하더라도 막상 그러한 상황에서 핵 사용을 결심하기는 매우 어려울 것이다. 특히 북한이 핵이 아닌 화생무기로 공격했을 경우 반드시 핵무기로 대응해야 하는지에 대한 이견이 있을 수 있다. 특히 미국은 재래식 무기의 타격력이 웬만한 핵무기를 능가한다는 인식을 갖고 있기 때문에 핵무기 사용을 꺼릴 수 있으며,[57] 한국 정부도 마찬가지로 핵대결의 강도를 증가시키지 않기 위해 망설일 수 있다. 그러나 앞에서 지적한 대로 북한의 더 큰 핵위협과 핵 사용을 억제하기 위해 전술핵 대응은 반드시 이루어져야 한다.

셋째는 한반도 이외의 지역에 확장 억제를 적용할 수 있는지에 대한 문제이다. 만일 북한이 대남도발 이전에 주일미군의 한반도 투입을 방해하고자 일본에 화생무기 공격을 가했을 경우 북한에 대한 핵무기 공격을 허용해야 할 것인지에 대한 문제도 고려해야 한다. 이는

---

56 Victor Cha, "North Korea Intentions and the Credibility of Extended Deterrence", 『북한의 WMD와 동북아 지역안보』, 제19차 국방부 군비통제세미나 제5차 동북아 안보정책포럼(2009. 9. 18), pp. 177-178.

57 Department of Defense, *Nuclear Posture Review Report*, April 2010, pp. 15-16.

한국이 한반도 확장 억제 방안을 구체화하면서 미국 및 일본과 긴밀히 협의해야 할 사안이다. 다만, '적극적 안전보장' 개념을 적용한다면 미국으로서는 일본의 방위는 물론, 동맹국들에 대한 안보공약의 신뢰성을 유지하는 차원에서라도 반드시 북한에 대한 핵보복을 실행에 옮겨야 할 것이다.

6. 결론

지금까지의 논의에서 필자는 한국의 군사전략은 '재래식 억제'에 머무르지 않고 '전쟁수행'에 주안을 둔 '실전 기반 억제' 전략으로 발전시켜야 함을 주장했다. 이는 북한의 공격을 억제하는 전략이 바람직하지 않다거나 불가능하다는 것이 아니다. 다만, 북한이 핵을 보유하고 내부 불안정성이 증가하는 상황에서 지금까지의 전통적인 재래식 억제에 한계가 노정되고 있으며, 따라서 한국의 군사전략은 이와 같은 억제전략을 포함하여 실제 전쟁수행에 주안을 두는 방향으로 발전되어야 한다는 것을 의미한다. 향후 한국의 군사전략 발전을 위해 몇 가지 제언을 하면 다음과 같다.

첫째, 전면전뿐 아니라 국지전에 대비한 전략을 더욱 발전시켜야 한다. 북한이 핵무기를 보유함에 따라 한반도 공격방어균형은 한국의 방어보다 북한의 공격에 유리한 쪽으로 기울고 있다. 전면전이 최후의 선택이고 상호공멸을 의미할 수 있다면, 북한은 우선적으로 국지도발을 통해 제한적이나마 그들이 원하는 정치적 목적을 달성하려 할 것이다. 따라서 한국은 북한의 국지 도발에 대비한 전략 개념을 더욱 발전시켜야 할 것이다. 이는 북한의 도발 가능한 시나리오를 발굴하고 대응조치를 모색하는 수준에 머물지 않고 개념적 차원에서 북한의 도발을 억제하고, 보복하고, 거부하는 전략을 모색하는 것을 의미한다.

둘째, 지금까지의 재래식 전쟁 위주의 전략에서 앞으로는 대량살상무기를 동원한 전쟁에 대비하는 전략을 모색해야 한다. 북한의 도발은 '정상적' 상황에서 '대칭적' 수단을 사용하여 '정당한' 국가목표 달성을 추구하기보다는 체제붕괴 위기 등 내부의 어려움을 겪고 있는 '비정상적' 상황에서 '비대칭적' 수단을 동원하여 '실패한 정권의 연명'이라는 '부당한' 목표를 달성하려 할 것이다. 즉, 북한의 도발은 최후의 선택이 될 것이며, 핵무기 위협 또는 사용을 서슴지 않을 것이다. 문제는 냉전기 미국과 소련 간에 성공적으로 작동했던 핵전략과 논리를 북한과 같은 불량국가에 적용할 수 없다는 데 있다. 북한의 대량살상무기 위협을 억제하고 대응하기 위한 한반도 핵전략 개념 개발이 시급하다.

셋째, 북한의 도발에 대해 과거 작전적 수준의 대비에 치중했던 데에서 벗어나 앞으로는 정치적·사회적 수준의 문제와 긴밀히 연계된 군사전략 또는 국가군사전략을 모색해야 한다. 앞으로 한반도에서 전쟁이 발발한다면 이는 '전쟁 이전의 현상 회복' 차원의 제한전쟁이 될 수 없으며, 반드시 한민족 통일을 지향해야 할 것이다. 따라서 한국의 군사전략은 단순히 전쟁에서 승리하기 위한 작전술 차원의 전략이 아닌 통일을 준비하는 차원에서 북한 지도부에 대한 압박과 북한 주민에 대한 심리전, 그리고 민사작전 등을 포함하여 발전시켜야 한다.

'실전 기반 억제'의 논리가 다소 공세적인 측면이 있는 것이 사실이지만, 이는 현재와 같이 불안정한 한반도 안보상황에서 충분히 검토해 볼 만한 가치가 있다고 본다. '전쟁수행'을 위주로 한 전략은 적 도발 시 성공적인 작전수행을 보장함은 물론, 독트린 형식으로 대외에 공표될 경우 역으로 북한의 도발을 억제하는 데에도 기여할 수 있을 것이다.

■ 토의 사항

1. 현재 한국의 군사전략이 안고 있는 문제점은 무엇인가?
2. 우리의 군사전략은 억제 중심이어야 하는가, 아니면 전쟁수행 중심이어야 하는가?
3. 우리의 국지 도발 대비 개념은 무엇이고, 이를 어떻게 발전시켜야 하는가?
4. 우리의 전면전 대비 개념은 무엇이고, 이를 어떻게 발전시켜야 하는가?
5. 우리의 핵전략은 무엇이고, 이를 어떻게 발전시켜야 하는가?
6. 우리의 군사전략은 군사력 건설과 어떻게 연계시켜야 하는가?

ON MILITARY STRATEGY

제16장 북한의 핵위협에 대응한 한국의 군사전략

1. 서론
2. 북한의 군사위협 및 군사전략 변화 전망
3. 한국의 군사전략 목표
4. 한국의 군사전략: 억제 및 전쟁수행전략
5. 결론

1. 서론

최근 북한의 비대칭 위협이 핵 및 미사일을 중심으로 급속히 증대되고 있다. 이미 북한은 '사실상de facto'의 핵보유국으로서 우리의 안보를 위협하고 있다. 전문가에 따라 견해가 조금씩 다르지만 대체로 북한이 2020년까지 50~100기의 전략핵무기를 보유할 것으로 전망하고 있으며,[1] 핵의 경량화와 소형화를 통해 중장거리 탄도미사일에 탑재할 수 있는 능력과 함께 수 킬로톤 규모의 핵포탄, 핵지뢰, 핵배낭 등 전장에서 운용할 수 있는 전술핵무기의 개발도 이루어질 것으로 보인다.

이에 따라 최근 합참은 북한의 핵 및 미사일 능력을 최우선적인 위협으로 간주하여, 이에 대응하기 위한 '맞춤형 억제전략'을 발전시키고 있다. 이러한 맞춤형 억제는 한미동맹 차원에서 미국의 확장억제력을 기반으로 하여 북한의 핵 위협에 대응하는 한편, 우리 한국군 단독으로는 킬체인Kill Chain, 한국형미사일방어Korea Air and Missile Defense: KAMD, 그리고 대량응징보복Korea Massive Punishment and Retaliation: KMPR을 중심으로 '한국형 3축 체제'를 발전시켜 북한의 핵능력 고도화에 대비한다는 개념이다.[2]

그러나 합참의 '한국형 3축 체제'는 비록 북한의 핵미사일 그 자체를 사전에 제거하거나 방어하는 데에는 유용한 수단이 될 수 있으나, 북한이 핵을 사용하여 도발할 '전면전쟁'을 억제하거나 이에 맞서 싸우는 데 적합한 개념은 아니다. 군사전략이란 기본적으로 정치적 목적 혹은 전쟁의 목적을 달성하기 위한 군사력 운용 개념을 의미하나, 3축 체제는 전쟁이 발발할 경우 우리가 추구하는 통일이라는 정치적 목적을 달성하기 위한 개념은 아니기 때문이다. 즉, '한국형 3축 체제'는 북한의 핵위협을 억

---

1 RAND, "A Nuclear North Korea", http://www.rand.org/research/(검색일 2017. 5. 10); 윤정호, "북한 2020년까지 핵무기 최대 100개", Chosun.com, 2015년 2월 26일.

2 국방부, "북 핵·미사일 억제 '한국형 3축 체계' 구축", 《국방일보》, 2017년 1월 17일.

제하고 유사시 이를 제거하기 위한 기계적 개념일 뿐, 우리가 생각하는 '군사전략'은 아닌 셈이다. 우리의 군사전략은 북한의 핵 및 미사일 위협을 억제함은 물론, 북한이 핵을 이용하여 전쟁을 야기하더라도 지체 없이 작전을 수행하여 통일을 달성할 수 있는 군사적 방안을 담아야 한다.

지금까지 한국군은 북한 핵위협을 억제하기 위해 첨단무기를 도입하는 데 주력해왔지만 상대적으로 이에 대비한 군사전략 개념을 발전시켜 이를 '한국화'하는 데에는 소홀한 면이 있었다. 특히, 북한이 핵 능력을 고도화하고 있는 상황에서 만일 북한이 핵전쟁을 야기한다면 우리는 '어떻게 싸워 승리해야 하는가'에 대한 고민이 많지 않았다. 그 결과, 북한의 변화하는 군사위협과 군사전략에 대한 냉철한 분석이 결여되고, 나아가 이에 대비하기 위한 한국군의 군사전략에 대한 방향과 개념을 명확히 잡지 못하고 있는 것으로 보인다.

북한이 핵으로 무장하고 '주체무기'를 개발하는 상황에서 향후 전쟁을 도발한다면 북한 정권이 정치적으로 추구하는 의도와 목적은 무엇인가? 핵 상황 하에서 북한의 군사전략은 어떻게 변화하고 있는가? 이에 대비하여 한국은 어떠한 군사전략 목표와 개념을 가져야 하는가? 그리고 이러한 전략목표 달성을 위해 한국군이 추구해야 할 억제 및 전쟁수행 전략은 무엇이어야 하는가?

북한이 핵을 가졌다고 해서 상황을 비관하거나 포기하는 태도는 옳지 않다. 북한이 핵을 가졌다고 해서 '이제 전쟁은 안 된다, 북진도 불가능하다, 모든 것이 끝났다'는 식으로 생각해서는 안 된다. 어쩌면 북한 핵 및 미사일 그 자체로는 아무런 의미를 갖지 못할 수 있다. 중요한 것은 북한이 어떠한 목적으로 핵과 미사일을 운용할 것인지를 파악하고 이에 대비하는 것이다. 즉, 우리는 북한이 어떠한 상황에서 어떠한 의도를 가지고 어떠한 방식으로 핵 및 미사일을 운용할 것인지를 분석하고, 그에 부합한 대응 개념을 마련해야 한다. 북한의 핵 및 미사일은 그 자체로 공포의 대상이 아니라 북한 정권의 정치적 목적을 달성하기 위한 하나의 수단임을 명확히 이해하고 냉철하게 이에 대비한 군사전략을 마련해야 한다.

제16장에서는 먼저 북한의 군사위협 및 군사전략이 어떻게 변화하고 있는지를 살펴보고 핵을 사용한 전면전 시나리오와 북한의 강약점을 분석할 것이다. 그리고 이를 바탕으로 한국의 군사전략 목표와 개념을 구상한 후, 한국의 군사전략을 억제전략과 전쟁수행전략으로 구분하여 제시하고자 한다.

2. 북한의 군사위협 및 군사전략 변화 전망

가. 북한의 군사위협 변화

역사적으로 볼 때 북한의 군사위협은 1980년대에 '대칭적 위협'에서 '재래식 비대칭적 위협'으로, 그리고 21세기에 와서는 '핵 및 미사일을 중심으로 한 비대칭 위협'으로 변화하고 있다. 최근 북한의 군사위협은 다음 세 가지 축으로 발전하고 있다. 첫째는 핵 및 미사일 능력 고도화, 둘째는 전방지역에서의 작전적 배합 능력 강화, 그리고 셋째는 전장에서의 비대칭성을 극대화한 '주체무기'의 개발로 요약할 수 있다.

첫째, 북한은 핵 및 미사일 능력을 고도화하고 있다. 북한의 핵보유는 북한으로 하여금 비대칭적 군사력의 우위를 점유토록 하고, 한미연합지휘부 및 미 증원전력 타격 능력을 구비하게 할 것이며, 기존 군사전략과 결합하여 시너지 효과를 창출하도록 할 것이다.[3] 무엇보다도 북한 지도

---

3 박창권, "북한의 핵운용전략과 한국의 대북 핵억제전략", 『국방정책연구』, 제30권 2호(2014년 여름), pp. 168-176.

부는 핵 및 미사일을 보유함으로써 한반도 전쟁 시 다양한 전략적 옵션을 가지고 전쟁을 주도하게 될 것이다. 북한 지도부는 핵 및 미사일 전력에 의존하여 신속하게 한반도 전체를 석권하려는 전면전을 야기할 수 있으며, 상황이 여의치 않을 경우에는 서울을 점령한 채 핵 사용을 위협하며 정치적 협상에 나설 수 있다. 만일 서울 점령도 실패한 채 한미연합군의 북진 상황에 직면하게 된다면 핵 사용 위협을 통해 전쟁의 종결을 강요할 것이다.[4] 최악의 경우 핵위협이 실패로 돌아가고 한미연합군의 반격에 직면할 경우 북한 지도부는 분란전으로 전환하여 시간을 끌면서 중국의 개입을 기다릴 수 있다. 이와 같이 북한은 핵을 보유함으로써 '전면전쟁–제한전쟁–종전 강요–분란전 전환' 등 다양한 전략적 옵션을 확보할 것이며, 전쟁의 모든 국면에서 주도권을 가지고 원하는 방향으로 전쟁을 이끌어갈 것이다.

둘째, 북한은 전후방 동시통합 및 3~5일 속전속결 전략을 이행하기 위해 전방지역에 대한 작전적 배합 능력을 강화하고 있다. 북한은 걸프전, 아프가니스탄전, 그리고 이라크전을 분석하고 미국의 첨단전력이 비정규전 상황에서는 위력을 발휘하는 데 제한이 있음을 깨달았다. 만일 걸프전에서 이라크군이 후방에서 게릴라 활동을 적극적으로 전개하여 미군 자산을 타격했더라면 미군은 조기에 이라크군에 대해 전격적인 승리를 거두지 못했을 것이라고 판단한 것이다. 이후 아프가니스탄전 및 이라크전에서 미군은 반군의 분란전으로 고전을 면치 못했는데, 이는 첨단군사력이 게릴라전 방식의 전쟁에서 효과를 거두기 어려움을 입증한 사례였다.[5] 이에 따라 북한은 최근 '신新배합전'을 추구하고 있다. 신배합전이란 과거의 배합전 개념을 그대로 유지하되 한국의 후방

---

4 Bruce W. Bennett, *Uncertainties in the North Korean Nuclear Threat*(Santa Monica: RAND, 2010), p. 26.

5 박용환, "북한군 특수전부대 위협 평가", 『국방연구』, 제58권 제2호(2015년 6월), p. 121.

보다는 전방지역에서의 작전적 배합 능력을 향상시켜 초기 돌파력을 대폭 강화한 것이다. 북한군이 '신배합전'을 추구하고 있음은 다음과 같이 전방지역 경보병부대의 전력과 전방지역 기계화부대의 전력을 증강시킨 데서 알 수 있다.

먼저 북한은 초기 전방지역 작전에서 일종의 '모루' 역할을 하는 경보병부대를 증강시켰다. 최근 북한군은 전방의 4개 군단으로 하여금 각각 1개 사단을 선정하여 이를 2개 경보병사단으로 재편성함으로써 총 8개 경보병사단을 추가로 배치했다.[6] 또한 10개 전방사단이 보유하고 있는 경보병대대를 경보병연대로 증편했다. 이로 인해 현재 북한이 보유하고 있는 특수전부대 병력 약 20만 명 가운데 전략적 배합부대로 남한 지역 후방에 침투하는 병력은 약 6만 명인 데 비해, 작전적 배합부대로 전방지역의 후방에 침투해 사단 및 군단의 지휘소 및 통신시설, 레이더 및 유도무기, 포병진지 등의 핵심 표적을 타격하는 경보병부대 병력은 14만 명으로 월등히 많아졌다.[7] 이는 북한이 상대적으로 남한 후방지역에서의 전략적 배합보다는 전방지역에서의 작전적 배합에 주안을 두고 있음을 보여준다.

다음으로 북한은 초기 전방지역 작전에서 '해머'의 역할을 담당하는 기계화 및 기갑부대의 능력을 강화하고 있다. 2000년대 후반 북한군은 2제대에 편성된 1개 기갑군단을 1개 기갑사단으로 축소하고, 2개 기계화군단을 4개 기계화보병사단으로 재편성했다. 그리고 이러한 재편성으로 인해 남은 기갑 및 기계화보병을 사여단으로 편성하여 전방군단에 배속시켰다.[8] 이는 북한이 상대적으로 1제대의 돌파력을 강화하

---

6 김민석, "북한, 5000~6000명 8개 경보병사단 휴전선에 전진 배치", 《중앙일보》, 2007년 12월 31일.

7 남궁민, "샤프 '북한군 특수부대 전력 20만 명'", 《데일리 NK》, 2011년 2월 9일.

8 김기호, "김정일 최고사령관 시기 군사전략의 변화", 『국방연구』 제57권 제2호(2014년 6월), p. 42; 노양규·장영호, 『'26-'33 미래 한반도 전쟁양상과 싸우는 방법 연구』, 2015년 국방정책연구보고서, 한국국방발전연구원, 2015년 9월, p. 115.

려는 조치로 볼 수 있다. 그동안 북한은 경제적 어려움에도 불구하고 T-54/55 전차와 T-62 전차를 개량한 천마호 전차를 기갑·기계화부대의 주력으로 사용하고 있으며, 2010년에는 소련제 전차 T-72를 개량한 신형 전차 '선군호'를 실전에 배치했다. 북한군이 보유한 전차의 수도 2014년 기준으로 4년 전보다 400대 많은 4,300대로 증가했다.[9] 이러한 북한군의 동향은 초전에 한국군의 방어진지를 돌파하는 기계화 및 기갑부대의 충격력을 대폭 강화한 것으로 볼 수 있다.

▣ 북한군 기계화 및 기갑부대 배치 변화

구분	이전	최근
1제대	군단 (4)	4개 군단 + 기갑여단 (?)
2제대	기갑군단 (1) 기계화군단 (2)	기갑사단 (1), 기보사단 (4)
3제대	기계화군단 (2)	기계화군단 (2)

이렇게 볼 때 북한의 '신배합전'은 기존의 배합전 개념에서 후방보다는 전방지역에서의 신속한 돌파 및 포위섬멸을 통해 조기에 결정적 성과를 달성하겠다는 의지를 반영하여 전방지역 경보병 및 기계화부대의 전력을 선별적으로 강화한 것으로 볼 수 있다. 이는 한편으로 한미연합군의 정밀타격에 의해 2제대 기갑 및 기계화부대가 후방에서 전방으로 전개하는 과정에서 입게 될 피해를 최소화하려는 의도를 반영한 것으로 볼 수 있다.

---

9 국방부, 『국방백서』(서울: 국방부, 2014), p. 239; 김수정, "북한 특수전부대 20만 명 … 후방 침투, 요인 암살 노려", 《중앙일보》, 2010년 12월 31일.

셋째, 북한은 한국군의 약점을 겨냥하여 허를 찌를 수 있는 '주체무기'를 강화하고 있다. 김정은은 2017년 신년사에서 다음과 같이 '주체무기'의 개발을 강조한 바 있다.[10]

> 국방부문의 일군들과 과학자들과 노동계급은 항일의 연길폭탄정신과 전화의 군자리혁명정신을 피 끓는 심장마다에 만장약하고 우리 식의 위력한 주체무기들을 더 많이 개발·생산하여 선군혁명의 병기창을 억척같이 다져야 합니다.

북한은 아직까지 '주체무기'가 무엇인지에 대해 밝히지 않고 있으나, 이는 아마도 한미연합군의 첨단전력을 무력화하면서 결정적인 타격을 가할 수 있도록 '비대칭적 능력을 극대화하면서 전장에서 사용 가능한 무기'로 보인다.

북한은 '주체무기'로 대략 다음과 같은 무기들을 염두에 두고 있는 것으로 추정된다. 첫째로 다양한 종류의 전술핵무기이다. 전략핵무기가 정치적·전략적 효과를 노린 위협용 무기라면 전술핵무기는 실제로 전장에서 운용할 수 있는 작전적·전술적 용도의 무기이다. 북한이 전술핵능력을 구비한다면 한미연합군에 대한 재래식 전력의 열세를 만회하고 군사적 자신감을 배가하게 될 것이다.[11] 둘째로 EMP탄 및 GPS 교란 능력이다. 북한은 초전에 EMP탄을 사용하여 한미연합군이 보유한 첨단 C4ISR 체계를 무력화할 것이며, GPS 교란을 통해 정밀유도무기 공격을 회피하려 할 것이다.[12] 셋째로 수도권을 위협할 수 있는 장사정포 전

---

10 "김정은 신년사 전문", 《연합뉴스》, 2017년 1월 1일.

11 박휘락, "미 전술핵무기 한국 재배치에 대한 시론적 분석", 『신아세아』, 제24권 2호(2017년 여름), p. 50.

12 권태영, "북한의 비대칭 군사위협 평가, 전망 및 대응방향", KIDA 북한군사포럼, 2011년 3월 25일, p. 26.

력이다. 북한은 이미 170mm 자주포 약 100문과 240mm 방사포 약 250문 등 350여 문의 장사정포를 비무장지대 인근에 배치하여 수도권 전역을 사정권에 두고 있으며, 최근 사거리가 200km로 평택 미군기지와 계룡대까지 타격이 가능한 300mm 신형 방사포를 개발하여 배치하고 있다.[13] 넷째로 전후방 주요 표적을 타격할 수 있는 무인기이다. 북한은 무인기에 농축 우라늄으로 만든 더티밤dirty bomb이나 고폭탄을 탑재하여 남한 전역을 사정권으로 공격할 수 있다. 방현에 위치한 항공기 수리공장에서 생산한 '방현 5'의 경우 스텔스 기능을 갖추어 고도 4km에서 최고 시속 200km로 10시간 비행이 가능한 것으로 알려져 있다.[14]

이렇게 볼 때 북한의 군사위협은 핵무기, 배합 능력, 그리고 주체무기를 중심으로 고도로 비대칭화되고 있음을 알 수 있다. 다만 최근 이루어지고 있는 북한의 위협 변화는 다음에서 살펴보는 바와 같이 기존의 군사전략 및 작전 개념이 한계에 봉착했다는 현실 인식에 따른 것이라 할 수 있다. 문제는 북한이 이러한 위협을 통해 가공할 파괴력은 물론, 공세적 능력을 더욱 강화하고 있다는 점이다.

나. 북한의 군사전략 변화

기존에 알려진 북한의 군사전략은 한국군 주력 및 서울에 대한 '전략적 포위'를 조기에 완성하는 것으로, 선제기습공격, 속전속결, 그리고 전후방 동시전장화를 추구하는 배합전략을 특징으로 하고 있다.[15] 흔히 선제기습, 속전속결, 그리고 전후방 동시전장화를 북한의 군사전략으로 주장하고 있으나, 이는 전쟁수행의 모습일 뿐 '군사전략'으로 볼 수는 없

13 김광수, "한민구 국방 '북 신형방사포 이르면 연말 실전배치'", 《한국일보》, 2016년 4월 7일.
14 곽명일, "북, 남한 전역 사정권 대형 공격용 드론 개발", 《연합뉴스》, 2016년 12월 27일.

다. 북한군의 군사전략은 돌파와 포위, 그리고 섬멸을 중심으로 한 '전략적 포위' 개념에 가깝다. 그리고 북한군의 작전 개념은 소련군의 작전기동단OMG 전법을 적용한 것으로, 한국군 주력을 포위섬멸하기 위해 기계화 및 전차부대를 주요 방향에 집중하여 신속하게 한국군의 방어전단을 돌파하고 한강 이남으로 진격하는 것이다.

그러나 이러한 북한의 군사전략 및 작전 개념은 21세기에 오면서 한계에 부딪히게 되었다. 한미연합군의 전력이 첨단화되면서 북한군의 재래식 전력으로는 더 이상 전격적 기동 및 전략적 포위가 어렵게 된 것이다. 이에 북한은 그들이 당면하고 있는 기존의 군사전략 및 작전수행상의 한계를 극복하고 조기에 한국군 방어진지를 돌파하기 위해 크게 세 가지 조치를 취하고 있는데, 앞에서 살펴본 바와 같이 하나는 핵개발이고, 다른 하나는 전방부대의 돌파력을 강화한 것이며, 마지막으로는 전장에서 비대칭성을 극대화할 수 있는 '주체무기'를 확보하는 것이다. 이를 통해 북한은 핵 및 주체무기의 사용을 통해 전방지역 돌파력을 강화하고 한국 사회를 심리적으로 압박하면서 3~5일 전쟁을 수행하려 하고 있다.

그렇다면 북한의 신新군사전략은 무엇인가? 이를 알아보기 위해서는 우선 북한이 전면전을 도발할 경우 달성하고자 하는 정치적 목적을 살펴볼 필요가 있다. 이와 관련하여 최근 북한은 전면전에서의 정치적 목적에 융통성을 부여하고 있는 것으로 보인다. 즉, 전쟁을 도발한다면 그들의 정치적 목적인 한반도 공산화라는 절대적 목적을 추구하되, 이러

15 김기수, 『북한정책론』(서울: 팔복원, 2013), p. 248. 배합전이란 소련의 전격적 군사전략과 마오쩌둥의 유격전을 결합하여 한반도 실정에 맞게 만든 것으로, 대규모 정규전과 유격전 중심의 비정규전을 결합하여 상대를 도처에서 공격하는 전후방이 없는 전쟁을 의미한다. 북한은 배합전을 통해 전선에서 한국군의 주력을 고착시키고 방어선을 돌파하며, 후방에서는 특수부대가 주요 시설을 타격하고 인민항쟁을 유발함으로써 남한 전역을 동시 전장화한다는 의도를 갖고 있다.

한 목적 달성이 불가능하다고 판단되면 '한국군 주력 섬멸 및 수도권 확보 후 협상'이라는 제한적 목적으로 전환할 수도 있다는 것이다. 북한이 초전부터 서울을 전략핵으로 공격하는, 그래서 상호공멸의 위험을 감수하는 전면적 핵전쟁을 도발할 가능성이 높지 않다고 본다면, 오히려 그들의 전쟁 목표는 완전한 승리보다는 수도권 확보 및 정치적 협상이라는 제한적 목표가 될 가능성이 높아 보인다.[16] 물론, 북한은 초전부터 전략핵을 공세적으로 운용하여 서울과 부산 등 주요 도시를 완전히 파괴하면서 전쟁 승리를 추구할 수도 있지만, 이 경우 북한은 동족에게 핵무기를 무자비하게 사용함으로써 '민족통일'의 명분을 상실할 뿐 아니라 미국의 핵보복에 의해 감내할 수 없는 타격을 입게 된다는 점을 고려하지 않을 수 없을 것이다.

이러한 정치적 목적을 달성하기 위한 북한의 신군사전략은 '핵 능력 기반 전략적 포위'를 추구하는 것으로 보인다. 북한이 어떠한 목적을 추구하든 북한의 새로운 군사전략은 1차적으로 한수이북漢水以北의 한국군 주력 및 수도권 일대에 대한 '전략적 포위'에 집중하는 것이며, 이전에 추구했던 선제기습, 속전속결, 그리고 배합전 개념은 여전히 유효할 것이다.[17] 다만, 북한의 신군사전략은 전쟁 기간 내내 핵과 미사일 전력을 적극적으로 활용할 것이라는 점에서 이전의 군사전략과 근본적인 차이가 있다. 북한은 전쟁 기간 동안 핵무기 위협과 적시적 사용을 통해 한국의 전쟁의지를 약화시키고 전방 전투력을 무력화시킬 것이며, 다양한 전략적 옵션을 가지고 주요 국면별로 핵 능력에 의지함으로써 전략적으로 유리한 상황을 조성하려 할 것이다. 실제로 2013년 3월 22일 북한의 대남 선전매체인 '우리민족끼리'는 3일 내 무력통일을 달성한다는

16 국방부, 『2016년 국방백서』(서울: 국방부, 2017), p. 23.

17 앞의 책, p. 23; 김태현, "북한의 공세적 군사전략: 지속과 변화", 『국방정책연구』, 제33권 1호 (2017년 봄), pp. 161-163.

'3일 전쟁' 시나리오를 영상으로 밝힌 바 있는데, 이는 어디까지나 핵미사일 사용을 전제로 하여 신속한 서울 점령을 목표로 하고 있음을 보여준다.[18] 이외에도 북한은 5일 전쟁이나 7일 전쟁 등을 언급하고 있는데, 사실상 이러한 단기속결전은 한반도 석권보다는 우리 국력의 70%가 집결되어 있는 수도권을 겨냥한 것으로 보인다.[19]

이처럼 새로운 군사전략을 이행하기 위한 북한의 작전 개념은 핵전과 비정규전, 그리고 정규전이 배합된 형태의 전격적인 작전이 될 것이다. 여기에서 핵전이란 초전에 EMP탄으로 한미연합군의 지휘통제체제를 마비시키고 전술핵 및 미사일 공격을 가하여 한국군 방어진지를 무력화하는 것과 전략핵을 위협하고 사용하는 것을 말한다. 그리고 비정규전이란 남한의 전후방지역에 침투한 특수부대가 정치심리적으로나 작전적으로 한국 사회와 한국군을 혼란시켜 전쟁에 유리한 여건을 조성하는 것을 말한다. 마지막으로 정규전은 핵 운용 및 비정규전으로 조성된 유리한 상황 하에서 기계화부대를 중심으로 한국군의 방어진지를 돌파하고 서울 이남으로 포위망을 완성한 후 한국군 주력을 섬멸하는 것을 의미한다.

다. 한반도 전쟁 시나리오

북한이 전면전을 도발한다면 반드시 핵무기를 사용할 것이며, 이와 관련하여 다음과 같이 네 가지 경우를 상정해볼 수 있다. 첫째로 시나리오 A는 전략핵무기 및 전술핵무기를 모두 사용하지 않으면서 공갈협박을

---

18 유튜브 자료. https://www.youtube.com/watch?v=vqLtPxjTrm4(검색일: 2017년 5월 10일).

19 홍성민, "북 '핵전면전쟁계획' 실체", 이정훈의 안보마당 블로그, http://blog.donga.com/milhoon/archives/3197(검색일: 2017년 6월 10일); 정용수, "김정은 '7일 전쟁' 작계 만들었다", 《중앙일보》, 2015년 1월 9일.

통해 정치군사 협상에서 양보를 강요하는 경우이다. 그러나 이는 북한이 재래식 전력의 열세를 감수하면서 전방지역 돌파를 시도하는 것으로 수용하기 어렵다. 둘째로 시나리오 B는 전면전 초기와 전쟁수행 과정에서 불리한 전장 상황을 극복하기 위해 전술핵무기만 사용하고 전략핵무기는 사용하지 않는 경우이다. 그러나 이는 북한의 전략핵 사용 가능성을 아예 배제함으로써 우리의 희망적 사고가 반영된 낙관적 시나리오로서 여전히 현실적이지 못하다는 한계가 있다. 셋째로 시나리오 C는 필요할 경우 전술핵무기를 사용하다가 결정적인 위기 국면에서 전략핵을 사용하는 경우이다. 이 시나리오는 가능성 측면이나 위험성 측면에서 가장 적절한 것으로 보인다. 넷째로 시나리오 D는 속전속결 및 전후방 동시전장화를 추구하기 위해 개전 초기부터 전술 및 전략핵무기를 적극적으로 사용하는 경우이다. 그러나 전략핵무기 사용은 앞에서도 언급한 것처럼 북한이 '통일' 혹은 '수도권 점령'이라는 정치적 목적을 추구한다고 가정했을 때 부합하지 않는다.

여기에서는 4개의 시나리오 가운데 시나리오 C를 상정하여 논의를 전개하고자 한다. 한국의 입장에서 북한의 핵도발 상황에 대비한 전략을 수립한다면 반드시 합리성이 전제되어야 한다. 비이성적인 북한 정권이라 하더라도 전쟁은 어디까지나 그들의 정치적 목적을 달성하기 위한 수단이고 행위이다. 이러한 가정을 부인한다면 전략은 마련될 수 없다. 아마도 북한의 전쟁은 통일전쟁, 혹은 협상을 위한 전쟁이 될 것이다. 만일 북한이 전략핵을 사용한다면 통일을 위한 전면적 전쟁이 될 것이나, 북한이 핵을 사용하는 순간 '통일전쟁'은 실패하게 된다. 동족에 대해 핵을 사용하는 그 자체, 그리고 좁은 한반도에 핵을 사용하여 수십 년 동안 오염시킬 경우 동족은 물론 국제사회로부터 감당하기 어려운 비난과 함께 그 이상의 보복을 피하기 어려울 것이다. 따라서 북한은 시나리오 D처럼 처음부터 전략핵을 사용하기보다는 시나리오 C와 같이 일부 지역에 대해 작전적 효과를 얻기 위해, 그리고 차후 전략핵 사용 위협의 신뢰성을 확보하기 위해 초전에 전술핵을 사용할 가능성이 높다. 또한 북한은 최악의 상황에 몰렸을 경우 전략핵무기를 사용하여 위기를 모면하고자 할 가능성이 높다.

이와 같이 시나리오 C를 기반으로 북한이 도발할 것으로 예상되는 구체적인 한반도 전쟁 시나리오는 다음과 같다.[20] 첫째로 전쟁 개시 이전에 핵 사용 위협으로 한국 및 동맹국, 우방국들을 강하게 압박하면서 전쟁의지를 약화시킬 것이다. 한국 사회 내 종북세력을 이용하여 반정부 활동을 강화하고 특수전부대에 의한 주요 요인 및 시설에 대한 테러를 자행하여 한국 사회를 극도의 혼란에 빠뜨릴 것이다. 또한 한국 사회에 사이버 공격을 가하고 특수전부대를 공중, 해상, 지상으로 동시에 침투시켜 한국 내 전쟁수행의 중추적 역할을 담당하는 대규모 산업시설, 방위산업시설, 대규모 저유시설과 LPG/LNG 저장소, 방송국 등 핵심 인프라를 파괴하고 그 기능을 마비시킬 것이다.

둘째로 전쟁 발발과 동시에 북한군은 EMP탄 공격 및 전자교란장비를 가동하여 한미연합군의 지휘통제체제를 마비시키는 한편,[21] 전술핵 및 미사일, 장사정포 등의 화력을 중심으로 한국군 방어전연에 대한 공격준비사격을 실시하고 방어진지를 무력화할 것이다. 이어서 수도권 일대에 화력을 집중하여 '서울 불바다'를 현실화하고 한국 국민들의 전쟁의지를 약화시킬 것이다. 그리고 전방 기동부대의 작전 여건이 조성되면 북한군은 신배합전을 전개할 것이다. 전방지역 후방에 침투한 북한군 경보병부대가 한국군 부대의 지휘통제시설 및 화력지원부대를 타격

---

20 권태영, "2030년대 한국의 국방비전과 예방억제방위전략 구상", 『전략연구』, 제20권 제1호 (2013년 3월), pp. 54-57.

21 전호훤, "북한 핵무기 보유시 군사전략의 변화 가능성과 전망", 김재창·류재갑 편, 『북한 어디로 가나: 북한정권의 속성과 대남정책의 실상』(서울: 선한약속, 2011), p. 344.

하는 가운데 북한군 기계화부대 및 기갑부대는 전술핵무기와 포병, 미사일 화력에 의해 무력화된 한국군 방어진지를 돌파할 것이다.[22]

셋째로 1제대의 돌파가 이루어지면 북한군은 2제대를 투입하여 돌파구를 확장하고 한강 이남지역으로 진출, 한수이북의 한국군 주력과 서울을 포위할 것이며, 전방부대와 협조하여 포위망에 갇힌 한국군 주력을 섬멸할 것이다. 이 과정에서 북한군은 한미연합군의 방어가 강한 지역에 대해 핵포탄, 핵배낭, 단거리 미사일 등 다양한 전술핵을 사용할 것이다.[23]

넷째로 북한군은 상황을 고려하여 3제대로 하여금 남쪽으로 진격하여 전과를 확대하도록 하거나, 상황이 여의치 않을 경우 3제대로 하여금 한미연합군의 반격에 대비하도록 함으로써 서울을 확보하는 데 주력할 것이다.

다섯째로 북한군은 전략핵무기 사용 위협을 가하거나 실제로 사용함으로써 미 증원군의 전개를 방해하고 한미연합군의 반격을 저지할 것이며, 서울 점령을 기정사실화하는 가운데 정치적 협상을 요구할 것이다. 만일, 북한군의 전면적 공격이 조기에 실패하고 한미연합군의 반격이 이루어지면 북한은 핵무기를 사용하겠다고 위협하며 이를 저지할 것이고, 최악의 경우 분란전으로 전환하여 전쟁을 지연시키는 가운데 중국의 군사개입을 요청할 것이다.

---

22 노양규·장영호, 『`26-`33 미래 한반도 전쟁양상과 싸우는 방법 연구』, p. 128

23 Steve Tulliu and Thomas Schmalberger, *Coming to Terms with Security: A Lexicon for Arms Control, Disarmament and Confidence-Building*(Geneva: UNIDIR, 2001), p. 119.

3. 한국의 군사전략 목표

가. 정치적 목적: 전쟁 억제 및 억제 실패 시 통일 달성

북한이 무력통일을 위한 전면전을 도발할 경우 우리 정부가 추구하는 정치적 목적은 무엇인가? 이는 한국의 군사전략을 구상하는 데 출발점이자 기준점이 되는 매우 중요한 문제이다. 군사전략은 전쟁이 발발할 경우 달성해야 할 군사적 목표와 그러한 목표를 달성하기 위해 군사력을 운용하는 방법을 구상하는 것으로서, 궁극적으로 상위의 정치적 목적 달성에 기여해야 하기 때문이다.

한반도 전쟁 도발과 관련하여 가장 중요하고도 우선적인 정치적 목적은 전쟁을 예방하고 억제하는 것이다. 한반도에 또다시 전면적인 전쟁이 발발한다면 인명피해나 시설파괴 측면에서, 그리고 그동안 어느 정도 누그러진 한민족 간의 적대감을 고조시킨다는 측면에서 재앙적인 상황을 초래할 것이다. 특히 북한이 핵을 보유한 상황에서 전쟁은 한반도에 핵 참화를 가져올 수 있는 만큼 반드시 억제되어야 한다.

그리고 만일 억제가 실패하여 북한이 전면전을 도발할 경우 한국 정부의 정치적 목적은 완전한 승리를 통해 통일을 달성하는 것이 되어야 한다. 북한이 핵을 사용한 전쟁을 도발했음에도 한국 정부가 적을 섬멸하지 않고 격퇴하는 수준에서 전쟁을 마무리하는 것은 바람직하지 않다. 한국 정부가 전쟁 이전의 현상을 회복하는 데 주력한다면 전쟁을 일으킨 책임이 있는 북한 지도부에 면죄부를 줄 뿐 아니라, 장차 북한의 핵전쟁 위협에 볼모로 잡히거나 추가적인 도발에 직면할 수 있다. 또한 북한이 핵을 사용했을 경우 전쟁의 피해를 고스란히 한국이 떠안게 됨으로써 한국 정부와 군은 전쟁 피해의 책임을 져야 하는 반면, 북한 지도부는 이를 정권의 정당성을 강화하는 계기로 이용할 것이다. 따라서 북한의 전면전 도발에 대한 한국의 군사적 대응은 반드시 북한 정권을 무너뜨리고 남북한 통일을 달성하는 것이 되어야 한다.

그러나 한국 정부가 원하는 통일은 쉽지 않을 수 있다. 북한이 핵을 사용하겠다고 위협할 경우 최악의 상황을 고려하여 한미연합군의 진격이 중단될 수 있다. 중국이 군사적으로 개입하겠다고 위협하거나 실제로 개입이 이루어질 경우 중국군과의 충돌을 고려하여 북진이 제한될 수 있다. 한미연합군의 계획과 달리 전쟁수행에 차질이 생겨 군사작전이 지연되고 이로 인한 인적·물적 피해가 심대하게 확대될 경우 휴전을 모색할 수도 있다. 이러한 상황에서 한국 정부는 당장 통일을 달성하기보다는 북한 지역 일부를 수복하는 것으로 정치적 목적을 제한할 수 있다. 즉, 한미연합군이 신속하게 북진에 나서 점령한 지역을 확보하는 가운데 전쟁을 종결하는 것이다. 가장 바람직한 지역은 청천강-함흥 선 이남 지역이 될 것이며, 이것이 여의치 않을 경우 평양-원산 선 이남도 가능할 것이다. 만일 이러한 지역을 확보한다면 한국으로서는 향후 통일을 위한 유리한 여건을 조성할 수 있다는 점에서 승리한 것으로 볼 수 있다. 평양 이남을 빼앗긴 북한은 내부적으로 전쟁 패배에 대한 책임론이 등장하여 현 정권과 이에 반대하는 세력 간에 내분이 발생하여 스스로 붕괴할 수도 있다.

이렇게 볼 때 한국이 추구해야 할 정치적 목적은 평시와 전쟁 발발 시로 나누어 다음 두 가지로 압축해볼 수 있다. 하나는 소극적인 목적으로 북한의 핵도발을 억제하는 것이며, 다른 하나는 적극적인 목적으로 북한의 공격에 대해 반격을 가하여 통일을 달성하거나, 혹은 일부 지역이라도 수복하여 통일에 유리한 여건을 조성하는 것이다. 다만 후자의 통일 달성 혹은 통일 여건 조성은 수세적 방어가 아닌 전격적인 공격을 통해 달성될 수 있음을 염두에 두어야 한다.

나. 군사전략 목표: 전쟁 억제 및 신속결정적 승리

평시 군사전략 목표는 정치적 목적과 동일한 것으로 북한의 전쟁 도발을 억제하는 것이다. 억제는 단순히 군사적 차원의 문제가 아니라 정치, 외교, 사회, 심리 등을 망라한 국가 차원의 대전략의 문제이다. 그리고 군사전략은 이러한 국가대전략을 뒷받침하는 중추적 역할을 담당하는 것으로 정부가 추구하는 전쟁 억제를 그 목표로 설정할 수 있다.

전쟁이 발발할 경우 한국군의 군사 목표는 정치적 목적인 한반도 통일과 연계하여 고려할 수 있다. 그리고 한반도 통일 혹은 통일 여건 조성이라는 정치적 목적을 달성하기 위해 한국군이 구상해야 할 군사전략 목표는 '신속하고 결정적인 승리를 달성하는 것'이어야 한다.

첫째로 신속하다는 것은 조기에 승리를 달성해야 한다는 것이다. 전쟁이 지연되거나 소모적인 전쟁으로 나아갈 경우 막대한 피해는 물론, 정치적 목적 달성이 불가능할 것으로 예상되기 때문에 이를 방지하자는 것이다.

둘째로 결정적이라는 것은 적의 주력이 완전히 섬멸되어야 한다는 것이다. 적 군사력을 섬멸하지 않고 밀어내면서 북진을 한다면 비록 북한 지역의 '부동산'은 획득할 수 있어도 궁극적 승리를 달성한 것으로 볼 수는 없다. 왜냐하면 이러한 전쟁은 총력전이기 때문에 후방으로 철수한 북한군이 다시 전선에 투입될 수 있으며, 후방지역에서 분란전 형태로 저항할 수 있기 때문이다. 즉, 한국군의 승리는 신속해서만도 안 되고, 결정적이어서만도 안 된다. 반드시 신속하고 결정적인 승리가 되어야 한다.

한국군의 군사전략 목표가 신속결정적 승리여야 하는 이유를 보다 구체적으로 살펴보면 다음과 같다. 첫째는 북한군의 신배합전에 말려들지 않고 전쟁을 이끌어나갈 수 있는 '주도권'을 확보하기 위해서이다. 북한은 특수전부대와 잠수함 등을 비롯한 비대칭 전력을 남한 후방에 투입하여 주요 시설을 타격하고 사회를 혼란에 빠뜨릴 것이다. 만일 한국군이 이러한 위협에 고착되어 후방지역 작전에 빠져든다면 베트남 전쟁에서 남베트남과 유사한 꼴이 되고 말 것이다. 이 경우 한국군은 전쟁의 주도권을 장악하기 어려울 뿐 아니라 전방지역에서 결정적 승리를 거두기도 어렵다. 우리는 우리의 방식대로 싸워야 하며, 적이 싸우고자 하는 방식에 끌려가서는 안 된다. 따라서 후방지역에서는 최소한의 작전을 수행하되, 전방지역에서 신속하고 결정적인 작전을 수행함으로써 전쟁의 주도권을 확보해야 한다.

둘째는 전쟁으로 인한 막대한 인명피해와 경제적 손실을 최소화하기 위해서이다. 핵위기가 고조되던 1994년 클린턴Bill Clinton 행정부는 한반도에 전쟁이 발발할 경우 핵전쟁이 아닌 재래전을 가정하더라도 막대한 피해가 불가피하다고 보았다. 당시 판단에 의하면 초전 90일 동안 미군 사상자 5.2만 명, 한국군 49만 명, 그리고 민간인 사상자로 미국인 8~10만 명, 한국인 100만 명 이상이 발생할 것으로 예상했다. 전비로는 미군 부담분만 1,000억 달러, 경제적 피해 1조 달러로 추산한 바 있다.[24] 이와 같이 막대한 전쟁피해를 줄이기 위해서는 가급적 신속하고 결정적인 승리를 거두고 전쟁 기간을 단축할 필요가 있다.

셋째는 북한 지역에서 나타날 수 있는 분란전 가능성을 차단하기 위한 것이다. 전방지역의 군사력이 후방으로 철수하도록 허용해서는 안 된다. 한미연합군은 반드시 전방지역에 투입된 북한군 주력을 섬멸시켜 이들이 후방지역으로 전개하지 못하게 해야 한다. 이라크 전쟁에서도 미군은 과거 사담 후세인 치하에 있던 이라크군 병력을 흡수하지 못

---

24 부형욱, "한반도 전쟁양상 예측", 『북한의 군사위협, 어디까지 왔나?』, 2015 안보학술 세미나, 한국국방정책학회, 2015년 6월 18일, 발제문. Jonathan D. Pollack and Chung Min Lee, *Preparing for Korean Unification: Scenarios and Implications*(Santa Monica: RAND, 1999)에서 재인용.

하고 방치함으로써 이들이 수니파 극단주의 이슬람 세력 혹은 반정부군으로 돌아서도록 한 결과를 낳았다. 마찬가지로 북한군 주력이 온전하게 북한 후방지역으로 밀려날 경우에는 이들이 저항세력으로 변하여 전쟁을 수년간 지연시키고 많은 희생을 야기할 것이다.

넷째는 중국의 개입 여지를 차단할 수 있다. 중국은 시간적 여유나 전황의 유불리함을 따지지 않고 군사개입을 할 수 있다. 한국전쟁에서 중국은 이미 전황이 유엔군 측으로 기울어져 개입할 타이밍을 놓친 것으로 보이는 최악의 여건 하에서도 기습적으로 개입한 적이 있다. 이처럼 중국은 한반도에서 전쟁이 발발하면 개입할 것이다. 그러나 군사개입 의도와 규모는 한국전쟁 때와는 다를 것이다. 즉, 중국은 미국과의 전면적 충돌을 회피하는 가운데 북한 정권의 생존을 확보하려 할 것이므로 정치적 협상을 염두에 둔 제한적 개입에 그칠 것이다. 이러한 가운데 한미연합군의 신속결정적 승리는, 첫째로 중국의 군사개입을 더욱 제한하는 효과를 가져올 수 있으며, 둘째로 중국의 군사개입으로 한미연합군의 진격이 중단되더라도 그때까지 확보한 지역을 점령할 수 있다는 점에서 정부의 전쟁 목적 달성에 기여할 것이다.

다섯째는 북한이 핵을 사용할 여지를 차단할 수 있다. 한미연합군의 선제타격에 의해, 혹은 개전 초 정밀타격에 의해 북한의 핵이 제압된다 하더라도 북한은 남은 핵무기를 이용하여 한미연합군을 압박할 것이다. 그러나 핵은 아마도 최후의 강압 수단으로 고려될 것이다. 이때 중요한 것은 북한 지도부가 핵을 사용하지 못하도록 기선을 제압하고 심리적으로 압박하는 것이다. 한미연합군의 기동이 머뭇거리고 북한 지도부가 여유를 갖는 상황에서는 핵 위협이 통할 수 있으나, 한미연합군이 전격적으로 기동하는 상황에서는 오히려 북한의 핵위협이 신뢰성을 갖지 못할 수 있다. 2003년 이라크 전쟁에서 사담 후세인이 전쟁 막바지에 이르러 최후의 수단으로 화학무기를 사용하겠다고 위협했으나 결국 사용하지 않고 패배한 것은 이러한 사례로 볼 수 있다. 즉, 북한 지도부의 핵위협은 북한군이 조직적으로 저항이 가능한 상황에서 힘을 얻고 현실화될 수 있지만, 한미연합군의 전격적 기동에 의해 심리적 마비가 초래된 상황에서는 단지 허세에 불과할 수 있다.

4. 한국의 군사전략: 억제 및 전쟁수행전략

가. 억제전략: 총체적 맞춤형 전략으로의 발전

미국의 확장억제 및 한국형 3축 체제 개념을 중심으로 한 '총체적 맞춤형 억제전략'을 추구해야 한다. 현재 발전되고 있는 3축 체계에 의한 '맞춤형 억제전략'은 재래식 전력을 중심으로 한 것으로 '핵공격에 대한 비핵 수단으로의 대응'이라는 측면에서 신뢰성을 확보하기 어려울 수 있다. 냉전기와 마찬가지로 절대무기인 핵에 대한 대응은 핵이어야 한다. 북한이 핵을 사용한다면 미군의 확장억제가 작동하여 반드시 그에 상응하는 핵보복이 이루어진다는 전제가 서야만 맞춤형 억제가 효율적으로 작동할 수 있다. 물론, '선제불사용'이라는 측면에서 북한의 핵공격이 이루어지기 전에 먼저 핵무기를 사용하는 것은 바람직하지 않겠지만, 북한이 전술핵을 사용하면 우리도 전술핵으로, 전략핵을 사용하면 우리도 전략핵으로 대응한다는 원칙이 반드시 합의되어야 한다. 그리고 미국은 북한과 주변국에 이러한 원칙이 확고함을 천명함으로써 한미의 대북 핵전략에 대한 신뢰성을 제고시켜야 한다.

물론, 현재도 미국이 제공하는 확장억제의 내용에는 비핵수단뿐 아니라 핵수단에 의한 억제도 반영되어 있다. 그러나 이전 오바마Barack Obama 행정부의 핵정책은 기본적으로 핵무기의 역할을 축소하고 사용을 자제하는 것으로 미국의 대응이 왠지 '비핵수단'이 주요 기제가 될 것이라는 의구심을 지울 수 없었다.[25] 여기에 한국군이 발전시키고 있는 3축 개념은 비핵수단에 의한 것으로 "핵위협에는 핵으로 대응해야 한다"는 원칙이 흔들리는 것처럼 보인다. 이는 북한에 잘못된 신호를 줄 수 있다는 점에서 바람직하지 않다.

이러한 측면에서 북한의 핵도발을 억제하기 위해서는 '총체적인 맞춤형 억제전략'을 구상해야 한다. 이러한 핵전략은 핵수단과 비핵수단, 그리고 정치심리전까지 포괄하는 것으로, 정치외교적으로 확장억제의 신뢰성 확보를 위한 선언전략declaratory strategy, 한미동맹 차원에서 미군의 핵 사용을 분명히 명시한 확장억제전략, 한국군 자체적으로 재래식 대응 중심의 3축 체계 강화, 그리고 대북 심리전 차원에서 동족에 대한 핵무기 사용에 대한 도덕성의 문제 제기 등을 종합적으로 반영해 발전시켜야 한다.

무엇보다도 한국군의 군사전략에 북한의 전술핵 사용에 대한 대응을 분명히 적시해야 한다. 북한은 개전 초기에 한국군 방어진지를 무력화하기 위해 전술핵을 사용할 가능성이 높다. 따라서 만일 북한이 전술핵을 사용한다면 우리도 반드시 전술핵으로 대응해야 한다. 북한의 전술핵 사용에 대해 재래식 무기로만 대응한다면, 첫째로 확장억제력의 신뢰성이 훼손될 것이고, 둘째로 향후 북한이 가할 핵 사용 위협의 신뢰성이 제고될 것이며, 셋째로 북한 핵위협에 따라 일본이 후방기지 역할을 포기할 수 있고, 넷째로 이로 인해 전쟁의 주도권을 북한에 넘겨줄 수 있다는 부정적 영향을 초래하게 될 것이다. 차후 북한의 더 큰 핵위협 및 공갈에 말려들지 않기 위해서라도 한국군은 반드시 북한의 전술

---

25 Department of Defense, *Nuclear Posture Review Report*, April 2010, p. 28. 2010년 핵태세검토보고서(Nuclear Posture Review Report)에 의하면 "미국의 핵무기는 핵을 가진 지역 국가들을 억제하는 역할을 계속할 것이지만, NPR, BMDR, 그리고 QDR에서 내려진 결정에 의하면 미국은 그러한 국가들의 도발을 억제하고 동맹 및 우방국을 안심시키기 위해 비핵수단에 더욱 의존할 것"이라고 명시하고 있다.

핵 사용에 대해 전술핵으로 대응해야 한다. 이와 관련하여 미국이 최근 개발하고 있는 B61-12 전술핵폭탄을 공유하는 방안도 검토할 수 있다. B61-12는 F-35에 무장이 가능하며, 폭발력 조절이 가능한 핵무기로 대략 50킬로톤의 위력을 가지는 것으로 알려졌다.[26]

이러한 '총제적 맞춤형 억제전략'을 바탕으로 한국군은 핵 상황 하에서도 전쟁을 지속적으로 수행할 수 있는 능력을 구비해야 한다. 북한이 핵을 가졌다고 아예 낙심하거나 전쟁을 포기해서는 안 된다. 중요한 것은 북한의 핵무기 자체가 아니라, 북한이 어떠한 의도에서 그것을 어떻게 운용할 것인가를 명확히 이해하고 대비하는 것이다. 따라서 우리는 북한의 핵 및 대량살상무기WMD 위협에만 천착하거나 함몰되어서는 안 되며, 핵 상황 하에서라도 우리가 추구하는 정치적 목적과 전쟁 목표를 달성하기 위해 노력해야 한다. 만일 북한이 실제로 핵을 사용한다면 우리는 킬 체인과 한국형미사일방어KAMD를 가동해야 하며, 최악의 경우 북한이 핵무기 공격을 가하더라도 한국군은 전열을 가다듬고 반격을 가할 수 있는 '탄력적 전력resilient forces'을 유지해야 한다.

요약하면 한국군은 북한 핵위협에 대비하여 '총체적 맞춤형 억제전략'을 발전시켜야 한다. 이는 북한의 '핵에 대해 핵으로 대응'하는 것을 골자로 하며, 아울러 현재의 '맞춤형 억제' 외에 정치외교적으로 선언적 조치 및 심리전의 전개와 함께 보다 현실적인 미국의 확장억제력 강화를 요구한다.

---

26 현재 B61은 북대서양조약기구(North Atlantic Treaty Organization, NATO)의 회원국인 독일, 이탈리아, 네덜란드, 벨기에, 그리고 터키에 배치되어 공동으로 운용되고 있으며, 신형인 B61-12 전술핵폭탄은 최초의 스마트 핵폭탄으로서 2020년경 양산되면 독일에 최초로 배치될 예정이다. 박휘락, "미 전술핵무기 한국 재배치에 대한 시론적 분석", 『신아세아』, 제24권 2호(2017년 여름), p. 49.

나. 전쟁수행전략: 선제기반 단기섬멸 전략

군사전략 기본개념 구상

한국의 군사전략은 시간적·공간적·작전적 측면에서, 그리고 전략을 입안하는 사람들의 마인드 측면에서 선제 개념을 부각시켜야 한다. 즉, 전반적으로 한국의 군사전략 개념은 '선제에 기반한 단기섬멸'을 통해 군사전략 목표인 '신속하고 결정적인 승리'를 거두는 것이어야 한다.

군사전략 개념을 도출하기 위해 다음과 같이 전쟁 양상, 전쟁의 성격, 전쟁수행 방법, 그리고 작전수행 방법 측면에서 몇 가지 키워드를 도출할 수 있다. 첫째로 전쟁 양상 측면에서 '선제'라는 개념을 고려할 수 있다. 미래 한반도 전쟁은 핵을 기반으로 한 북한의 신배합전 양상으로 전개될 것이다. 북한의 핵과 신배합전에 대응하기 위해서는 먼저 우리가 선제적으로 대응할 필요가 있다. 북한의 핵 사용 징후를 파악하고 사전에 이를 타격해야 하며, 북한의 신배합전에서 핵심 전력인 적 기계화부대와 특수작전부대에 대해서도 선제적 타격이 이루어져야 한다.

둘째로 전쟁의 성격 측면에서 '공격'이라는 개념을 고려할 수 있다. 미래 한반도에서의 전쟁은 곧 통일을 위한 전쟁이다. 따라서 통일이라는 정치적 목적을 달성하기 위해서는 방어보다 공격에 방점을 두어야 한다. 또한 군사전략 목표인 '신속하고 결정적인 승리'를 추구하기 위해서라도 수세적 방어가 아닌 적극적 공격을 우선적으로 고려해야 한다. 완벽하게 방어한 후 반격으로 전환한다는 '선先 방어 후後 공격' 개념은 자칫 북한의 신배합전에 휘말려 전쟁의 지연을 초래함으로써 군사전략 목표 및 정치적 목적 달성에 기여할 수 없게 될 것이다.

셋째로 전쟁수행 측면에서 '섬멸'이라는 개념을 고려할 수 있다. 앞에서 언급한 것처럼 한국군이 신속결정적 승리를 거두고 북한군의 후방 철수를 방지하기 위해서는 간접적 전략인 지연소모가 아닌 적 전투력을 직접 겨냥한 섬멸전략을 추구해야 한다. 여기에서 지연소모는 적의 군사력을 회피하고 전쟁을 장기화하는 가운데 적의 전쟁의지를 점차 약화시키는 것이며, 섬멸은 적의 군사력을 직접 겨냥하여 신속하게 섬멸시키는 것을 의미한다. 통상적으로 적보다 군사력이 우세한 경우 섬멸전략을, 열세한 경우 베트남 전쟁에서와 같이 지연소모전략을 추구할 것이다. 한미연합군은 우세한 재래식 전력을 활용하여 조기에 북한군 주력을 섬멸함으로써 차후 북한 지역 후방에 제2의 전선이 형성되는 것을 방지해야 할 것이다.

넷째로 작전수행 방법을 고려할 때 '기동'이라는 개념을 고려할 수 있다. 북한군 주력을 섬멸하기 위한 작전 방안으로 기동과 소모가 있다. 여기에서 기동은 간접접근전략과 같이 적의 약한 지역으로 기동하여 적을 교란하고 마비시켜 단시간 내 목표를 달성하는 것이고, 소모는 적 정면에 직접 공격을 가하여 적의 전투력을 서서히 약화시켜가는 방법이다. 즉, 기동은 적을 포위하여 짧은 시간 내 결정적 성과를 거두는 것이고, 소모는 일종의 정면공격을 통해 서서히 적을 섬멸하는 것이다. 소모전략은 우리가 가진 전쟁지속능력이 우세하기 때문에 가능한 전략일 수 있지만, 전쟁 기간이 지연된다는 측면에서 바람직하지 않다. 북한과의 전쟁이 통일을 위한 전쟁임을 고려한다면 한미연합군은 반드시 북한 지역을 수복해야 하며, 그에 앞서 전격적인 기동을 통해 북한군을 섬멸하고 신속결정적 승리를 달성해야 할 것이다.

이렇게 볼 때 미래 한반도 전쟁에 대비하기 위한 한국군의 군사전략 개념은 선제, 공격, 섬멸, 기동이라는 키워드를 조합하여 구성할 수 있다. 필자는 그러한 개념으로 '선제기반 단기섬멸'을 제시하고자 한다. 여기에서 '선제기반'이란 선제와 공격의 개념을, '단기섬멸'이란 섬멸과 기동의 개념을 포함하는 것으로 다음에서 자세히 살펴보겠다.

선제기반 단기섬멸 개념

선제기반 추구: 공격 개념의 적극적 구현

'선제'란 "기선을 제압하는 것"으로 "주도권을 장악하여 적이 피동적으로 행동하도록 강요하는 것"이다.[27] 여기에서 선제란 '공격' 개념을 적극적으로 구현함으로써 적의 기선을 제압하는 것으로 볼 수 있다. 통상적으로 우리는 '선제'의 개념을 '선제공격'으로 한정하는 경향이 있으나, 선제공격은 단지 선제행동의 하나로 "적의 공격이 임박한 확실한 증거를 기초로 시작하는 공격으로서 자위권 차원에서 실시하는 공세행동"을 의미한다.[28] 우리는 '선제'의 개념을 보다 확장해서 이해할 필요가 있으며, 단순히 시간적 차원뿐 아니라 공간, 작전, 마인드 등의 관점에서도 선제를 생각해볼 수 있다.

'선제'가 '공격'을 적극적으로 구현한 개념이라면 '선제기반'이란 그러한 선제의 개념이 한국의 군사전략 전반에 걸쳐 내재되어야 한다는 것을 의미한다. 즉, 전략기획 단계부터 전략을 이행하고 종결하는 모든 단계에서, 또한 전술적 수준에서 전략적 수준에 이르기까지, 그리고 정보, 작전, 군수, 통신 등 모든 영역에서 이러한 '선제'의 개념이 배어 있어야 한다. 다만, 여기에서 군사전략 개념으로서의 '선제기반'은 시간적 선제, 공간적 선제, 작전적 선제, 그리고 마인드의 선제로 나누어볼 수 있다.

시간적 선제란 '선공先攻'을 의미한다. 시간적으로 적이 준비하고 있는 공격 또는 행동 시점보다 빠른 대응을 추구하는 것이다. 적이 핵무기를 발사하기 이전에, 기계화부대를 본격적으로 투입하기 이전에, 적 특수작전부대가 남한 내 도달하기 이전에 선제적으로 타격함으로써 기선을 제압하고, 그렇지 못했을 경우에 입을 수 있는 피해를 예방하거나 줄이

---

27 합동참모본부, 『합동·연합작전 군사용어사전』(서울: 합동참모본부, 2010), p. 189.

28 앞의 책, p. 190.

고자 하는 것이다.

공간적 선제란 '선점先占'을 의미한다. 공간적으로 적이 예상하고 있는 작전 지역이 아닌 다른 지역에서 전격적 군사행동을 추구하는 것이다. 예를 들어, 북한 지도부가 한미연합군이 평양을 점령할 것으로 예상하는 단계에서 다른 지역으로 기동하여 배후를 위협함으로써 기선을 제압하고 적을 교란하는 것을 들 수 있다. 적이 점령하지 않은 전략적 요충지를 선점하는 것이다.

작전적 선제란 '선수先手'를 의미한다. 작전적으로 적이 예상하지 못한 방식으로 작전을 전개하는 것이다. 북한 지도부가 한미연합군이 방어할 것으로 예상하는 지역에서 방어가 아닌 공격을 가하거나, 지역을 점령할 것으로 예상되는 상황에서 적의 전투력을 포위하고 섬멸하는 등의 행동으로써 기선을 제압하고 적을 교란할 수 있다.

마인드의 선제는 '선결先決'을 의미한다. 마인드에 있어서 적이 상정하고 있는 전쟁의 타임 테이블에 앞서 모든 주요한 결심을 내리고 주도적으로 전쟁을 수행하는 것이다. 예를 들어, 앞에서 살펴본 선공, 선점, 선수를 통해 100일 전쟁을 20일로 줄일 수 있다. 북한 지도부는 한미연합군이 D일부터 100일 동안의 작전을 구상하고 있다고 생각할 수 있지만, 한국군은 이를 D-1일부터 D+20일 동안의 작전을 추구함으로써 적을 심리적 마비와 공황상태에 빠뜨릴 수 있다. 이 경우 작전의 템포는 적이 생각한 것보다 훨씬 빨라질 것이며, 전쟁의 주도권은 한국군에게 주어질 수 있다.

구분	주요 개념	주요 행동
시간적 선제	선공	킬 체인, 기계화부대, 특수전부대 제압
공간적 선제	선점	전략적 요충지 선(先) 확보
작전적 선제	선수	적의 예상을 벗어난 작전행동
마인드의 선제	선결	적의 예상을 벗어난 작전 템포

이와 같은 선제기반전략은 비단 북한이 보유한 핵위협에 대처하는 것뿐 아니라 적의 예상을 벗어난 전쟁을 수행함으로써 기선을 제압하고 적의 전략적 선택 가능성을 제거할 것이며, 우리가 전쟁을 주도적으로 이끌어감으로써 신속하고 결정적 승리를 달성하는 데 기여할 것이다.

단기섬멸 추구: 섬멸 및 기동 개념의 적극적 구현

'단기섬멸'이란 '섬멸'과 '기동' 개념을 중심으로 한다. 우선 한미연합군은 전쟁을 수행하면서 작전의 목적을 지역 확보가 아닌 북한군 섬멸에 두어야 한다. 지역을 확보하는 것은 의미가 없다. 지역 확보는 북한군을 단지 뒤로 물리치는 것을 의미하기 때문에 결정적 성과를 거두기 어려우며, 적이 물러나면서 축차적으로 저항할 경우 전쟁을 지연시킴으로써 한국군의 군사전략 목표인 신속결정적 승리를 달성할 수 없다. 반대로 적 군사력 섬멸을 추구할 경우 지역은 부수적으로 확보할 수 있다. 따라서 작전의 목적은 반드시 적 부대의 섬멸에 두어야 한다. 이러한 한미연합군의 북한군 섬멸을 위해서는 반드시 전격적 기동이 이루어져야 한다. 적의 측후방이나 배후, 혹은 적의 신장된 정면의 중앙 등 약한 부분으로 기동하여 적을 심리적으로나 물리적으로 교란시킨 후 적 부대를 섬멸시켜야 한다. 즉, 단기섬멸이란 '기동에 의한 섬멸'을 추구하는 것이다.

한미연합군은 초전부터 전격전 전략을 준비하고 시행해야 한다. 전쟁억제 노력에도 불구하고 전쟁이 발발할 경우, 우리는 개전 초기부터 전쟁의 주도권을 장악하여 최소의 손실로 단기간에 전승을 달성해야 한다.[29]

---

29 박창권, "한국의 군사전략 개념과 지향방향", 차영구·황병무 편저, 『국방정책의 이론과 실제』(서울: 오름, 2009), p. 132.

북한이 수도 서울을 포위하기 위해 기동할 때 한미연합군 일부는 곧바로 개성-해주-사리원-평양 방향으로 진격하여 적 전쟁지휘부를 위협하거나, 개성-곡산-원산으로 기동하여 전방의 북한군을 포위할 수 있다.

5. 결론

북한이 핵을 보유한 상황에서도 한국의 군사전략은 여전히 필요하고 유효하다. 한국은 북한의 핵위협을 억제하기 위해 미국이 제공하는 핵 중심의 확장억제력과 한국군이 보유한 비핵 중심의 킬 체인 및 한국형 미사일방어KAMD를 결합하여 '총체적 맞춤형 억제전략'을 발전시켜야 한다. 그리고 만일 북한이 핵무기를 사용하여 전쟁을 일으킬 경우에는 그러한 억제력을 기반으로 하여 선제, 공격, 섬멸, 기동을 중심으로 하는 '선제기반 단기섬멸'을 통해 우리의 정치적 목적인 통일을 추구해야 한다.

이러한 군사전략 개념은 다음과 같은 측면에서 유용할 수 있다. 첫째, 과도한 병력손실을 예방할 수 있다. 현재의 방어계획은 북한군의 공격을 흡수한 후 반격에 나서는 것이지만, 이는 방어진지의 돌파를 방어하기 위해 엄청난 화력을 주고받으면서 현 전선을 고수하는 것으로 소모전에 의한 막대한 인명손실을 각오하지 않으면 안 된다. 비록 반격에 나선다고 하지만 중국이 개입하겠다는 의사를 표명할 경우 북진이 어려워질 것이며, 북한이 분란전으로 저항할 경우 전쟁이 지연되고 더 많은 사상자가 발생할 수밖에 없다. 한미연합군의 우세한 기동력과 화력을 고려할 때 신속하게 공세로 이전하여 전격전을 추구하는 것이 중국에 군사개입의 여유를 주지 않으면서 전쟁 기간을 단축하고 한미연합군의 사상자를 줄이는 방법이 될 것이다.

둘째, 한국 영토 후방에 제2전선이 형성되는 것을 막을 수 있다. 20만의 북한군 특수부대는 한국군의 전쟁지속능력을 파괴할 수 있는 가공할 위협이 될 것이다. 만일 전쟁이 현재의 전선에서 교착되어 지연될 경우 한국의 후방은 커다란 혼란에 휩싸일 것이며 전방에서의 작전에 부정적 영향을 미칠 것이다. 제2차 인도차이나 전쟁에서 중국군의 개입을 두려워하여 북베트남으로 작전을 확대하지 못한 미군이 전쟁의 주도권을 잡지 못하고 남베트남 지역에서만 베트콩 게릴라를 상대로 작전을 벌이다 결국 실패하고 만 사례와 유사한 상황이 전개될 수 있다.[30] 초전에 한미연합군이 신속하게 공세로 이전하여 북한 지역으로 진격한다면 후방에 제2전선을 형성하여 남한을 교란시키려는 북한 지도부의 의도를 좌절시킬 수 있을 것이며, 후방에 침투한 특수부대는 별다른 효과를 거두지 못하고 지리멸렬하게 될 것이다.

셋째, 북한 지도부에 대한 직접적인 압박을 통해 북한의 핵 사용 및 전략적 옵션을 박탈할 수 있다. 한미연합군의 전격적인 반격과 공세는 남한의 일부를 점령한 후 이를 기정사실화하려는 북한 지도부의 기도를 좌절시킨다는 데 큰 의미가 있다. 전쟁 초기에 이루어지는 전격적인 북진은 북한군의 섬멸과 함께 북한 지도부로 하여금 조기에 전쟁의 패배를 인정하고 정치적 협상에 나서도록 하는 압력으로 작용할 것이다. 물론 이때 북한은 핵공격 위협을 가할 수 있다. 그러나 전면전을 야기한 북한이 핵 사용 위협을 가하는 것은 시간문제일 뿐이며, 오히려 전격적인 반격작전은 북한으로 하여금 전략무기를 사용할 수 있는 적절한 기회를 박탈할 것이다. 그리고 이를 통해 북한 지도부의 전략적 옵션 역시

---

30 Harry G. Summers, Jr., *On Strategy: The Vietnam War in Context*(Carlisle: SSI, 1981), pp. 53-58.

박탈할 수 있다.

물론 전격전을 통한 북한 지역으로의 신속한 진격은 중국을 자극하여 중국 지도부의 반발과 개입을 야기할 수 있다. 그러나 역으로 생각해보면 전격적인 북진은 먼저 한반도 평화를 깬 북한의 군사적 도발에 의해 이루어진 것이므로 정당화될 수 있으며, 오히려 중국으로 하여금 개입할 수 있는 시간적 여유를 갖지 못하도록 할 것이다. 설사 중국이 개입하여 종전협상이 이루어지더라도 종전은 현재의 휴전선이 아닌 평양－원산 이북의 선에서 타결됨으로써 우리에게 훨씬 유리한 협상이 가능할 것이다.

■ 토의 사항

1. 핵을 가진 북한이 전쟁을 도발한다면 그들이 추구하고자 하는 정치적 목적은 무엇이라고 생각하는가?

2. 북한이 핵을 가진 상황에서 취할 수 있는 군사전략의 유형에는 어떤 것이 있는가?

3. 북한이 핵 사용을 위협하며 전면전을 도발한 상황에서 한국이 추구해야 할 정치적 목적은 무엇인가? 북한의 핵위협 상황 하에서 그러한 목적을 달성할 수 있는가?

4. 북한의 핵위협 상황 하에서 정치적 목적을 달성하기 위한 한국의 군사전략 목표와 개념은 무엇이 되어야 하는가? 여기에서 제시한 것 이외에 어떤 군사전략 목표와 개념을 구상해볼 수 있는가?

5. '선제기반 단기섬멸전략'은 실현 가능한 군사전략 개념인가?

6. 북한의 핵위협에 대응하기 위해 한국은 전술핵을 재배치해야 하는가?

■ 찾아보기

ㄱ

ㄴ

ㄷ

ㄹ

ㅁ

ㅂ

ㅇ

ㅌ

군사전략론
ON
MILITARY
STRATEGY

개정증보2판 1쇄 인쇄 2023년 8월 22일
개정증보2판 1쇄 발행 2023년 8월 28일
–
지은이 박창희
펴낸이 김세영
–
책임편집 이보라
디자인 강윤선
–
펴낸곳 도서출판 플래닛미디어
주소 04044 서울시 마포구 양화로6길 9-14 102호
전화 02-3143-3366
팩스 02-3143-3360
블로그 http://blog.naver.com/planetmedia7
이메일 webmaster@planetmedia.co.kr
출판등록 2005년 9월 12일 제313-2005-000197호

ISBN 979-11-87822-77-6 93390